BOTANIQUE

ANATOMIE ET PHYSIOLOGIE VÉGÉTALES

PAR

LÉON GÉRARDIN

PROFESSEUR AUX ÉCOLES TURGOT ET MONGE

ET

HENRI GUÈDE

Avec 535 figures intercalées dans le texte.

PARIS

LIBRAIRIE J.-B. BAILLIÈRE ET FILS

19, rue Hautefeuille, près du Boulevard Saint-Germain

1895

Prix : 6 fr.

TRAITÉ ÉLÉMENTAIRE D'HISTOIRE NATURELLE

BOTANIQUE

ANATOMIE ET PHYSIOLOGIE VÉGÉTALES

OUVRAGES DU MÊME AUTEUR

TRAITÉ ÉLÉMENTAIRE D'HISTOIRE NATURELLE.

Zoologie, 1 vol. in-8 de 468 pages avec 500 figures........... 6 fr. »
Botanique : Anatomie et physiologie végétales, 1 vol. in-8 de 480 pages
       avec 535 fig................................. 6 fr. »
—   Les familles naturelles, 1 vol. in-8 de 450 pages avec
       500 figures........,................. *sous presse.*
Géologie, 1 vol. in-8 de 480 pages avec 500 fig....... *en préparation.*

Les Plantes (3ᵉ édition), 1 vol. in-18 de 280 pages avec 305 figures.
Les Bêtes (2ᵉ édition), 1 vol. in-18 de 412 pages avec 356 figures.
La Terre (2ᵉ édition), 1 vol. in-18 de 428 pages avec 291 figures.
L'Homme, 1 vol. in-18 de 360 pages avec 296 figures. G. Masson.

Ces quatre ouvrages, inscrits sur la liste officielle de la Ville de Paris
et honorés de souscriptions ministérielles, ont été traduits en langue
espagnole par MM. Urabieta et Brito, chez H. Bouret.

Herbier des Écoles, 1 vol. in-4, avec 280 figures par E. Faguet,
professeur de dessin au Muséum d'histoire naturelle. Michel Engel.

La Botanique générale, 1 vol. in-12 (*Bibliothèque utile*).
Les grandes Chasses, 1 vol. in-12 (*id.*). F. Alcan.

7109-94. — Corbeil. Imprimerie Éd. Crété.

BOTANIQUE

ANATOMIE ET PHYSIOLOGIE VÉGÉTALES

PAR

LÉON GÉRARDIN

PROFESSEUR AUX ÉCOLES TURGOT ET MONGE

ET

HENRI GUÈDE

Avec 535 figures intercalées dans le texte.

PARIS

LIBRAIRIE J.-B. BAILLIÈRE ET FILS

19, rue Hautefeuille, près du Boulevard Saint-Germain

1895

PRÉFACE

La *BOTANIQUE*, que nous publions pour faire suite à notre *ZOOLOGIE*, s'adresse comme elle aux jeunes gens qui, sortant des lycées avec quelques connaissances générales en histoire naturelle, vont aborder, soit les études spéciales (Écoles nationales d'agriculture, Institut agronomique, Écoles vétérinaires, Écoles de pharmacie et Facultés de médecine), soit les études supérieures (Licence ès sciences naturelles).

Nous avons scrupuleusement suivi dans son ensemble le programme du Certificat d'études physiques, chimiques et naturelles, récemment institué pour remplacer le baccalauréat ès sciences restreint.

Ce programme divise le cours en cinq parties bien distinctes :

Histologie végétale (cellules et tissus).

Morphologie, anatomie et développement des organes.

Physiologie de la plante.

Nomenclature et classification des familles.

Géographie botanique et paléontologie.

Les trois premières parties forment un ensemble que l'on désigne sous le nom de « Botanique générale », les deux dernières sont toujours traitées séparément et forment la « Botanique spéciale ».

Nous avons pris comme titres plus courants :

1° Anatomie et physiologie végétales (*programme commun aux classes de Philosophie, de Mathématiques élémentaires, etc., et à l'année préparatoire des Facultés*).

2° Les familles naturelles.

Conservant la méthode primitivement adoptée dans notre Zoologie, nous avons résumé pour la Botanique les principaux cours donnés par les professeurs des Facultés, les ouvrages les plus récents et les plus importants Traités considérés comme classiques en France.

Parmi ceux dont nous avons utilisé les leçons, qu'il nous suffise de citer : MM. Van Tieghem, Dehérain, G. Ville *et* Bureau, *du Muséum d'histoire naturelle;* Gaston Bonnier, L. Dufour *et* Daguillon, *de la Faculté des sciences;* Prillieux *et* Vesque, *de l'Institut agronomique;* Ad. Chatin, Planchon, L. Guignard *et* Bourquelot, *de l'École de pharmacie ;* Costantin, *de l'École normale, et* Mangin, *du Lycée Louis-le-Grand.*

MM. Gérard (*de Lyon*), Leclerc du Sablon (*de Toulouse*), Flahault (*de Montpellier*), Millardet (*de Bordeaux*), Bertrand (*de Lille*), Heckel (*de Marseille*), Crié (*de Rennes*), Lemonnier *et* Vuillemin (*de Nancy*) , Battandier , Trabut *et* Hérail (*d'Alger*), *etc.*

Nous devons à nos amis Guignard et Bourquelot des remerciements particuliers pour les excellents conseils qu'ils ont bien voulu nous donner pendant la préparation de cet ouvrage et pour les précieux clichés qu'ils nous ont généreusement communiqués. Nous en devons aussi à notre collaborateur H. Guède, *déjà familiarisé avec l'enseignement de l'Histoire Naturelle, dont le précieux concours nous a été si utile.*

Chaque chapitre des Familles naturelles *est terminé par quelques indications pratiques sur la recherche, la préparation et la détermination des plantes : ces indications ont été puisées dans les Flores les plus connues et dans les articles techniques du Naturaliste, revue illustrée que publient les fils d'Em. Deyrolle.*

Disons en terminant qu'un Traité comme le nôtre a l'avantage d'établir une transition désirable entre les livres dits élémentaires et ceux qui servent de guide aux élèves des Hautes études. Les excellents ouvrages de vulgarisation ne manquent pas en France depuis que les plus éminents professeurs de nos Facultés ont bien voulu en écrire (il est évident, par exemple, que les publications de M. Gaston Bonnier ont provoqué un élan réel et nouveau en faveur de l'Herborisation), mais ne faut-il pas aussi répandre et mettre à la base de tout enseignement les doctrines de maîtres aussi distingués que Dehérain, Van Tieghem et Guignard, qui illustrent la science française?

Être utiles aux étudiants, satisfaire en même temps tous ceux qui par goût ou par profession veulent rester au courant des découvertes récentes qui ont si grandement transformé l'enseignement de la Botanique, tel est le double but que nous nous sommes efforcés d'atteindre; nous serons heureux si nous en avons seulement approché.

Léon Gérardin,

Professeur aux Écoles Turgot et Monge.

Paris. Décembre 1894.

TRAITÉ ÉLÉMENTAIRE
D'HISTOIRE NATURELLE

BOTANIQUE

NOTIONS PRÉLIMINAIRES

1. Définition de la botanique. — La BOTANIQUE ou science des plantes a pour but la connaissance du règne végétal; elle se divise en trois parties : la *Morphologie*, la *Physiologie* et la *Classification*.

La morphologie étudie les organes des végétaux, non seulement au point de vue de leurs positions relatives et de leur forme extérieure, mais encore au point de vue de leur structure interne et de leur développement.

La physiologie étudie, au moyen de l'observation directe ou de l'expérimentation les fonctions accomplies par les organes et les rapports que ces fonctions présentent entre elles.

La classification, basée sur la morphologie et la physiologie, compare les organismes végétaux et les groupe méthodiquement selon leurs affinités naturelles.

Outre ces trois parties primordiales on peut encore distinguer dans l'étude des plantes : la *Géographie botanique*, détermination des lois qui régissent la distribution des espèces à la surface de la terre, la *Paléontologie végétale*, histoire des flores anciennes qui ont peuplé la planète aux âges géologiques et la *Botanique appliquée*, utilisation des végétaux dans l'agriculture, l'industrie et la médecine.

2. Caractères des végétaux. — Il n'y a pas de caractère absolu sur lequel on puisse actuellement établir une distinction positive entre le Règne animal et le Règne végétal. Les Animaux et les Végétaux forment une série continue, le passage des uns aux autres est insensible.

GÉRARDIN. — Botanique.   1

Pour M. Ed. Perrier le critérium de la nature végétale est *la présence même temporaire de la cellulose* autour du protoplasma qui forme la ou les cellules de l'être vivant.

Les masses protoplasmiques enveloppées par la cellulose sont nécessairement immobiles et incapables de se nourrir à l'aide d'aliments solides, les aliments liquides seuls peuvent traverser leur membrane.

Nous appellerons donc Végétaux, dit M. Ed. Perrier, les organismes ordinairement immobiles, incapables de prendre des aliments solides, formés de plastides enfermés dans une membrane de cellulose ; nous appellerons Animaux les organismes mobiles dont les plastides ne sont pas emprisonnés dans une membrane de cellulose. Le contraste évident entre la mobilité des animaux et l'immobilité des végétaux a fixé de tout temps l'attention : de là cette répartition des êtres vivants en deux Règnes, qui, sous une forme plus ou moins nette, a été exprimée dans toutes les langues.

Il semble facile, au premier abord, de répartir tous les êtres vivants entre ces deux Règnes.

Il n'y a effectivement de difficulté que pour certains êtres inférieurs réduits à un seul plastide, qui sont mobiles à la façon des animaux pendant une partie de leur vie et ne s'enveloppent de cellulose que tardivement et pour un temps parfois assez court (*Volvocinées*), ou quelquefois encore d'une manière incomplète (*Péridiniens*, voir Zoologie, page 19). On les a souvent rangés tantôt dans le Règne animal, tantôt dans le Règne végétal. La difficulté de leur classement a fait naître une foule de critériums, les uns chimiques, les autres morphologiques, tous également ment artificiels, grâce auxquels on a prétendu distinguer les êtres qu'il fallait classer dans l'un ou l'autre Règne.

Comme l'immobilité des Végétaux est certainement le caractère qui les fait distinguer des autres êtres vivants, comme nous venons de trouver dans l'existence d'une membrane de cellulose la cause de cette immobilité, il est évident que le seul critérium qui soit conforme à l'idée même de végétal doit être tiré de la présence ou de l'absence de cette membrane.

En conséquence, *nous rangeons parmi les Végétaux tous les plastides qui sont capables de produire, pour si peu de temps que ce soit, une membrane de cellulose, si incomplète qu'elle soit* (1).

A ce caractère fondamental qui permet de déterminer l'essence végétale des organismes les plus simples il convient d'ajouter les propriétés distinctives suivantes :

(a) *Les végétaux sont des êtres vivants capables d'emprunter directement au monde inorganisé les matières qui servent à constituer leur substance.*

Ils peuvent former de l'amidon, de la graisse, de l'albumine, etc.,

_____

(1) Ed. Perrier. *Traité de Zoologie*, page 12.

avec les éléments minéraux puisés dans le sol ou dans l'atmosphère (eau, acide carbonique, ammoniaque).

Il n'en faut pas conclure comme Liebig que l'alimentation de tous les Végétaux est exclusivement minérale : nous démontrerons plus loin que les substances organiques jouent, elles aussi, un grand rôle dans la nutrition des plantes. Il y a du reste des plantes *parasites* et *saprophytes* qui reçoivent de leurs hôtes ou des milieux qu'elles habitent une nourriture exclusivement organique.

(*b*) *Chez les Végétaux, l'assimilation l'emporte sur la désassimilation.* L'accroissement peut donc se continuer pendant toute la durée de l'existence.

L'assimilation s'effectue particulièrement dans les parties vertes sous l'influence de la lumière, il en résulte *une réduction des substances absorbées et une élimination d'oxygène.*

La plante purifie l'air et appauvrit le sol. La substance assimilatrice est la *chlorophylle.* (Les Champignons et quelques végétaux plus élevés ne possèdent pas de chlorophylle.)

Pour multiplier les points de contact avec les milieux dans lesquels elles évoluent, les *plantes tendent à se développer en surface.*

(*c*) Tous les êtres vivants dégagent des forces vives. Le rapport entre la quantité de forces vives produites par un organisme et les mutations matérielles de cet organisme est parfaitement déterminé ; à une quantité donnée de mouvement correspond, par exemple, une quantité de carbone oxydé. (H. Beaunis.)

Chez les Végétaux, le dégagement de forces vives est insignifiant, il se produit accidentellement (chaleur pendant la germination et la floraison, phosphorescence chez *Rhizomorpha subterranea, Photobacterium,* etc., mouvements protoplasmiques), tandis qu'au contraire *les plantes transforment continuellement les forces vives* (radiations solaires) *en forces de tension ;* elles emprisonnent la force vive du soleil dans les synthèses du protoplasma vert.

Le Végétal accumule donc la force comme il accumule la matière.

(*d*) *Les Végétaux ont une tendance marquée au polyzoïsme,* c'est-à-dire qu'ils représentent des colonies d'êtres semblables ou des agrégats d'individus identiques.

Tous les rameaux d'un an sur un vieux Chêne ont une structure comparable à celle d'un individu isolé né de la graine et du même âge. La dissociation d'une telle colonie s'effectue facilement par la bouture ou la marcotte.

(*e*) *Les Végétaux subissent au maximum l'influence du milieu,* aussi leur variabilité est-elle considérable.

Une plante doit s'adapter au milieu où les circonstances l'ont fait naître, sinon il ne lui reste plus qu'à périr.

Quelques espèces se cantonnent en des zones circonscrites, caractérisées surtout par la somme de chaleur reçue en une année, d'autres se trouvent disséminées sur toute la surface du globe.

Les Végétaux inférieurs occupent généralement l'aire géographique la plus étendue. Les Végétaux supérieurs produisent de nombreuses variétés adaptées pour les différents milieux.

Les Végétaux ne présentent ni sensibilité proprement dite, ni mouvements volontaires. Mais la substance fondamentale vivante, c'est-à-dire le *protoplasma* qui forme leurs cellules, reste irritable et manifeste cette *irritabilité* par des mouvements divers.

Ces mouvements ne sont pas nécessairement liés avec ceux des cellules voisines, bien que des communications existent souvent entre les masses protoplasmiques des cellules juxtaposées.

Le tableau suivant résume les caractères des deux Règnes (1) :

Végétaux.	Animaux.
1º Protoplasma produisant de la cellulose, au moins temporairement.	Protoplasma ne produisant jamais de cellulose.
2º Pas de locomotion.	Locomotion volontaire.
3º Pas de sensibilité.	Sensibilité.
4º Protoplasma produisant généralement de la chlorophylle.	Protoplasma ne produisant que très rarement de la chlorophylle
5º Absorption d'aliments minéraux.	Absorption d'aliments déjà organisés par les végétaux.
6º Élimination d'oxygène.	Élimination d'eau, d'acide carbonique et d'ammoniaque.
7º Prédominance de l'assimilation.	Prédominance de la désassimilation.
8º Accroissement proportionnel à l'âge.	Accroissement rapidement limité.
9º Dégagement faible de forces vives (chaleur, phosphorescence, mouvements protoplasmiques).	Dégagement intense de forces vives (mouvement, chaleur, lumière, électricité, innervation).
10º Transformation des forces vives en forces de tension (utilisation des radiations solaires pour effectuer la synthèse des hydrates de carbone, etc).	Transformation des forces de tension en forces vives (utilisation des aliments pour la production des forces vives énumérées ci-dessus).
11º Influence du milieu considérable. Grande variabilité.	Influence du milieu moins forte. Variabilité faible.
12º Tendance au polyzoïsme.	Tendance à l'individualisation.

Pour compléter ces *Notions préliminaires*, nous renvoyons le lecteur aux généralités qui forment l'introduction de notre *Zoologie.*

(1) Voir H. Beaunis, *Nouveaux éléments de Physiologie*, 3ᵉ édition.

LIVRE I

MORPHOLOGIE

CHAPITRE PREMIER

STRUCTURE DE LA PLANTE. — LA CELLULE

3. Forme du corps chez les végétaux. — [A] La forme extérieure du corps est très variable chez les végétaux. Tantôt elle reste *simple*, elle est alors sphérique, elliptique, cylindrique, conique, discoïde ou rubanée ; tantôt elle est *ramifiée*, c'est-à-dire qu'elle offre des segments, un axe, des appendices plus ou moins subdivisés. Les segments portent le nom de *membres*.

Simple ou ramifié, le végétal a une forme extérieure *homogène* lorsque toutes ses parties sont semblables ; il a une forme *différenciée* dans le cas contraire.

Les premiers membres de la plante différenciée sont, par ordre d'apparition dans la série végétale : la *tige*, les *feuilles* et la *racine*.

Ces membres peuvent se modifier à leur tour au lieu de se répéter indéfiniment sur la même plante ; c'est ainsi, par exemple, que les feuilles des végétaux supérieurs subissent une série de différenciations secondaires qui les conduit à la formation de la *fleur* et du *fruit*.

Une plante est d'autant plus parfaite que sa forme extérieure est plus différenciée.

[B] Si, après avoir examiné la forme extérieure d'un végétal, on étudie sa forme intérieure (structure), on voit que deux cas peuvent se présenter : tantôt la structure est *continue*, tantôt elle est *cloisonnée*.

(*a*) La structure est continue lorsque la substance interne du corps reste indivise. Ce cas ne se présente pas seulement chez des plantes à forme extérieure simple, on peut encore l'observer chez des plantes ramifiées dont la forme extérieure est homogène ou même différenciée : *Vaucheria tovarensis, Acetabularia mediterranea, Peronospora infestans* (fig. 1, 2, 3 et 4).

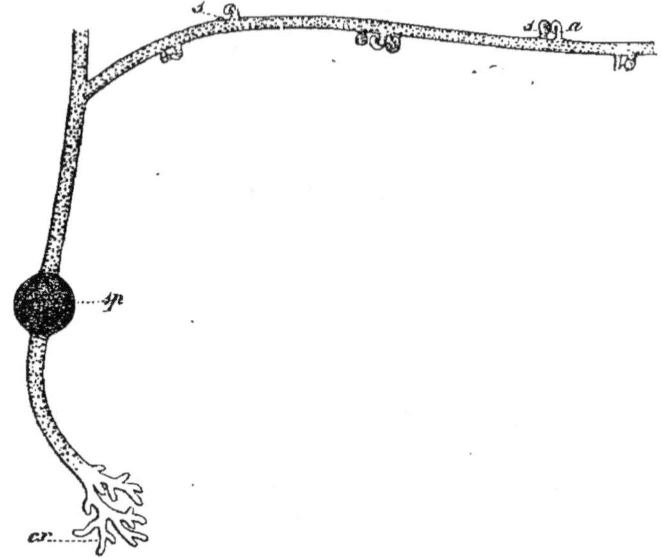

Fig. 1. — *Vaucheria tovarensis*. Algue siphonée à structure continue (*).

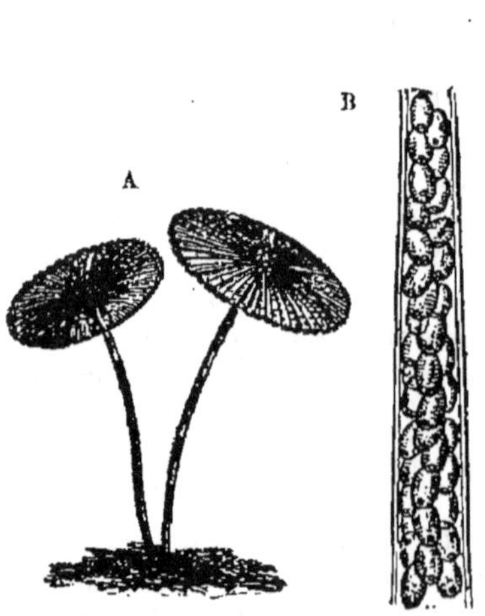

Fig. 2 et 3. — *Acetabularia mediterranea*. Algue siphonée à structure continue (**).

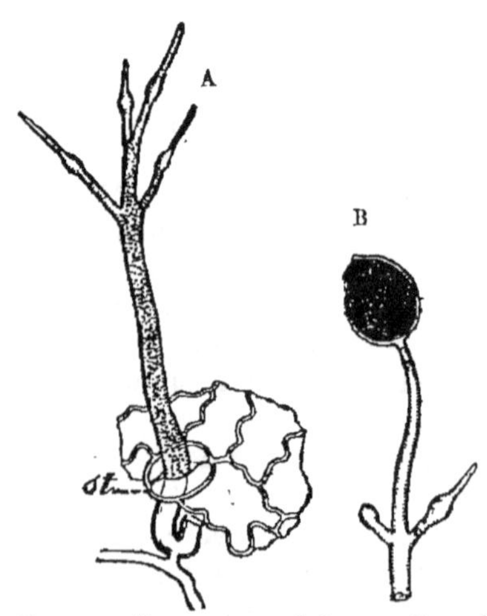

Fig. 4. — *Peronospora infestans*. Champignon oomycète à structure continue (***).

(*) *cr*, crampon fixateur de la plante. — *sp*, spore qui l'a produite. — *s, a*, organes reproducteurs.

(**) A, port de la plante. — B, rayon avec organes reproducteurs.

(***) A, filament sortant par le stomate *st*, d'une feuille de Pomme de terre. — B, filament fertile portant les organes reproducteurs.

(*b*) La structure est cloisonnée lorsque la substance interne du corps se subdivise en un plus ou moins grand nombre d'alvéoles ou de compartiments nommés *cellules*.

Les cellules, chez les végétaux inférieurs, sont toutes semblables : *Spirogyra*, *Beggiatoa* (fig. 5 et 6), mais plus on s'élève dans la

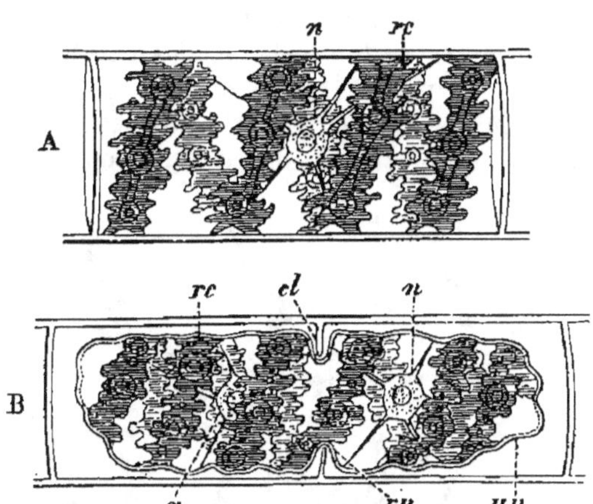

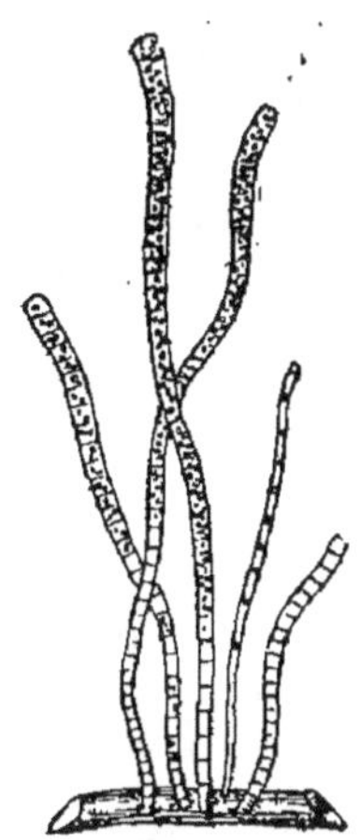

Fig. 5. — Deux cellules de *Spirogyra longata*. Algue conjuguée à structure cloisonnée dont les cellules sont semblables (*).

Fig. 6. — *Beggiatoa alba* (Algue cyanophycée à structure cloisonnée (Zopf).

série, plus on les voit se différencier. Les différenciations atteignent alors des groupes de cellules ; l'ensemble des cellules différenciées de la même manière constitue un *tissu*.

Les tissus qui concourent au même but physiologique, c'est-à-dire qui accomplissent la même fonction, constituent un *appareil*. Ex. : appareil assimilateur, appareil conducteur, appareil tégumentaire ou protecteur, etc.

Une plante est d'autant plus parfaite que sa structure intérieure est plus différenciée.

4. Parties constituantes de la cellule. — Une cellule végétale complète présente à étudier :

1° La matière fondamentale vivante ou *protoplasma* renfermant en dissolution et en suspension des corps très variés ;

2° Le *noyau* avec ses *nucléoles* et ses deux *sphères directrices* ;

3° La *membrane d'enveloppe*.

Tout individu végétal, au début de son existence, est une cellule, œuf ou spore, qui, par l'effet du développement, se divise sponta-

(*) A, cellule normale : *n*, noyau ; *rc*, ruban chlorophyllien. — B, cellule se divisant : *rp*, repli de la substance protoplasmique *up* suivant le processus de la paroi *cl* (gross. 550).

nément et produit un tissu d'abord homogène, puis de plus en plus différencié.

Rarement la plante reste monocellulaire : *Protococcus viridis* (Algue verte des murs et des troncs d'arbres).

Quelques végétaux adultes paraissent monocellulaires, parce qu'ils se désarticulent sous l'influence du milieu qu'ils habitent; ex. : les Levûres et les Bactéries : ces mêmes végétaux, dans des conditions de milieu différentes, restent à l'état d'associations cellulaires qui sont souvent volumineuses (fig. 7 à 14).

D'autres végétaux à structure non cloisonnée paraissent monocellulaires parce qu'ils offrent un protoplasma unique pourvu d'une

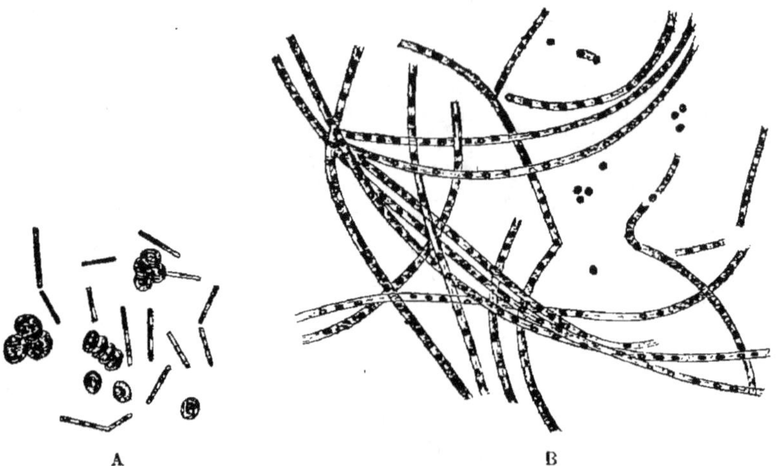

Fig. 7. — (*Bacillus anthracis*) Bactérie du Charbon (*).

grande quantité de noyaux : il faut aussi les considérer comme pluricellulaires, car il est probable que leur corps est constitué par un plus ou moins grand nombre de cellules nues réunies dans une seule membrane extérieure (fig. 15).

Quoi qu'il en soit de ces cas particuliers, la plupart des plantes se trouvent au bout de peu de temps formées par l'assemblage d'une multitude de cellules diversement modifiées. Parmi ces cellules, les unes offrent tous les caractères de la vie active, d'autres sont à l'état de vie ralentie, d'autres enfin ont terminé leur existence : ces dernières continuent pourtant à faire partie de l'organisme végétal pour concourir à l'accomplissement de certaines fonctions (tissus morts).

(*) **A**, dans le sang. — B, dans un bouillon de culture (gross. 650).

Forme normale dans le bouillon de bœuf.

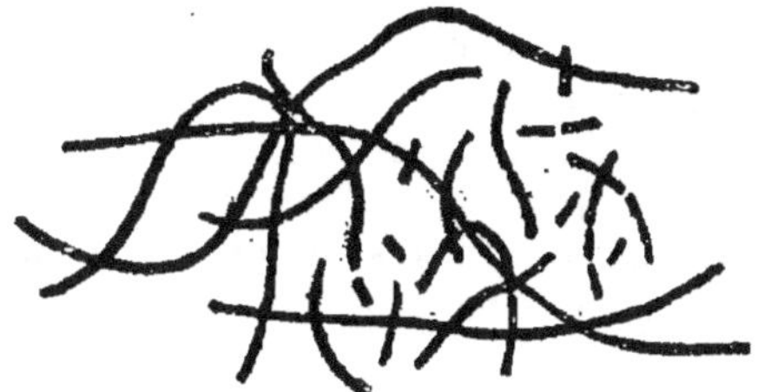

Culture dans du bouillon additionné de 0ᵍʳ,02 p. 100 de naphtol, après 48 heures.

Culture dans du bouillon additionné de 4 p. 100 d'alcool, après 24 heures.

Culture dans du bouillon additionné de bichromate de potasse à 0ᵍʳ,015 p. 100, après 15 heures.

Culture dans du bouillon additionné de 0ᵍʳ,06 p. 100 d'acide borique après 48 heures.

Culture dans du bouillon additionné de 0,70 p. 100 d'acide borique, après six jours.

Culture âgée de quelques semaines dans du bouillon additionné de 0ᵍʳ,10 de créosote.

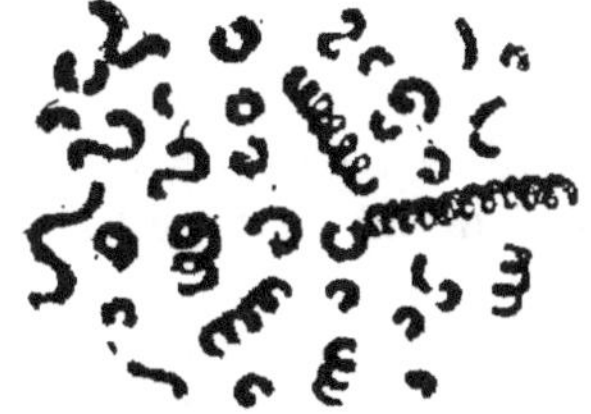

Fig. 8 à 14. — Formes que prend le Bacille du pus bleu dans les cultures auxquelles on ajoute des antiseptiques (d'après Guignard et Charrin).

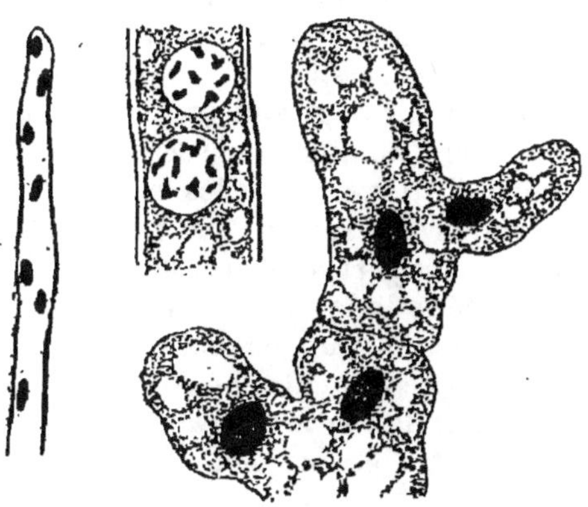

Fig. 15. — *Entomophtora glæospora*. Champignon parasite des insectes : noyaux nombreux, structure peu cloisonnée (d'après Vuillemin).

5. Le protoplasma végétal. — Le protoplasma est la base physique de la vie (Huxley). C'est une matière albuminoïde qui s'organise au moyen de quatre éléments principaux : carbone, hydrogène, oxygène et azote, mais dont la composition chimique est très instable à cause des phénomènes d'assimilation et de désassimilation dont elle est le siège. Le protoplasma végétal ne diffère pas essentiellement du protoplasma animal, il en possède toutes les propriétés générales exposées dans notre *Zoologie* (1). C'est la substance animale des plantes (Baillon), soluble par conséquent dans les dissolutions de potasse ou d'ammoniaque.

Le protoplasma cellulaire ou cytoplasme se compose ordinairement d'un réseau clair, transparent, incolore, auquel on a donné le nom d'*hyaloplasma* et d'un suc plus fluide nommé *paraplasma* ou *chyléma*. Les fibrilles de l'hyaloplasma contiennent des granules dits *microsomes*.

La matière protoplasmique est élastique ; elle peut augmenter ou diminuer de volume suivant les circonstances. L'eau joue un grand rôle dans ces changements de volume. Si le protoplasma renferme une grande quantité d'eau d'interposition, sa consistance peut être très fluide ; dans le cas contraire il durcit, ses manifestations vitales deviennent alors imperceptibles : c'est ce que l'on observe dans le cytoplasme des graines pendant leur période de vie ralentie.

Le protoplasma se *nourrit*, c'est-à-dire qu'il assimile et désassimile ; il *respire* en absorbant de l'oxygène et exhalant de l'acide carbonique et de l'eau ; il se *reproduit* et *évolue*, après avoir grandi, il vieillit et meurt ; enfin il est *irritable* et *contractile*.

On peut distinguer deux sortes de mouvements protoplasmiques : ceux qui s'effectuent dans l'intérieur même du protoplasma (circulation, rotation) et ceux qui occasionnent des déplacements extérieurs (mouvement amiboïdes et vibratiles).

1° *Mouvements intérieurs.* — (a) Pour vérifier l'existence d'une *circulation intérieure* protoplasmique, on examine au microscope les cellules des poils staminaux de *Tradescantia virginica*, ou des poils calicinaux d'*Althæa rosea*, les microsomes y cheminent en courants ascendants et descendants sur les tractus hyaloplasmiques. (b) On pourra, d'autre part, observer la *rotation du protoplasma* dans les cellules allongées de la nervure médiane d'*Helodea canadensis*. La couche pariétale du protoplasma y exécute un mouvement circulaire très caractérisé qui entraîne les microsomes et tous les corps en suspension dans la matière vivante. Une température de 30° accentue le phénomène. Les poils urticants de l'Ortie brûlante

____

(1) Voir *Zoologie*, page 4.

peuvent être employés comme sujets d'observation des mouvements internes du protoplasma (fig. 16).

2° *Déplacements extérieurs.* — Les déplacements peuvent être causés soit par des *mouvements amiboïdes* du protoplasma dépourvu de membrane d'enveloppe, soit par l'agitation de *cils vibratiles* empruntés à la substance proto-plasmique.

(*c*) Les mouvements amiboïdes sont particu-lièrement remarquables chez *Æthalium septicum*, Champignon myxomycète qui progresse sur le tan des tanneurs : sa masse recouvre souvent de grandes surfaces.

(*d*) Les cils vibratiles peuvent être observés sur les gamètes mâles (anthérozoïdes) de certaines Cryptogames vasculaires et sur les spores asexuées mobiles (zoospores) des Champignons oomycètes et des Algues chlorophycées.

Lorsque la cellule est jeune, le protoplasma l'occupe entièrement; mais, à mesure qu'elle grandit, on voit le *suc cellulaire* se séparer de l'hyaloplasma et remplir des vacuoles de plus en plus grandes. Le noyau finit par être rejeté sur la paroi même de la cellule avec tout le proto-plasma, qui forme ainsi une couche continue autrefois désignée sous le nom d'utricule primor-diale ou d'enveloppe azotée (fig. 17 à 20).

Le protoplasma est capable d'emprunter direc-tement au monde inorganisé les éléments qui servent à constituer toutes les substances qu'il accumule dans la cellule. Il forme, comme nous l'avons dit précédemment, de l'amidon, de la graisse, de l'albumine, etc., avec les éléments minéraux puisés dans le sol et dans l'atmo-sphère. M. Pasteur l'a démontré en ensemençant un liquide de culture renfermant de l'alcool ou de l'acide acétique, du carbonate d'ammoniaque, de l'acide phosphorique, de la potasse, de la magnésie et de l'eau avec une quantité infinitésimale de *Bacterium aceti* (ferment du vinaigre) : il récoltait un poids considérable de cette Bactérie.

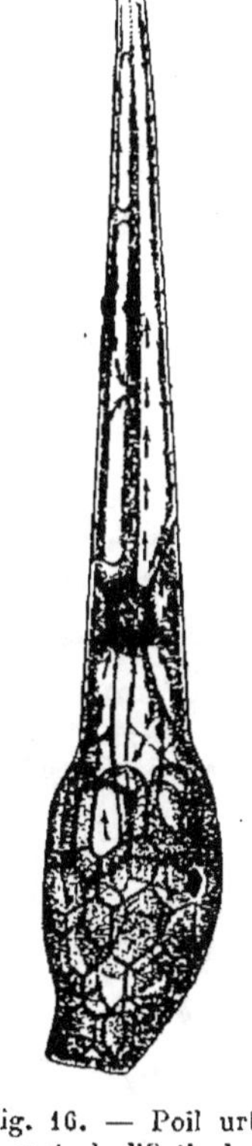

Fig. 16. — Poil urti-cant de l'Ortie brû-lante. Les flèches donnent la direction des mouvements du protoplasma.

La présence ou l'absence de certains éléments minéraux modifie même profondément le pouvoir organisateur du protoplasma. M. Raulin en a donné la preuve dans ses belles recherches sur le développement d'*Aspergillus niger* (moisissure). En faisant varier le nombre et la quantité des éléments constitutifs du liquide de culture, il obtenait, toutes choses égales d'ailleurs, des récoltes variant dans les limites de 1 à 200.

Le *suc cellulaire* joue un rôle très important dans la nutrition et la croissance de la cellule. Il apparaît d'abord à l'état de fines

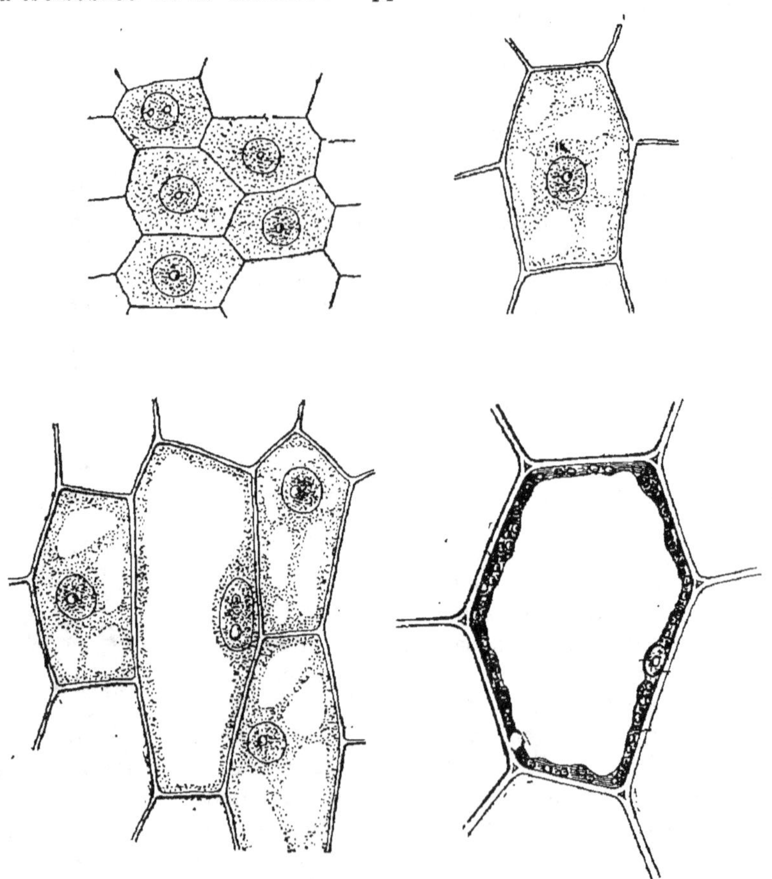

Fig. 17 à 20. — Cellules à divers états de développement.

gouttelettes qui se séparent peu à peu de la masse protoplasmique et finissent généralement par former une goutte simple isolée, nommée *vésicule du suc,* entourée par le protoplasma pariétal.

Le suc cellulaire est le véhicule où se dissolvent les matières propres à entretenir la vie du végétal. C'est une sorte de milieu intérieur avec lequel le protoplasma effectue des échanges incessants. Sa réaction acide augmente son pouvoir dissolvant.

Le suc cellulaire fournit l'eau indispensable à la vie active du protoplasma, il effectue aussi le transport des matières nutritives.

Le rôle mécanique du suc cellulaire n'est pas moins considérable que son rôle physique; lorsqu'il abonde dans la cellule celle-ci se gonfle, elle entre en *turgescence* sous l'influence de la pression intérieure supportée par la membrane. Quand le protoplasma et le noyau ont disparu de la cellule, le suc cellulaire peut la remplir entièrement; il s'appauvrit alors et ne joue plus que le rôle de réserve d'eau pour les tissus voisins.

6. Le noyau. — Le *noyau* ou tout au moins sa substance caractéristique existe dans toutes les cellules végétales : tantôt il est nettement différencié, tantôt il est disséminé en fragments au milieu du cytoplasme où les réactifs appropriés décèlent sa présence, chez les Bactériacées par exemple (fig. 20).

Les jeunes cellules montrent leur noyau au centre même du protoplasma qui offre alors peu de vacuoles ; mais, à mesure que la cellule vieillit, on voit le noyau se porter vers la paroi cellulaire dans la couche périphérique de protoplasma désignée sous le nom d'utricule primordiale.

Certains éléments histiques différenciés présentent un nombre variable et quelquefois considérable de noyaux : ex.: les fibres libériennes de l'Ortie et les laticifères de la Chicorée, etc.

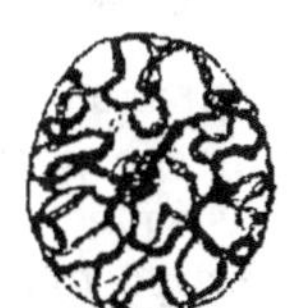

Fig. 21. — Structure du noyau fortement grossi (Guignard).

Le noyau est limité par la *membrane nucléaire*, produit de la condensation du protoplasma cellulaire ambiant (Strasbürger) : cette membrane propre (Guignard) enveloppe une matière albuminoïde liquide, le *suc nucléaire*, dans laquelle baigne un filament pelotonné dont la substance est la *nucléine* (fig. 21).

La nucléine n'est pas homogène, elle est composée de *linine* amorphe et de *chromatine* granuleuse.

Les grains de chromatine absorbent facilement les liquides colorants, ce sont des microsomes albuminoïdes riches en phosphore et insolubles dans le suc gastrique; quant à la linine ou *hyaloplasma nucléaire*, elle résiste aux réactifs colorants et se distingue ainsi facilement de la chromatine.

Entre les replis du *filament nucléaire*, on trouve un ou plusieurs nucléoles dont la substance est désignée sous le nom de *pyrénine*. Ce sont des corps très réfringents qui fixent les matières colorantes comme le fait la chromatine, mais qui sont solubles dans l'acide acétique, lequel ne dissout pas les microsomes chromatiques du filament.

Dans les cellules au repos, on peut distinguer deux masses protoplasmiques accolées contre la membrane nucléaire en dehors du noyau, ce sont les *sphères directrices* dont les fonctions ont été récemment reconnues et décrites (Guignard).

Elles appartiennent au cytoplasme lui-même et jouent un grand rôle pendant les phénomènes de la bipartition nucléaire (1).

7. Contenu des cellules. — Les principales substances qui peuvent se rencontrer en suspension dans le protoplasma des cellules végétales sont : l'*aleurone*, les *leucites*, les *matières grasses*, l'*amidon* et les *matières minérales*. Celles qui peuvent se trouver en dissolution dans le suc cellulaire sont : l'*inuline*, les *matières colorantes*, le *tannin*, le *sucre*, les *gommes*, les *mucilages*, les *essences*, les *résines* et *gommes-résines*, les *glucosides*, les *alcaloïdes*, les *acides végétaux*, les *diastases*, etc.

On doit remarquer que souvent une matière primitivement dissoute dans le suc cellulaire pendant la période d'activité de la cellule se précipite plus tard à l'état amorphe ou cristallisé. Il suffit pour cela que le protoplasma se dessèche, que son activité vitale diminue ou que la cellule meure.

A. — Corpuscules figurés dans le protoplasma.

ALEURONE. — L'aleurone est de nature albuminoïde, elle se présente en grains de 1 à 50 μ dont la forme est variable, mais caractéristique pour chaque espèce végétale étudiée.

L'aleurone est une réserve alimentaire qui apparaît et s'accumule dans le parenchyme des graines mûres au moment où le protoplasma se dessèche pour prendre l'état de vie ralentie. Elle abonde surtout dans les graines oléagineuses.

Un *grain d'aleurone* complet peut présenter:

1° Une *membrane d'enveloppe* hyaline très mince ;

2° Une *substance fondamentale* amorphe protoplasmique généralement jaunâtre, quelquefois brune (Fève Tonka) ou verte (Pistache);

3° Des *inclusions* nommées *cristalloïdes* et *globoïdes*. Les cristalloïdes sont de nature protéique, ils offrent les mêmes réactions que la substance fondamentale ; leurs formes cristallines sont mal définies, ils portent toujours une fine membrane d'enveloppe. Les globoïdes, corpuscules arrondis, sont formés de saccharo ou de glycéro-phosphate de calcium et de magnésium.

Avec ces inclusions se trouvent souvent des cristaux d'oxalate de chaux plus ou moins abondants.

Les grains d'aleurone ne sont pas toujours aussi complets. La graine

(1) Voir *Zoologie*, page 7.

de Pivoine, l'albumen du Blé (fig. 22) ont des grains d'aleurone homogènes non pourvus d'inclusions. Chez le Coriandre la matière fondamentale n'est accompagnée que par des globoïdes ; chez les

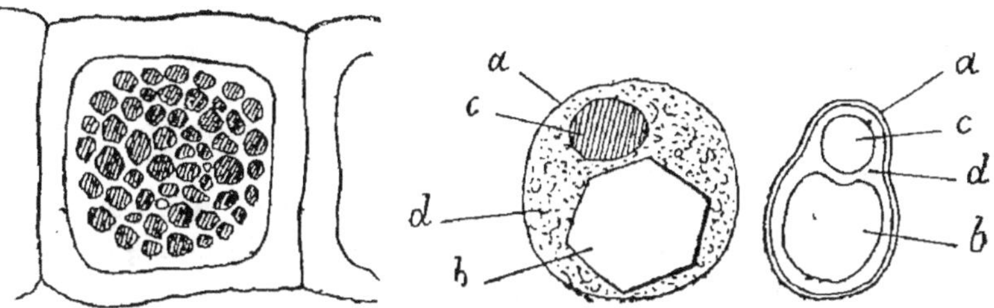

Fig. 22. — Cellule de l'albumen du Blé.   Fig. 23. — Grain d'aleurone du Ricin (Hérail) (*).   Fig. 24. — Aleurone du Lin (Hérail).

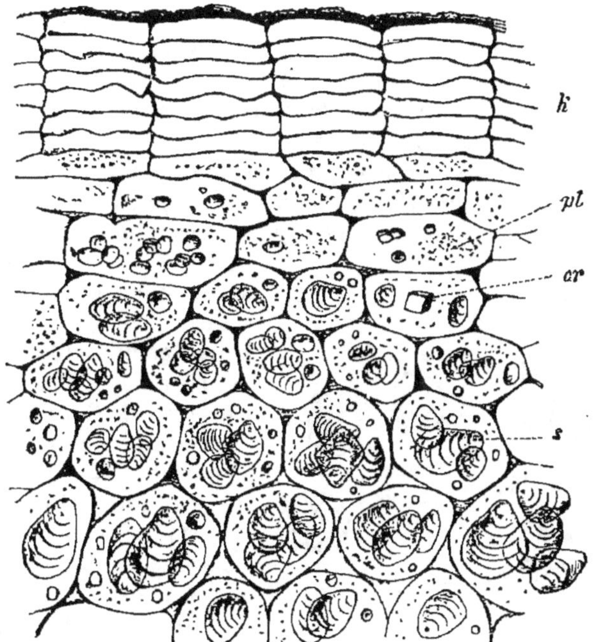

Fig. 25. — Coupe de la partie périphérique d'un tubercule de Pomme de terre (Tschirch) (**).

Scorsonères par des cristalloïdes ; chez le Ricin et le Lin par les deux sortes d'inclusions (fig. 23 et 24). Enfin, dans les premières

(*) *a*, membrane. *b*, cristalloïde protéique. *c*, globule. *d*, substance fondamentale.
(**) *k*, suber. — *pl*, cellules vivantes avec de petits grains d'amidon. — *cr*, cristalloïde de protéine. — *s*, grains d'amidon.

assises du parenchyme amylacé de la Pomme de terre, on observe
des cristalloïdes protéiques isolés qui ne sont même pas enfermés
dans la substance fondamentale d'un grain d'aleurone (fig. 25).

LEUCITES. — Les *leucites* sont des corpuscules figurés qui se trouvent en nombre plus ou moins considérable dans le protoplasma
pariétal ou les trabécules protoplasmiques des cellules.

Ils ne diffèrent pas chimiquement du reste du corps vivant et se
composent comme lui de diverses substances albuminoïdes mé-
langées en proportions variables.

On peut considérer les leucites comme des particules issues du
protoplasma fondamental dont la fonction serait de fabriquer certaines réserves et particulièrement l'amidon.

Parmi les leucites, les uns restent indéfiniment incolores, les
autres se chargent de pigments.

Les leucites incolores sont manifestement producteurs d'amidon
(*amyloleucites*), on peut s'en convaincre en examinant au microscope les cellules parenchymateuses du rhizome d'Iris, ces cellules
traitées par l'iode et le chloro-iodure de zinc montrent un grand
nombre de grains d'amidon colorés en bleu accolés au leucite générateur coloré en jaune (Hérail).

Les leucites colorés (*chromoleucites*) se chargent de deux pigments
principaux : la *xanthophylle* jaune et la *chlorophylle* verte.

Ces pigments peuvent se développer ensemble sur un leucite
dont les fonctions prennent alors une grande importance.

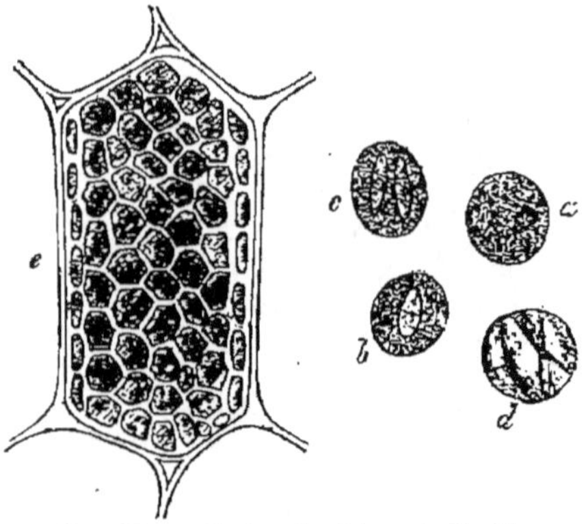

Le leucite chlorophyllien est désigné sous le nom de
chloroleucite (Van Tieghem) ; la présence des pigments ne
l'empêche pas de produire de l'amidon. Du reste, la
chlorophylle peut prendre naissance aussi bien sur la
matière protéique d'un vrai leucite que sur un substratum hydrocarboné. M. Man- gin oppose les amylites verts

Fig. 26. — Grains de chlorophylle (*).

(*chloramylites*) aux leucites chlorophylliens (*chloroleucites*).

On peut étudier les chloroleucites soit dans les cellules vertes des
Algues où ils affectent la forme de disques, d'étoiles, de rubans

(*) *e*, cellule remplie de grains de chlorophylle appliqués contre les parois. — *a*, grain de
chlorophylle (la nature spongieuse du grain est indiquée par le pointillé). — *b*, *c*, *d*, grains
d'amidon de grosseurs diverses inclus dans le corps chlorophyllien (d'après Tschirch).

spiralés, de sphéroïdes, soit dans le parenchyme vert des autres végétaux où ils se présentent en petits grains arrondis ou polyédriques souvent nommés *corps chlorophylliens* (fig. 26).

Les chromoleucites peuvent offrir d'autres couleurs que le vert, ce sont d'abord les *leucites jaunes* imprégnés seulement de xanthophylle insoluble dans l'eau, soluble et cristallisable dans l'alcool. Ils sont granuleux dans les pétales du Chrysanthème, fusiformes dans la Capucine, rubanés dans la pulpe de la Courge (fig. 27)

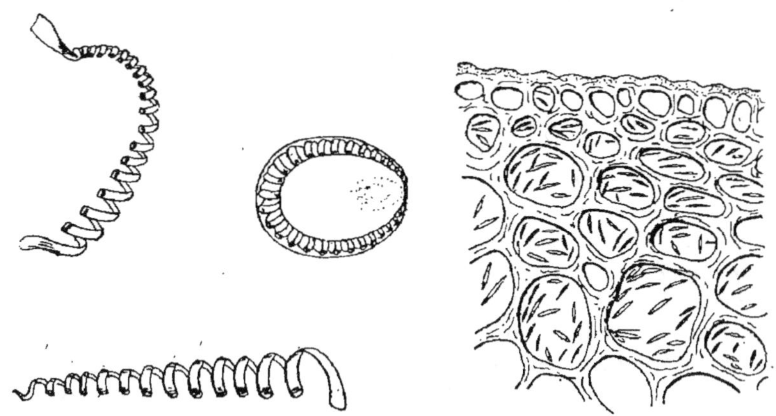

Fig. 27. — Chromoleucites de la Courge jaune (d'après Hérail).

Fig. 28. — Chromoleucites du fruit du Rosier (d'après Courchet).

Les *leucites rouges* ou *orangés* sont nombreux dans les fruits du Piment et de la Rose (fig. 28), dans les poils du Géranium, etc.

Les *leucites bleus* du Pied d'Alouette rougissent aux acides et verdissent aux alcalis.

Les *leucites bruns* que les acides font virer au bleu et les alcalis au vert, se présentent en fuseaux chez les Orobanches.

Les *leucites violets* que les acides rougissent et que les alcalis bleuissent, se trouvent chez *Orchis Morio*.

Quelques substances colorantes sont solubles dans l'eau, particulièrement les brunes et les violettes.

Corps gras. — Les *corps gras* sont des matières que le protoplasma produit et accumule pour constituer des réserves alimentaires au même titre que l'aleurone et l'amidon.

Au point de vue chimique, les corps gras sont des éthers de la glycérine mélangés en proportions extrèmement variables. Les plus répandus dans les cellules végétales sont la *trimargarine*, la *tristéarine*, la *trioléine*; d'autres sont plus rares comme la *triacétine*, la *trilaurine*, la *trimyristine* et la *triarachine*.

Si l'oléine domine, le corps gras est liquide; si la margarine et la stéarine dominent, il est solide.

Les substances grasses sont réfringentes, insolubles dans l'eau, solubles dans l'éther et dans la benzine, elles se présentent dans les cellules, tantôt en gouttelettes, tantôt en granules ou en aiguilles, elles peuvent former la moitié et même les deux tiers de leur poids. La teinture d'Orcanette les colore en rouge.

On trouve de l'huile dans l'albumen du Ricin, les cotylédons de la Moutarde et du Lin; des graisses solides dans les graines de Cacao, de Coco, de Laurier, de Muscade, etc.

Quelquefois, les graisses ne sont pas employées par la plante comme des réserves, mais plutôt éliminées comme des excrétions; c'est ce qui arrive lorsqu'elles s'accumulent dans le péricarpe des fruits (Olive), les feuilles ou l'axe des Hépatiques, car elles ne rentrent plus dans le courant alimentaire du végétal.

Amidon. — L'*amidon* est une substance de réserve qui s'accumule dans certaines parties de la plante pour être employée en temps utile. On appelle *fécule* l'amidon des rhizomes, des tubercules et, en général, de tous les organes souterrains.

L'amidon est un hydrate de carbone de la formule $(C^6 H^{10} O^5) n$ qui se transforme en *dextrose* lorsqu'on l'attaque par un acide étendu; n doit être supérieur à 5, sans cela le corps reste à l'état de dissolution dans le suc cellulaire.

Fig. 29. — Grain d'amidon de Pomme de terre (*).

L'amidon se présente sous la forme de grains blancs dont la grosseur est extrêmement variable; tantôt ces grains sont très ténus comme dans le Ricin, le Riz et le Sarrasin, tantôt ils sont relativement volumineux comme dans le Seigle, le Blé et surtout la Pomme de terre (fig. 29).

Tous bleuissent par l'iode et se transforment en empois lorsqu'on les traite par l'eau chaude ou les alcalis étendus.

En réalité, l'amidon est constitué par divers hydrates de carbone isomères, dont les plus connus sont généralement appelés *granulose* et *cellulose amylacée*. La granulose seule bleuit par l'iode, la cellulose amylacée lui sert de trame, au moins dans les grains qui ont acquis leur complet développement. On peut encore admettre que les grains jeunes sont primitivement formés par un certain nombre d'hydrates de carbone identiques qui se polymérisent en vieillissant, car il arrive un moment où ces composants offrent une résistance inégale aux réactifs hydratants.

(*) a, b, stries stratifiées alternativement claires et obscures. — h, le hile.

Au point de vue physique, les grains d'amidon ont une structure cristalline, ce sont des sphéro-cristaux qui s'accroissent par apposition de molécules nouvelles en dehors des anciennes (Schimper)

Les couches inégalement brillantes et biréfringentes sont strati-fiées autour d'un noyau mou et riche en eau, elles se dessinent à la surface en stries concentriques.

Une tache nommée *hile* correspond au noyau, cette tache offre des formes diverses.

Dans la lumière polarisée le grain d'amidon présente deux bandes noires dont les branches se croisent au noyau (fig. 30).

Fig. 30. — Grain d'amidon de la Pomme de terre dans la lumière polarisée.

Les grains sphériques, ovoïdes, polyédriques, peuvent prendre naissance dans le même leucite pour produire un *grain composé* comme celui de l'Avoine (fig. 31).

Nous donnons dans la figure 32 la forme des grains d'amidon de quelques plantes agricoles, d'après Cauvet.

MATIÈRES MINÉRALES. — Les substances minérales solides contenues dans les cellules sont, par ordre de fréquence, l'oxalate, le carbonate, le sulfate et le phosphate de calcium, la silice et le soufre.

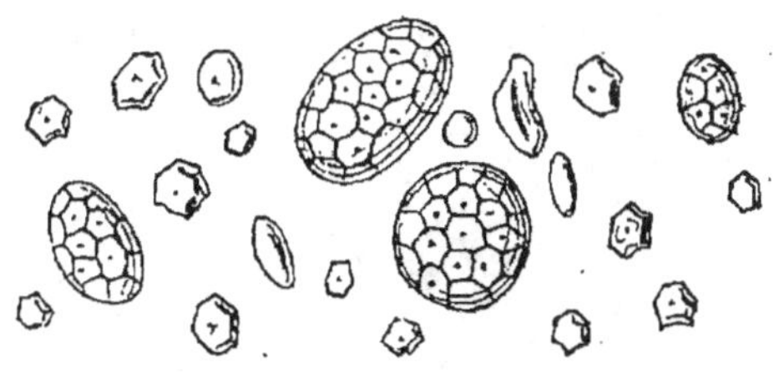

Fig. 31. — Amidon de l'Avoine (Hérail).

L'*oxalate de calcium* peut se rencontrer dans toutes les parties de la plante et chez presque toutes les plantes, il est soluble dans l'acide chlorhydrique et dans l'acide sulfurique, insoluble dans l'eau et dans l'acide acétique; il cristallise dans le système clino-rhombique ou dans le système quadratique, on l'observe facilement au microscope dans la plupart des coupes de feuilles, de graines, etc. (fig. 33).

Le *carbonate de calcium* est moins commun, on le rencontre chez les Urticacées, les Acanthacées et quelques Cucurbitacées, il est soluble dans les acides avec effervescence.

Le *sulfate de calcium* est insoluble dans l'acide sulfurique, il est

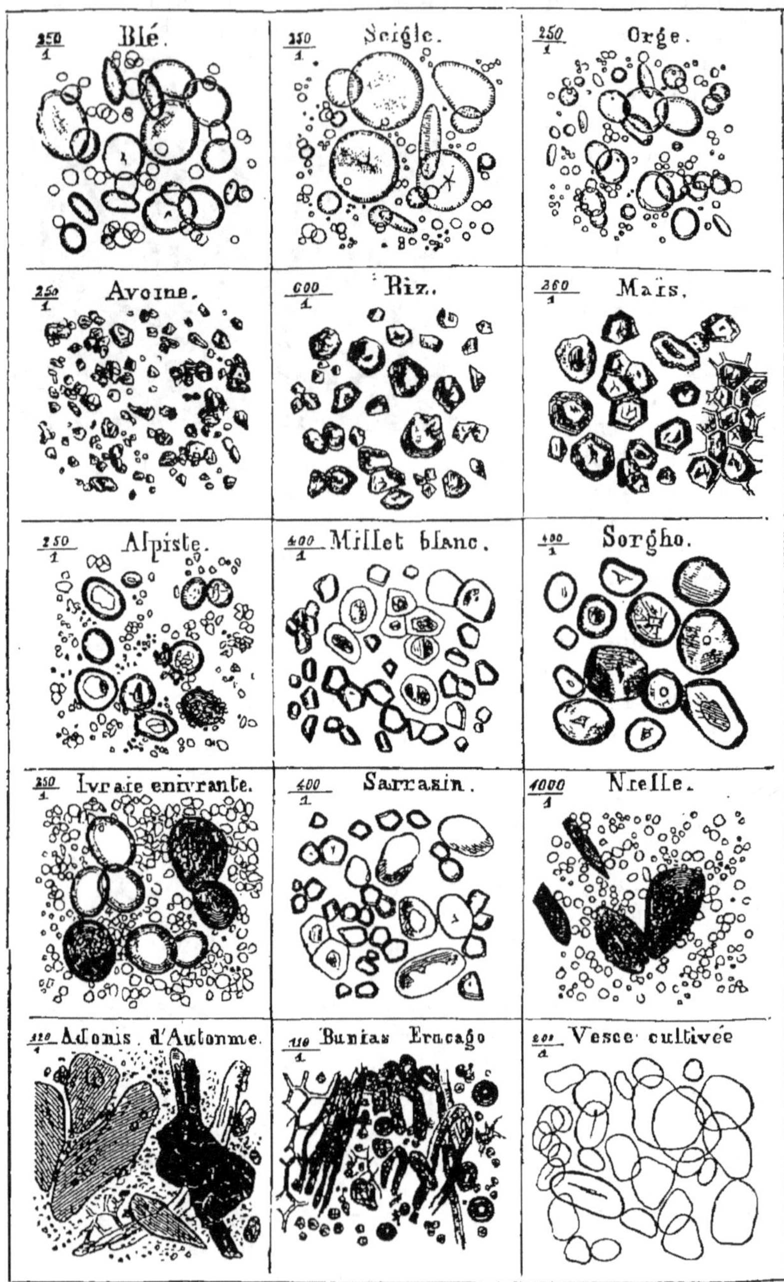

Fig. 32. — Formes des grains d'amidon dans un certain nombre de plantes agricoles (d'après Cauvet).

cristallisé chez quelques Desmidiacées et dans la Canne à sucre.

Les cristaux de phosphate n'ont été signalés jusqu'à présent que dans le bois de Teck.

La silice forme la carapace des Diatomées et le soufre cristallise dans les cellules des Algues sulfuraires comme *Beggiatoa alba*.

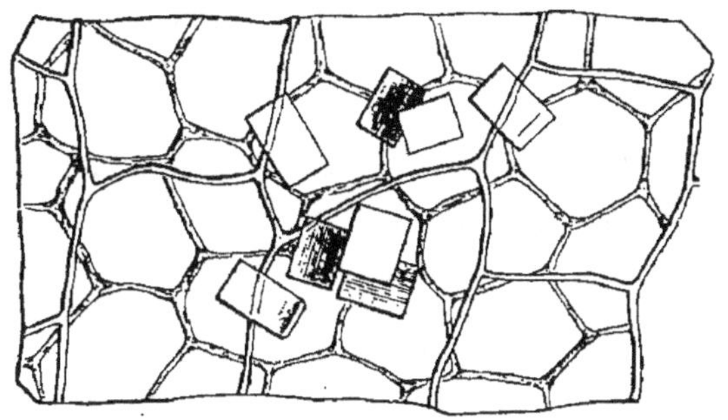

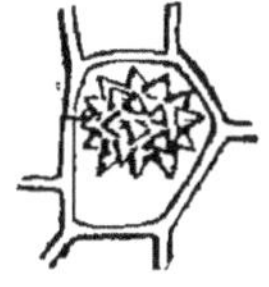

Fig. 33. — Anis étoilé (*Illicium anisatum*), tégument de la graine présentant des lamelles d'oxalate de calcium (Vogl).

Fig. 34. — Cristaux dans une cellule d'*Aristolochia sipho*.

L'oxalate de calcium se présente en cristaux maclés dans les feuilles d'*Aristolochia sipho* (fig. 34), en *raphides* ou paquets d'ai-

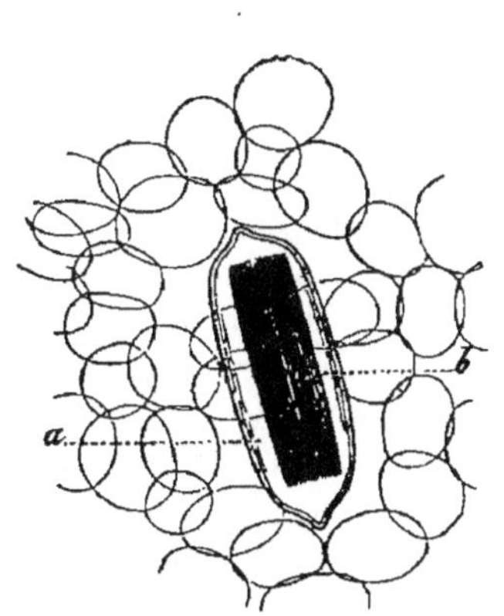

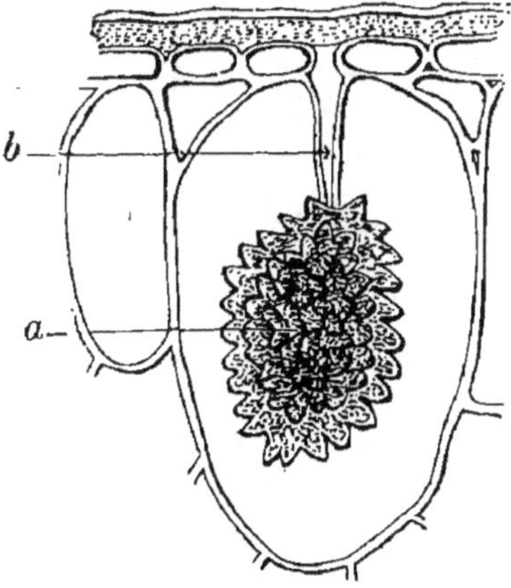

Fig. 35. — Raphides dans une cellule de *Colocasia antiquorum* (*).

Fig. 36. — Cystolithe du *Ficus elastica* (**).

guilles dans la feuille du *Fuchsia*, etc. Ces raphides sont généralement enveloppés d'une matière gommeuse qui se gonfle et se dissout dans l'eau (fig. 35).

(*) *a*, la cellule. — *b*, les cristaux.
(**) *a*, les cristaux. — *b*, filament suspenseur.

Le *carbonate de calcium* forme les *cystolithes* de la feuille du Caoutchouc, les concrétions se déposent alors sur un réseau cellulosique suspendu au plafond de la cellule par un ligament (fig. 36). Les cystolithes restent libres dans le Chanvre ; chez *Urtica macrophylla*, ils sont fusiformes et fixés au pédicule par la partie médiane.

Les cystolithes sont généralement entourés d'une mince couche de cellulose, ils paraissent dépendre plutôt de l'enveloppe que du contenu cellulaire.

B. — Substances dissoutes dans le suc cellulaire.

INULINE. — L'*inuline* a la même composition que l'amidon, elle est peu soluble dans l'eau froide, mais très soluble à chaud.

Elle existe à l'état de dissolution dans le suc cellulaire de la plupart des Composées, on la rencontre surtout dans les racines où elle joue le rôle d'aliment de réserve.

Lorsqu'on met dans l'alcool concentré des tranches de ces racines fraîches, l'inuline se précipite en granules amorphes ; une macération plus prolongée précipite l'inuline en masses sphéroïdales, tantôt isolées, tantôt groupées et parfois à cheval sur deux ou trois cloisons cellulaires. Ces masses sont des sphéro-cristaux offrant un petit vide central autour duquel se stratifient des couches concentriques traversées par des fissures étoilées (fig. 37).

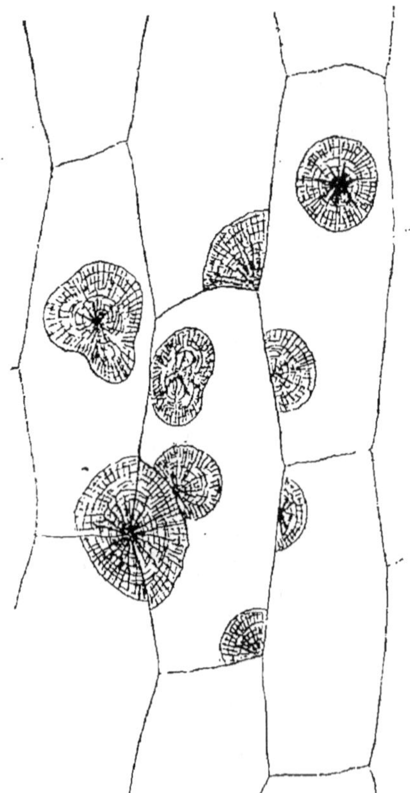

Fig. 37. — Sphéro-cristaux d'inuline du tubercule de Dahlia (d'après Hérail).

Les sphéro-cristaux d'inuline se forment aussi par simple dessiccation ou même par congélation des tranches observées. Le Dahlia, l'Aunée, la Bardane et le Topinambour en offrent de bons exemples.

L'inuline remplace l'amidon dans les cellules qui la renferment, elle dévie à gauche le plan de polarisation, de là les noms de *lévuline* ou de *sinistrine* qui lui ont été donnés par quelques chimistes ; elle ne se colore pas par l'iode, mais la solution iodée l'imbibe facilement et se répand dans les fissures du sphéro-cristal.

L'ébullition dans les acides sulfurique ou chlorhydrique très étendus transforme l'inuline en *lévulose*.

TANNIN. — Le *tannin* est une substance qui dérive du protoplasma et que l'on trouve en dissolution dans le suc cellulaire ; c'est un glucoside à réaction faiblement acide qui peut se transformer en glucose et acide gallique par fixation des éléments de l'eau. Il représente un stade de la formation du sucre dans la cellule.

Le tannin communique aux solutions ferriques une couleur noire, bleue ou verte caractéristique, quelquefois on le rencontre en petites masses fluides (écorce du Chêne) ; le fait semble rare.

Le tannin abonde dans les écorces et les feuilles d'un grand nombre de plantes, jamais il n'imprègne la membrane cellulaire, car celle-ci ne se colore jamais sous l'action du persulfate de fer.

SUCRES. — La plupart des plantes contiennent du *sucre* sous une ou plusieurs de ses formes chimiques.

Les sucres résultent d'une modification de certains éléments dissous ou figurés déjà étudiés. L'amidon, l'inuline, le tannin peuvent leur donner naissance.

Les sucres se trouvent en dissolution dans le suc cellulaire, ils jouent le rôle de réserves alimentaires et s'accumulent dans les tiges, les racines et les fruits ; ils circulent dans le corps de la plante et sont portés vers les points où ils doivent être utilisés. Quelquefois les sucres cristallisent par dessication comme dans la Figue et la Datte.

Le *saccharose* abonde dans la sève de l'Érable à sucre, dans la Betterave, la Canne à sucre, etc.

Le *glucose* dans les fruits acides, associé au *lévulose* : Cerise, Raisin, etc.

Les *mannes* du Mélèze, du Frêne et de l'Eucalyptus contiennent aussi des sucres spéciaux. Les Champignons sont riches en principes sucrés, le *tréhalose* les caractérise (Em. Bourquelot).

Les *glucosides* se rattachent aux saccharoses, ils donnent par dédoublement du glucose et des corps acides ou neutres ; les principaux sont : l'amygdaline, la salicine, l'esculine, la saponine, etc. Le tannin peut être rattaché à cette série, nous l'avons établi précédemment.

GOMMES ET MUCILAGES. — Les *gommes* et les *mucilages* ont pour caractère commun de donner de l'acide mucique et de l'acide oxalique lorsqu'on les traite par l'acide azotique. On en trouve en dissolution dans le suc cellulaire, mais souvent ils prennent naissance par histolyse, c'est-à-dire par fonte des parois cellulaires.

Les gommes sont formées par le mélange enproportions variables d'anhydrides de divers glucoses (surtout *galactose* et *arabinose*). Parmi ces anhydrides, les uns sont solubles, leur ensemble est provisoirement désigné sous le nom d'*arabine*, les autres sont insolubles, ils forment la *cérasine* ou *bassorine* de la gomme adragante.

On peut rapprocher des gommes : la *viscine* que l'on retire des fruits du Gui, de l'écorce du Houx, etc., pour fabriquer la glu, et les *matières pectiques* si abondantes dans certains fruits.

Les mucilages entrent pour une grande part dans la composition du liquide clair qui remplit les cellules aquifères des plantes des pays chauds ; on en trouve une quantité considérable dans le jus des feuilles d'Aloès.

Les *gommes résines* sont des mélanges de matières gommeuses et résineuses à l'état d'émulsion dans les tissus sécréteurs de plusieurs plantes comme l'asa fœtida, la gomme-gutte et la gomme ammoniaque, utilisées en médecine.

Matières diverses. — Le nombre des substances que l'on peut encore rencontrer dans les cellules végétales est très considérable.

Sans parler des *essences*, des *résines*, des *oléo-résines* et des *baumes* qui sont des produits de sécrétion comme les gommes-résines et qui s'accumulent dans des appareils spéciaux, on peut citer : les *acides organiques* : citrique, tartrique, malique, acétique, oxalique, etc., les *alcaloïdes* : morphine, quinine, strychnine, nicotine, atropine, caféine, etc., les *corps amidés* tels que l'asparagine, la leucine, la tyrosine, la glutamine, etc., les *albuminoïdes*, tels que le gluten, les caséines, fibrines et albumines végétales ; les *diastases* ou ferments solubles qui mettent en circulation les réserves alimentaires en leur donnant une forme assimilable. Les principales diastases sont :

La pepsine qui transforme les albuminoses en peptones. L'amylase qui dédouble l'amidon. La saponase, qui saponifie les corps gras. L'invertine, qui dédouble le saccharose. L'émulsine qui hydrate l'amygdaline et la décompose en dextrose, acide cyanhydrique et essence d'amandes amères ; ce ferment des glucosides existe chez tous les Champignons lignicoles, il leur permet d'utiliser la salicine, la populine, la phlorizine, la coniférine, etc., des bois, en en séparant le sucre assimilable (Em. Bourquelot). La myrosine qui agit sur l'acide myronique et produit des essences sulfurées.

La pepsine se rencontre dans une foule de végétaux, depuis les Bactéries et l'Æthalium, jusqu'aux graines de Vesce ou de Lin. C'est elle qui attaque les proies retenues par les plantes dites carnivores, telles que la Dionée gobe-mouche, le Drosera et le Rossolis ; elle aussi que l'on extrait du Papayer pour les usages médicaux.

CLASSIFICATION DES FERMENTS SOLUBLES
D'après Em. BOURQUELOT.

Ier GROUPE.

Ferments des hydrates de carbone.

Les ferments solubles qui appartiennent à ce groupe possèdent la propriété de fixer de l'eau sur les hydrates de carbone de réserve et de transformer ces derniers en sucres assimilables. On a isolé et étudié les suivants :

1° *Cylase*, attaque et transforme en glucose certains hydrates de carbone constituant la membrane des végétaux.

2° *Amylase*, saccharifie l'amidon en donnant du maltose.

3° *Inulase*, transforme l'inuline en lévulose.

4° *Maltase*, dédouble le maltose en dextrose.

5° *Tréhalase*, dédouble le tréhalose (sucre de réserve des Champignons) en dextrose.

6° *Invertine* ou *invertase*, dédouble le sucre de canne en dextrose et lévulose, sucres assimilables.

IIe GROUPE.

Ferments des glucosides.

Ces ferments fixent de l'eau sur les glucosides et les dédoublent d'une part en dextrose, et d'autre part en un ou plusieurs composés variant avec le glucoside considéré. On connaît :

1° *Émulsine*, dédouble l'amygdaline en dextrose, acide cyanhydrique et aldéhyde benzoïque. L'émulsine dédouble encore un grand nombre d'autres glucosides.

2° *Myrosine*, dédouble le myronate de potassium (sinigrine), glucoside existant dans les Crucifères, en dextrose, sulfate de potassium et essence de moutarde.

3° *Rhamnase*, dédouble la xanthorhamnine, glucoside des semences de *Rhamnus*, en dextrose et rhamnine.

Dans tous les cas il y a, comme on le voit, formation d'un glucose (dextrose).

IIIe GROUPE.

Ferments des substances albuminoïdes.

Les ferments solubles protéo-hydrolytiques fixent de l'eau sur les matières albuminoïdes et les transforment en produits assimilables. On a étudié :

1° *Pepsine* et *trypsine* qui transforment les albuminoïdes en peptones.
    La pepsine se distingue de la trypsine en ce qu'elle ne peut exercer son action qu'en présence d'une certaine proportion d'acide.

2° *Papaïne*, sorte de trypsine végétale.

3° *Présure*, possède la propriété de coaguler la caséine du lait ainsi que la caséine végétale. Cette coagulation est considérée comme un dédoublement donnant naissance à une matière albuminoïde soluble d'une part et à une sorte de sel de chaux insoluble d'autre part (caséum).

A côté de ces ferments on peut citer encore la *plasmase* qui coagule le sang, mais ce ferment n'intéresse pas le botaniste ; il en est de même de l'*uréase* qui fixe de l'eau sur l'urée et la transforme en carbonate d'ammoniaque.

L'uréase représenterait un quatrième type de ferment soluble, seul jusqu'ici dans son groupe.

L'amylase est le plus répandu des ferments végétaux ; la cytase, ferment cyto-hydrolytique, est particulièrement abondante chez *Bacillus amylobacter* qui peut dissoudre entièrement les parois cellulaires des feuilles et transformer ces organes en fines dentelles réduites aux nervures.

L'invertine est la matière active de la Levûre de bière, elle se retrouve dans certaines Moisissures, dans des spores ou des grains de pollen, etc.

Un ferment spécial semble avoir la propriété de fabriquer des gommes ou des mucilages aux dépens de la cellulose (Wiesner). On l'a observé chez deux Champignons : *Coryneum Beijerinki*, dont la présence causerait la maladie dite *gommose* des Abricotiers et autres arbres, et *Pleospora gummipara* qui s'attaquerait à l'Acacia vrai.

M. Em. Boùrquelot a établi la série des *ferments solubles* qui ont été isolés (voir le tableau de la page précédente).

8. La membrane des cellules. — Les cellules végétales, à peu d'exceptions près, finissent par s'entourer d'une *membrane de cellulose*.

Cette substance existe tout d'abord à l'état de dissolution dans le protoplasma qui en forme une première couche mince imprégnant la région pariétale de sa masse.

On peut isoler la membrane initiale en contractant le protoplasma à l'aide de réactifs appropriés.

Peu à peu, l'épaississement se produit par *accroissement centripète*, c'est-à-dire par apposition interne de molécules nouvelles, par *accroissement centrifuge* ou apposition externe et enfin par *intercalation* dans le sens rayonnant.

Les cristalloïdes cellulosiques sont des prismes biréfringents qui se juxtaposent et donnent à la membrane un aspect strié.

L'eau est inégalement répartie dans les couches cellulosiques, la portion moyenne de la membrane, vue sur une coupe, est plus terne que les bords.

Pendant toute la durée de son accroissement, la membrane possède un substratum vivant dont les éléments restent longtemps intercalés à la cellulose. On en a la preuve en étudiant l'apparition de la membrane au moment de la division cellulaire.

La plaque cellulaire produite à la suite de la caryokinèse représente la première apparition du protoplasma différencié capable d'engendrer les cristalloïdes cellulosiques.

Cette portion différenciée du cytoplasme a été nommée *dermatoplasme* par Wiesner, elle offre d'ailleurs les propriétés générales du protoplasma.

A peine constituée, la plaque cellulaire prend les réactions de la cellulose parce que ses microsomes se transforment en corpuscules de cellulose et ne contiennent finalement plus de matières protéiques, mais entre les microsomes modifiés il en subsiste d'intacts qui continuent à croître et à se multiplier et qui maintiennent la vitalité de la membrane pendant toute son évolution (1).

La membrane essentiellement formée de *cellulose* renferme aussi des *composés pectiques* et de la *callose* (Mangin).

On distingue trois sortes de celluloses :

la *cellulose proprement dite* ;

la *paracellulose* ;

la *métacellulose* ou *fongine*.

Les celluloses sont des hydrates de carbone plus polymérisés que l'amidon. La *cellulose proprement dite* offre deux variétés, l'une qui est attaquée par le Vibrion butyrique (*Bacillus amylobacter*) et l'autre qui n'est pas atteinte par la diastase que sécrète ce ferment. La séparation se fait nettement dans le rouissage des plantes textiles (Chanvre, Lin), les jeunes cellules sont désagrégées, leur cellulose est transformée en glucose puis en acide butyrique, tandis que les fibres restent inattaquées.

Ces deux variétés de cellulose se dissolvent dans le réactif cupro-ammoniacal de Schweitzer et bleuissent au chloro-iodure de zinc. L'acide sulfurique et l'acide chlorhydrique les hydratent en leur donnant les propriétés de l'amidon.

La *paracellulose* est ramenée à l'état de cellulose par l'ébullition dans les acides étendus, elle est plus condensée que cette dernière et ne se dissout pas dans le réactif de Schweitzer.

Quant à la *fongine* elle forme la membrane d'un grand nombre de Champignons, l'ébullition avec les acides ne la ramène pas à l'état de cellulose, sa condensation est plus grande encore que celle de la paracellulose.

Pour déceler la présence de la *pectose* et de l'*acide pectique* dans les membranes cellulaires on commence par faire macérer ces membranes dans le liquide cupro-ammoniacal, on lave ensuite à l'eau et à l'acide acétique très étendu (2/100) puis l'on fait agir les réactifs colorants appropriés, le bleu de méthylène, par exemple, qui donne une coloration violacée aux composés pectiques. Dans tous les cas, il faut opérer sur des plantes Phanérogames.

La *callose* se rencontre surtout chez les Thallophytes ; on la trouve aussi dans le cal des tubes criblés et dans la membrane des cellules mères du pollen. Le choro-iodure de zinc la colore en jaune et non en bleu ; comme la cellulose elle fixe l'aniline et quelques autres réactifs colorants. La callose est amorphe, incolore, insoluble dans

____

(1) P. Vuillemin, *La biologie végétale*. Paris, 1888.

l'eau, l'alcool et le réactif de Schweitzer très soluble dans la soude et la potasse au centième (Hérail).

9. Modifications chimiques de la membrane. — La membrane cellulosique conserve souvent pendant toute la durée de son existence sa composition chimique primitive, c'est ce que l'on observe dans les poils des graines de Cotonnier, etc., mais souvent aussi elle subit dans le cours de son évolution un certain nombre de modifications importantes qui lui permettent d'accomplir des fonctions diverses, ce sont : la *lignification*, la *cuticularisation*, la *subérification*, la *cérification*, la *gélification* et la *liquéfaction ;* elle peut en outre s'imprégner de *matières minérales* ou de *matières colorantes*.

La *lignine* plus riche en carbone que la cellulose pure est brune ou jaune, dure et cassante ; la fuchsine la colore en rose, la potasse en jaune. C'est la lignine qui incruste plus ou moins complètement les éléments des plantes formant le *bois*. La membrane lignifiée perd une partie de sa perméabilité, mais elle acquiert une plus grande solidité, elle ne se dissout plus dans le réactif de Schweitzer.

Dans les parties du corps exposées directement à l'action du milieu ambiant, la membrane se transforme en *cutine*, hydrate de carbone très pauvre en oxygène. La transformation s'effectue graduellement de l'extérieur vers l'intérieur, elle est partielle ou totale.

On peut par simple macération détacher la *cuticule* qui recouvre les cellules superficielles des feuilles. La cutine est, comme la lignine, insoluble dans le réactif cupro-ammoniacal, elle fixe fortement les couleurs d'aniline et se dissout dans l'acide azotique bouillant.

La *subérine* diffère peu de la cutine, elle imprègne la membrane des cellules du *liége* ou *suber* (Chêne, Platane, etc). Lorsqu'une plante est blessée, elle subérifie les parois de ses cellules mises accidentellement à nu.

La cutine et la subérine sont élastiques et imperméables ; les deux substances se dissolvent dans l'acide chromique qui n'attaque que difficilement la cellulose et la lignine.

Les membranes subérifiées sont fréquemment chargées de *cire*, tantôt dans leur épaisseur comme chez les Cycas, tantôt dans leur face externe comme chez l'Eucalyptus, la Canne à sucre, le Chou, etc. La chaleur fait fondre la cire et la rend soluble dans l'alcool. Les dépôts cireux se présentent à l'état de bâtonnets ou de grains amorphes parfois assez abondants pour être exploités industriellement. Ce sont eux qui forment la *pruine* de plusieurs fruits (fig. 38).

La *gélose* est isomère de la cellulose dont elle diffère par certaines propriétés. Cette substance se transforme en une gelée gommeuse sous l'influence de l'eau, on l'observe à la surface des graines de Lin, de Coing, ainsi que dans la Mauve et le Tilleul; elle ne se colore pas par les réactifs iodés de la cellulose, mais elle fixe la teinture de Campêche et le violet de Hanstein. Elle ressemble aux mucilages et aux gommes déjà étudiées.

La gélification porte quelquefois sur la substance intercellulaire et non sur la membrane proprement dite (Laminaire); d'autres fois elle attaque si complètement la membrane que celle-ci devient capable de se dissoudre totalement : ce phénomène est nommé *liquéfaction*. L'*histolyse* établit la communication directe entre les cellules voisines ; nous aurons l'occasion de revenir sur ce sujet en parlant de la formation des vaisseaux

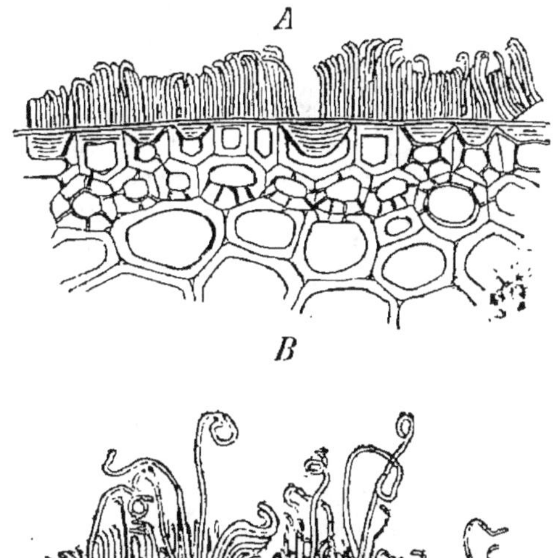

Fig. 38. — Coupe dans la périphérie de la tige de *Saccharum officinarum* avec sécrétion de cire (*).
(d'après de Bary.)

Les *susbtances minérales* se trouvent généralement à l'état amorphe dans la membrane; on en décèle la présence en calcinant les tissus végétaux dont le squelette subsiste alors à l'état pierreux. Ce sont tantôt des sels : carbonate, sulfate, oxalate, phosphate, chlorure de calcium, de potassium, de sodium, de magnésium, et tantôt de la silice. Cette dernière matière accumulée dans les cellules superficielles des tiges ou des feuilles leur donne une extrème dureté.

Les denticules qui bordent la feuille de plusieurs Graminées sont coupantes comme des scies (Maïs, Dactyle aggloméré, Fétuque et Carex) à cause de la silice qui les imprègne, les tiges des Céréales et des Roseaux usent rapidement le fil des instruments tran-

(*) A, surface d'un entre-nœud adulte. — B, surface au niveau d'un nœud.

chants, celles des Prêles polissent le bois, l'os et l'ivoire pour la même raison (fig. 39 et 40).

Les Algues dites Corallines sont couvertes de grains calcaires qui les font ressembler à des polypiers.

Les *matières colorantes* sont très abondantes dans le bois de plusieurs arbres exotiques, il suffit pour s'en convaincre d'en examiner les coupes dans la glycérine, on constate que la membrane seule en est imprégnée (Campêche, Québracho, Santal, Quercitron, Fernambouc, etc.).

Les graines offrent souvent des couleurs propres analogues aux précédentes, les teintes en sont parfois extrêmement vives.

10. Modifications morphologiques de la membrane. — Pendant

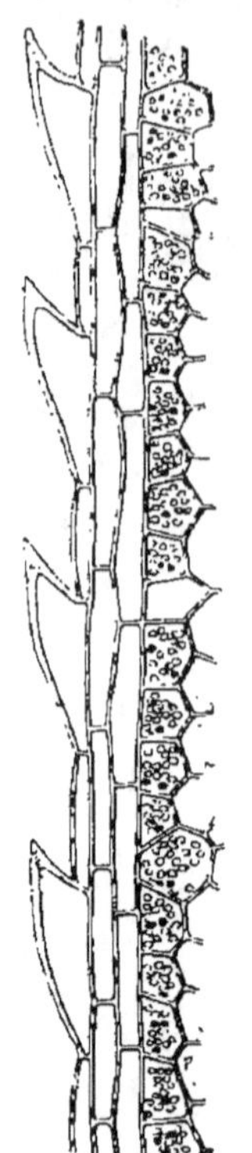

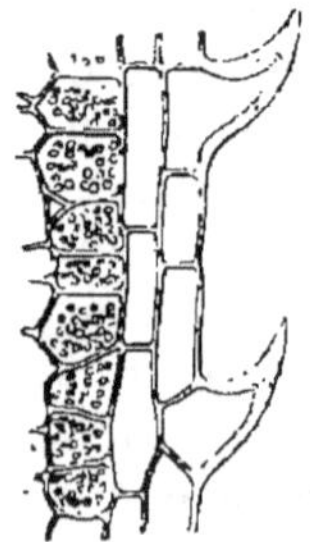

Fig. 39. — *Carex stricta*, gross. 200.   Fig. 40. — *Festuca arundinacea*, gross. 180.

toute la durée de l'accroissement du protoplasma, la membrane se développe en surface conservant toujours la forme de la matière vivante qui lui a donné naissance.

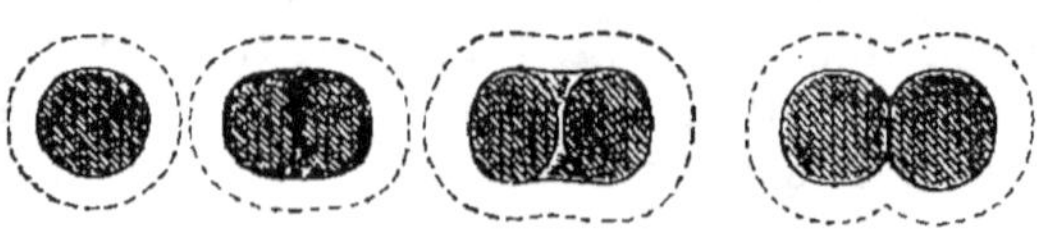

Fig. 41. — *Micrococcus*, dont la cellule sphérique donne naissance par division à d'autres cellules sphériques (Macé).

Les cellules libres restent souvent *sphériques*, ex. : Protocoques, spores d'Algues et de Fougères, grains de pollen, etc. (fig. 41) ou *ovoïdes*, ex. : grains de pollen, Levûres (fig. 42 et 43).

Elles se déforment plus ou moins par compression réciproque·
lorsqu'elles vivent associées; elles deviennent alors polyédriques
et leur coupe est polygonale (fig. 44).

Les cellules larges et aplaties sont dites *tabulaires* (fig. 45), celles qui se développent surtout
en longueur sont *fusiformes* ou *cylindriques*
(fig. 46).

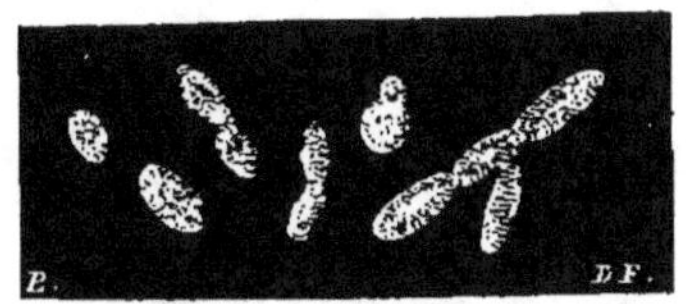

Fig. 42. — Grain de pollen du *Lilium*   Fig. 43. — *Cryptococcus cerevisiæ* se multipliant
tigrinum dressé et couché.   par bourgeonnement.

On distingue aussi les cellules *rameuses* (fig. 47), et les cellules
étoilées qui laissent entre elles de nombreux méats, exemple
classique : moelle du Jonc (fig. 48).

La membrane ne s'accroît pas seulement en surface, elle acquiert aussi une épaisseur de plus en plus grande
par formation centripète ou centrifuge, soit sur
toute son étendue, soit seulement sur quelques-uns
de ses points plus ou moins régulièrement espa-

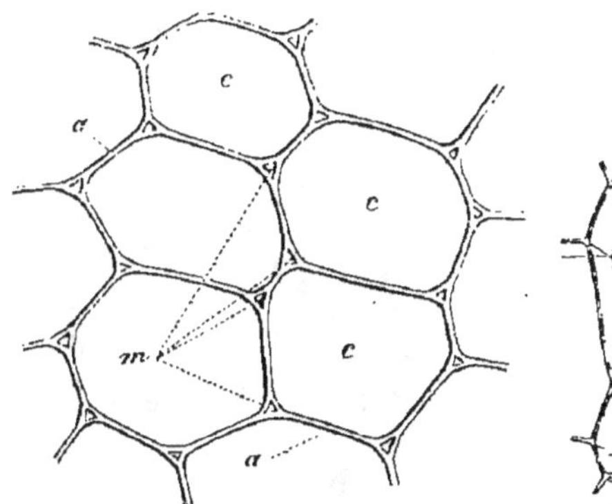
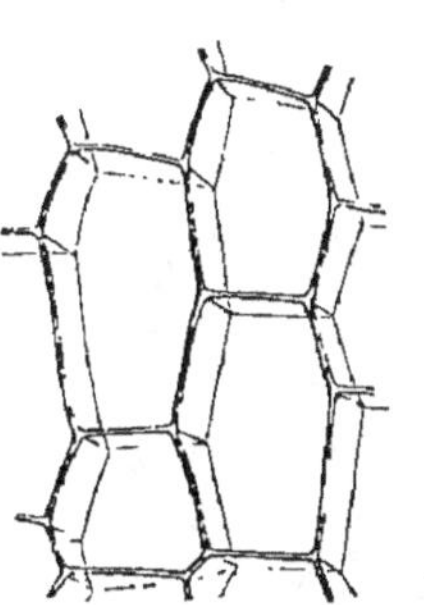
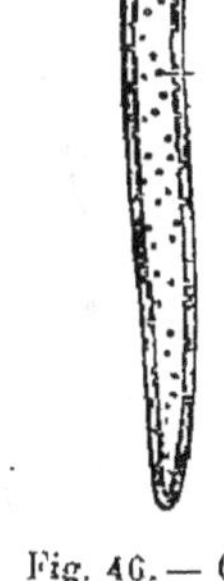

Fig. 44. — Cellules polyédriques à coupe   Fig. 45. — Cellules   Fig. 46. — Cellule.
polygonale (*).   tabulaires.   fusiforme ou fi-
                                                                                                              bre de *Bragan-
                                                                                                              tia tomentosa*

cés. C'est ainsi que se produisent les divers ornements que nous
allons décrire rapidement.

(*) *cc.* cellules. — *a*, parois cellulaires. — *m*, espaces intercellulaires ou méats.

Les *ponctuations* résultent d'épaississements très localisés, lenticulaires ou aciculaires, formant des saillies à l'intérieur ou à

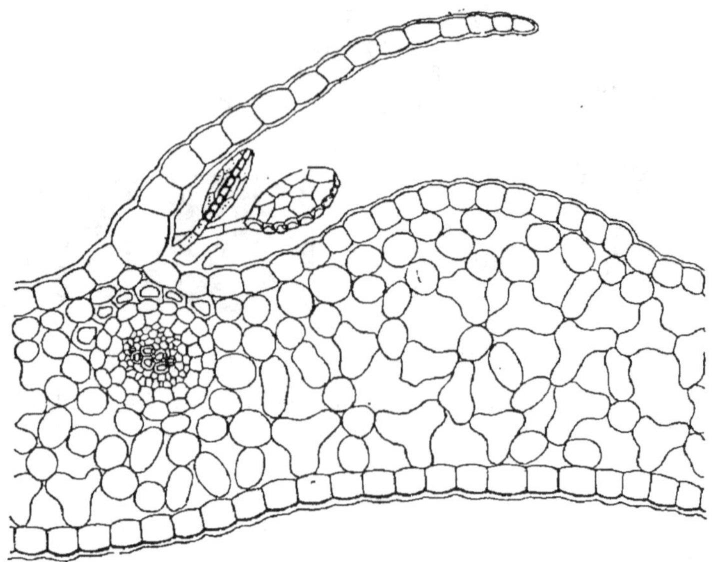

Fig. 47. — Cellules rameuses du parenchyme de la feuille de Scolopendre ; elles forment
tout le tissu de la feuille entre les deux épidermes.

l'extérieur de la membrane, ex. : pollen de *Lavatera* (fig. 49) ; d'autres fois les ponctuations sont formées par de fins canalicules qui

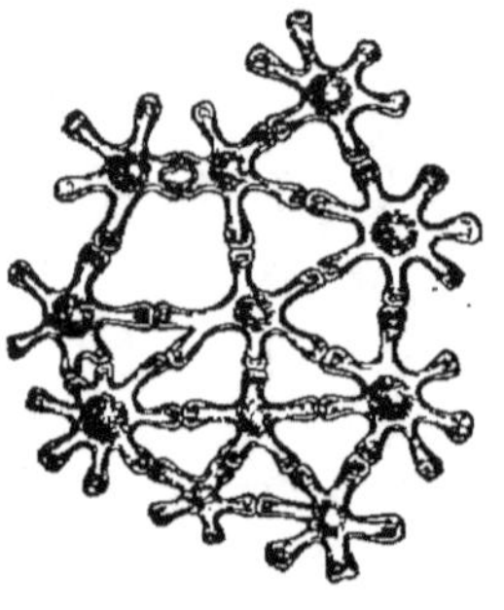

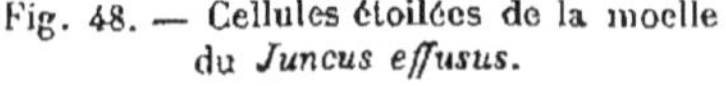

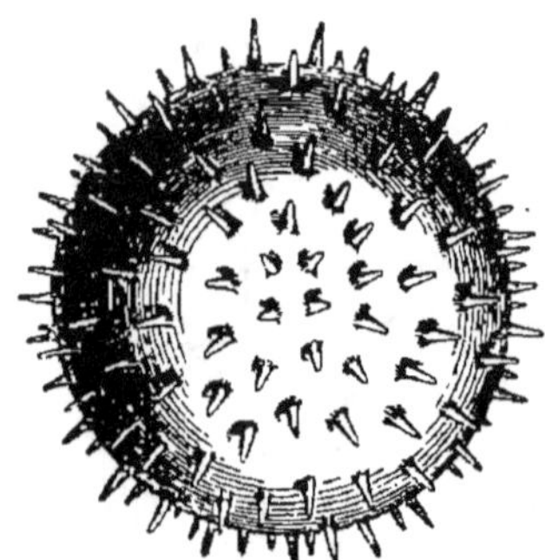

Fig. 48. — Cellules étoilées de la moelle   Fig. 49. — Grain de pollen de *Lavatera tri-*
du *Juncus effusus*.   *mestris*, saillies extérieures à la membrane.

traversent la membrane régulièrement épaissie ; l'ornement se dessine en creux et non en relief comme dans le cas précédent,

ex : *Bragantia Wallichii, Aristolochia cymbifera* ; les canaux des cellules voisines viennent générale-
ment aboutir au même point,
la communication n'est interrompue que par la membrane
primitive qui ne s'est pas épaissie à ce niveau (fig. 50 et 51). On
donne aux ponctuations ainsi

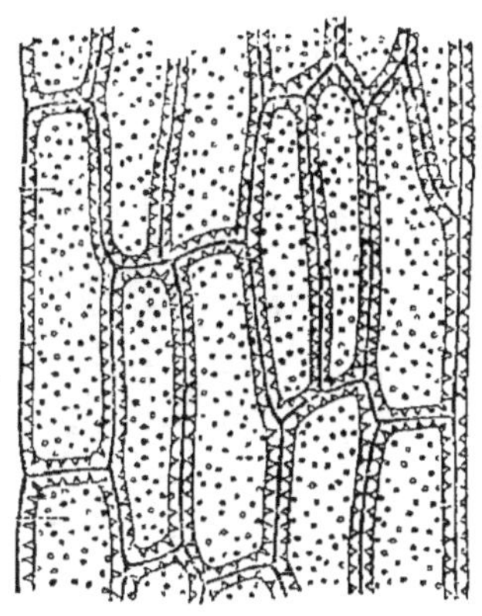

Fig. 50. — Cellules cylindroïdes
de *Bragantia Wallichii*.

Fig. 51. — Cellules scléreuses d'*Aristolochia
cymbifera*.

formées le nom de *ponctuations canaliculées*. D'autres du même
genre sont désignées sous le nom de *ponc-
tuations aréolées ;* elles caractérisent les
fibres fusiformes qui composent le bois
secondaire des Conifères. Une coupe dans
le profil de ces fibres montre des cavités
lenticulaires avec orifices latéraux qui,

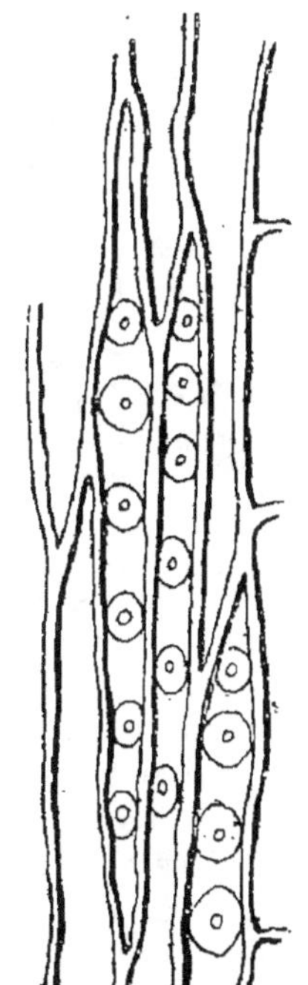

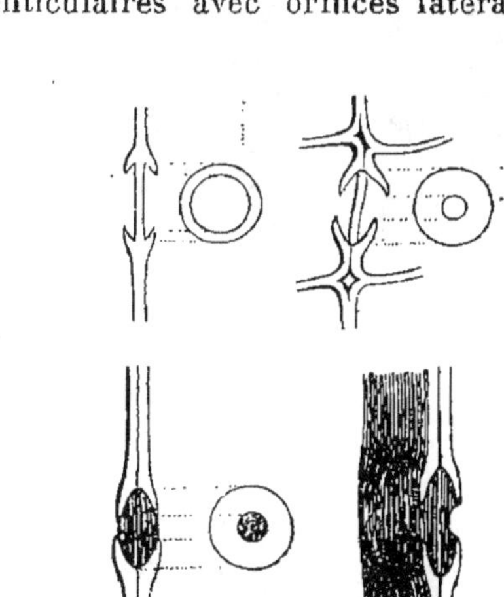

Fig. 52. — Fibres aréolées.

Fig. 53. — Formation d'une ponctuation aréolée.

vues de face, dessinent deux cercles concentriques (fig. 52 et 53).

Les *spirales* et les *anneaux* sont des ornements en relief formés à la face interne de la membrane (fig. 54).

Les *raies* sont des ponctuations allongées tantôt disposées avec beaucoup d'ordre comme dans les cellules scalariformes des Fou-

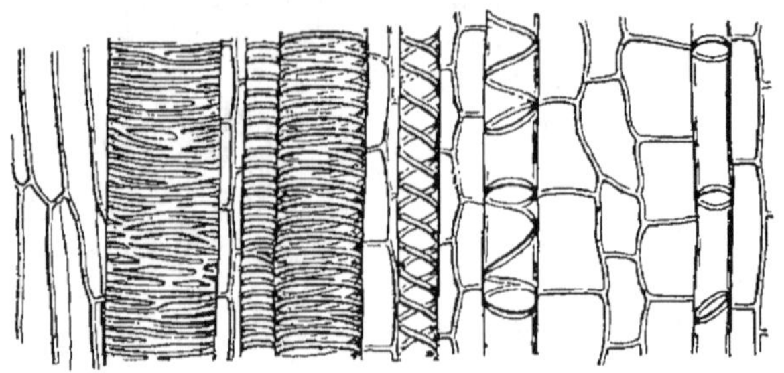

Fig. 54. — Coupe longitudinale d'une portion de tige.

gères (fig. 55), tantôt moins régulièrement dessinées comme dans les cellules rayées de la Vigne.

Les *réseaux* sont des épaississements ramifiés très irréguliers qui donnent à la cellule un aspect réticulé, ils sont visibles en creux ou en relief (fig. 56).

La membrane épaissie offre, dans tous les cas, des couches alternativement foncées et

Fig. 55. — Vaisseaux scalariformes de la Fougère mâle.

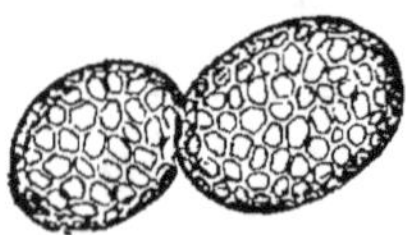

Fig. 56. — Cellules réticulées de l'albumen d'une graine d'*Aristolochia clematitis*.

claires ; on explique la différence de teinte par un inégal degré d'hydratation dans les zones concentriques. L'épaississement de la membrane suit le processus d'accroissement des grains d'amidon.

L'origine protoplasmique des matériaux d'épaississement est démontrée par les modifications qui s'effectuent, après coup, chez certaines cellules, d'abord ponctuées ou réticulées, et sur les parois desquelles se produisent de nouvelles formations, soit en spirale, soit en anneau, régulières ou irrégulières, et distinctes ou rattachées les unes aux autres.

CHAPITRE II

LES TISSUS ET LES APPAREILS

11. Classification des tissus. — Nous avons vu qu'une cellule peut à elle seule constituer une plante ou un organe végétal, mais dans la plupart des espèces le nombre des cellules devient considérable et l'individu offre à étudier des groupes de cellules différenciées; ces groupes sont des *tissus*.

Au point de vue de la formation, il convient de distinguer les *tissus vrais* et les *faux tissus*.

Les premiers dérivent de la division d'une cellule primitive (cloisonnement), les seconds résultent de l'association de cellules d'abord isolées ou de l'adhérence de filaments voisins qui se feutrent et se soudent.

Chez l'Algue nommée *Pediastrum*, par exemple, on voit des cellules libres nager dans l'eau stagnante, se réunir sur les feuilles

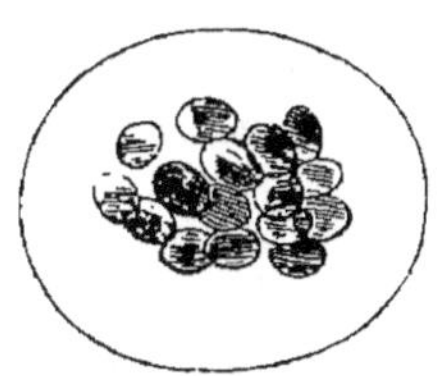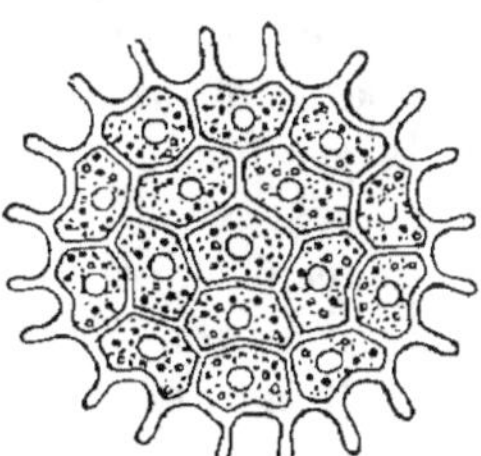

Fig. 57. — États successifs du *Pediastrum granulosum*; en A et B les cellules sont libres, en C elles sont soudées.

d'*Helodea* et y constituer un thalle aplati qui représente la plante définitive (fig. 57).

Chez les Champignons, ce sont les filaments mycéliens qui s'associent.

Les tissus ainsi formés ne peuvent être comparés aux vrais tissus.

Lorsque les tissus sont encore jeunes et mous, on peut les dissocier facilement en les laissant macérer dans un mélange de 3 parties d'alcool pour une partie d'acide chlorhydrique, et en les lavant ensuite dans l'oxalate d'ammoniaque. Cette expérience démontre qu'il existe entre les cellules une substance jouant le rôle de ciment. La matière intercellulaire est formée de pectates insolubles que l'acide chlorhydrique décompose : elle est difficile à déceler dans les vieux tissus. Sur une coupe mince la lame mitoyenne se colore bien par le bleu de méthylène après l'action de l'acide chlorhydrique.

D'après la forme des éléments différenciés qui composent les tissus, on distingue :

le *parenchyme* ou tissu cellulaire ;

le *prosenchyme* ou tissu fibreux ;

le *sclérenchyme* ou tissu durci ;

le *tissu vasculaire*, etc.

D'après la direction et la position des éléments on distingue : les *tissus filaments*, les *tissus lames*, les *tissus massifs*.

D'après l'âge : les *tissus jeunes*, les *tissus adultes vivants* et les *tissus morts*.

Nous aurons l'occasion d'étudier tous les tissus en décrivant la structure interne des organes de la plante. Ils accomplissent dans ces organes des fonctions diverses et constituent par leur ensemble des *appareils* plus ou moins différenciés suivant le degré qu'occupe l'individu dans la série végétale.

Les appareils peuvent être énumérés dans l'ordre suivant :

1° appareil formateur (Méristème) ;

2° appareil tégumentaire (Stégôme) ;

3° appareil de soutien (Stéréôme) ;

4° appareil nourricier (Tréphôme) comprenant le système absorbant, le système conducteur, le système assimilateur, et le système de réserve.

5° appareil sécréteur ;

6° appareil générateur.

Nous allons définir et analyser chacun de ces appareils en indiquant les principaux tissus qui les composent.

12. Appareil formateur. — L'appareil formateur comprend l'ensemble des *méristèmes*, c'est-à-dire des tissus jeunes en voie de formation. Ce sont les méristèmes qui produisent les parties nouvelles de la plante.

Les cellules des méristèmes offrent toujours de minces parois cellulosiques exactement accolées les unes aux autres. Le protoplasma de ces cellules est abondant, sans vacuoles, il entoure un noyau volumineux.

Les divisions cellulaires sont fréquentes dans les tissus de méristème. Au début, les cellules filles ressemblent aux cellules mères, mais peu à peu elles se différencient pour faire partie d'un tissu spécial et accomplir les fonctions qui leur sont dévolues.

On distingue deux sortes de méristèmes : le *méristème primitif* qui se trouve à l'extrémité de tous les organes en voie d'accroissement, et le *méristème secondaire* qui apparaît dans les tissus déjà différenciés où des cellules adultes reprennent la propriété de se cloisonner.

Le méristème primitif est représenté dans les plantes inférieures par une simple *cellule terminale* qui occupe l'extrémité de l'organe en voie d'accroissement ; cette cellule peut être cylindrique ou cunéiforme ; on donne le nom de *segments* aux cellules qui en dérivent.

Chez les Mousses et les Équisétacées les cloisons sont successivement parallèles aux différentes faces de la cellule terminale (fig. 58). Chez les Algues la cellule peut simplement se diviser en deux, l'une des parties reste terminale, l'autre inférieure se

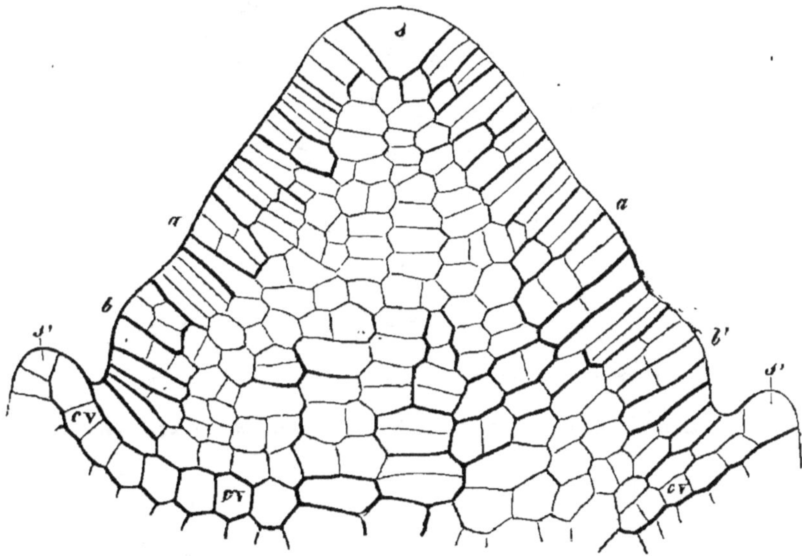

Fig. 58. — Coupe longitudinale de l'extrémité d'une pousse souterraine d'*Equisetum Telmateja* (d'après Sachs) (*).

ser en deux, l'une des parties reste terminale, l'autre inférieure se subdivise et se transforme en une portion de tissu.

Les Phanérogames et quelques Cryptogames vasculaires n'ont pas de cellule terminale, leur méristème primitif est représenté par un tissu de jeunes cellules ; ce sont les *cellules initiales* qui fournissent par cloisonnement tous les éléments de l'organe en croissance. On peut étudier ces cellules à l'extrémité des tiges, des racines, etc. (fig. 59).

13. Appareil tégumentaire. — L'appareil tégumentaire

(*) *s*, cellule terminale. — *aa*, ébauche d'une saillie circulaire. — *bb'*, bourrelet plus avancé. — *s's'*, cellules terminales d'un bourrelet foliaire développé. — *cv*, cellules qui produiront le faisceau des feuilles.

comprend l'ensemble des tissus qui concourent à la protection

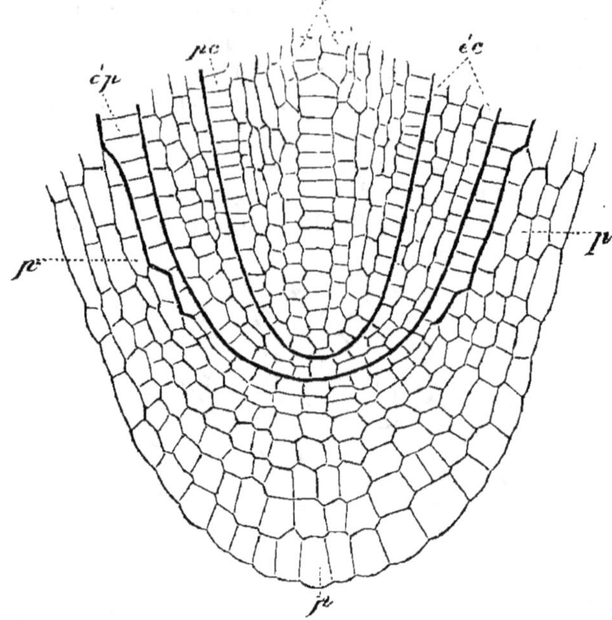

Fig. 59. — Extrémité d'une racine de *Fagopyrum esculentum* (*).

de la plante. Nous lui donnons le nom général de **stégôme**; il se

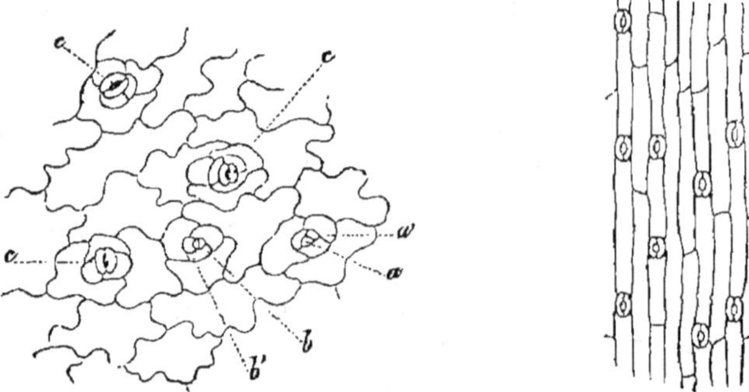

Fig. 60. — Cellules épidermiques sinueuses de la feuille de *Sedum telephium* (**).

Fig. 61. — Cellules épidermiques à contours rectilignes de la feuille de Jacinthe.

divise en *système épidermique, système pileux* et *système subéreux*.

(*) Coupe longitudinale montrant les cellules initiales qui fournissent : *p*, la coiffe. — *ep*, la couche limitante externe du cylindre cortical *ec*. — V, file cellulaire qui se transformera en vaisseau.

**) *a,a'*, — *b,b'*, — *c,c'* — stomates à divers états de développement.

A. Système épidermique. — L'épiderme est un tissu extérieur dès sa formation, il est constitué par une ou plusieurs assises de cellules tabulaires dont les faces latérales, rectilignes ou sinueuses, s'appliquent exactement contre les voisines (fig. 60 et 61).

La face limitante externe des cellules épidermiques est toujours cutinisée et par conséquent imperméable (fig. 62 et 63).

Le contenu des cellules épidermiques n'est représenté que par une mince couche protoplasmique, les grains de chlorophylle et d'amidon y sont rares. Quelques sucs colorés s'y rencontrent surtout dans les pétales, ou les feuilles ornées (*Coleus*, etc.).

La couche cuticulaire est facile à détacher lorsqu'elle atteint une cer-

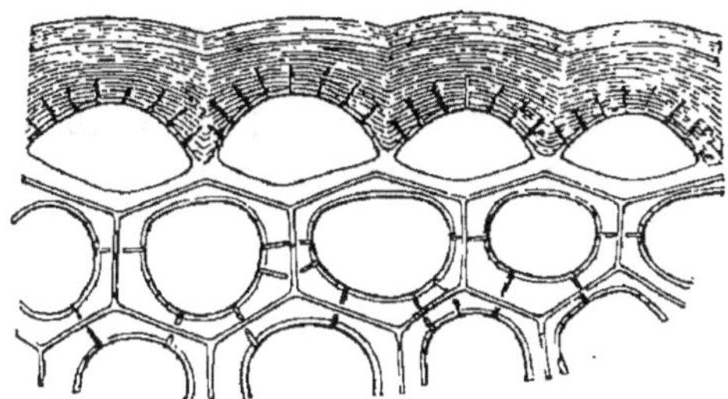

Fig. 62. — Coupe dans la feuille du Houx montrant la cuticule et les couches sous-cuticulaires.

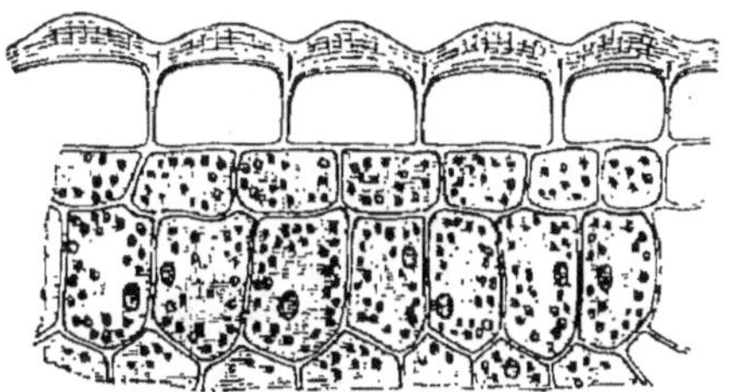

Fig. 63. — Coupe transversale dans une feuille de Gui avec cuticule stratifiée — gross. 420.

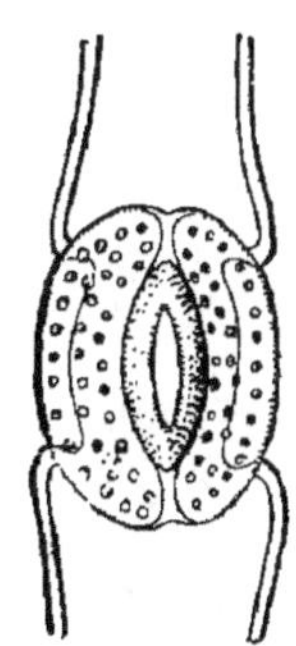

Fig. 64. — Stomate de Jacinthe très grossi.

taine épaisseur. Elle se développe surtout sur l'épiderme des plantes adaptées aux milieux chauds et secs (*Cactus*, *Aloe*) qui doivent résister à l'évaporation, elle reste au contraire très mince sur les parties souterraines ou submergées (feuilles et tiges aquatiques, rhizomes, etc.).

L'épiderme est percé de *stomates* plus ou moins régulièrement disposés, ce sont des ouvertures qui mettent les tissus intérieurs en rapport avec le milieu ambiant (fig. 60, 61 et 64).

Les *cellules stomatiques* sont riches en chloroleucites et en amidon, elles sont quelquefois accompagnées de *cellules annexes* dont la forme diffère de celle des cellules épidermiques normales (fig. 60.)

B. Système pileux. — Les *poils* sont des cellules épidermiques plus développées que les autres, leurs formes sont très variées.

On peut en donner la classification suivante :

Poils	unicellulaires	coniques. — *Anchusa sempervirens* (fig. 65). en navette. — *Cheiranthus cheiri*. rameux. — *Alyssum saxatile* (fig. 66).
	pluricellulaires	droits. — *Inula conyza* (fig. 67). term. en navette. — *Artemisia absinthium*. rameux. — *Verbascum thapsus* (fig. 68). en écusson. — *Hippophae rhamnoïdes* (fig. 69). en écaille. — *Ceterach officinarum*.

. Les poils uni et pluricellulaires se trouvent parfois réunis sur la même plante (*Lamium album*). Ils sont plus abondants sur les organes jeunes, leurs dimensions sont très diverses, les plus longs sont ceux qui recouvrent la graine du Cotonnier. Les poils raides

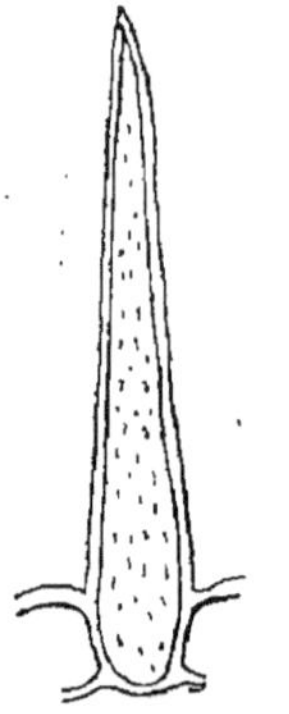

Fig. 65. — Poil d'*Anchusa semper-virens*.

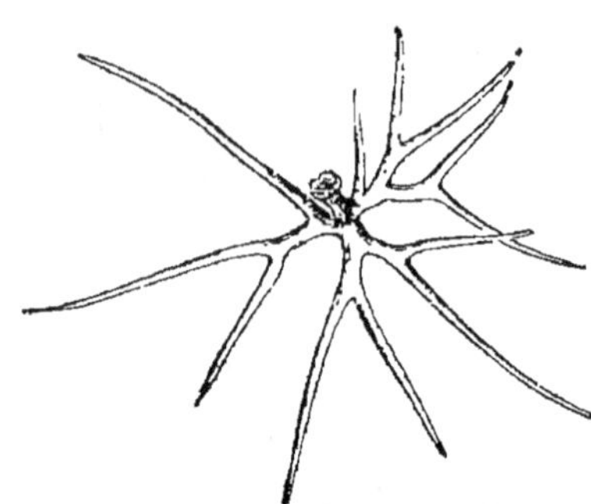

Fig. 66. — Poil d'*Alyssum saxatile*.

sont des *soies*. On peut ranger à côté des poils les piquants épidermiques désignés sous le nom d'*aiguillons* (Rosiers).

C. Système subéreux. — Le système subéreux est formé par des parenchymes dont les cellules ont les parois subérifiées. Le *suber* ou *liège* jeune renferme du protoplasma et même souvent de la chlorophylle (tige de Sureau); en vieillissant il se remplit d'air. Le méristème secondaire qui produit le liège est désigné sous le nom de *phellogène*. Quelquefois le liège épaissit fortement ses cellules et devient du *liège dur;* nous reviendrons sur ce sujet en traitant des tissus de la tige.

Le suber est aussi imperméable que l'épiderme qu'il renforce ou qu'il remplace. On peut en trouver à des profondeurs variables dans la région corticale des tiges (fig. 70). Les *lenticelles* sont des productions subéreuses localisées.

14. Appareil de soutien. — L'appareil de soutien ou **stéréôme** est essentiellement constitué par trois sortes de tissus : le *collenchyme*, le *parenchyme scléreux* et le *sclérenchym*

Les deux premiers tissus sont vivants, leurs éléments renferment

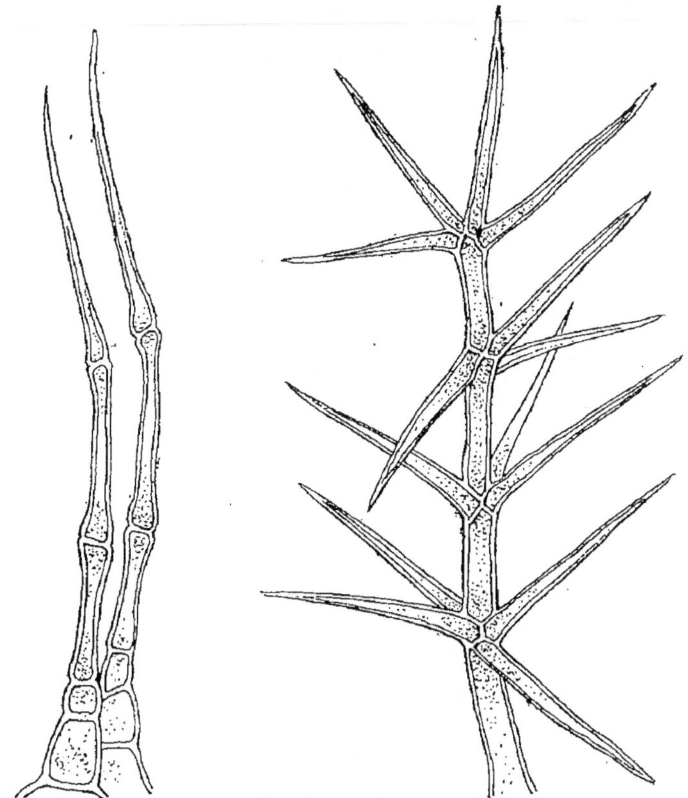

Fig. 67. — Poil de Conyze.   Fig. 68. — Poil du Bouillon blanc.

encore du protoplasma, le dernier est un tissu mort. Tous les trois

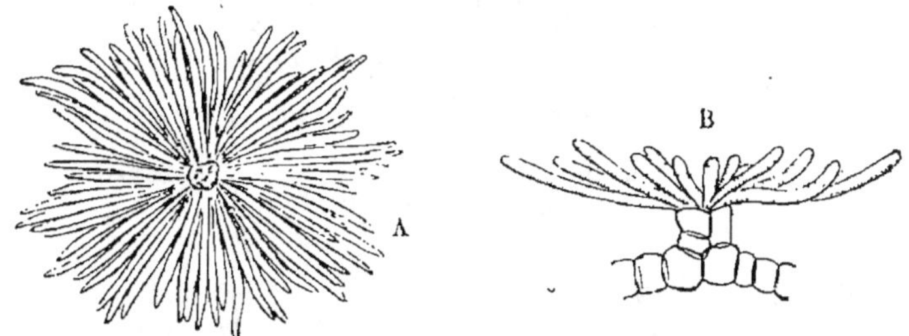

Fig. 69. — Poil en écusson d'*Hippophae rhamnoides* (*).

jouent un rôle purement mécanique et servent à supporter le poids

(*) A, vu par en haut. — B. vu de profil.

des organes, tout en maintenant la forme déterminée de chacun d'eux.

(a) Le *collenchyme* est toujours cellulosique, il peut se présenter sous plusieurs aspects :

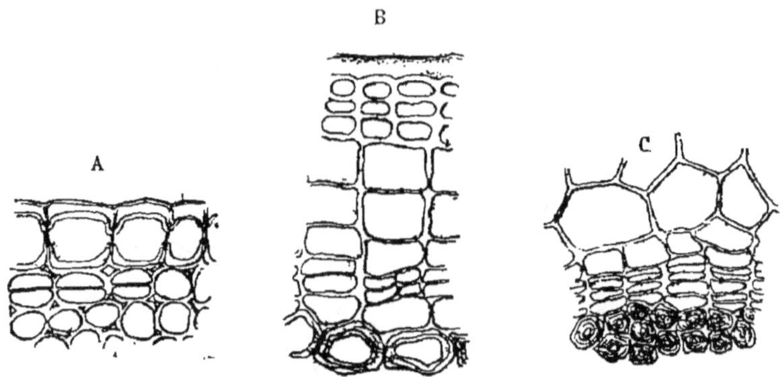

Fig. 70. — Formation du liège d'après Dippel (*).

1° les cellules sont épaissies aux angles ;
2° les cellules sont épaissies sur tout le pourtour;
3° les cellules portent des épaississements qui s'étendent tangentiellement aux parois de plusieurs d'entre elles.

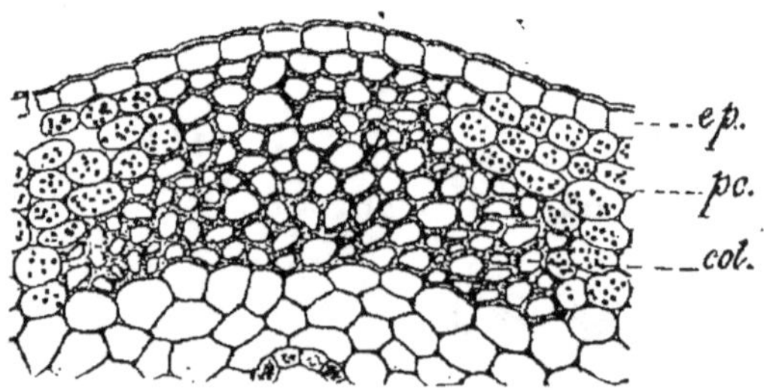

Fig. 71. — Coupe dans la partie corticale d'une tige de Livèche, *Levisticum officinale* (Hérail et Bonnet) (**).

Le collenchyme se trouve habituellement sous l'épiderme en couches continues ou en cordons parallèles à la longueur de l'organe (fig. 71), c'est lui qui renforce les tiges herbacées, les pétioles,

(*) A, dans les cellules sous-épidermiques. — B, dans la couche située au-dessous du collenchyme. — C, au voisinage du liber.
(**) *ep*, épiderme. — cordon longitudinal *col* de collenchyme. — *pc*, parenchyme cortical.

les pédoncules floraux, etc., sa résistance à la traction est considérable (fig. 72).

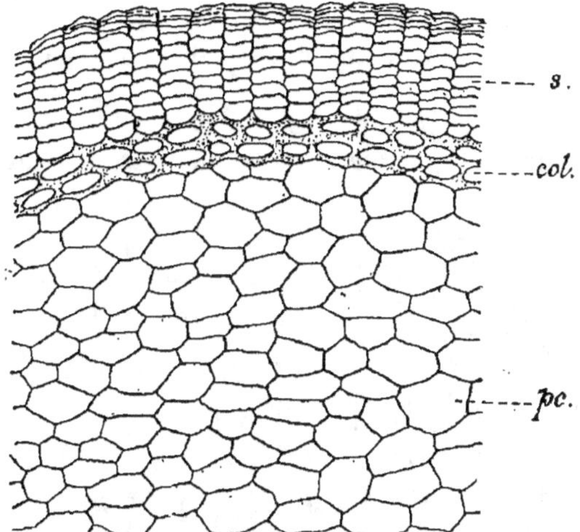

Fig. 72. — Coupe transversale des couches périphériques de la tige de Douce-Amère
Solanum dulcamara (Hérail et Bonnet) (*).

Le collenchyme n'offre pas de méats, il se gonfle au contact de
l'eau et prend une apparence cireuse par l'action de l'iode et de
l'acide sulfurique. On peut l'étudier dans la tige du *Begonia*, dans

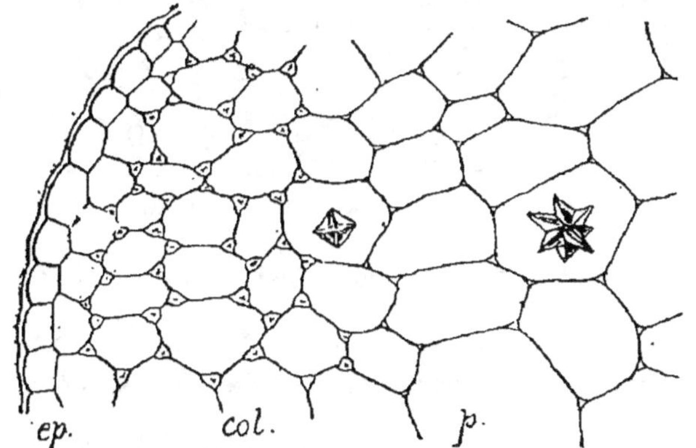

Fig. 73. — Coupe de la tige du Bégonia avec zone de collenchyme (**).

l'angle de la tige des Labiées ou les bandelettes saillantes de la tige
des Ombellifères (fig. 73).

(*) *s*, liège. — *col*, collenchyme continu. — *pc*, parenchyme cortical.
(**) *ep*, épiderme. — *col*, collenchyme. — *p*, parenchyme cortical.

(*b*) Le *parenchyme scléreux* diffère du collenchyme par la lignification de ses cellules qui, du reste, sont aussi très épaissies ; il résiste surtout à l'écrasement. Dans le cas ordinaire, les cellules de ce parenchyme forment un tissu dur et compact sans méats ; on le trouve intercalé aux vaisseaux dans le bois de la plupart de nos arbres.

(*c*) Le *sclérenchyme* est un tissu mort dont les cellules perdent rapidement leur protoplasma ; ses éléments sont tantôt courts, on

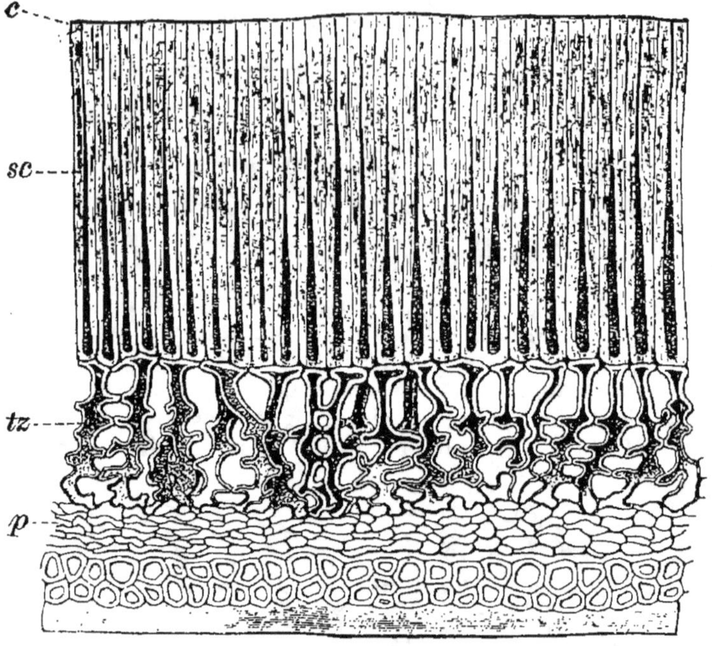

Fig. 74. — Coupe à travers le tégument de la graine de Jequirity(*Abrus precatorius*) (*).

les nomme *scléréides*, tantôt longs et fusiformes, ce sont alors des *fibres scléreuses*.

Les scléréides se rencontrent dans la chair de la Poire, dans le brou de la Noix, dans un grand nombre de graines, d'écorces, etc. (fig. 74).

Les fibres scléreuses effilées aux deux bouts, entrent dans la composition du bois et du liber, où elles portent les noms de *fibres ligneuses* et de *fibres libériennes* : on en rencontre aussi en dehors de ces tissus (fig. 75).

(*) *sc*, épiderme formé de sclérenchyme en palissade (macroscléréides). — *c*, cuticule. — *tz*, cellules de soutien (ostéoscléréides). — *p*, parenchyme (Tschirch).

Si la lignification des fibres scléreuses n'est pas trop profonde, le sclérenchyme conserve une certaine souplesse et peut être em-

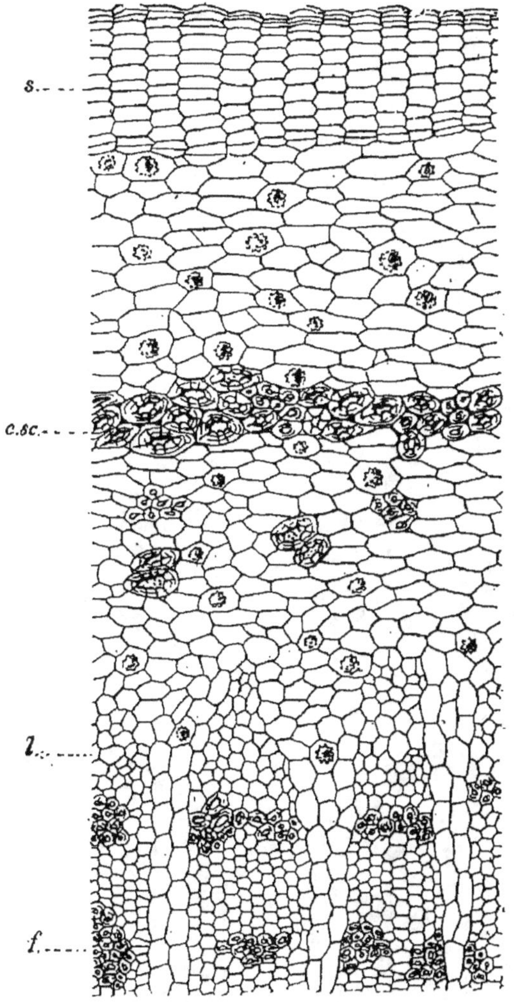

Fig. 75. — Coupe transversale dans la périphérie de l'écorce de Chêne, *Quercus robur* (d'après Hérail et Bonnet) (*).

ployé à la fabrication des fils et des étoffes (Chanvre, Lin, Jute, Ramie, etc.).

(*) *s*, suber. — *c.sc*, cellules scléreuses du parenchyme cortical. — *l*, liber avec amas fibreux intercalés *f*.

Nous appelons l'attention sur les variations si intéressantes

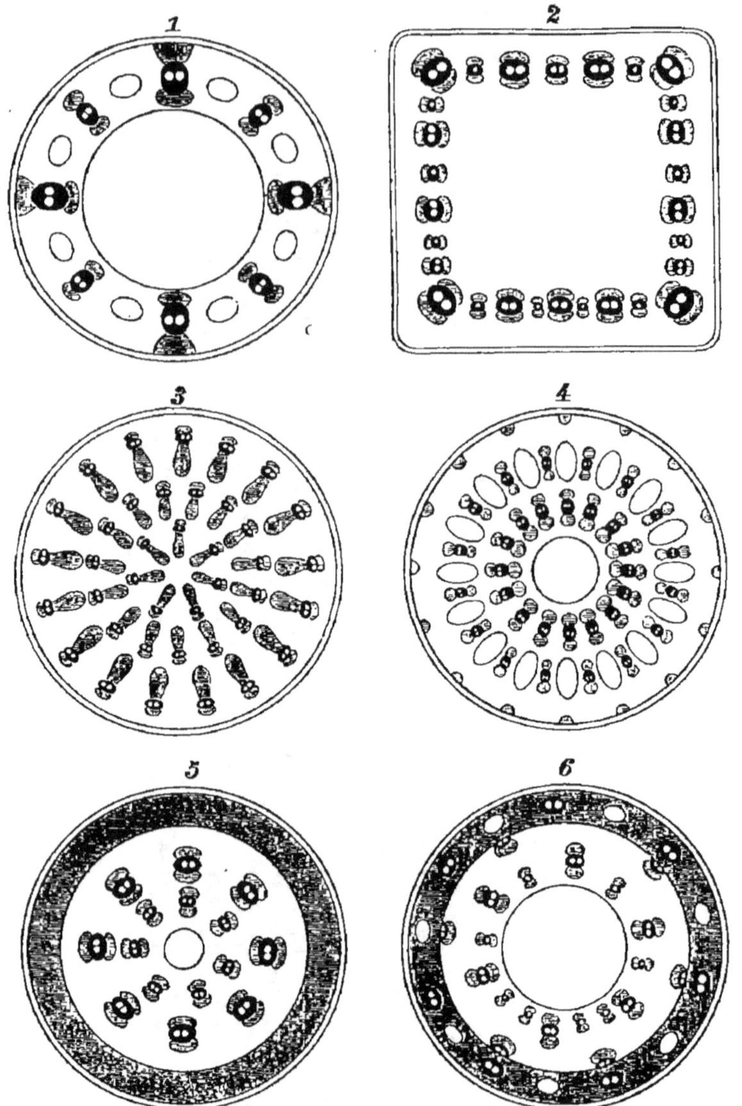

Fig. 76 à 81. — Variations du stéréome daus la tige (*).

du stérédme de la tige. Les douze figures ci-jointes sont om-

(*) 1, *Scirpus cæspitosus.* — 2, *Silphium perfoliatum.* — 3, *Bambusa nigra.* —
4, *Juncus glaucus.* — 5, *Phragmites communis.* — 6, *Saccharum officinarum.*

brées de façon à indiquer la position des éléments qui com-

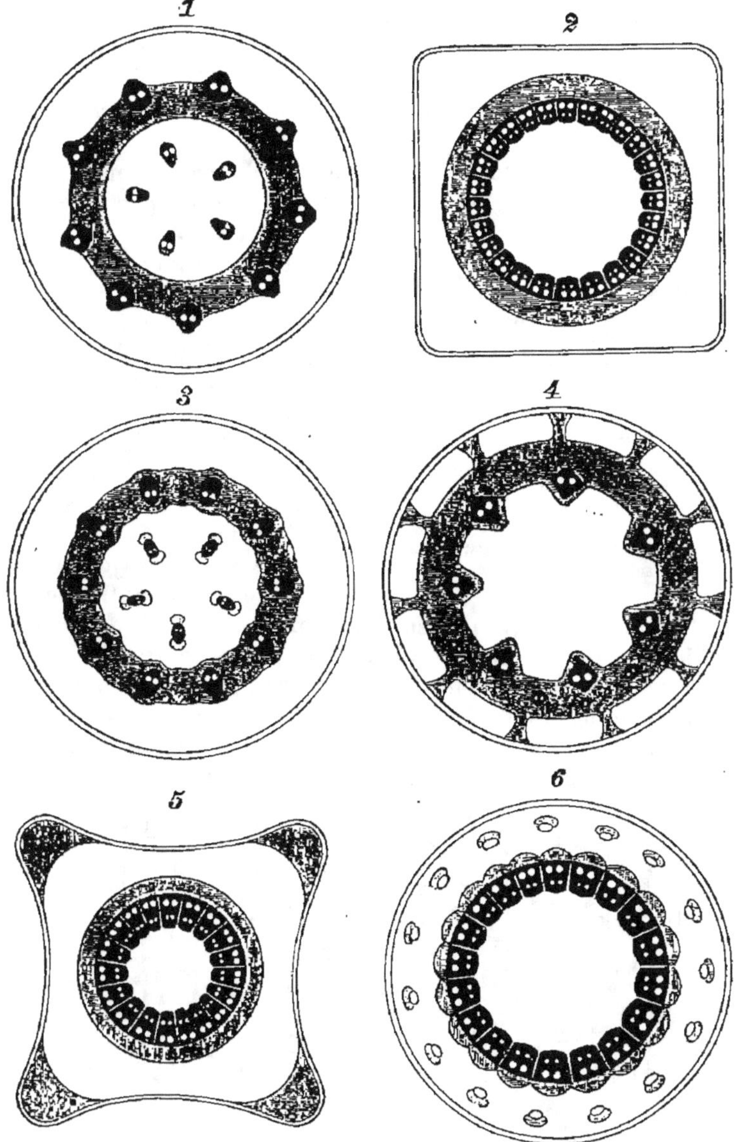

Fig. 82 à 87. — Variations du stéréome dans la tige (*).

posent le tissu de soutien des types représentés (fig. 76 à 87).

(*) 1, *Allium vineale*. — 2, *Dianthus caryophyllus*. — 3, *Convallaria verticillita*. — 4, *Molinia cærulea*. — 5, *Asperula odorata*. — 6, *Euryangium sumbul*.

15. Appareil nourricier. — L'appareil nourricier auquel nous donnons le nom de **tréphôme**, se subdivise en quatre systèmes :

1° le système absorbant (*poils radicaux*) ;

2° le système conducteur (*vaisseaux du bois, tubes criblés du liber*) ;

3° le système assimilateur (*parenchyme vert*) ;

4° le système de réserve (*parenchyme amylacé, oléagineux, inulifère, aqueux*, etc.).

Nous examinerons successivement chacun de ces systèmes.

A. Système absorbant. — Les *poils radicaux* sont portés par la couche externe de la racine jeune, qui prend pour cette raison le nom d'*assise pilifère*.

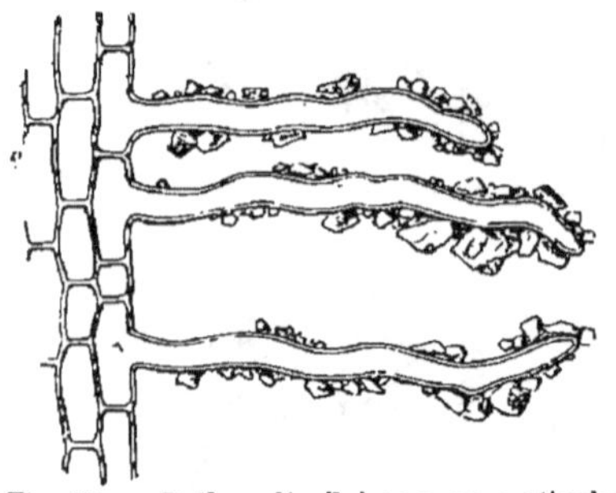

Fig. 88. — Poils radicellaires avec particules du sol adhérentes.

Les cellules de l'assise pilifère ont la propriété de se développer en longs poils unicellulaires à parois minces toujours cellulosiques ; on peut les observer sur les racines du Haricot ou du Blé que l'on a fait germer dans la mousse humide.

Les poils radicaux jouent un grand rôle dans la nutrition de la plante ; ce sont eux qui puisent les liquides du sol, ils n'existent que sur les racines des plantes vasculaires. Nous aurons l'occasion de traiter ce sujet en détail, lorsque nous étudierons la structure et les fonctions de la racine (fig. 88).

B. Système conducteur. — Le système conducteur comprend deux sortes d'éléments principaux : les *vaisseaux du bois* et les *tubes cri-*

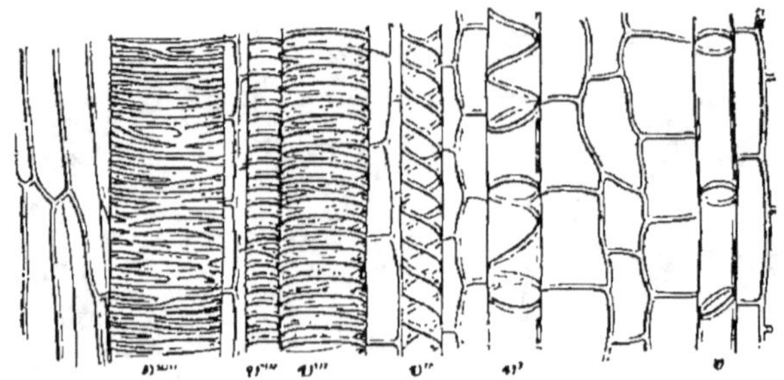

Fig. 89. — Portion d'une tige de Balsamine (*).

blés du liber. Ces éléments sont souvent groupés en faisceaux et accompagnés d'éléments accessoires, cellules ou fibres.

(*) *v*, vaisseau annelé. — *v′*, vaisseau spiro-annulaire. — *v″*, trachée. — *v‴*, et *v⁗*, trachées passant à la forme réticulée. — *v⁗*, vaisseau réticulé.

(*a*). Les parois des *vaisseaux du bois* sont toujours fortement imprégnées de lignine qui les compose presque exclusivement ; leurs ornements sont caractéristiques, ce sont des réticules, des points, des raies, des anneaux ou des spirales plus ou moins longues (fig. 89).

Primitivement, les vaisseaux se présentent comme une file de cellules superposées qui résorbent peu à peu leurs cloisons transverses pour se transformer en un tube continu (fig. 90).

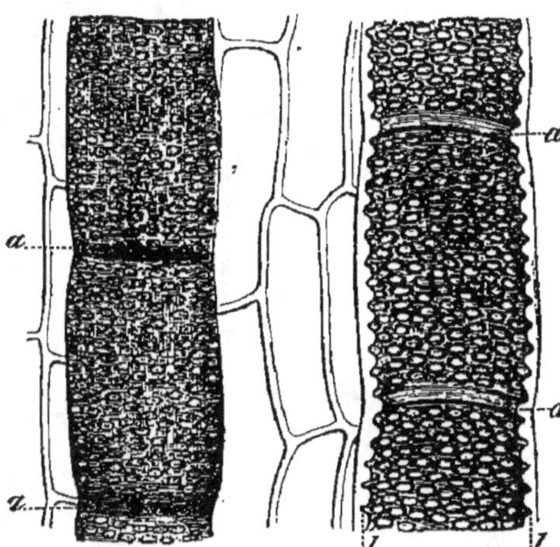

Dans certains cas la résorption est incomplète, les cloisons cellulaires se perforent mais ne disparaissent pas complètement ; dans d'autres, les

Fig. 90. — Vaisseaux ponctués d'*Aristolochia sipho*, l'un entier (*a,a*), montrant les étranglements dus à la réunion des cellules primitives ; l'autre (*b,b*), coupé longitudinalement et montrant les bourrelets annulaires, restes des cloisons primitives.

Fig. 91. — Extrémité de deux cellules vasculaires accolées en sifflet.

cloisons terminales s'accolent en sifflets et restent en contact sans se résorber, on dit alors que le vaisseau est discontinu (fig. 91).

Les premiers vaisseaux formés sont généralement les plus étroits, ceux qui naissent ensuite sont de plus en plus gros.

Les vaisseaux du bois représentent un tissu mort, ayant pour fonction de transporter la sève brute dans toutes les parties de la plante et particulièrement dans les feuilles où elle se transforme en sève élaborée.

(*b*). Les *tubes criblés* sont des vaisseaux à membrane cellulosique dont les éléments primitifs, c'est-à-dire les cellules, se mettent en communication par des orifices étroits pratiqués dans les cloisons transversales ou obliques et simulant une sorte de crible. Ces tubes contiennent des liquides riches en azote, qui circulent à travers les cribles pendant l'été.

Ils appartiennent au *liber* de la plante. Pendant la période de vie ralentie, on les voit se fermer, rétablir leurs cloisons et interrompre leur fonction conductrice.

La clôture des cribles s'effectue par un processus d'épaississement et de gonflement de la membrane qui limite les orifices, elle a lieu en automne. Le bouchon ou *cal* persiste pendant tout l'hiver et se dissout au printemps (fig. 92).

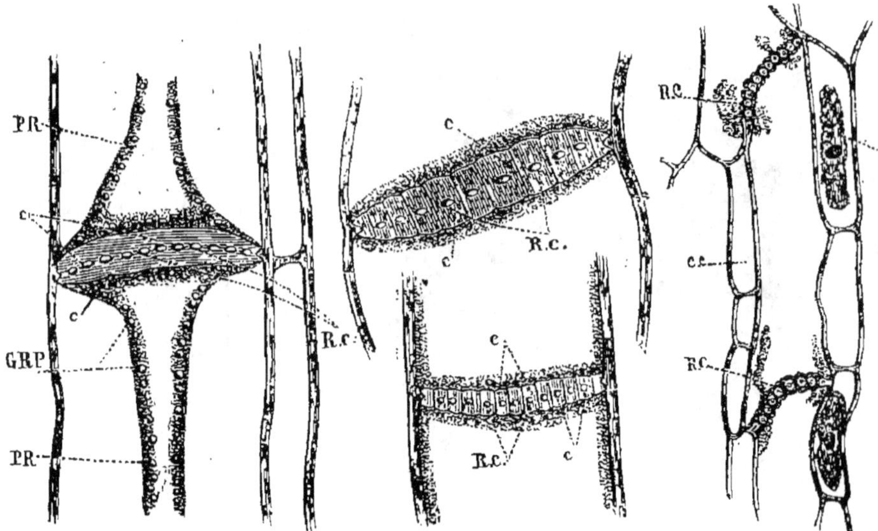

Fig. 92. — Cal des tubes criblés à divers états (d'après Hérail) (*).

On s'accorde à penser que les tubes criblés conduisent vers les organes jeunes les matériaux nécessaires à leur accroissement. Ils sont remplis par une sève épaisse, où les matières albuminoïdes abondent, ainsi que les grains d'amidon, le glucose et l'huile (sève élaborée).

Le tissu libérien est considéré comme vivant, parce que les tubes qui le composent restent remplis de protoplasma et offrent un noyau.

On distingue en général deux types de tubes criblés : le premier est caractérisé par la présence d'*un seul crible* (Courge), placé sur une cloison transversale; le second par la présence de *plusieurs cribles* (Vigne), placés sur une cloison oblique (fig. 93).

« Les *cellules compagnes* sont toujours accolées aux tubes criblés, chacune d'elles s'étant en effet entaillée dans un tube criblé par une cloison longitudinale (fig. 92). Les cellules compagnes se dis-

<hr>

(*) *c*, matière calleuse. — *Rc*, réseau cellulosique du crible. — *PR*, protoplasma. — *cc*, cellules compagnes.

tinguent du parenchyme libérien aux caractères suivants : 1° les cellules compagnes ont un contenu beaucoup plus riche en matières albuminoïdes que les cellules de parenchyme libérien ; 2° elles se colorent beaucoup plus facilement par le bleu d'aniline ; 3° elles ne renferment jamais d'amidon ; 4° elles sont toujours accolées à un tube criblé, dont elles sont séparées par une cloison longitudinale finement ponctuée » (Hérail).

C. SYSTÈME ASSIMILATEUR. — Le système assimilateur, constitué par le *parenchyme vert*, est caractérisé par la présence de la *chlorophylle* qui possède la propriété de décomposer l'anhydride carbonique et d'en fixer le carbone au profit de la plante. On le

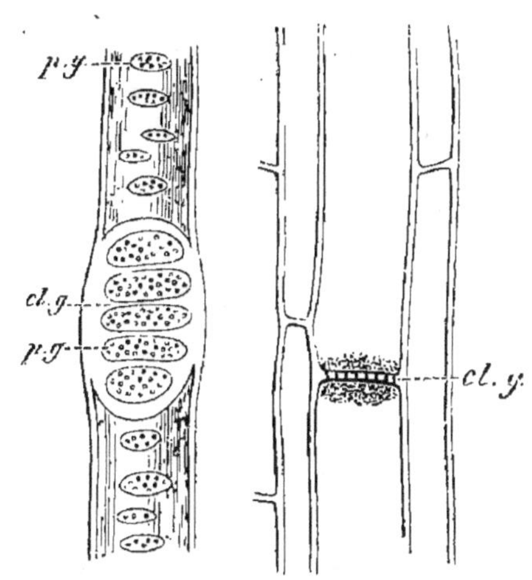

Fig. 93. — Tubes criblés du liber : à droite type Courge, à gauche type Vigne.

rencontre dans les feuilles et à la surface des tiges; nous aurons l'occasion de revenir longuement sur ses fonctions.

Les cellules du tissu assimilateur ont une paroi cellulosique toujours mince et perméable ; elles renferment intérieurement un protoplasma riche en chloroleucites dont la portion principale reste toujours pariétale. Le suc cellulaire y est très abondant. Tantôt les cellules sont appliquées les unes contre les autres (*parenchyme en palissade*), tantôt elles laissent entre elles des méats

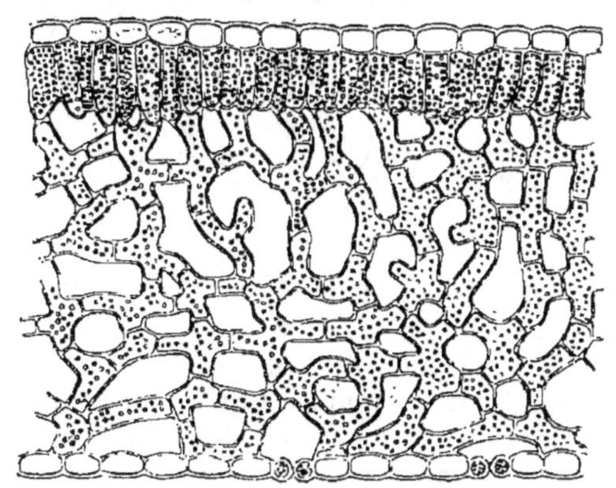

Fig. 94. — Coupe d'une feuille de *Franciscea eximia* montrant le parenchyme assimilateur.

plus ou moins larges qui permettent l'accès de l'air (*parenchyme lacuneux*) (fig. 94).

La plupart des tiges jeunes possèdent sous l'épiderme une ou plusieurs rangées de cellules à chlorophylle, et chez beaucoup de plantes à feuilles tardives ou réduites, c'est le tissu assimilateur des tiges qui, seul, préside à la nutrition de l'individu (Asperge, Genêt, Cactus, etc.).

D. Système de réserve. — On entend par système de réserve l'ensemble des tissus où les matières plastiques, formées par la plante, sont déposées temporairement pour être utilisées plus tard (Le Monnier).

Tous les tissus de réserve présentent entre eux de grandes ressem-

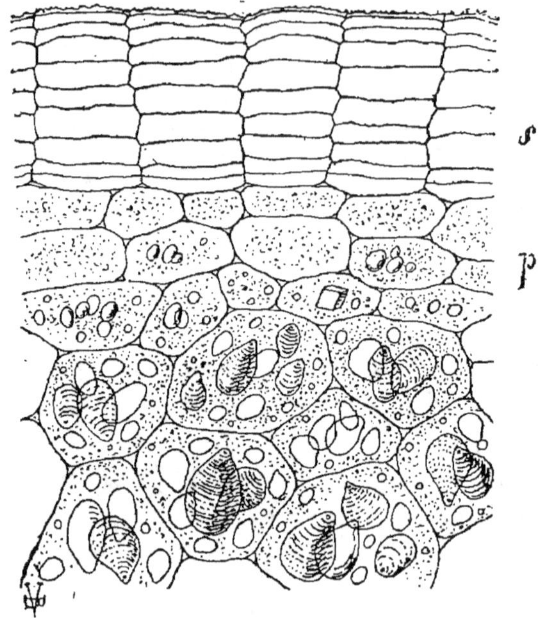

Fig. 95. — Coupe transversale du tubercule de la Pomme de terre (*).

blances quant à la forme de leurs cellules, mais ils diffèrent grandement par les matières qu'ils accumulent. Ce sont des *parenchymes* renfermant de l'amidon, des graisses, de l'inuline, de l'eau, etc., leurs cellules, arrondies ou polygonales, gardent des parois minces.

Les tiges, les racines, les feuilles, les graines, peuvent développer des tissus de réserve.

Comme type de parenchyme amylacé on peut prendre celui de la Pomme de terre (fig. 95), comme parenchyme oléagineux, celui de

(*) *s*, liège. — *p*, parenchyme amylacé

la graine de Lin (fig. 96), et comme parenchyme aquifère, celui

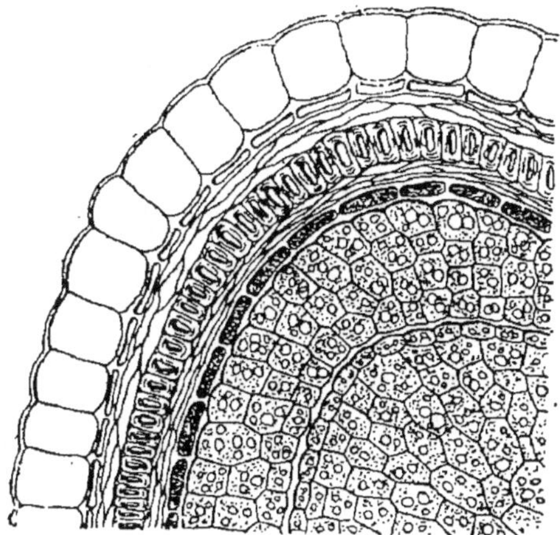

Fig. 96. — Coupe transversale de la graine de Lin montrant intérieurement le parenchyme oléagineux.

qui constitue le tissu central de la feuille d'Aloès, etc. (fig. 97).

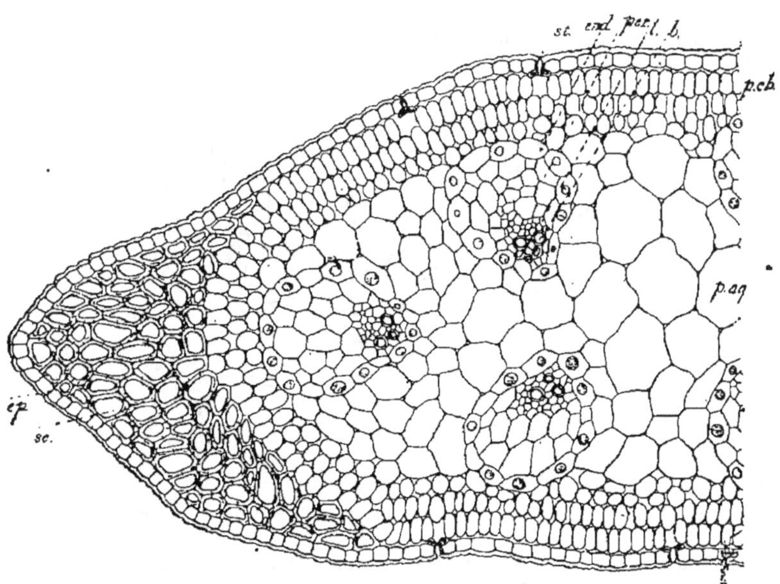

Fig. 97. — Feuille d'Aloès coupée transversalement (d'après Hérail et Bonnet) (*).

Lorsque la plante doit utiliser ses réserves, des ferments spéciaux

(*) ep, épiderme. — sc, sclérenchyme. — st, stomates. — p.ch, parenchyme chlorophyllien — p.aq, parenchyme aquifère. — end, endoderme. — per, péricycle. — l, liber. — b, bois.

interviennent (voir page 25), et remettent en circulation les substances plastiques solubilisées.

16. Appareil sécréteur. — L'appareil sécréteur est l'ensemble des tissus qui accumulent certaines substances considérées

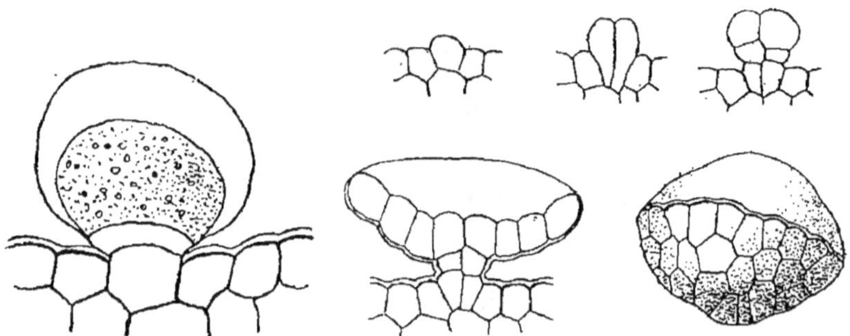

Fig. 98. — Glande du Patchouli, la cuticule est soulevée (d'après Hérail).

Fig. 99. — Glandes des bractées du Houblon à divers états de développement.

comme des produits d'élimination : *résines, gommes-résines, essences, mucilages,* etc. Si le produit sécrété est à l'état d'émulsion on le nomme *latex.*

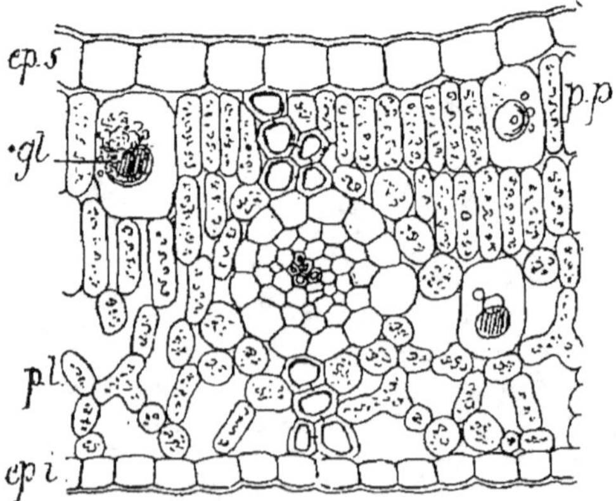

Fig. 100. — Coupe d'une feuille de Camphrier montrant les glandes à essence (*).

Il y a quatre groupes de tissus sécréteurs : les *glandes,* les *nodules,* les *vaisseaux* et les *canaux.*

La sécrétion s'opère assez souvent dans le tissu tégumentaire et particulièrement aux dépens de l'épiderme. On rencontre aussi

(*) *ep.s,* épiderme supérieur. — *pp,* parenchyme en palissade. — *pl.* parenchyme lacuneux — *gl,* glande à essence. — *ep.i,* épiderme inférieur.

fréquemment des éléments sécréteurs dans l'appareil conducteur, mais plutôt dans le liber que dans le bois..

(a). Les *glandes sécrétrices* sont toujours primitivement monocellulaires, elles peuvent par la suite devenir polycellulaires. Au point

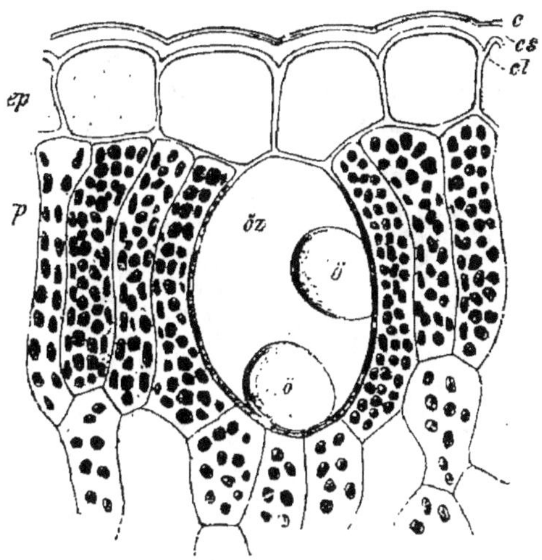

Fig. 101. — Coupe d'une cellule à huile essentielle avec le tissu environnant de la feuille de *Sassafras officinalis* (*).

de vue de la position, on distingue les glandes externes et les glandes internes.

En voici trois types principaux :

1° Les poils glanduleux monocellulaires comme ceux du *Pogos-*

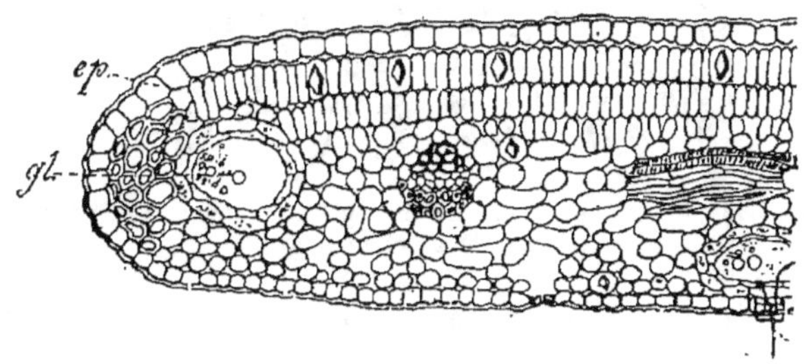

Fig. 102. — Coupe transversale d'une feuille d'Oranger (d'après Hérail et Bonnet) (**).

temon patchouli (fig. 98); 2° polycellulaires comme ceux des bractées du Houblon (fig. 99) et de la feuille du Chanvre; 3° les glandes

(*) *ep*, épiderme. — *ŏz*, cellule contenant des gouttes d'essence (*ö*). — *c*, cuticule. *cs*, couche cuticulaire. — *cl*, couche de cellulose. — *p*, tissu en palissade (Tschirch).

(**) *ep*, épiderme. — *gl*, nodules sécréteurs.

internes de la feuille du Camphrier (fig. 100) et du Sassafras (fig. 101).

Les glandes internes se distinguent des cellules voisines par l'absence de chlorophylle et par leurs plus grandes dimensions.

(b). Les *nodules sécréteurs* sont des espaces intercellulaires qui se gorgent des produits fournis par les cellules environnantes.

Ils offrent donc à étudier deux parties bien distinctes : d'abord le *réservoir collecteur*, et ensuite l'ensemble des *cellules sécrétrices*, plus ou moins nombreuses, placées périphériquement.

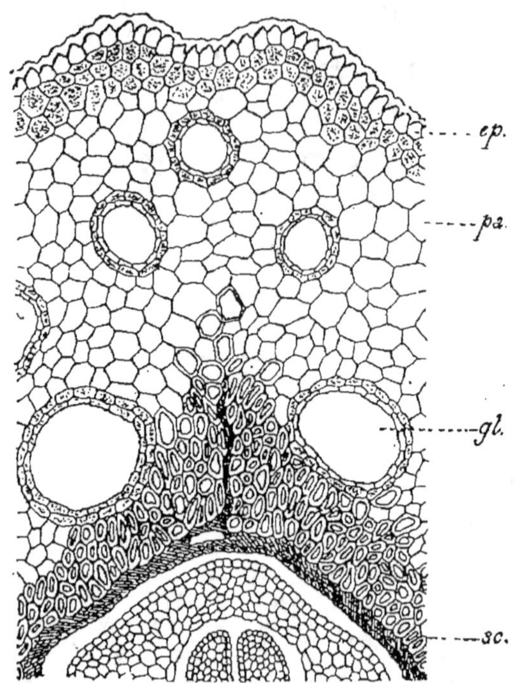

Fig. 103. — Coupe d'une baie de Genièvre, *Juniperus communis*
(d'après Hérail et Bonnet) (*).

Le réservoir peut être un simple méat ou provenir de la résorption du tissu.

Les cellules sécrétrices produisent des substances variées.

Comme exemples de nodules sécréteurs, nous donnerons ceux de la feuille d'Oranger (fig. 102) et de la baie du Genévrier (fig. 103).

(c). Les *vaisseaux sécréteurs* sont constitués par des files de cellules sécrétrices, qui peuvent conserver leurs cloisons transverses ou

(*) *ep*, épiderme. — *pa*, parenchyme avec nodules sécréteurs d'oléorésine *gl.* en *sc*, portion scléreuse du tégument séminal.

les résorber. Dans les deux cas les produits de sécrétion ne s'épanchent jamais au dehors, on n'observe aucun réservoir collecteur.

Les vaisseaux sont tantôt simples, tantôt ramifiés, avec ou sans anastomoses.

On distingue de la façon suivante les différents types de vaisseaux sécréteurs :

Vaisseaux sécréteurs	à réseau cloisonné.	Cellules en files indépendantes.......	Cloisons complètes.	*Érable* (fig. 104).
			Cloisons perforées.	*Chélidoine* (fig. 105).
		Cellules en files anastomosées..........		*Rosier*.
	à réseau non cloisonné.	Les vaisseaux (ramifiés ou non) ne s'anastomosent pas..................		*Asclépias* (fig. 106).
		Les vaisseaux toujours ramifiés s'anastomosent..................		*Pavot* (fig. 107).

Si les vaisseaux sécréteurs contiennent des substances à l'état d'émulsion, on les nomme *vaisseaux laticifères*. Ce terme n'implique

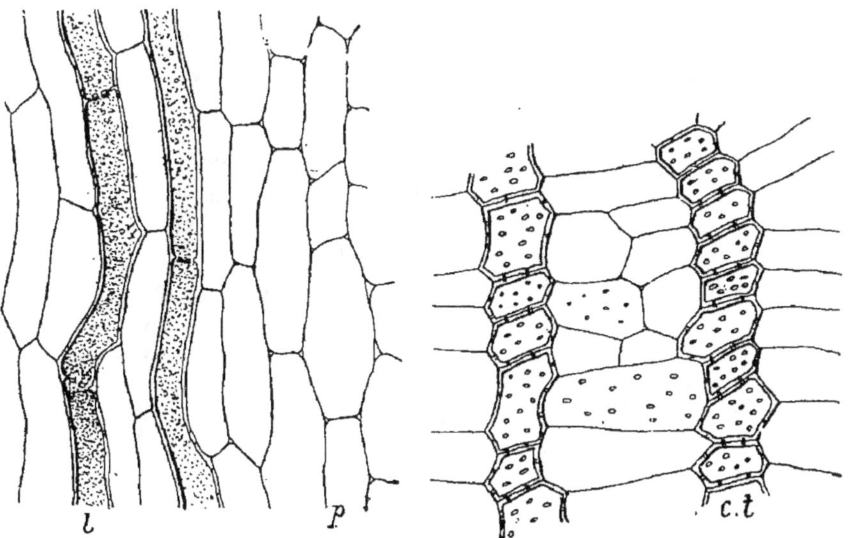

Fig. 104. — Vaisseaux sécréteurs à cloisons transverses non perforées de l'Érable.

Fig. 105. — Vaisseaux sécréteurs à cloisons transverses perforées de la Chélidoine.

pas une structure anatomique invariable, il indique seulement la nature du produit sécrété.

(*d*). Les *canaux sécréteurs* sont les équivalents des nodules précédemment étudiés ; ils présentent toujours un *réservoir collecteur* plus ou moins allongé et des *cellules sécrétrices périphériques*. Les espaces intercellulaires se continuent pour former un canal où les produits de sécrétion s'accumulent, ce canal n'offre donc jamais de paroi propre. Comme exemples de canaux sécréteurs, nous pouvons citer ceux de la tige de Livèche (Ombellifère) et de la moelle de Fenouil (fig. 108 et 109).

Les canaux sécréteurs sont très caractéristiques des Conifères, où nous aurons l'occasion de les voir avec plus de détails sous le nom de *canaux résineux*.

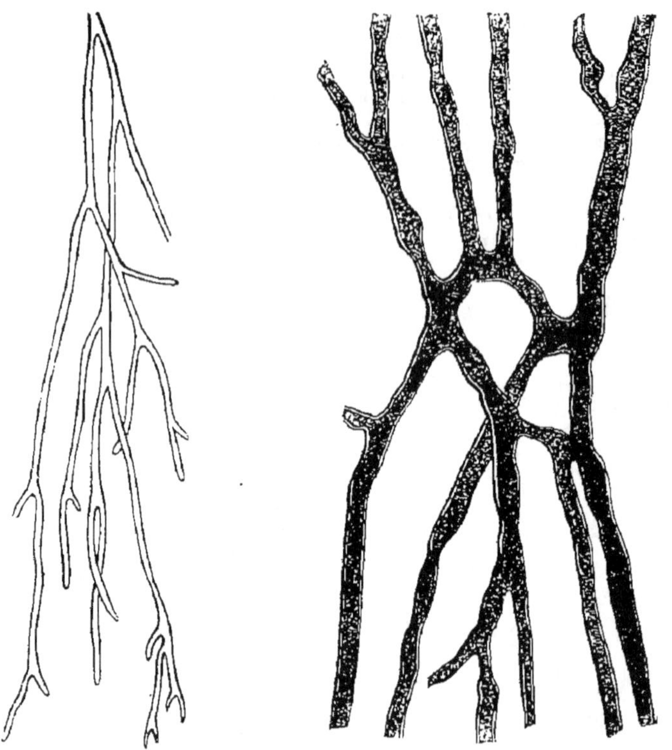

Fig. 106. — Vaisseaux sécréteurs non anas-   Fig. 107. — Vaisseaux sécréteurs anasto
tomosés de *Ceropegia* (Asclépiadée).   mosés du Pavot somnifère.

17. Appareil générateur. — On entend par appareil générateur l'ensemble des tissus qui concourent à la formation des cellules reproductrices.

Ces tissus n'offrent pas toujours des caractères particuliers. Le *plasma germinatif* peut être, en effet, contenu dans une cellule ordinaire ressemblant à toutes les cellules somatiques; il peut aussi naître de la conjugaison de noyaux semblables ou différenciés (*gamètes*), formés dans des tissus spéciaux.

Nous remettons l'étude de l'appareil générateur aux chapitres suivants, parce qu'elle comporte des développements que nous ne croyons pas devoir lui donner ici.

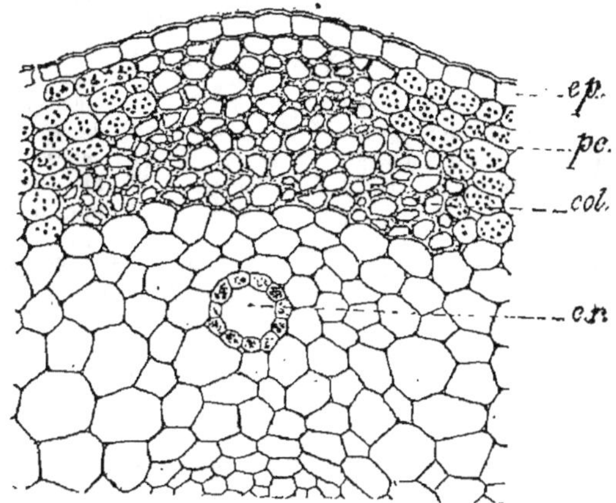

Fig. 108. — Coupe dans la partie corticale de la tige de Livèche (d'après Hérail et Bonnet) (*).

18. Classification des principaux tissus. — Les tissus qui entrent dans la constitution du stégôme, du stéréôme, du tréphôme,

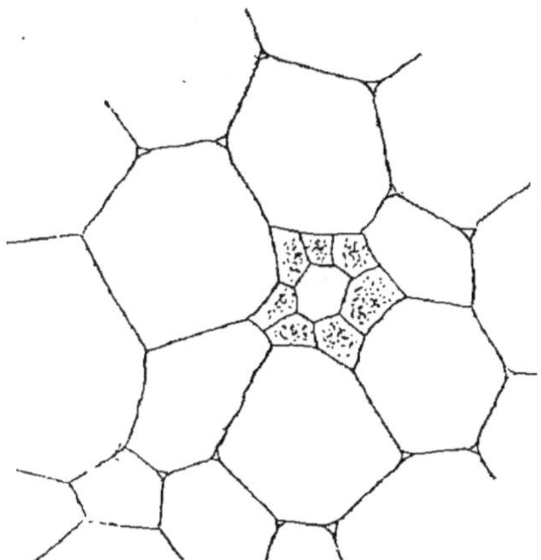

Fig. 109. — Coupe transversale d'un canal sécréteur de la moelle du Fenouil.

de l'appareil sécréteur et de l'appareil générateur sont classés dans le tableau suivant (1) :

(1) Voir Hérail et Bonnet, *Manipulations de botanique médicale.*

(*) *ep,* épiderme. — *pc,* parenchyme cortical. — *col,* collenchyme. — *cr,* canal sécréteur.

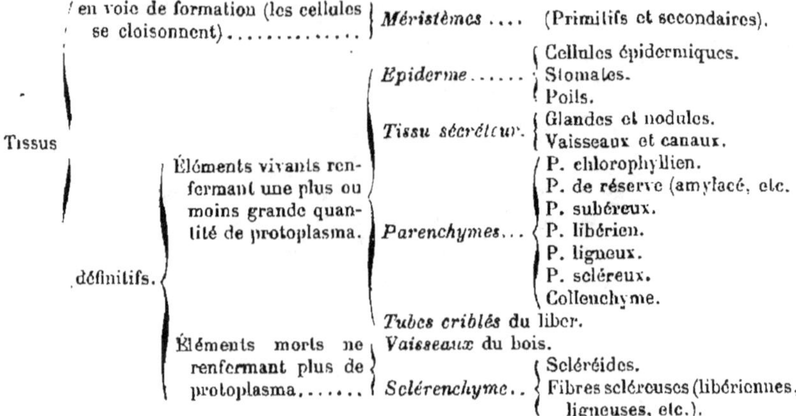

Tissus
- en voie de formation (les cellules se cloisonnent)............ *Méristèmes* .... (Primitifs et secondaires).
- définitifs.
  - Éléments vivants renfermant une plus ou moins grande quantité de protoplasma.
    - *Épiderme*...... Cellules épidermiques. Stomates. Poils.
    - *Tissu sécréteur*. Glandes et nodules. Vaisseaux et canaux.
    - *Parenchymes*... P. chlorophyllien. P. de réserve (amylacé, etc. P. subéreux. P. libérien. P. ligneux. P. scléreux. Collenchyme.
  - Éléments morts ne renfermant plus de protoplasma.......
    - *Tubes criblés* du liber.
    - *Vaisseaux* du bois.
    - *Sclérenchyme*.. Scléréides. Fibres scléreuses (libériennes, ligneuses, etc.).

Tous ces tissus se trouvent modifiés dans les plantes, les uns se développent grandement, d'autres manquent ou restent très réduits, suivant que les appareils auxquels ils appartiennent jouent un rôle capital ou secondaire dans la lutte de l'individu pour l'existence.

CHAPITRE III

DISTINCTION DES GRANDS GROUPES DU RÈGNE VÉGÉTAL

19. Division du travail physiologique. — Le corps des plantes se divise théoriquement en deux parties dont les fonctions sont absolument distinctes.

La première préside à l'entretien de la vie, c'est la *partie somatique*, elle appartient en propre à l'individu ; la seconde est spécialement affectée à la continuation de l'espèce, c'est la *partie reproductrice*. Cette dernière acquiert son développement aux dépens de la première, mais elle est incapable de végéter en dehors du soma qui la porte.

Nous avons déjà établi (page 5) que la forme extérieure et la structure intérieure du corps pouvaient renseigner sur le rang systématique d'une plante, nous ajouterons ici qu'une plante est d'autant plus parfaite que son appareil générateur est plus différencié.

Chez les végétaux inférieurs, chez certaines Algues et de nombreux Champignons, par exemple, il n'y a aucune distinction possible entre la partie somatique et la partie reproductrice du corps. *Le soma lui-même est germinatif*, la division du travail la plus élémentaire n'existe donc pas. Si l'on s'élève dans la série végétale, on voit les cellules affectées à la conservation de l'individu et celles qui sont affectées à la conservation de l'espèce se différencier plus ou moins nettement. Dans ce cas, bien que toutes les cellules du corps renferment potentiellement les caractères héréditaires de l'espèce, il y en a quelques-unes seulement qui possèdent la faculté de rassembler leur protoplasma et de quitter la colonie pour faire souche nouvelle (*spores*).

A un degré plus avancé dans la division du travail, les cellules reproductrices des plantes perdent la capacité de continuer l'espèce lorsqu'elles restent isolées. Il faut, pour que leur propriété germinative se manifeste, qu'elles se conjuguent avec d'autres cellules semblables ou dissemblables (*gamètes*).

La zygose produit une cellule nouvelle appelée *œuf*, capable d'un développement ultérieur.

L'appareil reproducteur se complique ainsi peu à peu et, morphologiquement, se sépare de plus en plus du soma nourricier et protecteur.

La division du travail ne se traduit pas seulement par une séparation complète des fonctions végétatives et des fonctions reproductrices, elle se montre encore, comme nous l'avons vu précédemment, dans les divers membres de la plante. Le tréphôme (*nutrition*), le stégôme (*protection*), le stéréôme (*soutien*) arrivent à former des appareils distincts aussi bien dans la tige que dans les feuilles et dans la racine. Ils subissent, chacun pour leur propre compte, les influences du milieu, s'hypertrophiant dans certains cas, s'atrophiant dans d'autres, afin de s'adapter le mieux possible aux conditions d'existence imposées à l'individu.

La division méthodique des grands groupes du règne végétal reposera donc à la fois sur les caractères tirés du perfectionnement du soma et de l'appareil reproducteur. On aura les divisions suivantes :

1° les Thallophytes,
2° les Muscinées,
3° les Cryptogames vasculaires,
4° les Phanérogames,

que nous allons décrire successivement.

20. Caractères généraux des Thallophytes. — Chez les végétaux les plus simples, le soma végétatif prend le nom de *thalle*. C'est un corps filamenteux, ou lamelleux qui, dans certains cas, présente une forme extérieure assez compliquée, mais qui ne renferme jamais de tissu conducteur, ni de tissu de soutien.

Les dimensions du thalle varient avec le milieu dans lequel il végète. Si le milieu est aérien, c'est-à-dire peu chargé d'éléments nutritifs, le thalle reste très réduit ; si au contraire le milieu est fortement nutritif, le thalle se développe considérablement parce que ses diverses parties peuvent s'accroître sans s'écraser ou se nuire.

Les caractères généraux du groupe des Thallophytes sont purement négatifs : pas de graines, pas de fruits, pas de fleurs, pas de feuilles, pas de tige, pas de racines. Ce sont des plantes réduites au seul thalle qui accomplit toutes les fonctions de la vie végétative.

Le développement des divers Thallophytes est très complexe. On observe chez ces végétaux des *œufs* et des *spores*, mais ces corps reproducteurs n'offrent *jamais d'alternance régulière* dans le cours de l'évolution de l'individu; souvent même, leur formation, tout à fait accidentelle, est due à des modifications dans les conditions de milieu ou à un ralentissement de la nutrition (1).

a. Les spores des Thallophytes sont tantôt exogènes (Agaric), tantôt endogènes (Floridées).

Il en existe parfois de plusieurs sortes : les unes sont des spores de printemps ou d'été qui ne peuvent pas rester longtemps en état de vie ralentie ; les autres sont des spores d'hiver, qui ne germent qu'au printemps suivant.

b. L'œuf des Thallophytes naît par la conjugaison de deux cellules semblables (Spirogyre) ou par l'union de deux gamètes sexués. Dans ce cas, l'appareil mâle, *anthéridie*, verse directement son contenu dans l'appareil femelle *oogone*, ou donne naissance à des masses protoplasmiques mobiles, dites *anthérozoïdes*, qui vont se fondre dans la masse femelle immobile appelée *oosphère*.

Le groupe des Thallophytes comprend :

A. Les Champignons. — Végétaux dépourvus de chlorophylle, se nourrissant comme les animaux d'aliments complexes, utilisant la force vive qui y est déjà engagée. Ils vivent en parasites sur des êtres organisés ou sur leurs débris et peuvent se développer dans l'obscurité (fig. 110).

B. Les Bactéries. — Végétaux d'une extrême ténuité, généralement dépourvus de chlorophylle, souvent mobiles et se multipliant toujours par bipartition (fig. 111).

Les Bactéries sont remarquablement polymorphes et peuvent, comme les Champignons, se développer dans l'obscurité.

C. Les Algues. — Végétaux pourvus de chlorophylle, capables, par conséquent de prendre à l'acide carbonique le carbone qui leur est nécessaire et d'emmagasiner ainsi la force vive de la radiation solaire.

(1) Mangin, *Cours élémentaire de Botanique.* Hachette, éditeur.

Les Algues ne sont jamais parasites et ne se développent normalement que dans l'eau ou les milieux humides (fig. 112).

Fig. 110. — Champignons parasites des animaux (*).

D. Les Lichens. — Végétaux composés résultant de l'association consortiale d'un Champignon et d'une Algue ; symbiose véritable

(*) 1, *Torrubia cinerea*, sur une larve de Carabe. — 2, *Torrubia entomorhiza*, sur une larve de Tenthrède. — 3, *Torrubia sphærocephala*, sur des Guêpes. — 4, *Torrubia uniserialis*, sur une Fourmi. — 5, *Torrubia militaris* var. *sobolifera*, sur une nymphe de Cigale. — 6, plusieurs *Torrubia* (*Sphæria*) *militaris*, sur un fragment de chenille du Bombyx de la Ronce. — 7, coupe longitudinale d'une massue de *Torrubia sphærocephala*. — 8, portion supérieure d'une thèque de *Torrubia entomorhiza*. — 9, fragment d'un *Byssus* conidiophore, sorte de moisissure qui se développe sur le corps de la chenille vivante. — 10, rameaux conidifères issus d'une spore.

qu'il ne faut pas confondre avec le parasitisme ordinaire des Champignons.

Les Lichens peuvent vivre dans les conditions mésologiques les plus diverses et les moins favorables, ils prennent tantôt la forme

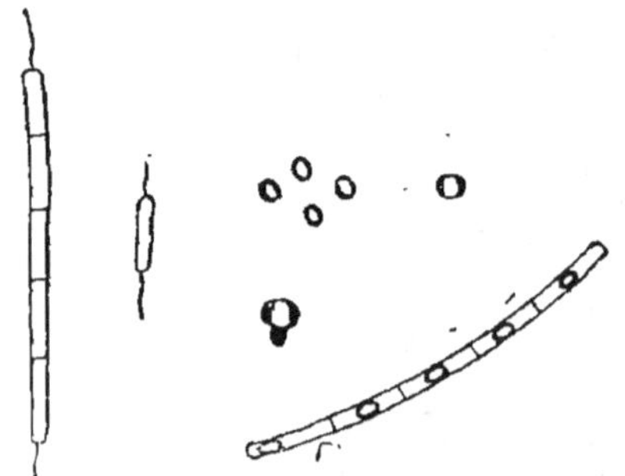

Fgi. 111. — Bacille du foin, *Bacillus subtilis* (gross. 1200) (*).

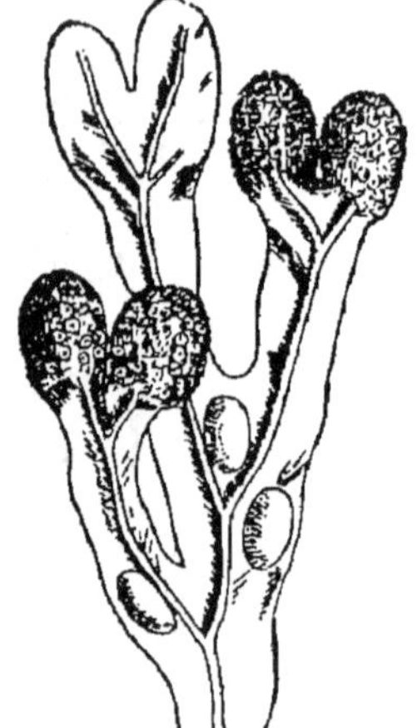

Fig. 112. — Extrémité d'une lame de *Fucus vesiculosus*.

de plaques sèches ou gélatineuses (fig. 113), tantôt celle d'expansions foliacées ou dendroïdes.

C'est l'Algue qui préside à l'assimilation du carbone ; quant au Champignon, tout en protégeant l'Algue dans ses mailles, il lui fournit les aliments quaternaires qu'elle crée plus difficilement (fig. 114).

Fig. 113. — *Collema pulposum*, grandeur naturelle.

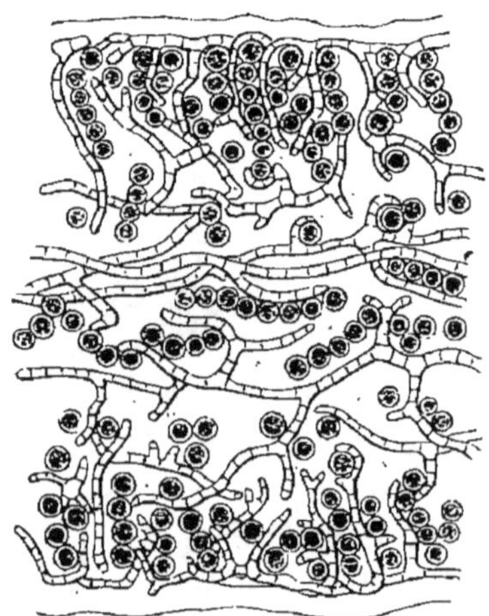

Fig. 114. — *Collema pulposum*, coupe transversale (gross. 450).

21. — Caractères généraux des Muscinées. — Chez les Mousses le corps se divise en deux parties : la *tige* et les *feuilles*,

(*) Bâtonnets isolés avec cils. — Chaîne de bâtonnets. — Spores dans un filament. — Spores libres. — Spores germant.

dont l'ensemble constitue une *pousse* dépourvue de racine et ne présentant intérieurement aucun tissu conducteur.

La tige joue le rôle de support, elle développe et épanouit dans l'air des lames à structure simple qui servent à la nutrition de la plante. On les nomme *feuilles*, bien qu'elles n'offrent pas de vaisseaux afférents pour la sève brute et de vaisseaux efférents pour la sève élaborée.

On respecte dans ces appellations les distinctions populaires, car c'est le vulgaire qui a séparé les *membres de la plante*.

L'appareil végétatif qui offre à la fois : 1° une racine pour se fixer au sol et y puiser les matières dissoutes ; 2° une pousse en relation avec

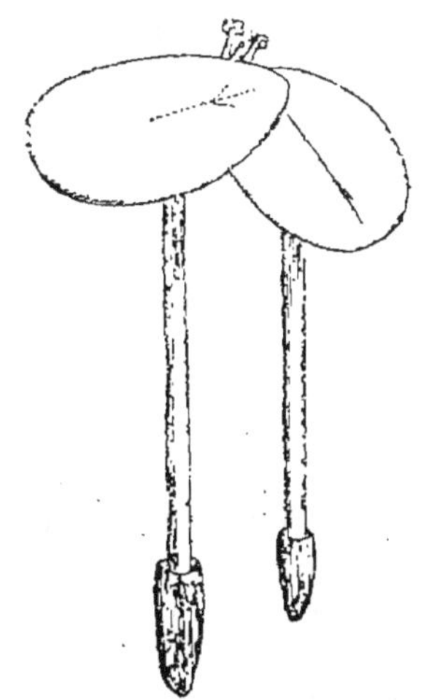

Fig. 115. — Cormus du *Ceramium casuarinæ*, Algue floridée.

Fig. 116. — Lentille d'eau, *Lemna minor*, commune dans les eaux stagnantes.

l'atmosphère, pour porter les organes d'assimilation et les organes de reproduction, est un *cormus*. L'appareil végétatif qui n'est pas ainsi différencié est un *thallus*.

Il existe évidemment une foule de transitions entre ces deux formes ; aussi les termes de Cormophytes et de Thallophytes employés dans la classification des plantes sans fleurs sont-ils à rejeter.

Le Caulerpa par exemple, qu'on range dans les Thallophytes, possède un véritable cormus ; il en est de même des Algues floridées (fig. 115).

D'autre part, les Hépatiques, qui appartiennent précisément au groupe des Muscinées, se rapprochent des Thallophytes par leur

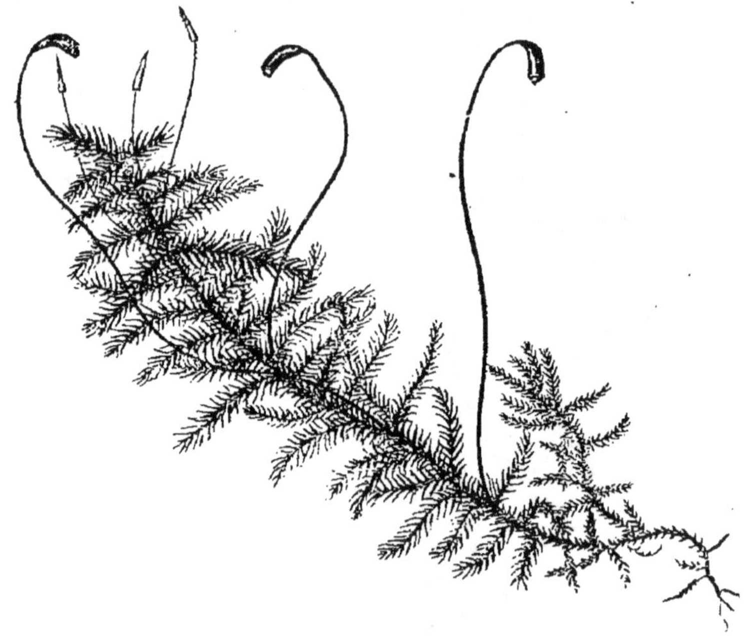

Fig. 117. — Port d'une Mousse, *Hypnum cuspidatum*.

forme extérieure. Des thalles se rencontrent aussi jusque chez les plantes à fleurs, c'est ainsi que les *Lemna* ou Lentilles d'eau sont formées d'un thalle lenticulaire flottant pourvu d'une racine (fig. 116) et que chez *Wolfia arhiza*, autre Lemnacée, la racine elle-même a disparu.

Après ces réserves nous laisserons à l'axe des Mousses le nom de *tige* et à ses appendices le nom de *feuilles*.

L'axe possède inférieurement des filaments bruns ou *rhizoïdes* qui puisent les matériaux nutritifs dans le sol : il porte supérieurement les organes reproducteurs.

Les organes reproducteurs sont, d'une part, des poils pluricellulaires (*anthéridies*) qui produisent des gamètes mâles très mobiles, (*anthérozoïdes*) et, d'autre part, des massifs parenchymateux allongé s en forme de bouteilles (*archégones*) renfermant un gamète femelle fixe (*oosphère*).

Les archégones, protégés par les feuilles, restent toujours libre s sur leur pédicelle, ils ne sont jamais inclus dans un tissu. On peut les considérer aussi comme des poils.

Après la conjugaison des gamètes, il y a, chez les Mousses, formation d'un *œuf* qui ne quitte pas la plante mère, cet œuf végète en parasite sur la pousse feuillée. C'est lui qui, par son développement, produit le *sporogone* dont la capsule renferme les *spores*.

Les spores disséminées sur le sol germent et fournissent un appareil filamenteux épigé (*protonéma*) dont les bourgeons seront des pieds de Mousse.

Les Hépatiques offrent un cycle végétatif semblable à celui des Mousses, mais leurs spores ne produisent pas généralement de protonéma.

22. Caractères généraux des Cryptogames vasculaires. — Les Cryptogames vasculaires sont ainsi nommées parce qu'elles offrent un tréphome plus compliqué que celui des Mousses. Le parenchyme est traversé par des *vaisseaux conducteurs*. Ces vaisseaux peuvent porter les matières nutritives loin des organes d'absorption ; il s'ensuit que l'axe aérien tend à prendre de grandes dimensions et que des *racines* proprement dites s'étendent pour chercher autour de l'individu les substances nécessaires à son entretien (fig. 118).

Les Cryptogames vasculaires sont donc des plantes sans fleurs chez lesquelles le système végétatif est différencié en *tige, feuilles* et *racine*. Le cycle de développement comprend deux temps :

1° Une *génération asexuée* représentée par le *système végétatif* que nous venons de décrire ;

2° Une *génération sexuée* représentée par un *prothalle*.

Si l'on examine la face inférieure d'une fronde fertile de Fougère, on observe des taches villeuses nommées *sores* dont certains poils sont capités (*sporanges*). Il arrive un moment où la tête arrondie de ces poils se déchire pour mettre en liberté des cellules appelées *spores*. Les spores germent sur le sol et donnent naissance chacune à un petit corps lamelliforme nommé *prothalle* (fig. 119.)

Le prothalle, indépendant du grand système végétatif, vit pour son propre compte. Son rôle est très important car c'est au milieu de ses cellules que se différencient les organes de la génération sexuée.

Le prothalle porte en effet des *anthéridies* et des *archégones* en nombre variable ; c'est un appareil germigène dans lequel l'*œuf* se forme et se développe en embryon.

La fécondation des Cryptogames vasculaires s'effectue toujours

Fig. 118. — Port d'une Fougère, *Pteris aquilina*.

dans l'eau. Les gamètes mâles mobiles (*anthérozoïdes*) nagent jusqu'à ce qu'ils rencontrent le puits de l'archégone, ils s'engagent ensuite dans le col de l'organe et vont se dissoudre dans l'*oosphère*.

L'embryon vit d'abord en parasite sur le prothalle, mais il en devient de plus en plus indépendant à mesure qu'il différencie ses racines et ses feuilles ; c'est alors qu'apparaît la Fougère que tout le monde connaît.

Il convient de faire ici deux remarques :

(*a*) On doit constater d'abord que les gamètes sexués des Cryptogames vasculaires ne naissent plus dans des organes ayant la valeur morphologique d'un poil, comme chez les Muscinées, mais dans des cellules spécialisées du parenchyme prothallien.

(*b*) Enfin, il faut attacher au mot *spore* servant à désigner chez les Cryptogames vasculaires et les Muscinées une cellule profondément différenciée, une tout autre signification qu'au même mot lorsqu'il désigne la cellule somato-germinative très primitive des Thallophytes.

En germant, les *spores* produisent en effet, non pas un individu pareil à celui qui les a formées, comme les vraies spores, mais seulement un corps rudimentaire très différent du premier (Van Tieghem).

Dans le cas des Mousses, c'est un *protonéma* capable d'engendrer plusieurs pousses feuillées.

Dans le cas des Fougères, c'est un *prothalle* capable de produire les œufs et de subvenir aux besoins de leur premier développement.

Chez les Cryptogames vasculaires autres que la

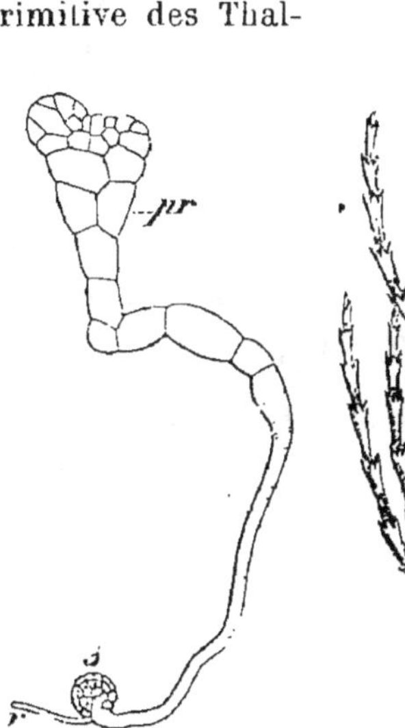

Fig. 119. — Prothalle de Fougère, *Asplenium septentrionale* (gross. 100), d'après Hofmeister (*).

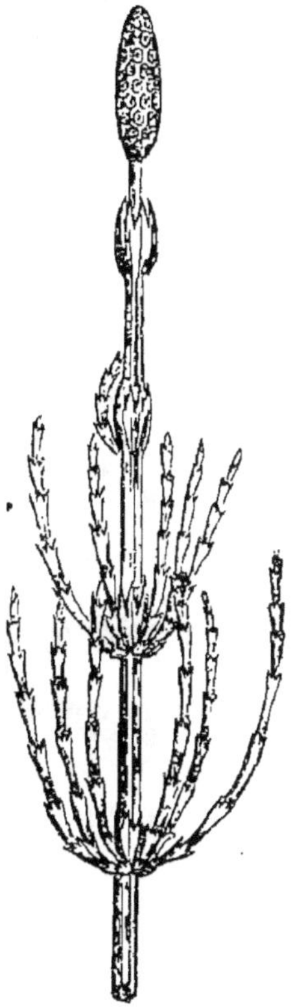

Fig. 120. — Port d'une Prêle, *Equisetum fluviatile*.

Fougère, le cycle de développement reste le même, mais avec des réductions nombreuses dans la succession des phénomènes.

Les spores sont de deux sortes : les unes (*macrospores*) donnent des prothalles exclusivement femelles, les autres (*microspores*) des prothalles exclusivement mâles.

Enfin, les Isoètes, Cryptogames vasculaires plus différenciées que

(*) *Pr*, prothalle. — *s*, spore. — *r*, rhizoïde.

toutes les autres, ne possèdent que des prothalles très réduits, incapables de vivre d'une façon indépendante comme ceux des Fougères.

Chez les Isoètes chaque prothalle se développe *dans la spore même* et engendre les gamètes reproducteurs (*prothalle inclus*).

L'organisme végétal se complique ainsi peu à peu et prépare l'apparition de la forme Phanérogame.

Fig. 121. — Port d'un Lycopode, *Lycopodium clavatum*, pied en fructification.

Les Cryptogames vasculaires comprennent trois groupes :

1º Les FILICINÉES. — Fougères — Pilulaires, etc. (fig. 120) ;

2º Les ÉQUISÉTINÉES. — Prêles (seule famille actuellement vivante) ;

3º Les LYCOPODINÉES. — Lycopodes — Isoètes, etc. (fig. 121).

23. Caractères généraux des Phanérogames. — « Les Phanérogames sont des plantes pourvues de fleurs, dont les parties essentielles sont l'*étamine* et le *carpelle*. Elles diffèrent des

Cryptogames vasculaires par la réduction des phénomènes qui donnent naissance aux éléments sexuels et par l'inclusion du prothalle femelle qui ne se sépare pas de la plante mère.

« L'étamine, feuille mâle, porte les *loges* de l'anthère c'est-à-dire les sacs polliniques, représentant les microsporanges et contenant les *grains de pollen* ou *microspores*. La microspore donne à son intérieur une cellule mâle qui doit s'introduire dans le *tube pollinique*.

« Le carpelle, feuille femelle, porte ou renferme, dans sa région inférieure appelée *ovaire*, tantôt un, tantôt plusieurs ovules, dont la partie principale est le *nucelle* qui correspond au *macrosporange*. Sans produire de macrospores, ce nucelle donne directement le *sac embryonnaire*, qui reste forcément inclus. Le prothalle, né dans le sac embryonnaire, donne ensuite des archégones contenant chacun une oosphère, ou, si l'archégone est supprimé, il se fait simplement une oosphère.

« Après la fécondation, l'*œuf* formé se développe en *embryon*, accompagné ou non d'une réserve alimentaire, cette réserve peut provenir du prothalle accru (*endosperme*), ou simplement se former dans le sac embryonnaire (*albumen* proprement dit, *albumen embryon-*

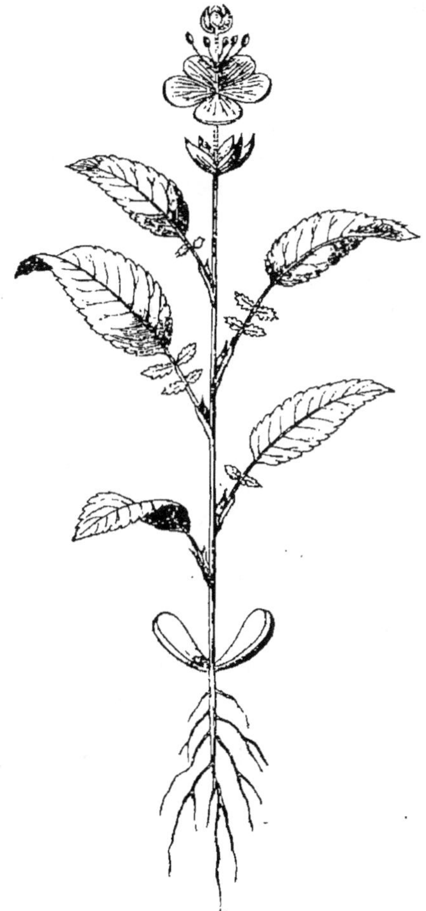

Fig. 122. — Plante théorique de Gœthe.

naire), la réserve peut encore provenir du nucelle (*albumen nucellaire, périsperme*). Le tout est revêtu par une enveloppe, *épisperme*, dérivant du tégument unique ou des téguments ovulaires. Cet ensemble constitue la *graine*. Le carpelle ou plus généralement l'ensemble des carpelles unis d'une même fleur pourvus d'une ou plusieurs graines constitue le *fruit*.

« Les Phanérogames forment deux sous-embranchements :

« 1° Tantôt le carpelle se réduit à un ovaire sans style ni stigmate, portant et nourrissant simplement les ovules, sans se reployer autour d'eux pour les protéger ; les grains de pollen tombent directement sur l'ovule et germent au sommet du nucelle ; la graine est nue : GYMNOSPERMES.

« 2° Tantôt le carpelle porte un stigmate sur lequel tombent et germent les grains de pollen, et son ovaire, ou bien se reploie et se ferme autour de ses propres ovules, ou bien, s'il reste ouvert, s'associe bord à bord aux autres carpelles de la fleur pour envelopper tous les ovules dans une cavité close et la graine est protégée : ANGIOSPERMES.

« Au point de vue de la classification, le caractère tiré du nombre des *cotylédons* (feuilles nourrices qui accompagnent l'embryon), n'est pas applicable aux Gymnospermes ; c'est pourquoi on les comprend toutes dans une seule classe. Les Angiospermes forment deux classes très naturelles : les Monocotylédones et les Dicotylédones (1). »

Les fleurs des Angiospermes sont, à proprement parler, des rameaux contractés dans lesquels les feuilles se trouvent modifiées en vue de la reproduction.

De même que dans un bourgeon ordinaire, les feuilles du rameau floral se développent dans l'ordre ascendant. Les *sépales* apparaissent les premiers, puis viennent les *pétales*, les *étamines* et les *carpelles*. Toutes ces pièces florales conservent des caractères anatomiques qui prouvent leur origine foliaire.

Ainsi se trouve fortifiée la célèbre théorie des *métamorphoses de la feuille* si clairement formulée par Gœthe (fig. 122).

Au point de vue histologique, les Phanérogames offrent le maximum de différenciation dans les éléments anatomiques, elles présentent des appareils nettement séparés ; nous avons eu l'occasion de les décrire dans le chapitre précédent, et nous reviendrons encore sur ce sujet dans les chapitres qui vont suivre.

CHAPITRE IV

LA RACINE.

La racine n'est différenciée que chez les Phanérogames et les Cryptogames vasculaires. Les autres végétaux, pour se fixer au sol, présentent des dépendances de la tige, *crampons* ou *rhizoïdes*. Dans la graine, l'embryon de toutes les Phanérogames possède une *radicule* bien apparente qui donnera naissance à la racine.

___
(1) L. Guignard, *Jardin botanique*, Paris.

24. Aspect extérieur de la racine. — La forme extérieure d'une racine jeune est celle d'un cylindre de petit diamètre, se terminant en cône à la partie inférieure, et réuni par sa base à une tige ou à une feuille. Que la racine se développe dans le sol, comme dans la plupart des cas, qu'elle se développe dans l'eau, ou dans l'air, sa pointe est toujours dirigée vers le bas (fig. 123 et 124).

Coiffe. — La pointe de la racine examinée de près se montre recouverte d'une sorte

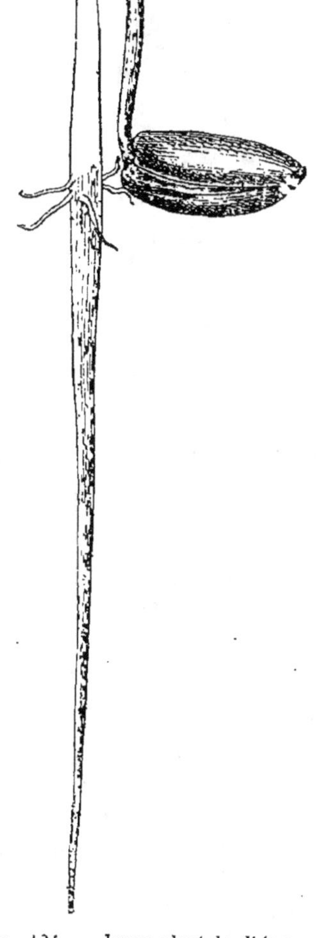

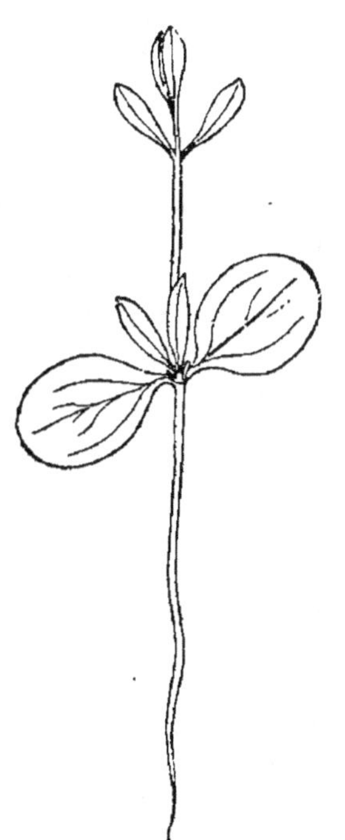

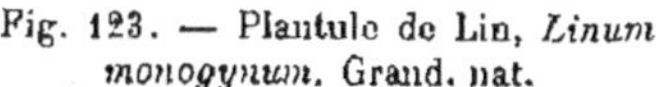

Fig. 123. — Plantule de Lin, *Linum monogynum*. Grand. nat.

Fig. 124. — Jeune plantule d'*Anona*, d'après Lubbock.

de doigt de gant, qui ne se prolonge que jusqu'à une faible distance. Cette enveloppe protectrice nommée *pilorhize* ou *coiffe* par les auteurs, présente une épaisseur variable. Elle va s'amincissant, depuis le sommet où elle fait corps avec la partie interne de l'axe, jusqu'au point où elle cesse d'exister, et plus elle s'éloigne du sommet, moins est grande son adhérence avec les tissus qu'elle recouvre.

La coiffe est toujours d'une consistance plus ferme que les parties internes. Son rôle est, évidemment, de protéger contre les frottements la pointe molle de la racine. Le rôle protecteur de la coiffe amène rapidement l'usure de sa surface externe. Tantôt la lame moyenne des cloisons cellulaires périphériques se transforme en mucilage, et les éléments du tissu se dissocient au sein d'une matière gélatineuse, tantôt les cellules restent adhérentes entre elles latéralement et se détachent en calotte visqueuse ou sèche. Mais il est facile de constater qu'au fur et à mesure qu'elle se désagrège ainsi, la coiffe se régénère à l'intérieur. Sa croissance est telle qu'on la voit conserver indéfiniment son épaisseur (fig. 125).

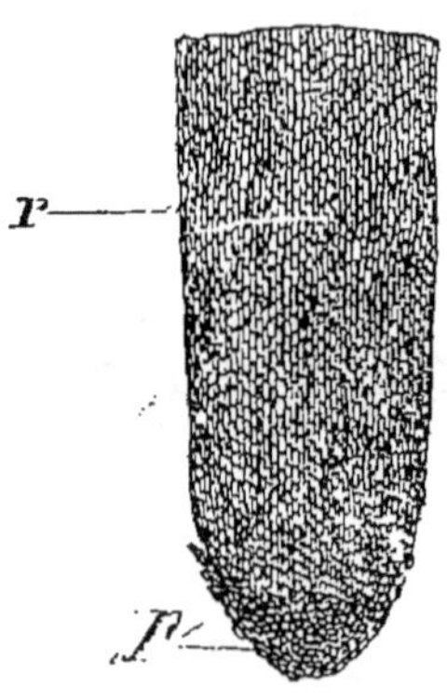

Fig. 125. — Extrémité d'une jeune racine (*).

Les plantes aquatiques ont aussi une racine munie d'une coiffe, qui protège la pointe contre les animaux vivant dans l'eau. Cette coiffe, ne s'usant pas, devient souvent très longue, et ne tient qu'au sommet du cône.

Dans les racines aériennes, la coiffe protège la partie jeune de l'organe contre la dessiccation.

Lorsque la racine est à croissance limitée, dès que celle-ci a pris fin, l'extrémité s'affermit et la coiffe, devenue inutile, tombe sans qu'il en advienne pour la plante le moindre inconvénient.

Poils radicaux. — Si, à partir du bord supérieur de la coiffe, en remontant vers la tige, on examine la surface nue de la racine, on arrive à une région dans laquelle chaque cellule superficielle est prolongée en un tube incolore. Cette région est hérissée de *poils* serrés à peu près égaux. La région qui s'étend de cette zone pilifère à la base de la racine est lisse comme celle qui s'étend de la coiffe à la région des poils radicaux.

En examinant avec attention la région pilifère, on constate que dans la partie la plus voisine de la pointe les tubes sont plus courts, mais qu'ils grandissent peu à peu et atteignent la longueur des plus éloignés; en même temps, de nouveaux tubes courts prennent naissance au-dessous d'eux. Du côté de la base, les poils ont toute leur longueur, la région qui les porte se termine brusque-

(*) *r*, son corps. — *p*, sa coiffe.

ment, et l'on peut observer que les premiers poils se détruisent de proche en proche (fig. 126).

Il faut conclure de là, que la région située au-dessus de la zone pilifère a possédé des poils à une époque antérieure, et que la région qui s'étend vers la coiffe est appelée à en avoir.

Les poils ont une existence de courte durée, ils tombent très vite, de nouveaux éléments se forment plus bas, il semble donc que la région pilifère se déplace le long de la surface radicale, mais il est facile de voir que la pointe s'allongeant sans cesse, la zone reste toujours à une même distance de l'extrémité, en s'éloignant cependant de la base.

Chez les plantes vivant dans l'eau ou dans l'air humide, les poils radicaux sont tous cylindriques, droits et disposés régulièrement, mais chez les plantes dont la racine s'implante dans le sol, la croissance des tubes est à tout instant modifiée par des

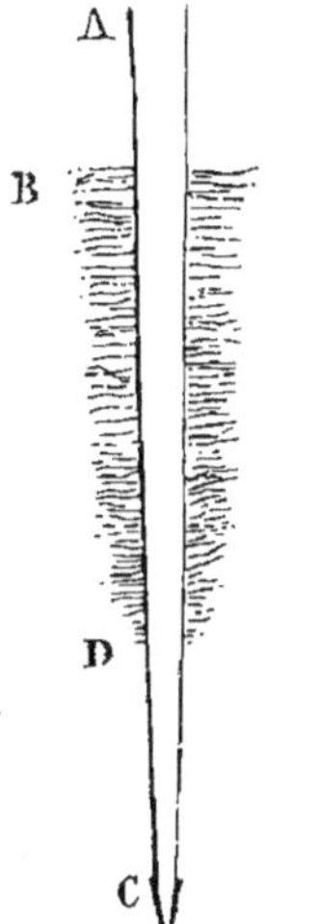

Fig. 126. — Partie terminale de la racine (*).

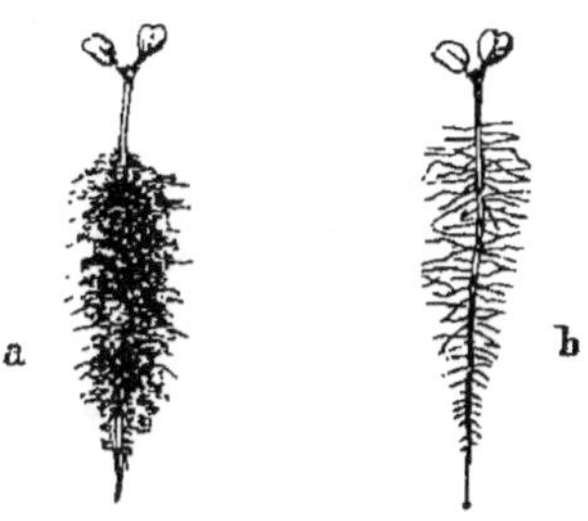

Fig. 127. — *Penstemon*. Plantule *a* avec des particules adhérentes; *b*, la même lavée.

pressions, des frottements, etc. En conséquence, ces tubes prennent la forme irrégulière des particules solides du sol; ils se dilatent, certains joints se rétrécissent, d'autres s'élargissent. Dans tous les cas, les poils radicaux sont toujours simples et jamais cloisonnés (fig. 127 et 128).

Les poils radicaux manquent quand le milieu ou végète la racine présente certaines conditions anormales. Leur formation est donc subordonnée aux circonstances extérieures; c'est ainsi que les racines des plantes qui peuvent se développer dans le sol et dans l'eau, comme la Jacinthe, ne présentent pas de poils quand on les laisse

(*) C, coiffe. — CD, région qui n'a pas encore de poils. — DB, région pilifère. — BA, région dont les poils sont tombés.

s'accroître dans l'eau. Les racines aériennes des Orchidées dites *épidendres* sont aussi dépourvues de poils.

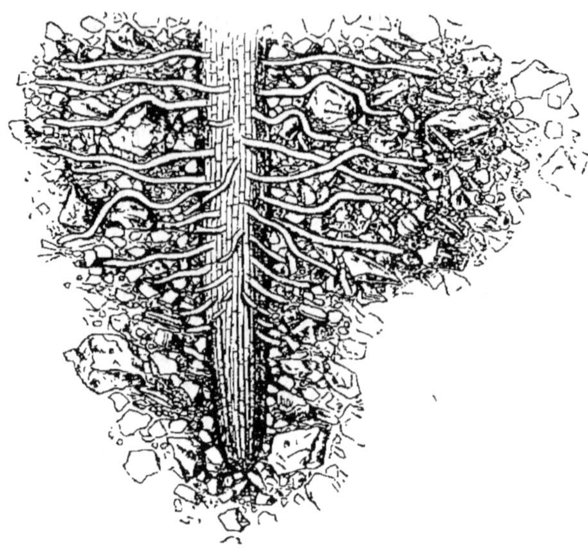

Fig. 128. — Extrémité d'une racine de *Penstemon* grossie 10 fois pour montrer les poils absorbants en rapport avec les particules du sol.

25. Accroissement de la racine. — La racine ne s'allonge que dans une région assez courte et voisine du sommet, cette région de croissance ne dépasse pas 1 centimètre de longueur. L'expérience que nous allons rapporter permet de vérifier ce principe avec toute la rigueur désirable.

Sur une jeune racine végétant dans l'air humide, on trace à l'encre noire des traits distants de 1 centimètre et on les numérote de 1 à 10, par exemple, à partir de la pointe. Au bout de quelques jours, on constatera que le premier intervalle, celui qui sépare la pointe du premier trait, est le seul qui se soit accru, les autres intervalles ont conservé leurs longueurs relatives.

On divisera ensuite le premier centimètre en 10 millimètres, numérotés de même de 1 à 10 à partir du sommet. Au bout de vingt-quatre heures, on pourra se rendre compte de la croissance accomplie. On observera alors que les 10e, 9e, 8e et 7e divisions ont peu grandi, que les 6e et 5e se sont augmentées sensiblement, les 4e, 3e et 2e se sont beaucoup accrues, surtout la 3e et la 2e, et que la première a à peu près suivi l'accroissement de la 5e.

Les conditions extérieures demeurant favorables, l'allongement d'une racine se poursuit indéfiniment. A mesure qu'il se produit, la région des poils se maintient à égale distance de la pointe et s'enfonce dans le sol. Toute la partie terminale jeune d'une racine ne subit donc pas de variations ; la partie vieille reste nue et devient de plus en plus longue.

Il existe toutefois des plantes chez lesquelles la croissance de la racine est éphémère ; dès que l'allongement à pris fin la région des poils atteint la pointe ; souvent la coiffe tombe, la zone pilifère couvre alors le sommet ; puis, comme les poils sont eux-mêmes caducs, la racine devient peu à peu entièrement nue. A ce moment, elle commence à se détruire ou tombe.

L'accroissement d'une racine n'a pas lieu avec la même vigueur suivant toutes les génératrices qu'on peut mener sur sa surface. Il en existe une suivant laquelle l'allongement est maximum ; mais toutes offrent successivement le maximum d'allongement : il s'en suit que la région de croissance se courbe continuellement et que la pointe décrit une ellipse.

En décrivant son ellipse le sommet s'allonge, et, se déplace sur une hélice vers le bas. Il s'accomplit ainsi un mouvement de vis qui contribue beaucoup à la pénétration dans le milieu extérieur.

Sur une même tige ou sur une même feuille, plusieurs racines peuvent prendre naissance en des points voisins ; il arrive alors fréquemment qu'elles se soudent en une seule masse, elles deviennent *concrescentes*. La forme aplatie ou anguleuse des racines concrescentes et les sillons qui en parcourent la masse décèlent leur véritable origine.

26. Radicelles. — Une racine ayant acquis un certain allongement, peut se ramifier.

Vers le point d'attache avec la tige ou la feuille, c'est-à-dire à la base de la racine, se montre une protubérance de la surface ; de cette protubérance, s'échappe bientôt un filament blanc muni d'une coiffe et d'une zone pilifère qui se meut comme nous l'avons dit plus haut. Ce filament a donc les caractères extérieurs d'une racine, mais il s'allonge horizontalement parce que la pesanteur est presque sans action sur lui.

C'est une *racine de deuxième ordre*, née à l'intérieur de la première ; la protubérance d'où elle est sortie forme souvent à la base une sorte de boutonnière (fig. 129) Il peut en naître de la même façon un grand nombre (fig. 130), elles sont de plus en plus jeunes et de plus en plus courtes de la base au sommet. On comprend alors que l'ensemble des racines secondaires ou *radicelles* de la racine principale, forme un cône dont celle-ci (*pivot*) est l'axe.

Lorsque le pivot a une croissance de longue durée, les racines de second ordre sont en grand nombre ; la croissance de celles-ci continuant, le cône s'élargit en s'allongeant et conserve une ouverture normale, c'est un système *pivotant*. Quand les racines secondaires demeurent courtes, le cône est très aigu, c'est le cas du Salsifis, par exemple; le système est dit *pivotant exagéré* (fig. 131). Si, au contraire, le pivot ne s'accroît pas et que les radicelles s'allongent beaucoup, le système rayonnant horizontalement forme un cône obtus, il est dit *fasciculé* (fig. 132).

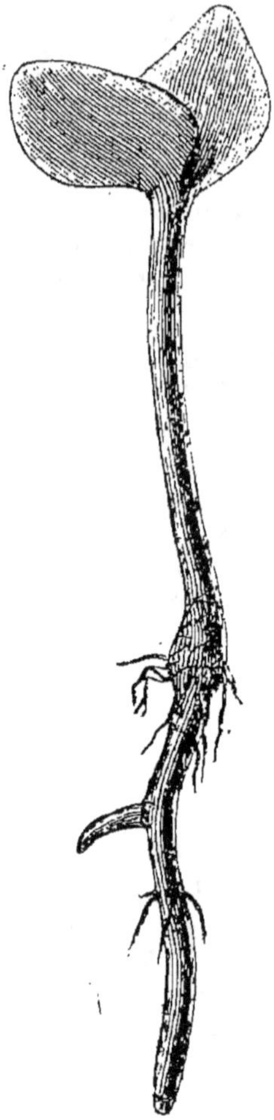

Les racines secondaires (*radi-*

Fig. 129. — Plantule de Campanule, dont la racine produit une racine secondaire.

Fig. 130. — Plantule de Fenouil vulgaire (1/2 grand. naturelle).

celles primaires) peuvent à leur tour se ramifier, et tout se passe comme sur le pivot; chaque radicelle primaire devient un pivot horizontal, autour duquel se développent les racines tertiaires (*radicelles secondaires*). Celles-ci, à leur tour, pourront porter des racines quaternaires, etc. L'ensemble est ce qu'on appelle la racine totale et les racines de divers ordres sont dites *radicelles*.

Dans un tel système, les radicelles naissent sur la radicelle d'ordre immédiatement supérieur *les unes au-dessous des autres*, exactement, elles y forment un certain nombre de rangées longitudinales équidistantes.

Le nombre de ces rangées est de deux chez les Cryptogames vasculaires, de trois chez les Phanérogames. Sur le pivot, il dépasse ce nombre, cela dépend de la grosseur de la racine, et par conséquent de l'âge de la plante.

D'ailleurs, le long d'une même racine, il semble que ce nombre soit sujet à varier. Si la racine, grosse à l'origine, s'effile brusquement, une des rangées disparaît ; si le contraire a lieu, il en apparaît d'autres.

Sur les radicelles le nombre des rangées décroît avec le diamètre. Chez les· Fougères, une fois réduit à deux il se maintient à ce minimum. Chez les Phanérogames, il peut,

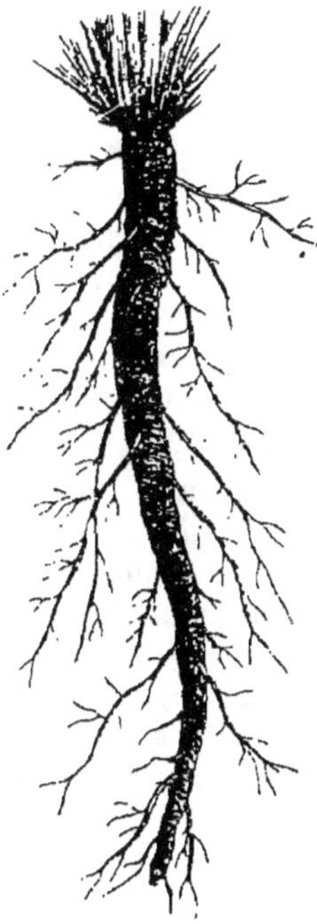

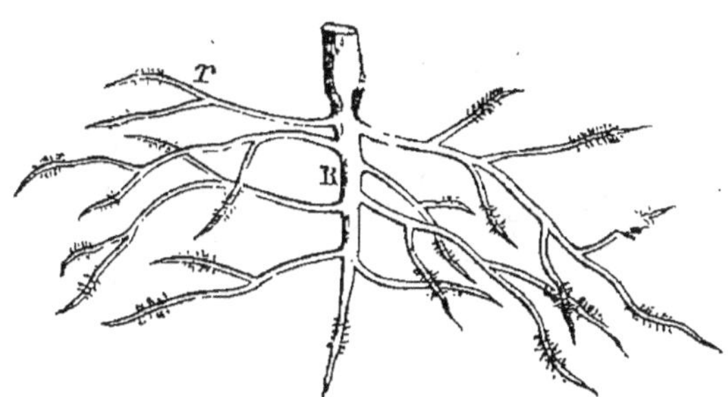

Fig. 131. — Racine pivotante.

Fig. 132. — Racine fasciculée. Les radicelles r se développent beaucoup plus que la racine principale R.

une fois réduit à trois, remonter à quatre, rapprochées ou non deux par deux, et se conserver ainsi.

Si le pivot d'une Fougère porte deux rangées de radicelles, et celui d'une Phanérogame quatre comme nous venons de le dire, la disposition demeure la même, dans toute l'étendue du système pivotant (Van Tieghem).

La ramification de la racine binaire des Cryptogames vasculaires ne s'opère pas uniquement dans le même plan. Les axes des deux séries-racines coupent généralement à angle droit le plan du degré supérieur, et c'est au bout de trois ramifications seulement que le système redevient parallèle. Suivant les circonstances extérieures la distance de deux radicelles d'une même rangée longitudinale est variable.

La ramification de la racine des Lycopodinées (Cryptogames vasculaires) présente une particularité sur laquelle nous devons insister. Il ne s'y produit pas de radicelles latérales; mais, au sommet, la racine se bifurque en deux parties égales formant une *dichotomie*. Les deux moitiés prennent chacune une coiffe · spéciale sous la coiffe primitive; celle-ci s'exfolie bientôt, et les deux axes s'allongent en faisant entre eux un angle droit. Cela se continue ainsi et, chaque fois, les deux branches font le même angle droit. « A chaque bifurcation, le plan des axes des deux branches est perpendiculaire à celui de la bifurcation précédente » (Van Tieghem).

Chez certaines Gymnospermes, on voit les radicelles se ramifier en dichotomie dans des plans alternativement rectangulaires.

27. Racines latérales. — La racine apparaît toujours sur la tige d'une plante; la première qui naît, pendant la période embryonnaire, se dirige dans le prolongement de la tige, on la nomme *racine terminale* (fig. 133).

Mais la tige tout entière jouit de la propriété de former des racines. De la base au sommet on peut voir apparaître, dirigées verticalement vers le sol, des racines semblables à la racine terminale : ce sont les *racines latérales*, il faut en distinguer trois sortes (Van Tieghem).

Les premières apparaissent en des points déterminés, et

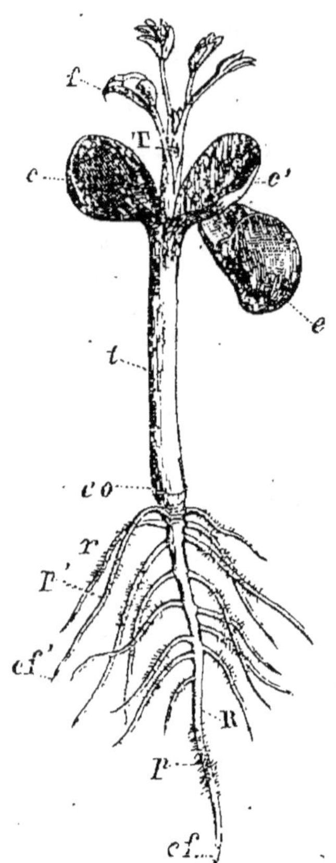

Fig. 133. — Jeune plant de Lupin (*).

(*) R, racine terminale dirigée dans le prolongement de la tige. — *t*, tige au-dessous des cotylédons *cc'*. — 'T, tige au-dessus des cotylédons. — *f*, jeunes feuilles. — *e*, enveloppe de la graine qui se détache et tombe. — *co*, collet. — *r*, radicelles. — *cf*, *cf'*, coiffes. — *p*, *p'*, poils.

sont en rapport direct avec la position des feuilles; on les nomme *racines latérales régulières*.

D'autres, se forment en des places indéterminées et portent le nom de *racines adventives*. Enfin, une troisième sorte prend son origine sur les bourgeons de la tige, ce sont les *racines gemmaires* qui peuvent être libres ou concrescentes.

Dans la plupart des arbres des forêts de nos contrées, il n'y a pas de racines latérales, mais les arbres des pays tropicaux, surtout les Palmiers et les Fougères, portent des racines latérales descendant le long de la tige qu'elles recouvrent d'un épais revêtement. Dans d'autres, comme le Figuier du Bengale ou Figuier des pagodes,

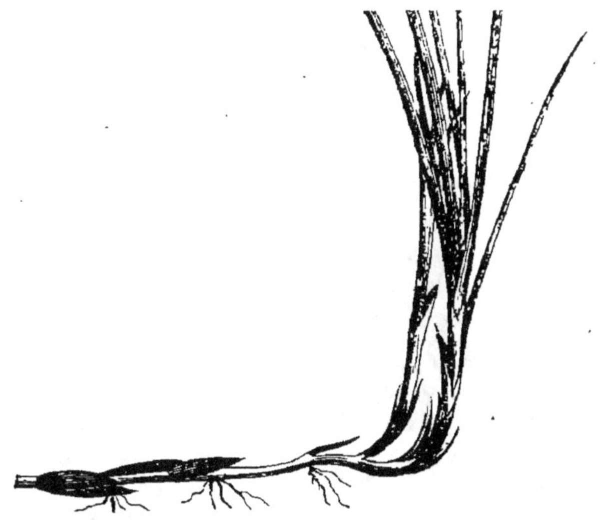

Fig. 134. — Tige souterraine de Carex portant des racines latérales.

les racines latérales partent des branches, d'où elles pendent comme des cordes, elles s'enfoncent ensuite, se fixent et se ramifient en terre, formant comme autant de colonnes sur lesquelles s'appuient les branches.

La racine terminale de plusieurs plantes de nos climats, est accompagnée, dès sa naissance, d'un nombre variable de racines latérales auxiliaires, plus tard elle disparaît; la destruction s'étend aux racines latérales, pendant que d'autres prennent naissance dans les parties supérieures de l'axe. Ce cas est général quand la tige est rampante dans l'eau, dans la terre (fig. 134) ou à la surface du sol (fig. 135).

Le diamètre des racines latérales varie suivant l'âge d'une plante et la grosseur de la tige au point où elles se développent; celui de la racine terminale demeure au contraire invariable pour une plante

Fig. 135. — Tige rampante de Piloselle portant des racines latérales.

donnée, en raison même de l'âge et du point d'où elle tire son origine. Il résulte de ceci que, sur les racines latérales, le nombre des séries longitudinales de radicelles n'est pas constant, tandis qu'il l'est sur la racine terminale. Les racines latérales naissent de la tige comme naissent les radicelles, c'est-à-dire à une certaine distance de la surface. Elles ont donc à percer une couche cellulaire qui forme à leur base une boutonnière ou coléorhize ; elles sont *endogènes* (fig. 136). L'exception à cette règle est offerte par les racines gemmaires que la tige produit à la base de chaque bourgeon ; elles se constituent à la surface et n'ont rien à traverser pour sortir, elles sont *exogènes*, c'est ce que l'on observe chez le Cresson.

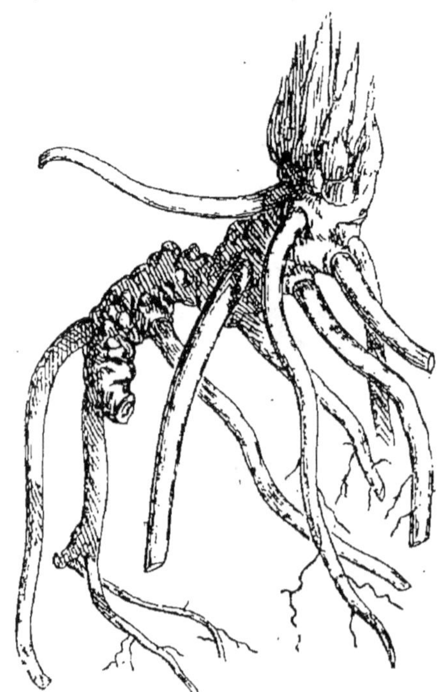

Fig. 136. — Parties souterraines de la Pulmonaire. Les racines adventives sortent par une boutonnière.

La racine terminale est toujours d'origine exogène, cependant on trouve quelques exceptions ; dans les Graminées, par exemple, la racine terminale prend naissance à une certaine distance de la surface, elle est enveloppée d'une sorte de poche qu'elle traverse en s'échappant et qui forme ensuite une gaine autour de son insertion (*coléorhize* des anciens auteurs).

28. Variations morphologiques de la racine. — La plupart des plantes présentent des racines telles que nous venons de les étudier. Mais, chez un certain nombre, pendant que quelques racines subissent leur développement normal, d'autres acquièrent des formes différentes, en voici les principaux modes :

RACINES-TUBERCULES. — Les racines adventives groupées à la base de la tige cessant de s'allonger, se renflent et deviennent des *tubercules*. Telle est, par exemple, la racine de l'Asphodèle. Dans la Ficaire, chaque bourgeon né à l'aisselle des feuilles produit une racine latérale, qui, cessant aussi de s'allonger, perd sa coiffe et fournit une masse ovoïde tuberculeuse (fig. 137).

Fig. 137. — Racines tuberculeuses
de la Ficaire.

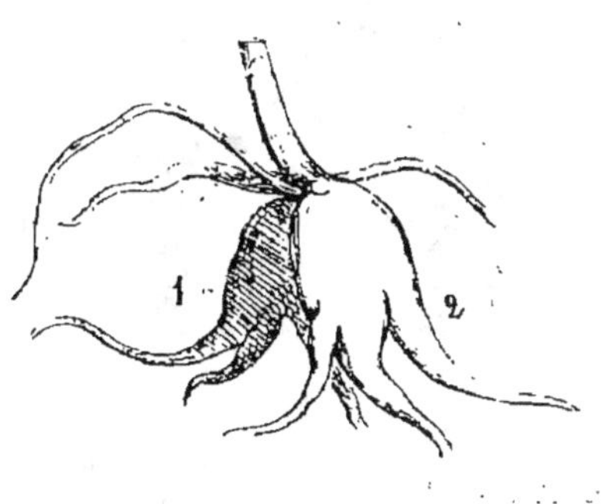

Fig. 138. — Orchis tacheté portant des
racines tuberculeuses (*).

Chez quelques Monocotylédones, il se forme chaque année, à la base de la tige un bourgeon tuberculeux, ce bourgeon donne naissance à un assez grand nombre de racines latérales contiguës, qui croissent en commun et s'associent en une masse tantôt arrondie, tantôt divisée au sommet, les racines constitutives se séparent peu à peu en divergeant irrégulièrement (fig. 138).

Certaines Gymnospermes portent, sur leurs racines et sur leurs radicelles, en quatre rangées rapprochées deux à deux, des petits tubercules sphériques qui sont autant de ramifications dont la croissance s'est arrêtée.

(*) 1, tubercule ancien déjà flétri. — 2, tubercule de l'année.

Toutes les Légumineuses Papilionacées peuvent offrir sur leurs racines des petits tubercules, qui, comme dans l'exemple précédent, sont des radicelles incomplètement développées ; elles ont été attaquées par un Bacille, nous reviendrons sur ce sujet.

D'autres formations anormales ont une importance aussi grande. C'est ainsi que le long de sa tige, le Lierre présente un grand nombre de racines adventives courtes servant à le fixer aux murs, aux écorces, aux rochers où il grimpe. Ces racines sont des sortes de *crampons*, qui peuvent, lorsqu'ils se trouvent dans un milieu convenable, se transformer en racines ordinaires (fig. 139).

Fig. 139. — Fragment de la tige du Lierre montrant les racines crampons.

Fig. 140. — *Cuscuta major*. Rameau fleuri montrant en *a* cinq suçoirs qui ont été détachés de force de la plante nourricière dans laquelle ils s'implantaient.

Sur les plantes aquatiques, quelques racines latérales demeurent courtes, ne se ramifient pas et se renflent en masses ovoïdes pleines d'air : ce sont des *flotteurs*.

Les plantes telles que la Vanille, enroulent en *vrille* autour des supports certaines de leurs racines adventives ; elles se soutiennent ainsi et peuvent s'élever à une grande hauteur.

Dans d'autres familles, les branches âgées produisent des racines adventives qui s'amincissent sans s'accroître, se durcissent peu à peu et deviennent des *épines*.

Suçoirs. — Les plantes parasites comme le Mélampyre, la Cuscute, l'Orobanche, le Thésium, attaquent par leurs racines le végétal qui les supporte ; aux points de contact avec la tige nourricière, des organes particuliers issus des racines parasites, pénètrent plus ou moins profondément dans les tissus de l'hôte : ce sont des *suçoirs* (fig. 140 et 141).

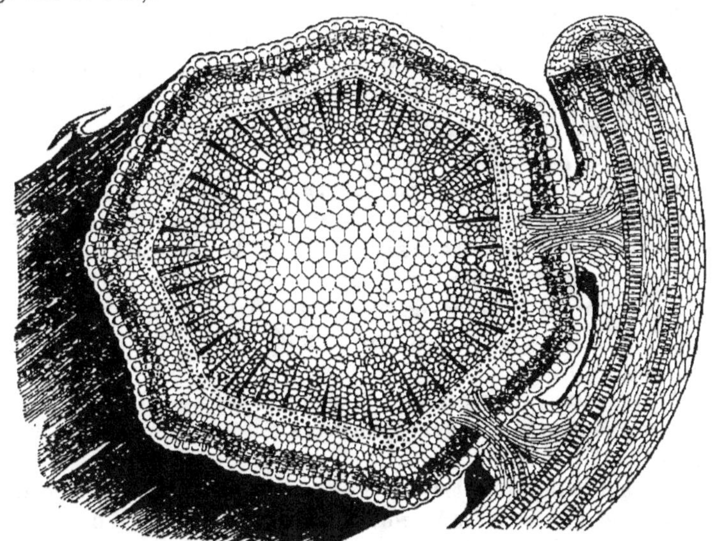

Fig. 141. — Cuscute enfonçant ses racines suçoirs. Coupe transversale, gross. 40.

Les plantes parasites peuvent développer aussi des racines dans le sol ; lorsque leurs radicelles viennent en contact avec celles qui

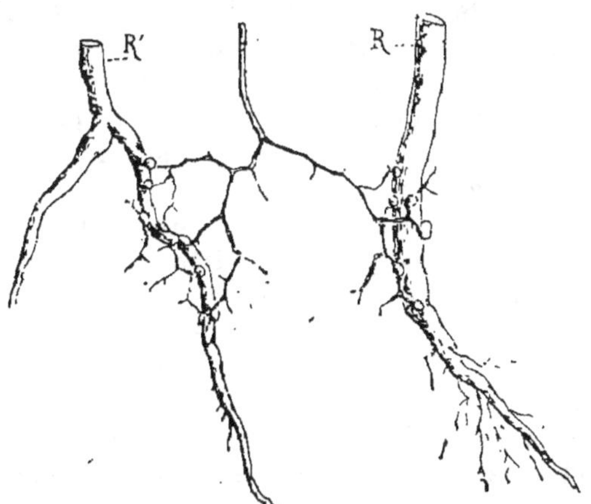

Fig. 142. — Racine de Thésium fixant ses suçoirs sur les racines R et R' de deux autres plantes voisines.

appartiennent aux végétaux voisins, elles produisent de petites excroissances qui, grâce à leur forme conique, entrent dans les tissus et transforment leurs cellules superficielles en poils absorbants. Les suçoirs sont exogènes et toujours dépourvus de coiffe ; ils se disposent sans ordre apparent. Ce sont, à proprement parler, de simples *émergences* (fig. 142).

Les choses se passent un peu différemment pour le Gui. Sa graine germe sur l'arbre où le vent l'a semée, la racine terminale s'enfonce dans la branche de l'hôte, puis, parvenue à la surface du bois, pousse ses radicelles parallèlement à lui ; sur les radicelles se montrent ensuite les suçoirs.

Quelques plantes n'ont pas de racine terminale ; d'autres n'ont pas de racines latérales ; souvent même toute racine fait défaut. On remarque que ce fait, très rare chez les Phanérogames, a lieu pour des espèces habitant les lieux humides comme certaines Orchidées, ou constamment submergées comme l'Utriculaire. L'absence totale de racines se constate aussi chez plusieurs Cryptogames vasculaires (Van Tieghem).

29. Résumé des caractères extérieurs de la racine. — Nous pouvons, dès à présent, reconnaître une racine aux caractères suivants :

« La racine ne porte pas de feuilles ; elle est munie de poils absorbants et terminée par une coiffe protectrice ; elle se dirige ordinairement de haut en bas » (G. Bonnier).

30. Anatomie de la racine. — Supposons pratiquée une coupe transversale sur une racine jeune, à une distance assez grande de la pointe pour que les tissus soient formés. Nous distinguerons *deux* parties : un manchon épais, mou, *l'écorce*, enveloppant un second manchon plus grêle mais plus résistant, le *cylindre central* (fig. 143).

A. Écorce. — Le parenchyme de l'écorce est formé de cellules à parois minces disposées en couches concentriques. Examinons ces couches en supposant que la coupe passe par un point de la zone pilifère ; nous y verrons :

1° Une assise externe de cellules à parois minces prolongées par un tube creux caduc, c'est *l'assise pilifère* ;

2° Une *assise subéreuse*, formée de cellules polyédriques allongées suivant le rayon et soudées par leurs faces latérales ; ces cellules subérifient leurs membranes à mesure que celles de l'assise pilifère se flétrissent ;

3° Une *couche corticale externe*, formée de plusieurs assises de cellules polyédriques, non disposées en séries radiales, mais concentriques, intimement unies entre elles, les plus grandes cellules étant placées plus près du centre ;

4° Une *couche corticale interne*, composée par des assises de cellules arrondies ou quadrangulaires sur la section transversale, concentriques et disposées en séries radiales, plus petites vers le centre que vers la périphérie, et laissant entre leurs angles émoussés des méats diminuant dans la même proportion que les cellules ;

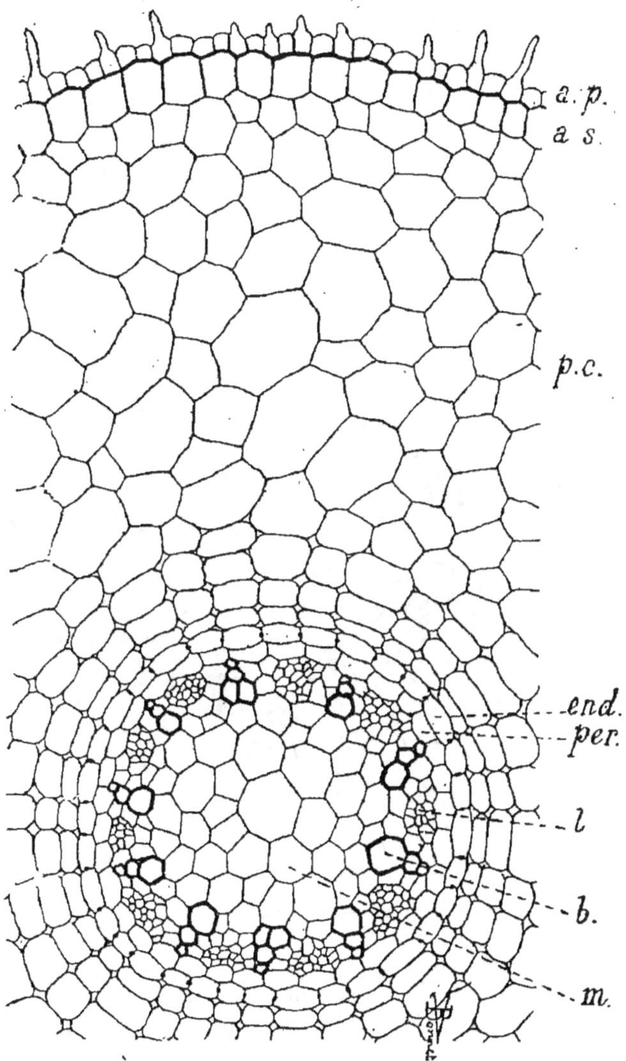

Fig. 143. — Racine d'Aloès (*).

5° Un *endoderme*, c'est l'assise la plus interne de la zone corticale interne ; les membranes des cellules endodermiques sont

(*) *ap*, assise pilifère. — *as*, assise subéreuse. — *pc*, parenchyme cortical. — *end*, endoderme. — *per*, péricycle. — *l*, liber. — *b*, bois. — *m*, moelle.

subérifiées, fortement unies par des plissements de leurs faces latérales qui s'engrenent les uns dans les autres. Sur la coupe, les plissements dessinent des points noirs marquant leur largeur, ils sont caractéristiques de l'endoderme.

La disposition et la dimension des cellules des deux couches corticales montrent que leur développement a lieu en sens inverse. Les cellules les plus jeunes de la couche externe sont, en effet, vers la périphérie, tandis que les cellules les plus jeunes de la couche interne sont plus rapprochées du centre (Van Tieghem).

B. Cylindre central. — Le cylindre central ne se divise pas en

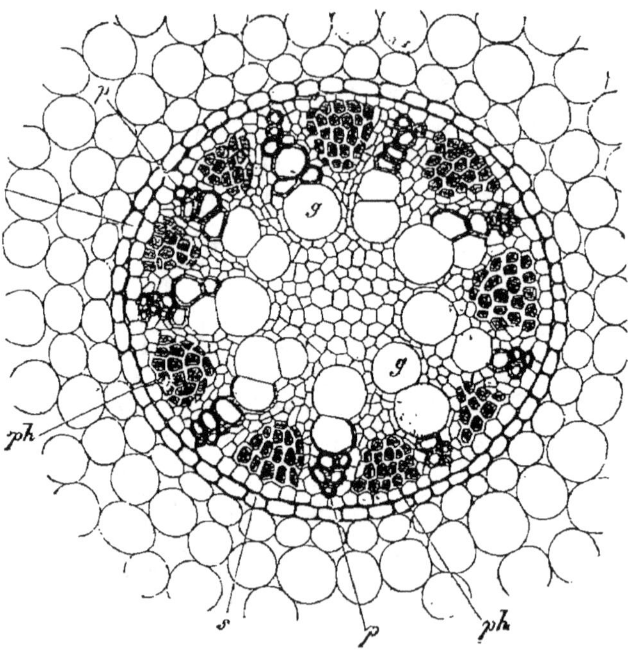

Fig. 144. — Coupe transversale dans le cylindre central d'une racine d'*Acorus calamus* (*).

assises de cellules nettement séparées les unes des autres ; on y observe pourtant, adossé à l'endoderme, un rang de cellules régulières alternant avec celles de l'endoderme, sans plissements ni subérifications, c'est le *péricycle*.

Contre le péricycle, sont régulièrement disposées des bandes de deux sortes : les unes ovales, dilatées dans le sens de la circonférence ; les autres rayonnantes, élargies vers l'intérieur.

(*) *p*, petits vaisseaux formés les premiers. — *g*, gros vaisseaux formés plus tard, incomplètement épaissis. — *ph*, partie libérienne. — *s*, endoderme sous lequel s'applique un péricycle à une seule assise de cellules ; extérieurement à l'endoderme écorce primaire (de Bary).

Entre ces bandes et dans l'espace qu'elles laissent libre au centre, existe un parenchyme à parois minces dont les cellules, larges en dedans et laissant des méats, sont plus étroites en dehors et plus intimement unies. Le région centrale libre est la *moelle*, et les parties qui passent entre les bandes sont les *rayons médullaires*. Comme les parties essentielles du cylindre central sont les bandes dont nous avons dit un mot, et que toutes les autres cellules du cylindre central ne servent qu'à les réunir, on désigne l'ensemble parenchymateux sous le nom de *conjonctif*.

Quant aux bandes, ce sont des sections de vaisseaux accolés auxquels on donne le nom de *faisceaux*. Les faisceaux s'étendent en ligne droite d'un bout à l'autre de la racine.

Les vaisseaux des faisceaux à section rayonnante sont d'un calibre étroit en dehors, contre le péricycle, plus large vers la moelle, comme le montre la figure 143 dans laquelle ils se détachent en noir; le vaisseau le plus externe s'est formé le premier; le plus large et le plus interne s'est formé le dernier. Le développement est donc centripète. Les vaisseaux étant l'élément essentiel du bois, on appelle les faisceaux dont nous nous occupons *faisceaux ligneux*.

Les faisceaux à section ovale sont formés de tubes criblés, et les tubes criblés étant caractéristiques du liber, on nomme ceux-ci *faisceaux libériens* (fig. 144).

31. Modifications anatomiques de la racine. — Telle est la structure générale de la racine, à quelqu'ordre de plantes qu'elle appartienne. Mais il peut s'y faire un certain nombre de modifications qu'il convient de passer en revue, en suivant l'ordre que nous avons suivi dans l'exposé qui précède.

A. Écorce. — Reprenons l'étude de l'écorce telle qu'elle a été faite plus haut.

1° *Assise pilifère*. — Quelques plantes se montrent dépourvues de poils radicaux, que la racine soit terrestre, aérienne ou aquatique. D'autres montrent, dans l'assise pilifère, deux sortes de cellules : les unes courtes et munies d'un prolongement, les autres longues et glabres. Les racines des Orchidées aériennes (*épidendres*) sont dépourvues de poils; leur surface est lisse, luisante, d'un blanc d'argent; cela est dû à ce que les cellules de l'assise pilifère meurent de bonne heure, se remplissent d'air et forment une couche nacrée, opaque, le *voile* (fig. 145):

2° *Assise subéreuse*. — L'assise subéreuse épaissit parfois ses membranes (fig. 146). Quelquefois aussi, sur les faces latérales et transverses, se forment des plissements analogues à ceux de l'endoderme.

Dans certaines familles, une bande d'épaississement entoure

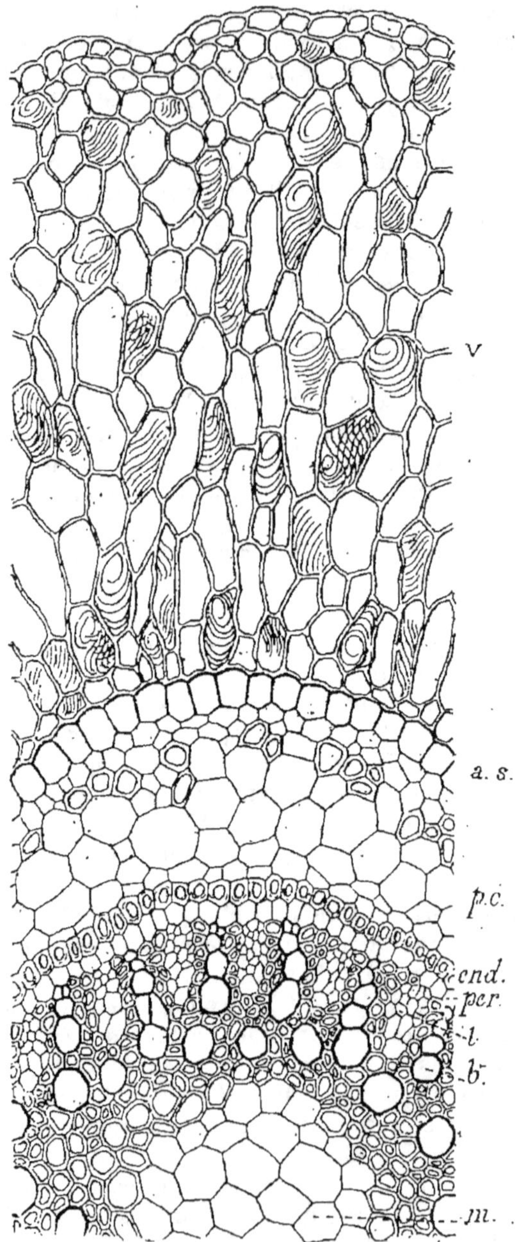

Fig. 145. — Coupe transversale d'une racine aérienne d'Orchidée (*Oncidium*) (*).

(*) V, voile. — *as*, assise subéreuse. — *pc*, parenchyme cortical. — *end*, endoderme. — *per*, péricycle. — *l*, liber. — *b*, bois. — *m*, moelle.

chaque cellule d'un cadre rectangulaire, et tous les cadres épaissis forment un réseau de soutien. Souvent, on voit alors de grandes cellules prismatiques conserver leurs parois minces et molles; ce sont là des places où pourront se faire des échanges gazeux entre les tissus vivants de la plante et le milieu environnant.

Parfois, on observe dans les grosses racines, que les cellules de l'assise subéreuse se séparent au moyen d'une cloison parallèle à la surface et forment une couche différenciée dont les éléments sont sécréteurs, comme dans la Valériane.

3° *Zone corticale externe*. — Cette partie de l'écorce fait défaut dans les racines grêles et les cellules radiales de la couche interne

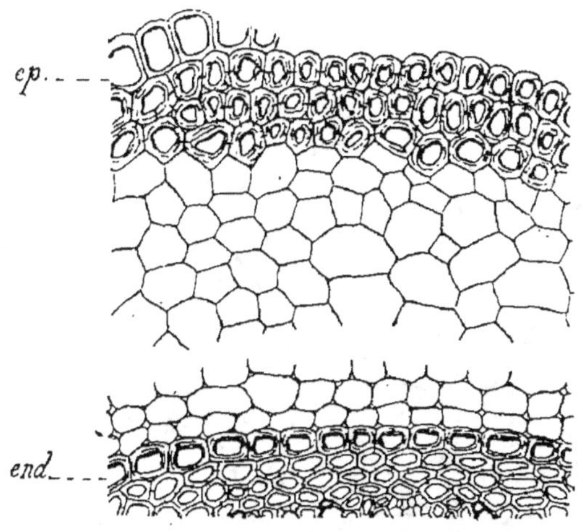

Fig. 146. — Racine de Salseparcille dont le suber est très épaissi (*).

se trouvent en contact direct avec l'assise subéreuse ; toute l'écorce possède alors un développement centripète. Ailleurs, on voit se produire l'inverse : la zone corticale externe l'emporte sur l'autre et forme la presque totalité de l'écorce.

Dans les racines aquatiques ou aériennes, la zone corticale externe est souvent riche en chlorophylle.

Les assises externes de l'écorce lignifient quelquefois leurs parois et produisent une couche auxiliaire dure sous l'assise subéreuse. Chez les Fougères, elles se colorent de dehors en dedans en brun rouge.

4° *Zone corticale interne*. — Cette zone, dans les racines grêles, se réduit à deux assises, dont l'une, la plus interne, est l'endoderme. Dans les plantes aquatiques, elle est généralement très épaisse ;

(*) *ep*, couche sclérifiée. — *end*, endoderme.

ses méats s'agrandissent (fig. 147) et forment de larges canaux étendus dans toute la longueur de l'organe. Quand le développement de ces méats devient excessif, la racine est pourvue de flotteurs.

Chez les Graminées, la zone corticale interne présente aussi de grandes lacunes, dues à la mort de cellules dont les membranes restent disposées en séries de lames verticales, radiales ou tangentielles. Chez les Fougères, la même zone corticale interne est complètement dépourvue de méats. On observe quelquefois des épaisissements ligneux des parois, qui forment des paquets scléreux, ou un anneau continu plus ou moins éloigné de l'endoderme. Cer-

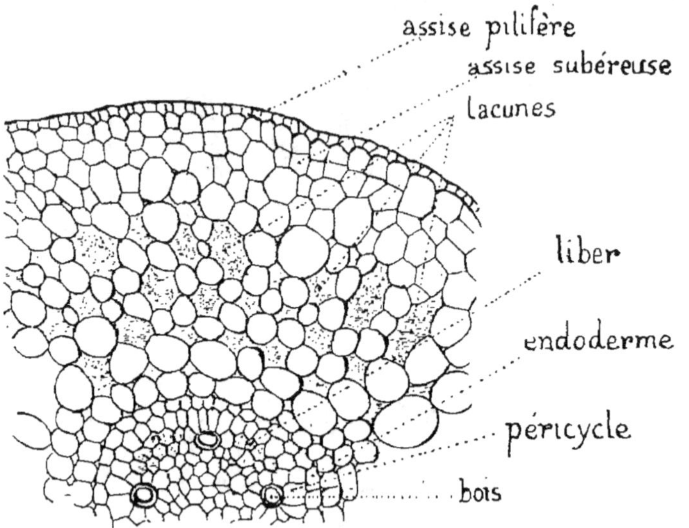

Fig. 147. — Coupe transversale d'une racine adulte de Macre nageante. *Trapa natans.* (D'après Douliot.)

taines Gymnospermes, comme l'If et le Cyprès ; des Rosacées, comme le Prunier et le Poirier ; des Caprifoliacées, comme la Viorne ou le Chèvrefeuille, localisent ce stéréome sur l'assise corticale en contact avec l'endoderme. Souvent, les **deux** zones corticales renferment des cellules sécrétrices, isolées ou goupées en file longitudinale, se transformant aussi en canaux sécréteurs (Van Tieghem).

5° *Endoderme.* — Les plissements de cette assise sont très inégalement marqués ; nous avons vu que souvent les couches corticales formaient elles aussi des épaississements, les plissements subérifiés ne sont donc pas absolument caractéristiques de l'endoderme. On peut rencontrer des végétaux où les cellules endodermiques sont complètement subérifiées ; on observe alors des places plus ou moins larges où les cellules conservent leurs parois minces ; cela a lieu en face des faisceaux ligneux et c'est ainsi que peuvent encore s'effectuer les échanges des liquides entre l'écorce et le cylindre central. Dans la famille des Composées, les cellules endodermiques placées en face des faisceaux libériens sont sécrétrices et produisent des huiles essentielles; elles se dédoublent, en même temps, par une cloison tangentielle; en dehors, des plissements arrondissent les angles des cellules et laissent entre elles des méats irréguliers où les produits sécrétés s'accumulent.

B. Cylindre central. — Nous avons examiné dans le cylindre central trois sortes de formations; nous étudions ici leurs variations principales :

1° *Péricycle*. — Chez un grand nombre de Graminées et d'autres familles de Monocotylédones, le péricycle manque en face des faisceaux du bois qui touchent alors à l'endoderme. Chez un petit nombre de plantes, il fait défaut vis-à-vis des faisceaux libériens. Quelquefois, aussi bien chez des Cryptogames vasculaires que chez des Gymnospermes ou des Angiospermes, le péricycle dédouble ses cellules par des cloisons tangentielles et donne naissance à une *couche péricyclique* plus ou moins épaisse. La couche peut avoir la même épaisseur sur tout son pourtour, ou bien compter un plus grand nombre d'assises vis-à-vis des faisceaux. Les membranes des cellules du péricycle restent minces, même quand l'endoderme se sclérifie.

Les Ombellifères présentent un caractère remarquable : les cellules du péricycle, vis-à-vis du milieu des faisceaux libériens et en face des faisceaux ligneux, deviennent sécrétrices. Leurs parois s'arrondissent, entre leurs angles se forment de petits méats où les huiles sécrétées sont reçues. De là résulte un arc de canalicules oléifères en face des faisceaux ligneux, et un seul canalicule adossé au faisceau libérien. Chez quelques Cryptogames vasculaires, les Prêles, par exemple, le péricycle fait absolument défaut, il est remplacé par la dernière assise de l'endoderme.

2° *Faisceaux*. — Dans les racines de faible diamètre, il n'y a que deux faisceaux de chaque espèce; on en compte plus de cent dans les grosses racines des Palmiers. Le nombre des faisceaux n'est donc généralement pas fixe; on peut observer cependant que, dans un très grand nombre de cas, il est de deux. Les vaisseaux ligneux se rencontrent alors au centre de la moelle et les deux faisceaux forment une *lame diamétrale* unique.

Souvent encore les faisceaux sont au nombre de quatre (fig. 148), plus rarement de trois; exceptionnellement, on en trouve cinq, six et huit. Mais pour une plante donnée le nombre des faisceaux est variable; le Châtaignier en offre de dix à quatorze, le Pin de trois à sept. Chez les grandes Monocotylédones il est toujours très élevé.

Les racines qui ne donnent pas de radicelles et celles qui se ra-mifient en dichotomie offrent une particularité qu'il importe de signaler. Leur structure est binaire, mais tantôt l'un des faisceaux libériens ne se développe pas et la lame diamétrale remplissant la place inoccupée vient s'appliquer contre le péricycle; tantôt il y a deux faisceaux libériens unis en arc et un seul faisceau ligneux.

Le faisceau ligneux, dans la généralité des cas, est formé de plu-sieurs vaisseaux ordinairement disposés en une ou plusieurs séries

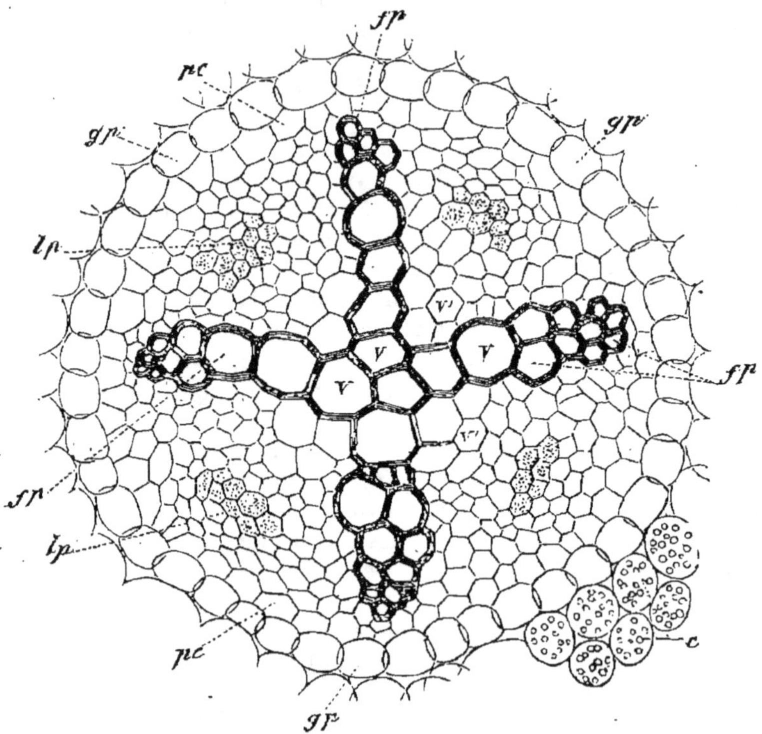

Fig. 148. — Racine de *Ranunculus acris* montrant quatre faisceaux (*).

radiales. Parfois les vaisseaux étroits forment une rangée tangen-tielle contre le péricycle et la section du faisceau affecte la forme d'un T. Souvent les gros vaisseaux internes s'accolent au centre du cylindre central et la section a la forme d'un V dont les branches embrassent les faisceaux libériens. Quand le nombre des vais-seaux du bois est assez grand, le faisceau est discontinu, les vais-seaux sont alors séparés les uns des autres par du conjonctif. Dans

(*) *fp*, bois. — *lp*, liber. — *gp*, endoderme. — *pc*, péricycle. -- V, V', vaisseaux jeunes.

beaucoup de plantes aquatiques, ils résorbent leur membrane cellulosique et sont remplacés par des lacunes pleines d'eau.

Le faisceau libérien donne lieu à des variations analogues. Le nombre des tubes criblés y est presque toujours considérable, et le faisceau s'étale suivant la circonférence. Lorsque les faisceaux libériens sont réduits à deux ils s'allongent suivant le rayon, moins, toutefois que les faisceaux ligneux, et les tubes externes ont un diamètre plus faible que les internes. Le faisceau libérien peut être discontinu. Jamais, dans les plantes aquatiques, les parois ne se

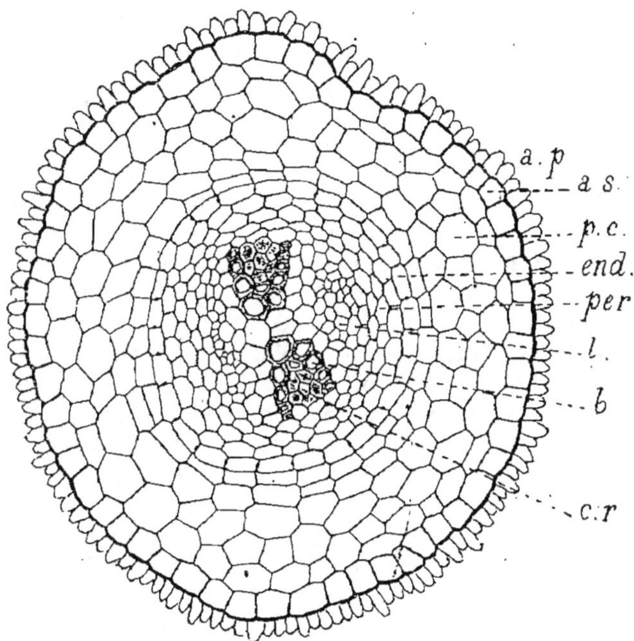

Fig. 149. — Jeune racine de Pin présentant dans le faisceau du bois un canal sécréteur *cr*.

résorbent ; il ne se forme donc pas de lacunes aquifères aux dépens du faisceau libérien (Van Tieghem).

Souvent, les faisceaux ligneux ou libériens renferment du tissu sécréteur. Le faisceau ligneux du Gui et celui du Pin (fig. 149), montrent ainsi un canal résinifère ; les faisceaux libériens peuvent de même contenir des canaux laticifères.

3° *Conjonctif.* — Dans les racines minces, lorsque les vaisseaux du bois viennent se rencontrer au centre, formant une étoile à plusieurs branches, le conjonctif se réduit au péricycle et aux rayons médullaires, ceux-ci pouvant disparaître aussi. Dans les racines épaisses la moelle est toujours largement développée; quand son développement est par trop important la racine devient tuberculeuse.

La membrane des cellules de la moelle reste fréquemment mince, mais, assez communément, elle montre une sclérose plus ou moins complète. Cette modification s'opère, tantôt par paquets de cellules, tantôt en laissant subsister au centre des cellules à mince paroi, tandis que tout le reste de la moelle se sclérifie. La présence du tissu sécréteur dans la moelle est rare.

32. Développement des tissus de la racine. — A l'extrémité de la racine, les tissus dont les caractères viennent d'être exposés perdent leurs différences et on n'observe qu'une masse cellulaire homogène dont les éléments, pourvus d'un protoplasma granuleux, sont en voie de cloisonnement : c'est un *méristème*.

Vers sa base, le méristème engendre les tissus de l'écorce et du cylindre central ; vers son sommet, le tissu de la coiffe ; il est donc enveloppé par les diverses formations définitives de la racine.

Ce méristème, dérive lui-même par cloisonnement, soit d'une cellule unique, dite *cellule-mère*, soit d'un groupe de *cellules initiales*.

Développement des tissus de la racine des Cryptogames vasculaires. — L'étude du développement de la racine d'une Fougère, par exemple, montre que le méristème a pour origine *une cellule unique* en forme de pyramide tétraédrique dont la base, tournée vers la pointe de l'organe, est équilatérale et convexe. Les cloisonnements qu'elle subit sont parallèles aux faces. Après deux cloisonnements, la cellule se développe et reprend, avant la formation d'une troisième cloison, sa grandeur primitive. Les trois cellules résultant des trois cloisonnements parallèles aux faces planes donnent trois groupes de cellules triangulaires ; la quatrième cloison parallèle à la base découpe une calotte à peu près sphérique. Les quatre segments ainsi définis forment peu à peu quatre séries de cellules qui constituent le *méristème*.

Les trois segments parallèles aux faces planes, d'abord obliques sur l'axe, deviennent, en grandissant, transversaux. Ils subissent deux cloisonnements, un radial et un tangentiel. Les cellules les plus internes issues de la segmentation parallèle aux faces planes produisent une paroi tangentielle de plus.

Les cellules externes résultant de ce dernier cloisonnement se segmentent par des cloisons dans trois directions, se séparent en deux groupes dont chacun produit une zone de l'écorce, ou plutôt le méristème des zones corticales. Les cellules internes donnent naissance au méristème du cylindre central. Vers l'intérieur, par une première cloison tangentielle, l'endoderme se différencie des cellules externes. Vers l'extérieur, de la même manière, le péricycle est engendré par cellules internes.

Chaque segment parallèle à la base convexe se cloisonne radialement, puis tangentiellement. Une cloison transversale se produit ensuite dans les cellules médianes. Ainsi se constitue une calotte de parenchyme, composée de plusieurs calottes emboîtées les unes dans les autres. L'ensemble représente un *épiderme*, mais, les couches de cellules s'exfoliant au dehors à mesure que de nouvelles se produisent en dedans, l'épiderme n'existe qu'autour de la pointe, il est tout entier caduc et constitue la *coiffe* : ainsi peut s'expliquer comment l'écorce est mise à nu de si bonne heure.

Ajoutons que les Lycopodes et Isoètes n'offrent pas ce mode de

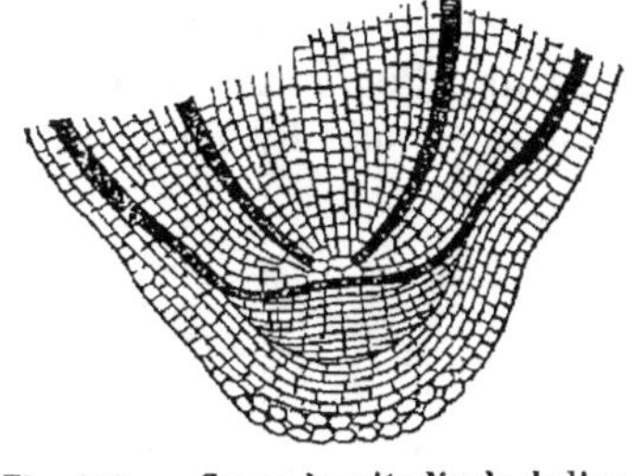

Fig. 150. — Coupe longitudinale de l'extrémité d'une racine de *Penstemon* grossie 60 fois.

différenciation des tissus radicaux ; leur racine se développe comme celle des Phanérogames.

Développement des tissus de la racine chez les Phanérogames. —

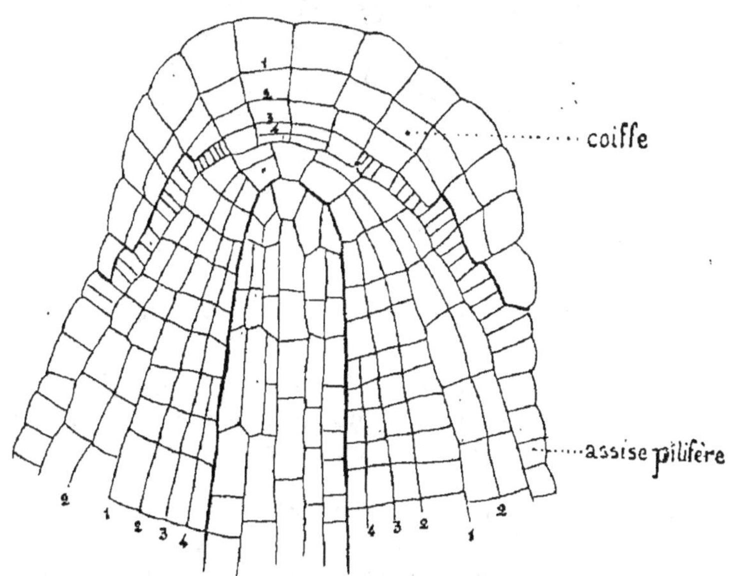

Fig. 151. — *Trapa natans*. Extrémité d'une racine développée (*).

Chez les Phanérogames, la racine est le produit de la multiplication d'un *groupe de cellules-mères*. On peut reconnaître trois sortes

(*) 1, 2, 3, 4, assises successives dans leur ordre d'apparition (d'après Douliot).

de cellules engendrant une partie déterminée de la racine. On les nomme cellules *initiales* (fig. 150 et 151).

Dans le groupe de cellules-mères, celles qui sont tournées vers la base de la racine produisent le *cylindre central*, celles qui sont tournées vers la pointe engendrent l'*épiderme;* des intermédiaires naissent les *zones corticales*. Pour chacune de ces formations il y a une ou plusieurs cellules initiales; dans ce qui va suivre nous nous exprimerons comme s'il n'y en avait qu'une (1).

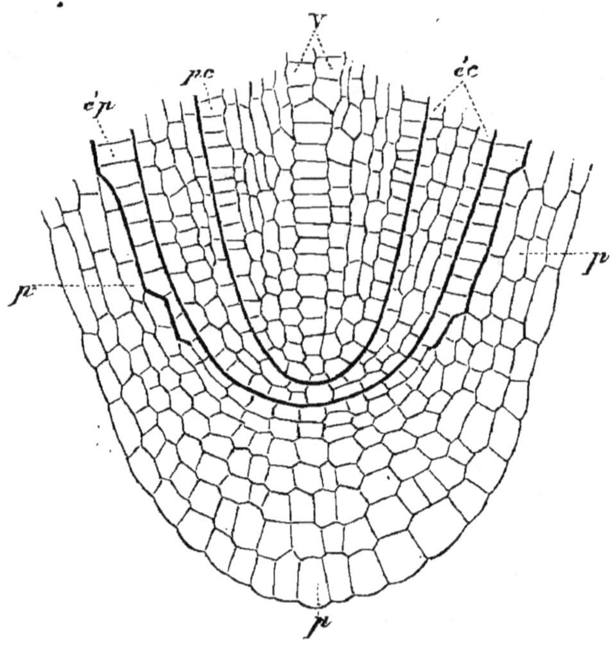

Fig. 152. — Coupe de l'extrémité d'une racine de Dicotylédone, *Fagopyrum esculentum* Sarrasin comestible (gross. 210) (*).

L'initiale du cylindre central se cloisonne parallèlement à sa base et à ses côtés; les segments résultants se divisent dans trois directions et l'une des premières parois des segments latéraux différencie le *péricycle*.

L'initiale de l'écorce se cloisonne parallèlement à ces faces latérales seulement et les segments à leur tour se cloisonnent suivant les trois directions; la dernière des cloisons tangentielles sépare

____

(1) C'est le cas le plus simple et dans lequel le groupe des cellules-mères est réduit à trois.

(*) *ppp*, coiffe. — *ep*, épiderme. — *ec*, écorce. — *pc*. péricycle. — V, file cellulaire centrale qui produira des vaisseaux.

l'*endoderme*, c'est l'inverse de ce qui a lieu chez les Cryptogames vasculaires.

Chez les Gymnospermes et les Dicotylédones, l'assise la plus externe de l'écorce produit, par cloisonnements tangentiels centrifuges, la *zone corticale externe* ; l'assise la plus extérieure de celle-ci devient la *couche subéreuse* et tout le reste forme la *zone corticale interne* (Van Tieghem).

Chez les Monocotylédones, l'assise corticale externe devient l'assise pilifère, sans se diviser ; c'est le deuxième rang de cellules qui, par des cloisonnements tangentiels centrifuges, produit la zone corticale externe, dont l'assise la plus extérieure devient la couche subéreuse. Dans un très petit nombre de Monocotylédones l'assise corticale externe se divise et produit une *couche pilifère* ou un *voile*.

Les assises qui naissent de l'initiale de l'épiderme, résultent de cloisonnements parallèles à toutes les faces de la cellule ; elles s'exfolient en dehors à mesure qu'il s'en produit de nouvelles en dedans.

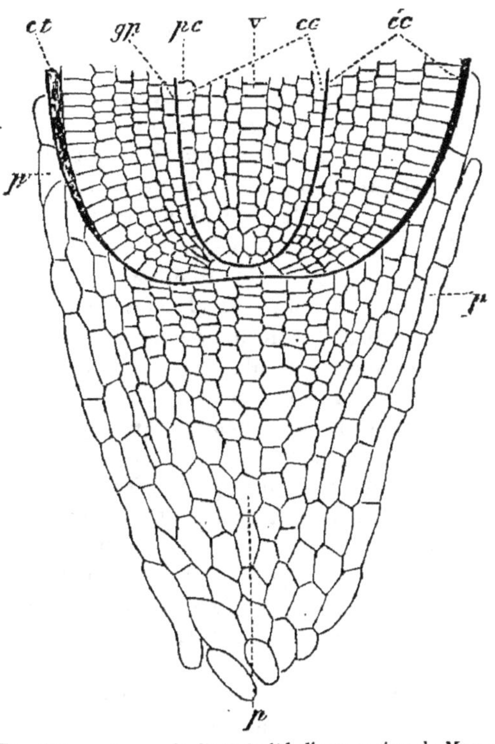

Fig. 153. — Coupe de l'extrémité d'une racine de Monocotylédone, *Hordeum vulgare* (gross. 175) (*).

Chez les Dicotylédones (exception faite pour les Nymphéacées), chez les Gymnospermes et les Cryptogames vasculaires supérieures (Lycopodes, Isoètes) : *l'assise épidermique la plus interne reste, après l'exfoliation des autres, adhérente à l'écorce de la racine.* C'est dire que la coiffe est formée par l'épiderme moins son assise interne (fig. 152).

Chez les Monocotylédones et les Nymphéacées (Dicotylédones), l'*épiderme s'exfolie en entier* : il devient tout entier la coiffe, et c'est

(*) *ppp*, coiffe représentant tout l'épiderme. — *ec*, cylindre cortical. — *cc*, cylindre central. — *ct*, assise corticale externe qui deviendra pilifère. — *gp*, endoderme. — *pc*, péricycle.

l'assise corticale externe dont le contenu est ainsi mis à nu qui devient l'assise pilifère ; celle-ci est donc d'origine corticale (fig. 153).

C'est là un caractère distinctif important ; chez les Dicotylédones, l'assise pilifère est en somme dérivée de l'initiale de l'épiderme ; chez les Monocotylédones, c'est l'initiale de l'écorce qui engendre l'assise pilifère (F. Bonnier).

33. Formation et sortie des radicelles. — Chez les Cryptogames vasculaires, les Fougères par exemple, chaque radicelle prend son origine dans une cellule endodermique de la racine primaire.

La cellule initiale de la radicelle, ou cellule *rhizogène*, est le plus souvent située en face d'un faisceau ligneux, et les radicelles sont rangées sur autant de lignes longitudinales qu'il y a de faisceaux.

La cellule rhizogène forme trois cloisons obliques, convergeant au centre de sa face la plus interne, ces trois cloisons déterminent trois cellules basilaires, enveloppant une cellule tétraédrique qui est la cellule-mère de la radicelle.

Cette cellule-mère se cloisonne comme il a été dit pour le développement de la racine. Sa face convexe est tournée vers le dehors, et les cloisons parallèles à cette face détachent des segments épidermiques. Il se forme ensuite trois séries de segments par cloisons parallèles aux faces planes.

« Les faisceaux ligneux de la radicelle s'attachent directement au faisceau ligneux correspondant de la racine, tandis que ses faisceaux libériens dévient à droite et à gauche pour aller prendre leur insertion sur les deux faisceaux libériens voisins » (Van Tieghem).

Nous avons déjà dit que la structure de la racine des Fougères est binaire ; les deux faisceaux ligneux d'une radicelle se trouvent dans un plan perpendiculaire au faisceau ligneux avec lequel ils se raccordent.

Chez les Phanérogames, c'est le péricycle qui engendre les radicelles. Nous n'examinerons que le cas, le plus fréquent d'ailleurs, où il n'existe qu'une assise péricyclique (fig. 154).

Quelques cellules voisines les unes des autres entrent, à la fois, dans la constitution de la radicelle, c'est la *plage rhizogène* qui, sur une section transversale de la racine primaire, se montre comme un *arc rhizogène*, et, sur la section longitudinale, apparaît comme une *file rhizogène*.

Dans le cas le plus ordinaire, le centre de la plage rhizogène est une cellule unique qui va s'allongeant suivant le rayon et s'élargissant vers l'extérieur en éventail. Ce développement se poursuit, moins accentué chez les cellules voisines, surtout à mesure qu'elles sont plus éloignées du centre. Il se forme ainsi un amas cellulaire convexe vers le dehors, plan ou à peu près plan en dedans. Une cloison tangentielle médiane se produit dans la cellule centrale et les autres cellules se partagent de la même façon; les lames cellulosiques se correspondent; bientôt l'amas cellulaire apparaît comme formé de deux assises, qu'une seule cloison, convexe en dehors, sépare.

La cellule médiane de l'assise interne sera l'initiale du cylindre

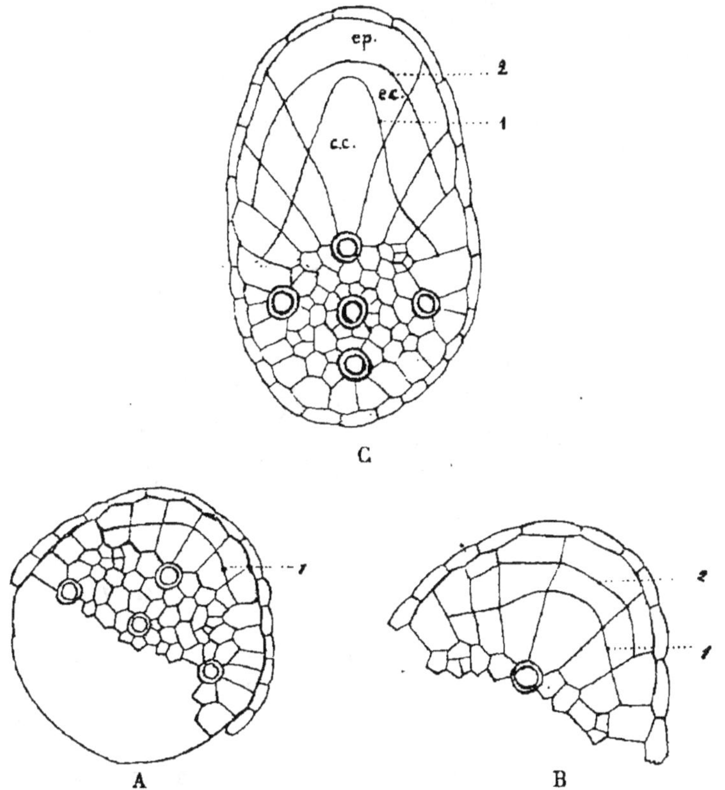

Fig. 154. — *Trapa natans*. Mâcre nageante. Formation d'une radicelle en face d'un faisceau de bois (d'après Douliot) (*).

central de la radicelle. La cellule correspondante de l'assise externe subit une division en deux par une cloison tangentielle et les voisines font de même, seulement ce cloisonnement ne s'étend

(*) A. Le péricycle est dédoublé. — 1, limite entre l'écorce et le cylindre central. — B. Deuxième état. — 2, limite entre l'épiderme et l'écorce. — C, troisième état, l'endoderme de la racine forme une poche autour de la radicelle. — *ep*, épiderme. — *ec*, écorce. — *cc*, cylindre central. (Les figures de *Trapa natans* sont extraites du *Naturaliste* E. Deyrolle, édit.).

pas à toute la petite masse cellulaire. Les deux nouvelles assises ainsi constituées vont former l'écorce et l'épiderme de la radicelle. La plus interne offrira, par sa cellule médiane, l'initiale de l'écorce ; la cellule centrale de l'assise externe deviendra l'initiale de l'épiderme.

Les cellules qui n'ont pas subi le dernier cloisonnement formeront une zone commune à l'écorce et à l'épiderme dite *épistéle* (Van Tieghem).

Lorsqu'il y a plusieurs cellules médianes au centre de la plage rhizogène, ce qui se présente quand le nombre des cellules de l'arc est pair, il peut se produire deux cas, qui se ramènent à celui que nous venons d'exposer.

Ou bien les cloisonnements opèrent simultanément dans les cellules centrales, et il se fait plusieurs cellules initiales pour chaque

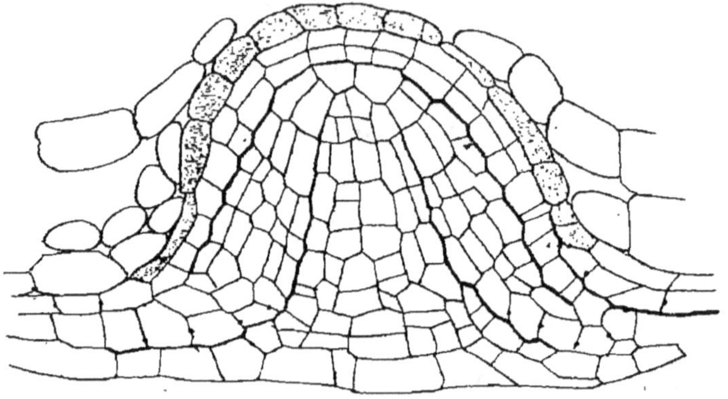

Fig. 155. — Coupe longitudinale d'une jeune radicelle de *Trapa natans* (d'après Douliot).

formation de la radicelle ; ou bien une des cellules centrales s'accroît plus fortement que les autres qu'elle repousse de chaque côté, et il ne se forme qu'une initiale pour chacune des trois régions.

Les radicelles ont, pour sortir, à traverser l'écorce tout entière ou l'écorce moins l'endoderme. Pour y arriver la radicelle attaque, de proche en proche, à l'aide d'un *liquide diastasique*, toutes les cellules corticales, leur contenu et leur membrane de cellulose : elle absorbe leur substance devenue liquide et croît à mesure qu'elle avance. C'est donc par suite de sa nutrition et de sa croissance qu'elle se fraie un chemin vers l'extérieur (fig. 155).

A mesure qu'elle grandit, la radicelle pousse une couche plus ou moins épaisse de l'écorce qui l'entoure, couche vivante, remplie de protoplasma et qui, par des cloisonnements, s'étend de manière à couvrir la pointe de la radicelle, à la surface de laquelle elle reste soudée, tout en en différant par son aspect et ses propriétés. Cette couche sécrète le liquide diastasique qui attaque la portion d'écorce immédiatement extérieure, en absorbe les produits solubles, en transmet une partie à la radicelle et conserve ce qui est nécessaire à sa propre croissance. On lui donne le nom de *poche digestive* (Van Tieghem).

Chez les Phanérogames, la poche digestive est formée par l'endoderme qui demeure simple, ou se dédouble, surtout au sommet. Chez les Cryptogames vasculaires, c'est l'assise superposée à l'endoderme à laquelle s'adjoignent une ou plusieurs assises corticales.

Il arrive aussi que l'épiderme même de la radicelle sécrète le liquide diastasique et toute l'écorce située en dehors est attaquée, puis la substance liquéfiée est absorbée ; l'endoderme, avec ses plissements, et, de proche en proche, toute l'écorce sont ainsi dissous. La radicelle est nue, son action est totale et directe.

Au moment de la sortie, une radicelle de cette sorte est pourvue de sa coiffe épidermique ; mais les radicelles à poche digestive, sont munies d'une coiffe dans laquelle il faut distinguer deux parties très différentes : les assises formant la paroi de la poche, et la coiffe épidermique. On doit donc éviter de comparer ces deux sortes de formations entre elles. Plus tard la coiffe composée s'exfolie et laisse à nu la surface propre de la radicelle ; qui reprend définitivement tous les caractères d'une racine.

34. Dispositions des radicelles. — Chez les Phanérogames, l'arc rhizogène occupe une position déterminée par rapport aux faisceaux du cylindre central et cette position entraîne celle des radicelles.

Lorsqu'il y a plus de deux faisceaux ligneux et libériens, le centre de l'arc est placé en face d'un faisceau ligneux. Il y a autant de séries de radicelles que de faisceaux. La disposition est dite *isostique* (Van Tieghem).

Lorsque le cylindre central renferme seulement deux faisceaux ligneux et deux faisceaux libériens, le centre de l'arc rhizogène se trouve placé entre un faisceau ligneux et un faisceau libérien ; il y a deux fois autant de séries de radicelles que de faisceaux de chaque espèce, c'est-à-dire quatre. C'est la disposition *diplostique* (Van Tieghem).

Dans les familles où le péricycle contient des canaux sécréteurs en face des faisceaux du bois, la disposition est diplostique, quelque soit le nombre des faisceaux.

Lorsque le péricycle manque, comme cela a lieu chez les Graminées où qu'il est très réduit vis-à-vis des faisceaux ligneux, les radicelles ne se développent que là où le péricycle existe et où ses cellules ont la plus grande dimension. Le nombre de séries reste le même et la disposition est isostique.

35. Structure secondaire de la racine. — Lorsqu'on suit le
développement d'une racine de Dicotylédone ou de Gymnosperme,
on voit le conjonctif en dedans des faisceaux libériens se cloisonner et
produire des arcs générateurs en nombre égal à celui des faisceaux.

D'abord isolés, ces arcs se réunissent, par suite de nouveaux cloisonnements dont le péricycle est le siège, au-devant des lames vasculaires (fig. 156). Ainsi se trouve constituée une assise génératrice
(*cambium*) d'abord discontinue, puis sinueuse, et enfin régularisant
son contour et devenant circulaire. Le fonctionnement d'une
pareille assise engendre les *tissus secondaires*. Il se produit en face

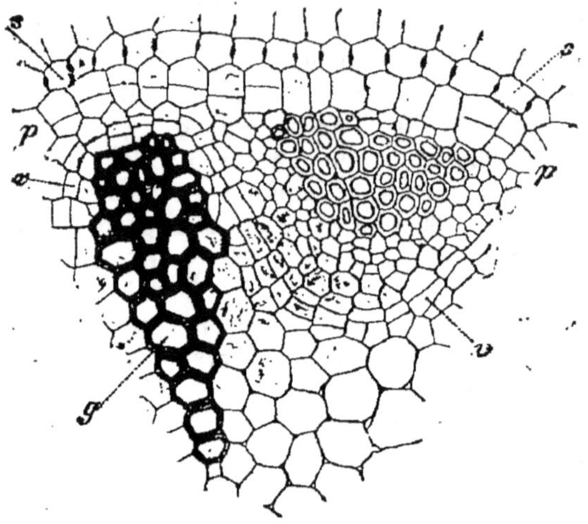

Fig. 156. — Faisceau radial d'une racine principale de *Vicia faba* après le commencement
des formations secondaires (*).

des faisceaux libériens primaires des éléments de bois secondaires
vers l'intérieur et du liber secondaire vers l'extérieur, c'est-à-dire
un faisceau mixte *libéro-ligneux*.

Dans les intervalles, l'assise génératrice donne du conjonctif
sur ses deux faces et forme ainsi des rayons médullaires superposés aux faisceaux ligneux primaires. Ce même tissu conjonctif se
forme aussi dans chacun des faisceaux libéro-ligneux secondaires ;
au total, le tissu libéro-ligneux en entier est divisé par des rayons
médullaires, dont les plus larges sont superposés au bois primaire.

Dans d'autres cas, l'assise génératrice fournit, dans l'intervalle
des faisceaux libéro-ligneux secondaires, du bois vers l'intérieur et
du liber vers l'extérieur ; son fonctionnement est, si l'on peut ainsi

(*) Entre la partie ligneuse *g* et le liber il s'est formé un cambium secondaire *v*. —
p, péricycle. — *s*, endoderme (Haberlandt).

parler, homogène sur tout son pourtour ; la zone libéro-ligneuse est continue et parcourue par d'étroits rayons médullaires. C'est le cas de la plupart des racines des arbres de nos forêts (fig. 157, 158, 159 et 160).

Outre l'assise libéro-ligneuse dont il vient d'être question ; il

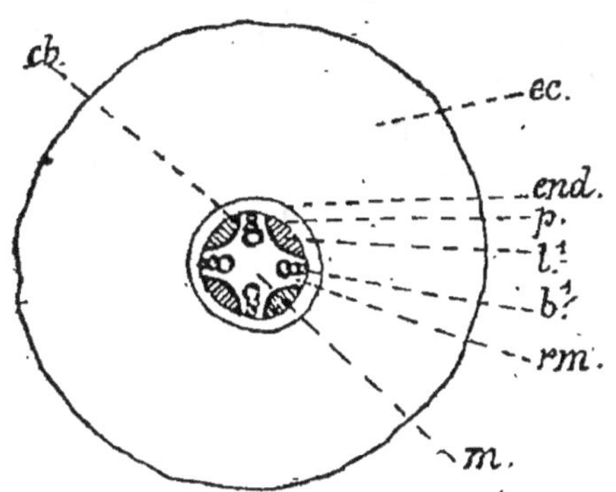

Fig. 157. — Schéma montrant la forme arcs générateurs.

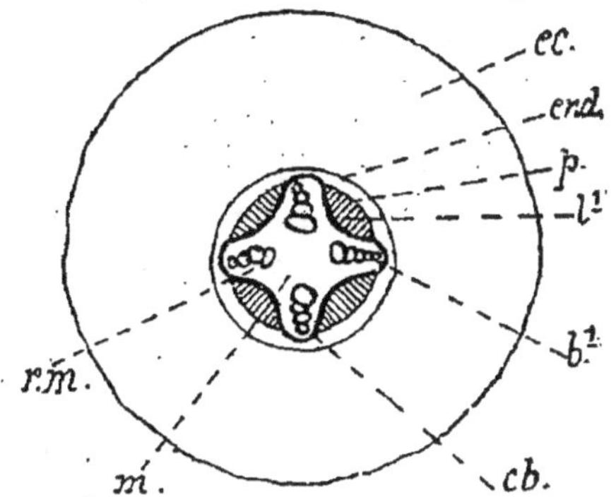

Fig. 158. — Schéma montrant la transformation de ces arcs en une assise génératrice continue.

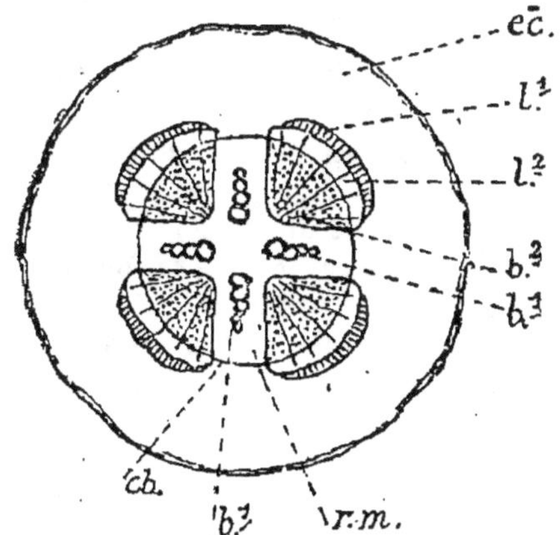

Fig. 159. — L'assise génératrice donne un faisceau libéro-ligneux en face de chaque ilot de liber primaire.

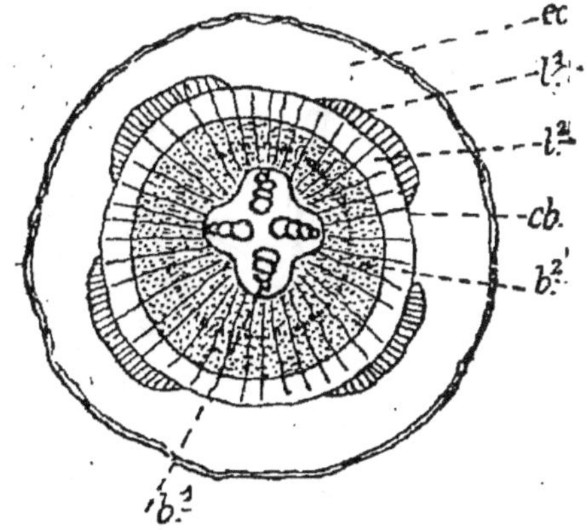

Fig. 160. — L'assise génératrice donne un anneau libéro-ligneux complet.

apparaît, soit dans l'écorce, soit dans le péricycle, une seconde assise génératrice. Lorsque son origine est corticale, cette nouvelle assise donne des tissus qui se subérifient (*liège*), quand elle est issue du péricycle, elle peut en se cloisonnant vers l'intérieur donner une

(*) *ec*, écorce. — *l*¹, liber primaire. — *l*², liber secondaire. — *b*¹, bois primaire. — *b*², bois secondaire. — *cb*, assise génératrice. — *rm*, rayons médullaires.

écorce secondaire; le plus souvent, toutefois, se cloisonnant sur ses deux faces, elle donne une écorce secondaire vers l'intérieur, et une zone externe de liège, qui s'accroissant, exfolie l'écorce primaire tout entière.

La formation des tissus secondaires, à laquelle est due l'accroissement en épaisseur de la racine, et dont il était impossible de ne pas dire un mot ici, se trouvera plus naturellement développée à propos de la tige. Ajoutons aussi que, par suite de ces formations, un certain nombre de racines primairement filiformes deviennent tuberculeuses, aussi bien sur la racine terminale que sur les racines latérales. Cette tuberculisation doit être distinguée de la tuberculisation primaire dont il a déjà été parlé.

CHAPITRE V

LA TIGE

36. Aspect extérieur de la tige. — La tige n'est différenciée que chez les Phanérogames, les Cryptogames vasculaires et les Muscinées, c'est dans ce troisième groupe qu'elle apparaît pour la première fois; les Hépatiques inférieures montrent un thalle très caractérisé et, de proche en proche, une tige nettement définie.

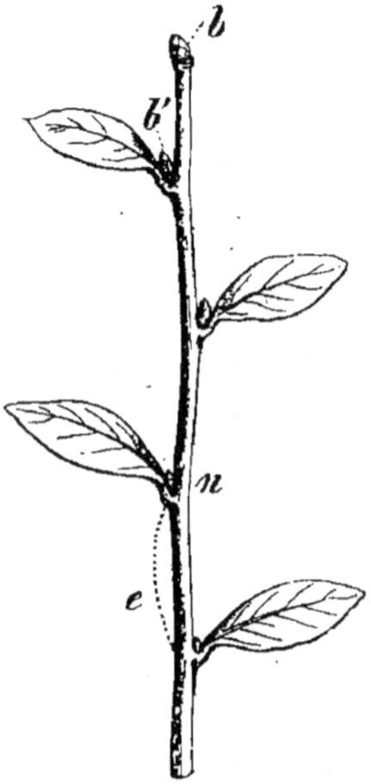

Prenant comme type une tige de plante Phanérogame, on observera que sa forme est celle d'un cylindre mince verticalement dressé, sa base est reliée à celle de la racine qui la fixe au sol; on nomme *collet* la ligne de jonction de la tige et de la racine terminale; le sommet de la tige est un cône à angle obtus, son axe de symétrie est le prolongement de celui de la racine.

Les *feuilles*, sont des formations aplaties insérées sur la tige de distance en distance. La région souvent renflée, où s'attache la feuille est un *nœud* et la distance qui sépare un nœud de la feuille suivante est un *entre-nœud* (fig. 161).

Fig. 161. — Sommet d'une tige (*).

Les entre-nœuds sont de plus en plus courts à mesure qu'on s'ap-

(*) *n*, nœud. — *e*, entre-nœud. — *b*, bourgeon terminal. — *b'*, bourgeon latéral.

proche du sommet. Au voisinage de celui-ci, les feuilles sont relevées et recourbées ; elles enveloppent l'extrémité de la tige eu se
recouvrant mutuellement. L'ensemble du sommet de la tige et des
petites feuilles recourbées qui l'entourent est le *bourgeon terminal*.
Les plus grandes feuilles sont à l'extérieur, les plus petites à l'intérieur.

Avec la croissance de la tige les feuilles externes s'étalent peu à
peu horizontalement, mais d'autres se forment plus près du sommet
de sorte que le bourgeon conserve son aspect primitif. Jamais
la pointe de la tige n'est entourée d'une coiffe, sa surface est la
continuation de la surface latérale de la tige. Cette surface étant
d'ailleurs lisse ou couverte de poils.

Lorsque sa consistance demeure molle et charnue, la tige est
herbacée et la plante une *herbe ;* si elle devient dure et sèche, la tige
est *ligneuse*, et la plante un *arbre* ou un *arbuste,* suivant son mode
de ramification.

Quelquefois apparaissent sur la tige des *aiguillons* comme chez les

Fig. 162. — Tige de Rosier portant des
aiguillons.

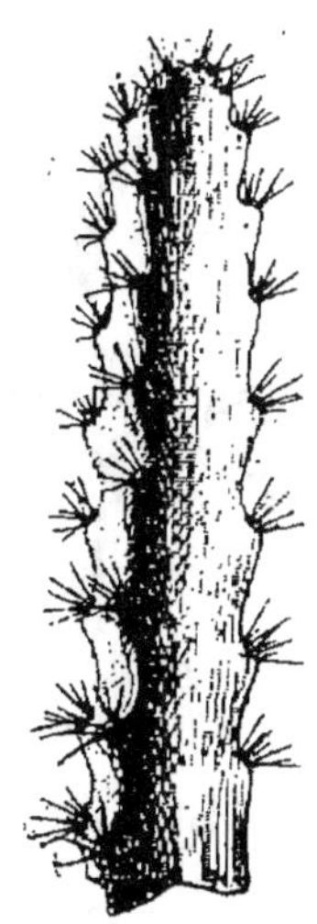

Fig. 163. — Tige de Cactus
cierge.

Rosiers (fig. 162), d'autres fois, ce sont des *arêtes* (fig. 163) qui lui
donnent une forme triangulaire (*Carex*) ou quadrangulaire (*Lamium*) ; il peut y avoir un grand nombre d'arêtes (*Polygonum*).
Lorsqu'elles se développent en lames, ce sont des *ailes* (*Lathyrus*).

37. — Accroissement de la tige. — Il se forme constamment
dans le bourgeon de nouveaux nœuds et entre-nœuds à mesure
que les feuilles les plus externes s'épanouissent. Cette formation

de nœuds et d'entre-nœuds, constitue la *croissance terminale*.

Les entre-nœuds peuvent se comporter de deux manières. Ou bien les feuilles épanouies demeurent aussi serrées que dans le bourgeon et masquent la surface latérale, comme on peut le voir dans les Fougères arborescentes; dans ce cas la tige n'a d'autre accroissement que son accroissement terminal; ou bien, après leur sortie du bourgeon, les entre-nœuds s'allongent et les feuilles s'écartent de plus en plus ; dans ce cas, la surface de la tige est mise à nu, on observe l'*accroissement intercalaire*.

Celui-ci est lent au début, puis il s'accélère jusqu'à un maximum

Fig. 164. — Tige d'Igname, volubile dextrorsum.

Fig. 165. — Tige de Houblon, volubile sinistrorsum.

et se ralentit jusqu'à s'annuler complètement. Pendant ce temps, d'autres entre-nœuds sortent du bourgeon terminal repoussant l'entre-nœud inférieur de plus en plus loin du sommet.

Lorsque la région d'accroissement intercalaire comprend plusieurs entre-nœuds, chacun d'eux est à un moment donné dans une phase de croissance différente et l'on retrouve, en suivant la tige, la même succession de phases constatée pour l'un quelconque d'un jour à l'autre. La capacité que possède un entre-nœud d'atteindre une longueur définitive, est nommée *capacité de croissance*; elle change le long de la tige, suivant une certaine loi variable avec la plante que l'on étudie. La largeur définitive des entre-nœuds obéit à la même loi (Voir Van Tieghem).

L'allongement de la tige ne s'effectue pas en ligne droite ; la vitesse de croissance est plus grande, à un moment donné, suivant l'une des lignes qu'on peut tracer sur sa surface que suivant les autres,

et cette ligne n'est pas toujours la même ; en un mot, la tige imprime à son sommet un mouvement circulaire ou elliptique ; elle est, comme la racine, douée de *circumnutation* ; mais ce mouvement est plus ample et plus rapide que celui de la racine.

Souvent, la circumnutation disparaît quand les entre-nœuds cessent de croître. Dans un certain nombre de plantes, cependant, la tige s'enroule en hélice autour des supports sur lesquels elle peut s'appuyer et elle conserve cette courbure indéfiniment. Une telle tige est dite *volubile*. Le sens de l'enroulement est le même dans une espèce donnée. Beaucoup s'enroulent à droite, comme le Liseron, l'Aristoloche, le Haricot, le Jasmin, l'Igname (fig. 164) quelques-unes à gauche, comme le Houblon et le Chèvrefeuille (fig. 165). Ordinairement, les espèces d'un même genre s'enroulent dans le même sens ; il y a

Fig. 166. — Torsion de la tige dans le Liseron.

cependant des exceptions, et même l'enroulement peut varier pour certaines espèces d'une plante à l'autre. Le mouvement, dans les tiges volubiles, s'accomplit toujours avec une grande régularité.

Il peut arriver encore que la croissance intercalaire dure plus longtemps dans la couche externe des entre-nœuds que dans leur partie centrale. Les lignes superficielles deviennent alors plus longues que l'axe et s'enroulent autour de lui ; c'est ce qui arriverait si, fixant la tige sur sa base, on la tordait à son sommet. Cette *torsion* de la tige est constante pour une même espèce et le sens en est le même que celui de la circumnutation (fig. 166).

38. Rameaux de la tige. — En s'accroissant, la tige se ramifie. La ramification est en rapport avec les feuilles et se produit au-dessus du milieu de chacune d'elles. En ces points, il se forme une protubérance arrondie dont la surface est continue avec celle de la tige. Sur les flancs de cette protubérance apparaissent de jeunes feuilles qui s'appliquent contre elle et se recouvrent les unes les autres ; il s'est fait un *bourgeon* comme au sommet de la tige (fig. 167).

Si l'on convient de nommer *aisselle* de la feuille, l'angle qu'elle forme avec la partie supérieure de la tige, on devra donner à ce bourgeon le nom de *bourgeon axillaire*. Il prend naissance quand la feuille est encore très jeune et dans le bourgeon terminal même, cependant on peut constater qu'il naît plus tard que la feuille elle-même.

Le bourgeon axillaire se comporte, dans la suite, comme le bourgeon terminal, il en résulte sur la tige une tige secondaire portant des feuilles et dont l'extrémité est le bourgeon qui lui a donné naissance (fig. 168).

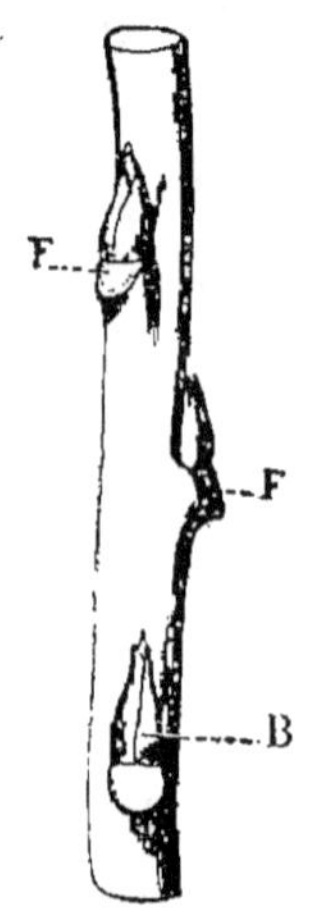

Fig. 167. — Bourgeons B nés à l'aisselle des feuilles F.

Les tiges secondaires (*branches*), sont d'autant plus courtes qu'elles sont plus jeunes et plus rapprochées du sommet ; l'ensemble acquiert ainsi la forme d'un cône, qui peut conserver une ouverture moyenne si la tige maintient sa prééminence sur les branches, c'est le cas du Sapin. Si les branches cessent de s'allonger pendant que la tige primaire continue de s'accroître, le cône devient très aigu, c'est la forme que présentent certains Peupliers. Lorsqu'au contraire la tige s'accroît peu et les branches beaucoup, le cône est de plus en plus obtus, c'est ce qui arrive pour la plupart des arbustes. Le développement de la tige primaire et des tiges secondaires influe donc beaucoup sur le système aérien d'une plante, c'est-à-dire sur le *port* du végétal, comme on dit en Botanique descriptive (Van Tieghem).

Les tiges secondaires se ramifient à leur tour et ainsi de suite ; on donne en général à la tige primaire le nom de *tronc* et celui de *rameau* ou *branche* est réservé aux tiges d'ordre ultérieur provenant du tronc.

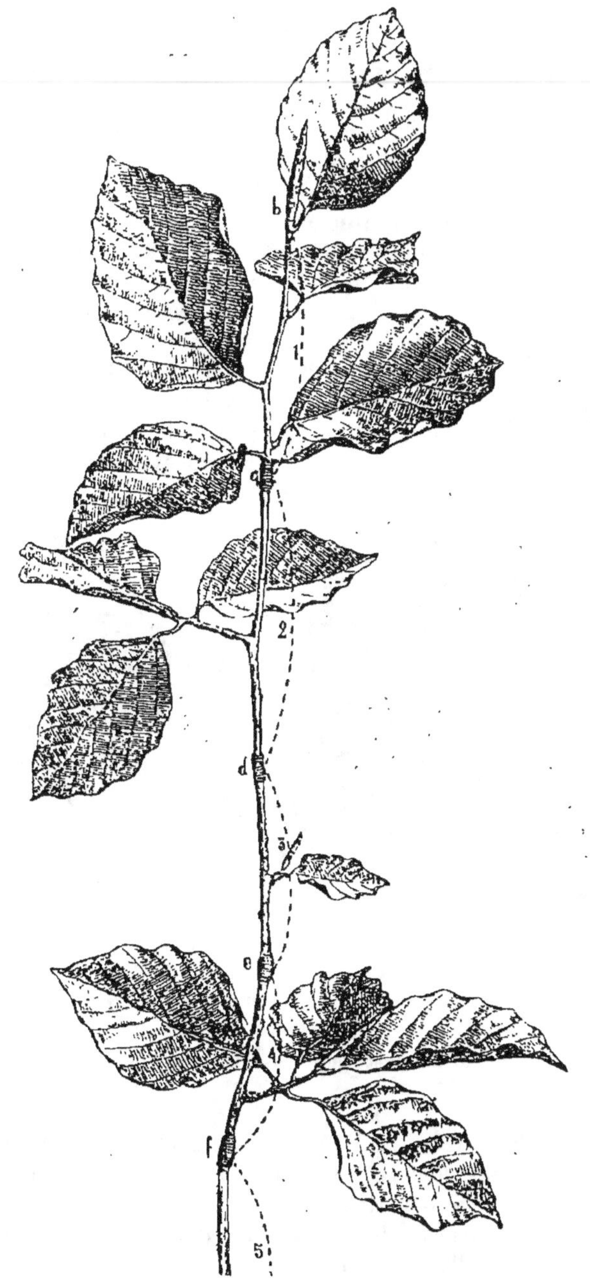

Fig. 168. — Tige de Hêtre avec des tiges secondaires (*).

(*) *b*, bourgeon terminal. — 1, 2, 3, 4, 5, les pousses annuelles. — *c*, *d*, *e*, *f*, traces écailleuses indiquant la position des anciens bourgeons terminaux.

Quand la tige a acquis une certaine longueur, il peut arriver que le bourgeon terminal avorte, la branche née à l'aisselle de la dernière feuille vient alors se placer dans la direction du tronc et le continuer ; cette branche perd à son tour son bourgeon terminal et le rameau de second ordre le plus proche vient le remplacer. Dans ce cas, le tronc, simple d'apparence, est constitué par une superposition de segments de génération successive, c'est cette formation qu'on nomme un *sympode* et la ramification est dite *sympodique*. Les exemples en sont nombreux : le Tilleul, l'Orme, le Charme, le Saule, le Bouleau, le Prunier, le Poivrier (fig. 169), montrent une ramification sympodique.

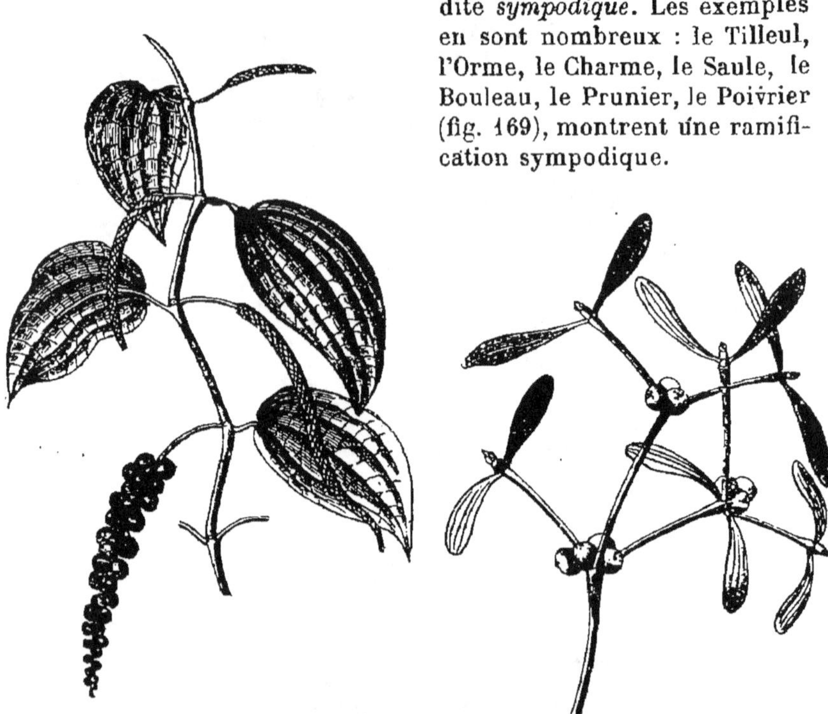

Fig. 169. — Ramification sympodique d'un *Piper*.

Fig. 170. — Ramification en fausse dichotomie du Gui.

Lorsque l'atrophie du bourgeon terminal se produit avec des feuilles opposées deux à deux, les deux branches supérieures se développant, il y a formation d'une fourche qu'on nomme une *fausse dichotomie*, le Lilas et le Gui en montrent de bons exemples (fig. 170).

Toutes les feuilles ne portent pas de bourgeon à leur aisselle, et les bourgeons axillaires ne se développent pas toujours en branches ; mais si l'on coupe la tige au-dessus de l'un d'eux, le développement se produit et le rameau le plus proche vient remplacer et prolonger la tige comme dans la ramification sympodique naturelle. Les arboriculteurs n'ignorent pas ce fait.

Souvent il naît plus d'un bourgeon à l'aisselle de chaque feuille. S'ils sont disposés en série parallèle à l'attache de la feuille, on les dit *collatéraux*; ils se montrent dans le Prunier et beaucoup de Graminées. S'ils sont placés en série verticale, on les nomme *bourgeons superposés*, comme ceux de l'Aristoloche, du Noyer et du Charme.

Les bourgeons axillaires ne sont pas toujours placés à l'aisselle des feuilles, mais parfois un peu au-dessus, tantôt à droite, tantôt à gauche, en alternance avec les feuilles ou au-dessous d'elles; d'autres fois, quoique parfaitement réguliers, ils n'ont aucun rapport avec elles comme chez les Lycopodes.

Les Sélaginelles, produisent sous le sommet de la tige et sans rapport avec les feuilles un bourgeon qui développe une branche aussi vigoureuse que la portion supérieure de la tige, qui est alors rejetée latéralement; c'est la cause d'une *fausse dichotomie* (Van Tieghem).

De ces deux observations il résulte que l'emploi du terme de bourgeon axillaire doit être restreint et qu'il vaut mieux donner aux origines des formations secondaires de la tige, le nom de *bourgeons latéraux*.

39. Tiges adventives. — La tige se différencie dans l'embryon où elle forme son bourgeon terminal; ce n'est que plus tard qu'elle s'allonge et se ramifie. Nous appellerons cette tige, *tige normale* (Van Tieghem).

Dans les Mousses et quelques Phanérogames, la tige normale s'atrophie avec son bourgeon, ou bien l'œuf ne la produit pas. On comprend qu'en ce cas la tige prenne son origine ailleurs. Mais, chez les plantes qui ont une tige normale, il se produit aussi fréquemment des tiges d'origine différente qui s'ajoutent à la première. Ces tiges, pour les Phanérogames, peuvent naître sur une jeune feuille ou sur une jeune racine; on les nomme *drageons*. Leur origine est toujours un bourgeon qui s'allonge et se ramifie comme il a été expliqué précédemment. Ces bourgeons, apparaissant sans régularité sur des points quelconques, sont dits *adventifs*, et la tige anormale qu'ils produisent est *adventive*.

Sur la feuille, les bourgeons adventifs ont une origine exogène; sur la racine ils ont une origine endogène.

Les bourgeons radicaux, sont entremêlés aux radicelles; ils naissent dans le péricycle et sortent par le même processus que les radicelles, mais il semble que la poche digestive leur fait défaut. Situés en face des faisceaux du bois, ils sont en disposition isostique ou diplostique suivant que la racine est ou non binaire (Van Tieghem).

<table>
<tr><td>GÉRARDIN. — Botanique.</td><td>8</td></tr>
</table>

40. Variations morphologiques secondaires de la tige.

— Dans une tige ordinaire, toutes les parties, axe principal et ra-

Fig. 171. — Pied de Fraisier portant un stolon.

meaux restent semblables ; mais souvent aussi, sur certaines branches et en divers points d'une même branche, se produisent des

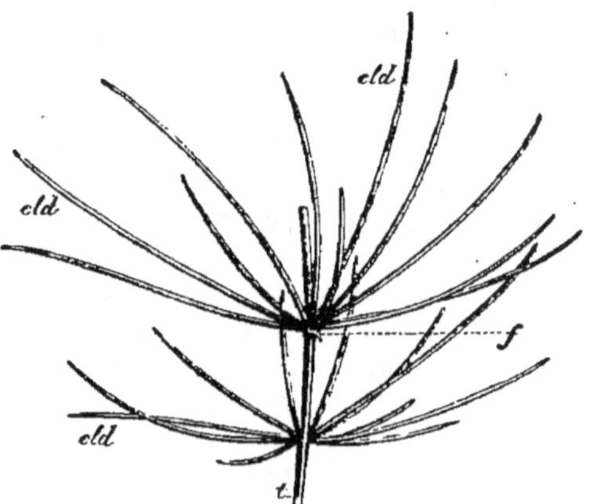

Fig. 172. — Portion de rameau d'Asperge, *Asparagus officinalis* (*).

variations dans la grandeur, la forme ou la constitution de l'axe.
Ce sont ces modifications que nous allons très brièvement examiner.

(*) *f*, petite feuille. — *t*, tige. — *cld*, cladodes.

Il faut constater d'abord que plusieurs plantes herbacées offrent des rameaux qui rampent sur le sol et y enfoncent des racines adventives; dans quelques arbres, certains rameaux, continuant de croître chaque année, ne se ramifient pas et n'allongent pas leurs entre-nœuds. Ces variations sont de peu d'importance, bien que les dernières modifient le port de la plante.

Dans le Fraisier, par exemple, la variation est beaucoup plus considérable. La tige rampante, présente de longs entre-nœuds courant à la sur-face du sol, les feuilles y sont rudimen-taires, tandis que d'autres rameaux, courts et verticaux, portent des feuilles normales. Les rameaux à grands entre-nœuds sont des *stolons* ou *coulants* (fig. 171). Les Pins offrent des *rameaux courts* qui, chaque année, s'accroissent

Fig. 173. — Rameau fleuri de Petit Houx, *Ruscus aculeatus* (*).

Fig. 174. — Rameau foliacé ou cladode de Phyllanthe, *Xylophyllia montana*.

très peu et tombent rapidement; ce sont eux qui portent seuls des feuilles normales tandis que les longues branches à croissance indéfinie ne sont au contraire munies que de feuilles rudimentaires.

Dans d'autres types, les rameaux courts ne produisent qu'une seule feuille et avortent ensuite. Dans l'Asperge, après la forma-

(*) *cld*, cladodes. — *a*, leur base tordue. — *fl*, fleurs.

tion du premier entre-nœud, les rameaux se transforment en aiguillons et cessent de s'allonger. Les longues branches offrent des feuilles rudimentaires et c'est à l'aisselle de celles-ci que naissent, en bouquet, les rameaux nus. Leurs tissus riches en chlorophylle, leur permettent de jouer le rôle physiologique des feuilles, aussi les nomme-t-on *rameaux foliacés* (Van Tieghem) ou *cladodes* (fig. 172). On observe encore des cladodes dans le Petit Houx (fig. 173) et le Phyllanthe (fig. 174).

Fig. 175. — Rameaux épineux du *Cytisus spinosus*.

Les rameaux courts et droits se terminent quelquefois en pointe. Ce sont alors des *épines* simples ou rameuses (fig. 175 et 176) d'autres fois, ces rameaux se courbent et forment des crochets.

Si les rameaux s'enroulent en spirale autour du support, on les nomme *vrilles*. Elles sont constituées soit par un axe dépourvu de feuilles et non ramifié, soit par un axe feuillu et ramifié (fig. 177).

Lorsqu'une vrille est encore dans le bourgeon, elle est enroulée en spirale, la spirale est disposée de telle sorte que sa face convexe sera concave dans l'enroulement. A mesure que le développement du bourgeon s'accomplit, la vrille se redresse et, avant d'avoir atteint le tiers de sa longueur, elle est devenue rectiligne. Ce mouvement s'accomplit sans être soumis aux conditions extérieures, sa cause semble être simplement une différence de croissance

Fig. 176. — Rameaux épineux du Févier, *Gledistchia triacanthos*.

dans les deux faces. Une fois redressée, la vrille est animée d'un mouvement de circumnutation que l'on explique par la différence de

Fig. 177. — Vrille axile de la Vigne.

croissance de ses diverses faces, et dont l'effet est d'amener l'une d'elles (face sensible) au contact du support. Arrivée au contact du corps résistant, la vrille se recourbe puis s'enroule. L'enroulement est provoqué par le corps étranger et il n'a pas lieu sans son contact. C'est à cette propriété des vrilles de s'enrouler sous l'influence d'un contact, qu'a été donné le nom de *sensibilité*. Les parties de la vrille non supportées se contractent et se tortillent en hélice. Cela se présente lorsque la vrille atteint tout son développement sans avoir rencontré de support, ou lorsque l'extrémité seule s'enroule. Ce mouvement diffère du premier en ce qu'il ne se produit que lorsque le rameau est arrivé au terme de sa croissance. Il est donc complètement indépendant des conditions extérieures, c'est la manifestation de la propriété qu'a la vrille de s'allonger à un certain moment plus d'un côté que de l'autre. Quant à la contraction héliçoïde de la partie libre d'une vrille fixée à son extré-

Fig. 178. — Tubercule de *Cyclamen europæum*.

mité, elle est du même ordre et non pas une propagation rétrograde de l'enroulement autour du support (Leclerc du Sablon).

Les vrilles de la Vigne-Vierge (*Ampelopsis hederacea*) jouissent d'une propriété remarquable. Les extrémités courbées se gonflent, s'aplatissent, forment un disque qui se soude avec le support et le pénètre ; en même temps, elles deviennent d'un rouge brillant.

Souvent on voit les parties souterraines, submergées, ou aériennes d'une tige, se renfler en *tubercules*. Le renflement peut se localiser à un entre-nœud, comme dans le Cyclamen (fig. 178), ou bien envahir plusieurs entre-nœuds, au sommet ou à la base ; quelquefois il s'étend à toute la longueur d'une branche ou d'un bourgeon. Les tubercules se détachent de la tige et, par formation de bourgeons normaux et de racines adventives, régénèrent des individus identiques au premier ; c'est le cas bien connu de la Pomme de terre (fig. 179).

On donne le nom de *rhizome* aux tiges et aux rameaux souter-

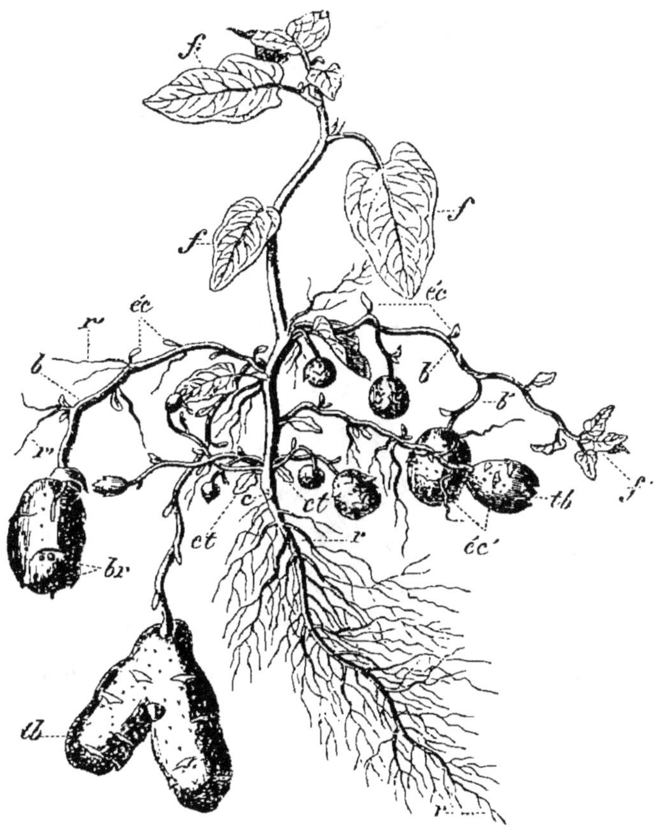

Fig. 179. — Jeune pied de Pomme de terre, *Solanum tuberosum* (*).

rains ; ils diffèrent par leur forme, leur aspect, leurs dimensions des tiges et rameaux aériens.

Les rhizomes s'allongent le plus souvent horizontalement dans

(*) **rr**, racine pivotante. — *c*, collet. — *dd*, les deux cotylédons épanouis en petites feuilles séminales ; de leur aisselle sortent des rameaux renflés à leur extrémité en tubercules. — *éc*, feuilles écailleuses réduites des rameaux souterrains. — *éc'*, écailles des tubercules *tb*, à l'aisselle desquelles se trouvent les bourgeons *br*. — *bb*, rameaux également souterrains et tubérifères qui sont sortis de l'aisselle des feuilles inférieures. — *b'*, une ramification de l'une d'elles. — *r'*, racines adventives créées sur ces mêmes branches. — *f'*, extrémité d'une de ces branches qui, étant venue accidentellement à l'air, a formé un bouquet de feuilles en place de tubercules. — *f, f, f,* feuilles ordinaires situées hors de terre, les deux supérieures seulement commencent à compliquer leur forme (d'après Turpin).

la terre; ils s'y ramifient quelquefois et y poussent de nombreuses

Fig. 180. — Rhizome indéfini de Gingembre. *Zingiber officinale.*

racines adventives; en même temps ils émettent des bourgeons qui

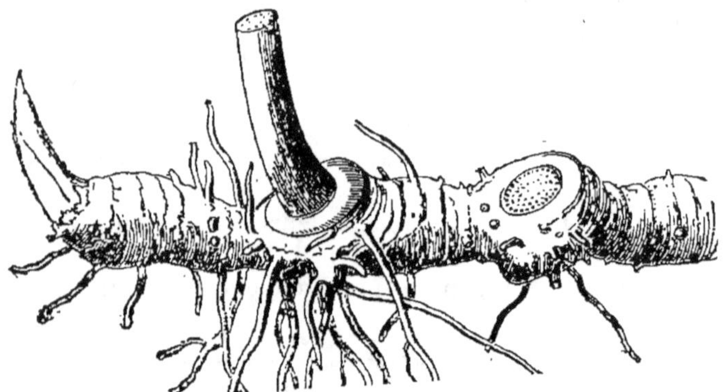

Fig. 181. — Rhizome sympodique du Sceau de Salomon.

engendrent des tiges feuillées et florifères (fig. 180). C'est généralement le rhizome lui-même qui se redresse à son extrémité et étale à

l'air ses feuilles et ses fleurs. Mais cette tige verticale tombe et meurt, tandis que le bourgeon le plus voisin se développe en un rameau horizontal prolongeant sympodiquement le rhizome. Au printemps suivant, l'extrémité du rameau se redresse encore et ainsi de suite (fig. 181). Les diverses cicatrices laissées chaque années par la tige florifère, permettent de déterminer l'âge d'un pareil rhizome dont un bon exemple est fourni par le Faux-Muguet, ou Sceau de Salomon (*Polygonatum vulgare*).

Quelques rhizomes ne produisent pas de racines et se recouvrent de poils analogues aux poils radicaux, les feuilles même y avortent et ne laissent que de faibles traces de leur existence.

41. Résumé des caractères extérieurs de la tige. — La tige est la partie de la plante qui porte des feuilles ou sur laquelle on voit les traces des feuilles qu'elle a portées. Elle se dirige le plus souvent de bas en haut ; elle n'a ni poils absorbants, ni coiffe, mais présente des jeunes feuilles qui protègent son extrémité. La tige principale produit des branches naissant immédiatement au-dessus d'une feuille (G. Bonnier).

Les ramifications de la racine sont endogènes, celles de la tige, exogènes. Quand la tige possède un accroissement intercalaire, la région de croissance peut être très grande ; dans la racine elle ne dépasse pas un centimètre.

42. Structure primaire de la tige. — Supposons une coupe transversale pratiquée vers le milieu d'un entre-nœud. Nous y distinguerons trois parties : une assise périphérique de cellules spéciales, l'*épiderme;* un manchon mince et mou, l'*écorce;* un second manchon intérieur à celui-ci, mais plus large et plus résistant, le *cylindre central* (fig. 182).

A. Épiderme. — Une assise unique de cellules solidement jointes les unes aux autres latéralement et peu adhérentes à l'écorce, constitue l'épiderme qui peut être caduc ou persistant. Les éléments de l'épiderme sont prismatiques, plus longs que larges, parfois aplatis ; ils restent transparents et laissent voir les tissus verts de l'écorce ; la membrane des cellules épidermiques est épaissie en dehors. La couche la plus extérieure en est transformée de bonne heure en *cutine*. Ainsi existe sans discontinuité sur toute la superficie de l'épiderme une *cuticule*, membrane résistante, imperméable, élastique, hyaline, ayant toutes les propriétés du liège ; l'épiderme peut donc être considéré comme une forme particulière du tissu subéreux. Quand la cuticule est assez épaisse, on y distingue trois couches : 1°, une couche cutinisée (la plus externe) ; 2°, une couche cutinifère ; 3°, une couche cellulosique.

La membrane des cellules épidermiques, est aussi fréquemment imprégnée de cire, souvent même celle-ci exsude à la surface de la cuticule et forme un revêtement qui protège la tige contre l'action de l'eau. L'épiderme peut être en outre incrusté de matières minérales, silice, oxalate et carbonate de calcium (voir page 29).

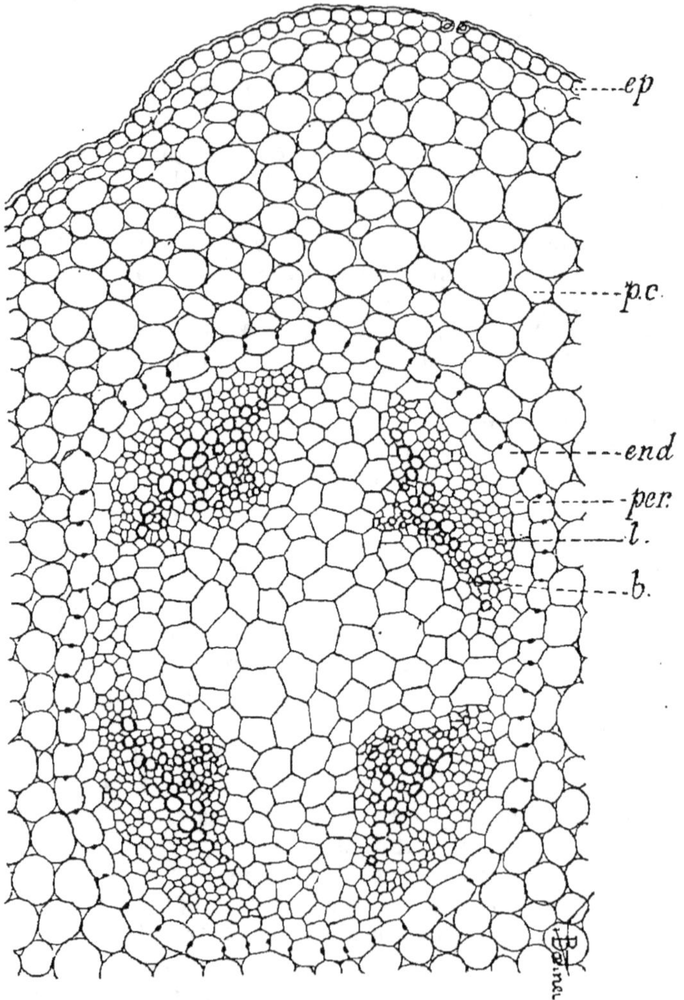

Fig. 182. — Coupe transversale d'une jeune tige de Lupin (d'après Hérail).

Le tissu épidermique caulinaire durci par cette minéralisation, rendu imperméable par l'exsudation de la cire est une véritable couche protectrice, en d'autres termes un stégome de l'axe végétatif,

(*) *ep*, épiderme. — *pc*, parenchyme cortical. — *end*, endoderme. — *per*, péricycle. — *l*, liber. — *b*, bois.

mais cette couche n'est point parfaitement homogène, elle présente des défauts, les *stomates*, et des points de renforcement, les *poils*.

1° *Stomates.* — Dans l'épiderme, il arrive qu'une cellule jeune et sensiblement carrée se divise par une cloison longitudinale; celle-ci, dans sa région moyenne, se dédouble en deux lamelles circonscrivant une ouverture en forme de boutonnière; les deux cellules, en même temps, arrondissent leurs bords. Bientôt l'ensemble a l'aspect d'une ouverture dont les bords des cellules sont les lèvres et qu'on nomme *stomate*. Sous le stomate, les cellules corticales laissent un vide, la *chambre sous-stomatique* : tous les méats de l'écorce sont en rapport avec cet espace. On peut donc dire que les stomates sont des ouvertures ménagées dans l'épiderme pour faire communiquer l'intérieur de la tige avec l'atmosphère (fig. 183 à 186).

Le protoplasma des cellules stomatiques se montre riche en grains de chlorophylle et d'amidon. La cuticule suit leur membrane et s'étend à travers la fente jusque dans la chambre sous-stomatique; elle présente

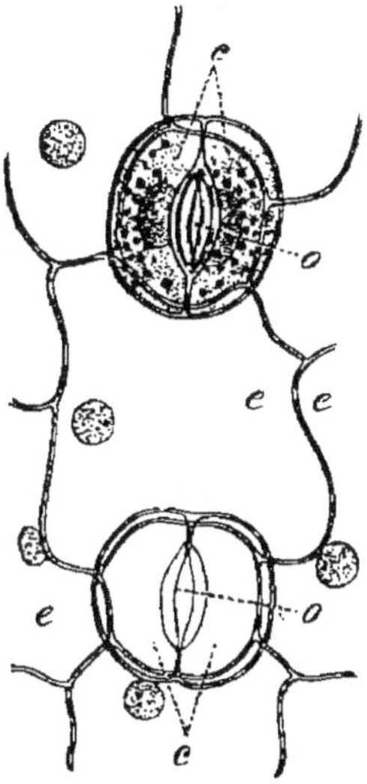

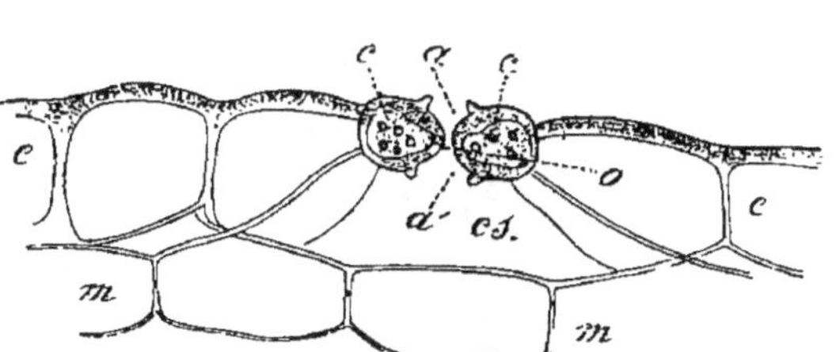

Fig. 183. — Stomates vus sur un lambeau d'épiderme (*).

Fig. 184. — Stomate vu en coupe verticale, l'ouverture est au même niveau que l'épiderme (**).

des épaississements localisés sur les angles arrondis des cellules et y forme une arête. Ces quatre arêtes ne s'unissent jamais; audessous des arêtes externes, la cellule stomatique forme, entre elles et la fente, un petit évasement, sorte d'antichambre, et de même, entre la fente et les arêtes internes, une arrière-chambre. Quand le stomate est fermé, les cellules sont peu turgescentes, leurs faces internes se touchent. Mais, lorsque sous l'action de la lumière, la turgescence augmente, la membrane se distend : la face interne maintenue par des épaississements ré-

(*) *c*, cellules stomatiques. — *o*, ostiole. — *e*, cellules épidermiques.

(**) *o*, ostiole. — *a*, antichambre. — *a'*, arrière chambre. — *c*, *c*, cellules stomatiques. — *e*, épiderme. — *cs*, chambre sous-stomatique. — *m*, méats.

siste, tandis que la face externe plus mince obéit au mouvement ;
la courbure des parois cellulaires s'accroît, la fente s'élargit et le
stomate s'ouvre. L'interposition d'un écran entre la source lumineuse et la tige permet de suivre les phases d'ouverture et de fermeture des stomates.

Les cellules stomatiques sont, le plus généralement, moins
épaisses que les cellules épidermiques, et la situation des stomates
est variable. On peut distinguer trois cas : les cellules stomatiques
sont situées au niveau de la surface interne de l'épiderme ou en
dessous ; au niveau de la surface externe, ou au-dessus ; dans le
plan moyen de l'épiderme. Dans le premier cas, le stomate est
précédé d'une chambre antérieure que surplombent les cellules
épidermiques voisines ; dans le second, la chambre sous-stomatique

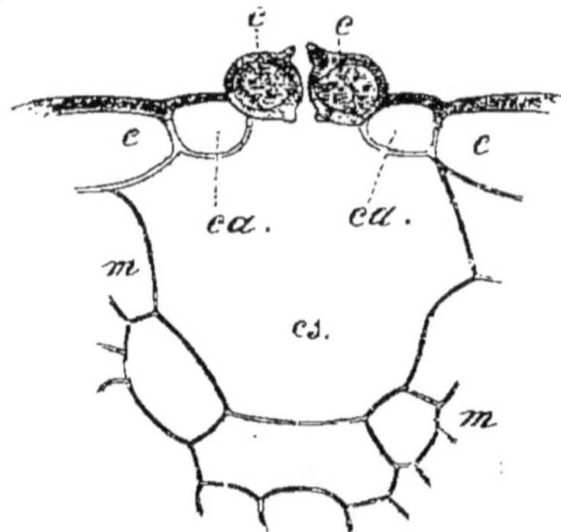

Fig. 185. — Stomate avec cellules annexes *ca*. L'ouverture est au-dessus
du niveau de l'épiderme.

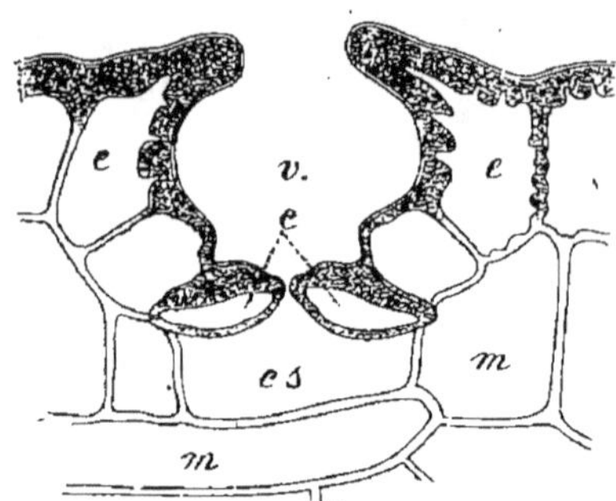

Fig. 186. — Stomate dont l'ouverture est
au-dessous du niveau de l'épiderme,
en *v* se trouve une antichambre très
développée.

se prolonge dans l'épiderme et peut le traverser entièrement ;
dans le troisième, il y a au-dessus du stomate une petite chambre
antérieure et au-dessous un petit prolongement de la chambre sous-
stomatique (Van Tieghem).

2° *Poils épidermiques.* — La forme des poils épidermiques varie à
l'infini ; une même tige peut en porter de plusieurs sortes (voir
page 40). Un poil est dit *scarieux* lorsqu'il s'applique sur l'épiderme par une seule cellule centrale, c'est en réalité une *écaille*. On
observe ce genre de poil chez les Fougères (fig. 187). Les poils persistent ou s'atrophient. Ceux qui persistent ont d'ordinaire d'étroits
rapports avec l'appareil sécréteur (fig. 188), parfois, cependant,
ils se dessèchent, se remplissent d'air, deviennent opaques, et cou-
vrent simplement la tige d'un duvet plus ou moins abondant.

B. ÉCORCE. — Le parenchyme cortical est formé de cellules larges,
polyédriques et à parois minces ; elles sont disposées sans ordre ;

souvent séparées par de petits méats. On n'observe jamais les deux
zones corticales si caractérisées dans la racine, mais on remarque
toutefois une tendance à la régularité dans les dernières assises
cellulaires. Là, les éléments sont prismatiques, subérifiés, plissés
sur les faces latérales ; ils présentent les caractères d'un *endoderme*.
L'écorce offre un développement très variable, elle peut n'avoir

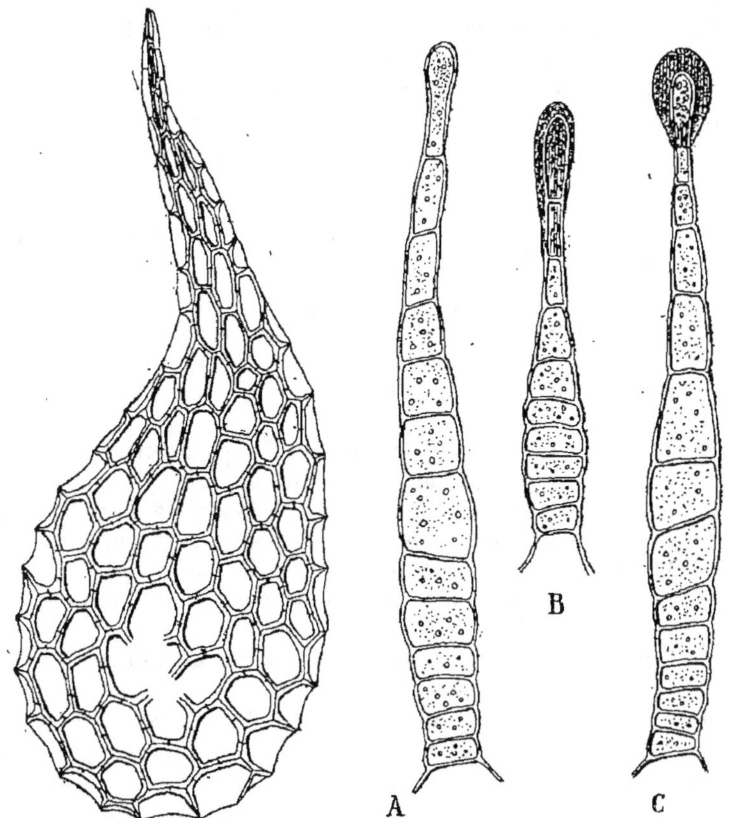

Fig. 187. — Écaille de *Celerach offici-*   Fig. 188. — Poils glanduleux du *Cistus*
narum.   *creticus.*

que quelques rangées de cellules ou grossir énormément comme
dans la tige des Cactus et un grand nombre de tiges souterraines.

C. Cylindre central. — On y distingue d'abord un *péricycle*, dont
les cellules, en alternance avec celles de l'endoderme, sont revêtues
d'une membrane mince sans plissements ni subérification. Contre
le péricycle, sur la coupe, se voient des *faisceaux* équidistants à section ovale, plus large vers la périphérie que vers le centre.

Les espaces qui les séparent sont formés d'un parenchyme à minces parois qui remplit aussi la région interne du cylindre et dont le péricycle est la rangée externe. La portion centrale de ce parenchyme où les cellules sont plus larges et laissent entre elles des méats est la *moelle*, et les prolongements qui séparent les faisceaux sont les *rayons médullaires*. Comme dans la racine, on peut dire que la moelle, les rayons médullaires et le péricycle sont les diverses formes d'un seul tissu, le *conjonctif*.

Chaque faisceau du cylindre central est composé de deux parties très distinctes, l'une externe, ne contenant que des vaisseaux *libériens*, l'autre interne de vaisseaux *ligneux*. Pour exprimer ce double caractère, on dit que le faisceau est *libéro-ligneux*.

Les vaisseaux libériens les plus externes, adossés au péricycle sont les plus étroits; le liber se termine en dedans par une rangée de cellules, son développement est centripète.

Les vaisseaux ligneux sont au contraire plus étroits vers le centre et plus larges vers la périphérie; le bois se termine par une rangée de cellules plates, son développement est centrifuge.

Lorsqu'on suit dans toute leur longueur les faisceaux libéro-ligneux on voit qu'ils courent tantôt parallèlement, tantôt obliquement à l'axe; aux nœuds, ils s'unissent par des anastomoses horizontales.

Quand on observe les faisceaux de bas en haut, on remarque qu'à chaque nœud, quelques-uns émettent une branche latérale et pénètrent dans une feuille. La branche latérale, plus haut, produit une nouvelle ramification et entre à son tour dans une feuille. Il y a là une formation sympodique sur les bords de laquelle les terminaisons des branches paraissent comme des rameaux latéraux (Van Tieghem).

L'extrémité du faisceau, parfois, se recourbe en dehors, traverse horizontalement le manchon cortical et entre dans la feuille au nœud même où elle a produit une branche latérale. Plus généralement, elle continue sa marche vers le haut, demeure à côté de la branche qu'elle produit et ne se courbe pour entrer dans une feuille qu'après avoir parcouru l'espace de plusieurs entre-nœuds. Le nombre des entre-nœuds parcourus est variable d'une plante à une autre et dans une tige donnée change avec la région étudiée, mais demeure constant pour une même région.

Lorsque la tige ne renferme dans son cylindre central qu'une sorte de faisceaux sympodiques qui lui appartiennent en propre on dit qu'ils sont *caulinaires*. Lorsque le cylindre central contient un certain nombre de faisceaux destinés aux feuilles et qui s'y rendent sans se ramifier, on les dit *foliaires*. Les faisceaux caulinaires sont parfois aussi nommés *réparateurs*, parce qu'ils se substituent aux faisceaux foliaires à mesure que ceux-ci sortent du cylindre. Au sommet, ils envoient leurs extrémités dans les dernières feuilles (Van Tieghem).

Partant d'une des feuilles terminales, si l'on suit la marche descendante d'un faisceau libéro-ligneux, on le voit traverser l'écorce, pénétrer dans le cylindre central, longer le péricycle et, après avoir parcouru un certain nombre d'entre-nœuds, s'unir latéralement à un faisceau venant d'une feuille plus âgée.

Une feuille peut recevoir plusieurs faisceaux, le nombre varie d'une plante à l'autre et sur la même tige suivant la région considérée. Lorsque les faisceaux foliaires sont arrivés dans le cylindre central, l'ensemble de ceux qui se rendent à la même feuille constitue dans le cylindre la *trace* de la feuille ; cette trace est unie ou pluri-fasciculée (Van Tieghem).

Généralement, pour mettre en évidence les rapports entre les feuilles et les faisceaux, ainsi que la course de ceux-ci, on les représente par leur projection sur la surface développée du cylindre central (1).

La tige, telle qu'elle vient d'être sommairement décrite, est celle que l'on peut étudier chez les Cryptogames vasculaires et les Phanérogames. La structure de la tige des Muscinées est plus simple.

A son plus haut degré de complication, la tige d'une Mousse se compose d'un cylindre axile formé de petites cellules à parois minces, qui remplace le cylindre central des plantes vasculaires ; ce cylindre est entouré d'un manchon beaucoup plus développé de parenchyme à cellules larges représentant l'écorce des tiges de Phanérogames.

Le cylindre central rudimentaire des Mousses reste toujours homogène, on n'y distingue ni conjonctif ni faisceaux : dans l'écorce on ne distingue non plus ni endoderme, ni épiderme ; quelquefois cependant on peut séparer deux zones comme dans la racine des plantes vasculaires. La zone interne montre alors des cellules larges, à membrane mince ; la zone externe des cellules étroites à parois fortement épaissies et colorées en brun. L'assise cellulaire la plus externe est fréquemment pilifère. La membrane de ses éléments est souvent renforcée par des épaississements. Du cylindre central, on voit quelquefois partir des rubans minces composés de cellules identiques à celles du cylindre ; ils traversent l'écorce et entrent dans les feuilles. Plus souvent encore la tige des Mousses ne présente même pas de cylindre central ; dans les Hépatiques, son tissu se réduit à un parenchyme non différencié.

43. Variations dans la structure primaire de la tige. — Suivant la nature de la plante vasculaire, la tige éprouve un certain

______

(1) Voir Van Tieghem, *Traité de botanique*, p. 734.

nombre de modifications qui sont plus ou moins importantes et que nous allons passer en revue en suivant l'ordre adopté plus haut.

Épiderme. — L'épiderme se cloisonne quelquefois de manière à être formé de plusieurs rangs de cellules. Chez les plantes aquatiques, les grains d'amidon et de chlorophylle se développent presque exclusivement dans les éléments épidermiques.

La paroi externe des cellules épidermiques se montre souvent recouverte par différenciation ultérieure progressive, d'une cuticule qui acquiert une notable épaisseur et apparaît formée de couches superposées à concavité interne. Cette cuticule elle-même, dans certains végétaux est séparée de la membrane propre de la cellule par l'accumulation des produits secrétés : gouttelettes de cire, cristaux, granulations graisseuses. L'épiderme de la tige des Graminées est rempli de silice (voir page 29).

Fréquemment les cellules épidermiques donnent des poils multicellulaires, simples ou rameux. Ailleurs l'épiderme forme deux couches dont une seule, la plus externe, conserve le caractère épidermique tandis que l'autre se dédoublant donne du tissu de renforcement ou des couches subérogènes.

Les stomates manquent sur les tiges qui vivent immergées ; ils sont rares sur les rhizomes. Chez certaines Dicotylédones (Ortie, Houblon, Mûrier, Chanvre, Figuier, etc.), les cellules qui forment la base des poils atrophiés se remplissent de carbonate de calcium. Il y a production d'un *cystolithe*. Ajoutons que l'épiderme renferme fréquemment un tissu sécréteur très riche.

Écorce. — L'épaisseur de l'écorce est éminemment variable. Elle présente parfois des émergences recouvertes par l'épiderme et dont un exemple simple est fourni par les aiguillons du Rosier.

Dans les végétaux aquatiques, les méats de l'écorce s'accroissent considérablement, ils se fusionnent en formant de larges canaux aérifères tantôt continus dans toute la longueur d'un entre-nœud, tantôt entrecoupés par des assises de cellules. Dans la famille des Graminées, les canaux aérifères se constituent par destruction locale des cellules. Ainsi la tige (*chaume*) de ces plantes se montre-t-elle comme un tube creux, qu'interrompent de place en place des cloisons correspondant à un nœud foliaire ; on peut remarquer que dans son jeune âge le chaume est plein. Les tiges aériennes sont remarquables par la compacité de leur écorce, les éléments épaississent leurs membranes et forment du collenchyme ou du sclérenchyme. L'écorce peut aussi contenir des faisceaux libéro-ligneux enveloppés par du sclérenchyme ou accolés à un arc de ce tissu, cela est dû à ce fait dont nous avons dit un mot à propos de la course des faisceaux, à savoir que ces faisceaux ne traversent pas toujours l'écorce horizontalement, mais s'y élèvent et y parcourent verticalement l'espace d'un ou de plusieurs entre-nœuds (Van Tieghem).

Très fréquemment la couche corticale renferme des éléments sécréteurs isolés ou disposés en file; groupés parfois de manière à former des poches ou des canaux.

L'*endoderme* se dédouble assez souvent de telle façon que l'assise à cellules plissées est l'avant-dernière du manchon cortical. Les membranes des éléments endodermiques se durcissent et s'épaississent, en général, plus sur la face interne que sur les faces latérales. Souvent aussi les grains d'amidon sont localisés dans l'endoderme, caractère qui, joint à la subérification des parois, permet de distinguer l'endoderme du reste de l'écorce.

Cylindre central. — Nous avons distingué dans le cylindre central trois sortes de formations dont nous allons examiner maintenant les principales modifications :

1° *Péricycle*. — L'absence de péricycle est très rare dans les tiges; lorsque le péricycle manque les tubes du liber sont directement en contact avec l'endoderme. Plus souvent le péricycle se cloisonne de manière à former plusieurs assises de cellules entre le liber et l'endoderme.

Chez les Cucurbitacées, le péricycle atteint une grande épaisseur. Dans ce cas, il peut se maintenir parenchymateux et se confondre avec l'écorce; ou bien se différencier en une assise scléreuse en contact avec l'endoderme, et une assise parenchymateuse en rapport avec les faisceaux.

Le péricycle peut donc être *simple* ou *composé*. De plus, qu'il soit simple ou composé, il peut être formé d'éléments semblables ou d'éléments différents : il sera alors *homogène* ou *hétérogène*. C'est ainsi qu'il peut être entièrement parenchymateux comme dans la tige de Lupin (fig. 182), entièrement fibreux comme dans celle de la Lysimaque ou à la fois parenchymateux et fibreux comme dans le Bégonia et la Douce-amère.

Fréquemment, le péricycle est scléreux au dos des faisceaux et parenchymateux en face des rayons médullaires; ou bien il se divise en faisceaux scléreux et parenchymateux sans rapport avec les faisceaux libéro-ligneux. Chez les Ombellifères et les Composées liguliflores, le péricycle renferme des cellules sécrétrices et des canaux sécréteurs.

2° *Faisceaux*. — Généralement, le nombre des faisceaux libéroligneux croît avec l'âge de la plante, puis décroît progressivement. Ce nombre est toujours en rapport avec la quantité de feuilles de la région considérée et avec la disposition de ces feuilles. On conçoit aisément que plus les feuilles prennent de faisceaux, et plus elles sont serrées, plus la tige doit en contenir à ce niveau. La limite du nombre des faisceaux dépend, évidemment, du diamètre du cylindre central. Quand celui-ci ne peut les contenir tous, ils se disposent en cercles concentriques, laissant la moelle libre, ou même parfois l'envahissant complètement (fig. 189). Le grand groupe des Mono-

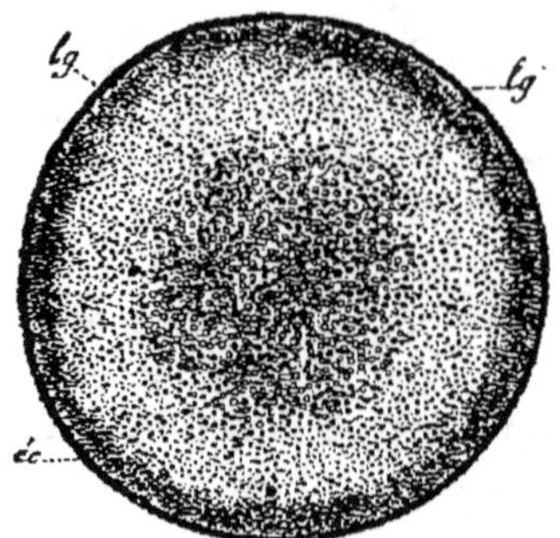

Fig. 189. — Coupe de la tige d'un Palmier (*).

cotylédones présente très fréquemment cette disposition, que l'on donne souvent comme caractéristique de la tige de ces plantes. Il faut, cependant, avoir soin d'ajouter que certaines Monocotylédones disposent leurs faisceaux en un cercle unique, et que, chez toutes, la disposition en plusieurs cercles tend à disparaître à mesure que les feuilles exigent moins de faisceaux.

Le liber des faisceaux libéro-ligneux est tantôt formé de tubes larges séparés par de petites cellules de parenchyme ; tantôt formé de tubes étroits séparés par de grandes cellules ; ce parenchyme libérien ne se sclérifie qu'exceptionnellement (1). Certaines Monocotylédones à rhizome montrent des faisceaux libériens complètement entourés par les faisceaux libéroligneux et d'autres présentant la structure normale. On reconnaît que les premiers sont sympodiques, et les seconds foliaires.

Le bois peut ne présenter aucune cellule de parenchyme entre ses vaisseaux, ou se réduire à un seul gros vaisseau bordé d'un rang de cellules parenchymateuses. Quand l'accroissement intercalaire est puissant, les vaisseaux internes, produits les premiers, sont comprimés latéralement par l'accroissement en largeur des cellules voisines et disparaissent par places ; les vaisseaux nés plus tard, s'épaississent vers la fin de la croissance intercalaire, et leurs parois ne subissent aucun écrasement. Chez les végétaux aquatiques, le bord interne du bois est occupé par une lacune due à la dissociation des cellules ou à la résorption de la membrane de certains vaisseaux. Quand le bois s'altère ainsi, on ne constate aucun changement dans le liber ; cela semble montrer que les vaisseaux ligneux deviennent inutiles dans les plantes aquatiques, mais non les tubes libériens.

Chez diverses Cryptogames vasculaires le bois du faisceau libéro-

<hr>

(1) Les faisceaux possèdent parfois un second liber placé à l'opposite du premier contre le bord interne du bois. Il a la structure du liber externe. Les faisceaux à deux libers caractérisent la famille des Cucurbitacées dont le type est la Courge.

(*) ec, écorce. — lg, faisceaux centraux. — lg', faisceaux périphériques plus serrés.

ligneux est centripète, il tourne sa pointe en dehors comme un faisceau ligneux de racine ; ce caractère se retrouve dans la portion hypocotylée de la tige de beaucoup de Phanérogames. Quelquefois les faisceaux libéro-ligneux renferment des cellules sécrétrices ; on remarque qu'elles sont plus rares dans le bois que dans le liber.

La région primitive de la tige offre, ordinairement, un cylindre central étroit et sans moelle, puis, à mesure qu'elle se dilate vers le haut, elle acquiert la structure que nous avons décrite. En se dilatant ainsi, le cylindre se dissocie en faisceaux libéro-ligneux entourés chacun d'un péricycle et d'un endoderme propres, il finit par s'effacer complètement. On voit alors dans le parenchyme cortical un certain nombre de faisceaux libéro-ligneux disposés en cercle ou épars, anastomosés parfois et produisant aux nœuds des faisceaux foliaires. « Si d'une manière générale on donne le nom de *stèle* au cylindre central, on dira que la structure ainsi définie est *astélique*, puisque les faisceaux n'y sont pas réunis en un cylindre central » (Van Tieghem).

Ces faisceaux distincts de la structure astélique peuvent se fusionner latéralement sur la plus grande partie de leur étendue ; dans le manchon cylindrique, la fusion peut porter sur l'endoderme et le péricycle, c'est la forme *dialydesme*, ou sur le bois et le liber, c'est la forme *gamodesme* (Van Tieghem).

Au lieu de se rompre en faisceaux libéro-ligneux distincts, le cylindre central sans moelle de la portion inférieure d'une tige peut s'élargir en un ruban qui s'étrangle en son milieu ; plus haut chacune des moitiés se divise de même, etc. Il y a alors dans un parenchyme réellement cortical un certain nombre de cylindres centraux étroits et sans moelle, la structure est *polystélique*; commune chez les Cryptogames vasculaires, cette structure est rare chez les Phanérogames ; dans les premières elle se complique par un développement centripète du bois. Les stèles élémentaires s'anastomosent souvent en un réseau à mailles plus ou moins larges. Cette anastomose peut aussi avoir lieu latéralement dans le cercle où elles sont disposées et former un manchon continu autour de la zone centrale de l'écorce. Il y a donc encore ici deux cas, les cylindres sont libres et la structure est *dialystèle*, ou bien ils sont confluents, et la structure est *gamostèle* (Van Tieghem).

3° *Conjonctif.* — Le diamètre de la moelle et la longueur des rayons médullaires varient suivant les plantes, et, sur une même plante, suivant la région. Dans les tiges tuberculeuses la moelle forme la masse du tissu de réserve ou tréphome. La moelle est au contraire réduite dans les tiges aquatiques et beaucoup de rhizomes.

Les rayons médullaires disparaissent parfois et les faisceaux libéro-ligneux se soudent latéralement, formant un anneau au centre duquel est une moelle plus ou moins large. La soudure des faisceaux peut être plus complète encore, la moelle disparaît et le cylindre central n'est plus qu'une colonne libéro-ligneuse ayant son liber en dehors et son bois en dedans.

La moelle normalement développée des végétaux aquatiques se creuse de grandes lacunes et de chambres aérifères. Ces lacunes sont produites par dissociation ou destruction de cellules.

Dans un certain nombre de cas, les cellules médullaires durcissent leurs parois et deviennent du sclérenchyme. Celui-ci forme des faisceaux épars ou une couche continue reliant les pointes des

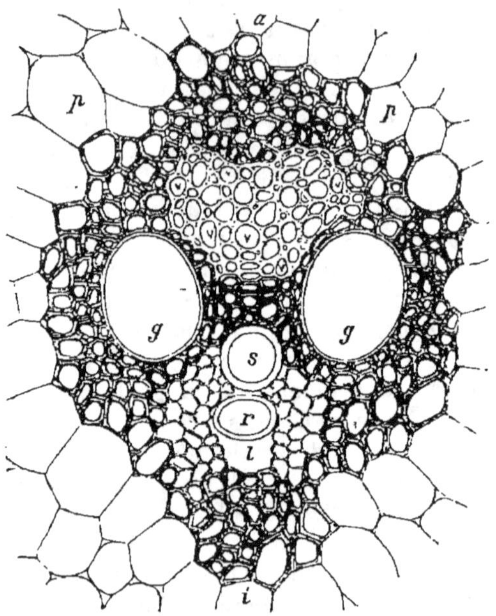

Fig. 190. — Section d'un faisceau de la tige de Maïs (d'après Sachs) (*).

faisceaux libéro-ligneux. Chez beaucoup de Graminées, par exemple, on observe des arcs internes de sclérenchyme qui, s'étendant le long des faisceaux, vont rejoindre les arcs scléreux du péricycle et enferment chaque faisceau dans un anneau continu. Chez d'autres Monocotylédones, enfin, tout le rayon médullaire subit cette transformation et les faisceaux sont noyés dans une couche épaisse de stéréome qui contribue puissamment au soutien de l'appareil total (fig. 190).

(*) a, face externe du faisceau. — i, face interne. — g,g, vaisseaux ponctués. — s, vaisseau spiralé. — r, vaisseau annelé. — l, lacune. — v,v, liber. — p, parenchyme mince. Le faisceau est enveloppé dans une gaine de stéréome ou tissu de soutien.

La moelle contient souvent, à sa périphérie, des faisceaux de tubes libériens et de cellules parenchymateuses disposés sans ordre ; on trouve des exemples de ce liber périmédullaire dans la Laitue, le Salsifis, la Campanule, etc.

La moelle et les rayons médullaires renferment aussi quelquefois des cellules et des canaux sécréteurs groupés diversement.

Avant de terminer cet exposé des principales modifications anatomiques de la tige, nous pouvons ajouter qu'il n'y a aucun rapport entre l'enroulement des tiges et la position des faisceaux. Certaines plantes grimpantes qui s'enroulent toujours du même côté possèdent un cercle complet de faisceaux libéro-ligneux bien également développés. Quant aux vrilles d'origine caulinaire, la présence de fibres ou de cellules très allongées est le seul caractère anatomique qui offre une corrélation certaine avec leur propriété de devenir concave sous l'influence de la pression d'un support (1).

L'existence de ces éléments est aussi le caractère qui différencie la vrille du reste de la tige.

44. Origine des tissus de la tige et des rameaux. — A l'extrémité de la tige, on voit les tissus se confondre en un méristème analogue à celui de la racine, mais les tissus définitifs sont produits vers le bas, contrairement à ce qui a lieu dans la racine.

Le méristème résulte du cloisonnement répété d'une cellule ou d'un groupe de cellules qui demeurent toujours extérieures et supérieures aux segments qu'elles engendrent ; leur face supérieure reste libre au sommet même de la tige.

Dans le groupe des Muscinées et des Cryptogames vasculaires, il n'y a qu'une cellule mère du méristème, elle a souvent la forme d'un coin et donne deux séries rectilignes de cellules semi-circulaires. Quelquefois elle a la forme d'un tétraèdre dont la base bombée est tournée vers le haut, elle donne naissance à trois séries de

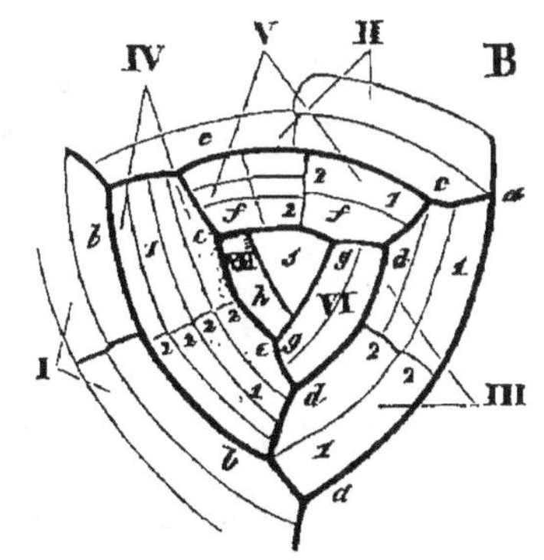

Fig. 191. — Sommet d'une tige d'*Equisetum* vue d'en haut (d'après Cramer) (*).

(1) Leclerc du Sablon. *Recherches sur l'enroulement des vrilles*. Paris, 1887.

(*) Au centre de la figure est la cellule terminale *s* dont on voit les trois côtés. Les segments qui se sont successivement isolés de ces côtés sont désignés dans l'ordre de leur production par I, II, III, etc. ; le plus ancien étant I, le plus récent VII. Les grosses lignes *a*, *b*, *c*, *h*, indiquent les limites de ces segments ; les chiffres 1, 2 désignent les subdivisions de premier et de second ordre qui se sont opérées dans chaque segment.

cellules triangulaires superposées. Les cellules segmentaires se découpent à leur tour en divers sens et sont l'origine d'un méristème où l'on distingue bientôt l'épiderme, l'écorce et le cylindre central ; c'est vers la périphérie de celui-ci que certains amas de cellules d'abord homogènes se différencient en liber et en bois pour devenir des faisceaux libéro-ligneux (fig. 191).

Le mode de développement est le même chez les Gymnospermes.

Chez les Angiospermes il y a un groupe de cellules mères du méristème. Dans le cas le plus général, ce groupe comprend trois rangs de *cellules initiales*. Les inférieures produisent le cylindre central, les moyennes l'écorce ; les supérieures l'épiderme. Les

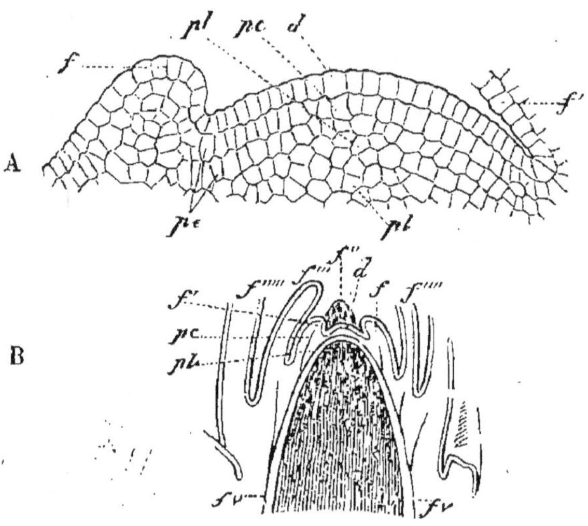

Fig. 192. — Coupe longitudinale du point végétatif de Laurier-cerise et de Callistemon (*).

initiales du cylindre central se cloisonnent parallèlement à la base et aux côtés ; les initiales de l'écorce et de l'épiderme ne se segmentent que latéralement (fig. 192).

En examinant la figure 192 qui représente une coupe pratiquée dans l'extrémité de la tige de *Prunus lauro-cerasus* (Laurier-cerise) on observe une couche *d* formée par des cellules indépendantes des tissus sous-jacents, elle représente le *dermatogène* d'Hanstein qui formera l'épiderme de la tige ; au-dessous du dermatogène se trouvent deux ou trois assises cellulaires *pc* qui se continuent

(*) A. *Prunus Lauro-cerasus*. — *f* et *f'*, sections de feuilles à divers états de développement. — B. Extrémité de la tige du *Callistemon*. — *fv*, faisceaux vasculaires. — *f, f', f''*, feuilles de plus en plus avancées.

inférieurement avec l'écorce primaire, c'est le *péribléme* du même auteur ; enfin, plus inférieurement encore, est un second groupe cellulaire *pl* désigné sous le nom de *plérome*.

Le rôle histogénitique du plérome est considérable. Il fournit en effet par la multiplication de ses initiales les éléments constitu-tifs des faisceaux et de la moelle.

Les cellules segmentaires provenant des initiales de l'épiderme ne prennent pas de cloisons tangentielles et l'épiderme demeure simple ; celles qui sont issues des initiales de l'écorce produisent assez tard des cloisons tangentielles et, dans tout l'entre-nœud supé-rieur, l'écorce reste simple. On observe, assez souvent, plusieurs rangs superposés des initiales de l'écorce, qui, par conséquent, se continue au sommet sous l'épiderme par plusieurs assises aboutis-sant chacune à une initiale particulière.

Il arrive aussi parfois que le groupe des cellules mères ne com-prend que deux rangs d'initiales. Les supérieures donnent l'épi-derme et les inférieures, à la fois, l'écorce et le cylindre central. On observe cela chez beaucoup de Monocotylédones.

Nous pouvons noter ici une différence dans le développement des tissus de la tige avec ceux de la racine. Le remplacement de l'initiale unique par un groupe de cellules se fait pour la racine chez les Lycopodes et les Isoètes, c'est-à-dire dans les Cryptogames vasculaires. Pour la tige, cette substitution ne se fait que chez les Phanérogames, puisque les Gymnospermes possèdent encore une cellule initiale unique.

Une branche naît au flanc de la tige comme la tige elle-même à son sommet, par une cellule pour les Muscinées, les Cryptogames vasculaires et les Gymnospermes ; par un groupe de cellules pour les Angiospermes.

La cellule apicale des Cryptogames vasculaires et des Gym-nospermes se cloisonne trois fois obliquement, elle produit une cellule tétraédrique à base courbe tournée en dehors ; c'est la cel-lule mère du rameau ; elle engendre ensuite par trois séries de seg-ments superposés les divers tissus de la branche par le même processus que ceux de la tige.

Chez les Angiospermes, lorsque la tige compte au sommet trois sortes d'initiales, le groupe des cellules mères du bourgeon a aussi trois sortes d'initiales. La cellule épidermique ne produit que l'épiderme de la branche, c'est-à-dire que l'épiderme de la tige se continue avec celui du rameau ; la cellule corticale ne produit que l'écorce, et celle du cylindre ne produit que le cylindre. Les régions constitutives sont donc issues de celles de la tige. Il arrive cepen-dant quand l'écorce, au niveau du bourgeon, comprend plusieurs assises, que la seconde assise corticale fournisse les initiales du cylindre central. L'origine de celui-ci est donc indépendante du cylindre de la tige.

Lorsqu'à son sommet, la tige compte deux sortes d'initiales, l'épiderme de la tige produit encore celui de la branche, et c'est l'écorce qui fournit l'initiale commune à l'écorce et au cylindre central.

Nous ne considérerons que le cas le plus simple, où les faisceaux de la tige sont disposés en un cercle unique. Le raccordement des faisceaux de la tige et de ceux de la racine a lieu sur le cylindre central, au nœud, ou bien à un ou plusieurs entre-nœuds au-dessous ; quelquefois aussi sur les faisceaux de la feuille après leur sortie du cylindre central.

Dans ce dernier cas, les faisceaux de la branche s'unissent à ceux de la feuille mère après leur sortie du cylindre central et, pendant qu'ils traversent l'écorce, la jonction de la tige et de la branche se fait par l'intermédiaire de la base de la feuille.

Quand le raccordement doit se faire au nœud, les faisceaux de la branche se réunissent en petit nombre, à sa base, traversent l'écorce de la tige, entrent dans le cylindre central et s'unissent aux faisceaux qui bordent les vides laissés par la sortie des faisceaux foliaires.

Si le raccordement se fait au-dessous du nœud, les faisceaux du rameau, parvenus dans le cylindre central, descendent parmi les faisceaux foliaires durant l'espace d'un ou deux entre-nœuds. Alors, sur la coupe transversale, outre les faisceaux caulinaires et foliaires, on a des faisceaux destinés à des branches placées plus haut (Van Tieghem).

45. Rapports entre la tige et les racines qu'elle engendre. — L'origine de la *racine terminale* sera expliquée comme celle de la tige en étudiant le développement de l'embryon. Dans le premier âge du végétal, les surfaces basilaires de la tige et de la racine se continuent, la racine terminale est donc une formation exogène. Si l'on suit l'épiderme de la tige, on voit à la limite une différence très sensible : la surface de la tige est lisse, dure, blanche ; celle de la racine occupée par l'assise pilifère est grisâtre et molle.

Le *collet* est le plan qui passe par la ligne de séparation de ces deux surfaces. Mais, l'écorce de la racine est prolongée par l'écorce de la tige ainsi que l'endoderme et le cylindre central. Reste à étudier la façon dont les faisceaux simples de la racine se métamorphosent en faisceaux libéro-ligneux. Il y a trois cas à distinguer :

1° Le plus fréquent est celui où les faisceaux libériens de la racine se continuent avec ceux de la tige. Au voisinage du collet les faisceaux ligneux multiplient leurs vaisseaux et se dédoublent suivant le rayon ; les deux moitiés s'inclinent à droite et à gauche, en se séparant elles vont s'unir deux par deux en dedans des faisceaux libériens et forment ainsi le bois des faisceaux libéro-ligneux. Chacune d'elles subit sur elle-même une torsion de 180° qui amène en dedans la pointe qu'elle tournait en dehors ; en même temps les rayons médullaires se sont élargis et chacun d'eux correspond désormais à deux rayons médullaires de la racine. Il y a donc dans la tige autant de faisceaux libéro-ligneux qu'il y avait de faisceaux libériens dans la racine.

2° Un second cas est celui où les faisceaux libériens subissent aussi un dédoublement et où leurs moitiés vont au-devant des deux moitiés ligneuses. Il y a alors dans la tige deux fois autant de faisceaux libéro-ligneux que de faisceaux libériens dans la racine.

3° Dans le troisième cas, les faisceaux du bois se tordent de 180° sur place et ce sont les faisceaux libériens dédoublés qui viennent s'unir à eux en dehors.

Le plan de raccordement des faisceaux est au collet, à condition, toutefois, qu'il n'y ait pas de croissance intercalaire dans les régions basilaires de la tige et de la racine. Il y a donc un collet interne comme un collet extérieur. Le raccordement est étiré vers le haut ou vers le bas suivant que la croissance intercalaire a lieu dans la racine ou dans la tige ; il commence toujours au collet. Lorsqu'il y a simultanément accroissement intercalaire de la tige et de la racine, le déplacement des faisceaux commence un peu au-dessous de la limite, il n'est complètement achevé que dans le premier entre-nœud. Mais, au milieu de ces variations internes, le collet ne change pas, puisqu'il passe en ce point où à une cellule simple, dernier élément de l'épiderme de la tige, succède une cellule dédoublée par cloisonnement tangentiel, premier élément de l'épiderme de la racine. En outre, dès que la croissance de la racine est commencée, la première cellule épidermique externe s'exfolie avec la coiffe ; il en résulte qu'il faut, en quelque sorte, descendre d'un degré pour passer de la surface de la tige à celle de la racine, et la cloison commune à ces deux éléments est exactement contenue dans le plan du collet (Van Tieghem).

Les *racines latérales* sont toutes endogènes, elles prennent naissance dans la tige comme les radicelles dans la racine terminale.

Chez les Phanérogames elles apparaissent plus ou moins près du sommet et naissent d'un groupe de cellules péricycliques ; il se forme là une plage rhizogène dont les cellules grandissent suivant le rayon et se dédoublent tangentiellement. Ce dédoublement sépare, en dedans, le cylindre central. Une deuxième cloison tangentielle dédouble l'assise externe et sépare en dedans l'écorce, en dehors l'épiderme, les cellules marginales forment un *épistèle* (Van Tieghem). L'accroissement a lieu ensuite par initiales comme nous l'avons vu en étudiant les radicelles.

Dans le cas où le péricycle comprend plusieurs assises de cellules, c'est la plus externe qui est rhizogène.

Chez les Fougères, les racines latérales apparaissent de très bonne heure. La racine prend une cellule de l'assise la plus interne de l'écorce. Par des cloisonnements convergeant vers l'intérieur, la cellule rhizogène forme quatre cellules, dont une, tétraédrique, est l'initiale, elle se segmente et ses segments se cloisonnent exactement comme l'initiale d'une radicelle.

Il y a différents modes de dispositions des *racines latérales*, et à ces trois modes correspondent trois procédés d'insertion :

(*a*) Le cas le plus fréquent est celui où la plage rhizogène est en rapport avec un rayon médullaire. Si celui-ci n'est pas très large, la racine s'y superpose et s'insère directement sur les faisceaux libéro-ligneux voisins.

(*b*) Si le rayon médullaire est large, le groupe rhizogène s'établit au voisinage d'un faisceau sur lequel la racine s'insère obliquement. Dans ce cas, deux racines peuvent être en rapport avec un même rayon.

(*c*) Le groupe rhizogène peut se superposer au liber d'un faisceau libéro-ligneux, la racine s'insère alors indirectement sur les faisceaux. De minces vaisseaux libéro-ligneux se différencient dans le péricycle, ils constituent un réseau couvrant la périphérie du cylindre central, et se reliant aux faisceaux libéro-ligneux de la tige, d'une part, et de l'autre à la racine, les rapports des faisceaux de la tige et de la racine s'établissent par son intermédiaire.

Ce mode d'insertion est très répandu chez les Monocotylédones, il est rare chez les Dicotylédones.

La sortie et la croissance des racines latérales s'opèrent par le même mécanisme que la sortie et la croissance des radicelles. Il y a encore digestion, sans formation d'une poche, ou avec formation de poche, dont l'origine, sus-endodermique chez les Cryptogames vasculaires, est endodermique chez les Phanérogames. Dans ce cas, il y a lieu de faire pour la coiffe de la racine latérale les remarques déjà faites à propos de la coiffe des radicelles. Si la cutinisation de l'épiderme est assez forte pour lui permettre de résister à la digestion, il se déchire, et se laisse traverser par la racine.

Les *racines gemmaires*, qui se forment au voisinage des feuilles, sont exogènes. Chez les Phanérogames, l'épiderme du bourgeon donne directement l'épiderme de la racine, l'assise corticale externe fournit l'initiale de l'écorce de la racine, et l'assise interne, l'initiale du cylindre central.

Le mode de formation est le même chez les Cryptogames vascu-laires. Les Prêles n'ont d'autres racines latérales que des racines gemmaires, et, chez ces végétaux, la cellule périphérique du bour-geon est l'initiale de la racine (Van Tieghem).

46. Caractères anatomiques distinctifs de la tige et de la racine. — Il résulte de cette étude sommaire que les prin-cipaux caractères anatomiques qui distinguent la tige de la racine sont au nombre de deux : 1° *présence d'un épiderme* sur la tige, *faisant défaut* dans la racine; 2° *union intime des faisceaux ligneux et libériens* dans la tige *avec développement centrifuge du bois*, ca-ractère auquel correspond dans la racine la *séparation et l'alter-nance des faisceaux ligneux et libériens avec développement centripète du bois.*

CHAPITRE VI

MODIFICATIONS ANATOMIQUES DE L'AXE

47. Structure secondaire de la tige. — La tige ne conserve la structure que nous avons exposée que chez les Monocotylédones, les Cryptogames vasculaires, les Muscinées et un très petit nombre de Dicotylédones. Chez les Gymnospermes et la majeure partie des Dicotylédones, certaines assises de cellules deviennent géné-ratrices et la structure se complique beaucoup. En s'adjoignant aux tissus primaires, les tissus résultant de l'activité des zones génératrices donnent au végétal un aspect anatomique nouveau qu'il convient d'exposer.

Deux assises génératrices se montrent dans la tige, l'une externe, l'autre interne, et toutes deux de position assez variable. Le méca-nisme de la formation du méristème est le même dans ces deux assises, il s'opère de la manière suivante :

Une cellule génératrice s'accroît suivant le rayon, divise son noyau suivant la même direction, forme une cloison tangentielle et se divise ainsi en deux.

De ces deux cellules, la plus externe, si l'on veut, s'accroît ra-dialement, divise son noyau et forme une cloison parallèle à la première. On a donc ainsi trois cellules, dont la médiane seule est génératrice. Elle s'accroît encore suivant le rayon, découpe un segment vers le dehors, un autre vers le dedans, entre les deux elle demeure génératrice. Cette segmentation se poursuit indéfini-ment, de sorte qu'aux dépens de l'assise génératrice s'est formé un anneau de méristème qui va en s'épaississant. Ces cellules sont disposées en séries radiales et concentriques et divisées en deux feuillets que sépare l'assise génératrice. Dans le feuillet externe, les cellules les plus jeunes sont vers l'intérieur (développement centripète), dans l'interne les éléments les plus jeunes sont vers l'extérieur (développement centrifuge). En s'épaississant, l'anneau de méristème dont le bord interne est fixe, refoule tous les tissus primaires et accroît le diamètre de la tige. Le feuillet interne repousse vers l'extérieur l'assise génératrice qui, pour suivre le mouvement et ne pas se disjoindre, dédouble ses cellules par des cloisons radiales et augmente ainsi le nombre de ses éléments et, par suite, des files rayonnantes de l'anneau de méristème.

Les deux assises génératrices, interne et externe, donnent chacune un anneau de méristème divisé en deux feuillets, mais les tissus engendrés par les deux méristèmes sont très différents, et il convient de les étudier séparément.

Le feuillet extérieur du méristème externe subérifie les membranes de ses cellules et donne, de dehors en dedans, un parenchyme subéreux secondaire, le *liège*. Le feuillet interne conserve cellulosiques les parois de ses éléments, se différencie de dedans en dehors en un parenchyme cortical, le *phelloderme*. L'ensemble formé par les deux feuillets de méristème, l'assise génératrice qui les sépare, le liège et le phelloderme, porte le nom de *périderme* (Van Tieghem).

Les éléments cellulaires du liège restent en rangées radiales et concentriques, sans méats ; leur forme est assez variable, mais ils sont rarement

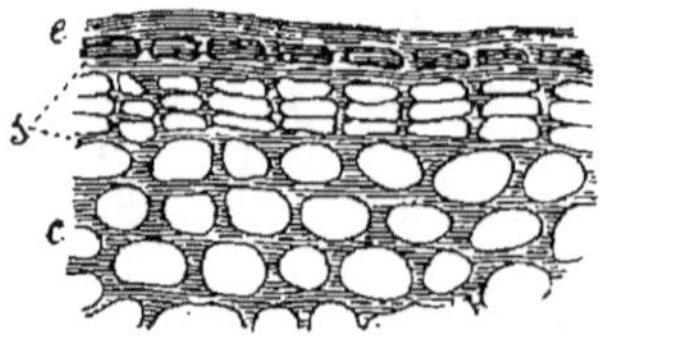

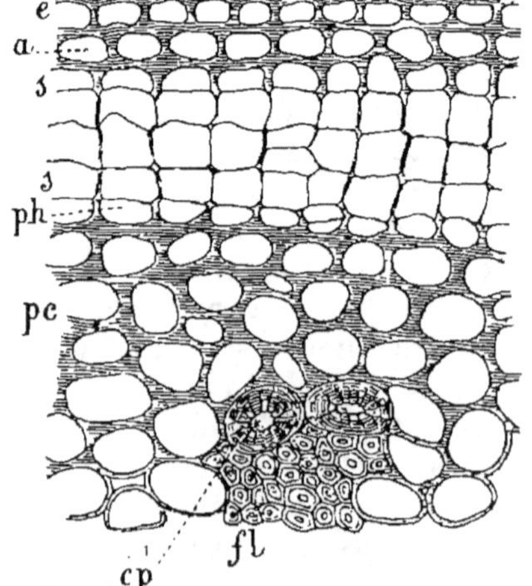

Fig. 193. — Coupe transversale d'un entre-nœud de *Salix caprea* de deux ans (d'après Mœller) (*).

Fig. 194. — Coupe transversale d'une tige de *Citharoxylon quadrangulare* (**).

allongés radialement (fig. 193). Ces cellules restent vivantes, et le liège jeune, transparent, laisse voir le tissu vert de l'écorce (fig. 194).

(*) *e*, épiderme. — *s*, suber ou liège. — *c*, collenchyme (gross. 300).

(**) *e*, épiderme. — *a*, parenchyme cortical. — *s*, liège issu du phellogène *ph*. — *pc*, portion vivante du parenchyme cortical. — *fl*, fibres. — *cp*, cellules scléreuses (gross. 300).

Au bout d'un an, ce tissu meurt, les cellules se dessèchent, deviennent opaques et s'emplissent d'air. Très imperméable, il intercepte l'arrivée des liquides dans les tissus primaires situés au-dessus; ceux-ci meurent, se dessèchent, se distendent et se déchirent par suite de la pression qu'ils subissent de la part des tissus nouvellement formés. Le liège devient ainsi extérieur et protecteur de la tige. Lui aussi se dessèche plus tard, tombe et est remplacé par un liège plus jeune.

Les éléments phellodermiques conservent aussi un arrangement régulier, produisant quelquefois du collenchyme et du sclérenchyme (fig. 195) renfermant des grains d'amidon et des cristaux d'oxalate de calcium. Le phelloderme sert donc à épaissir l'écorce tout en lui permettant d'accomplir ses fonctions de réserve, d'assimilation et de sécrétion. Le cloisonnement alternatif des deux feuillets du méristème n'est pas toujours égal, quelquefois il ne se fait tout d'abord que du liège, et plus tard du phelloderme; l'inverse peut aussi avoir lieu; enfin le phelloderme est parfois absent.

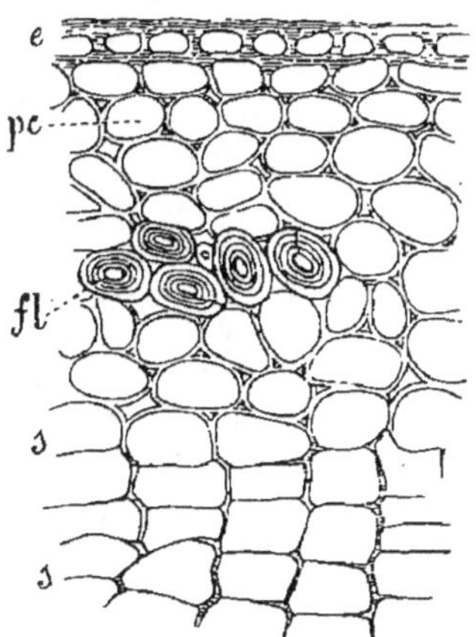

Fig. 195. — Coupe de *Taxodium distichum* (*).

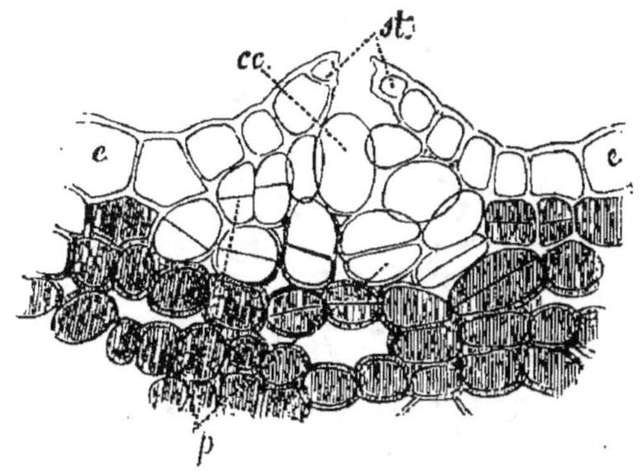

Fig. 196. — *Sambucus nigra*. — Une lenticelle très jeune (**).

Les *lenticelles* sont de petits corps proéminents à la fois en dehors et en dedans et qui en certains points interrompent le

(*) Même signification des lettres que pour les figures 193 et 194.
(**) *st*, stomate. — *cc*, cellules comblantes, le parenchyme *p* est en voie de division. — *e*, épiderme.

périderme. L'étude anatomique des éléments d'une lenticelle

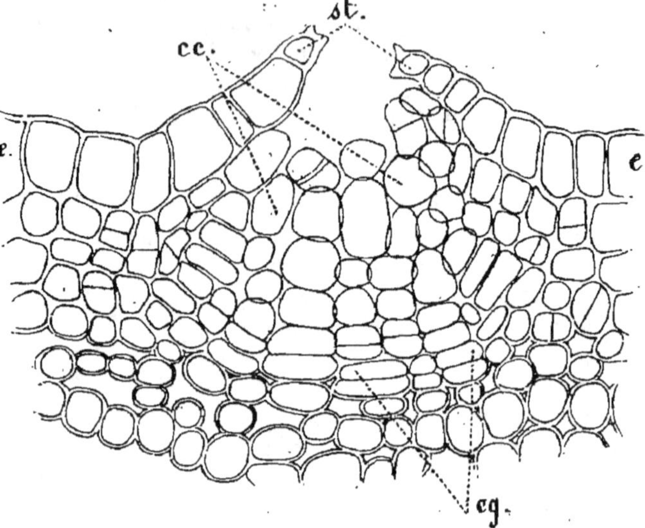

Fig. 197. — *Sambucus nigra*. — Lenticelle en voie de formation, état assez avancé (*).

montre des cellules arrondies laissant entre elles des méats

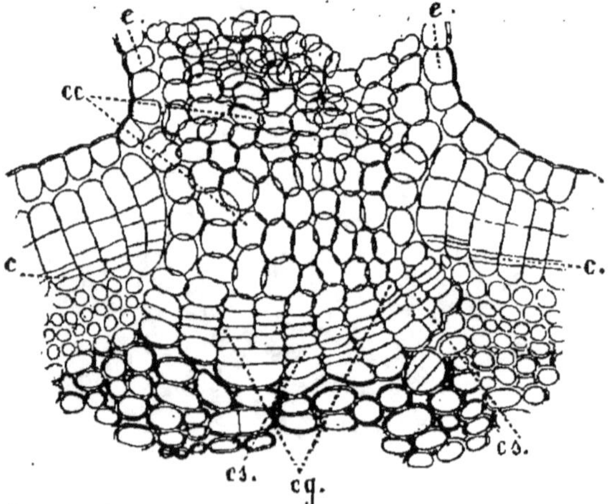

Fig. 198. — *Sambucus nigra*. — Une lenticelle très avancée (**).

(fig. 196, 197 et 198), le rôle de ces formations est d'établir une communication entre l'écorce interne et l'atmosphère.

(*) Mêmes lettres que la figure 196. En *cg*, couche génératrice.

(**) *cc*, cellules comblantes ayant rompu l'épiderme *e*. La couche de rajeunissement *cg* est entièrement formée. — *c*, cambium de la tige. — *cs*, liège.

Elles offrent l'aspect d'une tache ovale et tous les caractères d'une production de tissu subéreux. D'ordinaire elles sont le résultat de la multiplication des cellules qui forment la paroi de la chambre aérienne sous-stomatique. Le tissu qui est le produit final de cette division cellulaire est formé d'éléments appelés *cellules comblantes*, qui ne tardent pas à emplir la cavité sous-stomatique. Mais les choses ne restent pas en cet état; les cellules voisines prolifèrent à leur tour, se divisent, et donnent naissance à une sorte de zone génératrice nommée *couche de rajeunissement;* ses éléments se distinguent des cellules comblantes par une forme aplatie, tabulaire. La division de cette couche de rajeunissement est tellement active que la masse des cellules comblantes est poussée bientôt vers le dehors, elle déchire l'épiderme et fait saillie sous forme d'un corps plus ou moins allongé, arrondi et que la subérisation des éléments superficiels colore en brun. Chez certains arbres, les lenticelles naissent de la couche phellogène du méristème, traversent tout le périderme et s'épanouissent à la surface. Entre les cellules subéreuses sous-jacentes à la couche de rajeunissement, on rencontre toujours des méats aérifères en rapport direct avec les formations analogues du parenchyme cortical. Une faible pression suffit pour que l'air intérieur arrive au dehors par cette voie; ainsi se justifie l'analogie que nous avons fait prévoir en commençant entre les stomates et les lenticelles.

La position de l'assise génératrice du périderme est variable. Depuis l'épiderme jusqu'au bord interne des faisceaux libéroligneux, les assises de cellules peuvent devenir génératrices.

Dans un grand nombre des arbres de nos climats la première assise corticale joue le rôle générateur; elle exfolie ainsi, en se développant, tout l'épiderme d'autres fois, c'est l'endoderme luimême; dans le Poirier et le Saule, l'assise génératrice prend naissance dans l'épiderme; et une portion seulement de ce dernier est détruite. Ailleurs, c'est le péricycle qui est le siège des cloisonnements, et toute l'écorce avec l'épiderme est exfoliée.

Quand le périderme est épidermique, les lenticelles correspondent aux stomates; mais quand il est d'origine profonde, il n'y a plus aucun rapport entre les stomates et les lenticelles.

L'assise génératrice de l'anneau interne de méristème occupe une position constante, elle est toujours située dans le cylindre central, et se compose d'une série d'arcs alternants (fig. 199).

Les uns situés dans les faisceaux libéro-ligneux se forment aux dépens du parenchyme qui occupe le bord interne du liber, ce sont les *arcs fasciculaires;* ils produiront un méristème qui donnera exclusivement du liber en dehors et du bois en dedans.

Les autres sont interposés aux faisceaux, ce sont les *arcs radiaux* formés soit aux dépens du péricycle, soit aux dépens d'une assise de cellules conjonctives. Les formations issues du méristème ainsi produit, pourront être de deux sortes. Ou bien il produira du parenchyme semblable à celui des rayons ; ou bien il produira du liber à l'extérieur et du bois en dedans, donnant ainsi un arc

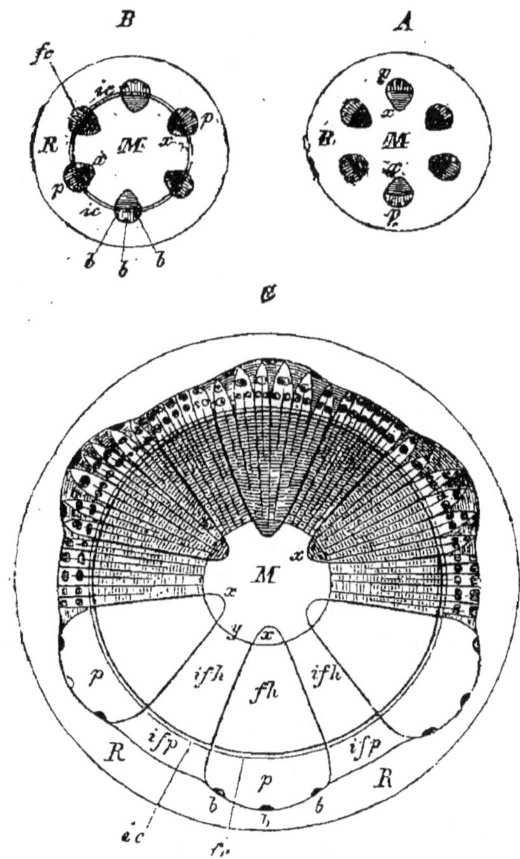

Fig. 199. — Schéma de l'épaississement secondaire d'une tige de Dicotylédone (*).

libéro-ligneux secondaire reliant deux arcs fasciculaires. Sur l'anneau libéro-ligneux complet ainsi formé, les faisceaux primaires ne sont discernables que vers la pointe interne du bois, et l'extrémité

(*) A, B, C, stades successifs. — R, formation primaire. — M, moelle. — p, liber. — x, bois primaire. — fc, cambium fasciculaire. — ic, cambium interfasciculaire. — b, groupe de cellules libériennes. — ifh, bois interfasciculaire. — if, liber interfasciculaire (Sachs).

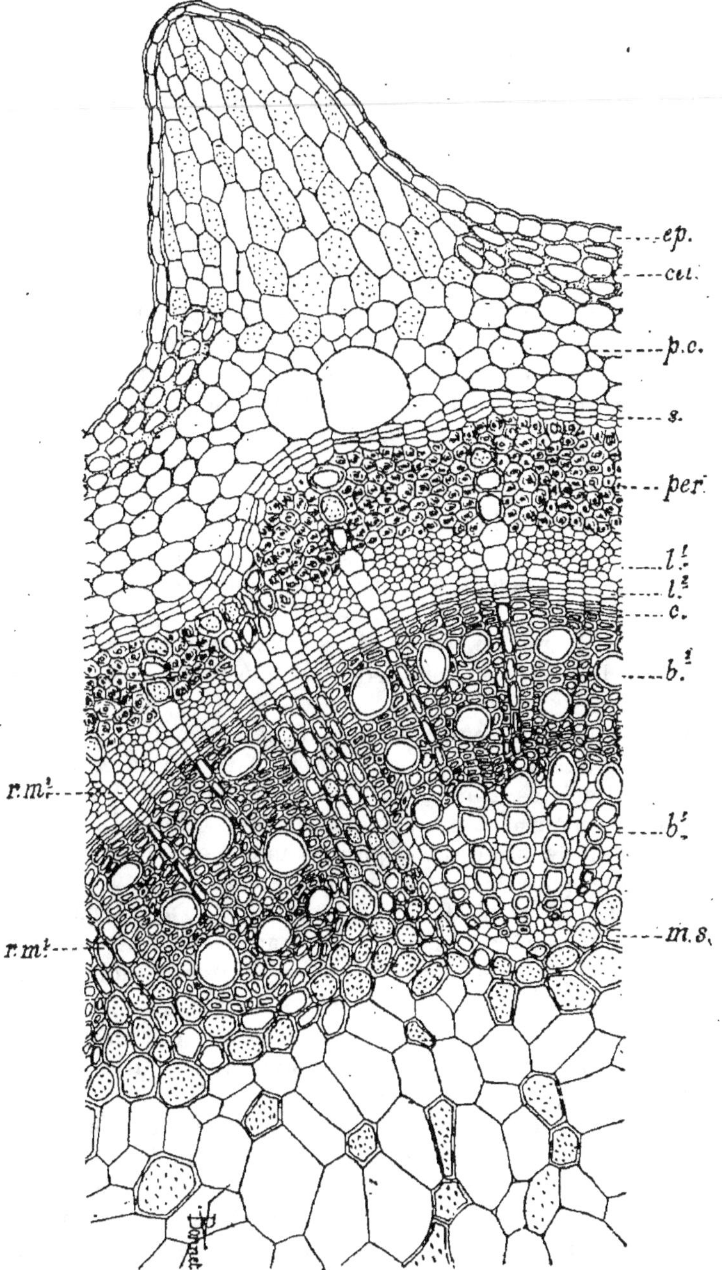

Fig. 200. — Coupe transversale d'une tige de *Rubus* (d'après Hérail et Bonnet) (*).

(*) *ep*, épiderme. — *col*, collenchyme. — *pc*, parenchyme cortical. — *s*, liège d'origine endodermique. — *per*, péricycle. — *l¹*, liber primaire. — *l²*, liber secondaire. — *c*, cambium. — *b¹*, bois primaire. — *b²*, bois secondaire. — *ms*, moelle sclérifiée. — *rm¹*, rayons médullaires primitifs. — *rm²*, rayons médullaires secondaires.

arrondie du liber. On peut, il est presque inutile de le dire, trouver entre ces deux sortes de formations bien des intermédiaires.

Le liber et le bois secondaires, à mesure qu'ils s'épaississent et s'élargissent, sont partagés par des rayons de parenchyme plus ou moins larges et plus ou moins hauts dont les cellules sont allongées radialement. Souvent, ces rayons de parenchyme n'ont qu'une seule cellule en largeur et deux ou trois en hauteur.

Ils se prolongent toujours à travers l'assise génératrice, d'une certaine profondeur dans le bois, à la même profondeur dans le liber, ils partagent ainsi de la même manière les deux couches du même âge. On donne à ces formations le nom de petits rayons, ou *rayons internes*. Il faut les distinguer des *rayons externes* qui joignent la moelle au péricycle, et qui séparent les faisceaux dans toute leur épaisseur. Parmi ceux-ci, les rayons primaires sont dilatés par suite de la production du parenchyme secondaire; ce tissu forme tout entier les rayons secondaires (fig. 200). L'apparition de l'assise libéro-ligneuse est souvent précoce; dans tous les cas, elle fonctionne très activement, dès la première année; il y a donc toujours un liber et un bois secondaires de première année qui s'ajoutent au liber et au bois primaires dans une tige d'un an (fig. 201).

L'assise péridermique entre le plus ordinairement en activité dès la première année, mais plus ou moins tard ; au mois de juin, dans la plupart de nos arbres, mais il est assez fréquent de la voir n'entrer en jeu qu'au bout de plusieurs années. Quoi qu'il en soit, tout ce qui est en dehors d'elle dépérit et meurt et le liège qu'elle a produit constitue pour la tige un stégome sans cesse réparé. Ce tégument offre, sur celui de la tige primitive, l'avantage d'être extensible ; nous avons vu, en effet, que, par des cloisons radiales, l'assise génératrice péridermique peut augmenter le nombre des séries du périderme.

Dans une tige vivace, les deux assises génératrices cessent de se cloisonner à la fin de l'automne, elles demeurent inactives pendant l'hiver et rentrent en activité au printemps.

L'assise externe forme alors du nouveau liège en dehors et du phelloderme en dedans; le nouveau liège exfolie l'ancien et le remplace, le eune phelloderme double les couches précédentes.

En même temps, l'assise interne engendre du liber en dehors et du bois en dedans. Le bois de seconde année se superpose au bois secondaire de première année, tandis que le nouveau liber double en dedans le liber secondaire de première année. A l'automne un arrêt se produit, puis, au printemps suivant, l'activité cellulaire reprend.

Les rayons internes formés la première année se continuent à travers le bois et le liber ; il se fait, de plus, dans chaque nouvelle

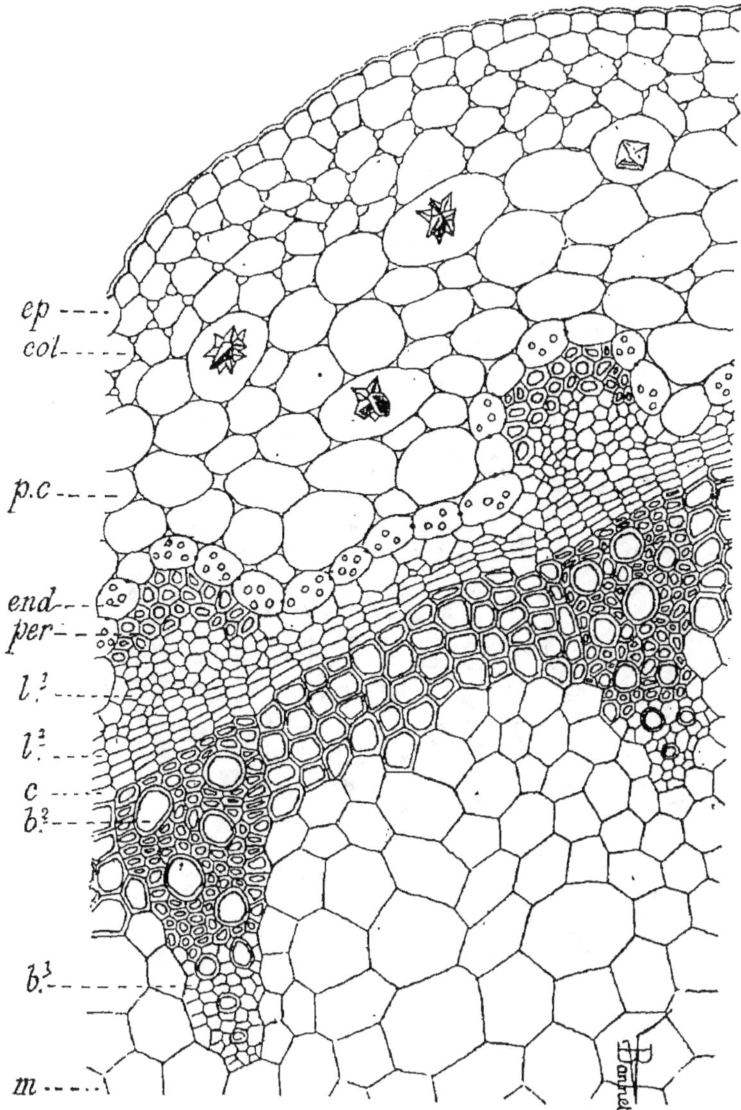

Fig. 201. — Coupe transversale d'une tige de *Begonia*. Début des formations secondaires (*).

couche de nouveaux rayons internes qui la partagent en comparti-

(*) *ep*, épiderme. — *col*, collenchyme. — *pc*, parenchyme cortical. — *end*, endoderme. — *per*, péricycle. — *l¹*, liber primaire. — *l²*, liber secondaire. — *c*, cambium. — *b²*, bois secondaire. — *b¹*, bois primaire. — *m*, moelle (d'après Hérail et Bonnet).

ments de plus en plus nombreux, de manière à maintenir un rapport constant entre la place qu'ils occupent et celle des compartiments.

Il résulte de toutes ces formations, un épaississement de la tige; mais il faut remarquer que les deux régions centripètes y ont peu de part. D'abord, parce que le liège se perd en dehors à mesure qu'il se produit en dedans; ensuite, parce que le liber est refoulé

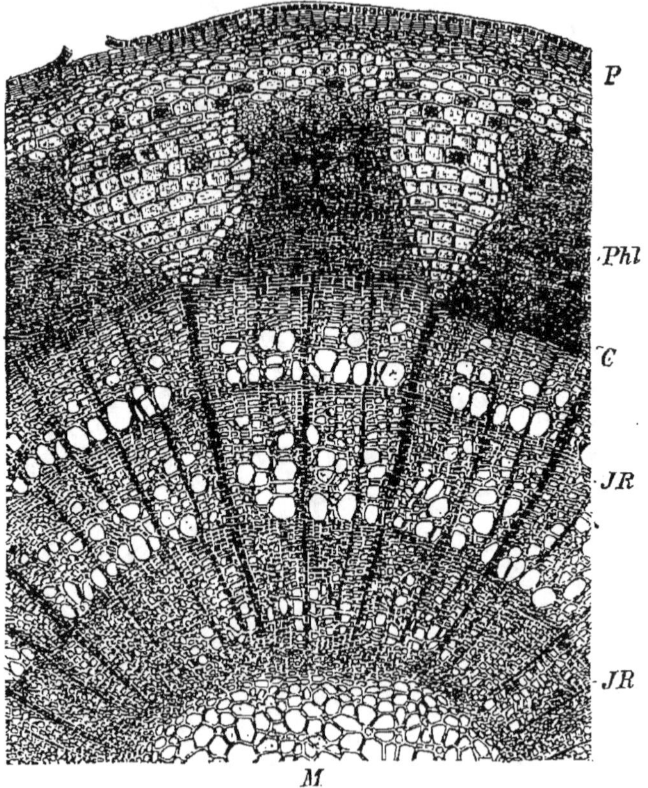

Fig. 202. — Coupe d'un rameau de Tilleul de trois ans (*).

vers l'extérieur, et que ses couches anciennes, peu à peu écrasées, sont bientôt réduites à l'état de minces feuillets dans lesquels le calibre des tubes criblés et la cavité des cellules de parenchyme sont fortement oblitérés.

Les tissus centrifuges, au contraire, ne sont ni perdus ni

(*) M, moelle. — JR, couche annuelle du corps ligneux. — C, cambium. — Phl, couche secondaire avec des rayons médullaires dilatés. — P, périderme, l'épiderme ayant été brisé (d'après Kny).

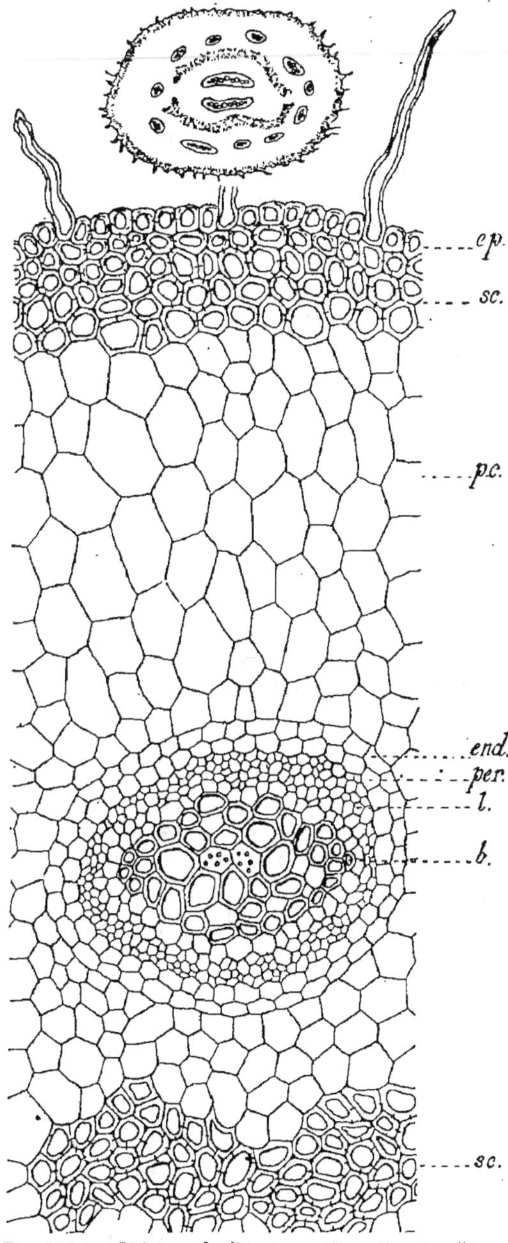

Fig. 203. — Rhizome de *Pteris aquilina*, Fougère (*).

(*) *cp*, épiderme. — *sc*, sclérenchyme. — *pc*, cellules à grains d'amidon. — *end*, endoderme. — *per*, péricycle. — *l*, liber. — *b*, bois central. — *sc*, amas de sclérenchyme.

écrasés. Tant que le phelloderme ancien est vivant, il suit l'expansion du cylindre central ; mais c'est au bois qu'est dévolu le principal rôle dans l'accroissement du diamètre, car, chaque année, une couche nouvelle s'ajoute aux couches anciennes dont l'aspect et les dimensions restent les mêmes (Van Tieghem).

Sur une section transversale, les couches annuelles de bois sont faciles à distinguer et servent par leur nombre à l'estimation de l'âge d'une tige. La distinction nette de ces couches est due à la différence de constitution des vaisseaux formés au printemps et à l'automne (fig. 202). Au printemps, les vaisseaux formés sont larges, à parois minces, le sclérenchyme est peu développé, le bois est mou. A l'automne, la tige ayant à supporter le poids des rameaux et des feuilles nouvellement développés, les vaisseaux ligneux sont plus rares, à parois plus épaisses, leur lumière est plus étroite, le sclérenchyme est abondant, le bois dur. C'est le brusque contraste entre le bois mou d'un printemps et le bois dur de l'automne précédent qui rend la démarcation de deux couches si nette.

Chez les Cryptogames vasculaires, il ne se produit pas de structure secondaire, l'épiderme sclérifie les membranes de ses éléments, les couches sous-jacentes forment une masse de tissu rempli d'amidon, au milieu duquel le tréphome conducteur constitue des massifs de forme variable et disposés sans ordre. Chacun de ces massifs offre à considérer : un endoderme, un péricycle, et une zone de tissu libérien circonscrivant les éléments ligneux. La tige est, comme nous l'avons dit précédemment, polystélique. Souvent le tréphome conducteur est entremêlé d'amas de fibres brunes qui viennent renforcer le stéréome (fig. 203). Ces amas de fibres très nettement visibles dans le rhizome de *Pteris aquilina*, Fougère-Aigle, font complètement défaut dans la tige de *Polypodium vulgare*, Polypode du Chêne, comme le montre la figure 204.

Chez les Gymnospermes, la structure secondaire s'établit comme chez les Dicotylédones au moyen de deux assises génératrices. Dans une tige de Pin âgée de deux ans, par exemple, on distingue aisément l'assise génératrice qui a fourni le liber et le bois secondaires ; à l'extérieur apparaît une couche subéreuse produite par une assise phellogène.

Dans un certain nombre d'espèces, au nombre desquelles est le Pin, le liber est parenchymateux. Il est formé de tubes criblés et de cellules disposées en files radiales (fig. 205). Dans d'autres, comme le Cyprès et l'If, il est formé de tubes criblés, de fibres et de cellules parenchymateuses disposées en file et alternant régulièrement. Le tissu sécréteur est peu fréquent dans le liber secondaire (*Araucaria*, *Thuya*). Chez les Gymnospermes, le bois secondaire est remarquable par sa constitution en fibres aréolées rangées en files

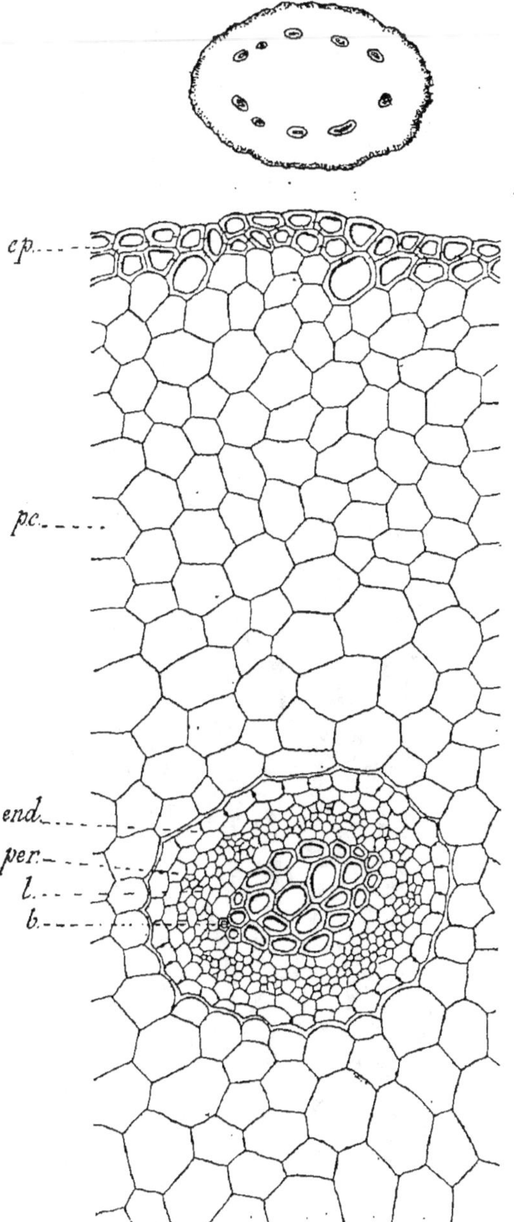

Fig. 204. — Rhizome de *Polypodium vulgare*, Fougère (*).

(*) *cp*, épiderme. — *pc*, parenchyme. — *end*, endoderme. — *per*, péricycle. — *l*, liber. — *b*, bois.

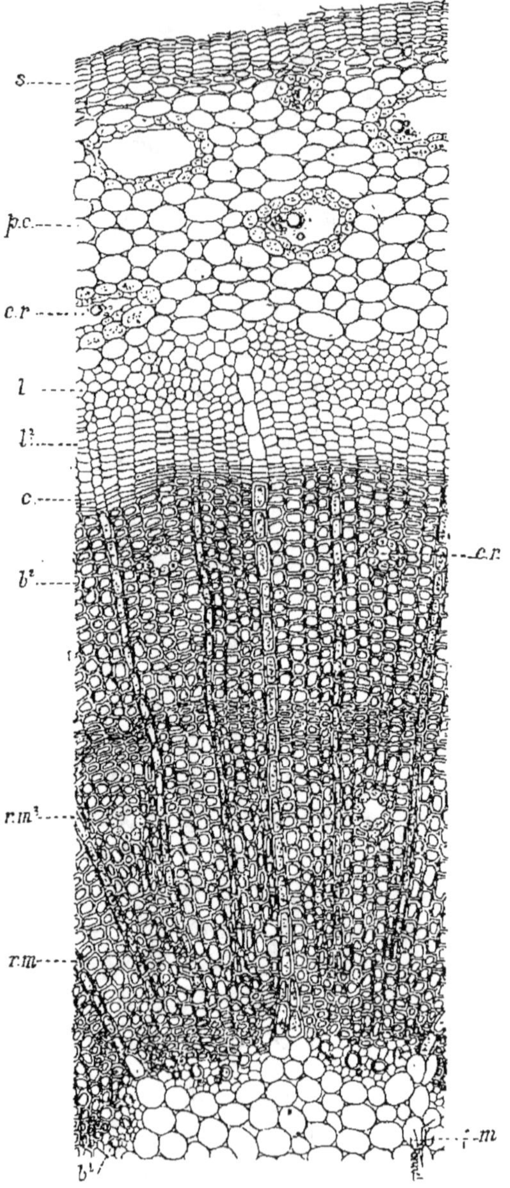

Fig. 205. — Coupe d'une tige de Pin de deux ans (*).

(*) *s*, liège. — *pc*, parenchyme cortical. — *cr*, canaux sécréteurs. — *l¹*, liber primaire. — *l²*, liber secondaire. — *c*, cambium. — *b¹*, bois primaire. — *b²*, bois secondaire. — *rm*, rayons médullaires. — *m*, moelle (Hérail et Bonnet).

radiales (fig. 206), jamais il ne présente de vaisseaux, ceux-ci restent localisés dans le bois primaire. Le bois secondaire des Gymnospermes est toujours plus riche que le liber secondaire en tissu sécréteur (Pin, Épicéa, Mélèze).

En général, chez les Monocotylédones, le méristème primitif ou procambium se transforme entièrement en vaisseaux et en fibres ligneuses ou libériennes, aussi, l'accroissement en diamètre s'arrête-t-il dès que les faisceaux sont complètement développés (fig. 207). Chez quelques-uns de ces végétaux, cependant, comme les *Dracœna*,

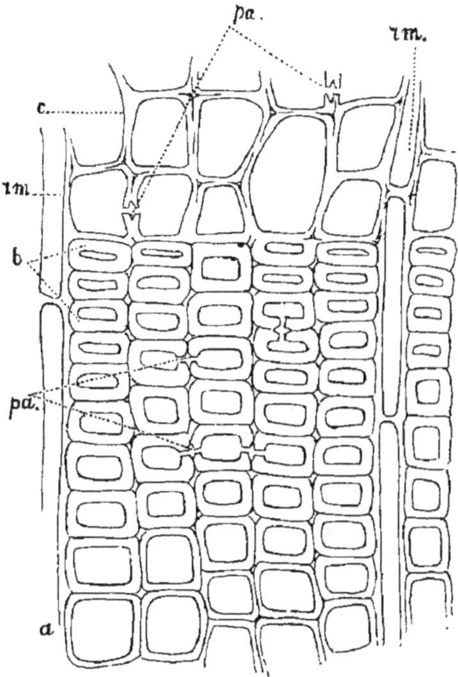

Fig. 206. — Coupe transversale du bois d'un *Epicea* (*).

Yucca, *Aloe*, le péricycle produit par cloisonnement un périderme dont le feuillet interne présente des cellules qui deviennent génératrices et donnent naissance à un cercle de faisceaux libéro-ligneux qui s'ajoute aux faisceaux primaires. Entre les faisceaux, le parenchyme se sclérifie et renforce le stéréome. Les tiges de ces végétaux sont capables de présenter un épaississement en diamètre assez considérable.

(*) *a*, bois d'été. — *b*, bois d'automne. — *c*, bois de printemps. — *rm*, rayons médullaires. — *pa*, ponctuations aréolées.

48. Variations dans la structure secondaire des tiges. — Nous étudierons les variations que peut présenter la structure d'une tige, dans le périderme d'abord et ensuite dans les faisceaux.

1° PÉRIDERME. — Lorsque c'est aux dépens de l'épiderme ou de l'assise périphérique de l'écorce que se forme l'assise génératrice externe, elle demeure très longtemps, indéfiniment même, active au même endroit ; c'est le cas présenté par le Chêne-Liège, le Hêtre, le Charme, etc. Plus souvent elle cesse de se cloisonner et c'est une assise corticale plus profonde qui, devenant génératrice, forme un deuxième périderme. L'assise génératrice peut ainsi s'enfoncer peu à peu dans l'écorce et former un troisième, un quatrième etc., périderme ; elle finit alors par s'établir au bord le plus interne du péricycle.

Il en résulte que l'écorce périt peu à peu et avec elle le péricycle, comme cela arrive quand l'assise génératrice, dès son début, s'établit dans le péricycle. Elle peut même pénétrer dans le liber, et les péridermes successifs se forment dans le tissu libérien primaire, puis dans le secondaire, etc. L'ensemble des tissus morts comprenant les péridermes, les couches d'écorce, le péricycle, du liber primaire et secondaire, porte le nom de *rhytidome* (Van Tieghem).

Quand le premier périderme est superficiel, le second forme, non pas un anneau continu, mais une série d'arcs coupant le premier ; ces arcs restent concaves vers l'extérieur, de même pour les suivants, les arcs étant raccordés entre eux par d'autres arcs du précédent. Dans ce cas, qui est celui du Platane, les péridermes séparent dans l'écorce des écailles plates et larges, et le rhytidome est dit *écailleux.*

Quand le premier périderme est endodermique ou péricyclique, les autres sont concentriques et le rhytidome est *annulaire,* c'est le cas de la Vigne.

La plupart de nos arbres sont pourvus d'un rhytidome persistant qui recouvre la tige d'une enveloppe dont l'épaisseur va croissant, et qui, pour suivre l'extension des régions sous-jacentes, est forcé de se crevasser, c'est ce qui arrive dans le Chêne, l'Orme, etc. ; on désigne ce rhytidome sous le nom d'*écorce crevassée.*

Le rhytidome peut être caduc, et se détacher périodiquement par plaques s'il est écailleux, par feuillets s'il est annulaire. Dans ces deux cas, il met à nu le liège vivant, récemment produit par l'assise génératrice.

La formation du rhytidome s'effectue plus ou moins tard. Les arbres qui ont un périderme épidermique et qui le conservent n'ont pas de rhytidome ; c'est-à-dire qu'il est réduit à l'épiderme

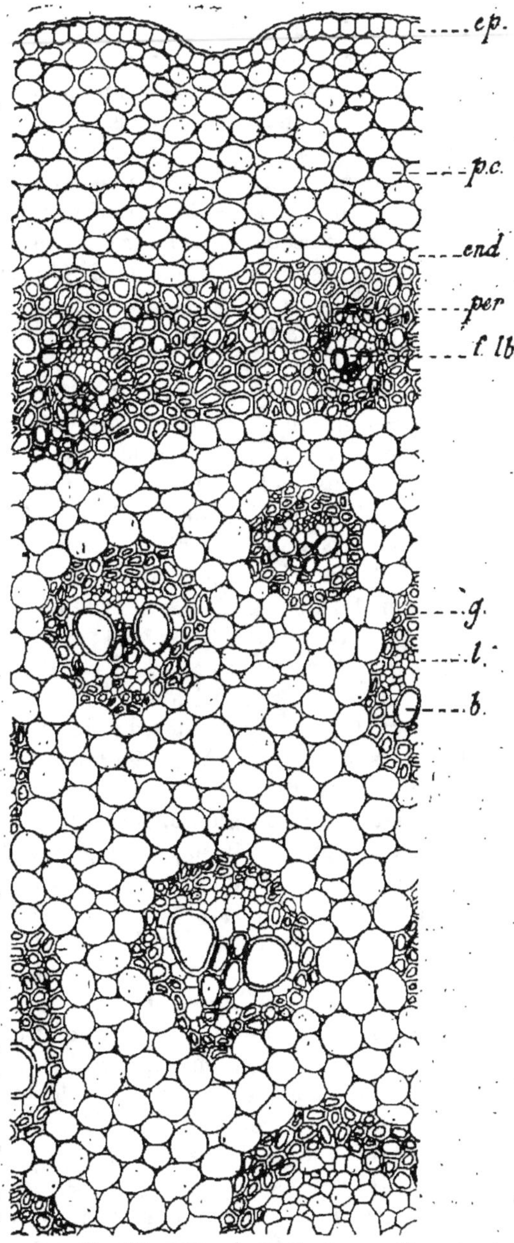

Fig. 207. — Tige de *Smilax aspera* (*).

(*) *ep*, épiderme. — *pc*, écorce. — *end*, endoderme. — *per*, péricycle qui contient des faisceaux foliaires *f, lb*. — *g*, gaine entourant les vaisseaux. — *f* et *b*, liber et bois des faisceaux.

et aux assises extérieures du liège. Leur surface reste lisse, comme l'est celle du Hêtre ou du Charme.

L'épaisseur de la couche du liège produite chaque année varie suivant les végétaux ; elle est très faible dans le Saule, le Hêtre et le Charme. Elle peut atteindre plusieurs centimètres dans le Chêne-Liège, l'Érable, le Fusain, etc. Dans les péridermes successifs, la couche subéreuse peut aussi atteindre une grande épaisseur. Le Chêne-Liège, par exemple, joint à la propriété de produire une couche de liège assez épaisse, celle de renouveler cette couche dans sa profondeur. On exploite cette faculté en arrachant la première couche superficielle, qui est remplacée assez rapidement ; quand elle a acquis une certaine épaisseur on l'enlève de nouveau, il s'en produit une troisième et ainsi de suite.

La production du liège sur le Chêne-Liège est identique à sa production sur les autres plantes ligneuses : l'épiderme des rameaux jeunes ne se conserve pas au delà de la troisième année ; vers cette époque, le tissu sous-jacent divise tangentiellement ses cellules et forme une zone de phellogène. La faculté de se diviser par de nouvelles cloisons persiste dans les cellules filles internes de ce système : les éléments extérieurs prennent une forme cuboïde et se subérifient. Le périderme formé de cette manière est dur et peu élastique (*liège mâle*), on l'enlève (*émasclage*) sans toucher au phellogène (*couche mère du liège*). Pour pratiquer cette opération il faut que le tronc ait acquis 20 ou 30 centimètres de diamètre ; l'opération en elle-même est des plus délicates, car les compressions, les froissements, les incisions nuisant à la régularité de ses fonctions altéreraient la valeur du produit. La meilleure saison est l'été, et il faut s'abstenir de mettre à nu le phellogène par un temps humide, car l'humidité nuit beaucoup au tissu ; le liège qui est utilisé dans l'industrie (*liège femelle*), ne commence à être enlevé que huit ou dix ans après l'émasclage ; l'âge le plus favorable est de cinquante à cent ans. Sur la coupe transversale, le liège montre les couches annuelles sous forme de zones de 1 à 5 millimètres (Vesque).

2° LIBER. — Formé de tubes criblés et de cellules de parenchyme, le liber secondaire présente quelques variations importantes. Les éléments du parenchyme contiennent des grains de chlorophylle et d'amidon. Souvent, les couches de tubes criblés alternent régulièrement avec des assises de cellules ; assez fréquemment aussi il n'y a aucune régularité dans la disposition des deux formations.

Fréquemment le liber mou, en entier, renferme des fibres de sclérenchyme plus ou moins abondantes et distribuées d'une manière variable. Quand les fibres sont disposées par couches, il s'en fait chaque année un nombre déterminé, dont le total pourra servir à estimer l'âge du végétal, tant qu'il n'aura pas été, comme nous l'avons dit, atteint par le rhytidome et annexé au périderme. Le liber secondaire d'une tige est ainsi divisé en une série de lamelles dures superposées comme les pages d'un livre; c'est de là que cette portion du végétal tire son nom. Grâce à l'écrasement qu'il subit à cause du fonctionnement continu de l'assise génératrice interne, le liber secondaire ne forme qu'une couche mince très faible par rapport à la couche de bois secondaire produite en même temps. L'épaisseur est encore plus faible, lorsque les couches anciennes sont peu à peu atteintes par le périderme et confondues avec le rhytidome (Van Tieghem).

3° Bois. — On peut dire, d'une manière générale, que les couches annuelles ligneuses sont des indices certains de la croissance et du mode de nutrition d'un arbre. L'épaisseur d'une couche, en effet, varie avec l'âge, la nature et les conditions de nutrition de la plante. Lorsque la nutrition est abondante, la couche est plus épaisse; son épaisseur reste la même en tous points, si la tige croît également partout, mais, si une couche extérieure ralentit ou accélère la croissance, la couche augmente ou diminue d'épaisseur.

Le bois secondaire est toujours formé de vaisseaux et de parenchyme. Les vaisseaux sont de deux sortes, les uns fermés, les autres ouverts. Le parenchyme contient parfois des grains de chlorophylle, souvent des grains d'amidon, il constitue la grande masse du bois dans laquelle les vaisseaux sont disséminés çà et là. Souvent aussi le bois secondaire renferme du sclérenchyme, dont les fibres augmentent la solidité de l'axe.

Les couches anciennes se modifient lentement, et, à partir d'un certain âge, la masse

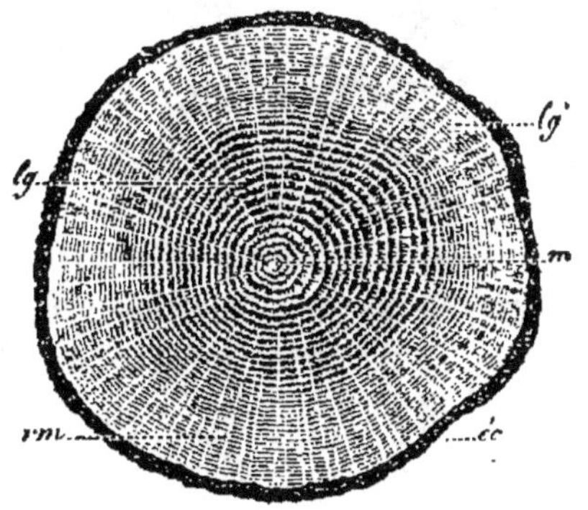

Fig. 208. — Coupe transversale d'un tronc de Chêne de trente-sept ans (*).

ligneuse présente deux aspects connus de tout le monde sous le nom d'*aubier* et de *cœur* ou *duramen* (fig. 208).

L'aubier est le bois jeune, blanchâtre et jaunâtre avec la structure déjà définie. Dans quelques espèces, comme l'Érable et le Bouleau, le bois tout entier conserve l'état d'aubier indéfiniment. Mais, plus souvent, les couches annuelles, en vieillissant, prennent des

(*) *m*, moelle. — *lg*, duramen. — *lg¹*, aubier. — *rm*, rayons médullaires. — *ec*, écorce.

propriétés physiques et chimiques différentes. La couleur se fonce, le bois se dessèche, sa dureté et sa densité augmentent, les matériaux de réserve s'épuisent et le protoplasma des cellules du parenchyme disparaît. Alors, les membranes prennent des substances nouvelles hydrocarbonées dont quelques-unes sont colorantes, quelquefois aussi elles s'imprègnent d'une quantité notable de silice. Le bois n'a plus d'autre rôle que de soutenir la tige ; il est devenu le *cœur*, et a acquis sa plus grande valeur industrielle. La formation du cœur est toujours précédée de la mort de la moelle, et, dès que le bois de première année est devenu cœur, la tige meurt lentement du centre à la périphérie. Nous avons vu d'autre part qu'elle meurt de la périphérie au centre ; la vie est donc concentrée entre le bord externe du cœur et le bord interne du rhytidome.

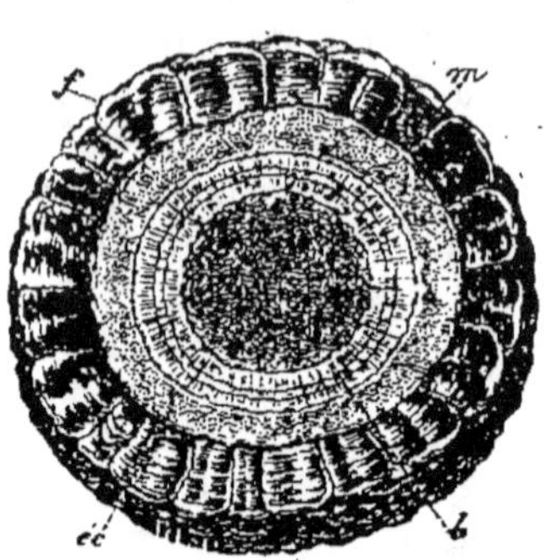

Fig. 209. — Coupe transversale du tronc d'un Cycas (*).

Le bois et le liber secondaires renferment très fréquemment des cellules sécrétrices ; elles sont beaucoup plus répandues dans le liber.

Chez les Cycadées, la moelle est fort développée et ses éléments très riches en grains d'amidon ; elle est incluse dans une sorte d'étui constitué par les zones limitantes du bois.

Dans une telle tige, le bois seul présente quelque consistance et la portion qui joue le rôle d'écorce est simplement formée par la base des feuilles détruites (fig. 209).

Telles sont les variations qui peuvent survenir dans les formations secondaires d'une tige. Il en existe d'autres qui peuvent être beaucoup plus profondes et présentent de véritables exceptions à la règle, ce sont des anomalies comme, par exemple, la formation d'assises génératrices libéro-ligneuses surajoutant leurs produits à ceux de la première, mais leur étude ne peut entrer dans le cadre d'un ouvrage élémentaire.

La tige des Lianes offre généralement un aspect extérieur assez intéressant pour être signalé.

Celle de *Gnetum*, que montre la figure 210, permet d'étudier l'enroulement d'une branche *a* autour de l'axe principal et l'incorporation de cette branche en *b* après un tour et demi de spire.

Chez les Malpighiacées, on observe l'apparence d'un câble tordu (fig. 211).

Intérieurement, les anomalies offertes par les tiges des Lianes sont nombreuses.

Chez le Gnetum (Cycadée), chaque zone de bois est accompagnée de son liber

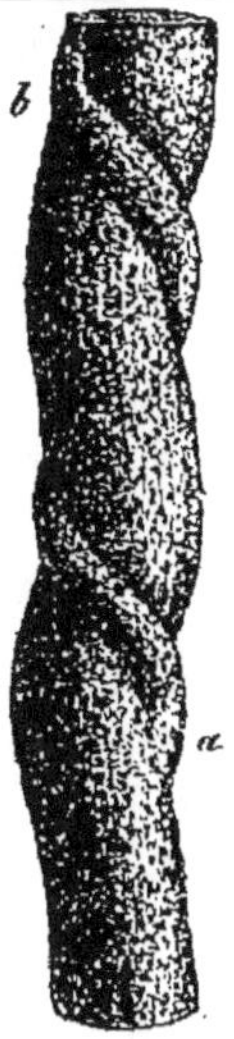

Fig 210. — Tige d'une Liane de la famille des Gnétacées.

Fig. 11. — Tige d'une Liane de la famille des Malpighiacées.

(fig. 212) ; il en est de même chez la Glycine (Légumineuse).

La tige des Ménispermacées Lianes est aussi irrégulière. M. Radlkofer y distingue (fig. 213) :

1° Des fibres libériennes épaisses et allongées autour de la zone ligneuse la plus interne ;

2° Entre les couches ligneuses postérieures, un parenchyme libérien résultant de la subdivision des fibres libériennes ;

Fig. 212. — Coupe d'un *Gnetum* sarmenteux (*).

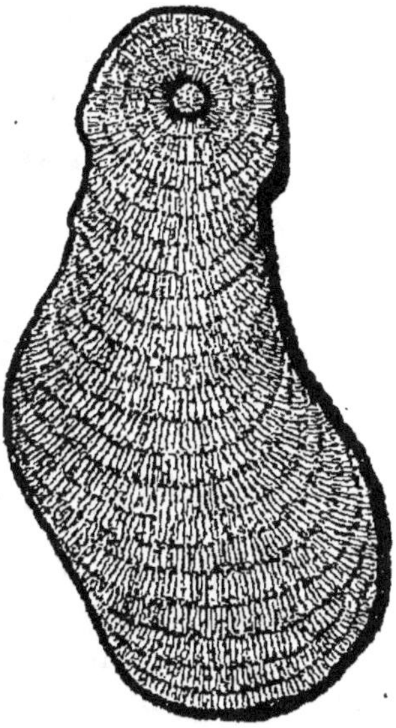

Fig. 213. — Coupe d'une Liane de la famille des Ménispermacées.

(*) *m*, moelle. — *aa*, couches ligneuses du liber.

3° Des couches ligneuses presque toutes unilatérales.

L'inégalité du développement du bois (fig. 214) a lieu symétriquement sur deux côtés opposés de la tige, chez *Bauhinia* (Légumineuse).

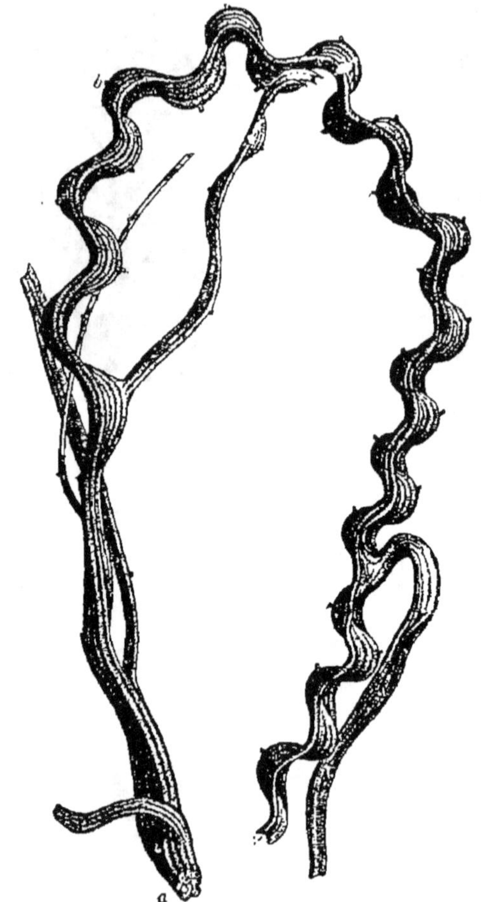

Fig. 214. — Tige de Bauhinia réduite au 1/6 (*).

Cette inégalité dans le développement du bois n'apparaît que tardivement chez les Bignoniacées Lianes (fig. 215).

Il y a des faisceaux ligneux en éventail chez les Aristoloches, ils sont même accompagnés d'une couche libérienne extérieurement (fig. 216).

(*) *a*, section de la portion rubanée. — *b*, points alternants où s'attachaient les feuilles.

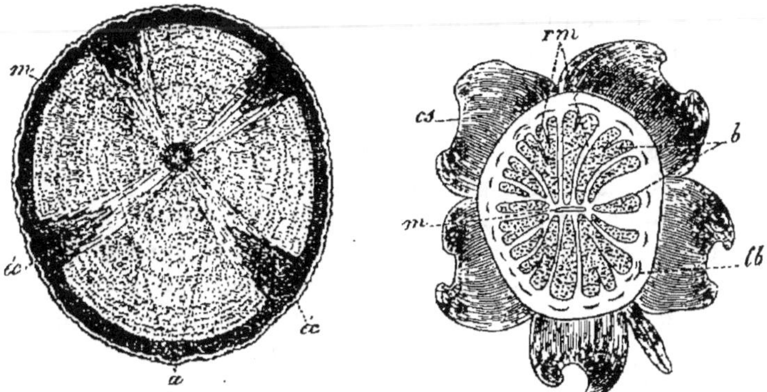

Fig. 215. — Tige d'une Liane de la famille des Bignoniacées (*).

Fig. 216. — Coupe de la tige d'une Liane de la famille des Aristolochiées (**).

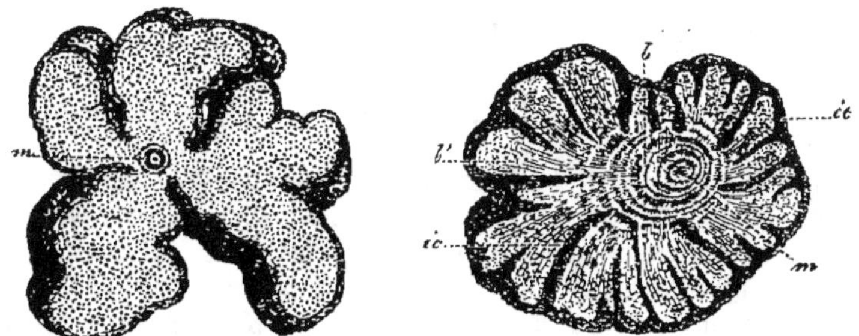

Fig. 217 et 218. — Tiges de Lianes de la famille des Malpighiacées (***).

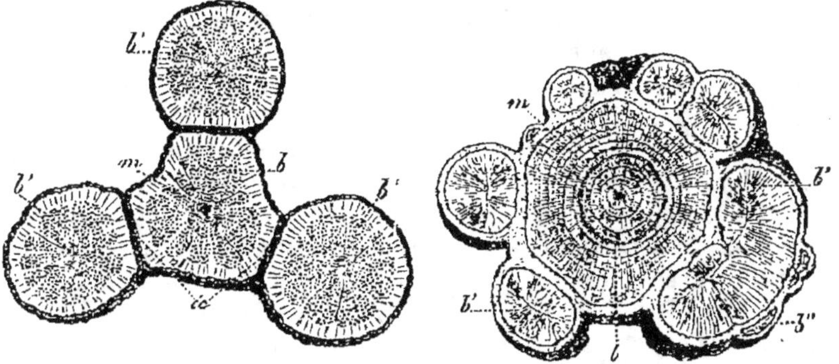

Fig. 219 et 220. — Lianes de la famille des Sapindacées (****).

(*) m, moelle. — cc, lames d'écorce. — a, bandes de bois.

(**) m, moelle. — b, bois. — rm, rayons médullaires. — lb, faisceaux libériens. — cs, liège.

(***) m, moelle. — b, bois en couches continues. — b', bois discontinu. — $éc$, écorce.

(****) b, bois central. — m, moelle. — b', corps ligneux secondaires. — b'', corps ligneux tertiaires.

GÉRARDIN. — Botanique.   11

Les Malpighiacées offrent des productions ligneuses très découpées, plus ou moins cimentées par le tissu cortical (fig. 217 et 218), et les Sapindacées une structure plus compliquée encore, puisque autour de l'axe principal il existe des corps ligneux secondaires et même tertiaires (1) (fig. 219 et 220).

49. Variations dans la structure secondaire des racines. — Dans la racine des Dicotylédones, le liège, dont le développement, comme celui de la tige, est centripète, prend naissance dans les couches cellulaires immédiatement sous-jacentes à l'assise subéreuse ; il est rare qu'il se produise dans cette assise même, et exceptionnel qu'il apparaisse dans la zone pilifère. Ce liège, quel que soit le point où il naît, exfolie l'assise subéreuse et l'assise pilifère, si celle-ci ne s'est pas déjà détruite, puis s'exfolie lui-même en se régénérant à l'intérieur. L'épaississement qu'il donne à la racine est toujours peu considérable.

La formation de la structure secondaire est beaucoup plus variée dans le cylindre central. D'abord, il existe un grand nombre de Dicotylédones chez lesquelles la racine meurt sans avoir acquis de tissus secondaires dans le cylindre central. Dans le cas le plus général, il naît un faisceau libéro-ligneux secondaire en dedans de chaque faisceau primaire libérien ; puis ces faisceaux s'unissent en un anneau continu ; mais, tout en s'élargissant, ils restent séparés par des files radiales de parenchyme. Pour suivre l'élargissement du cylindre central, l'assise périphérique s'accroît tout d'abord, devient génératrice à son tour, et produit un anneau de méristème secondaire en dehors des faisceaux primaires libériens. Tantôt ce méristème reste simple et donne par ses cloisonnements des cellules corticales (écorce secondaire), tantôt le méristème devient double ; l'une de ses moitiés produit de l'écorce secondaire et l'autre des cellules subéreuses qui forment une assise circonscrivant le cylindre tout entier.

Dans le premier cas, l'écorce primaire persiste, elle multiplie ses éléments et suit l'accroissement du cylindre central ; si elle s'exfolie, ce n'est que partiellement et son endoderme sert d'enveloppe protectrice au cylindre. Dans le second cas l'écorce primaire s'exfolie avec son endoderme, elle tombe, et la racine réduite à son cylindre central va s'épaississant par suite de l'activité des zones génératrices ; l'enveloppe protectrice est formée par le liège périphérique.

L'apparition des méristèmes secondaires est essentiellement variable ; elle est tardive, tantôt elle est consécutive à l'achèvement de la structure primaire, tantôt elle apparaît lorsque les méristèmes primaires sont à peine différenciés.

____

(1) Voir Duchartre, *Éléments de botanique.*

L'appareil libéro-ligneux se développe parfois extraordinairement, au point de former des racines tuberculeuses, mais on observe que le parenchyme l'emporte beaucoup sur le tréphome conducteur et sur le stéréome. Dans les racines de certaines plantes : *Rubia, Daucus,* etc., le liber secondaire se développe plus que le bois ; dans d'autres : *Brassica, Raphanus,* le bois prédomine. Mais dans l'un et l'autre cas les éléments parenchymateux l'emportent. Ailleurs, l'assise génératrice libéro-ligneuse secondaire arrête son activité ; par contre, celle du liège et de l'écorce secondaires se cloisonne très rapidement. Le méristème résultant se différencie çà et là en faisceaux libéro-ligneux, ailleurs en parenchyme cortical ; il se produit ainsi un anneau de faisceaux séparés par des rayons. En dehors de l'anneau se forme une couche de parenchyme entourée d'un nouveau cercle de faisceaux semblable au premier et ainsi de suite ; dans l'écorce secondaire il est né des faisceaux libéro-ligneux.

Quel que soit le temps au bout duquel on examine une racine de Dicotylédone, on trouve un stégome constitué par le liège périphérique de l'écorce primaire et l'endoderme ; ou bien par le liège issu de l'assise périphérique du cylindre central. Le tréphome conducteur est formé par du liber secondaire plus ou moins écrasé, par du bois et par les faisceaux corticaux ; quant au stéréome, il se compose de sclérenchyme secondaire, ligneux ou libérien, et du parenchyme central sclérifié.

Souvent, l'assise génératrice du liège et de l'écorce cesse de se cloisonner, mais, dans l'écorce secondaire même, on voit apparaître une assise génératrice nouvelle qui fonctionne comme la première ; il en résultera un liège et une écorce tertiaires. Le liège périphérique meurt alors, puis, ce liège nouveau disparaît à son tour s'il arrive qu'une autre assise génératrice prenne naissance plus profondément encore. Quand ce phénomène se produit plusieurs fois, toute l'écorce secondaire est détruite. Les nouvelles couches génératrices se forment ensuite aux dépens de l'ancien parenchyme libérien demeuré vivant. Elles se rapprochent peu à peu de l'assise libéro-ligneuse.

Ainsi se forme peu à peu un *rhytidome* entre la périphérie de la racine et le liège le plus profond. Ce rhytidome est caduc ou persistant suivant les plantes. Dans l'écorce secondaire peuvent apparaître de la même manière de nouveaux faisceaux libéro-ligneux tertiaires, et même, dans le bois secondaire, peuvent se constituer du bois et du liber tertiaires (*Convolvulus, Rumex, Sedum,* etc.).

Chez les Cryptogames vasculaires, la plupart du temps, les progrès de l'âge n'amènent qu'une subérification de plus en plus forte des tissus primaires. Chez les Marattiacées, cependant, on rencontre parfois un liège né de l'écorce ; jamais il ne se produit de tissus secondaires dans le cylindre central.

Un grand nombre de Monocotylédones ne modifient leur structure primaire que par une sclérose de plus en plus intense. Toutefois les racines de certaines Amaryllidées, d'*Iris*, d'*Agave*, de *Smilax* ainsi que quelques Aroïdées, montrent un liège secondaire dans l'écorce. Les racines très vieilles de *Dracœna* offrent des tissus secondaires dans le cylindre central ; des faisceaux libéro-ligneux apparaissent exceptionnellement dans l'écorce secondaire. Le liège chez ces plantes est exclusivement cortical et la moitié externe du méristème donne de l'écorce.

Parmi les Gymnospermes, l'assise subéro-corticale est propre aux Cycadées, mais il se forme des tissus secondaires dans le cylindre central comme chez les Dicotylédones. Chez les Conifères, les rayons qui séparent les faisceaux libéro-ligneux secondaires sont formés d'une seule cellule en épaisseur et n'en ont, en hauteur, qu'une ou deux.

Si l'on compare maintenant la structure secondaire de la tige à celle de la racine, on voit que les points essentiels sont les mêmes, et qu'avec l'accroissement de l'épaisseur, disparaît la différence des structures primaire et secondaire.

Après l'exfoliation par le périderme du liber primaire et de l'écorce, il ne reste guère, pour caractériser la racine, que les lames centripètes de bois primaire, voisines du centre, et, pour la tige, que les points centrifuges des faisceaux libéro-ligneux primaires, faisant saillie dans la moelle. Comme le conjonctif central se sclérifie souvent, ces caractères sont très difficiles à reconnaître, aussi a-t-on longtemps cru identiques la structure de la racine et celle de la tige des Gymnospermes et des Dicotylédones ; il a fallu l'analyse exacte des tissus primaires pour mettre en évidence les caractères distinctifs de ces deux régions.

CHAPITRE VII

LA FEUILLE

50. Aspect extérieur de la feuille. — Toutes les plantes qui possèdent une tige, possèdent des feuilles. On en rencontre donc sur certaines Algues, beaucoup d'Hépatiques, toutes les Mousses et les plantes vasculaires. C'est au niveau des *nœuds* que la tige porte ses feuilles.

La feuille est *bilatérale*, c'est-à-dire qu'elle n'est divisible en deux moitiés symétriques que par un seul plan qui passe par l'axe de la tige. Le plus souvent, on peut distinguer deux *faces* à une feuille. L'inférieure, externe ou dorsale, et la supérieure, interne ou ventrale. La surface d'une feuille est la continuation directe de celle de la tige.

On distingue trois parties dans une feuille complète :

1° Une base dilatée par laquelle elle s'attache au pourtour du nœud, et qu'on nomme la *gaine;*

2° Un prolongement grêle de longueur variable, le *pétiole;*

3° Une lame verte, partie essentielle, qui est le *limbe.*

Une feuille constituée de ces trois parties est dite *pétiolée engainante* (fig. 221). Dans le Hêtre et le Chêne, la gaine manque et la feuille est simplement *pétiolée ;* dans la famille des Graminées, le pétiole fait défaut, la feuille est simplement *engainante.* Les feuilles du Lis qui s'attachent au nœud sans gaine ni pétiole, sont dites *sessiles.*

La gaine est d'autant plus large et plus haute que le limbe est plus grand. Elle est dite *entière* lorsque ses deux bords se touchent et qu'elle forme alors un tube complet, mais ce cas n'est pas fréquent; en général, la gaine est *fendue,* c'est-à-dire que ses deux bords sont libres. Si la circonférence de la tige est complètement entourée par une gaine bien développée, la feuille est *amplexicaule;* lorsqu'une partie seulement de la circonférence est circonscrite, la feuille est *semi-amplexicaule ;* ces deux dénominations s'appliquent aussi au limbe, lorsque, le pétiole et la gaine faisant défaut, c'est lui qui se trouve soudé par sa base avec la tige. Fréquemment, des organes annexes plus ou moins développés et d'apparence

Fig. 221. — Feuille complète d'*Arum dracunculus* (*).

(*) *vg*, gaine. — *pt*, pétiole. — *l*, limbe.

foliacée surmontent la gaine ou s'y substituent, ce sont les *stipules*, sur lesquelles on reviendra plus loin. Dans la famille des Graminées, au point où le limbe se sépare de la gaine on observe une membrane mince, la *ligule*, dont il sera parlé plus tard. Les dimensions du pétiole dépendent de celles du limbe qu'il doit soutenir. Sa face inférieure est généralement arrondie, sa face supérieure plane ou creusée en gouttière. Il peut s'aplatir dans le plan du limbe, ou perpendiculairement à ce plan. Cette dernière disposition est visible dans le pétiole du Tremble et explique l'agitation des feuilles de cet arbre au moindre souffle du vent. Dans certaines plantes aquatiques, le pétiole se renfle à la base en une masse ovoïde creuse, il sert alors de flotteur à la feuille.

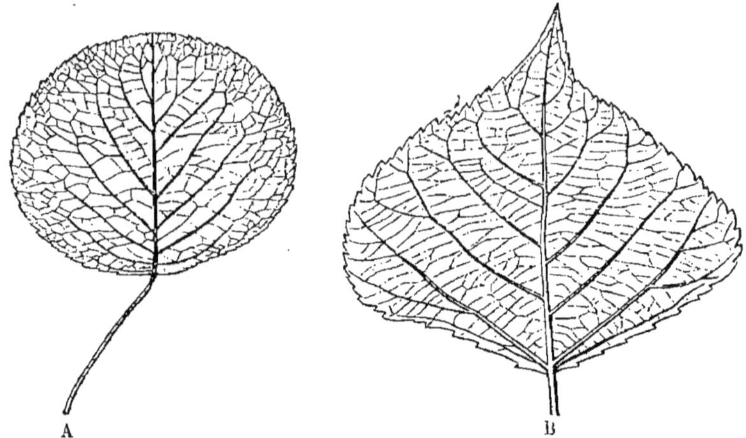

Fig. 222. — A. Feuille de Poirier (*Pirus communis*). — B. Feuille de Peuplier pyramidal (*Populus pyramidalis*).

L'insertion du pétiole sur la tige s'effectue par l'intermédiaire d'un renflement, le *coussinet*. Souvent, un tissu particulier qui ne se développe que tardivement, sépare le coussinet de la base du pétiole. Ce tissu amène la chute de la feuille qui est en ce cas temporaire ou *caduque*. Lorsque ce tissu intermédiaire apparaît lentement, les feuilles sont *persistantes*. Il existe encore une troisième espèce de feuilles qui, tout en se desséchant, restent fixées sur le support : elles se détruisent peu à peu ou ne tombent que lorsque la plante est déjà âgée, ce sont les feuilles *marcescentes*. D'ordinaire, le pétiole est en continuation directe avec le limbe et ses divisions (*feuilles simples*). Ailleurs, des coussinets pétiolaires, dans lesquels se développe un tissu intercalaire, séparent les divisions de la feuille, et chaque division se comporte comme une feuille caduque ; la feuille est dite *composée* et son pétiole principal est appelé *rachis*.

Le pétiole s'étale parfois en une lame, le *phyllode*, qui prend l'aspect d'une feuille. En général, la lame ainsi formée est disposée verticalement et ses faces sont latérales, ce qui le distingue de la feuille vraie. A la *phyllodination* du pétiole correspond une disparition, totale ou non, du limbe de la feuille. Un exemple de cette variation du pétiole est fourni par une plante de nos climats, la Sagittaire, Monocotylédone de la famille des Alismacées.

Le limbe est généralement aplati dans un plan perpendiculaire à

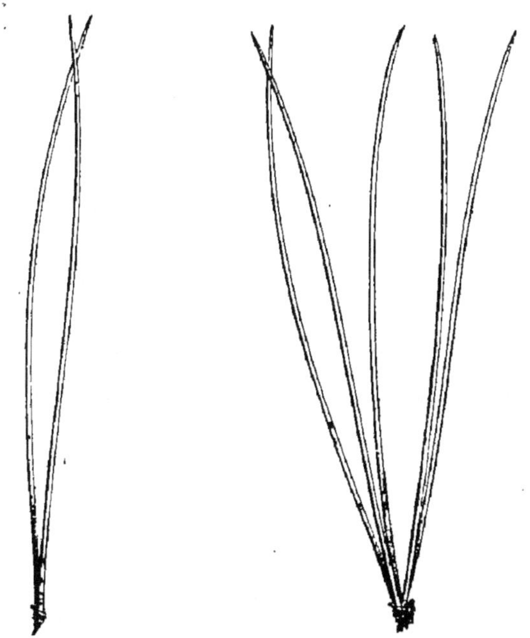

Fig. 223. — Feuilles uninerviées du Pin sylvestre et du Pin Weymouth.

l'axe de la tige. Il est le plus souvent très mince, mais, dans certains végétaux, il s'épaissit jusqu'à devenir cylindrique. Quelle que soit sa forme, toujours très variable, il présente deux côtés, un sommet, un bord et deux faces. On remarque dans le limbe des côtes faisant saillie sur la face inférieure, ce sont des ramifications du pétiole ; on les nomme *nervures*. Elles forment, par leurs divisions et leurs anastomoses, un fin réseau, dont les mailles sont remplies par une couche molle et verte, le *parenchyme foliaire* (fig. 222).

La *nervation* du limbe est la disposition des principales nervures.

Le cas le plus simple est celui d'une nervure unique, médiane, non ramifiée ; c'est la nervation simple ou *uninerve*. Le Pin (fig. 223), le Sapin, les Mousses et les Prêles offrent des exemples de feuilles uninerves.

Lorsque la nervure médiane, en se ramifiant, forme de chaque côté des nervures secondaires qui s'amincissent, la nervation est

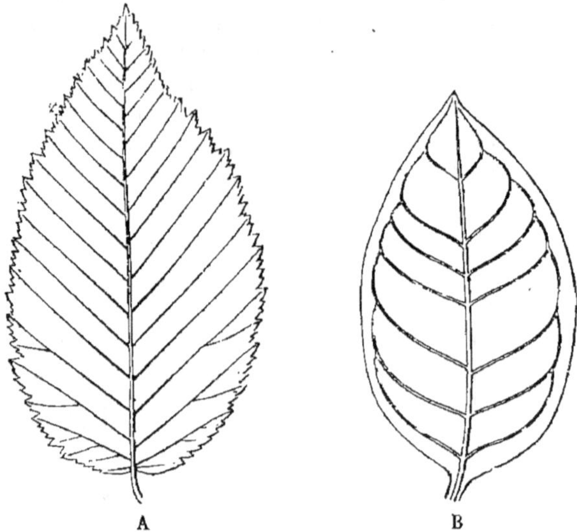

Fig. 224. — Feuilles penninerviées. — A. *Ostrea.* — B. *Eugenia.*

pennée, la feuille est *penninerve* (fig. 224); telles sont les feuilles du Hêtre, du Noisetier et de l'*Eugenia* (Myrtacée).

Fig. 225. — Feuille palminerviée d'*Acer platanoïdes.*

La nervation est palmée et la feuille *palminerve*, lorsque le pétiole s'épanouit en nervures divergentes dont la plus grande est la médiane, tandis que les autres décroissent de longueur ; cette disposition, qui rappelle celle des doigts de la main, se montre dans l'Érable, le Sycomore, la Vigne, le Lierre (fig. 225), etc. La nervation palmée présente une modification lorsque les nervures sont très nombreuses ; il arrive alors que les nervures les plus petites viennent en avant du pétiole et que le limbe forme deux oreillettes plus ou moins allongées comme dans la feuille de l'Hydrocotyle asiatique ; parfois, ces deux oreillettes se joignent en avant et le limbe est inséré

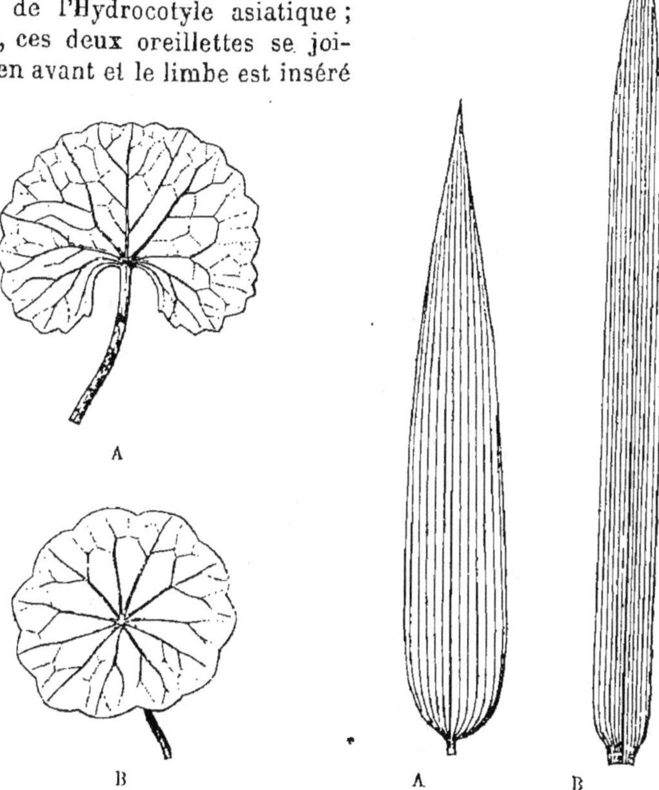

Fig. 226. — Feuilles d'*Hydrocotyle asiatica* (A) et d'*H. vulgaris* (B).

Fig. 227. — Feuilles rectinerves de *Bambusa* (A) et d'*Oryza clandestina* (B).

sur le pétiole perpendiculairement, le point d'insertion est excentrique et de ce point rayonnent les nervures. Cette disposition, dite *peltée*, se trouve dans l'Hydrocotyle vulgaire et la Capucine, dont les feuilles sont *peltinerves* (fig. 226).

Une dernière variété de nervation s'observe souvent chez les feuilles des Monocotylédones. Les nervures y sont, de la base au sommet, parallèles à la forte nervure médiane. Si elles restent droites, la feuille est *rectinerve* (fig. 227) ; quand elles sont arquées, la feuille est *curvinerve* (fig. 228).

Dans les feuilles des plantes herbacées, le parenchyme est identique sur les deux faces ; dans les plantes ligneuses, la face supérieure est dure, luisante et d'un vert foncé ; la face inférieure est

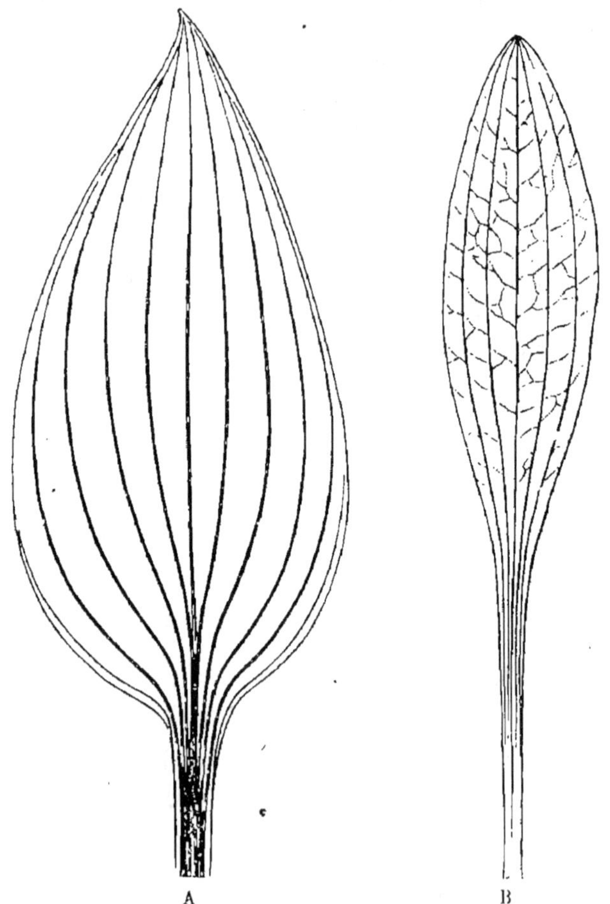

Fig. 228. — Feuilles curvinerves de *Funkia* (A) et de *Bupleurum falcatum* (B).

molle, terne, d'un vert pâle et parfois blanchâtre. Dans les plantes à feuilles grasses, le parenchyme est très épais, il masque complètement les nervures, le limbe prend un aspect massif et dénué de saillies. Le limbe est le plus souvent continu ; parfois il se perfore, soit parce que le parenchyme ne se développe pas dans le réseau des nervures, soit parce qu'il s'y fait des déchirures qui vont grandissant à mesure que la plante prend de l'âge (Palmiers, Chamœrops, Phœnix).

51. Ramification des feuilles. — La feuille peut se ramifier soit dans son pétiole, soit dans son limbe.

1° PÉTIOLE. — Lorsque le pétiole principal produit de chaque côté une série de pétioles secondaires terminés chacun par un limbe, la

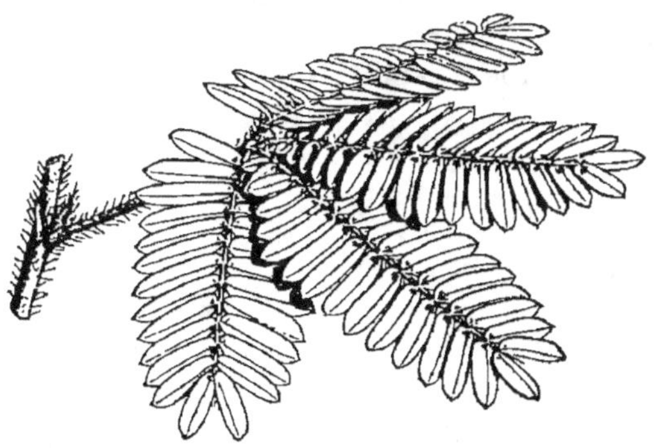

Fig. 229. — Feuille composée bipennée de Sensitive (*Mimosa pudica*).

feuille est *composée* et chaque pétiole, avec son limbe, constitue une *foliole*. La ramification peut aller plus loin, il se forme des pétioles tertiaires, quaternaires et ainsi de suite, la feuille est de plus en plus composée et les limbes partiels d'autant plus petits que leur nombre est plus grand. Lorsque la ramification est très abondante, les limbes partiels se réduisent à un très léger aplatissement du bout des pétioles de dernier ordre, et la feuille n'est plus, en réalité, qu'un pétiole indéfiniment ramifié.

La ramification est composée *pennée* quand les pétioles secondaires s'échelonnent en deux séries le long du pétiole primaire. Souvent, comme dans le Frêne et le Robinier, les folioles sont opposées deux par deux, ou alternes posées deux par deux, ou alternes

Fig. 230. — Feuille composée palmée du Marronnier d'Inde.

comme cela se voit dans certaines Fougères ; le nombre des folioles latérales se réduit à deux dans le Haricot. La feuille est composée *bipennée* dans la Sensitive (fig. 229).

La feuille composée est *palmée*, lorsque les pétioles secondaires insérés au même point divergent en décroissant à droite et à gauche à partir du prolongement du pétiole primaire. Telle est la disposition présentée par le Marronnier d'Inde (fig. 230) ; le nombre des folioles, dans le Trèfle, est réduit à trois. Dans l'Acacia, le limbe, au sommet du pétiole primaire, avorte, et celui-ci se termine par une pointe au-dessus de la dernière paire de folioles ; la feuille est dite composée *sans impaire*.

2º Limbe. — Le limbe se ramifie très ordinairement dans son plan.

Fig. 231. — Feuille dentée du Châtaignier.   Fig. 232. — Feuille lobée du Chêne.

Cette ramification se traduit par des découpures du parenchyme entre les nervures. Sur un limbe à nervation pennée, le contour peut découper autour des sommets des festons arrondis ou des dents aiguës (fig. 231), il est alors *crénelé* ou *denté*. Les découpures parvenant au premier tiers de l'intervalle qui sépare le bord du limbe de la nervure médiane (fig. 232), la feuille est *lobée*.

Chaque lobe devient ensuite une *partition* et le limbe est *partit* ou *fide*, lorsque les découpures arrivent au second tiers de cet intervalle. Si la déchirure atteint la nervure principale, la partition est un *segment* et le limbe devient *sequé*. On qualifie généralement par un seul mot le mode de nervation et de ramification du limbe (fig. 233 et 234). Les différents cas que nous venons d'examiner s'exprimeront eu disant que la feuille est *pennidentée, pennilobée, palmatipartite, palmatiséquée,* etc.

Fig. 233. — Feuille palmatifide de Ricin.

Les *stipules* sont des lames de forme et de grandeur variables suivant les plantes, qui se développent à droite et à gauche du

Fig. 234. — Feuilles penniséquées de la Chélidoine.

point où s'insère une feuille (fig. 235). La forme des stipules est dissymétrique. Souvent, les stipules se dessèchent de bonne heure et se détachent quand les feuilles s'épanouissent, cela est caractéristique du Charme ; le Châtaignier et le Chêne présentent aussi des stipules caduques.

« Les stipules sont toujours des dépendances de la feuille et doivent être considérées comme le résultat d'une ramification très précoce du pétiole ou du limbe, à sa base même et dans son plan. Il suffit, pour s'en convaincre, de remarquer que les nervures des stipules vont toujours s'attacher à peu de distance au-dessous de la surface de la tige, aux nervures du pétiole ou du limbe primaire, dont elles ne sont que des ramifications. Ce sont, pour ainsi dire, une première paire de folioles, différenciées le plus souvent par rapport au limbe

Fig. 235. — Feuille composée paripennée de la Fève montrant ses deux stipules *st*.

primaire et par rapport aux autres folioles, s'il y en a, et adaptées à une fonction spéciale, qui est de protéger la feuille dans le bourgeon. Toute feuille stipulée est donc, en réalité une feuille composée (1). »

Les stipules sont susceptibles de se ramifier dans leur plan, d'être dentées, lobées, séquées, etc. (fig. 236).

Les feuilles composées pennées por-

Fig. 236. — Feuille de *Viola alpestris f* montrant des stipules *st* profondément découpées.

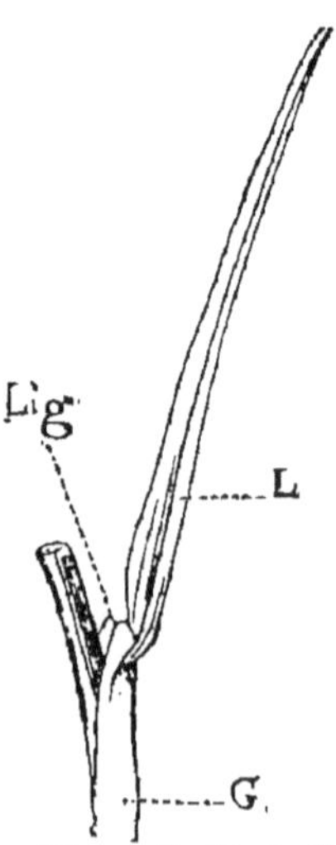

Fig. 237. — Feuille de Graminée avec ligule (*).

tent sur le pétiole primaire, à l'insertion des folioles, des *stipelles*,

(1) Van Tieghem, *Éléments de botanique*.

(*) L, limbe. — G, gaine. — *Lig*, ligule.

qui sont à la foliole ce que les stipules sont à la feuille ; on peut
vérifier cette disposition chez le Haricot ou le Robinier.

La *ligule* est un prolongement, en forme d'étui, de la gaine foliaire.
On en observera de bons exemples chez les Graminées. La feuille
de ces végétaux est simple, engainante, la gaine en est très longue,
elle se prolonge, au-dessus de l'insertion du limbe, en un étui plus
ou moins frangé (fig. 237). Le Platane, le Figuier, montrent à la
base du pétiole, un étui inséré au nœud même et qui enveloppe
l'entre-nœud supérieur. Dans certaines espèces de Figuier, l'étui
est fendu du côté du pétiole et du côté opposé, mais il n'y a pas de
gaine à la feuille, on le considère donc comme une ligule sessile.

52. Accroissement de la feuille. — Les premiers stades du
développement de la feuille se font dans le bourgeon. L'origine de
la feuille est exogène. On voit, en effet, sur le flanc du cône terminal de la tige, se former une excroissance de la couche corticale périphérique couverte par l'épiderme de la tige. Elle s'élargit
transversalement, et, dans sa longueur, grandit plus vite sur la face
externe que sur l'interne, elle se courbe donc et vient recouvrir
l'extrémité de la tige ainsi que les excroissances formées posté-
rieurement.

Quand la feuille doit se ramifier, des protubérances se forment
latéralement qui s'accroissent par leur sommet, et produisent des
excroissances d'ordre tertiaire, etc.

Comme tous les organes de la plante déjà étudiés, la feuille
grandit par son extrémité. Cet *accroissement terminal* est de coûrte
durée, sauf chez certaines Fougères. L'*accroissement intercalaire* est,
au contraire, très puissant. Il peut s'opérer en tous points et les
parties nouvelles ont toutes le même âge ; ou se localiser dans
une zone, et les parties les plus jeunes sont les plus rapprochées
de cette zone. L'accroissement, en ce cas, est *successif*.

La croissance est dite *basipète* lorsque la zone d'accroissement
est voisine du limbe, elle est *basifuge* dans le cas où la zone est
voisine du sommet, elle est *mixte* quand cette zone occupe le milieu
de la feuille (Van Tieghem).

L'apparition du pétiole est toujours tardive, elle commence après
que toutes les parties constitutives du limbe se sont formées. Les
stipules se montrent avant les premières folioles latérales et leur
croissance est très rapide ; dans la jeunesse de la feuille elles ont
une grande dimension et jouent, comme nous l'avons dit, un rôle
protecteur important. La gaine se développe en même temps que
les stipules.

L'accroissement intercalaire d'une feuille peut être nul. Lorsque
la croissance terminale est achevée, ce qui a lieu dans le bourgeon,
la feuille cesse donc de s'allonger, elle avorte. Chez un grand

nombre de végétaux, il arrive que beaucoup de feuilles s'atrophient de cette manière. Le Pin n'offre, comme feuilles normalement développées, que les dernières de ses rameaux; l'Asperge ne présente que de petites feuilles avortées.

Nous avons eu l'occasion de dire que la face externe de la feuille croît d'abord plus rapidement que l'autre ; il en résulte qu'au début la feuille est courbée et que sa concavité est tournée vers la tige. Plus tard, l'autre face, l'interne, croît plus vite que l'externe, la feuille se redresse ou s'infléchit en sens contraire. Ce mouvement est très développé chez les Fougères dont les feuilles, d'abord enroulées en crosse vers la tige, se déroulent lentement et deviennent droites.

Tant que les feuilles s'allongent, leur croissance intercalaire change d'intensité tout autour de l'organe; il en résulte, comme pour la tige et la racine, un mouvement dont le siège est le plus souvent dans le pétiole.

On dit que deux feuilles, ou diverses parties d'une feuille, sont *concrescentes*, lorsqu'elles se soudent entre elles par leur bord et qu'il y a entre les parties réunies une croissance intercalaire commune. Ainsi, dans une feuille sessile, les deux bords du limbe peuvent se joindre et se souder de l'autre côté de la tige qui semble alors traverser la feuille (fig. 238). Les stipules du Rosier s'unissent avec le pétiole. Dans certaines feuilles engainantes, les bords de la gaine s'unissent pour former un étui complet.

Fig. 238. — Feuille perfoliée.

La concrescence s'opère aussi entre les feuilles insérées côte à côte, entre leurs stipules, entre leurs gaines, entre leurs limbes. La feuille peut même s'unir à la tige, ou à la branche qu'elle produit à son aisselle. Les deux organes se séparent à une certaine distance du nœud et la feuille paraît insérée sur la branche axillaire, ou sur la tige au-dessus de son insertion vraie; elle est comme déplacée, et la distance entre les insertions vraie et apparente mesure la durée de la croissance commune (Van Tieghem).

Parfois, la feuille s'unit en même temps à la branche qui la porte et au rameau né de son aisselle, il en résulte des organes aplatis offrant sur leurs bords de petites dents qui sont les extrémités libres des feuilles; à leur base se montrent les bourgeons terminaux de rameaux concrescents. Ces pousses sont des *cladodes*.

Les feuilles de la plupart de nos arbres naissent au printemps et meurent ordinairement à l'automne : elles sont dites *caduques*. Avant de mourir elles perdent le plus souvent leur couleur verte et parfois se colorent de diverses nuances. On connaît la

belle couleur rouge que prennent à l'automne les feuilles de Vigne-
vierge. La feuille morte se détruit petit à petit, souvent elle tombe,
et dans ce cas, ou bien elle se détache nettement de la tige en
laissant sur celle-ci une cicatrice, ou bien elle laisse adhérente à la
tige la partie inférieure de son pétiole, ce qui se voit, par exemple,
dans les Fougères arborescentes et les Palmiers. Plus tard, ces bases
de feuilles s'effacent sur la partie inférieure de la tige qui se dénude
ainsi peu à peu en vieillissant.

Un assez grand nombre de végétaux conservent leurs feuilles en
bon état pendant plusieurs années, on dit alors que les feuilles
sont *persistantes*. Les Conifères ou arbres verts possèdent des
feuilles persistantes.

53. Phyllotaxie. — Sur la tige, les feuilles peuvent être disposées de deux façons : tantôt une à chaque nœud, *isolées*, telles

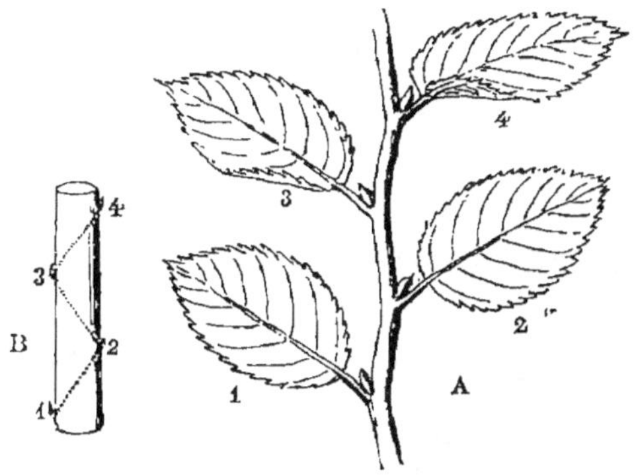

Fig. 239. — Fragment d'un rameau d'Orme (*).

sont les feuilles du Pin, du Hêtre, etc. ; tantôt plusieurs à chaque
nœud et formant ce qu'on nomme un verticille, on les dit alors
verticillées.

La disposition des feuilles entraîne celle des branches qui naissent à leur aisselle, cette disposition détermine donc le port de la
plante, elle a en outre d'étroits rapports avec la course des faisceaux. Il n'y a rien de constant dans la distance longitudinale séparant des feuilles isolées, cette longueur dépend toujours de l'âge
et des causes qui modifient la croissance d'une plante. Au contraire,
la valeur de l'angle formé par les plans médians de deux feuilles
et se coupant suivant l'axe est constante sur une assez grande
région de la tige. Cet angle est ce qu'on nomme la *divergence* des

(*) A, rameau avec 4 feuilles distiques formant deux cycles, 1-2, 3-4. — B, le même grossi
et raccourci, montrant la direction de la spire qui passe par les points d'insertion des
feuilles 1-2, 3-4.

feuilles. On convient de la compter suivant le plus court chemin, de sorte qu'elle est le plus souvent inférieure à 180°.

1° FEUILLES ISOLÉES. — La divergence de deux feuilles isolées n'est jamais nulle. Sa valeur peut s'exprimer par une fraction rationnelle de circonférence. Il en résulte, qu'en partant d'une feuille quelconque, on finit par en trouver une autre dont le plan médian coïncide avec celui de la première. Pour cela il faut faire un certain nombre de fois le tour de la tige. On peut donc dire que toutes les feuilles sont disposées sur les génératrices d'un cylindre, qui est la tige même, et que la disposition de ces feuilles va se répétant sur la tige indéfiniment. Cet ensemble est un *cycle*.

La plus grande divergence est celle où l'angle est d'une demi-circonférence ; en désignant par d la fraction de circonférence qui mesure la divergence, on a $d = \frac{1}{2}$. Les feuilles sont disposées en deux séries longitudinales diamétralement opposées. En un tour, le cycle comprend donc deux feuilles. Cette disposition *distique* se montre dans les Graminées, le Hêtre, l'Orme (fig. 239), la Vigne, le Tilleul, etc. (fig. 240).

Lorsque la divergence est de 120°, $d = \frac{1}{3}$, les feuilles se superposent de trois en trois, elles sont disposées en trois séries longitu-

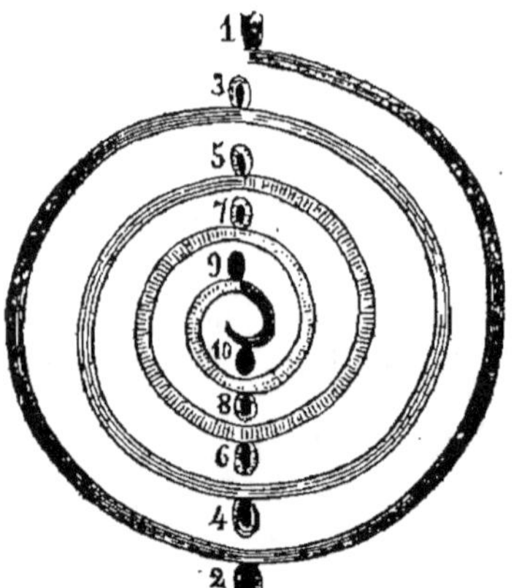

Fig. 240. — Schéma de la disposition distique.

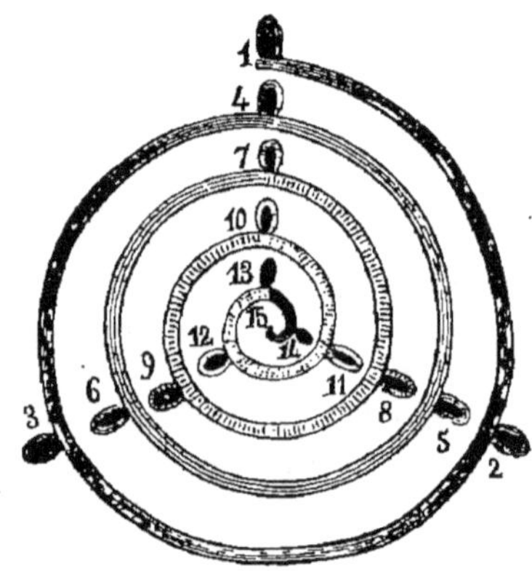

Fig. 241. — Schéma de la disposition tristique.

dinales. Cette disposition est dite *tristique*, l'Aune, le Bouleau, la Tulipe, en offrent de bons exemples (fig. 241).

Les cas où $d = \frac{1}{4}$ et $d = \frac{1}{5}$, disposition *tétrastique* et *pentastique*, sont rarement réalisés (fig. 242 et 243).

Lorsque le cycle comprend cinq feuilles en deux tours, elles se superposent de cinq en cinq, $d = \frac{2}{5}$, l'angle est de 144°. Cette dispo-

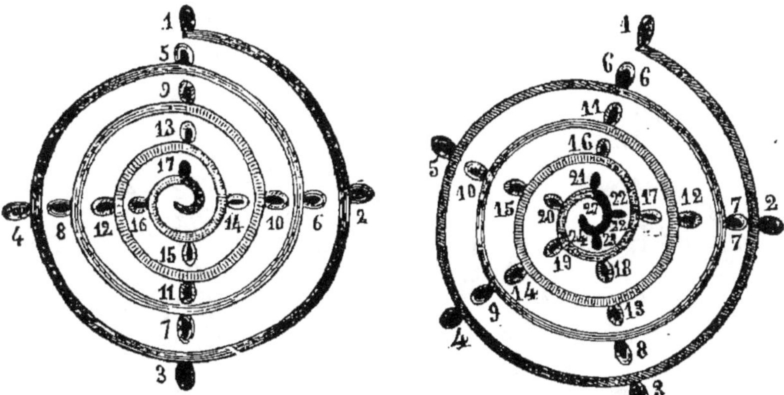

Fig. 242. — Schéma de la disposition té-trastique.

Fig. 243. — Schéma de la disposition pen-tastique.

sition dite *quinconciale* est très répandue, le Chêne, le Poirier, le Cerisier, le Groseiller la présentent (fig. 244 et 245).

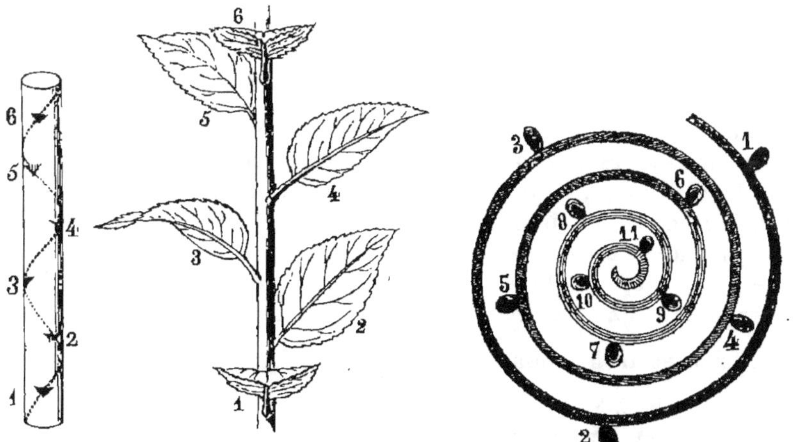

Fig. 244. — Fragment d'une tige de Cerisier (*).

Fig. 245. — Schéma de la disposition quinconciale.

On trouve encore l'angle de 135°, $d = \frac{3}{8}$, dans le Chou, le Lin, le

(*) A, disposition foliaire quinconciale portant 6 feuilles, dont les 5 premières (1, 2, 3, 4, 5) appartiennent à un seul cycle, et dont la sixième est le n° 1 du cycle inférieur. — B, le même fragment grossi, pour montrer la direction de la spire foliaire.

Radis (fig. 246); l'angle de 138°,27′, $d = \frac{5}{13}$, les feuilles se superposant de 13 en 13, dans le Jasmin, l'Arbousier, un grand nombre de Mousses (fig. 247).

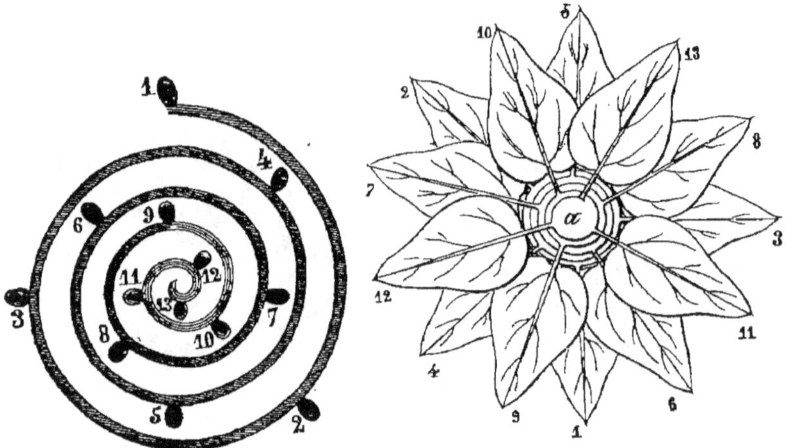

Fig. 246. — Schéma de la disposition des feuilles sur 8 rangées.

Fig. 247. — Cycle foliaire en 5/13. La feuille 14 non dessinée commence un nouveau tour.

Les branches grêles du Sapin et de l'Épicéa ont une divergence $d = \frac{8}{21}$, tandis que la divergence $d = \frac{13}{34}$ est observée sur beaucoup de Pins et sur les grosses branches du Sapin et de l'Épicéa.

2° FEUILLES VERTICILLÉES. — Dans chaque verticille les feuilles sont équidistantes; la divergence entre deux feuilles du verticille est une fraction de circonférence et deux verticilles successifs ne sont pas superposés.

Le cas le plus simple est celui où il n'y a que deux feuilles diamétralement opposées par verticille; d'un verticille au suivant la divergence se trouve donc être de $\frac{1}{4}$ et les feuilles se croisent par paires, on dit qu'elles sont *opposées décussées* (fig. 248).

Dans les feuilles verticillées proprement dites, il y a toujours plus de deux feuilles au verticille et la divergence d'un verticille à l'autre est la moitié de celle qui existe à l'intérieur même du verticille. Ceux-ci se superposent de deux en deux, on dit qu'ils sont alternes. Mais il peut arriver ainsi que la divergence des divers groupes foliaires ne soit pas la moitié de la divergence à l'intérieur du groupe et que les verticilles se superposent de trois en trois, de cinq en cinq, de huit en huit, etc. (fig. 249 et 250).

La disposition verticillée est, somme toute, régie par les mêmes lois que la disposition isolée, seulement il y a autant de séries que de feuilles au verticille. Généralement, la première différence se répercute sur la valeur de la divergence dans chacune de ces séries et l'amène à être chaque fois la moitié de la divergence d'une série à l'autre. C'est là ce qui détermine l'alternance régulière des verticilles (Van Tieghem).

Lorsque l'on étudie la tige avec tous ses rameaux, on voit la disposition des feuilles subir des changements plus ou moins accentués en passant d'une branche à une autre. Parfois, les feuilles sont

Fig. 248. — Feuilles opposées décussées d'une Crassule.

Fig. 249. — Verticilles de trois feuilles du Laurier-rose. *Nerium Oleander*, f et f'.

Fig. 250. — Verticilles de six feuilles du Gaillet mollugin e.

verticillées à la base de la tige, puis isolées, aux entre-nœuds placés plus haut, et enfin de nouveau verticillées au sommet. Le nombre des feuilles d'un verticille peut varier à mesure qu'on s'élève ; dans les feuilles isolées, la divergence peut également varier à des niveaux différents.

De la tige aux branches, on peut observer souvent un changement de divergence, le Chêne et le Châtaignier en offrent des exemples : de $\frac{2}{5}$ la divergence devient $\frac{1}{2}$. Lorsqu'en passant d'une branche à une autre la divergence conserve sa valeur entre la feuille mère et la première feuille du rameau, la disposition *distique* est *longitudinale*, c'est le cas présenté par le Lierre ; si la divergence prend une certaine valeur pour redevenir ce qu'elle était primitivement, il y a *divergence de passage*. Pour $d = \frac{1}{2}$, la divergence de passage est de $\frac{1}{4}$ dans le Tilleul : la disposition distique est dite, alors, *transversale*. Au passage, la divergence des feuilles se compte sur le rameau tantôt dans le même sens que sur la tige, il y a *homodromie*, tantôt en sens contraire, il y a *antidromie* (Van Tieghem).

On représente la disposition des feuilles par diverses constructions graphiques. On peut supposer la tige cylindrique et fendre le cylindre suivant une génératrice, le développer et, sur la surface plane ainsi obtenue, tracer des lignes horizontales qui seront les

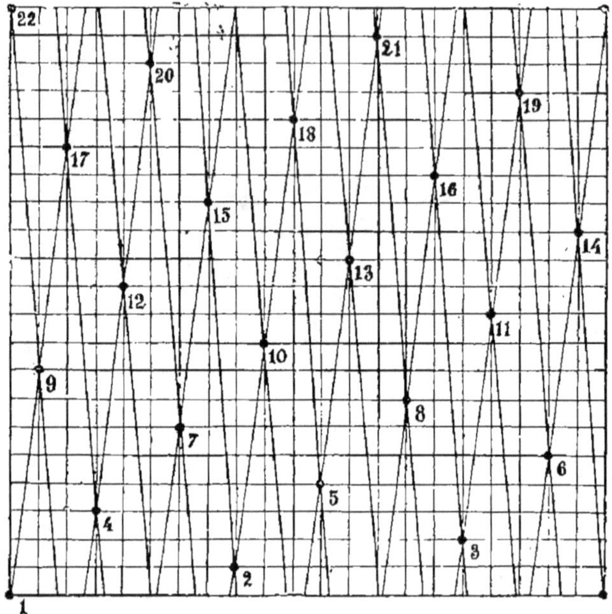

Fig. 251. — Développement d'un cylindre portant des points disposés suivant l'angle de divergence 8/21.

nœuds et des points qui indiqueront les insertions foliaires. Les rangées de feuilles sont alors représentées par des lignes verticales (fig. 251).

On peut aussi supposer la tige conique et représenter sa projection sur un plan horizontal. Les nœuds sont, en ce cas, des circonférences concentriques et les séries longitudinales de feuilles, des rayons. Une telle projection est un *diagramme*.

Lorsque, dans une projection sur la surface développée du cylindre, on joint les points d'insertion entre eux, on a une série d'obliques parallèles. Ces obliques sont le développement d'une hélice tracée sur le cylindre et qui comprend toutes les feuilles en montant vers la droite ou vers la gauche suivant la position de la première feuille par rapport au point de départ.

En faisant de même sur un diagramme, on obtient une courbe dite *spirale d'Archimède,* qui est la projection sur un plan horizontal de l'hélice supposée tracée sur le cône.

Quand les feuilles sont verticillées, chacune d'elles est le point de départ d'une pareille courbe et il faut construire autant de spirales qu'il y a de feuilles au verticille (Van Tieghem).

Lorsque les feuilles sont isolées, la *spirale générale* ne s'aperçoit que si les entre-nœuds sont longs. Mais si les feuilles sont très serrées il est moins facile d'assigner à chacune d'elles le numéro d'ordre qui lui appartient. Cependant, on distingue aisément sur le cylindre développé des spirales plus relevées que la spirale générale, ce sont les *spirales secondaires,* elles unissent la première feuille à la feuille la plus proche de la verticale d'un côté et de l'autre. Dans la figure 251, par exemple, on voit de gauche à droite huit obliques, et de droite à gauche treize obliques, plus relevées que la spirale générale dessinée par les insertions foliaires. En comptant le nombre des spirales secondaires dans un sens et dans l'autre, et en les ajoutant, on a le nombre de lignes verticales qui est le dénominateur de la divergence. Si, d'autre part, on compte le nombre des verticales qui séparent la feuille 1 de la feuille 2 on en a le numérateur. L'angle de divergence est dans notre exemple égal à $\frac{8}{21}$; le numérotage des feuilles s'explique clairement.

On s'est ingénié à construire des appareils propres, les uns à démontrer mécaniquement les lois de la phyllotaxie, les autres à les faire sentir facilement aux personnes peu versées dans ce genre d'études.

En voici un que M. Vesque propose et qui est fort ingénieux (1) :

« On découpe deux bandes de papier égales et à bords parallèles, on place l'extrémité de l'une des bandes sur l'extrémité de

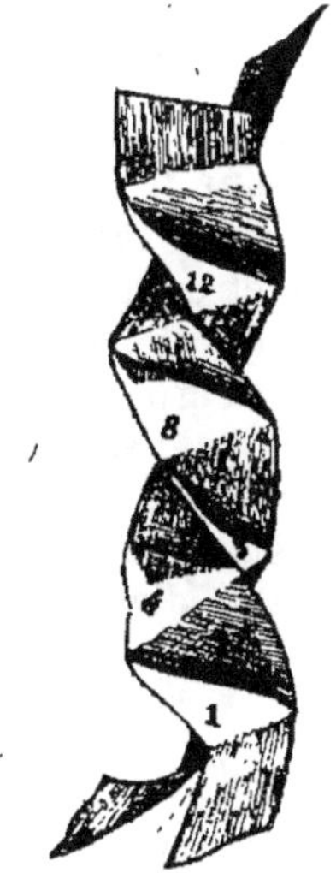

Fig. 252. — Appareil en papier destiné à représenter les diverses superpositions des feuilles placées suivant les angles de divergence de la série 1/3, 1/4, 2/7, etc.

l'autre de manière qu'elles soient perpendiculaires entre elles, on rabat l'inférieure sur la supérieure, puis l'autre sur celle-ci et

(1) J. Vesque, *Traité de Botanique agricole.* J.-B. Baillière, éditeur.

ainsi de suite, et on obtient ainsi un jouet qu'on a vu entre les mains de tous les enfants (fig. 252) et qui s'étire comme un accordéon, mais en se déroulant.

« Lorsque ce petit appareil est fermé, il est carré, et, en l'étirant un peu, on voit qu'il présente une série de cavités rhomboïdales correspondant à chacune des arêtes du prisme carré ; ces cavités sont en outre disposées en spirale, de sorte que la $(n + 4)^e$ se superpose à la n^e ; l'angle de divergence est donc $\frac{1}{4}$. Si nous déroulons complètement l'appareil jusqu'à ce que les arêtes spirales deviennent rectilignes, la $(n + 3)^e$ cavité se trouvera au-dessus de la n^e, et l'angle de divergence sera $\frac{1}{3}$. Il est donc clair que, quel que soit le degré de déroulement, l'angle de divergence sera compris entre $\frac{1}{3}$ et $\frac{1}{4}$, et que l'appareil ne pourra produire que les divergences de la série $\frac{1}{3}, \frac{1}{4}, \frac{2}{7}, \frac{3}{11}$...

« Comparons l'orifice de chacune des cavités à la surface d'insertion d'une feuille.

« Il saute aux yeux que, si les superpositions quatrième sur première et cinquième sur première ne peuvent se produire, la première qui se présente est huitième sur première.

« La marche du phénomène étant ainsi amorcée, l'expérience prouve qu'il est impossible, sans altérer outre mesure la forme de l'insertion des feuilles, de superposer à la première d'autres cavités que celles qui portent les numéros 12, 30, 48, 77, etc., et que les angles de divergence successifs seront :

$$\frac{1}{3}, \frac{1}{4}, \frac{2}{7}, \frac{5}{18}, \frac{8}{29}, \frac{13}{47}, \frac{21}{76}\cdots$$

« C'est-à-dire les réduites de la fraction continue :

$$\cfrac{1}{3 + \cfrac{1}{1 + \cfrac{1}{1 + \cdots}}}$$

« On verra en même temps que, pour amener successivement ces superpositions, il faudra exercer une torsion de moins en moins forte et alternativement dans les deux sens.

« Là s'arrête d'ailleurs l'analogie, car les diagonales des cavités de notre appareil sont fortement obliques, et ces cavités se tou-

chent à pleins bords quelle que soit la torsion, tandis que ces diagonales sont sensiblement horizontales pour les feuilles, et que, par
conséquent, les surfaces d'insertion doivent être imbriquées au
moins dans le sens de l'une des spirales. »

54. Préfoliation. — L'arrangement particulier que prennent
les feuilles dans le bourgeon est la *préfoliation* ou *vernation*.

Elle est *plane* dans le Lilas et le Frêne, où la feuille ne se replie
d'aucune manière ; *condupliquée* quand la feuille se plie dans sa
longueur, les deux moitiés s'appliquant exactement l'une sur l'autre;

Fig. 253. — Bourgeons et feuilles épanouies de *Prunus anium*.

c'est le cas du Chêne, du Hêtre, du Charme ; *réclinée* lorsqu'elle se
replie transversalement de manière que sa partie supérieure soit
appliquée sur sa partie inférieure comme chez l'Aconit.

Quand la feuille offre la forme d'un éventail, comme dans les
Palmiers, l'Alchemille, le Bouleau, l'Érable, la Vigne, la préfoliation est *plissée ;* elle est *involutée* quand les deux moitiés des
feuilles sont roulées en dedans comme le sont celles du Peuplier,
du Poirier, du Sureau ; si les deux moitiés sont roulées en dehors
comme chez le Laurier-rose, la préfoliation est *révolutée ;* elle est
convolutée dans le Prunier dont les feuilles s'enroulent en cornet
et *circinée* dans les Fougères où la feuille s'enroule du sommet à
la base en forme de crosse.

Fig. 254. — Feuilles et bourgeons de *Juglans regia*.

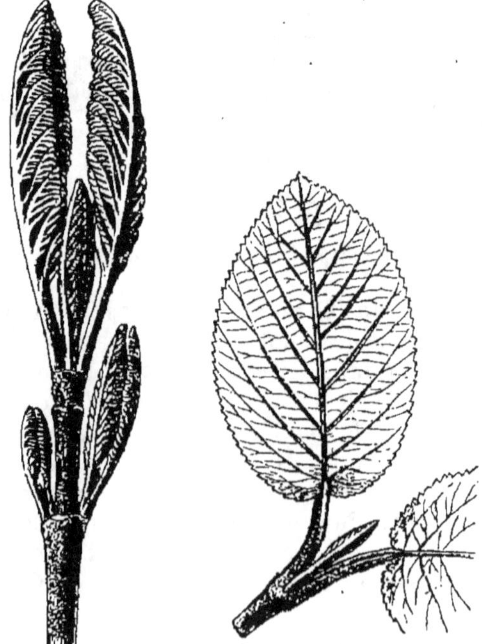

Fig. 255. — Bourgeons et feuilles de *Viburnum lantana*.

Lorsque les feuilles se touchent par leurs bords, sans se recouvrir, la préfoliation est *valvaire;* quand les plus extérieures recouvrent les plus intérieures, elle est *imbriquée; équitante,* quand

Fig. 256. — Préfoliation d'*Alchemilla vulgaris.*

chaque feuille condupliquée embrasse entre ses moitiés les feuilles internes ; *semi-équitante* quand chaque pli d'une feuille condupliquée reçoit la moitié d'une autre feuille pliée de la même manière (fig. 253 à 258).

Les bourgeons sont assez généralement pourvus d'une enveloppe

Fig. 257. — Préfoliation d'*Oxalis acetosella.*

protectrice nommée *pérule,* recouverte d'une matière gommo-résineuse, la *blastocolle,* ou garnie d'un duvet plus ou moins abondant.

La pérule manque dans les plantes des pays chauds et dans quelques arbustes de notre flore comme *Viburnum lantana* (fig. 255).

Les écailles qui la composent sont souvent des feuilles imparfaites, comme dans le Lilas (fig. 259) et le Myrtille ; ou des stipules déformés comme dans le Hêtre et le Chêne ; ou encore des stipules

Fig. 258. — Feuilles circinées d'une Fougère, la Doradille noire.

soudés aux deux côtés de la base du pétiole et modifiés avec lui comme chez les Rosiers.

Les bourgeons du Marronnier d'Inde laissent parfaitement distinguer les cicatrices des feuilles tombées (fig. 260).

55. Variations morphologiques des feuilles. — Les feuilles souterraines ou submergées d'une plante ont généralement des formes très différentes des feuilles aériennes. C'est ainsi que sur un rhizome, on observe des écailles incolores sans pétiole et sans gaine et que les feuilles submergées sont souvent réduites à leurs nervures entre lesquelles le parenchyme ne s'est pas développé.

Une plante, bien que vivant tout entière dans un même milieu, peut aussi présenter des feuilles variables; les feuilles inférieures de la tige ont un autre aspect que les supérieures, ou les feuilles

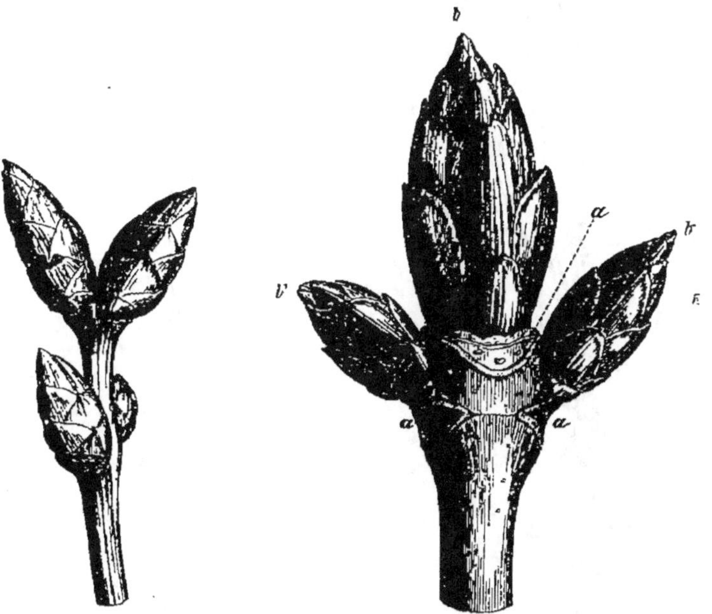

Fig. 259. — Bourgeons du Lilas (*Syringa vulgaris*).

Fig. 260. — Bourgeons du Marronnier d'Inde (*Æsculus hippocastanum*) *b* et *b'* avec les cicatrices foliaires en *a*.

portées sur des rameaux florifères sont différentes de celles des rameaux stériles. Des plantes à feuilles composées n'ont d'abord que des feuilles simples, tel est le cas du Haricot.

Toutes les plantes ligneuses à feuilles caduques dont la végétation cesse à l'automne, ont, comme nous l'avons dit, leurs bourgeons recouverts par des feuilles rudimentaires dépourvues de pétioles, colorées en brun, et souvent soudées entre elles par une matière gommeuse ou résineuse. Ce sont des *feuilles protectrices*.

Dans certaines familles, on voit, au bas de la tige, des feuilles rudimentaires larges et courtes, molles, épaisses où s'emmagasinent des substances nutritives; elles forment des bulbes et sont dites *feuilles nourricières*. Elles peuvent s'envelopper comme autant

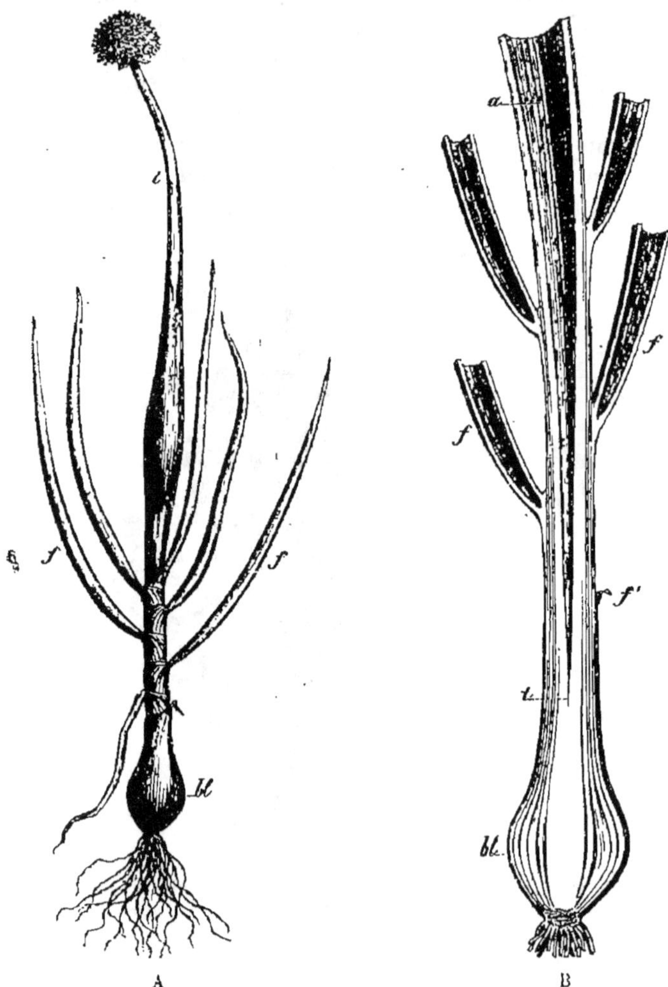

Fig. 261. — Bulbe tuniqué de l'Oignon ordinaire (*).

de tuniques, ou se recouvrir comme les tuiles d'un toit; on dit

(*) A. Une plante entière et fleurie d'Oignon ordinaire (*Allium cepa*). — *bl*, bulbe de la base d'où partent les racines. — *i*, tige renflée et fistuleuse, terminée par la tête de fleurs. — *f*, feuilles également fistuleuses et cylindriques (1/10 de grandeur naturelle).

B. Coupe longitudinale de la moitié inférieure du pied d'Oignon. — *bl*, bulbe montrant ses tuniques et le plateau sur lequel sont attachées les racines. — *i*, tige florifère dont la portion ventrue commence en *a*. — *f*, feuille inférieure à peu près réduite à sa gaine. — *ff*, les autres feuilles coupées pour montrer leur cavité intérieure (1/5 de grandeur naturelle).

dans le premier cas qui est présenté par la Tulipe et l'Oignon
comestible, que le bulbe est *tuniqué* (fig. 261) ; dans le second
qui est celui du Lis, que le bulbe est *écailleux*
(fig. 262). A mesure que le bourgeon s'accroît
les feuilles nourricières s'amincissent et deviennent des lamelles sèches et brunes ; mais,
en même temps, à l'aisselle de la plus jeune
se fait un bourgeon qui servira de bulbe pour
l'année suivante. Çà et là, à l'aisselle des écailles
se forment aussi de petits bulbes, les *caïeux*,
qui en se détachant multiplient la plante.

Sur une tige ordinaire, à l'aisselle des
feuilles, un bourgeon peut s'arrondir en *bul-
bille* et épaissir ses écailles externes ; plus
tard il se détache, s'enracine, et multiplie la
plante comme un caïeu.

La nervure médiane d'une feuille se prolonge
quelquefois en une *épine*, les nervures latérales
peuvent se modifier de même comme chez le

Fig. 262. — Bulbe écail-
leux du Lis.

Houx. Souvent c'est une partie de la feuille, ou la feuille tout entière qui se développe en épine ; ailleurs ce sont les deux stipules.
Si le limbe dégénère comme les stipules, la feuille n'est plus repré-

Fig. 263. — Épines foliaires d'*Astragalus tragacantha*; c'est le pétiole persistant qui
devient épineux.

sentée que par trois épines (fig. 263 à 266). Dans l'Avoine, le limbe
seul se termine en pointe et forme la *barbe* qui se rencontre sur
beaucoup d'autres Graminées.

La feuille chez certaines plantes se transforme en un filament plus ou moins ramifié qui est une *vrille*. La première feuille de chaque rameau axillaire du Melon, par exemple, se différencie en vrille dont les divisions représentent des nervures, le parenchyme ne s'étant pas développé. Ces feuilles-vrilles s'enroulent comme les rameaux-vrilles déjà étudiés et pour une cause identique (fig. 267 et 268).

Fig. 264. — Épines stipulaires de *Robinia pseudacacia*.

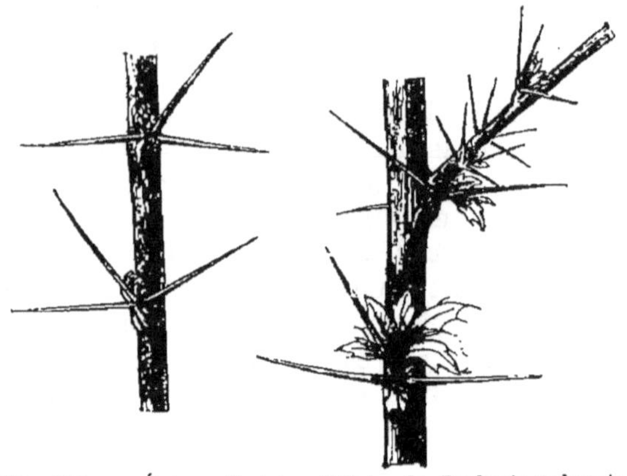

Fig. 265. — Épines d'origine foliaire de *Berberis vulgaris*. Épine-vinette. Ce sont les nervures des feuilles dégénérées qui produisent les épines.

Nous signalerons encore ces singulières cavités foliaires munies

Fig. 266. — Épines foliaires de *Vella spinosa*.

parfois d'un opercule, et nommées *ascidies*. Leur forme est très variable, elles peuvent, dans certains cas, servir de flotteurs ; ce sont tantôt des ampoules aplaties portées à l'extrémité d'un pétiole grêle, tantôt des urnes plus ou moins ornées, comme chez les Népenthès.

Telles sont les diverses variations que peut présenter une feuille.

Fig. 267. — Portion de tige de Melon avec des vrilles (1/2 grand. nat.).

Il en est une dernière, beaucoup plus importante, que l'on observe quand la plante consacre un certain nombre de ses organes foliaires à la reproduction. L'ensemble des feuilles modifiées en ce but

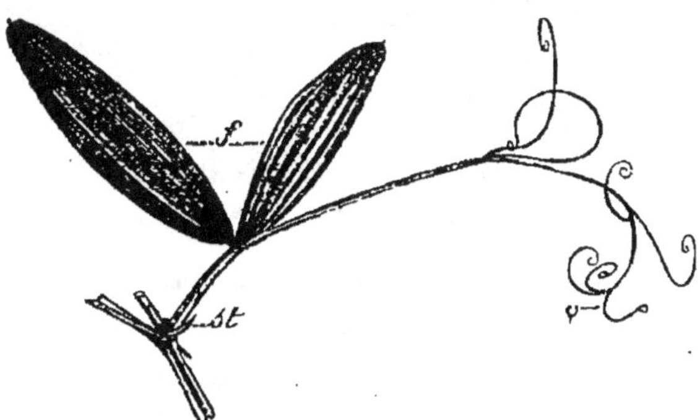

Fig. 268. — Feuille du *Lathyrus latifolius* (*).

constitue une *fleur*, organe spécial qui sera étudié dans le chapitre suivant.

Quelle que soit la forme qu'offre une feuille, elle présente toujours les caractères généraux suivants :

(*) *st*, stipules. — *f*, les folioles normales. — *v*, vrille rameuse (1/4 grand. nat.).

La feuille est un organe de la plante offrant une partie droite et une partie gauche, une face supérieure et une face inférieure ; en général elle ne s'accroît pas indéfiniment (G. Bonnier).

56. Anatomie de la feuille. — Nous diviserons l'étude anatomique de la feuille en deux parties : d'abord, l'étude du pétiole, ensuite celle du limbe. Dans ces organes nous distinguerons trois éléments, l'*épiderme*, le *parenchyme*, les *faisceaux* (1).

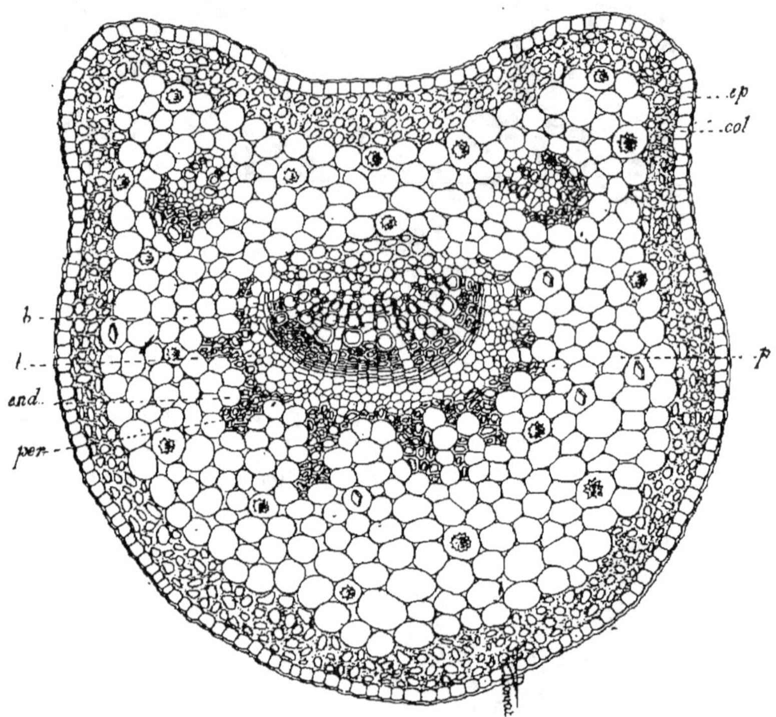

Fig. 269. — Coupe transversale dans le pétiole d'une feuille de Laurier-Cerise (d'après Hérail et Bonnet) (*).

A. *Pétiole*. — L'épiderme de la tige se prolonge sur le pétiole qu'il recouvre entièrement, il y offre les mêmes caractères et les mêmes variations que sur la tige.

Le parenchyme du pétiole comprend de larges cellules polyédriques, riches en grains de chlorophylle et laissant entre elles des

(1) Dans la description anatomique de la feuille nous suivons l'enseignement de M. Van Tieghem comme nous l'avons suivi pour la racine et la tige.

(*) *ep*, épiderme. — *col*, collenchyme. — *p*, parenchyme. — *end*, endoderme. — *per*, péricycle. — *l*, liber. — *b*, bois.

méats aérifères. Ces méats deviennent des canaux dans les plantes aquatiques. Lorsque l'écorce de la tige est pourvue d'un tissu scléreux, ce tissu se prolonge dans le pétiole en conservant ses caractères, mais celui-ci peut posséder aussi des faisceaux de sclérenchyme même lorsque la tige en est dépourvue.

Les faisceaux sont le plus souvent disposés dans le parenchyme de manière à former un arc dont l'ouverture est tournée vers le haut. Le faisceau médian et inférieur est le plus développé et les autres diminuent de grandeur de chaque côté de manière que les plus petits se trouvent placés sur les bords de l'arc (fig. 269).

Le faisceau médian tourne son liber en bas et son bois en haut, les autres sont inclinés de chaque côté avec la même disposition du bois et du liber. L'orientation dépend donc uniquement du développement de l'arc : si ses bords se recourbent et se rapprochent, les faisceaux pétiolaires extrêmes tournent leur liber en haut, et leur bois en bas. Il résulte de là que l'ensemble des faisceaux libéro-ligneux n'est symétrique que par rapport à un plan vertical coupant en deux moitiés le faisceau médian du pétiole.

L'arc que forment les faisceaux libéro-ligneux se ferme souvent en un anneau complet enveloppant la région centrale du parenchyme, qui peut alors ressembler à la moelle d'une tige, tandis que les portions qui séparent les faisceaux ressemblent à des rayons médullaires, et les régions périphériques à de l'écorce. Mais, dans ce cas, même quand les faisceaux sont disposés sur un seul cercle, on ne voit jamais apparaître qu'un seul plan de symétrie, si l'on considère la structure, l'orientation et l'écartement des faisceaux.

Le nombre et la disposition des faisceaux libéro-ligneux dans le pétiole restent variables ; il peut même arriver que par division ou réunion, ce nombre et cette disposition changent le long d'un même pétiole (Van Tieghem).

Chaque faisceau libéro-ligneux de la tige, qui pénètre dans une feuille, entraîne la portion d'endoderme et la portion de péricycle qui lui est adossée. Si les faisceaux restent séparés dans le pétiole, l'endoderme et le péricycle se replient autour de chacun d'eux pour l'envelopper d'une double gaine et la structure est dite *astélique*. Si les faisceaux s'unissent en arc ou en anneau, les fragments d'endoderme et de péricycle se rejoignent aussi de manière à recouvrir l'arc ou l'anneau en entier. Il se forme alors une sorte de cylindre central du pétiole et la structure est *monostélique*. Quoi qu'il en soit, l'endoderme et le péricycle offrent les mêmes caractères que dans la tige (Van Tieghem).

La structure des faisceaux libéro-ligneux est identique dans la tige et dans le pétiole. Cependant les tissus sécréteurs peuvent faire naître quelques différences. La feuille de certaines plantes renferme des poches sécrétrices qui manquent dans la tige et l'on observe d'autre part que ce faisceau libéro-ligneux d'une feuille de Pin, par exemple, ne contient pas de canal résinifère alors que le bois de la tige en est pourvu.

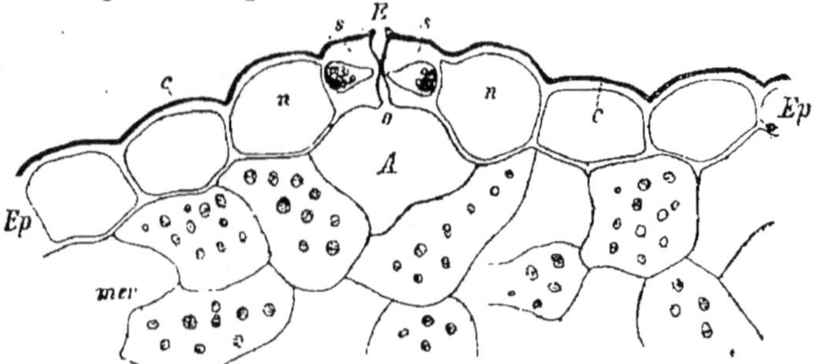

Fig. 270. — Coupe transversale dans une feuille de *Mentha piperita* avec un stomate (*).

B. *Limbe*. — L'épiderme du limbe présente les mêmes caractères que celui de la tige (fig. 270). Les stomates y sont beaucoup plus nombreux; si le limbe est étroit, leur fente est dirigée longitudi-

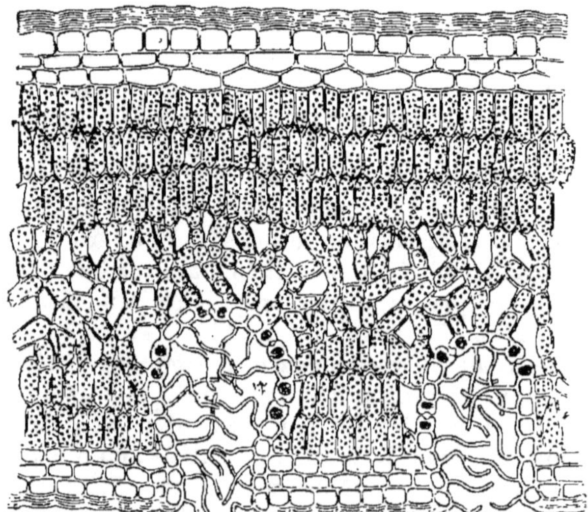

Fig. 271. — Coupe d'une feuille de Laurier-Rose, cryptes renfermant les stomates à la face inférieure. Gross. 320.

nalement; ils s'ouvrent au contraire dans tous les sens sur les feuilles au limbe large. La plupart des feuilles offrent des sto-

(*) *Ep*, épiderme. — *n*, cellules voisines du stomate. — *s*, cellules stomatiques. — E, ouverture extérieure. — *o*, ouverture intérieure de la chambre stomatique A. — *c*, cuticule. — *mer*, parenchyme lacuneux (Tschirch).

mates beaucoup plus nombreux à la face inférieure. Ils sont parfois rassemblés en groupes que séparent des intervalles imperforés; lorsque ces groupes de stomates s'enfoncent au-dessous du niveau général, ils forment des poches dites *cryptes stomatifères* (fig. 271).

Les feuilles des plantes herbacées présentent des stomates sur leurs deux faces (fig. 272); les feuilles des végétaux ligneux n'en

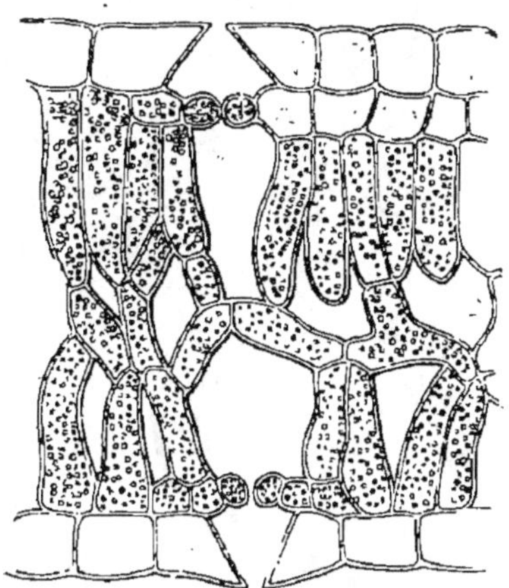

Fig. 272. — Coupe d'une feuille d'*Hakea florida*, stomates sur les deux faces, enfoncés sous l'épiderme. Gross. 420.

portent que sur la face inférieure; les feuilles totalement immergées en sont dépourvues; mais, chez les familles dont les espèces vivent partie dans l'eau, partie dans l'air, les stomates se montrent toujours exclusivement sur les feuilles aériennes.

Certains stomates ont leur chambre sous-stomatique et leur fente pleines d'eau, leurs cellules sont incapables de mouvements, ils restent toujours ouverts; on les trouve presque constamment à l'extrémité des nervures, ils ont pour rôle de donner issue aux liquides de la plante : ce sont les *stomates aquifères*. On voit qu'ils diffèrent notablement des *stomates aérifères* précédemment décrits.

Le limbe porte encore fréquemment des poils de formes diverses : sécréteurs, écailleux, scléreux, etc. (fig. 273). Dans le bourgeon les feuilles en sont presque constamment couvertes, pendant le développement les poils s'atrophient ou persistent.

Le parenchyme occupe tout l'espace entre les deux faces de l'épiderme et comble les mailles du réseau des nervures (fig. 274). On peut, au point de vue anatomique, distinguer deux types de feuilles :

Dans certaines plantes, le parenchyme est conformé de la même manière sur les deux faces du limbe (fig. 275). Les cellules disposées en séries radiales et tangentielles, laissent entre elles des méats

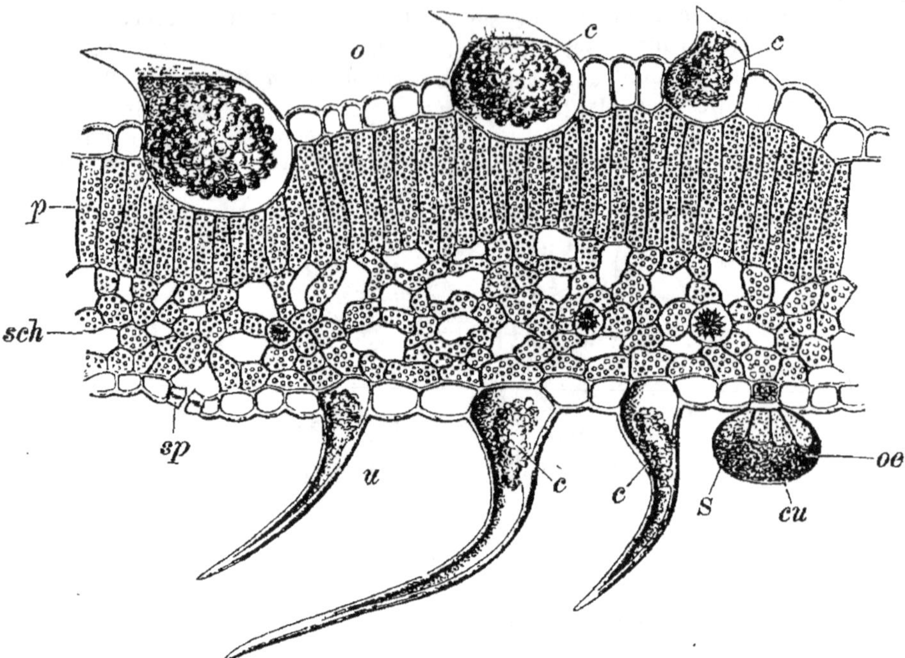

Fig. 273. — Coupe à travers une feuille verte de Chanvre (*).

aérifères généralement étroits. Leur forme est tantôt allongée perpendiculairement à la surface, tantôt aplatie ou arrondie ; en s'é-

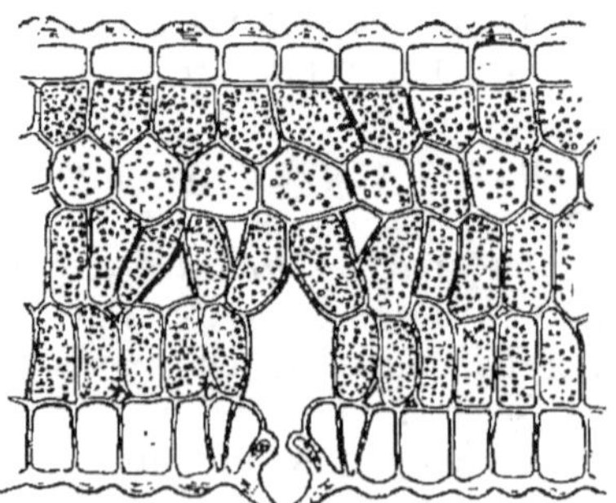

Fig. 274. — Coupe d'une feuille de *Protea mellifera* montrant le parenchyme, et à la face inférieure un stomate surélevé.

loignant de la surface la disposition des méats devient moins ré-

(*) *o*, face supérieure. — *u*, face inférieure. — *p*, parenchyme en palissade. — *sch*, parenchyme lacuneux. — *c*, cystolithes. — *sp*, stomate. — *oe*, glande à huile essentielle. — *S*, cellules glandulaires. — *cu*, cuticule soulevée par le produit de sécrétion (Tschirch).

gulière. La région médiane du parenchyme est pauvre en chlorophylle, l'ensemble est dit *homogène*, le type est *centrique*, il est
commun dans les feuilles non horizontales, mais se trouve aussi
dans les feuilles horizontales.

Le second type, parenchyme *hétérogène*, est partagé en deux couches de structure très différente ; les cellules sont riches en chlorophylle. La couche supérieure, tournée vers la lumière, est composée
d'une ou plusieurs assises de cellules allongées dans le sens perpendiculaire à la surface (*tissu en palissade*), ne laissant entre elles
que de rares et étroits méats. La seconde couche est formée de
cellules irrégulières, rameuses, circonscrivant des méats aérifères
(*tissu lacuneux*). Les stomates sont alors abondants sur la face in-

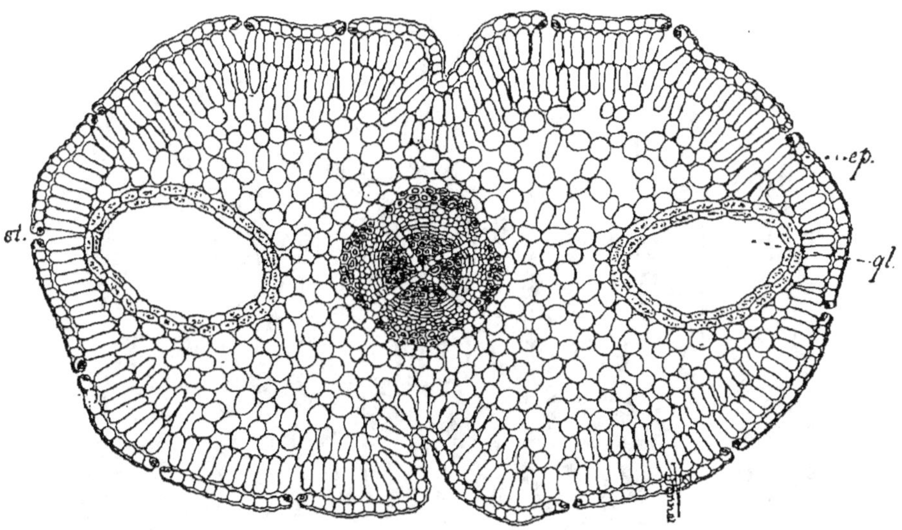

Fig. 275. — Coupe d'une feuille de Sabine (d'après Hérail et Bonnet) (*).

férieure de l'épiderme, sauf quand la feuille flotte sur l'eau comme
celle des Nymphéacées (fig. 276 et 277).

Les cellules sous-épidermiques se différencient quelquefois. Elles
s'allongent, épaississent et lignifient leurs membranes, deviennent
des éléments de sclérenchyme continuant celui du pétiole. Ce sclérenchyme peut former une couche continue ou des faisceaux distincts ; mais il s'interrompt toujours vis-à-vis des stomates (fig. 278
et 279).

L'appareil sécréteur est disposé dans le parenchyme de la feuille,
comme dans l'écorce de la tige. (Voir page 54 et suivantes.)

(*) *ep*, épiderme. — *st*, stomates. — *gl*, nodules sécréteurs.

Les plus grosses nervures ont la structure du pétiole, elles n'en diffèrent que par le nombre des faisceaux. L'épiderme, au-dessous d'elles, est renforcé par une couche scléreuse (fig. 280). Les nervures fines qui résultent de la ramification des premières, sont plongées dans le parenchyme ; le faisceau libéro-ligneux qui les constitue a son liber en bas et son bois en haut, il est entouré d'un endoderme et d'un péricycle propres (fig. 281). Ce faisceau se ramifie et s'amincit de plus en plus tout en conservant sa structure normale ; mais, dans les derniers ramuscules, les tubes criblés s'arrêtent et le faisceau devient exclusivement ligneux. Il se ter-

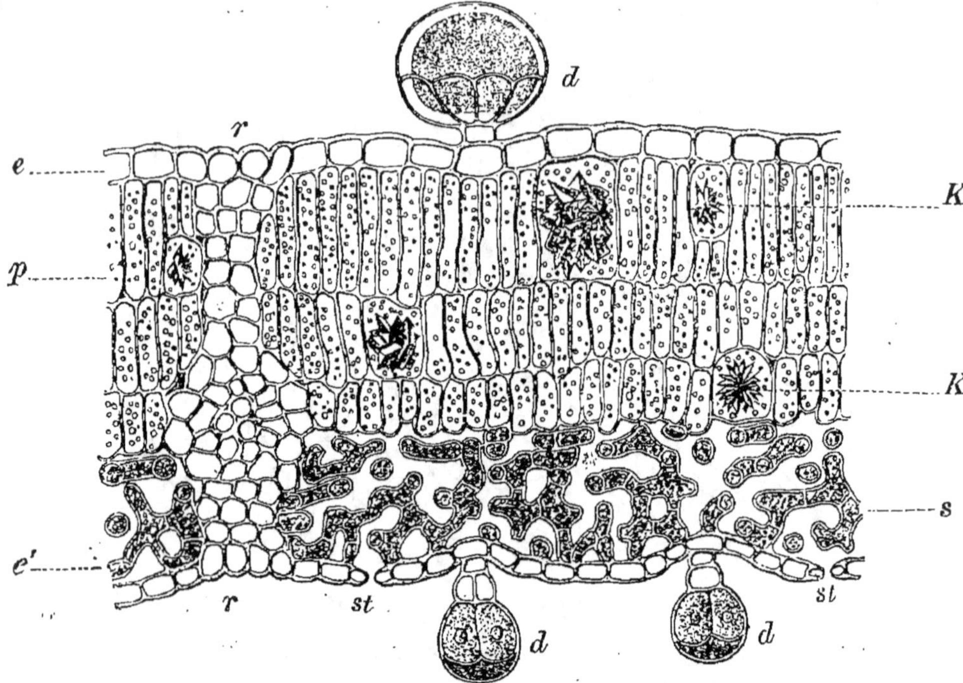

Fig. 276. — Feuille de Noyer (*Juglans regia*) (*).

mine en s'anastomosant avec des rameaux voisins, soit dans la profondeur du parenchyme vert, soit dans l'épiderme, au voisinage d'un stomate aquifère.

La gaine, les stipules et la ligule ont la même structure essentielle que le limbe (Van Tieghem).

(*) Coupe montrant en *e* l'épiderme de la face supérieure. — *e'*, l'épiderme de la face inférieure. — *d*, les poils glandulaires. — K, cellules contenant des cristaux. — *st*, stomates. — *p*, parenchyme en palissade. — *s*, parenchyme lacuneux. — *r*, lame de stéréome renfermant un petit faisceau (Vogl).

Chez les Mousses, la feuille est quelquefois réduite à une simple assise de cellules riches en éléments chlorophylliens. Quelquefois se montre une nervure médiane formée de plusieurs assises cellulaires, alors que les bords du limbe n'en comptent qu'une. Souvent, la nervure médiane est différenciée en un faisceau de cellules

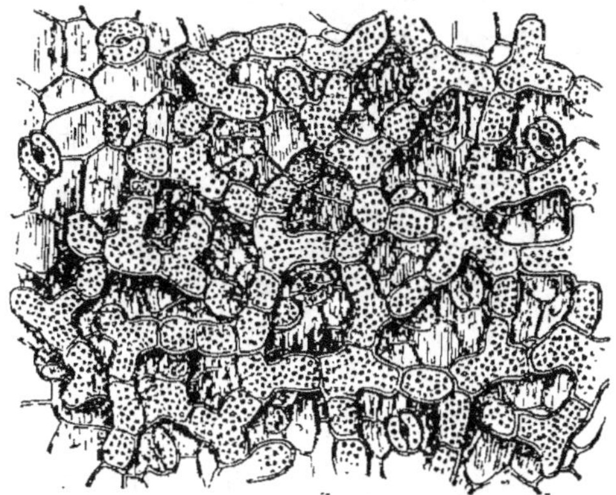

Fig. 277. — Parenchyme lacuneux de la feuille de *Daphne laureola*. L'épiderme et les cellules en palissade de la face supérieure ont été enlevés. Gross. 320.

étroites à parois minces qui vient s'unir au cylindre central de la tige.

L'accroissement terminal de la feuille s'opère par une cellule unique dans les Muscinées, Cryptogames vasculaires et Gymno-

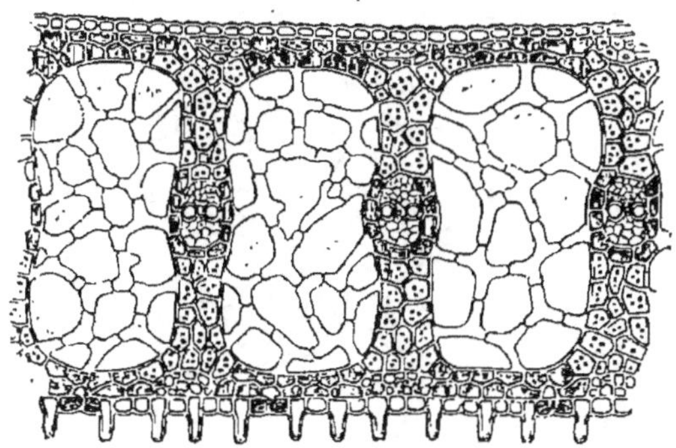

Fig. 278. — Coupe transversale de la feuille de *Glyceria spectabilis*. Stéréome entourant et protégeant le parenchyme lacuneux. Gross. 200.

spermes; par la division d'un groupe de cellules chez les Angiospermes. Dans ce dernier cas, il y a deux ou trois cellules mères superposées.

Lorsqu'elles sont au nombre de deux, la supérieure donne l'épiderme, l'inférieure produit le parenchyme et les nervures. Si elles sont trois, la moyenne donne le parenchyme ; l'inférieure, les faisceaux ; la supérieure, l'épiderme.

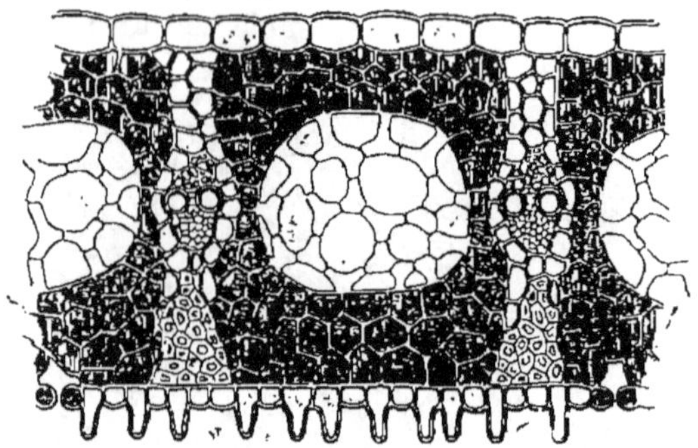

Fig. 279. — Coupe d'une feuille de *Carex paludosa* avec stéréome très développé.

Dans le cas où le développement des tissus dérive du cloisonnement d'une cellule mère, celle-ci affecte très généralement la forme d'un coin et donne par deux cloisonnements deux séries de seg-

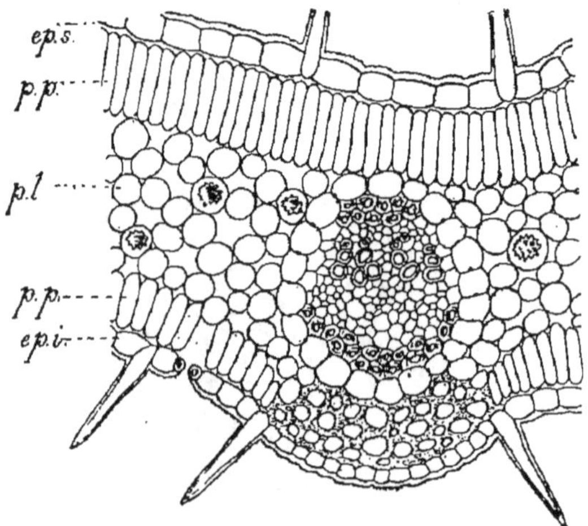

Fig. 280. — Coupe d'une feuille de Séné montrant la nervure principale (d'après Hérail et Bonnet) (*).

ments qui se divisent eux-mêmes dans la suite (Van Tieghem). Chez les Muscinées, les Cryptogames vasculaires et les Gym-

(*) *ep, s*, épiderme supérieur. — *ep, i*, épiderme inférieur. — *p, p*, parenchyme en palissade sur les deux faces de la feuille. — *pl*, parenchyme lacuneux.

nospermes, la feuille, au flanc de la tige, naît par une seule cellule ; chez les Angiospermes il y a un groupe de cellules mères.

Dans les végétaux inférieurs et les Gymnospermes, la partie externe des segments qui s'accumulent, comme nous l'avons expliqué, pour constituer les tissus de la tige, se sépare par une cloison et devient la cellule mère de la feuille. Chez les Angiospermes, au

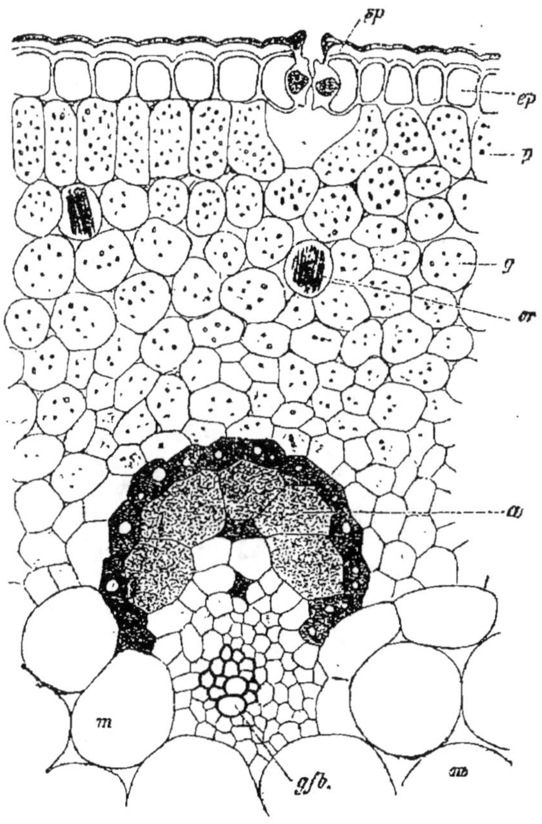

Fig. 281. — Coupe d'une feuille d'Aloès (*Aloe socotrina*), d'après Tschirch (*).

contraire, se différencie un groupe de trois cellules : la première appartient à l'épiderme ; la seconde à l'écorce (réduite ici à une seule assise cellulaire), la troisième au cylindre central. La première donne l'épiderme de la feuille ; la seconde, le parenchyme et l'endo-

(*) *ep*, épiderme dont la cuticule recouvre une couche sous-cuticulaire. — *sp*, stomate — *p*, parenchyme en palissade. — *cr*, cellules à cristaux. — *a*, cellules péricycliques sécrétant l'aloès ; ces cellules sont recouvertes par l'endoderme. — *g f b*, faisceau. — *g*, parenchyme chlorophyllien avec cellules à raphides. — *m*, parenchyme médullaire à mucilage aquifère.

derme; la troisième, les faisceaux libéro-ligneux et le péricycle
(Van Tieghem).

Lorsque, par exception, le groupe de cellules n'en comprend que
deux, l'une, appartenant à l'épiderme de la tige, fournit celui de
la feuille ; l'autre, issue de l'assise externe de l'écorce, donne simultanément les faisceaux et le parenchyme.

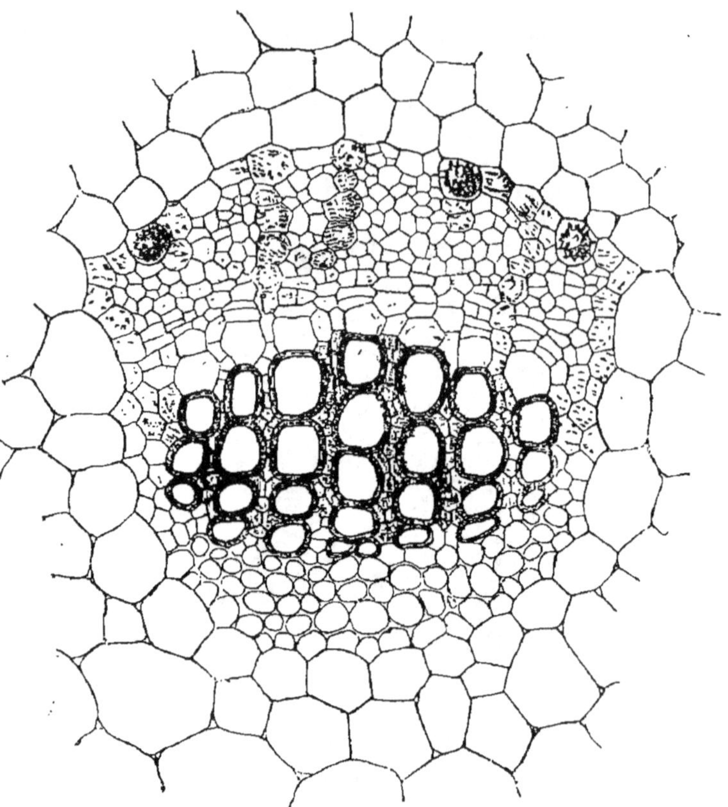

Fig. 282. — Faisceau collatéral de la feuille de *Malva silvestris*. Entre le liber et le bois se
trouve une zone de cambium (Haberlandt).

La structure d'une feuille se complique parfois par formation de
tissus secondaires. Ces tissus n'offrent, toutefois, que peu d'importance et ne produisent aucun épaississement notable. Ils dérivent
toujours de deux assises génératrices concentriques ; l'une, externe,
donnant naissance à un périderme ; l'autre, interne, formant du bois
et du liber.

On peut observer dans les écailles des bourgeons du Marronnier, un périderme qui renforce l'épiderme, assure l'imperméabilité, et par suite protège efficacement le bourgeon. Assez souvent, une formation analogue s'accuse dans le pétiole, sans se prolonger dans le limbe.

Un certain nombre de végétaux présentent un petit arc générateur dans leur faisceau foliaire, à la limite du bois et du liber. Cet arc devient un cambium donnant du bois à l'intérieur et du liber à l'extérieur (fig. 282). Jamais les arcs des divers faisceaux ne s'unissent en une assise continue à travers les rayons qui les séparent, comme cela arrive dans la racine et dans la tige.

Nous avons eu occasion de dire que la feuille peut produire des tiges et des racines adventives. Les premières proviennent de la surface de la feuille, les bourgeons qui leur donnent naissance sont exogènes.

Le méristème qui constituera la tige adventive dérive de la segmentation des cellules épidermiques seules, ou du cloisonnement des cellules épidermiques et des cellules du parenchyme. Parfois, c'est au-dessus du parenchyme qu'il apparaît, parce qu'il y a eu déchirure de la surface foliaire.

La tige adventive se forme toujours indépendamment des nervures, elle ne tarde pas à porter à sa base plusieurs racines par lesquelles elle se nourrit ensuite.

Les racines adventives qui naissent sur les feuilles sont endogènes, elles prennent naissance dans le péricycle d'un faisceau libéro-ligneux exactement comme une radicelle dans le péricycle du cylindre central de la racine, ou une racine latérale sur la tige. Quelques cellules se cloisonnent activement et produisent un petit cône qui est la jeune racine. Ce cône s'allonge, digère l'endoderme, le parenchyme, l'épiderme, puis sort ; ses faisceaux ligneux se relient au bois et ses tubes criblés au liber du faisceau libéro-ligneux. Il ne se produit jamais de poche digestive même pour des racines issues de plantes qui offrent un pareil organe dans leurs radicelles et racines latérales (Van Tieghem).

Dans cette rapide étude de la feuille, nous avons dû citer comme exemples un certain nombre d'arbres de nos climats. Il n'est pas inutile, croyons-nous, de donner ici, indépendamment de toute classification de familles végétales, les principaux caractères à l'aide desquels à l'examen de la feuille on pourra déterminer les arbres, arbustes ou arbrisseaux les plus communs dans la France septentrionale.

Nous résumons ces caractères dans les tableaux suivants empruntés à M. G. Bonnier, professeur à la Faculté des sciences de Paris (1).

____

(1) G. Bonnier, *Les Plantes des champs et des bois*. Paris, J.-B. Baillière, éditeur.

Feuilles composées de folioles distinctes .... Tableau I.

Feuilles non composées.
- Opposées ou verticillées........................... Tableau II.
- Alternes.
  - Branches épineuses................... Tableau III.
  - Branches non épineuses
    - Feuilles épaisses et persistantes............ Tableau IV.
    - Feuilles minces et caduques.............. Tableau V.

TABLEAU I.

Plantes ligneuses à feuilles composées.

Feuilles opposées.
- Tige grimpante.............................. *Clématite.*
- Tige non grimpante.
  - Folioles en éventail, bourgeons visqueux. *Marronnier d'Inde.*
  - Folioles en deux rangées parallèles.
    - Bourgeons ayant deux ou quatre écailles. Noirs. Branches contenant peu de moelle .... *Frêne,*
    - Bourgeons à plus de quatre écailles, verts. Branches contenant beaucoup de moelle... *Sureau.*

Feuilles alternes.
- Tige portant des épines.
  - Épines par deux à la base des feuilles. *Robinier.*
  - Épines isolées.
    - Nervures des feuilles épineuses .... *Églantine.*
    - Nervures des feuilles sans épines................ *Ronce.*
- Tige dépourvue d'épines.
  - Folioles dentées.
    - Bourgeons glabres et visqueux................ *Sorbier domestique.*
    - Bourgeons velus, non visqueux................ *Sorbier des Oiseleurs.*
  - Folioles non dentées.
    - Feuilles à trois folioles.. *Cytise faux-ébénier.*
    - Feuilles à plus de trois folioles................ *Baguenaudier.*

TABLEAU II.

Plantes ligneuses à feuilles simples et opposées.

Feuilles coriaces, persistantes.
- Étroites, piquantes, arbuste résineux................. *Genévrier.*
- Non piquantes, arbuste non résineux
  - Ovales, glabres............. *Buis.*
  - Étroites, velues.............. *Bruyères.*

Tige grimpante, s'enroulant....................................... *Chèvrefeuille grimpant.*

Plante épineuse à gros bourgeons............................... *Nerprun.*

Plante ni grimpante ni épineuse.
- Bourgeons glabres.
  - Bourgeons velus, feuilles vertes en dessus, blanches en dessous, écorce lisse....................................... *Chèvrefeuille des buissons.*
  - Bourgeons sans écailles................................. *Viorne.*
- Bourgeons écailleux.
  - Une écaille, feuilles à trois ou cinq lobes......... *Viorne obier.*
  - Plusieurs écailles.
    - Nervures secondaires arquées et se joignant au sommet................. *Cornouiller.*
    - Nervures secondaires non arquées.
      - D'un vert mat, bourgeons globuleux...... *Fusain.*
      - Bourgeons aigus. Feuilles :
        - En cœur... *Lilas.*
        - Non en cœur.... *Troène.*

TABLEAU III.

Plantes ligneuses à feuilles simples, alternes, à branches épineuses.

Rameaux et feuilles transformés en épines vertes, persistantes......... *Ajonc.*

Feuilles transformées en épines, à l'aisselle de celles-ci naissent des branches feuillées, écorce jaune en dedans........................... *Épine-vinette.*

Rameaux transformés en épines, feuilles non épineuses.
- Bourgeons appliqués contre les rameaux, feuilles glabres, mais poilues dans le premier âge....... *Pommier sauvage.*
- Bourgeons étalés.
  - Rameaux peu épineux, feuilles peu dentées, cotonneuses en dessous....... *Néflier d'Allemagne.*
  - Rameaux lisses.
    - Bourgeons aigus, feuilles glabres, poilues dans le premier âge........... *Poirier sauvage.*
    - Bourgeons arrondis
      - Feuilles profondément divisées. *Aubépine.*
      - Feuilles entières. *Prunellier.*

TABLEAU IV.

Plantes ligneuses à feuilles persistantes, simples et non opposées.

Feuilles larges et aplaties.
- Arbuste grimpant, feuilles lobées..................... *Lierre.*
- Plantes non grimpantes.
  - Feuilles épineuses.
    - Soudées à un rameau et formant une lame à une seule épine.................... *Petit-Houx.*
    - Grandes et gondolées, plusieurs épines............. *Houx.*
  - Feuilles sans épines.................... *Laurier commun*

Feuilles étroites, allongées et isolées.
- Aplaties et pointues, rameaux non verticillés........... *If.*
- Peu aplaties, rameaux verticillés.
  - Feuilles portant deux raies blanches en dessous.......................... *Sapin pectiné.*
  - Feuilles quadrangulaires.............. *Épicéa.*

Feuilles étroites et réunies en faisceaux.
- Faisceau formé d'un grand nombre de feuilles........ *Cèdre.*
- Faisceau formé de deux ou de cinq feuilles.
  - Réunies par cinq..................... *Pin Weymouth.*
  - Réunies par deux.
    - Feuilles de cinq à six centimètres................. *Pin silvestre.*
    - Feuilles de dix à vingt-cinq centimètres.
      - Écorce à lames argentées et à écailles rouges. *Pin laricio.*
      - Écorce à lames violettes et à écailles brun rouge......... *Pin maritime.*

TABLEAU V.

Plantes ligneuses non épineuses à feuilles simples, alternes et caduques.

Bourgeons à trois écailles au plus.	Bourgeons sans écailles. Feuilles plus brillantes dessous que dessus				*Bourdaine.*
	1 écaille au bourgeon. Feuilles pointues				*Saules.*
	Bourgeons à deux ou trois écailles.	Feuilles sans pointes. Bourgeons de côté et comme pédonculés			*Aune.*
		Feuilles ayant une pointe au sommet, ou divisées en lobes pointus	Feuilles en cœur		*Tilleul.*
			Feuilles ovales, allongées, pointues, à dents courbées		*Châtaignier.*
			Feuilles lobées, nervures en éventail		*Platanes.*
Bourgeons à plus de trois écailles.	Bourgeons et feuilles sur deux lignes opposées, sur des rameaux situés de côté.	Feuilles non dentées, écorce lisse et grise, bourgeons aigus			*Hêtre.*
		Feuilles dentées.	Bourgeons globuleux. Pétiole velu. Feuilles peu allongées		*Noisetier.*
			Bourgeons aigus.	Jeunes pousses grêles, retombantes, feuilles larges à la base	*Bouleau.*
				Jeunes pousses non retombantes. Nervures des feuilles fourchues	*Orme.*
				Nervures simples, feuilles lisses	*Charme.*
	Feuilles placées autour des branches, même sur les rameaux de côté. De même pour les bourgeons.	Feuilles irrégulièrement lobées, bourgeons rassemblés au sommet des rameaux			*Chêne.*
		Pétiole aplati à la base et en sens inverse au sommet. Première écaille du bourgeon enveloppant les autres.	Feuilles finement dentées, toujours glabres, écorce crevassée en long.	Branches étalées	*Peuplier noir.*
				Branches contre le tronc	*Peuplier pyramidal.*
			Feuilles irrégulièrement divisées, velues au premier âge. Écorce lisse sauf quand l'arbre est très vieux.	Feuilles âgées glabres, bourgeons visqueux	*Tremble.*
				Feuilles velues en dessous, bourgeons non visqueux	*Peuplier blanc.*
		Arbres n'ayant pas ces caractères.	Écailles des bourgeons vertes et bordées de brun.	Feuilles dentées	*Alisier blanc.*
				Feuilles lobées	*Alisier des bois.*
			Bourgeons à écailles brunes. Écorce lisse et luisante.	Rameaux dressés, bourgeons aigus	*Merisier.*
				Rameaux pendants, bourgeons obtus	*Cerisier cultivé.*
			Écorce peu ou pas luisante.	Bourgeons allongés appliqués sur le rameau	*Cerisier à grappes.*
				Bourgeons courts non appliqués	*Prunier.*

CHAPITRE VIII

LA FLEUR

57. Définition de la fleur. — La fleur, organe spécial aux plantes Phanérogames, porte les appareils de la reproduction ; on verra dans les chapitres suivants comment les Thallophytes et les Cryptogames vasculaires se munissent d'appareils reproducteurs.

A proprement parler, une plante Phanérogame ne possède pas en la fleur un organe nouveau, elle différencie simplement sur sa tige un rameau entier ou une portion de rameau, à tel point, que la différenciation entre les feuilles normales et les feuilles florales n'est pas toujours bien nette.

On peut donc dire que « la fleur est un rameau contracté dont les feuilles sont modifiées en vue de la reproduction ».

Les exemples de transition entre les feuilles normales et celles qui constituent les diverses parties de la fleur ne sont pas rares.

Si l'on examine les feuilles végétatives de l'Hellébore et du Groseillier, on constate le passage graduel de ces feuilles aux bractées florales qui en diffèrent peu, et ensuite, le passage de ces bractées aux folioles du périanthe externe.

Souvent, les bractées prennent la coloration des enveloppes de la fleur ; les Polygalas et certains Mélampyres en sont des exemples classiques. Chez le Rosier, il est facile de constater une similitude très grande entre les feuilles normales et les premières feuilles qui protègent la fleur.

Le passage des feuilles florales vertes (sépales) aux feuilles florales colorées (pétales) s'observe sur le Camellia, le Magnolia, le Nénuphar blanc, la Pivoine à fleurs blanches, etc. ; celui des feuilles florales colorées aux feuilles mâles (étamines), sur le Nénuphar déjà mentionné ; et enfin, celui des feuilles mâles aux feuilles femelles (carpelles) sur la Joubarbe des toits et quelquefois aussi sur le Pavot.

58. Aspect extérieur de la fleur. — Un rameau, le *pédicelle*, aplatit, creuse, arrondit ou élargit son sommet en un *réceptacle* sur lequel se produit un bourgeon de feuilles, le *bouton*, qui, par son épanouissement, donnera la fleur proprement dite. Le pédicelle porte parfois latéralement des feuilles peu différenciées ou rudimentaires, dites *bractées*. Le rameau joue donc un rôle assez effacé ; il produit et porte la fleur. L'étude de celle-ci se borne à l'examen d'un certain nombre de feuilles différenciées. Les pièces sont disposées suivant les règles établies pour la disposition des feuilles sur la tige ; c'est-à-dire, soit en verticilles alternes, soit isolément et en cycles superposés. Il peut très bien se faire aussi que les deux dispositions se succèdent sur une même fleur qui est alors mixte.

Une fleur complète se compose toujours de quatre verticilles distincts, les feuilles qui les forment ont reçu des noms spéciaux.

1° Le premier verticille, le plus externe, sert d'enveloppe au bouton; les feuilles en sont vertes, on les nomme *sépales* et leur ensemble constitue le *calice*.

2° Le second verticille comprend des feuilles plus grandes que les sépales et colorées diversement, ce sont les *pétales*, dont l'ensemble est nommé *corolle* (fig. 283 et 284).

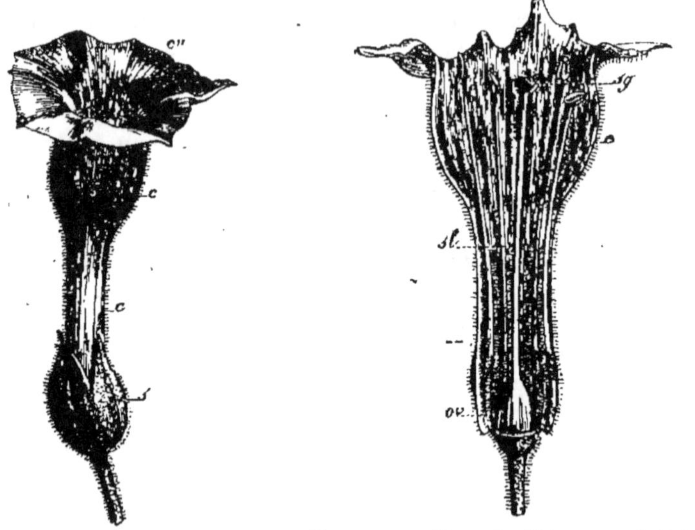

Fig. 283. — Fleur du Tabac (grand. nat.), vue extérieurement (*).
Fig. 284. — Fleur du Tabac, vue intérieurement (**).

L'importance physiologique de ces deux verticilles est faible, on les appelle souvent *enveloppes florales*, ou *périanthe*.

3° Les feuilles du troisième verticille, les *étamines*, sont plus profondément différenciées que les précédentes, leur ensemble est l'*androcée*. Chacune est composée d'un pétiole mince et grêle, le *filet*, portant un limbe réduit. La face supérieure de celui-ci présente deux proéminences allongées placées sur chacun des bords et parallèles à la nervure médiane souvent peu accusée. Les quatre proéminences sont les *sacs polliniques*; par un mécanisme que nous exposerons plus loin, ils laissent échapper une poussière jaunâtre, le *pollen*, à un certain moment de leur existence (fig. 285).

(*) *s*, calice. — *c*, *c'*, *c''*, corolle.
(**) *c*, corolle, — *ov*, ovaire. — *st*, style. — *sg*, stigmate.

Le limbe et les sacs polliniques constituent l'*anthère;* souvent on donne à la partie du limbe qui s'étend entre les sacs polliniques le nom de *connectif.*

L'étamine est donc une feuille productrice du pollen, corps migrateur, appelé à jouer, après certaines modifications, le rôle d'élément mâle dans la fécondation.

4° Le quatrième verticille, le *gynécée,* résulte de la réunion de feuilles autrement différenciées que les étamines, on les nomme *carpelles.* Un carpelle se compose d'un limbe sessile inférieurement élargi, continué par un prolongement grêle, le *style,* où l'on peut suivre la nervure médiane, et terminé par une languette velue et visqueuse, le *stigmate* (fig. 286). Les bords de la région inférieure

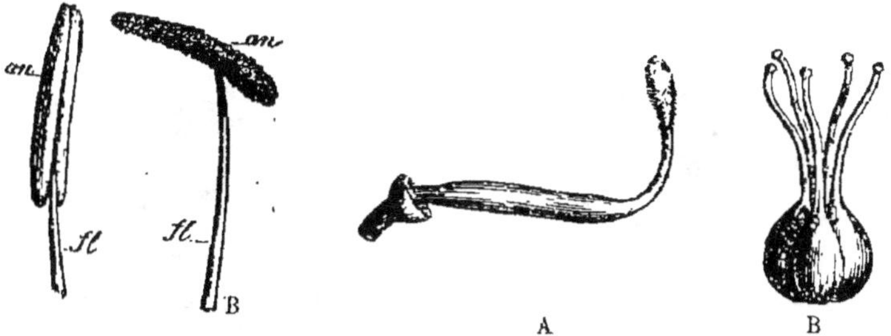

Fig. 285. — Partie supérieure de l'étamine du Lis (*).   Fig. 286. — A, carpelle entier de *Lathyrus.* — B, Gynécée de *Spiræa Fortunei.*

du carpelle sont épaissis et portent le nom de *placenta;* sur ce placenta s'attachent à l'aide de prolongements grêles ou *funicules* de petits corps arrondis, les *ovules.* Toute cette région élargie du carpelle constitue l'*ovaire.*

Le point où le funicule s'unit à l'ovule est le *hile.* L'ovule est lui-même formé de deux parties : l'une externe, fixée par le funicule au hile et ouverte à son extrémité opposée (*micropyle*), est le *tégument;* l'autre interne, ovoïde ou conique, attachée par sa base au tégument (la surface d'attache est dite *chalaze*) est appelée *nucelle.* Le nucelle donne naissance à un élément qui joue dans la fécondation le rôle femelle ; il est l'homologue du sac pollinique de l'anthère ; nous aurons l'occasion d'insister sur ce sujet.

Dans le carpelle que nous venons d'analyser les placentas sont situés sur le bord d'une feuille supposée ouverte, plane ou un peu concave. Une telle disposition est dite *placentation pariétale* (fig. 287). Il arrive souvent que le carpelle, en se développant, se ferme, les

(*) *an,* anthère. — *fi,* filet. — En A, l'anthère est fermée, en B, l'anthère ouverte a laissé échapper le pollen.

bords renflés se rapprochent l'un de l'autre et s'unissent. L'ovaire est devenu une cavité close à l'angle interne de laquelle se trouvent, du côté de l'axe de la fleur, les placentas. La placentation est *axile* (fig. 288).

Il peut arriver aussi que les deux manières d'être se rencontrent sur le même carpelle; l'ovaire, fermé à sa base, est ouvert au sommet, la placentation, axile dans sa partie inférieure, est pariétale en haut.

Telle que nous venons de la décrire avec son périanthe et ses verticilles mâle et femelle, la fleur est dite *dipérianthée hermaphrodite* ou *complète;* mais il en est de plus simples.

La fleur peut se réduire à trois verticilles, le calice ou la corolle disparaissant, elle est alors *monopérianthée.* Comme, le plus souvent,

Fig. 287. — Placentation pariétale
de *Viola tricolor.*

Fig. 288. — Placentation axile
du Poirier.

c'est la corolle qui fait défaut, on la dit aussi *hermaphrodite apétale.*

Le calice et la corolle se trouvant sur la fleur, l'androcée peut faire défaut; mais alors le même plant, ou un plant différent porte les fleurs correspondantes avec calice et corolle, mais sans gynécée. La première fleur, où l'androcée manque, est dite *femelle;* la seconde, où le gynécée est absent, est *mâle* et chacune d'elles est *unisexuée*. Dans les jardins botaniques et dans les herbiers on emploie les signes suivants :

Fleurs femelles : ♀ planète Vénus ;

Fleurs mâles : ♂ ou ♁ planète Mars ;

Fleurs hermaphrodites : ♂ union des deux.

Si, sur le même individu végétal, les deux sortes de fleurs sont réunies, la plante est *monoïque*, telle est la Courge. Si les fleurs unisexuées sont produites par deux individus différents la plante est *dioïque*, telle est l'Ortie.

Une fleur est *apérianthée* ou *hermaphrodite nue*, quand elle est réduite au gynécée et à l'androcée, comme cela se présente pour le Frêne.

D'autres fois, la fleur n'a que deux verticilles, mais l'un d'eux est le périanthe, l'autre, un androcée ou un gynécée ; le périanthe est souvent un calice et on a des fleurs *apétales unisexuées*.

A son dernier degré de simplicité la fleur est réduite à un verticille unique, qui est l'androcée pour l'une, et le gynécée pour l'autre. Les fleurs sont, en ce cas, *nues et unisexuées*. Souvent même le nombre des parties se réduit à l'unité ; une étamine d'un côté, un carpelle de l'autre, c'est le cas le plus simple, il est présenté par le Platane.

Au lieu de se simplifier, la fleur peut se compliquer. Par exemple, le calice et la corolle comprendront plusieurs verticilles de sépales et de pétales ; l'androcée se composera de plusieurs rangs d'étamines. Les plantes qui comprennent deux verticilles d'étamines ont un androcée *diplostémone*. Il n'est pas rare de rencontrer des fleurs dont l'androcée renferme un très grand nombre d'étamines; telles sont les fleurs de Pavot, de Mauve, d'Ancolie, de Clématite, de Poirier, de Pommier, etc.

On dit qu'une fleur est *isomère* lorsque chacun de ses verticilles comprend le même nombre de feuilles différenciées. On peut citer comme exemples de fleurs isomères, le Lis, l'Iris, la Bruyère, etc. Lorsque, d'un verticille au suivant, le nombre des feuilles change, la fleur est *hétéromère ;* c'est le cas de la Ficaire, de la Giroflée, du Tabac, etc.

La disposition habituelle des verticilles, dans les fleurs isomères, est l'alternance et parfois la superposition; dans les fleurs hétéromères elle se rapproche autant que possible de l'alternance.

Il existe, chez certains groupes de Dicotylédones, des fleurs dont les sépales, les pétales, les étamines et les carpelles sont disposés isolément à chaque nœud. Les feuilles modifiées se succèdent alors le long d'une spire faisant de nombreux tours à la surface du réceptacle. Ce sont les fleurs *cycliques*. Tantôt les formations comprennent exactement un ou plusieurs cycles et sont aussi distinctes que dans des fleurs verticillées; tantôt on passe insensiblement des sépales aux pétales et des pétales aux étamines, on ne peut plus discerner le calice de la corolle, ni celle-ci de l'androcée; nous en avons parlé précédemment. (Théorie de Gœthe.)

On peut aussi rencontrer des fleurs *mixtes* renfermant à la fois des verticilles et des cycles; ainsi, la famille des Renonculacées, à laquelle appartiennent des plantes comme l'Aconit, l'Ancolie, la Renoncule, montre des fleurs où la corolle et le calice forment deux verticilles alternes de cinq feuilles chacun, alors qu'étamines et carpelles sont disposés en grand nombre sur une spire continue (Van Tieghem).

Les observations suivantes ont pour but de rapporter la position de la fleur entière et celle de chacune de ses parties à une direction fixe convenablement choisie ; de l'orienter, en un mot, elle et ses parties constituantes.

Une fleur naît sur une branche ou sur un pédicelle à l'aisselle d'une feuille ou d'une bractée. On est convenu de placer la branche ou le pédicelle en arrière ou en dessus ; la feuille ou la bractée mère en avant ou en dessous. Le côté *postérieur* ou *supérieur* de la fleur est tourné vers la branche ou le pédicelle, le côté *antérieur* ou *inférieur* est tourné vers la feuille ou la bractée. Un plan longitudinal mené d'avant en arrière à travers la fleur, comprenant l'axe de la branche mère, celui du rameau florifère et la ligne médiane de la feuille mère sera le *plan médian*. Il détermine la moitié droite et la moitié gauche d'une fleur. Les formations qu'il coupe en deux sont dites *médianes*, antérieures ou postérieures. Un second plan passant par l'axe du rameau et perpendiculaire au précédent sera le *plan latéral;* il partage la fleur en une moitié postérieure et une moitié antérieure. Les formations qu'il coupe en deux sont dites *latérales*, droites ou gauches. Les plans bissecteurs des précédents sont les *sections diagonales* de la fleur et les feuilles qu'ils coupent sont dites *diagonales* (Van Tieghem).

59. Symétrie de la fleur. — Si tous ses verticilles sont réguliers, la fleur est symétrique par rapport à son axe, *régulière* ou *actinomorphe*, ex. : la Tulipe ; mais, qu'un seul verticille soit irrégulier et la fleur n'est plus symétrique que par rapport au plan de symétrie de ce verticille, elle devient *irrégulière* ou *zygomorphe*, ex. : le Prunier. La zygomorphie atteint son plus haut degré quand les verticilles sont tous irréguliers et symétriques par rapport au même plan, comme dans le Haricot.

Le plus souvent, le plan de symétrie est médian et partage la fleur en une moitié droite et une moitié gauche. Parfois il est transversal comme dans le Corydalle, ou oblique comme dans le Marronnier d'Inde ; enfin certaines fleurs sont *asymétriques*, c'est-à-dire dépourvues de plan de symétrie, ex. : le Canna.

Pour une fleur cyclique, il n'y a pas symétrie de position, puisque les feuilles sont insérées à des hauteurs diverses, mais il peut y avoir symétrie de forme. Par exemple, toutes les feuilles d'un même cycle étant égales entre elles, tous les cycles étant réguliers, la fleur sera régulière. Si les fleurs de certains cycles sont inégales, et ce cycle, considéré comme un verticille, symétrique par rapport à un plan commun à tous les cycles irréguliers, la fleur entière sera irrégulière et symétrique par rapport à ce plan.

Pour représenter les rapports de nombre, de position et aussi de symétrie des diverses parties d'une fleur, et rendre aisée la comparaison de l'organisation florale de diverses plantes, on la représente par un diagramme établi suivant les principes de la disposition des feuilles ; on l'oriente entre la bractée en bas et la branche mère en haut. On néglige dans ce diagramme les caractères de forme, de grandeur, de concrescence, etc. (Van Tieghem).

Un point placé au-dessus du diagramme peut servir à marquer la situation de la branche, on le supprime souvent ; la bractée se représente ou non, elle est toujours au-dessous du diagramme. La partie inférieure de celui-ci indique le côté antérieur de la fleur. Les feuilles du périanthe sont représentées par des arcs de cercle et les étamines figurées par une coupe schématisée de l'anthère. Une

Fig. 289. — Diagramme d'une fleur de Réséda.

Fig. 290. — Diagramme d'une fleur de Capselle.

coupe très simplifiée de l'ovaire indique le gynécée ; des points représentent les ovules, ce qui permet d'avoir la situation des placentas. Dans les diagrammes complets, des petits cercles marquent les formations avortées et des points indiquent que cet avortement est total.

On peut aussi résumer la composition d'une fleur avec une formule qui se prête à la généralisation. Dans une formule florale, on ne considère absolument que les feuilles. Chaque verticille s'écrit en fonction des feuilles qui le composent et on affecte la lettre qui désigne une de ces feuilles d'un coefficient indiquant leur nombre. Quant une formation a plus d'un verticille on répète la lettre en la marquant d'un ou de deux accents. Ainsi :

$$F = 3S + 3P + 3E + 3E' + 3C$$

représente une fleur (F) ayant 3 sépales (S), 3 pétales (P), deux verticilles de 3 étamines chacun (E,E') et 3 carpelles (C).

Lorsque les feuilles florales sont concrescentes, soit dans un seul verticille, soit d'un verticille à l'autre, on met les lettres et les coefficients correspondants entre crochets. C'est ainsi que :

$$F = [5S] + [5P + 5E] + [2C]$$

représente une fleur ayant 5 sépales soudés, 5 pétales et 5 étamines concrescents, et 2 carpelles concrescents.

Lorsque toute la formule est entre crochets, cela signifie que l'ovaire est situé au-dessous de la base apparente de la fleur, en d'autres termes, au-dessous de l'insertion des parties externes. C'est ce que nous nommerons plus loin un ovaire *infère*.

La lettre C représente un carpelle fermé ; pour indiquer un carpelle ouvert on emploie le signe C°.

Lorsque deux verticilles successifs ont leurs éléments superposés, on l'exprime en mettant la lettre du premier en indice au bas de la lettre représentant le second. Exemple :

$$F = [5S] + [5P + 5E_p] + [5C°].$$

Cette formule représente une fleur dont les 5 sépales sont concrescents, ainsi que les 5 carpelles ouverts. Les pétales et les étamines sont aussi soudés, mais, de plus, les étamines sont superposées aux pétales (Van Tieghem).

60. Inflorescence. — L'*inflorescence* est la disposition que les

Fig. 291. — Épi du Plantain lancéolé.

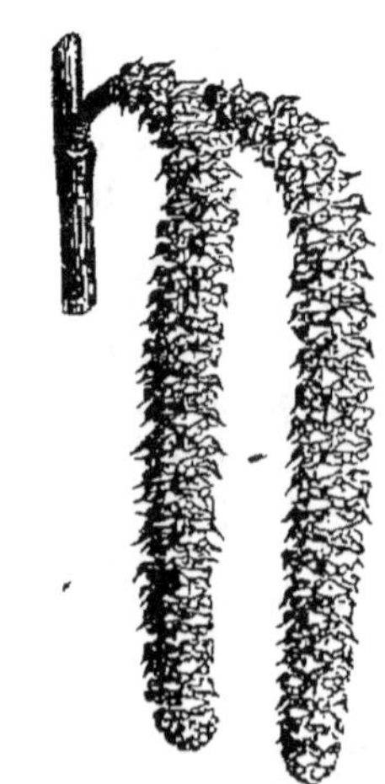

Fig. 292. — Deux chatons mâles du Noisetier d'Amérique.

fleurs affectent sur la tige ou sur les rameaux. Dans certaines plantes, le Mouron, par exemple, les fleurs, séparées les unes des autres par des feuilles normales, sont *solitaires ;* dans d'autres, elles sont

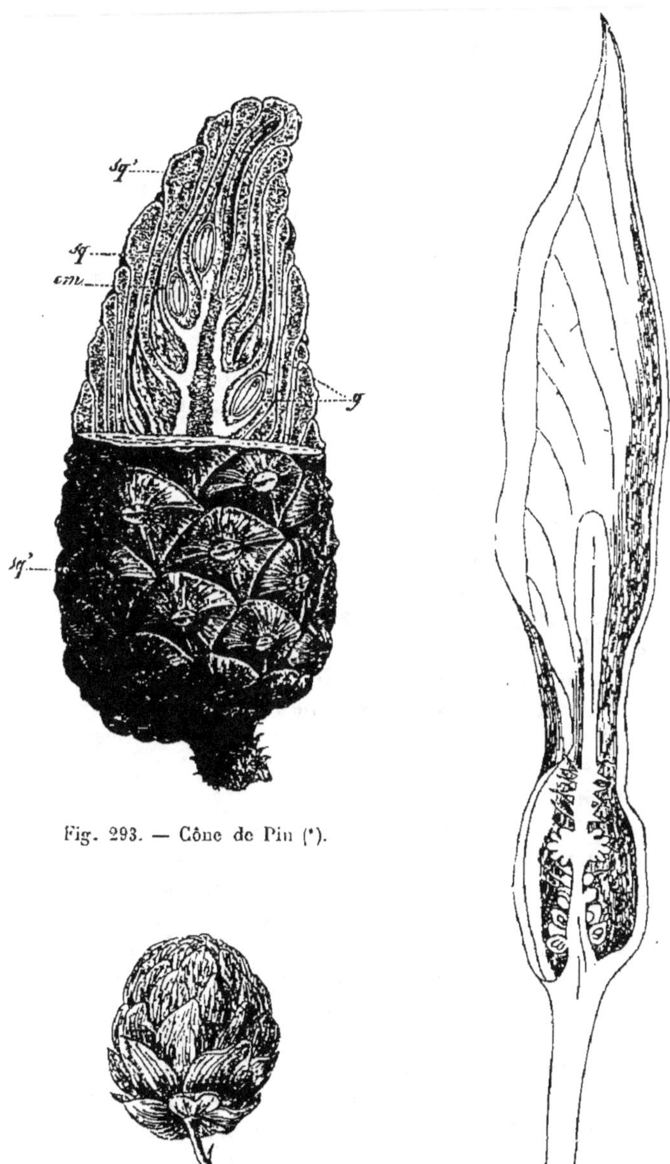

Fig. 293. — Cône de Pin (*).

Fig. 294. — Cône du Houblon.

Fig. 295. — Spadice de l'Arum enveloppé dans la spathe.

(*) *g*, les graines. — *em*, embryon. — *sq*, *sq'*, bractées coriaces.

réunies en groupe et séparées ou non par des bractées. L'ensemble porte encore le nom d'inflorescence.

Il y a lieu, dans un groupe de fleurs, de distinguer un axe primaire, pédoncule commun d'où naissent les autres qui sont des axes secondaires, tertiaires, etc., d'après leur situation par rapport à l'axe primaire.

Les fleurs peuvent être situées à l'extrémité de la tige ou des rameaux, on les dit *terminales;* ou à l'aisselle des feuilles, elles sont alors *axillaires*.

Lorsqu'une fleur termine un rameau, celui-ci cesse de se développer, l'inflorescence est *définie*. Quand, au contraire, les rameaux s'allongent et ne portent des fleurs qu'à l'aisselle de leurs feuilles, l'inflorescence est *indéfinie*. Solitaires ou réunies, les fleurs peuvent appartenir à une inflorescence définie ou indéfinie.

La longueur de l'axe primaire et de ses divisions, ainsi que la nature des fleurs groupées, ont fait distinguer plusieurs sortes d'inflorescences indéfinies, ce sont :

L'*épi*, mode dans lequel l'axe primaire plus ou moins long porte sur ses flancs des fleurs sessiles hermaphrodites, comme dans la Digitale ou le Plantain (fig. 291).

Le *chaton* est composé de fleurs sessiles et unisexuées, disposées comme dans l'épi, l'axe primaire se détache, tout d'une pièce, après la fécondation. Le Noisetier, le Noyer, le Saule, le Châtaignier en fournissent des exemples répandus (fig. 292).

Le *cône* est une inflorescence dont les fleurs sessiles sont unisexuées et femelles, accompagnées de larges bractées, coriaces dans le Pin (fig. 293) et le Sapin, molles dans le Houblon (fig. 294).

Le *spadice* ne se compose aussi que de fleurs sessiles unisexuées. Son axe charnu, porte des fleurs femelles à la base et des fleurs mâles au sommet, le tout protégé par une large bractée, la *spathe* (fig. 295). Les Palmiers sont munis d'un spadice ramifié qu'on nomme *régime*.

Le *capitule* est une inflorescence dans laquelle des fleurs sessiles sont fixées au sommet de l'axe primaire en un large réceptacle (fig. 296). Le Pissenlit, le Chardon, le Soleil et l'Anthémis ont une telle inflorescence. L'ensemble des bractées qui entourent un capitule est l'*involucre*. La Figue (fig. 297) présente une modification remarquable du capitule, on la nomme *sycone*. Le réceptacle, au lieu de rester sensiblement plan, se creuse, rapproche ses bords et forme une cavité tapissée intérieurement de fleurs mâles et femelles. Sur les bords de l'orifice, on aperçoit aisément les petites bractées de l'involucre.

L'*ombelle* est un mode d'inflorescence dans lequel les axes secondaires partent du même point, se terminent chacun par une fleur et divergent comme les rayons d'une ombrelle. Les bractées

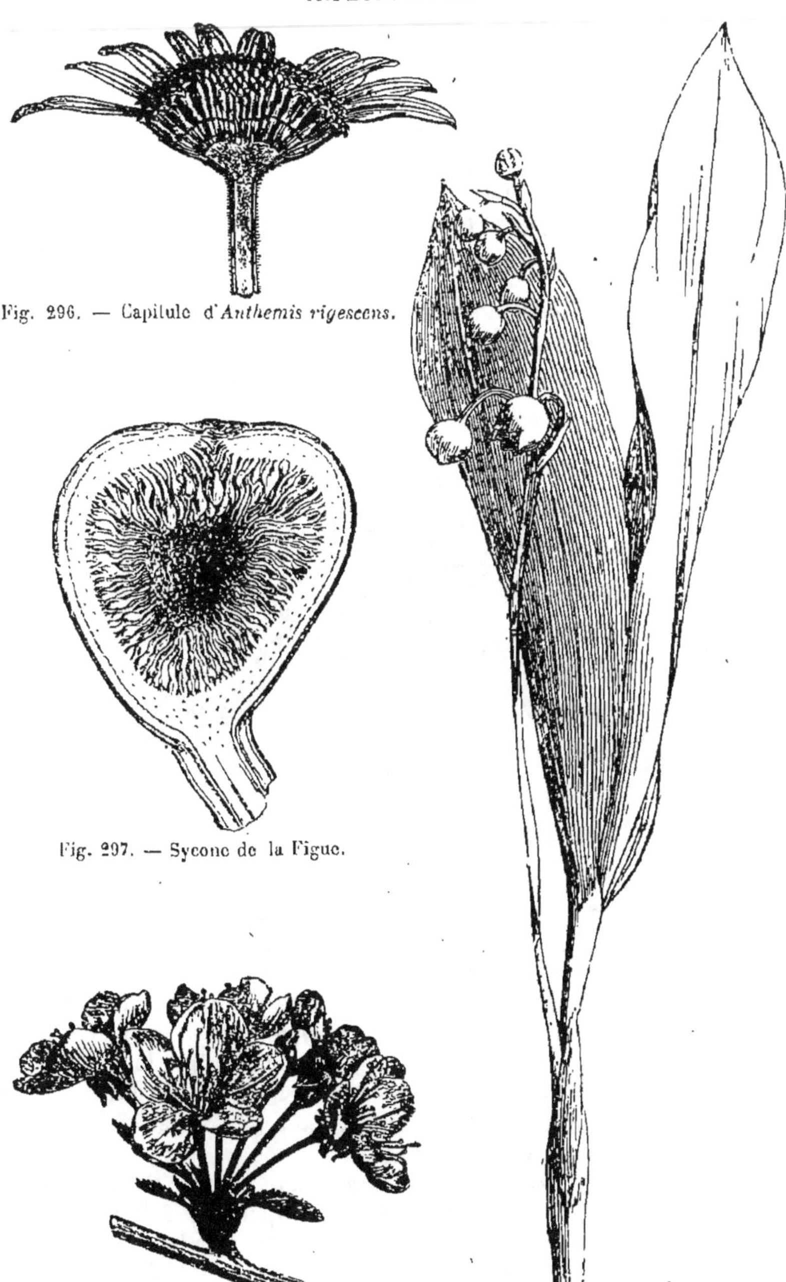

Fig. 296. — Capitule d'*Anthemis rigescens*.

Fig. 297. — Sycone de la Figue.

Fig. 298. — Ombelle du *Cerasus caproniana*.   Fig. 299. — Grappe de Muguet.

forment ici une sorte d'involucre qu'on désigne sous le nom de *collerette* (fig. 298).

Dans la *grappe*, l'axe primaire allongé porte un certain nombre d'axes secondaires à peu près égaux entre eux et terminés par une fleur ; le Groseillier, le Muguet, fleurissent en grappes (fig. 299).

Le *thyrse* est une variété composée de la grappe ; les axes secondaires sont, dans la partie moyenne, plus longs que ceux de la base et du sommet ; il en résulte la forme ovoïde que montre l'inflorescence du Lilas.

Le *corymbe* est un type dans lequel les axes secondaires se séparent de l'axe primaire à différents niveaux et sont de longueur décroissante à partir du bas, de telle sorte que toutes les fleurs

Fig. 300. — Corymbe du Poirier.

se trouvent amenées sur un même plan. Le Poirier présente un bon exemple de cette inflorescence (fig. 300).

Il est aisé de voir que toutes ces inflorescences dérivent de la grappe par allongement ou raccourcissement des axes secondaires. Lorsque la longueur des axes secondaires est nulle, on a l'épi ; le corymbe dérive de la grappe par allongement inégal des axes ; leur raccourcissement donnera le cône, le chaton, le spadice. Si l'axe primaire se réduit de manière que les axes secondaires partent du même point, on aura l'ombelle, et, ceux-ci se réduisant de plus en plus, on arrive au capitule.

Souvent, les axes secondaires se ramifient comme l'axe primaire, on obtient alors des inflorescences composées. Telles sont : la grappe composée ou *panicule* du Marronnier d'Inde et de l'Avoine (fig. 301), etc. ; l'épi composé de l'Ivraie et du Blé (fig. 302); l'ombelle composée *b*, formée d'ombellules *b'* garnies d'involucelles, de la Carotte et du Persil (fig. 303).

Dans tous les modes d'inflorescence que nous venons d'énumérer, les fleurs les plus âgées sont celles
de la base et de la partie externe; la floraison est en ce cas dite *centripète*.

Lorsque, dans l'inflorescence, le nombre
des pédicelles latéraux de chaque degré
est réduit, mais que la puissance de ramification se trouve très grande, on a une
cyme. Une cyme peut donc être considérée

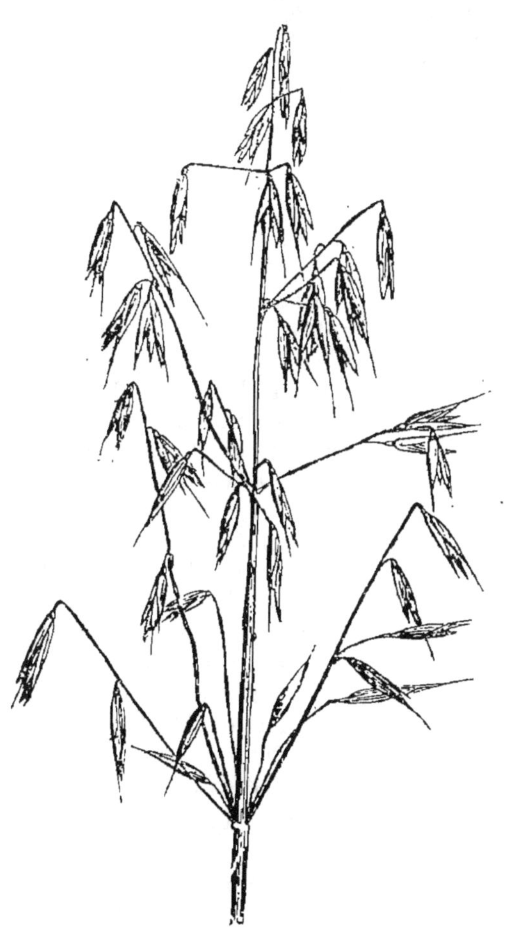

Fig. 301. — Grappe composée de l'Avoine.

Fig. 302. — Épi composé du Blé.

comme une grappe ou comme un épi peu florifère composé à plusieurs degrés.

Une cyme est *multipare* lorsqu'elle compte plus de deux pédicelles secondaires, elle est *bipare* s'il n'y en a que deux et *unipare* s'il n'y en a qu'un.

Sur une cyme unipare, chaque pédicelle tend à se placer dans le prolongement de la région inférieure du précédent et à rejeter

Fig. 303. — Ombelle composée de la Carotte.

latéralement sa région supérieure : il y a donc formation d'un sympode sur les côtés duquel se détachent les fleurs diamétralement opposées aux bractées.

Lorsque à chaque passage d'un segment à l'autre les fleurs sont réparties également sur une hélice se continuant autour du sympode qui reste droit, on dit qu'il y a homodromie à chaque degré de ramification ; la cyme est *hélicoïde* comme dans l'Alstrœmère et l'Hémérocalle.

Si au contraire toutes les fleurs sont insérées sur le même côté et toutes les bractées sur le côté opposé du sympode enroulé en spirale, on dit qu'il y a antidromie, la cyme est *scorpioïde* comme dans la Bourrache (fig. 304 et 305).

La cyme peut d'ailleurs se combiner avec la grappe, de manière à former une *inflorescence mixte*. La grappe dégénérant en cyme, on a une grappe de cymes, bipares ou

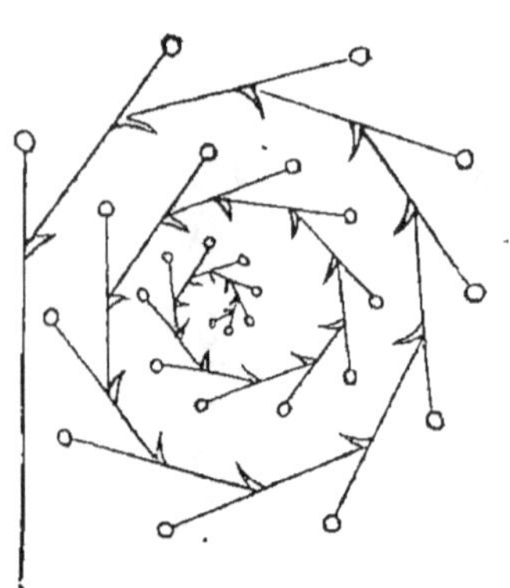

Fig. 304. — Schéma d'une cyme unipare scorpioïde.

unipares. De même, on peut avoir une ombelle composée de cymes. Ou bien une cyme de capitules ou d'ombelles, lorsque la cyme s'élève à l'état de grappe. Dans tous ces cas, la floraison se fait du centre à la circonférence, elle est *centrifuge* (Van Tieghem).

Dans des inflorescences groupées on trouve souvent certaines fleurs plus grandes, plus éclatantes que les autres, mais sur lesquelles quelques parties avortent. Un bon exemple est présenté par l'Hortensia. Le calice des fleurs périphériques est très grand et les autres parties font défaut : par contre, les fleurs centrales ont un calice réduit et une organisation ordinaire. Au moyen de la culture, les horticulteurs sont arrivés à rendre les fleurs du centre semblables à celles de la périphérie ; ils ont fait avorter les trois verticilles au profit du calice et ont transformé l'Hortensia simple en une plante *double*. De même, avec la Viorne-Obier, on a obtenu la Boule-de-Neige. Dans le Dahlia, la Reine-Marguerite et autres Synanthérées, les capitules montrent les fleurs centrales tubuleuses régulières, à petite corolle, avec une organisation normale : celles de la circonférence ont une corolle très développée,

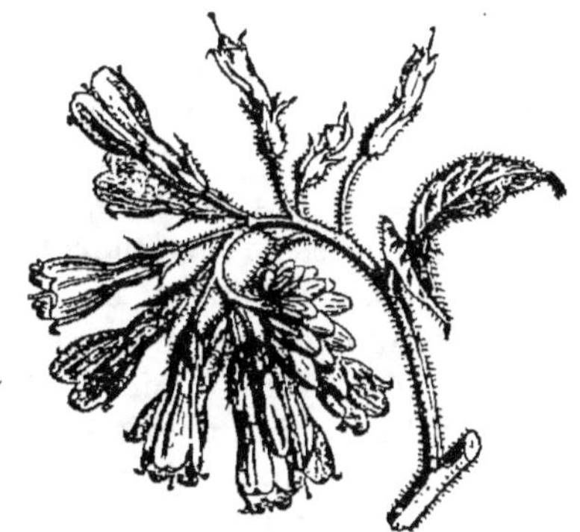

Fig. 305. — Cyme scorpioïde de *Symphytum asperrimum* (Borraginée).

mais elles manquent de gynécée. En exagérant le développement de la corolle, on a obtenu une inflorescence plus éclatante et l'on a transformé aussi ces fleurs simples en fleurs doubles.

61. Fleurs doubles. — La fleur elle-même prise à part, offre souvent des variations analogues : les feuilles d'un verticille présentent en partie ou en totalité les caractères des feuilles du verticille suivant, leur métamorphose est alors *progressive;* ou bien ceux des verticilles précédents, et il y a métamorphose *régressive.*

Dans la Ronce et la Primevère, par exemple, il n'est pas rare de voir les sépales se métamorphoser en pétales ; ailleurs ce sont des pétales qui passent aux étamines en développant à leur surface des sacs polliniques. Fréquemment, trois des verticilles passent aux carpelles et produisent des ovules sur leurs bords ; le Pavot et le Rosier montrent souvent des cas de métamorphose progressive.

Avec ces formations mixtes, il peut arriver que, l'anthère restant normale, le filet se garnisse d'ovules sur ses bords; d'autres fois, c'est un des sacs polliniques externes qui disparaît, remplacé par une rangée d'ovules. Si les deux sacs polliniques externes disparaissent, des ovules se substituent encore à chacun d'eux; la feuille staminale se trouve être ainsi tout à la fois anthère et carpelle.

La métamorphose régressive peut s'observer de la même manière; fréquemment on voit les étamines prendre le caractère des pétales, plus rarement celui des sépales. Certains Cerisiers ont une partie de leurs étamines transformées en lames colorées; la fleur est encore de cette façon devenue *double*.

La culture permet de faire passer les étamines à l'état de pétales. La Pivoine, le Pavot, le Rosier et beaucoup d'autres plantes, multiplient de cette façon les pièces de leur corolle. Dans les fleurs doubles, les carpelles eux-mêmes se métamorphosent en étamines, en pétales ou en sépales; cette transformation entraîne celle des ovules et leur étude tératologique donne lieu à d'importantes observations sur leur constitution.

Il arrive encore qu'une fleur, normalement unisexuée, développe un androcée ou un gynécée et devienne hermaphrodite. D'autres fleurs, normalement irrégulières, deviennent régulières par une métamorphose qu'on appelle *pélorie*. Parfois enfin le pédicelle croît au-dessus du pistil et forme un rameau qui traverse la fleur (fig. 306); ou bien, à l'aisselle des sépales et des pétales, apparaissent des bourgeons qui donnent des rameaux ordinaires.

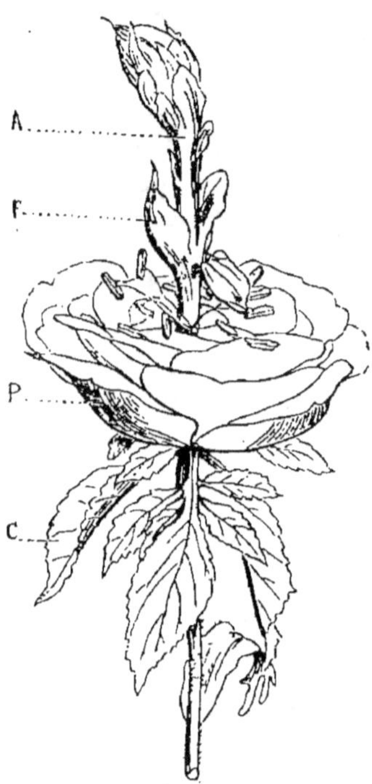

Fig. 306. — Rose prolifère (*).

Après avoir examiné la fleur, les diverses situations qu'elle peut occuper sur le rameau, ses groupements et ses anomalies, nous devons étudier en détail la structure de chacun des verticilles qui la composent.

62. Calice. — Les feuilles modifiées qui constituent le calice

(*) C, sépales transformés en feuilles. — P, pétales multipliés aux dépens des étamines. — A, axe prolongé portant une fleur imparfaite. — F, lames colorées représentant des carpelles avortés.

d'une fleur sont les *sépales*. Ils sont généralement sessiles ; leur limbe, pourvu d'une large base, est entier et terminé en pointe plus ou moins obtuse. La base est quelquefois le siège d'un accroissement exagéré qui détermine la formation d'une *bosse* ou d'un *éperon*. Le plus souvent verts, comme les feuilles, les sépales se colorent dans quelques cas et ressemblent à des pétales.

Le calice est régulier quand tous les sépales sont de même forme et de dimensions égales ; ou encore, lorsque étant de formes diverses et de dimensions inégales, ils alternent régulièrement : le calice est alors symétrique par rapport à l'axe de la fleur.

Un calice est irrégulier quand un des sépales se développe plus que les autres ; il n'est plus symétrique que par rapport à un plan coupant à la fois la nervure médiane du sépale le plus développé et l'axe floral.

Les sépales atteignent leurs dimensions définitives par un allongement intercalaire.

La zone de croissance peut être située à quelque distance de la base, dans ce cas tous les sépales s'allongent isolément et demeurent séparés, le calice est *dialysépale*.

Lorsque la zone de croissance occupe la base même du sépale, elle se soude à ses voisines et forme un anneau continu ; il y a alors concrescence ; les sépales sont soudés et réunis sur une région plus ou moins grande de leur partie inférieure, le calice est *gamosépale*.

Les bords supérieurs du tube ainsi constitué sont dentés ou lobés suivant les cas. Il est facile, à l'aide des lobes ou dents, de reconnaitre le nombre de sépales qui entrent dans la composition d'un calice dont les pièces sont concrescentes.

Il résulte de toutes ces remarques que le calice peut être :

Fig. 307. — Fleur de Renoncule bulbeuse.　　Fig. 308. — Fleur d'Aconit.

1° *dialysépale* et *régulier* comme dans la Renoncule (fig. 307) ; 2° *dialysépale* et *irrégulier* comme dans l'Aconit (fig. 308) ; 3° *ga-*

mosépale et *régulier*, ce qui est le cas de la Primevère (fig. 309) ; 4° *gamosépale* et *irrégulier* comme dans la Capucine (fig. 310).

Anatomiquement, les sépales diffèrent peu des feuilles normales. Le parenchyme en est homogène et l'on rencontre des stomates sur leurs deux faces. Les faisceaux libéro-ligneux s'y rami-

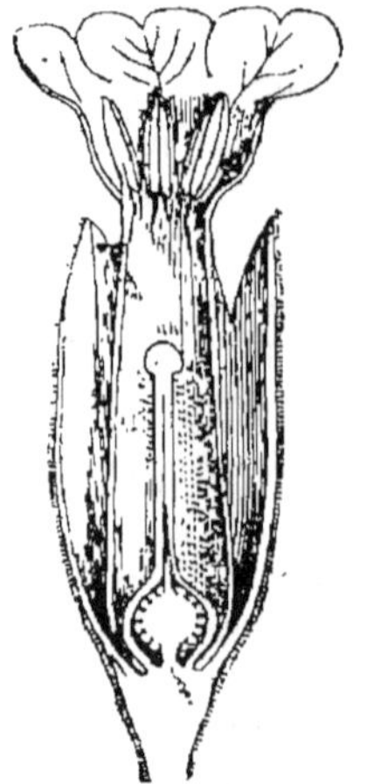

Fig. 309. — Fleur de Primevère coupée en long.

Fig. 310. — Fleur de Capucine (*).

fient comme dans les feuilles. Dans le cas d'un calice gamosépale, l'union des sépales peut n'avoir lieu que par le parenchyme, mais souvent aussi les faisceaux s'anastomosent entre eux.

Les sépales se ramifient rarement. On peut en rencontrer qui,

Fig. 311. — Préfloraison valvaire de la Vigne.

Fig. 312. — Préfloraison tordue de Mélastome.

comme ceux du Houblon, portent à leur base des stipules s'unissant parfois avec ceux du sépale voisin : il en résulte des folioles doubles en alternance avec les sépales et en même nombre qu'eux. L'ensemble de ces formations stipulaires porte le nom de *calicule*.

(*) *pd*, pédoncule ou pédicelle. — *épr*, éperon du calice irrégulier. — *c, c*, corolle.

La *préfloraison*, disposition des sépales dans le bouton, peut affecter diverses formes. Elle est dite : 1° *valvaire* (fig. 311), quand les sépales se rapprochent simplement par leurs bords ; 2° *tordue* (fig. 312), quand chacun d'eux recouvre son voisin en partie et est recouvert partiellement par l'autre ; 3° *spiralée* (fig. 313), quand les sépales se recouvrent comme s'ils formaient un cycle : avec cinq

Fig. 313. — Préfloraison spiralée d'une
fleur mâle de *Clusia*.

Fig. 314. — Préfloraison quinconciale
de la fleur de Myrthe.

sépales en préfloraison spiralée la disposition est généralement dite *quinconciale* (fig. 314) ; 4° *imbriquée*, quand les sépales sont tous, partie intérieurs, partie extérieurs et contigus (fig. 315) ; 5° *cochléaire*, quand l'un des sépales recouvre ses deux voisins qui, à leur tour, recouvrent le dernier s'il n'en reste qu'un ou les bords de chacun des autres s'il en reste plusieurs (fig. 316).

Fig. 315. — Préfloraison imbriquée
de la fleur de Saxifrage.

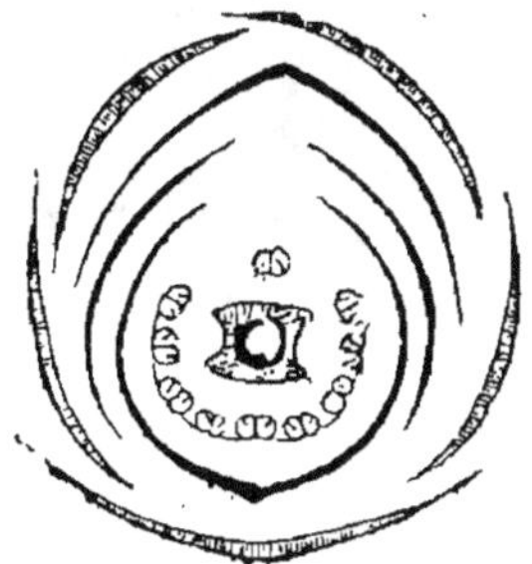

Fig. 316. — Préfloraison cochléaire de la
fleur de Tétragonolobe.

Les sépales, ainsi disposés dans le bouton, se séparent à un moment donné et se rejettent vers l'extérieur, c'est l'épanouissement du calice ; il est dû à ce fait, que chacun des sépales s'allonge plus sur sa face interne que sur sa face externe. Cependant, il y a des fleurs dont le calice ne s'épanouit pas, mais s'enlève d'un seul morceau par sa base comme un opercule ; les pétales et les autres verticilles s'épanouissent après sa chute. Ce fait est facile à observer chez le Coquelicot, le Pavot, etc.

Dans un calice irrégulier on peut rencontrer des sépales avortés ; mais sur un calice régulier, l'arrêt de développement a lieu pour tous en même temps, le verticille se réduit à un petit rebord à peine indiqué. Enfin, nous avons eu l'occasion de signaler certaines fleurs entièrement dépourvues de calice comme l'est celle du Frêne.

Fig. 317. — Pétale à onglet de l'Œillet.

63. Corolle. — Les formations dont se compose la corolle sont les *pétales ;* parfois sessiles, les feuilles de la corolle sont pétiolées dans certains cas et leur pétiole porte le nom d'*onglet* (fig. 317).

Comme le sépale, le pétale présente assez souvent une proéminence qui s'allonge en *éperon*, se renfle en *casque*, ou se développe en *cornet*.

Il est rare de trouver des pétales verts, généralement le second verticille de la fleur est coloré. On définit la régularité ou l'irrégularité de la corolle comme précédemment. La fleur de Giroflée est régulière, celle du Pois est irrégulière. De même, la corolle est *dialypétale*, ou *gamopétale*, suivant son mode de croissance, et il résulte de là que, comme pour le calice, il y a quatre manières d'être de la corolle (fig. 318

Fig. 318. — Corolle dialypétale régulière de Poirier.

Fig. 319. — Corolle dialypétale irrégulière de *Lathyrus latifolius*.

à 321). Cependant le caractère est plus important ici et il a servi à diviser les Dicotylédones en deux grands groupes : celui des *Gamopétales* et celui des *Dialypétales*.

Rarement la corolle est séparée du calice par tout un entre-nœud : la distance qui sépare les deux enveloppes florales est celle qui sépare entre eux les sépales du calice.

Pendant la croissance, le calice et la corolle peuvent s'unir aussi bien que les sépales et les pétales entre eux ; en ce cas, les deux verticilles se fusionnent et ne se séparent que sur leur bord supérieur ; la corolle semble insérée sur le calice.

Les pétales se ramifient plus souvent que les sépales : si la ramification a lieu dans le plan même du limbe, elle se manifeste par des dents, des lobes ou des segments ; si elle se manifeste autrement,

Fig. 320. — Corolle gamopétale régulière de Campanule. Fig. 321. — Corolle gamopétale irrégulière de Muflier.

il peut arriver que le pétiole porte, au point de jonction avec le limbe, un certain nombre de franges dans lesquelles se ramifient les nervures : ces franges rappellent alors la ligule des feuilles et leur ensemble constitue la *couronne*.

La structure anatomique des pétales est celle des feuilles ordi-

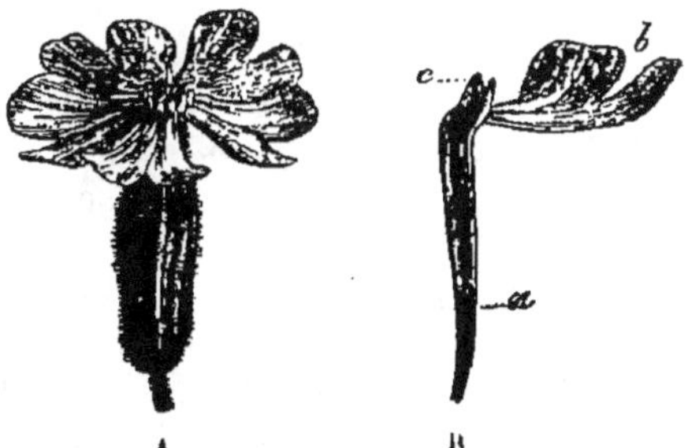

A B

Fig. 322. — Fleur de *Silene pendula* (*).

naires : leur parenchyme est homogène avec des stomates également répandus sur les deux faces. Les cellules épidermiques se relèvent quelquefois en papilles et produisent l'aspect velouté que l'on observe, par exemple, sur la Pensée. Les faisceaux libéro-ligneux

(*) A, fleur entière. — B, pétale isolé : *a*, pétiole ou onglet ; *b*, limbe ; *c*, couronne.

sont libres ou anastomosés dans une corolle gamosépale, le plus souvent pourtant la soudure des feuilles n'a lieu que par le parenchyme.

De même, lorsqu'il y a concrescence entre le calice et la corolle, l'union peut n'atteindre que le parenchyme, ou s'étendre aux faisceaux libéro-ligneux.

Lorsqu'il y a une couronne, les faisceaux fibro-vasculaires qui pénètrent dans les formations liguliformes proviennent du dédoublement des nervures des pétales, dédoublement qui s'opère de façon que les deux branches aient une orientation inverse. Les faisceaux d'une couronne tournent ainsi leur liber en dedans et leur bois en dehors.

La préfloraison de la corolle est la même que celle du calice ; il peut arriver toutefois que, peu de temps avant que le calice ne s'épanouisse aussi, la croissance des pétales devienne plus active.

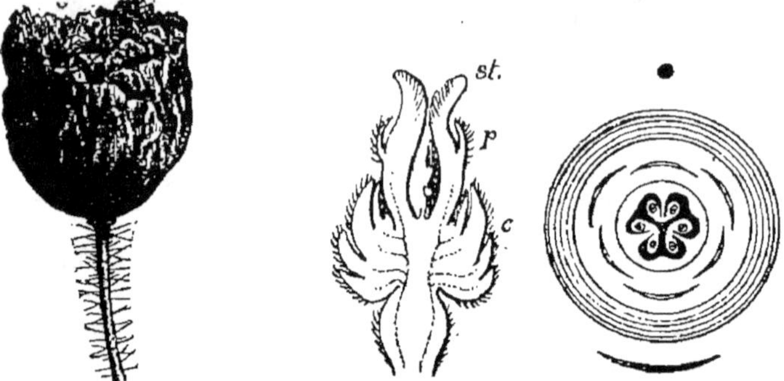

Fig. 323. — Fleur de Coquelicot peu de temps après l'épanouissement.

Fig. 324. — Coupe verticale et diagramme de la fleur femelle du Chêne (*).

L'espace étant très limité, ils se chiffonnent irrégulièrement: c'est ce qu'on nomme la *préfloraison chiffonnée* (fig. 323). Aucune corrélation intime ne se montre entre la préfloraison du calice et celle de la corolle (Van Tieghem).

L'épanouissement de la corolle, toujours consécutif de celui du calice, est provoqué de même par un accroissement prédominant de la face foliaire interne. La corolle tombe quelquefois, de même que le calice, dans ce cas elle met les étamines à nu.

Dans une corolle dialypépale irrégulière, on peut voir certains pétales s'accroître et d'autres avorter; dans des corolles régulières, tous les pétales avortent ensemble et la fleur devient *apétale*.

Il existe certaines familles végétales, dont toutes les espèces sont dépourvues de corolle parce que le périanthe n'a qu'un verticille, ou même pas du tout. Ce n'est plus en ce cas une question d'avor-

(*) *st*, stigmate. — *p*, périanthe sépaloïde. — *c*, écailles de la cupule.

tement. Aux familles de plantes réellement apétales, appartiennent l'Ortie, le Chêne (fig. 324), le Saule et les Graminées.

Tournefort a établi une classification systématique du règne végétal basée sur la comparaison des corolles :

Tableau du système de Tournefort (1695).

FLEURS	D'HERBES..	Pétalées.	Simples.	Mono-pétales.	Régul..	*Campaniformes*	Belladone.
						Infundibuliformes...	Liseron.
					Irrégul.	*Personées*..........	Muflier.
						Labiées............	Sauge.
				Poly-pétales.	Régul..	*Cruciformes*	Giroflée.
						Rosacées...........	Fraisier.
						Ombellifères	Carotte.
						Caryophyllées.......	OEillet.
						Liliacées...........	Tulipe.
					Irrégul.	*Papilionacées*	Pois.
						Anomales...........	Violette.
			Composées			*Flosculeuses*	Chardon.
						Semi-flosculeuses	Pissenlit.
						Radiées............	Pâquerette.
		Apétales...................				*A étamines*..........	Avoine.
						Sans fleurs.........	Fougères.
						Sans fleurs ni fruits.	Champignons.
	D'ARBRES..	Apétales...................				*Apétales*...........	Laurier.
						Amentacées.........	Saule.
		Pétalées.	Monopétales..........			*Monopétales*	Sureau.
			Polypétales.	Régul..		*Rosacées*...........	Cerisier.
				Irrégul.		*Papilionacées*	Robinier.

Certains points de la surface des feuilles florales ou du réceptacle exsudent un liquide sucré, le *nectar* ; on désigne sous le nom de *nectaires* les points d'où s'écoule ce liquide (fig. 325).

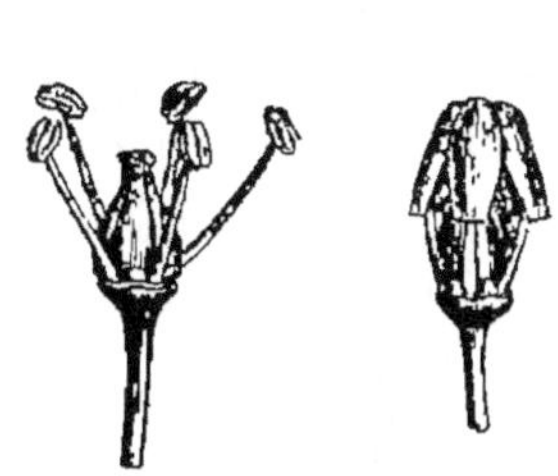

Fig. 325.— Fleur de la Vigne avec des nectaires alternes aux étamines.

Fig. 326. — A, pistil de *Tamarix africana* (2/1). — B, fleur de *Galium mollugo* avec un disque épigyne annulaire (4/1) (*).

Dans un grand nombre de fleurs, on trouve des nectaires disposés sur les feuilles de l'une quelconque des formations florales ; soit sur l'une ou l'autre face des sépales ou des pétales ; soit encore dans le filet de l'étamine ou dans ses dépendances ; soit enfin

(*) *d*, disque. — *fl*, filets coupés des étamines. — *sg*, stigmates.

sur les carpelles, à la base de l'ovaire ou dans ses appendices.

Le réceptacle de la fleur développe parfois lui aussi entre les insertions des verticilles, des nectaires de formes variées. On désigne leur ensemble sous le nom de *disque*, mais ils ne sont pas d'origine foliaire comme les nectaires précédents (fig. 326).

Souvent, le disque est situé entre l'androcée et le gynécée : quelquefois il se compose de quelques émergences verticillées à la base du gynécée et superposées aux pétales et aux sépales. Dans les fleurs irrégulières, le disque est irrégulier. Il peut être situé entre la corolle et l'androcée, ou bien entre le calice et la corolle. Sans produire d'émergences, le réceptacle a souvent la propriété d'exsuder du nectar par toute sa surface ; il n'y a plus alors de nectaires localisés. On a remarqué que dans les fleurs qui semblent dépourvues de nectaires, il y a généralement filtration de liquides sucrés à la base des feuilles florales et à la périphérie du réceptacle.

La structure anatomique des nectaires consiste toujours en un parenchyme à minces parois dont les cellules contiennent en dissolution du saccharose, du sucre interverti et de l'invertine. Ce parenchyme est recouvert de stomates aquifères par les pores desquels suinte le nectar, lorsque le nectaire émet un liquide. Quand il n'en émet pas, l'épiderme se montre dépourvu de stomates aquifères, il est cutinisé et les membranes des éléments sous-épidermiques sont en outre fortement épaissies.

64. Androcée. — L'androcée est dit régulier lorsque toutes les *étamines* ont même grandeur et même forme ou bien lorsque, de forme et de dimensions différentes, elles alternent régulièrement : la symétrie de l'androcée existe alors, par rapport à l'axe de la fleur. Lorsqu'une ou deux étamines sont

Fig. 327. — Étamines didynames du Muflier.

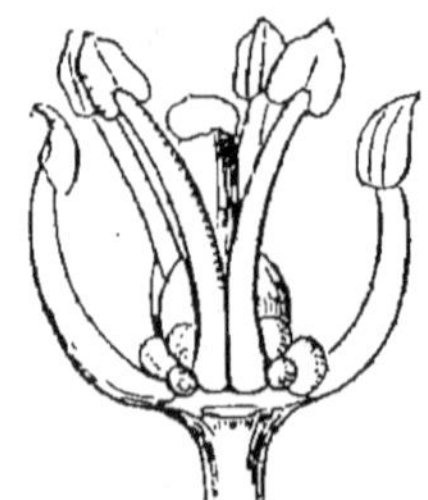

Fig. 328. — Étamines tétradynames d'une Crucifère.

plus grandes que les autres, l'androcée n'est symétrique que par rapport à un plan médian, on le dit irrégulier (fig. 327 et 328).

Comme on l'a vu précédemment, l'étamine est une feuille très modifiée dont nous devons étudier séparément chaque partie.

Son *filet* est généralement cylindrique, grêle, aplati, quelquefois muni, par croissance exagérée, d'un éperon plus ou moins développé vers sa base. Lorsque le filet manque l'étamine est dite *sessile*.

Le *connectif* se montre, dans la plupart des cas, assez étroit pour que les paires de sacs polliniques soient très voisines (fig. 329). Il est souvent très court et les sacs le dépassent aux deux extrémités. Quand ils se dessèchent, les sacs prennent une concavité vers l'extérieur et l'anthère acquiert la forme d'un X. En s'élargissant beaucoup, le connectif peut former avec le filet un angle presque droit : l'éta-

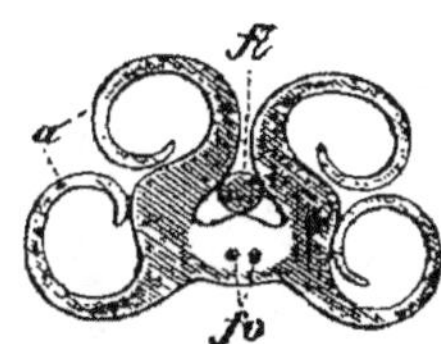

Fig. 329. — Coupe d'une anthère de Lis (*).

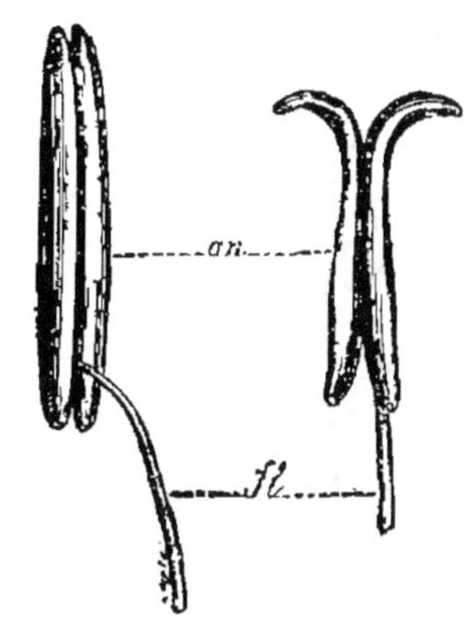

Fig. 330. — Anthère oscillante de *Lolium perenne* (**).

mine affecte alors la forme d'un T. Parfois le connectif se prolonge au delà des sacs polliniques en une pointe grêle et velue.

Au point d'insertion avec le limbe, le filet peut conserver sa largeur ou même se dilater : le connectif reste en tout cas continu avec lui, l'anthère est dite alors *basifixe;* quand le filet s'amincit au contraire et que l'anthère, attachée en un seul point, oscille comme autour d'un pivot, on la nomme *oscillante* (fig. 330). Le point d'insertion peut être situé au milieu, à la base, ou au sommet du connectif ; si le point d'attache est au sommet, l'anthère est *pendante*.

Le nombre des *sacs polliniques* est presque toujours de quatre : on trouve cependant de nombreuses exceptions à cette règle.

Chez le Pin et le Sapin, il est de deux ; chez le Cyprès et le Genévrier, de trois ; le connectif du Gui en porte un nombre indéterminé.

Généralement le limbe supporte les sacs sur toute leur longueur et les paires sont parallèles, mais ils peuvent aussi n'être fixés que par leur base et diverger vers le haut, ou par leur sommet et s'écarter vers le bas. Quelquefois les deux paires de sacs s'écartent au point de se placer dans le prolongement l'une de l'autre.

(*) *a*, loges de l'anthère. — *fl*, filet. — *fv*, faisceaux du connectif.
(**) *an*, anthère. — *fl*, filet.

Les sacs polliniques des Angiospermes sont situés le plus souvent à la face supérieure du limbe ; ils sont au contraire toujours à la face inférieure chez les Gymnospermes.

On peut distinguer deux types de déhiscence des sacs polliniques :

1° La paroi externe des sacs isolés se déchire et, quand les sacs sont rapprochés par paire, la fente se fait le long du sillon qui les sépare : on dit alors que l'anthère est à *déhiscence longitudinale;* celle-ci devient *transversale* quand la fente ouvre les deux sacs par le milieu.

2° Chez un grand nombre de plantes, la déhiscence se fait par un

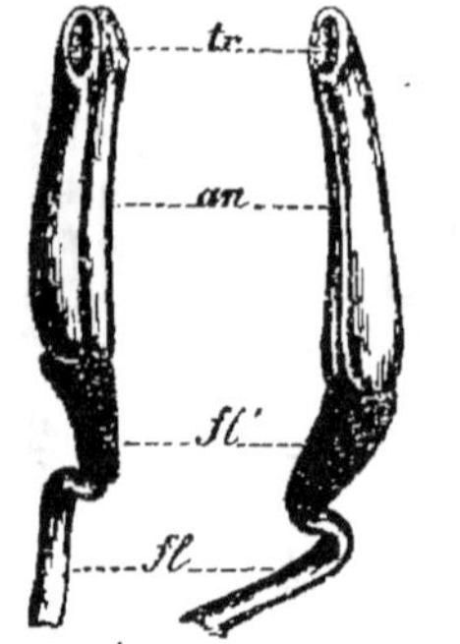

Fig. 331. — Étamine de *Dianella cærulea* (*).

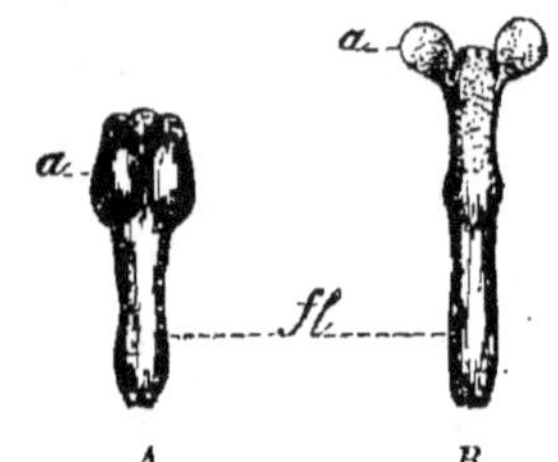

Fig. 332. — Étamines du *Berberis vulgaris* (**).

petit trou intéressant l'extrémité de deux sacs, ou même des quatre, elle est *poricide* (fig. 331 et 332).

Dans la déhiscence longitudinale, si la fente est tournée en dedans et le pollen projeté vers l'intérieur de la fleur, l'anthère est *introrse*. Mais, si le connectif s'accroît davantage sur sa face supérieure, il se replie de façon que les sacs polliniques sont tournés en dehors : le pollen est émis vers l'extérieur de la fleur, l'anthère est *extrorse*. Enfin, quand les fentes s'ouvrent sur les bords mêmes de l'anthère, le pollen est projeté latéralement à droite et à gauche, la déhiscence est *latérale*.

Le pollen qui s'échappe du sac pollinique est composé de petits grains dont la masse est tantôt couverte d'un liquide visqueux, tantôt à l'état de poussière complètement sèche (fig. 333).

Chaque *grain de pollen* est une cellule avec noyau, protoplasma et membrane. Ordinairement il est jaune ou rouge, sa dimension varie dans de grandes proportions. Sa surface est lisse ou marquée de points de renforcement en relief et de défauts en creux.

Les points de renforcement sont des tubercules, des crêtes, des épines. Dans le Sapin et le Pin, chaque grain porte sur les côtés une ampoule pleine d'air qui facilite la dissémination (fig. 334).

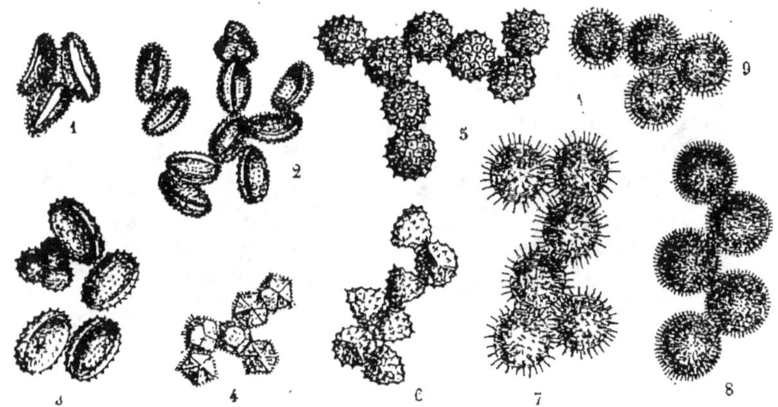

Fig. 333. — Grains de pollen (*).

Les défauts de la membrane sont des pores ou des plis. Leur rôle est de favoriser l'absorption des liquides extérieurs et, par suite, le développement du grain. Les pointes, tubercules, ampoules, etc., facilitent le transport aérien et la fixation du pollen aux corps sur lesquels il tombe (fig. 335).

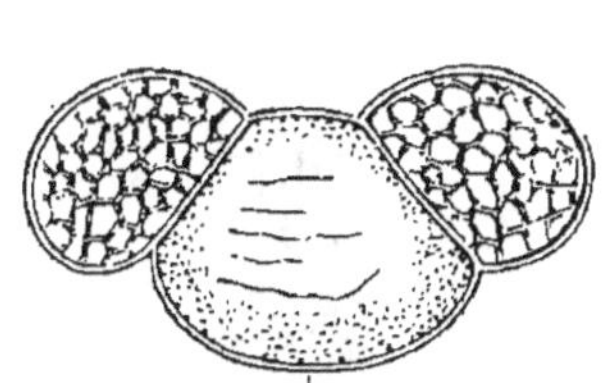

Fig. 334. — Pollen du *Picea vulgaris* avec les ampoules latérales (d'après Schacht).

Fig. 335. — Grain de pollen de *Pyrethrum roseum*.

Fig. 336. — Pollinie d'*Orchis maculata*.

Après leur mise en liberté, les grains de pollen peuvent rester groupés par 4, 8, 12, etc. Dans la famille des Orchidées, le groupement s'opère pour tous les grains provenant d'un même sac et ceux qui proviennent de deux sacs voisins se réunissent encore en une seule

(*) 1, Nymphæa alba. — 2, Viscum album. — 3, Carlina acaulis. — 4, Taraxacum officinale. — 5, Cirsium nemorale. — 6, Buphthalmum grandiflorum. — 7, Hibiscus ternatus. — 8, Malva rotundifolia. — 9, Campanula persicifolia. — (Gross. 200.)

masse cireuse qu'on nomme une *pollinie*. Un prolongement grêle dit *caudicule* relie la pollinie à un petit corps glandulaire désigné sous le nom de *rétinacle* (fig. 336).

C'est par une croissance intercalaire du filet que l'étamine s'ac-

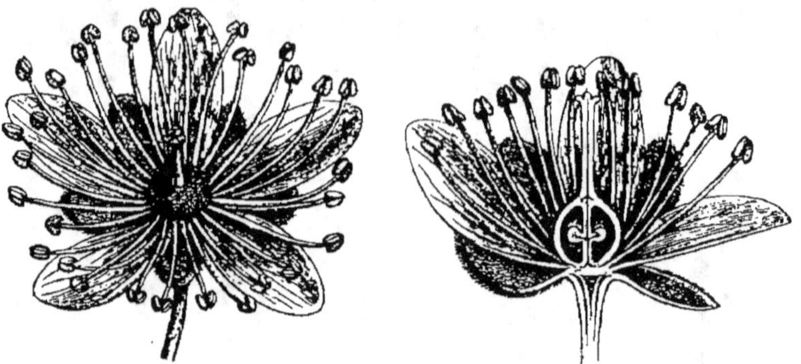

Fig. 337. — Fleur de Tilleul à androcée dialystémone.

croît et acquiert ses dimensions définitives. L'androcée est *dialy-stémone* lorsque les étamines s'allongent en demeurant séparées les unes des autres (fig. 337). S'il arrive que les filets s'élargissent à la base et que les régions de croissance se soudent,

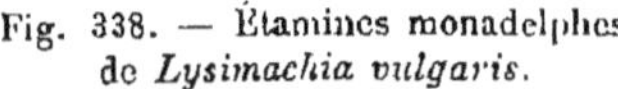

Fig. 338. — Étamines monadelphes de *Lysimachia vulgaris*.

Fig. 339. — Étamines synanthérées ou syngenèses.

l'androcée devient *gamostémone* ; on dit aussi, pour désigner la même concrescence, que les étamines sont *monadelphes* (fig. 338).

La concrescence ne doit pas être confondue avec l'adhérence que les étamines contractent quelquefois dans l'androcée. Pour cette dernière disposition, l'adhérence a lieu le plus souvent par la partie la plus large, c'est-à-dire par l'anthère, et la séparation s'opère toujours sans déchirure. Les étamines, ainsi soudées, sont dites *synanthérées* (fig. 339). L'adhérence existe dans toute la longueur de l'étamine si le filet a la même largeur que l'anthère.

La concrescence des étamines avec la corolle, ou avec le calice, s'établit plus fréquemment qu'entre les étamines elles-mêmes. Dans la Jacinthe des bois, dont la fleur comporte six étamines, trois de celles-ci sont soudées aux pétales et trois aux sépales, sans que pour cela le calice et la corolle soient concrescents. Le plus souvent toutefois, la concrescence s'opère entre les trois verticilles ; le calice, la corolle et l'androcée se trouvent unis en un tube inférieur au fond duquel est leur insertion. Dans une corolle gamopétale, les étamines semblent prendre leur insertion sur celle-ci. Quand la fleur est monopérianthée, c'est avec le calice seul que les éléments foliaires de l'androcée se soudent, qu'ils soient en superposition ou en alternance avec lui.

L'étamine peut se ramifier de deux manières : ou bien les rameaux du filet sont stériles et l'étamine est *appendiculée* (fig. 340), ou bien ils portent des sacs polliniques comme l'anthère principale et l'étamine est *composée* (Van Tieghem).

On donne le nom de *staminodes* à des étamines qui, ne portant pas d'anthères, développent leurs filets en écailles pétaloïdes qui ajoutent leur éclat à celui de la corolle. La modification peut affecter soit une soit plusieurs étamines. Dans la Sauge, par exemple, sur cinq étamines trois avortent. Dans certaines plantes, l'androcée tout entier se modifie, et la fleur devient femelle par avortement.

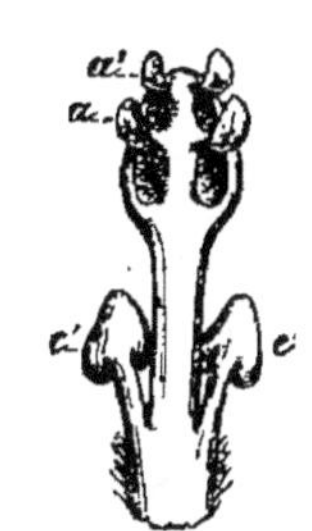

Fig. 340. — Étamine appendiculée de *Cinnamomum zeylanium*.

La classification de Linné est basée sur l'examen des étamines, comme le montre le tableau de la page 238.

La structure anatomique du filet comprend un faisceau libéroligneux avec péricycle, endoderme et parenchyme revêtu d'un épiderme pourvu de stomates. Le faisceau se continue suivant la ligne médiane du connectif de l'anthère.

L'anthère est recouverte d'un épiderme normal muni de stomates, mais dans son parenchyme se produisent de grandes différenciations. Les unes ont pour résultat la formation des grains de pollen; les autres, la constitution définitive de la paroi des sacs, à laquelle est due la déhiscence de l'anthère.

Examinons en détail ces deux sortes de différenciations anatomiques si importantes de l'anthère.

65. Formation des grains de pollen. — Le parenchyme de l'anthère jeune est toujours homogène, mais bientôt, suivant quatre lignes longitudinales, les cellules sous-épidermiques grandissent et se dédoublent.

Tableau du système de Linné (1735).

Étamines et pistil

- **visibles**
  - **habitant la même fleur.**
    - **Étamines non adhérentes au pistil.**
      - **Libres entre elles et égales.**
        - 1 étamine... *Monandrie*.... Centranthe.
        - 2 étamines.. *Diandrie*...... Lilas.
        - 3 étamines.. *Triandrie*..... Iris.
        - 4 étamines.. *Tétrandrie*.... Plantain.
        - 5 étamines.. *Pentandrie* ... Mouron.
        - 6 étamines.. *Hexandrie*.... Lis.
        - 7 étamines.. *Heptandrie* ... Marron. d'Inde.
        - 8 étamines.. *Octandrie*..... Bruyère.
        - 9 étamines.. *Ennéandrie*... Laurier.
        - 10 étamines.. *Décandrie*..... Œillet.
        - 11 à 19 étamines..... *Dodécandrie* .. Réséda.
        - 20 ou plus sur le calice... *Icosandrie* .... Fraisier.
        - 20 ou plus sur le réceptacle *Polyandrie*.... Renoncule.
      - **Libres et inégales.**
        - 4 dont 2 plus longues ... *Didynamie*.... Muflier.
        - 6 dont 4 plus longues ... *Tétradynamie*. Giroflée.
      - **Soudées par leurs filets.**
        - En un seul corps ..... *Monadelphie* .. Mauve.
        - En 2 corps.. *Diadelphie*.... Haricot.
        - En plusieurs corps ..... *Polyadelphie*.. Millepertuis.
      - Soudées par leurs anthères en un cylindre. *Syngénésie*.... Bleuet.
    - Étamines adhérentes au pistil....... *Gynandrie*.... Orchis.
  - **habitant des fleurs différentes.**
    - Fleurs femelles et fleurs mâles sur le même pied.................... *Monœcie*...... Arum.
    - Fleurs femelles et fleurs mâles sur des pieds différents................. *Diœcie*........ Chanvre.
    - Fleurs femelles ou mâles, ou hermaphrodites sur un ou plusieurs pieds. *Polygamie*.... Pariétaire.
- **non visibles**............................. *Cryptogamie* .. Fougère.

Les cellules internes deviennent les *cellules mères du pollen* (fig. 341); elles épaississent leur paroi et leur protoplasma paraît plus réfringent. Les cellules les plus externes donnent, par cloisonnements successifs, au moins trois assises de cellules. De ces assises, la plus interne partage ses éléments par des cloisons radiales, le protoplasma y devient épais et jaunâtre. Finalement, le groupe des cellules mères du pollen est enveloppé d'une gaine de grandes *cellules nourricières* (fig. 342). L'assise moyenne se détruit sans avoir

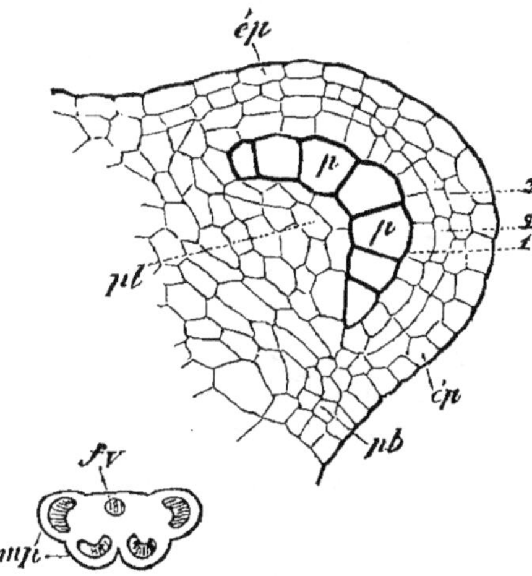

Fig. 341. — Anthère jeune de Menthe aquatique (d'après Warming) (*).

pris aucun caractère distinctif. L'assise externe persiste; les parois de ses cellules prennent des épaississements fortement lignifiés et affectent des formes très variées.

C'est cette assise qui, avec l'épiderme, constitue la paroi de la loge pollinique, on lui donne le nom d'*assise fibreuse* (fig. 344). Si les cloisonnements ont été abondants, l'assise à ornements lignifiés peut comprendre jusqu'à dix rangées de cellules. Nous reviendrons plus loin sur sa structure et sur son rôle.

La membrane des cellules mères du pollen s'épaissit ensuite par couches concentriques. Chaque noyau subit deux ou quatre bipartitions, tandis que dans le protoplasma se font deux cloisons rectangulaires; la cellule est alors divisée en quatre cellules-filles. Les parois de celles-ci vont s'épaissir par couches successives (fig. 344). La plus interne, qui adhère peu aux autres, est formée de cellulose pure. Les cloisons de séparation subissent plus tard une gélification qui met en liberté les grains de pollen dans un milieu gélatineux. Ce sont les cellules filles, avec leur noyau et leur membrane mince.

Vers le même temps, l'enveloppe de cellules jeunes qui engainait la masse des cellules mères se dissout; les protoplasmas se mélangent et la masse granuleuse se répand entre les grains nouvellement formés. A cette époque, aussi, la rangée moyenne de cellules se détruit, comme il a été dit plus haut.

Il résulte de toutes ces dissolutions et destructions successives, un milieu nutritif très épais qui remplit la cavité d'une loge devenue désormais le *sac pollinique*.

La membrane mince du grain de pollen s'épaissit à son tour

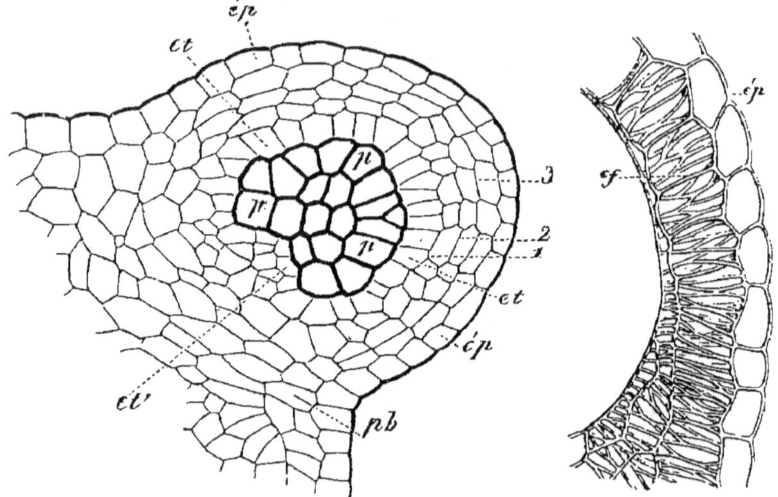

Fig. 342. — Anthère de Campanule (d'après Warming (*).   Fig. 343. — Paroi de l'anthère du *Lilium superbum* (**).

aux dépens du milieu nutritif ambiant et du protoplasma qu'elle recouvre; deux couches se séparent. L'externe limitante se colore et se cutinise, c'est l'*exine;* l'interne en contact avec le protoplasma reste cellulosique et incolore, c'est l'*intine.*

Nous avons eu l'occasion de dire que la membrane du grain de pollen présentait des pores et des points de renforcement; ajoutons qu'au niveau des pores, la membrane demeure cellulosique. Dans le Sapin et le Pin, l'exine se sépare de l'intine par deux points où elle forme les deux réservoirs d'air déjà signalés. Dans l'If, la membrane est divisée en trois couches dont la moyenne se gonfle à l'humidité, déchire l'exine et met l'intine à nu.

En même temps que s'effectue l'épaississement de la membrane, le protoplasma se charge de matières de réserve azotées, d'huile d'amidon, de saccharose, etc.

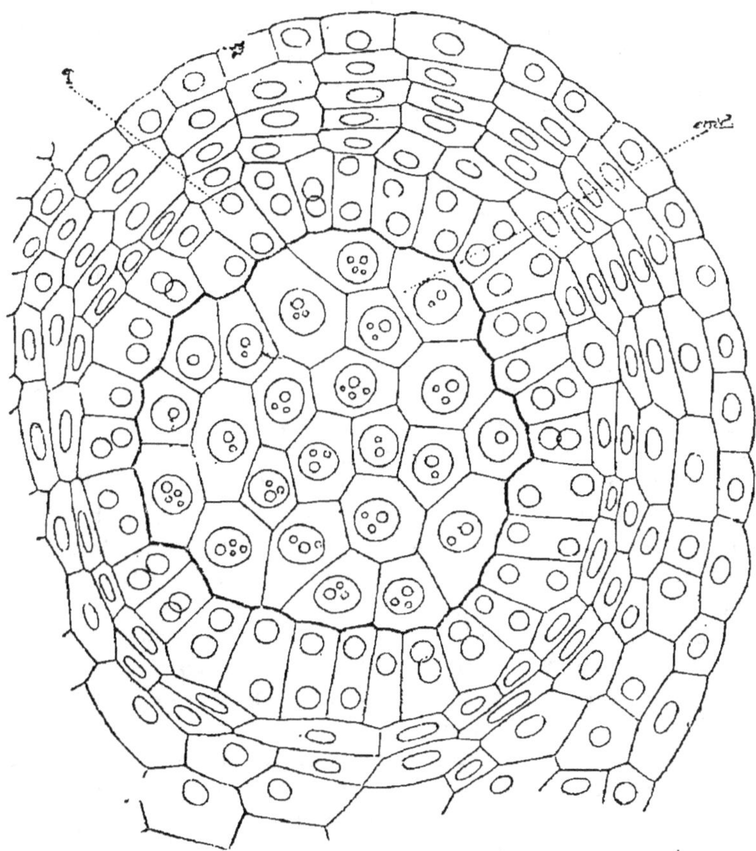

Fig. 344. — Coupe d'un sac pollinique de *Lilium martagon* (d'après L. Guignard) (*).

Le grain de pollen ayant acquis sa grandeur, sa forme, sa structure définitive, est dit mûr. A ce moment, un cloisonnement s'opère en lui. Le noyau se partage en deux et une paroi en forme de verre de montre découpe deux cellules inégales (fig. 345).

Une importante distinction s'établit entre les Angiospermes et les Gymnospermes.

(*) T, assise nourricière ou tapis avec cellules à deux noyaux. — *cmd*, cellules mères définitives. Gross. 250.

GÉRARDIN. — Botanique.   16

Chez les premières, la cloison séparatrice reste azotée et se résorbe plus tard, ne laissant que les noyaux comme témoins de la division de la cellule primitive.

Chez les secondes, la paroi devient cellulosique, et la grande cellule peut se diviser encore jusqu'à trois fois de suite, de sorte que le grain de pollen offre une grande cellule et quatre petites, comme le montre le Mélèze. Dans beaucoup de cas cependant le pollen des Gymnospermes reste bicellulaire, comme chez le Pin, l'If, le Sapin, etc.

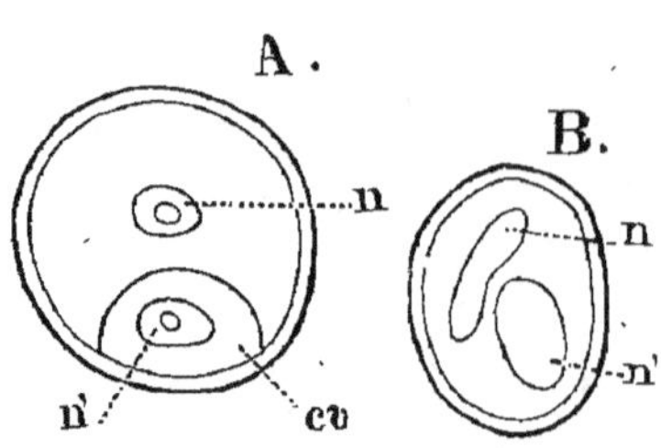

Fig. 345. — A, grain de pollen de *Tulipa Gesneriana*. — B, grain de pollen de *Lathyrus sylvestris* (*).

Le grain de pollen, muni de ses réserves et d'un appareil protecteur, placé dans un milieu chaud, aéré et humide, est susceptible de développement ; on verra, en étudiant le gynécée, que ces conditions sont réunies sur le stigmate et le style.

Le protoplasma, poussant devant lui la membrane d'enveloppe, s'allonge en un tube grêle, le *tube pollinique*, qui peut atteindre plusieurs fois la dimension du grain.

Chez les Angiospermes, c'est la plus petite des deux cellules qui s'allonge en tube, et les noyaux y passent successivement ; chez les Gymnospermes, la plus grande des cellules s'allonge en filament, et, comme il s'est formé une cloison cellulosique, un seul noyau peut y pénétrer.

Le phénomène sera étudié plus en détail dans un chapitre suivant.

66. Structure et déhiscence de l'anthère. — Il nous reste à examiner comment le grain de pollen sort de la cavité close dans laquelle il se trouve enfermé.

C'est toujours au moment de la maturité que les anthères s'ouvrent pour laisser échapper le pollen ; leur déhiscence s'effectue comme nous l'avons dit, par deux fentes longitudinales suivant la ligne médiane de chaque loge, ou par des pores situés au sommet de l'anthère (fig. 346).

Quel que soit du reste le mode de déhiscence, il est facile de déterminer les tissus qui la produisent et d'indiquer à quelles particularités de structure ces tissus doivent leur propriété.

Plusieurs expériences simples dues à M. Chatin, prouvent que la sécheresse provoque l'ouverture des anthères. On hâte la déhiscence en exposant ces organes à l'air sec ; on l'empêche en les maintenant dans l'eau.

(*) *n, n'*, les noyaux. — *cv*, cellule provenant de la division du noyau primaire.

Si l'on expose la même anthère, successivement à une sécheresse et à une humidité extrêmes, on voit que l'anthère, ouverte dans l'air sec, se ferme dans l'eau et se rouvre quand on la reporte dans l'air, etc.

La pression exercée par les grains de pollen mûrs sur la paroi de l'anthère ne joue aucun rôle dans la déhiscence, puisque l'anthère vide s'ouvre et se ferme aussi bien que l'anthère pleine. La déhiscence peut être aussi répétée après la mort des cellules pariétales, ce qui prouve qu'elle est la conséquence d'une propriété physique des tissus et non un mouvement dû à l'activité vitale de la plante (Leclerc du Sablon).

L'épiderme de l'anthère est formé, comme on l'a vu, de cellules

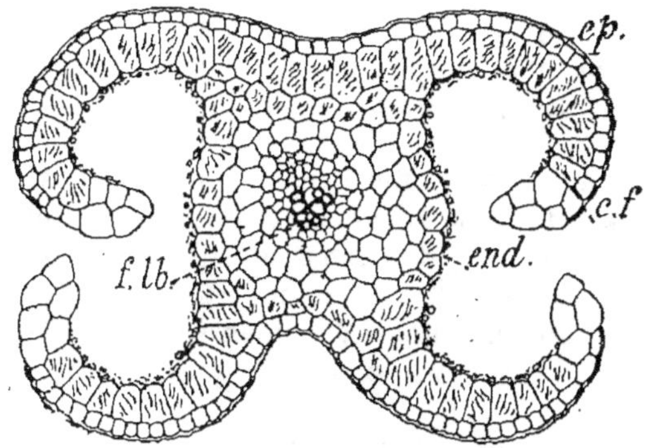

Fig. 346. — Coupe transversale d'une anthère de Lis (*).

à parois minces, mais, au-dessous de l'épiderme, se trouvent une ou plusieurs assises de cellules fibreuses. Les parois de ces cellules portent, en relief, des ornements lignifiés qui sont des anneaux complets, des spirales ou des anneaux ouverts en forme d'U. Les boucles d'épaississement s'anastomosent quelquefois. L'étude particulière des anthères sur diverses fleurs montre une grande variété dans la forme des ornements. Le point capital est qu'une partie de la paroi est lignifiée et l'autre formée de cellulose pure.

Au moment de la maturité, l'épiderme disparaît ; cependant les bords de l'ouverture se recourbent encore dans les conditions indiquées. Ce fait semble prouver que l'épiderme n'intervient pas dans la déhiscence. Des expériences bien conduites ont montré d'autre part qu'une anthère débarrassée de son épiderme se comporte comme une anthère intacte : elle s'ouvre si on la dessèche et

(*) *f. lb*, faisceau libéro-ligneux. — *ep*, épiderme. — *c.f* cellules fibreuses. — *end*, paroi interne des loges.

se referme si on la met dans l'eau (1). Il paraît donc établi que l'assise fibreuse est seule cause de la déchirure.

La cloison qui sépare deux sacs est détruite par résorption de l'assise pariétale interne et de l'assise moyenne, cette destruction laisse subsister la partie épaissie de la cloison et, à la maturité, les deux sacs ne forment plus qu'une seule loge. Cette loge unique est ouverte par destruction de toutes les cellules à parois molles et la fente ainsi produite doit s'élargir. Or, cet élargissement est évidemment causé par l'inégale contraction des parties non lignifiées et des épaississements ligneux. L'inégalité de contraction se vérifie sur les cellules avant et après la dessiccation ; dans certains cas même, on a pu faire des mesures précises.

On peut donc comprendre, maintenant, qu'entre la structure d'une anthère et son mode de déhiscence, il y a toujours un rapport constant. Le rapport constant repose sur ce fait que les parois cellulaires formées de cellulose pure se contractent plus sous l'action de la sécheresse que les parois lignifiées. Pour que l'inégalité de construction soit utilisée, il faut que les portions des parois lignifiées affectent certaines dispositions particulières.

Dans le cas de la *déhiscence longitudinale*, la disposition est réalisée, comme nous l'avons dit, dans l'assise sous-épidermique. Si l'on considère une anthère ouverte, on constate que la face concave de l'assise fibreuse renferme moins d'éléments ligneux que la face convexe ; c'est le seul caractère invariable que présente la disposition des ornements.

Dans le cas où la couche fibreuse ne comporte qu'une assise de cellules, la face externe est dépourvue d'ornements, tandis que la face interne en présente de très variés. Les bords de la fente devront donc se courber vers l'extérieur.

Lorsque, au contraire, la face externe porte des ornements, ce qui est assez rare, la courbure a lieu vers l'intérieur. Dans tous les cas, les parois radiales offrent des bandes lignifiées en rapport avec celles des parois tangentielles.

Il arrive quelquefois que l'un des bouts de la fente se courbe vers l'extérieur, tandis que l'autre reste immobile. Cela tient à ce que les deux faces de l'assise fibreuse, dans la partie immobile, sont également lignifiées, tandis que, dans le bord qui se courbe, la face interne porte seule des épaississements.

Le mécanisme est le même quand la couche fibreuse se compose de plusieurs assises. Dans la Digitale, la face externe de la couche fibreuse est dépourvue d'ornements, la face interne en présente un grand nombre. L'anthère de la fleur de Tabac montre les boucles d'épaississement de la face externe dirigées parallèlement

____

(1) Leclerc du Sablon, *Structure et déhiscence des anthères*. Paris, 1885.

à l'axe de l'anthère, celles de la face interne ont une direction quelconque, la contraction sera donc plus grande sur la face externe.

La *déhiscence poricide* est due à la même cause que la déhiscence longitudinale; mais, soit que la couche fibreuse ait disparu
du reste de l'anthère, soit qu'elle n'y présente pas de caractères
favorables, la déchirure de la paroi ne peut avoir lieu. On ren-
contrera des fleurs dans l'anthère desquelles la couche fibreuse
existe mais avec des ornements égaux sur les deux faces; la déhiscence ne peut donc se produire, puisqu'il faut une inégalité de construction. En ce cas, on trouvera au sommet de l'organe des cellules
présentant des ornements nombreux et épais sur la face interne,
et, vers le milieu de la loge, un tissu mou dont la grande contraction et la faible résistance favorisent la déhiscence. Il peut arriver
aussi que la partie indéhiscente soit privée de cellules fibreuses.
Quoi qu'il en soit, la formation du pore est analogue à celle de la
fente, et l'on voit que « la couche fibreuse, grâce aux ornements
de ses cellules, joue le rôle actif dans le phénomène de la déhiscence, tandis que l'épiderme reste passif et suit simplement les
mouvements des couches sous-jacentes » (1).

Chez les Bruyères, toutefois, les cellules fibreuses manquent
complètement, et c'est à une résorption des parois qu'est due la
formation du pore (Leclerc du Sablon).

67. Gynécée. — Les feuilles modifiées
qui constituent le gynécée se composent
de trois parties : l'*ovaire,* qui est le limbe
élargi de la feuille carpellaire, portant
sur ses bords renflés les ovules ; le
style, qui est un prolongement de la ner-

Fig. 347. — Pistil de *Lysimachia vulgaris.*

Fig. 348. — Pistil de *Lathyrus* entier (*).

vure médiane ; et enfin le *stigmate,* qui est une languette couverte
de papilles, par laquelle se termine le style.

On qualifie de *régulier* ou d'*irrégulier* le gynécée, verticilles des

(1) Leclerc du Sablon, *Ouvrage cité.*

(*) A, pistil entier à peine grossi. — B, coupe transversale de son ovaire. — Gross. 8/1.

carpelles, en se servant des mêmes conventions que pour les enveloppes florales ou l'androcée (fig. 347 et 348). Quand les carpelles sont de même forme ou de formes diverses et alternantes, le gynécée est régulier et symétrique par rapport à l'axe de la fleur. Lorsque l'un des carpelles est plus développé que les autres, le gynécée

Fig. 349. — Carpelles velus de l'*Armeria maritima*.   Fig. 350. — Style latéral du Fraisier

n'est symétrique que par rapport à un plan médian, c'est-à-dire qu'il est irrégulier.

Le style est de grandeur très variable et quelquefois sessile ; souvent l'une de ses faces porte des poils où viennent se fixer les grains de pollen, ce sont les *poils collecteurs* (fig. 349).

Lorsque le carpelle est ouvert, le style peut être plan ou creusé en gouttière ; mais il devient tubuleux quand l'ovaire se replie.

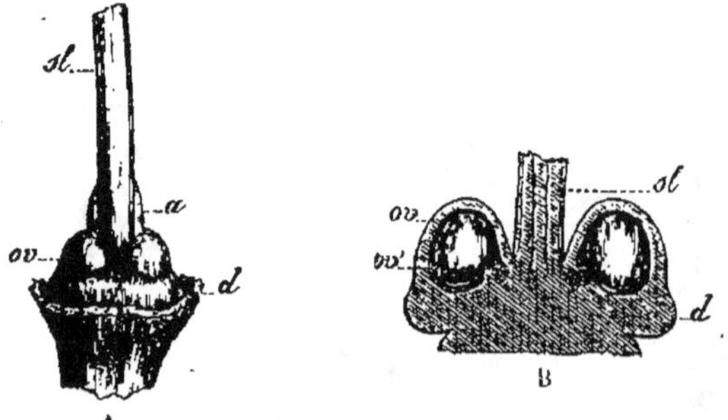

Fig. 351. — Style gynobasique de *Symphytum officinale* (*).

On le dit *latéral* lorsqu'il se trouve rejeté sur le côté de l'ovaire fermé de manière à paraître inséré sur son flanc (fig. 350), et *gynobasique*, quand il parait inséré sur sa base (fig. 351).

Le faisceau médian du carpelle se continue seul dans le style

(*) A, portion inférieure du gynécée. — *ov*, ovaire. — *sl*, style qui dans le bas forme deux angles *a* très proéminents et opposés. — *d*, disque (6/1). — B, coupe longitudinale montrant deux loges ouvertes et le niveau d'où part le style, mêmes lettres. — *ov'*, ovules (14/1).

(fig. 352). Le canal est tapissé d'un tissu spécial, modification de l'épiderme, dont les cellules se chargent d'un protoplasma granuleux, dense et réfringent, contenant de l'amidon, de l'huile et des grains de chlorophylle. La membrane de ces éléments est épaisse, molle, et se gélifie aisément ; quand la gélification est accomplie, les cellules sont dissociées dans une matière gélatineuse. Le *tissu conducteur*, ainsi nommé parce qu'il est la voie que suit le tube pollinique issu du grain de pollen pour arriver à l'ovule, forme un ruban unique parcourant toute la longueur du style ; il tapisse le canal,

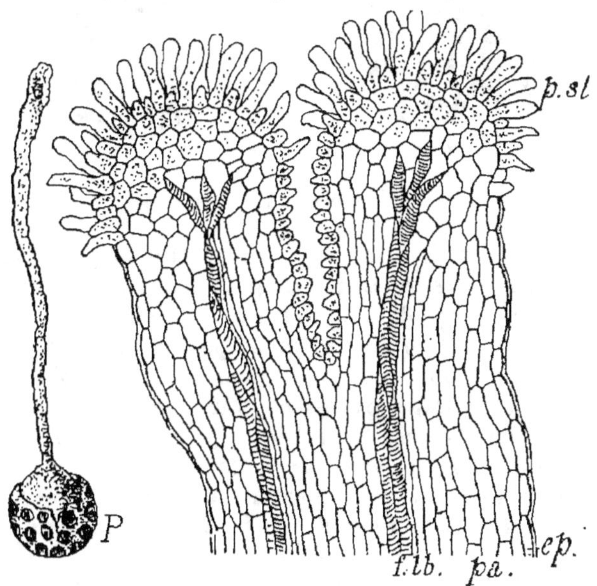

Fig. 352. — Coupe longitudinale du stigmate de Belladone (*).

le sillon de la gouttière et se superpose au bois du faisceau quand le style est plein. (Van Tieghem.)

Le stigmate est toujours latéral, sa surface affecte les formes les plus variées ; elle se creuse en entonnoir, s'arrondit en tête, se dilate et s'amincit suivant les plantes. Les cellules de son épiderme se prolongent en papilles de formes très diverses. Elles produisent et laissent suinter un liquide visqueux, sucré, propre à retenir le grain de pollen et à favoriser son développement ultérieur. Les cellules gélifiées du tissu conducteur s'étendent sous l'épiderme.

Il faut rappeler ici que les Gymnospermes sont dépourvues de style et de stigmate, et que leur carpelle est réduit à l'ovaire.

(*) *cp*, épiderme. — *pa*, parenchyme. — *f. lb*, faisceaux libéro-ligneux. — *p. st*, papilles stigmatiques. — P, grain de pollen isolé avec son tube pollinique.

La portion la plus importante de l'ovaire est celle que nous avons désignée sous le nom de *placenta*, c'est elle qui produit les ovules (fig. 353).

Quand les ovules sont fixés au bord extrême des carpelles, on dit que la placentation est *marginale*. Souvent, ils envahissent une grande surface de la feuille carpellaire, la région médiane seule en

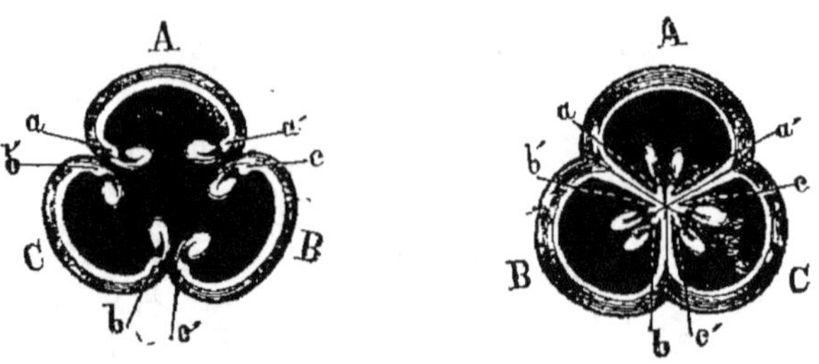

Fig. 353. — Placentation pariétale et axile (*).

est dépourvue, en ce cas, les bords ne se renflent pas et la placentation est *diffuse* ou *réticulée*, parce que les ovules se disposent en réseau sur les nervures d'où ils tirent leur origine. La placentation est *médiane* quand la nervure médiane porte seule des ovules.

Pour la placentation marginale, qui est de beaucoup la plus commune, le nombre des ovules est variable; il n'y en a souvent que quelques-uns, placés au sommet, à la base ou au milieu ; ils sont *dressés*, *renversés*, *ascendants*, *horizontaux* ou *pendants*. Le nombre des ovules est réduit à un seul sur chaque bord dans le carpelle *biovulé*, ou à un seul sur un seul bord, l'autre restant stérile dans le carpelle *uniovulé*. La composition du gynécée peut comprendre à la fois des carpelles pluriovulés et uniovulés, mais, le plus souvent, certains carpelles sont producteurs d'ovules, tandis que les autres restent stériles. Quand l'ovaire du carpelle est clos et qu'il se subdivise par des cloisons transversales ou longitudinales, le nombre des cloisons arrive à être très grand ; il se forme beaucoup de logettes contenant chacune un ovule. (Van Tieghem.)

Au point de vue anatomique, la structure de l'ovaire montre un épiderme muni de poils et de stomates, un parenchyme homogène et des faisceaux libéro-ligneux anastomosés. Chaque placenta est le plus souvent accusé par la présence d'un faisceau plus volumineux que les autres et envoyant des ramifications aux ovules.

Dans un ovaire non fermé, les faisceaux ont le liber en dehors et le bois en dedans, mais, quand l'ovaire est clos par soudure des bords vers l'axe floral, les faisceaux marginaux ont leur bois en

(*) A, B, C, les carpelles. — *a'*, *b'*, *c'*, les placentas.

dehors et sont orientés en sens inverse du faisceau médian. Si, après s'être soudés, les bords continuent à se reployer et se séparent en se réfléchissant vers l'extérieur, les faisceaux tournent peu à peu leur liber en dehors, leur bois en dedans, et prennent la même orientation que le faisceau médian. (Van Tieghem.)

La bande unique de tissu conducteur qui parcourt le style se divise en deux en arrivant au niveau de l'ovaire, chaque division suit l'un des bords de sa face interne.

Le carpelle apparaît d'abord sur le réceptacle, au début de la croissance, comme un mamelon élargi dont la partie inférieure produira l'ovaire, la partie supérieure, le style et le stigmate.

Quand la zone de croissance intercalaire se dispose assez haut sur chaque carpelle, ils demeurent distincts, le gynécée est *dialycarpelle* (fig. 354). En ce cas, si chaque carpelle reste ouvert, les ovules ne sont pas entourés d'une cavité close et sont directement en relation avec l'air extérieur ; comme on le voit chez les Gymnospermes.

Plus souvent le gynécée est *gamocarpelle*, c'est-à-dire qu'il y a formation d'une sorte de battant de cloche au centre de la fleur, c'est le *pistil*. On emploie vulgairement ce mot comme synonyme de gynécée.

La concrescence est facilitée par ce fait que les feuilles car-

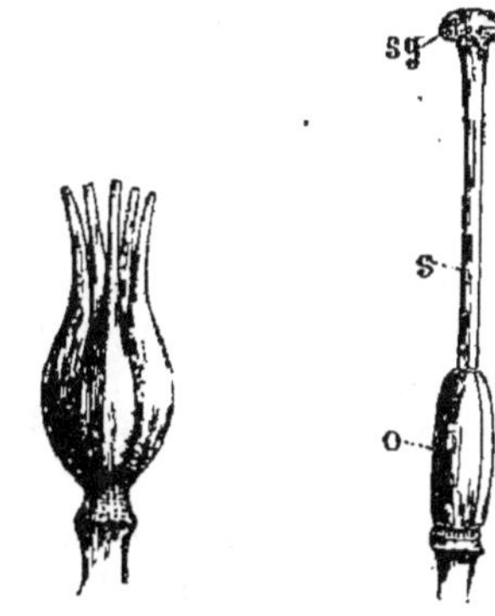

Fig. 354. — Gynécée de l'Hellébore à cinq carpelles distincts.

Fig. 355. — Pistil à trois carpelles soudés sur toute leur longueur. — *o*, ovaire. — *s*, style. — *sg*, stigmate.

pellaires, à large base, sont insérées sur le réceptacle en une circonférence de très court rayon. La soudure des carpelles se manifeste d'ailleurs à divers degrés. Les styles restent libres, ou bien la soudure envahit seulement leur région inférieure ; elle peut encore monter jusqu'à la base des stigmates et même gagner ceux-ci sur toute leur longueur (fig. 355).

Dans un gynécée dialycarpelle, il arrive exceptionnellement que les carpelles se rapprochent au point d'adhérer entre eux ; ce phénomène est bien distinct de la concrescence et ne doit pas être confondu avec lui.

La concrescence des pièces du gynécée peut avoir lieu entre carpelles ouverts ou entre carpelles fermés.

1° Lorsque les carpelles sont ouverts, les bords ovulifères se courbent un peu vers l'intérieur et la concrescence atteint, soit le parenchyme, soit les faisceaux qui s'unissent alors en un seul, envoyant des ramifications aux ovules, rangés sur les bords. (Van Tieghem.)

L'ovaire, clos de cette façon, circonscrit une loge unique sur la paroi commune de laquelle s'étendent les placentas ; chaque placenta provient de l'union des bords de deux carpelles. Les styles et les stigmates se trouvent nécessairement en alternance avec les placentas. Un tel ovaire est dit *uniloculaire* et à *placentation pariétale*.

Parfois, comme chez les Crucifères, chacun des placentas produit entre ses rangées d'ovules, une lame qui s'avance vers le milieu de la cavité ovarienne ; les deux lames soudées forment une cloison complète qui divise l'ovaire en deux compartiments.

Si chaque carpelle ne porte d'ovules que sur sa base renflée, et que celle-ci se relève en une sorte de talon, il se constitue au fond de l'ovaire comme un plancher convexe qui donne insertion aux ovules dressés, tout le reste de la paroi restant lisse et stérile.

Il peut même arriver qu'un seul carpelle produise un ovule unique, dressé, et que tous les autres demeurent stériles. L'ovule, en ce cas, semble prolonger le pédicelle de la fleur et être attaché directement sur le sommet du réceptacle ; en réalité, il est latéral et s'attache à la base d'un carpelle. (Van Tieghem.)

Dans certains cas, le plancher convexe provenant de l'union des renflements carpellaires subit un accroissement intercalaire notable, il se forme une colonne renflée qui porte tous les ovules à sa surface. Cette disposition est dite *placentation axile*. Les ovules sont ici rassemblés sur une dépendance de la base des carpelles qui eux-mêmes restent stériles. La colonne ovulifère qui semble à première vue un prolongement du pédicelle est en réalité le produit de la concrescence des dépendances basilaires des limbes carpellaires. La structure anatomique de cette colonne montre, du reste, des faisceaux tournant leur bois en dehors et leur liber en dedans, ce qui n'existe jamais dans le pédicelle ni dans aucune portion ou dépendance de la tige.

2° Lorsque les carpelles sont fermés, la concrescence a lieu sur toute l'étendue des faces latérales et l'ovaire composé possède autant de loges qu'il y a d'ovaires simples. Le placenta formé des deux bords du même carpelle occupe l'angle interne de chacune des loges, les styles et les stigmates leur correspondent exactement. Un ovaire ainsi constitué est dit *pluriloculaire à placentation axile*.

La concrescence peut atteindre seulement le parenchyme des ovaires ou les faisceaux, qui, s'unissant alors intimement sur la ligne médiane, tournent leur bois en dehors à la partie interne, en dedans à la partie externe de la cloison.

Dans la colonne centrale qui résulte de la concrescence des cloisons, les faisceaux tournent leur bois en dehors et leur liber en dedans. Quand la placentation de chaque ovaire est réticulée, les ovules occupent toute l'étendue des cloisons et la placentation générale est dite *septale*.

L'union des styles produit un style composé qui peut n'avoir qu'un canal à plusieurs boucles de tissu conducteur, ou plusieurs canaux n'ayant chacun qu'une boucle conductrice, suivant que les styles étaient repliés en tube sur toute leur longueur ou sur une partie de leur longueur. S'ils n'étaient pas repliés, ils peuvent s'unir par leurs bords pour donner un style composé à canal unique bordé de tissu conducteur.

Les carpelles ont, comme les autres éléments des verticilles floraux, la propriété de se ramifier. Leur ramification peut porter sur le stigmate qui se divise alors en branches plus ou moins nombreuses.

L'ovaire lui-même doit être considéré comme ramifié chaque fois qu'il est fertile ; les ovules, en effet, ne sont pas autre chose que des lobes dérivés du limbe carpellaire. (Van Tieghem.)

Le gynécée est rarement séparé de l'androcée par un long entre-nœud ou *gynophore* (fig. 356), il en est presque toujours rapproché et peut même être concrescent avec lui.

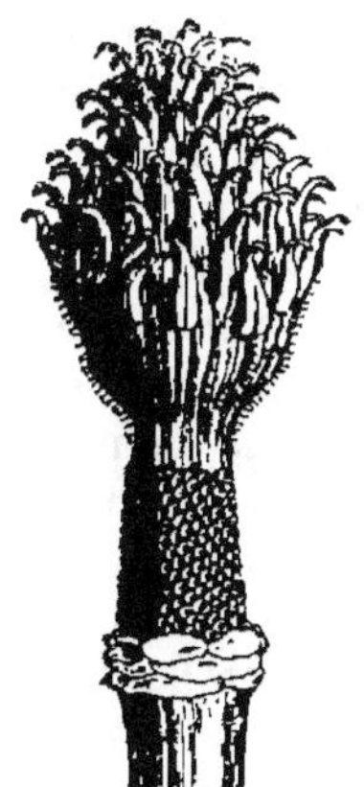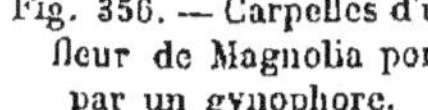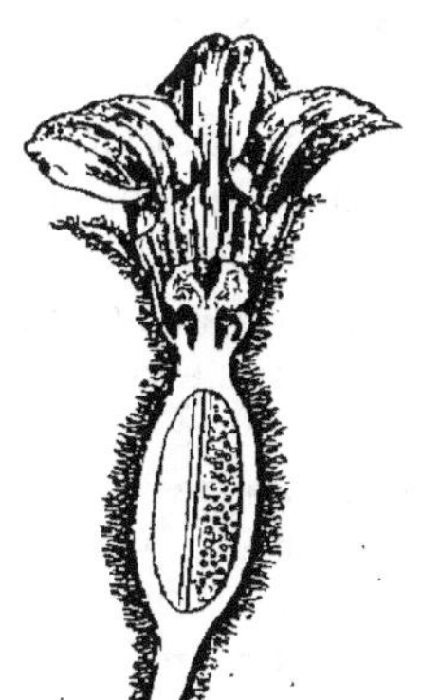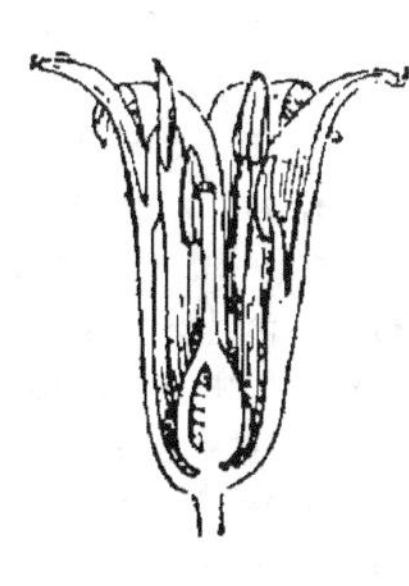

Fig. 356. — Carpelles d'une fleur de Magnolia portés par un gynophore.

Fig. 357. — Ovaire infère ou adhérent de Melon.

Fig. 358. — Ovaire supère de la Scille.

Nous avons déjà parlé des fleurs dans lesquelles le calice, la corolle et l'androcée sont réunis à leur partie inférieure en une coupe sur les bords de laquelle ils semblent insérés. Il peut se rencontrer des fleurs de cette nature dans lesquelles le pistil s'unisse aux autres verticilles dans toute sa région ovarienne. Quand la concrescence s'étend ainsi à toutes les parties de la fleur, il se forme un corps massif à l'intérieur duquel se trouve l'ovaire et au-dessus duquel se détachent sépales, pétales, étamines et styles. Le niveau où se séparent les verticilles paraît être celui de leur point d'insertion. L'ovaire qui semble situé au-dessous de cette insertion est dit *infère*, et, comme il fait partie de l'ensemble des parties externes, on le dit aussi *adhérent* (fig. 357).

Toutes les fois que les quatre verticilles floraux sont au contraire bien séparés, ou qu'ils sont unis seulement par deux ou par trois, l'ovaire est dit *supère* et *libre* (fig. 358).

Ce caractère est très constant et, ajouté à celui de la concrescence des pétales, il a servi à délimiter des groupes de Dicotylédones qui sont apétales, dialypétales, gamopétales, supérovariées ou inférovariées.

Quand l'ovaire est infère, il arrive fréquemment que la concrescence se prolonge entre les autres verticilles, deux par deux ou trois par trois. Ainsi, dans le Poirier, le style étant devenu libre, les trois autres groupes floraux restent unis en un tube commun sur une certaine longueur. D'autres fois, les sépales et le style deviennent libres, pendant que la corolle et l'androcée forment un tube.

Après avoir produit le gynécée, il est rare que le pédicelle continue à croître. Dans certains cas, cependant, il se prolonge au-dessus des carpelles et se termine au-dessous des styles par un petit bourgeon. Les carpelles peuvent alors rester unis avec ce prolongement du pédicelle et former une colonne centrale qui porte les ovules sur ses flancs. La structure de cette colonne montre deux systèmes de faisceaux, les uns sont orientés normalement, liber en dehors et bois en dedans; les autres sont orientés en sens inverse, ils représentent les faisceaux marginaux des carpelles et envoient seuls des ramifications aux ovules. (Van Tieghem.)

Dans certaines plantes, le style et les stigmates avortent, les carpelles se réduisent aux ovaires; pour remplacer les organes absents, les connectifs des anthères se soudent en tube et jouent le rôle des éléments disparus. L'Aristoloche fournit un bon exemple de cet avortement partiel des carpelles.

Chez la Valériane, l'ovaire s'atrophie et le style seul représente le carpelle, un seul carpelle se développe et produit un ovule. Dans d'autres cas, il n'y a pas trace de carpelles. Quelques fleurs complètes à l'état de bourgeon, deviennent mâles plus tard par avortement total du gynécée.

68. Origine, croissance et structure de l'ovule. — Pour compléter l'étude du gynécée, il nous reste à étudier l'ovule qui, par des transformations successives, deviendra la graine.

Un certain nombre de cellules situées sous l'épiderme du placenta se cloisonnent activement, il en résulte une excroissance qui, s'allongeant mais ne s'épaississant pas, forme le *funicule;* l'épiderme multiplie en même temps ses cellules par des cloisons perpendiculaires et en revêt toute la surface (fig. 359).

Fig. 359. — Quatre états successifs du développement d'un ovule anatrope.

Au-dessous du sommet du funicule se montre un mamelon latéral et conique, résultant du cloisonnement des cellules sous-épidermiques revêtues d'épiderme. Ce mamelon est le *nucelle.* En même temps, le funicule se développe de proche en proche, de manière à fournir au nucelle un *tégument* en forme de croissant.

En grandissant, le tégument s'accroît souvent plus activement du

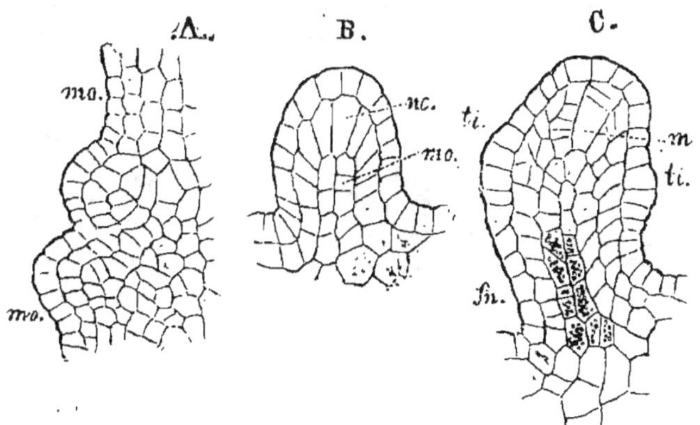

Fig. 360. — Développement de l'ovule anatrope de *Ribes rubrum* (d'après Warming). Gross. 350 (*).

côté du sommet, il renverse, par conséquent, le nucelle et, peu à peu, le recouvre complètement. L'ovule ainsi développé est dit *renversé* ou *anatrope* (fig. 360).

S'il arrive que le bourrelet, origine du tégument, se forme en

(*) A, portion du placenta offrant deux mamelons ovulaires *mo.* — B, mamelon ovulaire plus âgé; le nucelle (*nc*) commence à se développer. — C, ovule montrant le mamelon circulaire (*ti*), qui sera son tégument interne, le funicule (*fn*) se dessine, la cellule mère du sac embryonnaire (*m*) résulte du dédoublement d'une cellule axile du nucelle.

anneau et ait une égale croissance de tous les côtés, l'ovule reste droit, on le dit *orthotrope* (fig. 361).

Enfin, l'ovule jeune tout entier peut s'accroître plus fortement d'un côté que de l'autre, et se recourber vers son milieu en arc ou en fer à cheval, on le dit *campylotrope* (fig. 362).

Lorsque la croissance est complètement opérée, l'ovule présente un petit corps ovoïde relié au placenta par un *funicule*. Le corps ovoïde ou *nucelle* est recouvert d'un *tégument* inséré sur le funi-

Fig. 361. — Trois états successifs du développement d'un ovule orthotrope.

cule en un point, le *hile* ; le nucelle soudé au tégument par la *chalaze*, est directement en relation avec l'extérieur au *micropyle*.

Dans l'ovule anatrope, qui est la forme la plus ordinaire, le corps de l'ovule semble être réfléchi autour du hile, pour s'appliquer sur le funicule et s'unir à lui dans toute sa longueur. Le point où l'union cesse est le hile apparent; le hile vrai est le point où la nervure funiculaire pénètre et s'épanouit dans le tégument, il se

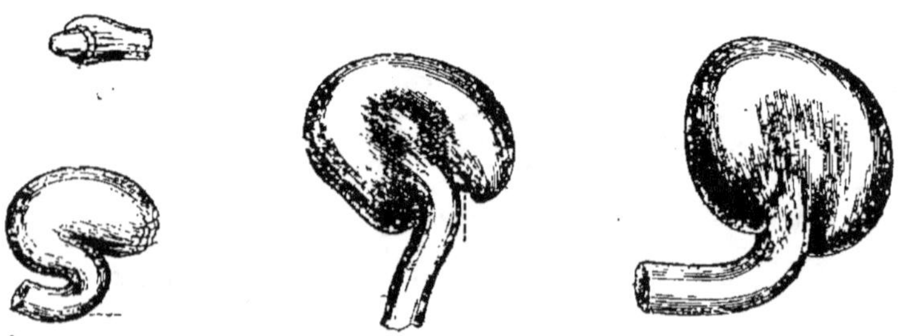

Fig. 362. — Développement d'un ovule campylotrope.

trouve sous la chalaze et opposé au micropyle. La portion soudée du funicule forme sur l'ovule une côte souvent très saillante, le *raphé* (fig. 363 et 364).

Dans un ovule orthotrope, le hile se trouve sous la chalaze qui est en opposition avec le micropyle.

Dans l'ovule campylotrope, le micropyle se trouve rapproché du hile et de la chalaze.

La position du raphé indique la position du plan de symétrie pour un ovule anatrope. Dans un ovule campylotrope elle est donnée par le plan de courbure. Quant à l'ovule orthotrope, il semble symétrique par rapport à son axe, mais, en réalité, d'après les nervures du tégument, on peut voir qu'il n'est symétrique que par rapport à un plan (Van Tieghem).

Un ovule peut présenter une forme intermédiaire à celles qu'on vient d'indiquer. La courbure étant faible, l'ovule n'est qu'à demi campylotrope ; si le funicule ne s'unit à l'ovule que sur une petite partie de sa longueur il n'est qu'à demi anatrope. Celui-ci, en se courbant plus ou moins, peut se rapprocher de la forme campylotrope.

Lorsque le côté inférieur d'un ovule supposé horizontal s'accroît

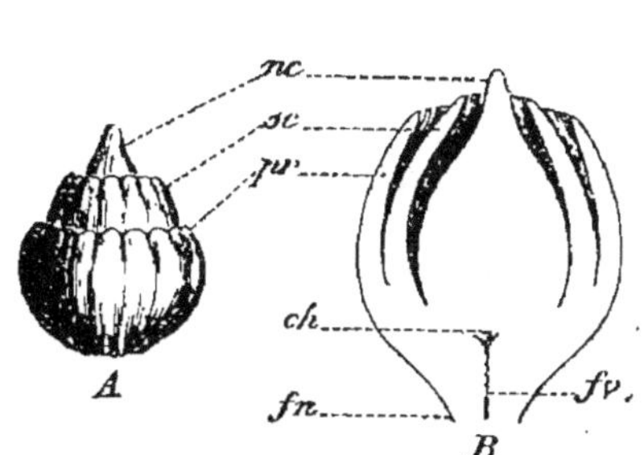
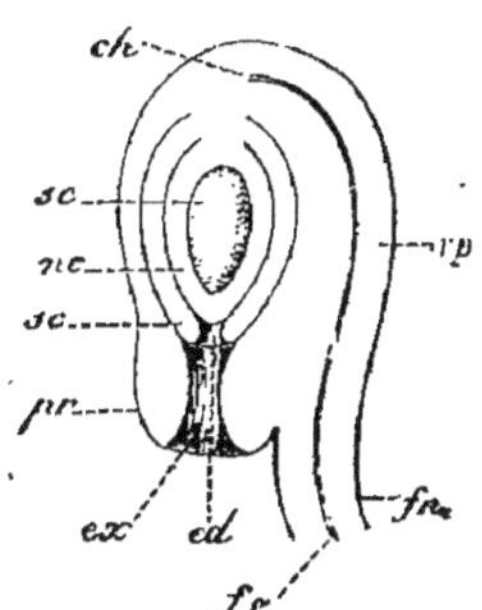

Fig. 363. — Ovule de *Polygonum orientale* (*).   Fig. 364. — Ovule d'Escholtzia de Californie (**).

plus que l'autre, il y a courbure vers le haut et l'ovule est *hyponaste ;* s'il se courbe vers le bas on le dit *épinaste* (Van Tieghem).

Il y a beaucoup d'ovules à un seul tégument, mais souvent aussi, l'ovule présente un second tégument externe ; dans ce cas, le micropyle devient un canal formé par la superposition des ouvertures des deux enveloppes. L'ouverture externe est l'*exostome,* l'interne est l'*endostome* (fig. 364).

Quand le funicule fait défaut, l'ovule est sessile, ex. : l'Ortie. Le tégument peut aussi manquer et le funicule, plus ou moins réduit, porte alors à son sommet le nucelle sans micropyle sur lequel la chalaze et le hile se confondent, ex. : le Santal.

Si nous examinons maintenant la structure de l'ovule, nous constaterons que le nucelle est une masse parenchymateuse recouverte par l'épiderme ; cette masse est entièrement dépourvue de faisceaux libéro-ligneux (fig. 365). La structure anatomique du nucelle est différente suivant que l'on étudie une Phanérogame Angiosperme ou une Gymnosperme.

Chez toutes les Angiospermes, le nucelle renferme une cellule beaucoup plus grande que les autres ; cette cellule est droite dans

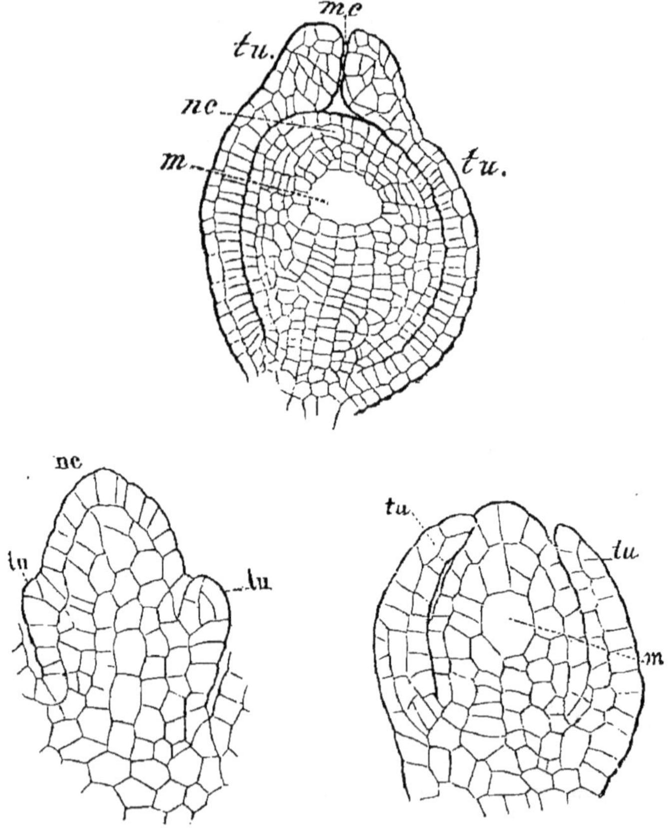

Fig. 365. — Ovule de *Peperomia candida* (d'après Warming) (*).

un ovule orthotrope ou anatrope et courbée dans un ovule campylotrope. Dans tous les cas elle est allongée suivant le sens de l'axe et renferme une masse protoplasmique abondante avec un gros noyau. Cette cellule est le *sac embryonnaire*.

Appendues côte à côte à la membrane du sac, on distingue encore trois cellules nucléées, renfermant du protoplasma, et pourvues d'une membrane mince azotée. Deux d'entre elles sont fixées

(*) ne, nucelle. — tu, tégument. — me, micropyle. — m, sac embryonnaire.

à la membrane du sac en son sommet, ce sont les *synergides ;* la troisième fixée plus bas, latéralement, et ayant son centre dans le plan de symétrie, est l'*oosphère.* Au fond du sac sont fixées trois autres cellules, leur membrane est cellulosique, elles contiennent du protoplasma et un noyau ; ce sont les *antipodes* (fig. 366).

Le sac embryonnaire peut s'appuyer directement contre le tégument, au fond du micropyle, ou être séparé de celui-ci par une couche plus ou moins épaisse de cellules.

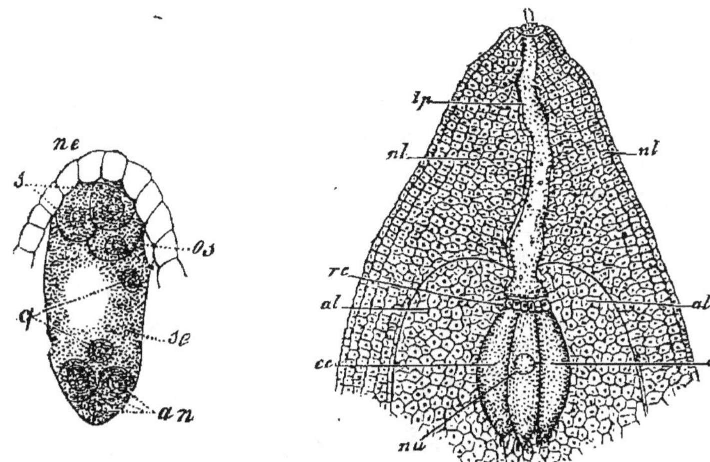

Fig. 366. —Sac embryonnaire de   Fig. 367. — Nucelle de *Juniperus virginiana* (d'après
   Cornucopia nocturnum (*).   Strasbürger). Gross. 50 (**).

La structure du nucelle des Gymnospermes est plus compliquée. Le sac embryonnaire existe toujours, mais il s'est cloisonné de bonne heure et se trouve rempli d'une masse compacte de cellules, l'*endosperme.* Certaines cellules de l'endosperme plus grandes que les autres sont allongées suivant l'axe, on les nomme *oosphères.* Chacune d'elles est séparée de la paroi du sac par quatre petites cellules laissant entre elles un fin canalicule. L'oosphère avec son canalicule et ses quatre petites cellules constitue un *corpuscule* (fig. 367).

Souvent, l'endosperme est relevé en bourrelet autour des corpuscules qui sont alors plus ou moins refoulés. Si les corpuscules sont isolés, chacun d'eux est précédé d'une dépression ; s'ils sont groupés, leurs petites cellules sont situées au fond de la cavité. Le

(*) *ne,* nucelle. — *s,* synergides. — *os,* oosphère. — *se,* sac embryonnaire. — *an,* antipodes. — *q,* noyaux libres.

(**) *tp,* tube pollinique. — *rc,* rosettes. — *cc,* cellules centrales. — *nu,* noyau. — *al,* albumen. — *nl,* nucelle.

GÉRARDIN. — Botanique.   17

sommet du nucelle, lui-même, se creuse souvent aussi d'une cavité plus ou moins régulière qu'on appelle *chambre pollinique*.

La structure du funicule montre un petit faisceau libéro-ligneux, rameau du faisceau placentaire, il est enveloppé d'un parenchyme homogène et recouvert d'épiderme.

Lorsqu'il y a deux téguments, c'est dans l'externe que se termine le faisceau. La terminaison de celui-ci se fait par épanouissement au-dessous du nucelle et sans prolongement dans le tégument qui reste parenchymateux ; d'autres fois, au contraire, le faisceau funiculaire se prolonge dans le tégument pour demeurer simple ou se ramifier.

69. Formation de l'oosphère. — L'oosphère prend naissance dans le sac embryonnaire, toujours de la même manière soit chez les Gymnospermes soit chez les Angiospermes. Avant d'étudier sa formation, il convient d'exposer la façon dont se forme le sac aux dépens du nucelle.

Une cellule nucellaire placée sous l'épiderme se différencie de

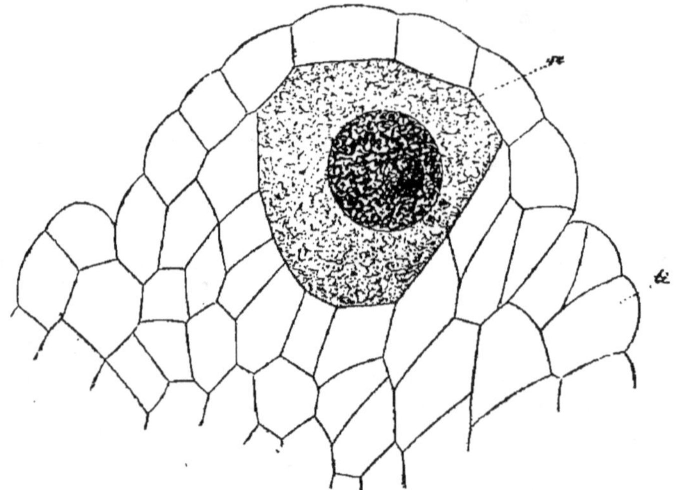

Fig. 368. — Très jeune nucelle de *Lilium martagon* (d'après L. Guignard). Gross. 500 (*).

bonne heure (fig. 368) et se partage par une cloison tangentielle en deux cellules superposées. La plus externe des deux cellules, par des cloisonnements radiaux et transversaux, forme bientôt une couche épaisse interposée entre le sommet du sac et la cellule interne.

Celle-ci peut, par accroissement direct, devenir le sac embryonnaire ; ce cas, qui est le plus simple, est aussi le plus rare. Presque toujours cette cellule se divise en plusieurs autres, par

(*) *ti*, tégument interne. — *se*, cellule mère du sac embryonnaire montrant son noyau accompagné des sphères directrices.

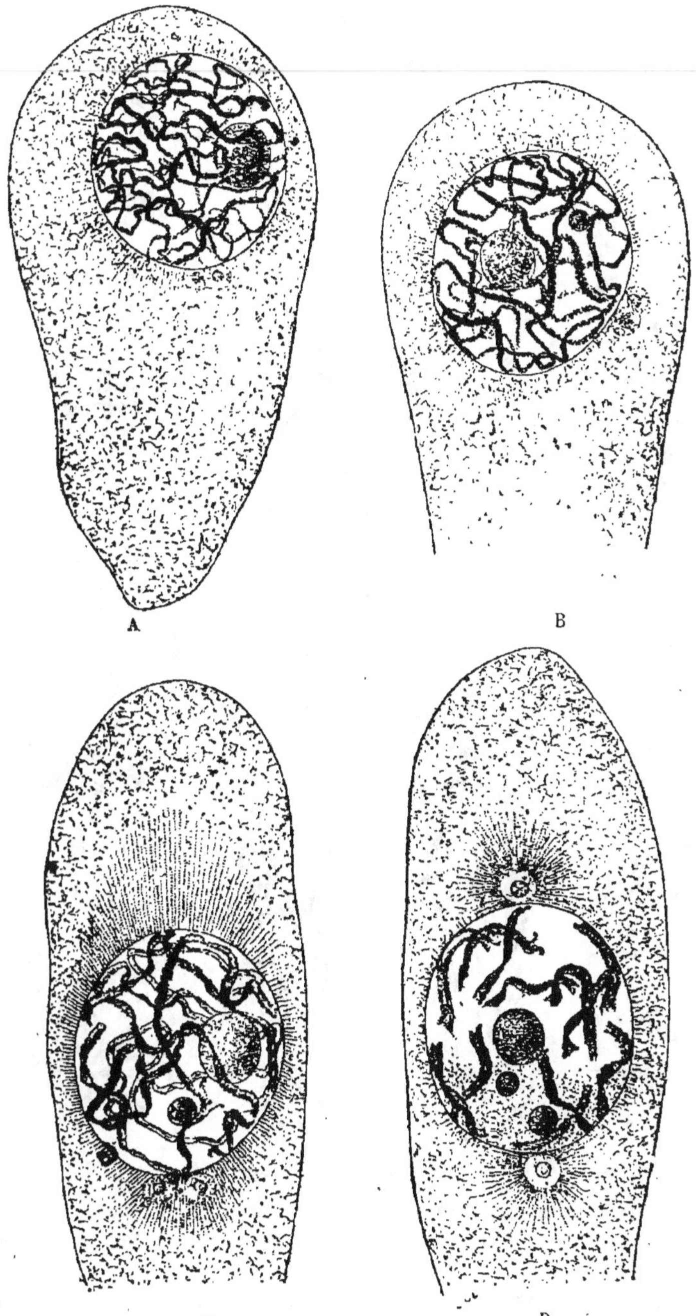

Fig. 369. — Premiers stades de la division du noyau primaire d'un sac embryonnaire de *Lilium martagon* (d'après L. Guignard). Gross. 750.

des cloisonnements tangentiels. Une seule des cellules ainsi formées, devient le sac embryonnaire; c'est généralement la plus interne, les autres s'atrophient ou disparaissent. Quelquefois, elles

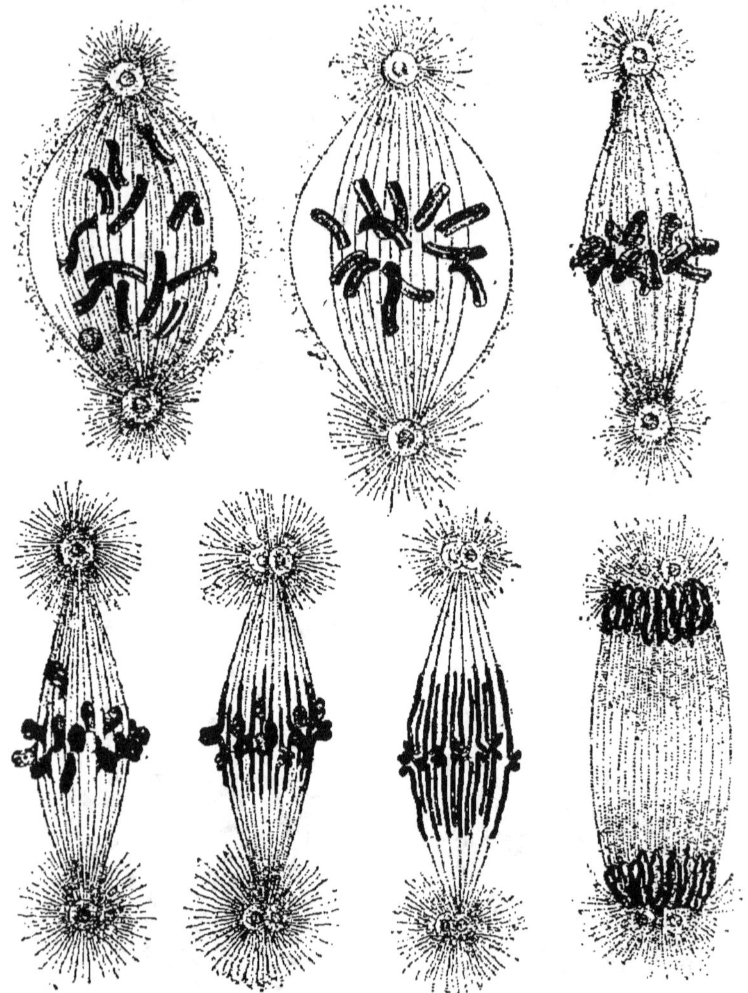

Fig. 370. — Division du noyau (d'après L. Guignard). Gross. 750.

subissent un commencement de différenciation en sac embryonnaire, mais l'une d'elles finit toujours par l'emporter et par détruire ses voisines.

D'autres fois, plusieurs cellules sous-épidermiques du nucelle se comportent comme il a été dit, de manière à donner naissance à une large calotte qui recouvre des rangées de cellules tendant à devenir des sacs embryonnaires. Un seul arrive à complet développement.

Dans le sac embryonnaire ainsi formé, le noyau se place au centre, puis se divise en deux autres qui se rendent aux deux extrémités du sac (fig. 369 à 371). Chacun d'eux se divise suivant l'axe; puis chacun des quatre noyaux ainsi constitués se partage encore une fois. De sorte que finalement, le sac embryonnaire contient *huit noyaux disposés en deux groupes de quatre*, dont chacun est situé à un pôle du sac (fig. 372).

Les trois noyaux du pôle supérieur s'entourent d'une mince membrane albuminoïde. Des trois cellules ainsi nées, les deux qui sont placées au même niveau et fixées à la paroi du sac, de part et d'autre du plan de symétrie, sont les *synergides;* leur noyau est refoulé vers le haut. La troisième, placée au-dessous et latéralement, a son point d'attache à la paroi dans le plan de symétrie; elle est plus arrondie que les synergides et son noyau, plus gros, est refoulé vers le bas, c'est l'*oosphère*.

Trois des noyaux inférieurs s'entourent d'une membrane qui devient bientôt cellulosique, elles se disposent comme les synergides, ce sont les *antipodes*.

Les quatrièmes noyaux demeurent libres dans le protoplasma du sac, ils se fusionnent bientôt en un noyau unique qui est le *noyau définitif du sac embryonnaire*.

Nous devons maintenant attirer l'attention sur ce fait que les cloisonnements opérés dans le nucelle pour former le sac embryonnaire sont identiques à ceux que nous avons décrits pour la production des cellules mères du pollen. La

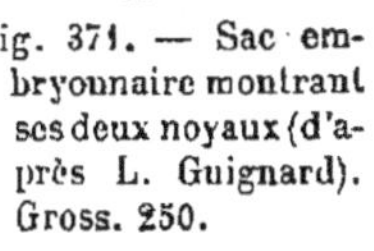

Fig. 371. — Sac embryonnaire montrant ses deux noyaux (d'après L. Guignard). Gross. 250.

calotte correspond à la paroi jeune du sac pollinique; comme elle, elle sert à la nutrition des cellules mères. L'homologie se poursuit entre l'oosphère et les cellules mâles.

Le noyau de l'oosphère est un des huit noyaux provenant des bipartitions successives du noyau du sac embryonnaire, de même que le noyau de la petite cellule du grain de pollen est l'un des huit produits par la bipartition du noyau de la cellule mère.

L'oosphère et le sac pollinique sont équivalents, l'équivalence existe aussi entre leurs noyaux.

Dans le sac embryonnaire des Gymnospermes, le noyau subit trois bipartitions et forme ensuite huit noyaux secondaires, mais la segmentation continue et l'oosphère ne prend naissance que plus tard. Lorsque le nombre des noyaux est assez grand, ils se rangent en une double assise dans la couche protoplasmique qui revêt la paroi du sac. Plus tard il se fait des cloisons albuminoïdes, puis cellulosiques, et une double assise de cellules tapisse la paroi du sac embryonnaire. En s'accroissant vers l'intérieur, ces cellules remplissent bientôt tout le sac et l'*endosperme* est constitué.

Certaines cellules périphériques situées vers le sommet du sac se distinguent des autres par leur taille; leur noyau ne se segmente pas. Elles vont engendrer les *corpuscules*. Pour cela, par une mince

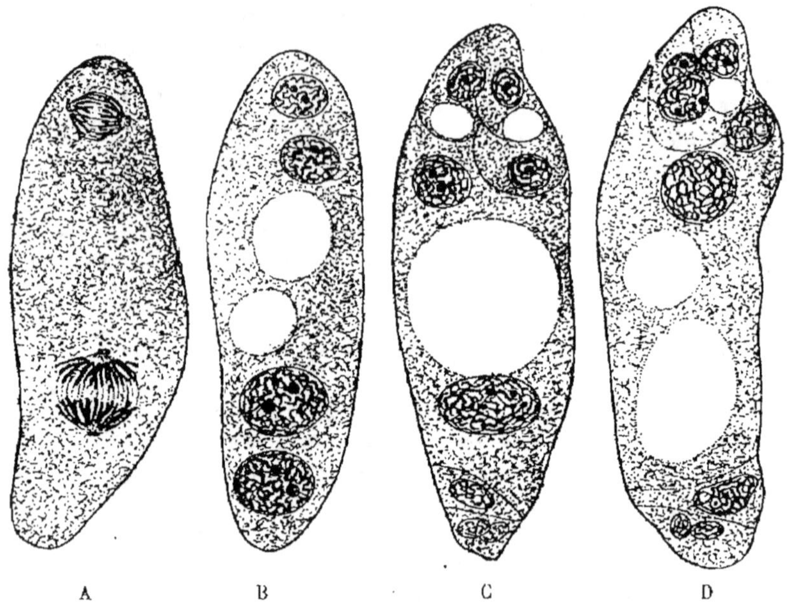

Fig. 372: — Formation des huit noyaux du sac embryonnaire (d'après L. Guignard). Gross. 250.

cloison tangentielle, elles séparent à leur sommet une petite cellule externe, qui, par deux cloisons rectangulaires, se divise en quatre autres disposées dans le même plan. La cellule interne produit une nouvelle cloison courbe, cette fois, qui sépare une grande cellule interne à noyau médian, l'*oosphère*, d'une petite qui s'insinuant entre les quatre déjà formées, puis se détruisant, creuse le canalicule dont il a été question: c'est la *cellule du canal*.

Ce résumé de la formation de l'oosphère montre que le phénomène est le même dans les deux groupes de végétaux; les cellules qui s'établissent dans le sac embryonnaire des Angiospermes correspondent en somme à l'endosperme des Gymnospermes. Il y a seulement chez les premières une abréviation des phénomènes de cloisonnement. Or, on l'a vu précédemment, il s'opère une abréviation semblable à l'intérieur du tube pollinique. L'homologie entre les éléments mâles et femelles se poursuit donc encore chez les Gymnospermes.

CHAPITRE IX

REPRODUCTION

70. Définitions. — Une plante n'est qu'une portion détachée d'une autre plante antérieurement constituée. Elle produit et sépare de sa masse certaines parties qui sont à leur tour les germes de plantes nouvelles et ainsi de suite. La plante naît donc et se reproduit par *dissociation;* les générations successives d'une espèce se continuent les unes les autres. Cette continuité exige le maintien des caractères acquis, elle explique ce qu'on appelle les phénomènes d'hérédité.

Lorsque le végétal est ramifié, la portion qui doit donner naissance au végétal nouveau peut comprendre tout un système d'organes; mais aussi ne comprendre qu'un seul organe, ou même qu'un fragment d'organe n'ayant généralement que des dimensions très petites.

Si le végétal ne possède pas la structure cellulaire, il sépare de son protoplasma général la partie qui doit servir d'origine à la plante nouvelle. A ce moment, s'opère dans sa masse non cloisonnée un cloisonnement plus ou moins accentué et, souvent même, le protoplasma qui doit abandonner la plante se fractionne lui aussi en masses qui ont toutes la même forme et la même fonction. La structure cellulaire se montre donc, transitoirement, à cette époque.

Si, au contraire, le végétal est formé par l'association d'un grand nombre de cellules, la portion détachée en comprend quelques-unes qui se séparent aussitôt, ou bien n'en comprend qu'une seule. La plante nouvelle, en ce cas, a pour point de départ une cellule de la plante ancienne.

La cellule chargée de perpétuer la plante, est dite *reproductrice;* c'est la cellule primordiale du végétal nouveau, on l'appelle *spore* (fig. 373). On donne le nom de reproduction *monomère* à celle qui a pour point de départ une seule spore.

La spore proprement dite peut être immobile et couverte d'une membrane cellulosique; lorsqu'elle est mobile, elle se couvre d'une membrane albuminoïde munie de cils vibratiles, on l'appelle *zoospore* (fig. 374).

La plupart des végétaux ont un autre mode d'origine. Au début, des cellules reproductrices mobiles ou non et dépourvues de membrane cellulosique se dissocient, mais, lorsqu'on les maintient isolées, elles demeurent stériles et se détruisent ; ce ne sont pas des spores, on leur donne le nom de *gamètes*.

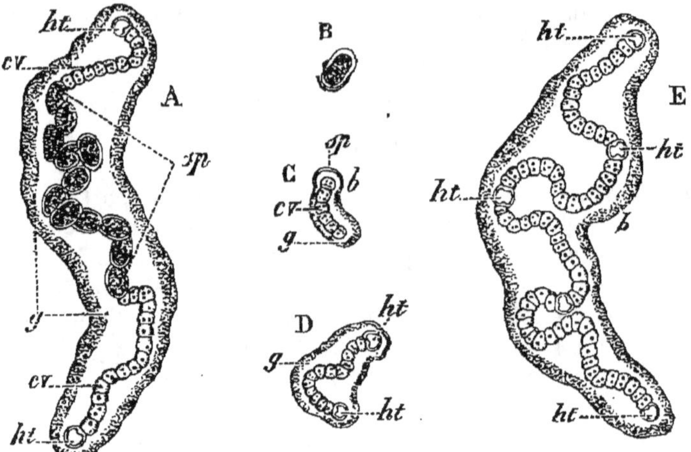

Fig. 373. — Multiplication du *Nostoc paludosum* (d'après Janczewski) (*).

Si on laisse deux gamètes se pénétrer, de manière que leurs protoplasmas et leurs noyaux se combinent, une cellule nouvelle se forme, l'*œuf*, qui se revêt d'une membrane cellulosique et devient

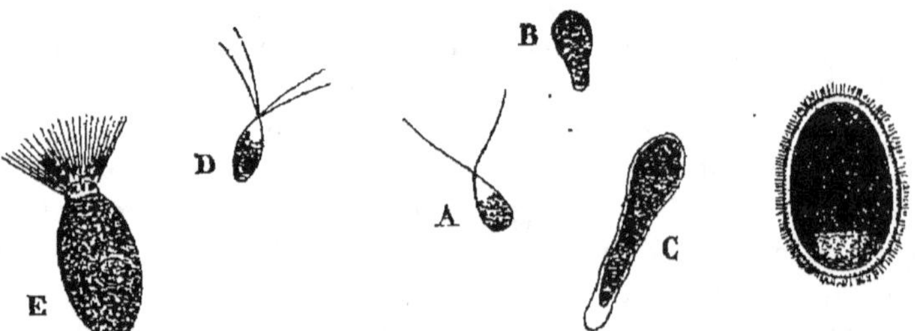

Fig. 374. — Zoospores A, B, C, de *Cladophora glomerata* ; D, d'*Ulothrix rorida* ; E, d'*Œdogonium vesicatum* ; F, de *Vaucheria Ungeri* (d'après Thuret).

capable d'un développement ultérieur. Le mode de reproduction par œuf sera donc appelé *dimère*.

Les deux gamètes peuvent être homogènes, au moins en appa-

(*) A, petit individu formé d'un filament plongé dans la gaine gélatineuse (*g*) et dont les cellules moyennes (*sp*) sont devenues des spores. — *cv*, cellules végétatives normales. — *ht*, hétérocystes. — B, C, D, E, formation d'un nouvel individu à partir de la déduplication de la spore (même signification des lettres).

rence, et semblables, chacun d'eux se mouvant pour aller à la rencontre de l'autre ; la formation de l'œuf est, en ce cas, *isogame*

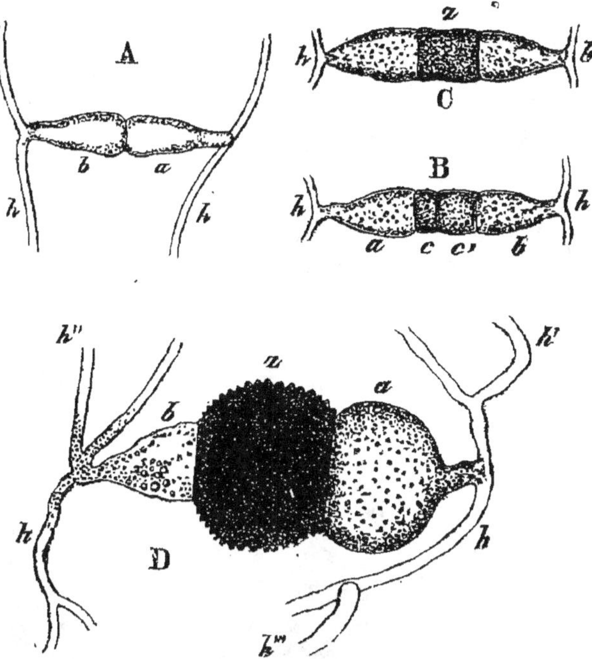

Fig. 375. — Formation de la zygospore du *Rhizopus nigricans*, d'après de Bary (*).

(fig. 375). Mais, très souvent, leur forme et leurs propriétés sont différentes. L'un est plus gros que l'autre, il accumule des matériaux de réserve nécessaires aux premiers développements de l'œuf, c'est le gamète *femelle* ; tandis que le second, plus petit, réduit à son noyau et à un protoplasma fondamental, est mobile et se déplace pour s'unir au premier qui reste immobile, c'est le gamète *mâle*. La formation de l'œuf peut être dite alors *hétérogame*, l'union est *sexuelle* (fig. 376).

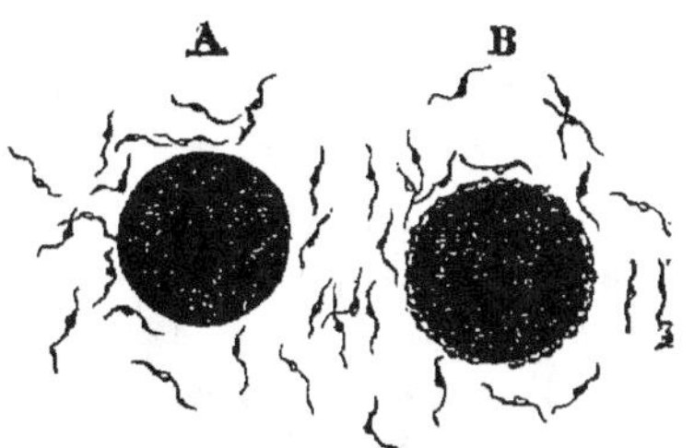

Fig. 376. — Conjugaison des gamètes dissemblables du *Fucus vesiculosus*.

Remarquons toutefois que la formation de l'œuf n'exige pas la sexualité des gamètes. (Van Tieghem.)

(*) A, B, C, D, reproduction isogame du *Rhizopus*. — *h, h*, etc., ramifications du *Rhizopus*. — *a* et *b*, processus claviformes. — *c c'*, gamètes semblablement différenciés. — *z*, zygospore qui provient de la conjugaison des gamètes, c'est un œuf isogamique.

En nous reportant à ce que nous avons exposé dans le chapitre précédent, nous devons regarder l'*oosphère comme le gamète femelle* et le *noyau du tube pollinique comme le gamète mâle* des Phanéro-

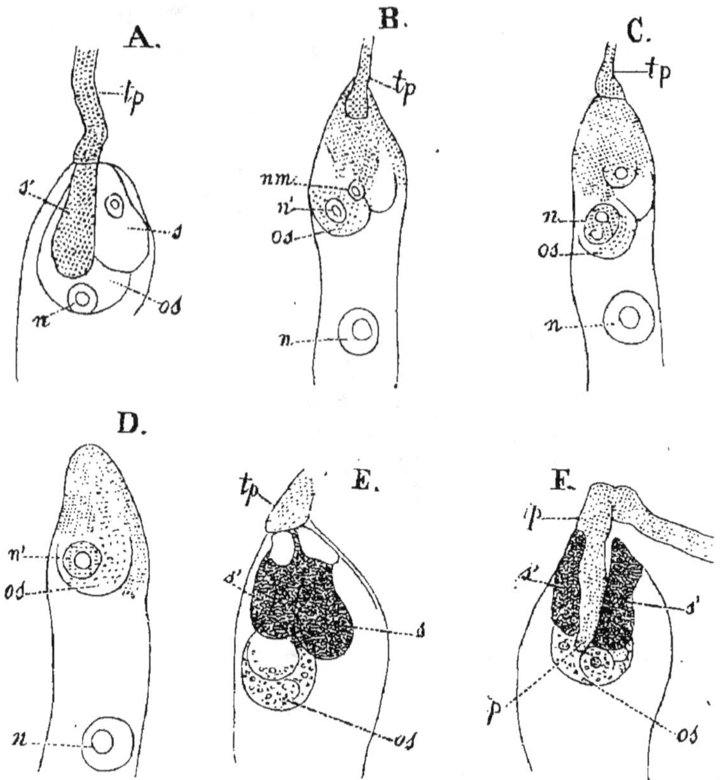

Fig. 377. — Conjugaison du gamète mâle et du gamète femelle chez les Phanérogames
(d'après Strasbürger) (*).

games. Il est évident que la fusion des deux gamètes est le phénomène essentiel de la reproduction, on le nomme *fécondation* (fig. 377).

71. Fécondation. — La fécondation, chez les Phanérogames, s'accompagne de phénomènes accessoires que nous étudierons plus loin. Il importe, avant d'entrer dans le détail de la fécondation,

(*) A, B, C, D, dans le *Monotropa hypopitys*. — E F, dans le *Torrenia asiatica*. — *tp*, tube pollinique. — *s s'*, synergides. — *os*, oosphère. — *n'*, son nucléus. — *nm*, nucléus mâle. Dans la figure C, le nucléus *n*, résulte de la fusion des noyaux *nm* et *n'* de la figure B, dont les nucléoles sont encore distincts. Dans la figure D, les deux nucléoles se sont réunis en un seul (*n'*). Dans les figures B, C, D, on voit, en bas, le nucléus secondaire du sac (*n*).

dé rappeler en quelques mots la structure d'une cellule et du noyau cellulaire bien que ce sujet ait été déjà longuement traité.

Les parties essentielles de la cellule sont le protoplasma, les leucites, le noyau et ses deux sphères directrices. Dans le phénomène de la fécondation les rôles principaux sont dévolus aux noyaux et aux sphères directrices.

Chez les Phanérogames, le *noyau* est toujours très visible, sa couche externe, résistante et membraneuse est dite *membrane nucléaire;* au centre il se sépare en un ou plusieurs *nucléoles*, tandis que sa masse principale est un filament très long, pelotonné, enroulé, et baigné par un *suc nucléaire*. Le filament nucléaire est formé d'une substance fondamentale qui ne se colore pas sous l'action des réactifs et de granulations qui fixent les matières colorantes. Ces granulations sont constituées par une matière albuminoïde, la *chromatine*, qui semble riche en phosphore et résiste à l'action du suc gastrique, la substance qui ne fixe pas les réactifs colorants est la *linine*. L'ensemble de la linine et de la chromatine porte aussi le nom de *nucléine*. Le nucléole est formé d'une substance albuminoïde, la *pyrénine*, qui fixe les matières colorantes, mais diffère de la chromatine en ce qu'elle est soluble dans l'acide acétique. Sur un des côtés du

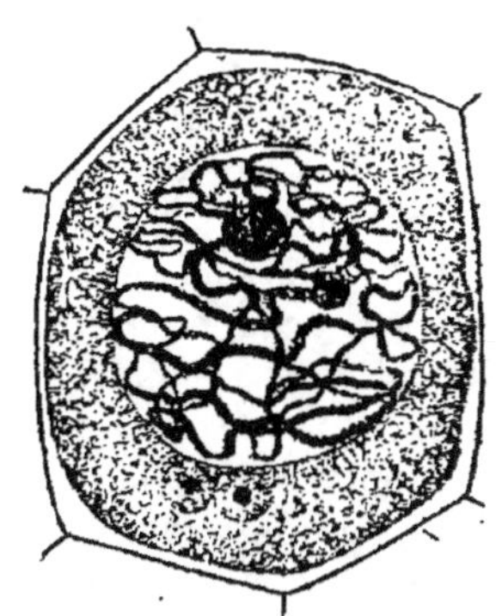

Fig. 378. — Cellule type, d'après Guignard. Elle est prise parmi les cellules mères du pollen d'une Monocotylédone (*Lilium martagon*). Gross. 750.

noyau, se trouvent appliquées deux masses protoplasmiques découvertes par Guignard, ce sont les *sphères directrices* (fig. 378).

Tout noyau dérive d'un noyau antérieur par bipartition. La bipartition s'accomplit de la manière suivante : les sphères directrices s'écartent et vont se fixer en deux points diamétralement opposés de la cellule, elles s'accompagnent de stries rayonnantes. La membrane nucléaire et le nucléole se dissolvent, le suc nucléaire se mêle au protoplasma. Devenu libre, le filament se divise en tronçons droits ou courbés en U. Leur nombre est fixe et on admet qu'ils ne sont que rapprochés dans le filament du noyau.

Les stries rayonnantes des deux sphères se rejoignent à travers les sinuosités du filament et forment une sorte de fuseau dont les fils sont en nombre constant, et en rapport avec celui des tronçons filamenteux. Ces derniers, dits *bâtonnets*, se disposent chacun sur une strie du fuseau et se rapprochent de la partie renflée de celui-ci, dite *équateur du fuseau;* ils forment ainsi la *plaque nucléaire*. Ensuite, les granulations chromatiques des bâtonnets se disposent en deux lignes parallèles, puis chacun se divise en deux, parallèlement à ces lignes et entre elles. Suivant alors une strie, chaque moitié de bâtonnet gagne un pôle du fuseau, et bientôt toutes sont groupées en chacun de ces points. (Voir les figures 370, page 260.)

Plus tard, les bâtonnets forment aux deux pôles un peloton nouveau autour duquel le protoplasma se condense en membrane continue; un nucléole apparaît dans le suc nucléaire, le phénomène se termine par le dédoublement de chacune des sphères directrices, et chaque noyau jeune est accompagné de deux nouvelles sphères (1).

Dans le grain de pollen, le noyau se constitue avec douze segments chromatiques ; avant sa maturité, il se divise, on l'a vu, en deux cellules, une petite, dite *génératrice*, et une grande, dite *végétative*. Les noyaux de ces deux cellules diffèrent par leur forme, leurs réactions et leur structure.

Les sphères directrices, dans le protoplasma de la cellule génératrice, occupent l'une des extrémités du noyau ; les faces de celui-ci sont recouvertes par une mince couche de protoplasma (fig. 379).

Jamais le noyau végétatif ne se divise, tandis que le noyau générateur et le protoplasma qui l'accompagne présentent une bipartition, qui, souvent, ne s'accomplit que dans le tube pollinique. D'ailleurs, suivant les plantes, c'est tantôt le noyau végétatif, tantôt le noyau générateur qui passe le premier dans le tube.

En étudiant le tube ou *boyau pollinique*, dans sa marche sur le style, on voit que le noyau végétatif se trouve vers l'extrémité, tandis que la cellule génératrice avec son protoplasma et son noyau reste un peu en arrière.

Le premier est pourvu de nucléoles assez gros et de filaments chromatiques peu colorables par les réactifs de la nucléine. Le noyau générateur ne montre pas de nucléoles bien différenciés et offre des filaments chromatiques qui se colorent vivement. Pendant le développement du tube pollinique, la cellule génératrice divise son noyau et son protoplasma en deux moitiés qui s'étirent dans le tube dont elles occupent tout le diamètre. Les deux noyaux ainsi formés conservent leurs caractères propres jusqu'au moment de la fécondation ; un seul d'entre eux s'unit au noyau de l'oosphère, le second se résorbe. Quant au protoplasma provenant de la cellule génératrice, et qui les accompagnait, on admet qu'il disparaît avant la fécondation. (L. Guignard.)

Après la bipartition de la cellule génératrice, le noyau qui plus tard pénétrera dans l'oosphère est accompagné de deux sphères

____

(1) Voir à ce sujet L. Guignard, *Recherches sur le noyau cellulaire et les phénomènes de division*. Paris, 1885.

directrices, placées en avant ; le noyau postérieur est, au contraire, suivi par les sphères qui l'avoisinent.

Dans le tube pollinique, le noyau de la cellule génératrice et ceux qui résultent de sa bipartition grossissent sensiblement, tan-

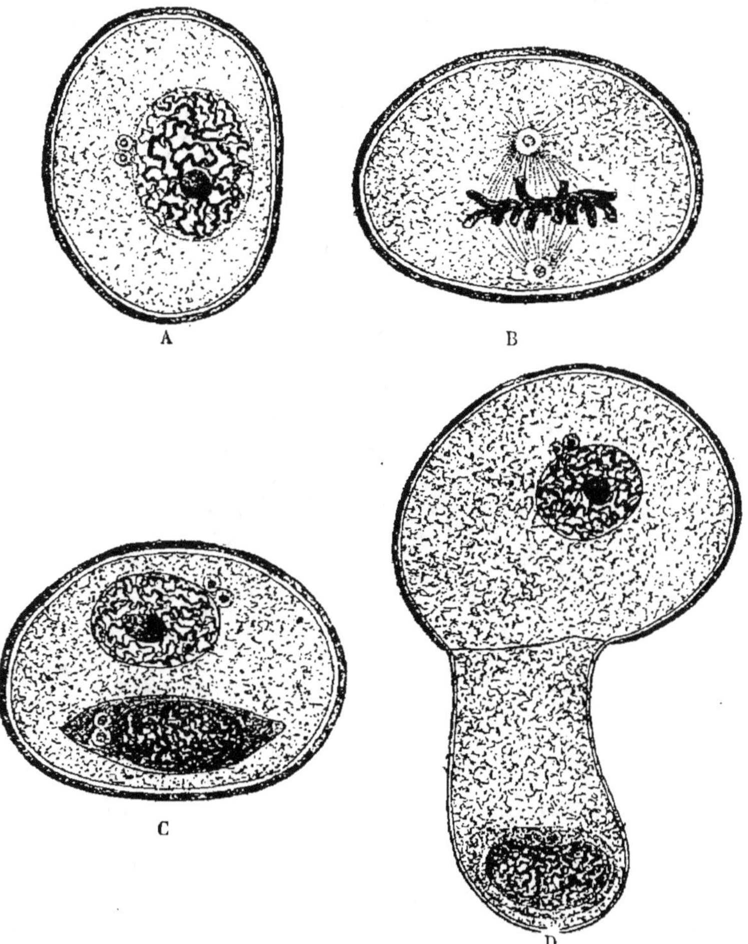

Fig. 379. — A, B, C, D, stades de la division du noyau dans le grain de Pollen de *Lilium martagon* (d'après L. Guignard). Gross. 750.

dis que le noyau végétatif diminue de volume, il disparaît même plus ou moins rapidement au moment où le tube pollinique pénètre dans l'ovule. Cette disparition est accompagnée de changements dans sa constitution, il devient granuleux, s'étire en perdant la netteté de son contour, perd son aptitude à se colorer par les réactifs de la nucléine. Les noyaux générateurs, au contraire, conservent leur linine, leur chromatine, leur suc nucléaire et leur membrane. Le nombre des filaments chromatiques est absolument constant.

Dans le chapitre précédent, nous avons insisté sur l'analogie du grain de pollen et de l'oosphère ; il nous suffira, pour compléter cette analogie, de citer ce fait important résultant des récentes recherches de L. Guignard, que *le noyau de l'oosphère présente douze filaments chromatiques comme le noyau mâle*.

La fécondation de l'oosphère s'opère de la manière suivante : Le tube pollinique s'insinue à travers le micropyle de l'ovule et l'épi-

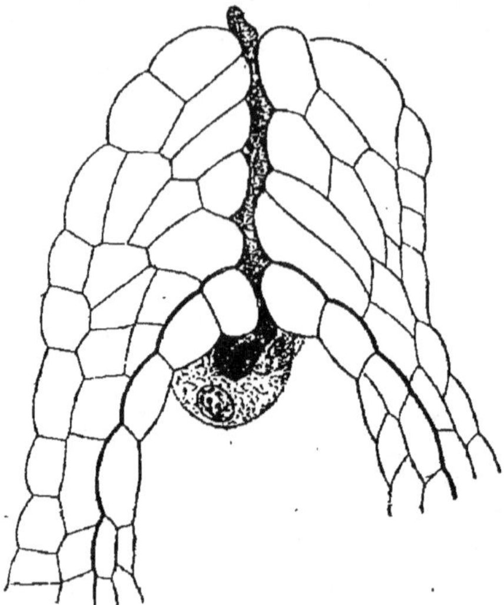

Fig. 380. — Pénétration du tube pollinique dans ovule du *Lilium martagon* (d'après L. Guignard). Gross. 250.

derme du nucelle jusqu'au sommet du sac embryonnaire (fig. 380). Arrivé au sommet du sac, il renfle son extrémité en massue, et refoule la membrane, de telle sorte qu'il est impossible de distinguer la membrane du sac de l'extrémité renflée du tube.

Souvent, la pénétration de celui-ci a lieu à côté des synergides ou entre elles ; elle, aussi, peut se faire dans l'une d'elles dont le contenu se désorganise alors et prend un aspect particulier. Quel que soit le mode de pénétration, le tube envoie vers l'oosphère celui des deux noyaux qui doit opérer la fécondation et qui doit porter le nom de noyau mâle (fig. 381).

Ce dernier, en arrivant au contact du sac embryonnaire, passe facilement à travers la membrane et va s'accoler à l'oosphère (fig. 382).

Les sphères directrices sont situées toujours l'une à côté de l'autre
autour d'elle, les réactifs laissent voir une mince couche de protoplasma que l'on peut croire originaire de la cellule génératrice
(L. Guignard). On ne peut pas affirmer que tout le protoplasma
primitif de la cellule génératrice pénètre dans l'oosphère, mais si
son rôle n'est pas essentiel dans la fécondation, il est au moins
représenté par les sphères directrices, qui, elles, jouent un rôle
important. *Les deux sphères précédant le noyau mâle s'accolent cha-*

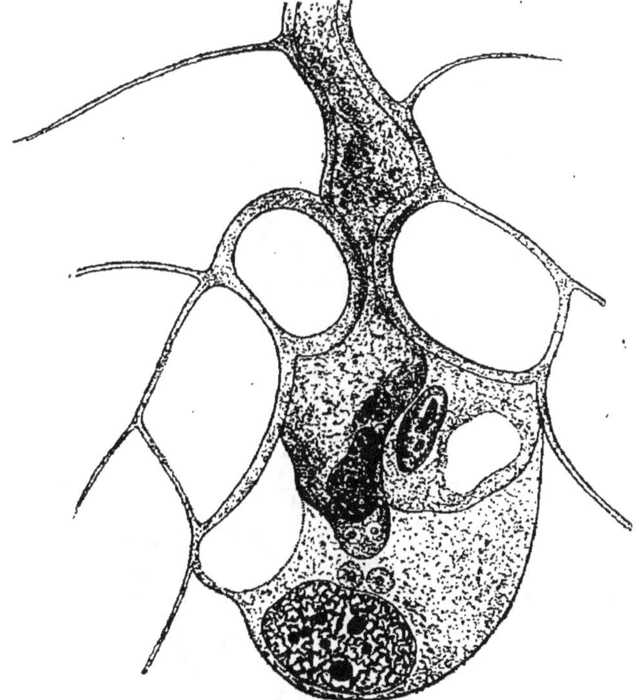

Fig. 381. — Le noyau mâle précédé de ses sphères directrices arrive au-dessus de l'oosphère (d'après L. Guignard). Gross. 750.

cune à une de celles qui surmontent le noyau de l'oosphère ; puis les
deux couples formés se transportent en des points diamétralement
opposés (fig. 383).

Bientôt après, les noyaux sexuels viennent en contact, et de
chaque côté de la surface de contact aux extrémités d'un même
diamètre se trouvent les sphères accouplées qui peu à peu se fusionnent (fig. 384) ; lorsque le contact est établi entre les noyaux,
les deux couples de sphères vont se placer chacun à une extrémité d'une ligne parallèle au grand axe de l'oosphère.

Quand il vient s'unir au noyau femelle, le noyau mâle n'offre pas de structure différenciée, mais, dès qu'il arrive dans l'oosphère, il grossit et prend peu à peu les caractères d'un noyau au repos :

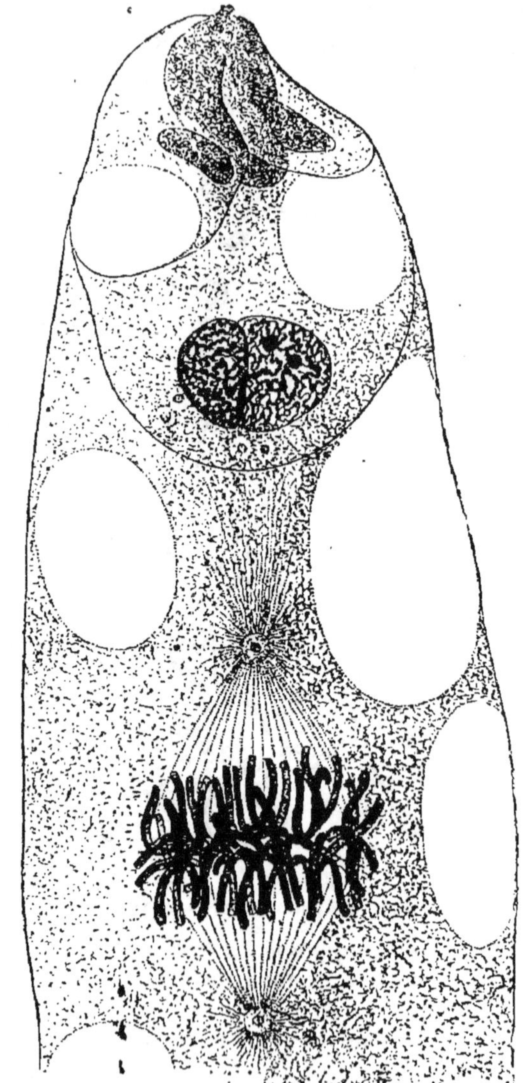

Fig. 382. — Accolement des deux gamètes. En bas de la figure, noyau secondaire du sac ou stade de la plaque nucléaire.

on voit des nucléoles apparaître dans son réseau chromatique. Le volume qu'il atteint est en général un peu moindre que celui du noyau de l'oosphère ; plus tard il épaissit ses replis chromatiques et les nucléoles disparaissent. A ce stade, les contours des deux noyaux sont très faciles à distinguer l'un de l'autre. Enfin, les membranes nucléaires se résorbent complètement, et les sucs peuvent se mélanger, sans qu'il soit possible d'affirmer qu'un échange de substances solubles se soit produit. A partir de ce moment, tous les segments s'orientent pour former une plaque nucléaire (fig. 385), et, *quand l'orientation des bâtonnets chromatiques s'est effectuée, on vérifie aisément que leur nombre est de 24* (1).

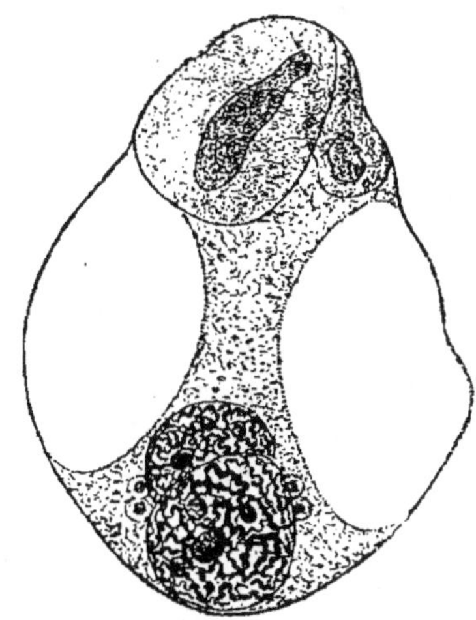

Fig. 383. — Œuf quelque temps après l'accolement des deux gamètes (d'après L. Guignard). Gross. 750.

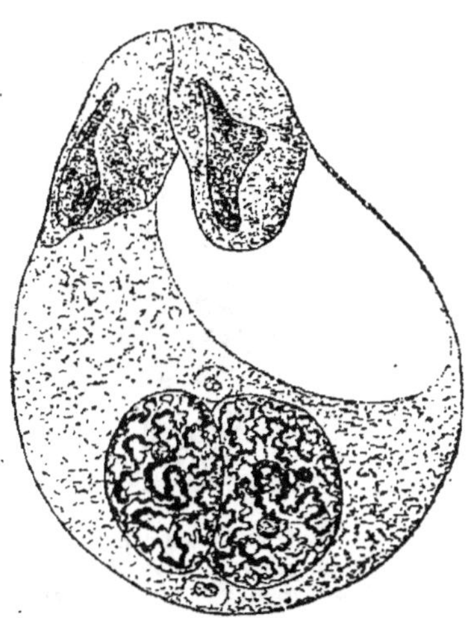

Fig. 384. — État plus avancé de la formation de l'œuf. Les sphères directrices terminent leur conjugaison (d'après L. Guignard). Gross. 750.

On trouve donc dans le noyau de l'œuf vingt-quatre segments chromatiques, or, comme nous l'avons dit précédemment, *le noyau mâle et le noyau femelle en renferment chacun douze ;* il est, en outre, impossible de distinguer entre les segments aucune différence qui permette de départager ceux qui proviennent du noyau mâle et ceux qui proviennent du noyau femelle. La fécondation se produit donc avec un apport égal de part et d'autre ; son résultat essentiel est de doubler le nombre des segments chromatiques comparativement aux noyaux provenant du sac pollinique et de l'oosphère.

L'œuf fécondé présente, en résumé, un noyau formé par la juxtaposition sans fusion dans un noyau unique de filaments chromatiques issus en nombre égal des deux noyaux sexués (L. Guignard).

(1) Voyez sur cette question L. Guignard, *Nouvelles études sur la fécondation.* Paris, 1891.

Nous étudierons ultérieurement comment se divise le noyau de l'œuf pour constituer un *embryon*, plante rudimentaire qui se développe dans le sac embryonnaire.

Chez les Gymnospermes, le grain de pollen produit son tube au sommet du nucelle, parce qu'il n'y a pas de stigmate. Au bout d'une période de repos plus ou moins longue, le tube pollinique s'allonge à travers le nucelle, atteint le sac embryonnaire et applique son sommet sur les quatre petites cellules du corpuscule; il arrive au sommet de l'oosphère en s'insinuant par le canal. Le noyau générateur s'accole au noyau de l'oosphère et constitue l'œuf.

Le phénomène essentiel de la reproduction chez les végétaux est seulement la fécondation de l'œuf; il convient pourtant d'étudier encore quelques phénomènes accessoires qui se présentent très fréquemment.

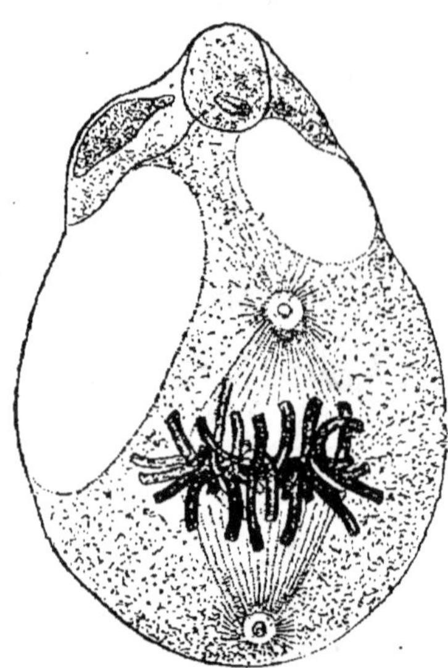

Fig. 385. — Œuf dans le sac embryonnaire avec son noyau en division. La plaque nucléaire présente 24 segments chromatiques (d'après L. Guignard). Gross. 750.

72. Pollinisation. — On désigne sous le nom de *pollinisation* le transport du pollen sur le stigmate. Il faut distinguer deux cas principaux :

1° Lorsque le transport s'effectue par le contact des anthères avec le stigmate, la pollinisation est *directe*. Elle résulte généralement de la conformation de la fleur, les étamines laissant tomber le pollen sur le stigmate. Le phénomène est surtout bien évident chez les fleurs qui, ne s'ouvrant pas, conservent l'apparence d'un bouton. De telles fleurs sont dites *cleistogames,* elles produisent peu de pollen et les grains de celui-ci s'allongent en tube, même alors qu'ils sont encore enfermés dans le sac pollinique, ils atteignent l'ovule directement. Quelquefois, l'anthère et le stigmate sont étroitement appliqués l'un contre l'autre.

2° Un second mode de pollinisation se présente dans les fleurs hermaphrodites, lorsque les organes reproducteurs ont des dimensions et des formes qui les éloignent l'un de l'autre. Souvent, le développement des étamines et du gynécée n'est pas simultané : la fleur est *protandre*, si la maturité des étamines précède celle des carpelles; *protogyne*, si les carpelles sont mûrs les premiers; il est évident que, dans l'un et l'autre cas, le pollen ne pourra pas atteindre les ovules de la fleur où il s'est produit. Dans de pareilles plantes, dites *dichogames*, la pollinisation sera *indirecte*.

D'ailleurs, la fécondation croisée donne des produits plus nom-

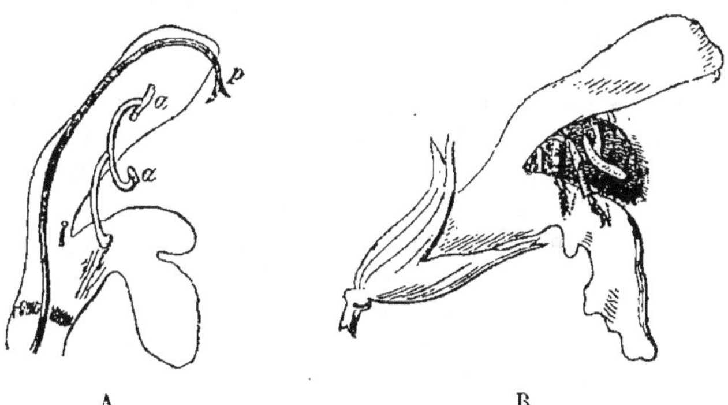

Fig. 386. — Sauge officinale (d'après Lubbock) (*).

breux et plus forts, aussi rencontre-t-on très fréquemment chez les plantes des adaptations des organes reproducteurs, ayant pour but d'éviter l'*autofécondation*. La pollinisation indirecte se trouve ainsi plus fréquente que la pollinisation directe. Chez les fleurs uni-

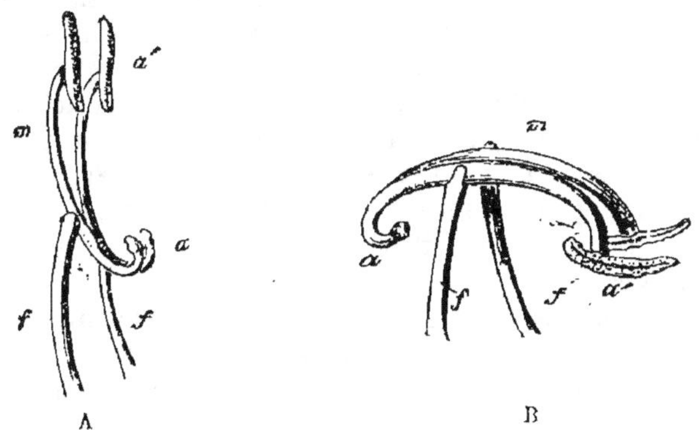

Fig. 387. — Étamines de la Sauge (d'après Lubbock) (**).

sexuées, le pollen doit être forcément apporté d'une autre fleur; et même, chez les espèces dioïques, d'un autre individu.

Pour les arbres de nos forêts, le vent est le seul moyen de transport du pollen, les grains sont souvent portés à de grandes

(*) A, coupe de la fleur : *aa*, anthères mûres ; *p*, pistil jeune. — B, la même, visitée par une abeille.

(**) A, dans leur position naturelle. — B, déplacées par une abeille : *a*, anthères ; *m*, connectif en balancier ; *f*, filet.

distances et déposés à la surface des corps environnants, notamment sur les stigmates des fleurs. Une grande partie se perd en chemin, aussi, voit-on les fleurs unisexuées produire du pollen eu bien plus grande abondance que les plantes à fleurs hermaphrodites. Le sol des campagnes est, parfois, sur de grands espaces, couvert du pollen enlevé aux arbres des forêts et saupoudré d'une couche jaunâtre.

Les insectes jouent d'autre part un rôle important dans la pollinisation. Beaucoup d'entre eux se nourrissent du nectar et du pollen des fleurs, et, en se posant sur l'une d'elles, provoquent la pollinisation soit directement, soit indirectement.

L'animal détermine, en effet, une agitation qui peut projeter le pollen sur le stigmate ; ou bien, en frottant avec son corps les anthères, il se charge de pollen, et touche ensuite le stigmate sur lequel il laisse quelques grains. Dans ce cas l'insecte a provoqué la pollinisation directe (fig. 386 et 387).

Plus souvent, l'insecte est un agent de pollinisation indirecte, pour les fleurs dichogames unisexuées surtout. En entrant dans la fleur mâle, il frotte les anthères ouvertes et son corps se couvre de pollen ; plus tard, s'il vient à entrer dans une fleur femelle, il frôle le stigmate et y abandonne du pollen.

73. Multiplication. — Une plante peut, comme nous l'avons dit, reproduire un individu semblable soit par affranchissement d'organes complets et pouvant se suffire, soit par mise en liberté de parties qui doivent se compléter plus tard.

La Véronique, la Bugle, l'Épervière, d'autres plantes encore, se multiplient spontanément par leurs stolons qui rampent sur le sol et émettent des racines ; chez le Fraisier, on voit se former de distance en distance des rosettes de feuilles d'où partent les racines.

Dans la pratique, on utilise divers procédés naturels pour reproduire des végétaux utiles.

On nomme *marcotte*, une portion de végétal ayant racines, tige et feuilles et séparée artificiellement de l'ensemble.

Une *bouture* est au contraire une portion du végétal, qui doit se compléter pour donner un individu nouveau. Un morceau de feuille ou de tige est, nous l'avons vu, apte à produire des racines adventives ; si l'on favorise ce développement, on obtient promptement un végétal identique au premier ; c'est cette opération qui est le *bouturage*.

Il peut arriver que la branche ou le bourgeon ne donnent pas facilement des racines adventives ; en ce cas, on les porte sur une tige enracinée et l'on soude les deux parties entre elles de manière qu'elles ne forment qu'un seul individu. La partie fixe est appelée, en arboriculture, le *sujet;* la partie détachée, le *greffon,* et l'opération est la *greffe*. On rencontre dans les forêts, des exemples de greffe naturelle. Quand deux tiges naissent d'une même souche ou tout près l'une de l'autre, le vent peut, en les agitant, détruire les parties d'écorce qui se touchent, les zones génératrices des deux arbres donnent alors naissance à un bourrelet qui les unit intimement.

Étudions successivement et rapidement la greffe, la bouture et la marcotte.

En général, on ne peut greffer que des plantes du même genre ou de la même famille. Par exemple, on greffe entre elles les variétés de Poiriers, de Pommiers et de Rosiers ; mais le Poirier et le Pommier, bien qu'étant de la même famille, ne se soudent que rarement entre eux.

L'analogie de la végétation est aussi importante que l'analogie botanique. Il est nécessaire que les espèces unies entrent en activité simultanément : on ne peut jamais greffer une plante à feuilles caduques sur une variété à feuilles persistantes.

Il faut rechercher de préférence pour les greffons, des pousses bien saines, âgées d'un an, et dont la végétation soit un peu en retard sur celle du sujet.

Les parties qui doivent être en contact sur une grande étendue sont les tissus les plus vivants, c'est-à-dire les méristèmes. Ils organisent au point d'union un tissu cicatriciel qui les soude intimement.

On maintient le contact des parties approchées à l'aide de *ligatures*, et l'on couvre les plaies exposées à l'air d'un enduit ou *englumen* capable de résister à l'humidité et aux changements de température. Il existe un grand nombre de greffes, mais toutes peuvent se rapporter à l'un des trois groupes suivants :

A. *Greffe par approche.* — Cette greffe consiste à unir deux plantes voisines par des entailles, et à ne détacher le greffon de sa plante mère qu'à l'époque où celui-ci est soudé au sujet. On voit qu'il existe entre ce mode de greffe et la marcotte une grande analogie (fig. 388).

B. *Greffes par rameaux.* — Celles-ci consistent à transporter sur le sujet une pousse de l'année. On peut distinguer les greffes en fente et les greffes en couronne.

Pour pratiquer la greffe en fente, on coupe transversalement la tête du sujet, puis on la fend, suivant le diamètre, sur une longueur de 6 à 7 centimètres environ. On choisit le greffon sur la partie moyenne d'un rameau ; on taille en biseau son extrémité inférieure sur une longueur de 4 à 5 centimètres, de façon qu'il reste un bourgeon au point où l'entaille commence. On implante ensuite le greffon dans le sujet, de manière que les bords internes des écorces se correspondent ; pour cela on incline légèrement le greffon vers le centre, on est alors assuré qu'il y a au moins contact en un point, puisque les écorces se croisent (fig. 389).

Parfois, sur un sujet dont le diamètre est assez grand, on pratique deux fentes et l'on implante deux greffons.

Ces greffes ne réussissent avec la Vigne qu'à la condition de couper la tête du sujet presque au niveau du sol et d'accumuler un peu de terre à la base du greffon; celui-ci développe quelques racines et on pratique ainsi une *greffe-bouture*. Aujourd'hui que l'on profite de la résistance qu'opposent au phylloxera les souches américaines, on ne doit évidemment plus employer cette méthode.

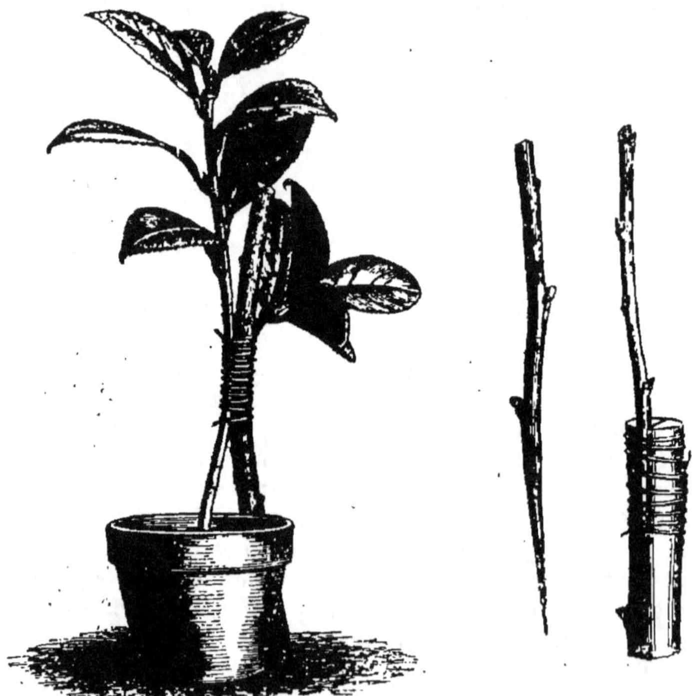

Fig. 388. — Greffe par approche. Fig. 389. — Greffe en fente.

On emploie alors la greffe dite « en fente anglaise »; un peu audessus du niveau du sol, on coupe la tête du sujet en un biseau allongé qu'on refend obliquement, de manière à obtenir une languette partant du tiers supérieur de la plaie. L'opération est répétée en sens inverse sur le greffon. Les surfaces du contact étant ainsi augmentées sur les languettes, la greffe anglaise offre de grandes chances de succès, mais elle exige un greffon et un sujet de même diamètre (fig. 390). Quand cette condition est irréalisable, le greffon, plus petit, est fixé de telle sorte que les deux écorces soient en rapport au moins sur une certaine étendue.

Les greffes en couronne diffèrent des greffes en fente en ce que la tête du sujet n'est pas fendue diamétralement. Le greffon est inséré entre l'écorce et le bois ; il est taillé en bec de flûte. La tête du sujet est coupée horizontalement et son écorce fendue sur une longueur de 7 8 centimètres, on la soulève et on y introduit le greffon (fig. 391).

C. *Greffes en écusson*. — Elles consistent à transporter sur le sujet un greffon composé d'un nombre variable de **bourgeons** fixés à une lame d'écorce.

On pratique sur le sujet une

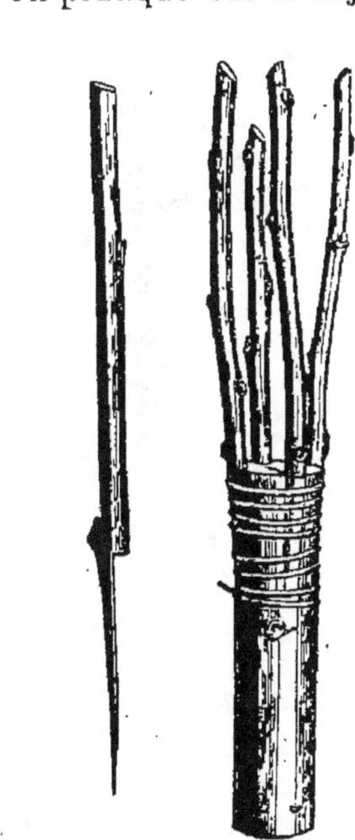

Fig. 390. — Greffe en fente dite anglaise (*).   Fig. 391. — Greffe en couronne.

incision en forme de **T**, on soulève ensuite l'écorce ; puis on insinue le greffon, qui a dû être levé sur un rameau d'un an et au milieu de sa longueur. Il faut conserver au-dessous de l'écorce l'amas de méristème et n'y pas laisser trop de bois (fig. 392). On peut encore enlever sur le sujet tout un cylindre d'écorce et le remplacer par

(*) c, ceps. — d. sujet. — a, greffon.

un cylindre semblable, détaché de l'espèce à multiplier (fig. 393).

La *bouture* est une opération qui consiste à choisir un rameau d'un an, bien conformé, et à l'enterrer de manière qu'un bourgeon ou deux restent au dehors. La question d'humidité est capitale dans le bouturage. On peut opérer le bouturage de trois manières :

A. *Boutures par racines.* — Dans ce mode, il suffit de planter des tronçons de racines d'environ 15 centimètres de longueur et de les enterrer en ne laissant hors de terre qu'une très faible portion de l'organe.

B. *Boutures par rameaux.* — On prend un rameau d'un an, de 20 centimètres environ et muni de bourgeons, on le plante dans une terre riche où il ne tarde pas à s'enraciner.

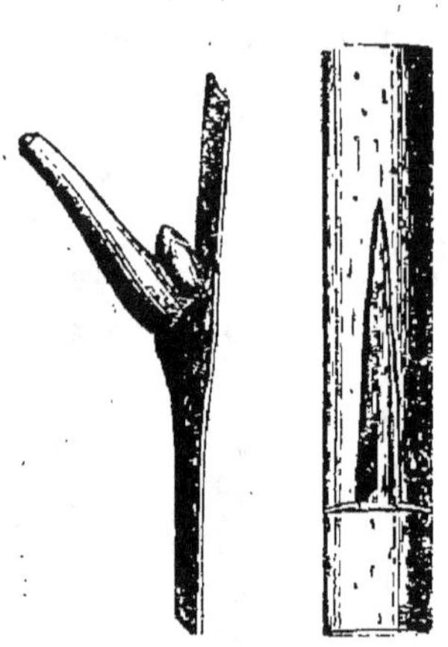

Fig. 392. — Greffe en écusson simple.

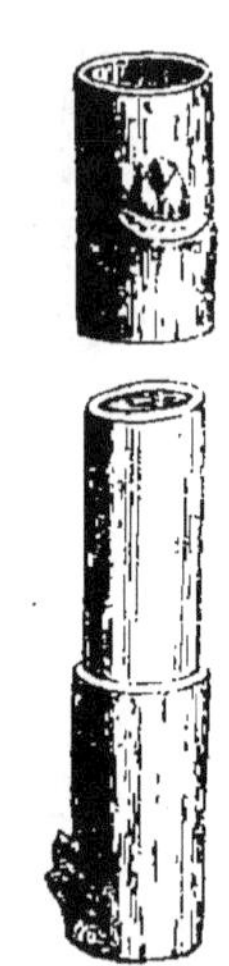

Fig. 393. — Greffe en écusson sifflet.

C. *Boutures par feuilles.* — Les feuilles enterrées partiellement sont capables de développer des racines et des tiges adventives. Avec certaines feuilles comme celles des Bégonias et du Caoutchouc, ce mode de bouturage réussit passablement.

Dans la *marcotte*, le rameau reste fixé à la plante mère pendant un certain temps, on le sèvre après l'apparition des racines. Le marcottage peut se pratiquer de la manière suivante :

On couche, dans une tranchée peu profonde, un rameau de plante voisin du sol; on relève verticalement l'extrémité supérieure qui, au sortir de terre, sera fixée à un tuteur. Quand le rameau est trop éloigné du sol, on le fait pénétrer sur une longueur de 15 à 20 centimètres, dans un vase rempli de terre et maintenu par un support. Au bout d'un ou deux ans, le sujet a développé suffisamment de racines adventives ; on l'isole progressivement du pied mère en pratiquant entre celui-ci et la portion enterrée une section de profondeur croissante. Certaines espèces possèdent des rameaux très longs qu'on enterre en plusieurs points. On obtient ainsi un nombre égal de marcottes.

Dans les vignobles, pour rajeunir les vieilles souches, on pratique le *provignage* ou *couchage :* on couche pour cela les souches âgées *a*

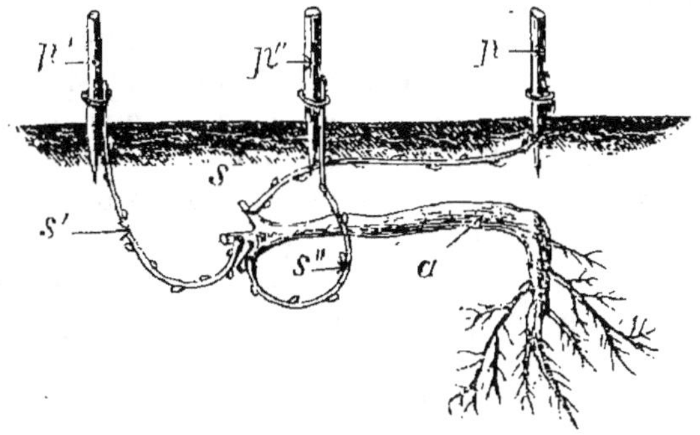

Fig. 394. — Opération du provignage.

dans des tranchées, et, de leurs sarments *s, s', s''* les plus vigoureux, on forme autant de marcottes dont on maintient l'extrémité par des piquets *p, p', p''* (fig. 394).

Les provins donnent en abondance du vin de qualité médiocre. Les vignobles des grands crus de Bourgogne ou du Bordelais sont plantés de vieux ceps peu productifs, mais donnant des vins de qualité supérieure (Schribaux et Nanot).

Beaucoup de plantes offrent des exemples de marcottages naturels, nous avons déjà cité à ce sujet la Véronique et le Fraisier ; ajoutons les Églantiers, les Chiendents et les autres espèces à tiges et à racines rampantes ; ce qu'on nomme *drageons* sont les produits de marcottes par racines.

CHAPITRE X

DÉVELOPPEMENT DES THALLOPHYTES

La formation de l'œuf, chez les Thallophytes, peut s'opérer de trois manières que nous allons passer en revue. Ce sont : 1° combinaison de deux gamètes dépourvus de différenciation sexuelle, c'est l'isogamie ; 2° pénétration d'une portion de *protoplasma* sans forme déterminée dans une *oosphère* ; 3° combinaison d'un gamète mâle (*anthérozoïde*), avec un gamète femelle (*oosphère*). Dans ces deux derniers cas il y a hétérogamie.

74. Formation de l'œuf par isogamie. — La formation de l'œuf par isogamie, peut avoir lieu par conjugaison de gamètes immobiles (*captifs*), ou de gamètes mobiles (*libres*).

L'isogamie à gamètes mobiles est le mode le plus simple de formation de l'œuf. On la rencontre dans un grand nombre d'Algues. Prenons, par exemple, une Algue verte (*Chlorophycée*), constituée par un seul plan de cellules ou par un filament cloisonné transversalement. Nous verrons d'abord une des cellules diviser son noyau un grand nombre de fois, puis se former ensuite entre les nouveaux noyaux, des cloisonnements albuminoïdes. De cette façon, s'isolent une multitude de petites cellules qui ne tardent pas à s'échapper par un orifice pratiqué dans la membrane primitive. Ces cellules sont les *gamètes*, ils sont ovoïdes ou allongés, pourvus de deux cils vibratiles et d'un point rouge oculiforme. Ils se fusionnent deux à deux; les noyaux se combinent ainsi et produisent des corps à deux points rouges, avec quatre cils vibratiles qui ne tardent pas à prendre une membrane de cellulose. Après la disparition des points rouges et la chute des cils, lorsque la membrane est formée, l'œuf se trouve constitué (fig. 395).

D'autres Chlorophycées nous fourni-

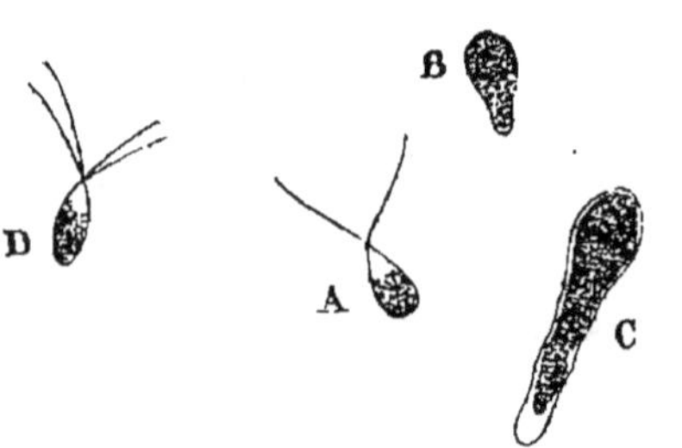

Fig. 395. — Gamètes libres d'une Algue Chlorophycée (*).

Fig. 396. — Gamètes captifs d'une Algue Chlorophycée (**).

ront des exemples de formation d'œuf par gamètes immobiles. Le thalle, filamenteux et cloisonné transversalement, montre souvent deux cellules placées en face l'une de l'autre, émettant chacune une protubérance; les deux protubérances voisines s'allongent en tube pour se rencontrer et viennent en contact. En même temps,

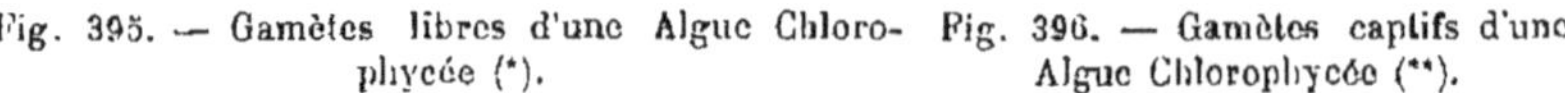

(*) A, gamète isolé. — B, gamètes conjugués, — C et D, développement de l'œuf.

(**) *aa*, cellules normales. — *t*, *t'*, *t''*, mamelons de conjugaison.— *sp*, *sp'*, l'œuf après la conjugaison. — *cd*, *cd'*, *cd''*, les gamètes à divers états de formation.

le protoplasma, dans chacune d'elles, s'arrondit et se concentre autour du noyau pour constituer des gamètes semblables.

Entre les deux proéminences, les cloisons cellulosiques se résorbent ; les deux gamètes s'engagent dans le canal de communication ainsi établi, se rencontrent vers son milieu et se combinent. Une membrane de cellulose se forme autour de l'œuf qui résulte de cette fusion et qu'on nomme *zygospore* (fig. 396).

Dans d'autres exemples, on verrait un des gamètes traverser le canal pour s'unir au second resté immobile : il y a comme un premier pas vers l'hétérogamie.

73. Formation de l'œuf par hétérogamie. — La formation de l'œuf par hétérogamie présente, comme nous l'avons dit, deux modes distincts. Dans l'un, il y a combinaison d'un anthérozoïde et d'une oosphère ; dans l'autre, on retrouve les caractères que présentent les Phanérogames, c'est-à-dire qu'une quantité de protoplasma sans forme déterminée se déverse dans une oosphère.

Ce phénomène peut être étudié chez certains Champignons, les *Oomycètes* par exemple.

Un filament du thalle arrondit son extrémité et produit une sphère qui, par une cloison, se sépare du reste du filament. Dans la sphère appelée *oogone*, le protoplasma se contracte en une *oosphère*. En même

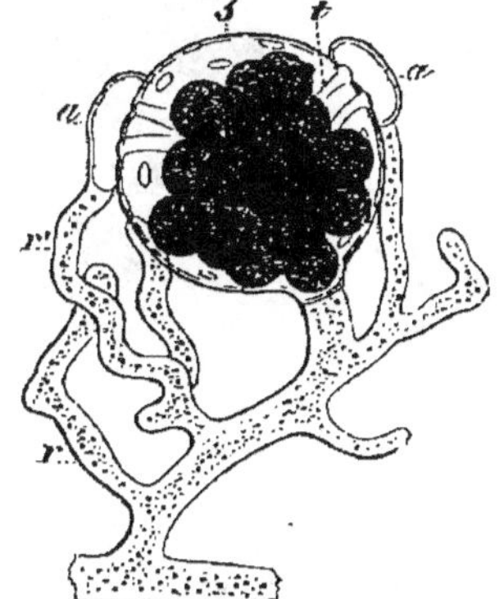

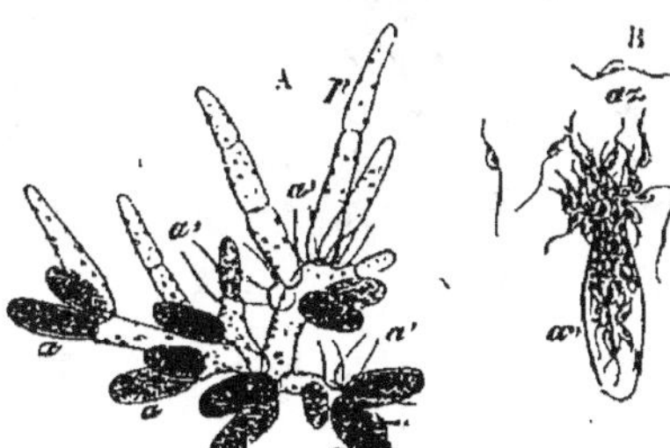

Fig. 397. — Gamètes d'un Champignon Oomycète, *Saprolegnia monoïca* (*).

Fig. 398. — Anthéridies de *Fucus vesiculosus* (**)

temps, un rameau voisin renfle son extrémité qui prend la forme d'une massue, laquelle se sépare par une cloison du reste du filament. Ce second appareil est l'*anthéridie*. L'anthéridie vient bientôt s'appliquer contre la paroi de l'oogone, la perce et pousse un fin ramuscule qui se soude à l'oosphère. Le rameau s'ouvre ensuite et le protoplasma de l'anthéridie est déversé dans l'oosphère. De la fusion

(*) *r*, mycélium du Champignon. — *a*, l'appareil anthéridien. — *s*, l'oogone avec des œufs. — *t*, tubes issus de l'anthéridie.

(**) *p*, poils rameux. — *a*, *a'*, *a''*, anthéridies à divers états. — *az*, anthérozoïdes.

des noyaux résulte l'œuf qui s'entoure d'une membrane cellulosique (fig. 397).

Une Algue brune, le *Fucus*, ordinairement appelée Varech, fournit
un bon exemple de formation de l'œuf par fusion d'un anthérozoïde
à l'oosphère.

Le thalle du Varech est creusé dans toute son étendue de petites
cavités. Dans certaines d'entre elles, nommées *conceptacles*, se forment des anthéridies et dans d'autres des oogones entourés de

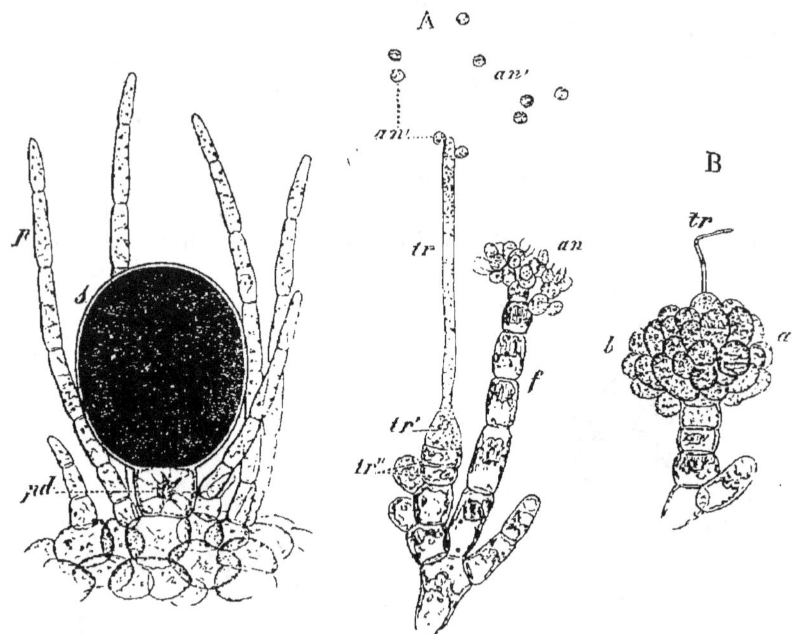

Fig. 399. — Oogone de *Fucus*
vesiculosus (*).

Fig. 400. — Fécondation chez le *Nemalion*
multifidum (**).

poils stériles dits *paraphyses*. Souvent, il arrive que certains conceptacles renferment uniquement des anthéridies et d'autres seulement des oogones.

Anthéridies et oogones ne sont que des branches transformées
de poils rameux. Chaque anthéridie est primitivement une cellule
à cloison mince, qui divise un grand nombre de fois son noyau.
Cette division effectuée, des cloisons albuminoïdes apparaissent,
elles séparent les noyaux jeunes; ensuite, ces cloisons se dédoublent

(*) *s*, oogone renfermant huit oosphères. — *p*, paraphyse. — *pd*, pédicelle.
(**) *an*, anthéridies. — *a*, anthérozoïdes (*an'*). — *tr*, *tr'*, *tr''*, oogone allongé en trichogyne.
— *b*, *a*, sporogone issu de l'œuf.

et les cellules filles sont isolées. Chacune d'elles est un anthérozoïde (fig. 398), pyriforme, incolore, portant un point rouge et deux cils vibratiles. A maturité, les anthéridies se détachent et viennent former à l'ostiole du conceptacle une masse rougeâtre. Au contact de l'eau, elles s'ouvrent et les anthérozoïdes mis en liberté nagent en tous sens.

La formation de l'oogone est très semblable. Une cellule de la paroi du conceptacle prend la forme d'une papille qui s'isole par une cloison basilaire, celle-ci se divise en deux par une cloison transversale. La cellule inférieure deviendra un pédicelle. La supérieure se renfle en sphère et devient l'oogone. Par trois bipartitions du noyau, l'oogone donne naissance à huit noyaux qui s'isolent bientôt en huit cellules filles par formation de cloisons albuminoïdes (fig. 399). Ces huit oosphères ne tardent pas à sortir de l'oogone et à se rassembler autour de l'ouverture du conceptacle ; leur mince enveloppe se rompt sous l'action de l'eau. Les anthérozoïdes s'attachent à la surface d'une oosphère, l'un deux y pénètre et se combine avec la masse protoplasmique. L'œuf fécondé, tombe au fond de l'eau.

D'autres Algues présentent le même phénomène, mais avec quelques différences de détail. Ainsi, l'oosphère ne devient pas toujours libre. La paroi de l'oogone se perce même parfois d'un orifice ovale par où sort une matière gélatineuse destinée à capter au passage un anthérozoïde. Chez les Algues rouges (*Floridées*), les anthérozoïdes sont munis d'une membrane cellulosique, dépourvus de cils vibratiles et immobiles. L'oogone développe à son sommet un long filament grêle, le *trichogyne*, qui ne s'ouvre pas spontanément et que l'anthérozoïde doit percer en un point pour y pénétrer et parvenir jusqu'à l'oosphère (fig. 400).

76. Développement de l'œuf des Thallophytes. — L'œuf des Thallophytes se développe suivant deux modes : ou bien, immédiatement, sur la plante mère; ou bien, plus tardivement, dans le milieu extérieur sans rapport avec la plante mère. Les plantes qui offrent ce second mode de développement peuvent être dites *ovipares;* la plus grande partie des Thallophytes doit être regardée comme ovipare. Dans les trois autres grands groupes végétaux, l'œuf se développe sur la plante qui est alors réellement *vivipare.* L'oviparité est particulière aux Thallophytes, sans toutefois être caractéristique du groupe.

Le plus souvent, l'œuf passe un certain temps à l'état de vie latente, puis, la couche cutinisée de sa membrane se déchire, et il s'accroît peu à peu produisant le thalle de la plante adulte.

Parvenues à cet état, les Thallophytes peuvent se multiplier par fractionnement de leur appareil végétatif comme les Phanérogames.

Certaines d'entre elles n'ont même que ce mode de reproduction. Mais, chez presque toutes, on voit plutôt le thalle produire des cellules dites *spores*, qui se disséminent et donnent, dans des conditions favorables, un nouveau thalle pareil au premier.

77. Formation des spores des Thallophytes. — Il y a deux procédés différents pour la formation des spores.

1° Tantôt, certaines cellules externes se différencient et se détachent avec leur membrane cellulosique. Les spores sont, en ce cas, exogènes et immobiles, comme on l'observe chez beaucoup de Champignons (fig. 401).

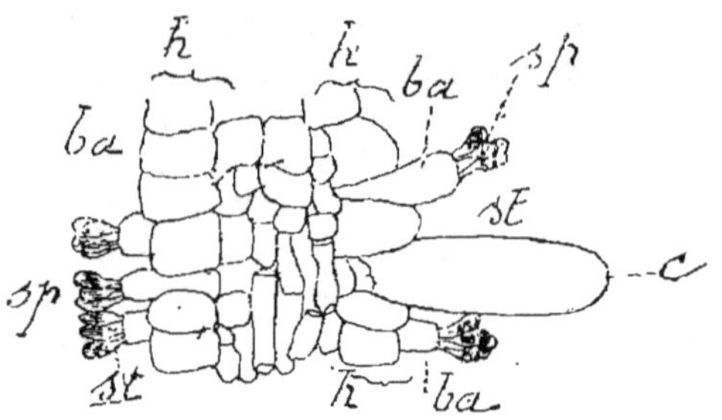

Fig. 401. — Coupe transversale d'une lame d'Agaric coprin (d'après Brefeld) (*).

2° D'autres fois, une cellule multiplie ses noyaux, se cloisonne et isole des cellules filles; ou bien condense autour de chaque noyau une portion du protoplasma, qui, se revêtant d'une membrane propre, se sépare du protoplasma non employé. Les spores sont alors endogènes et la cellule mère dans le premier cas est un *sporange* (fig. 402), dans l'autre un *asque* ou une *thèque* (fig. 403).

A leur sortie, les *spores* sont immobiles et revêtues d'une couche de cellulose; ou encore mobiles et recouvertes d'une membrane albuminoïde (fig. 404), on les dit alors *zoospores* (Van Tieghem).

Un certain nombre de Thallophytes ne forme qu'une seule sorte de spores; mais il arrive fréquemment que le thalle produit des spores de plusieurs sortes, différentes les unes des autres et destinées à multiplier la plante dans des conditions diverses.

On réserve le nom de *spores* aux cellules migratrices différenciées qui conservent toujours leurs caractères. Aux autres, qui manquent souvent et dont les caractères varient dans des plantes très voisines, on donne le nom de *conidies*. Souvent même, nous le verrons plus tard, le thalle produit plusieurs sortes de conidies destinées à des conditions de développement très différentes (Van Tieghem).

Le développement de l'œuf sur la plante mère est, comme nous

(*) *h*, hyménium. — *ba*, baside. — *st*, stérigmate. — *sp*, spores exogènes (figure empruntée au *Naturaliste*. Deyrolle fils, éditeur.)

l'avons dit plus haut, assez rare chez les Thallophytes. Nous le
rencontrerons pourtant dans les Floridées. L'œuf, chez ces Algues,

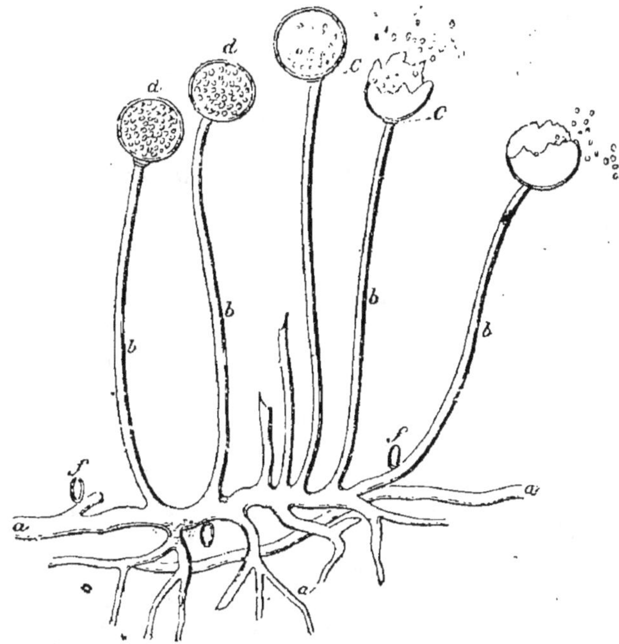

Fig. 402. — Spores endogènes des sporanges de Mucor (*).

produit sur sa surface des protubérances en forme de papilles,
celles-ci forment des branches latérales et ainsi de suite ; il naît

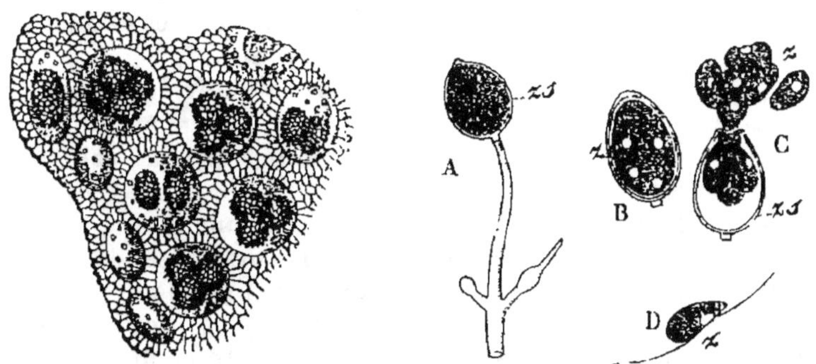

Fig. 403. — Spores endogènes des asques
de la Truffe cendrée.

Fig. 404. — Sporanges et zoospores du
Peronospora infestans.

de la sorte une espèce de buisson qui cesse au bout de peu de
temps de s'accroître. Les cellules terminales des rameaux se ren-

(*) a, a, mycélium. — bb, tiges. — c, columelle. — d, sporanges.

fleut, s'emplissent d'un protoplasma plus dense, se séparent des ramuscules et mènent une vie latente pendant un certain temps. Plus tard, chacune de ces cellules donne directement un thalle adulte, ou bien un filament rudimentaire sur lequel naît le thalle par bourgeonnement adventif. (Voir fig. 400.)

CHAPITRE XI

DÉVELOPPEMENT DES MUSCINÉES

Les Muscinées se reproduisent de plusieurs manières, surtout par fécondation, mais celle-ci se complique de formes alternantes.

78. Formation de l'œuf des Muscinées. — Les organes qui concourent à la formation de l'œuf sont des *anthéridies* produisant des organismes fécondateurs mâles, et des *archégones* renfermant l'oosphère.

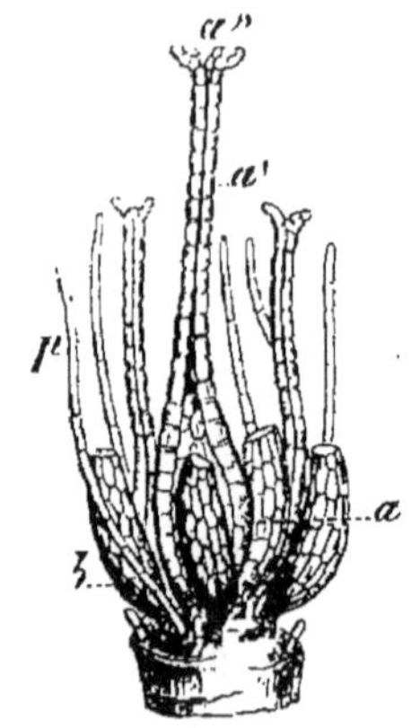

Les anthéridies et les archégones peuvent se trouver sur des pieds séparés ou sur le même pied (fig. 405); ils sont entourés en général de paraphyses et d'un involucre formé de plusieurs tours de spires de feuilles.

A son complet développement, l'anthéridie, appareil mâle, est un petit corps ovalaire porté par un court pédicule ; sa paroi est formée d'une assise unique de cellules. Elle est remplie d'autres cellules dont chacune devient un *anthérozoïde*. L'anthérozoïde a la forme d'un filament tordu en spirale ; l'une de ses extrémités est renflée, l'autre, très amincie, porte deux longs cils vibratiles.

Fig. 405. — Organes reproducteurs d'une Mousse, *Bryum bimum* (*).

L'archégone, appareil femelle, a la forme d'une petite bouteille pédicellée, dont la partie supérieure se prolonge en long col mince. La cavité interne renferme une grosse cellule qui est l'*oosphère*. La paroi du col de l'archégone ne contient qu'une assise de cellules ; celle de la partie renflée comprend plusieurs assises de cellules. Le ventre et le col renferment, suivant l'axe, une file de cellules dont l'inférieure devient l'oosphère, tandis que toutes les autres se gélifient successivement et se transforment en un mucilage qui renferme une substance agissant sur les anthérozoïdes pour les diriger vers l'intérieur (1).

(1) Voyez L. Guiguard, *Nouvelles études sur la fécondation*, § 2, note.

(*) a, a', a'', les archégones. — b les anthéridies. — p, les paraphyses.

L'archégone et l'anthéridie dérivent d'une cellule superficielle de la tige. Ils naissent donc comme des poils (Van Tieghem).

C'est une cellule périphérique de la tige qui émet la proéminence papilliforme. Sa partie saillante s'isole par une cloison transversale ; une deuxième cloison divise la papille en deux cellules dont l'inférieure devient le pédicelle. La cellule supérieure se divise ensuite plusieurs fois obliquement et tangentiellement. L'assise externe des cellules ainsi formées se divise à son tour radialement, puis se différencie pour former la paroi. Les assises internes, se cloisonnant suivant les trois directions, donnent naissance aux *cellules mères des anthérozoïdes*.

Lorsque l'anthéridie est mûre, sa paroi se fend, une masse gélatineuse renfermant les anthérozoïdes et leurs cellules mères est mise en liberté. Les membranes se dissolvent dans l'eau et les anthérozoïdes nagent librement dans le liquide ambiant.

Lorsque la saillie doit devenir un archégone, les premiers cloisonnements sont identiques. La papille s'isole par une première membrane transversale, une seconde bipartition fournit deux cellules dont l'inférieure donne le pédicelle, tandis que la supérieure se cloisonne tangentiellement, de manière à donner une cellule centrale et quatre cellules périphériques. Les cellules périphériques latérales produiront la paroi du col et du ventre, au-dessus se formera une *rosette* de quatre cellules terminant le col.

L'oosphère dérive de la cellule centrale, qui. par une cloison transversale, donne deux segments inégaux ; le plus grand, inférieur, est l'oosphère ; le supérieur, plus petit, s'accroît dans le canal qu'il ouvre au bout d'un certain temps. Il y a production d'un tampon mucilagineux qui met à nu l'oosphère ; c'est la *cellule du canal*. L'œuf des Muscinées se trouve formé lorsqu'un anthérozoïde rencontre le mucilage du col de l'archégone, il pénètre en effet jusqu'à l'oosphère qu'il féconde et l'œuf s'entoure immédiatement après d'une membrane cellulosique.

79. Développement et multiplication des Mousses. — Les Muscinées, comme les Phanérogames et les Cryptogames vasculaires, sont vivipares.

L'œuf se développe sur la plante mère ; il y devient un corps rudimentaire, qui produit des cellules spéciales improprement nommées *spores*, dont la germination fournira la plante adulte.

L'appareil producteur des cellules émigrantes, ou spores, est un *sporogone ;* il naît de l'œuf qui, par des cloisonnements en tous sens, se développe sur place, en un filet ou *soie*, dont la croissance fait rompre transversalement l'archégone vers sa base ; la soie porte à son sommet, sous forme de *coiffe*, la plus grande partie de l'archégone.

Au-dessous de la coiffe, se trouve ce qu'on appelle communément le *fruit* de la Mousse, la *capsule*, dans laquelle apparaissent

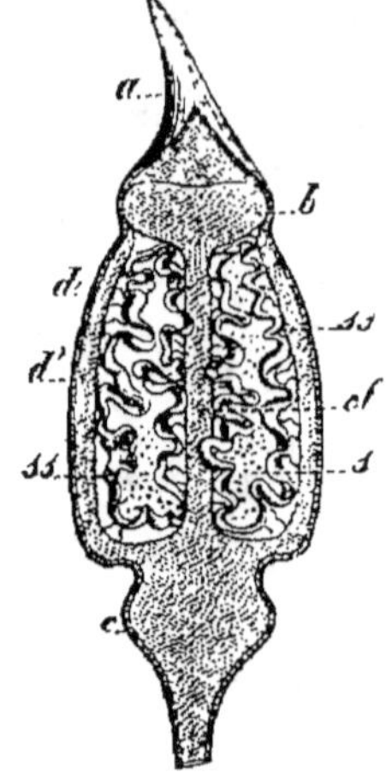

.Fig. 406. — Coupe verticale d'une capsule de Mousse, *Polytrichum formosum* (*).

les spores. Toute la capsule est remplie d'un liquide qui leur sert de milieu nutritif; le centre seul est occupé par une colonne de tissu solide, la *columelle*, qui s'épanouit à sa partie supérieure en une sorte de couvercle ou *opercule* (fig. 406).

L'opercule tombe, à un moment donné, de sorte que le pseudo-fruit a la forme d'une urne à bord dentelé qui laisse sortir les spores.

Les spores naissent dans l'appareil sporifère par différenciation des tissus; la couche externe devient un épiderme avec stomates et couche de cutine ; quelques assises de parenchyme séparent l'épiderme d'un anneau lacuneux aérifère. A partir de cet anneau, les assises cellulaires profondes forment les spores. Les éléments s'en divisent deux ou trois fois, puis s'isolent ; chacune des cellules mères se segmente en quatre cellules filles qui seront disséminées à l'ouverture de l'opercule. (Van Tieghem.)

Placée dans de bonnes conditions d'humidité, la spore en germant rompt sa membrane de cutine, et allonge en dehors un tube qui se ramifie bientôt. Il résulte de ces ramifications multipliées

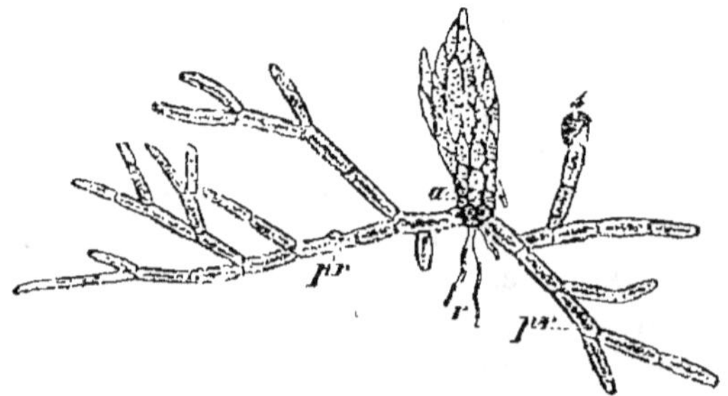

Fig. 407. — Germination d'une spore de Mousse, *Funaria hygrometrica* (**).

un lacis, le *protonema, prothalle*, ou *pro-embryon*, qui n'est pas encore la plante définitive.

A la base d'un rameau du protonéma, se forme un petit tubercule qui s'accroît par son sommet; en même temps, il se produit vers la base des *poils rhizoïdes* qui s'enfoncent dans le sol pour jouer le rôle de racines. A son sommet, le tubercule forme un bourgeon foliaire qui s'allonge en s'épanouissant (fig. 407), il se développe ensuite en tige adventive. Plus tard le protonéma disparaît et toutes les tiges qu'il reliait entre elles étant devenues libres, continuent de croître et de se ramifier pour parvenir à l'état d'individu adulte.

Ainsi, le cycle de végétation des Mousses est relativement assez compliqué. Si nous partons de la spore, nous voyons se développer le protonéma, la plante feuillée, puis, sur celle-ci, les organes reproducteurs qui donnent l'œuf, aboutissant à la spore.

Les Mousses peuvent encore se reproduire à l'aide d'organes végétatifs : soit par *stolons*, analogues à ceux du Fraisier ; soit par *bourgeons* qui, se détachant de la tige, se fixent au sol et produisent une tige et des racines ; ou bien encore par *bulbilles*, sortes de bourgeons adventifs qui se développent sur les poils jouant le rôle de racines ; et par *propagules*, petits corps arrondis détachés de la tige et des feuilles, et susceptibles de végéter par eux-mêmes.

80. Reproduction des Hépatiques. — Les Hépatiques sont des Muscinées inférieures chez lesquelles les anthéridies et les archégones produisent un œuf comme chez les Mousses.

L'œuf se développe en sporogone à l'intérieur de l'archégone même et le sporogone y demeure inclus jusqu'à sa maturité.

La dissémination des cellules émigrantes chez les Hépatiques est intéressante, en ce sens que la déhiscence de l'appareil sporifère se fait régulièrement. La membrane de certaines cellules longues et fusiformes, porte des boucles d'épaississements qui jouent par leur hygroscopicité un grand rôle dans la dissémination ; on les nomme des *élatères*.

Les assises épidermique et sous-épidermique de l'appareil sporifère portent souvent des épaississements en U comparables à ceux de certaines Phanérogames (Leclerc du Sablon).

La membrane des spores est différenciée, chez les Hépatiques, en une exine brune cutinisée et une intine incolore cellulosique. La spore contient quelquefois de la chlorophylle ; en germant elle donne un protonéma très rudimentaire qui engendre à son sommet ou latéralement, l'appareil végétatif (1).

CHAPITRE XII

DÉVELOPPEMENT DES CRYPTOGAMES VASCULAIRES

Chez les Cryptogames vasculaires, la plante adulte met en liberté des cellules émigrantes différenciées qui produiront un corps ru-

(1) Consulter Leclerc du Sablon, *Développement du sporogone des Hépatiques* Paris, 1885.

dimentaire, le *prothalle*, sur lequel naîtra l'œuf et se développera l'embryon. Les cellules émigrantes ou de passage sont habituellement appelées *spores;* comme nous avons défini sous ce nom des éléments reproduisant un individu pareil à celui dont ils sont issus, on reconnaîtra que cette appellation est impropre : nous la conserverons néanmoins pour nous conformer à l'usage (Van Tieghem).

En général, le prothalle porte en même temps les archégones et les anthéridies, il est monoïque ; parfois cependant le prothalle est dioïque, les archégones et les anthéridies se développent sur des appareils différents. Si les cellules de passage, c'est-à-dire les spores, sont toutes semblables sur la plante adulte, c'est une Cryptogame *isosporée*. Un certain nombre de Cryptogames vasculaires produisent deux sortes de spores, les unes, *microspores*, donnent des prothalles porteurs d'anthéridies ou prothalles mâles ; les autres, *macrospores*, donnent des prothalles femelles, porteurs d'archégones. Ces Cryptogames vasculaires sont dites *hétérosporées;* on peut ajouter dès maintenant que leurs prothalles sont très rudimentaires et sortent à peine de la spore qui les a formés.

81. Cryptogames vasculaires isosporées. — Les plus répandues des Cryptogames isosporées sont, dans nos climats, les Fougères et les Prêles. Nous examinerons, chez ces plantes, la formation des spores, le développement du prothalle, la formation et le développement de l'œuf.

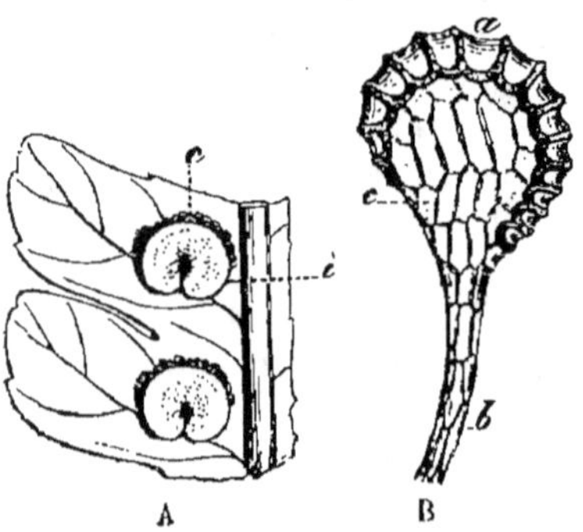

A. *Formation des spores.* — Chez les Fougères, les spores sont renfermées dans des sacs pédicellés, les *sporanges*, groupés à la face inférieure des feuilles et des nervures. Chaque groupe de sporanges est un *sore*, souvent protégé par une sorte de poil écailleux, l'*indusie* (fig. 408). Le sporange naît, du reste, d'une cellule épidermique, comme un poil, et l'on trouve souvent, dans un sore, des sporanges mêlés à des paraphyses stériles.

Fig. 408. — A, portion de fronde, et B, sporange de *Polystichum*, Fougère (*).

Pour produire un sporange, la cellule épidermique donne une papille qui s'isole sur une cloison transversale ; plus tard une nouvelle cloison transversale isole une cellule inférieure, futur pédicelle, et une supérieure, qui deviendra la cellule mère du sporange.

(*) A, *c,* sores ; *i,* indusie. Gross. 5. — B, *a.* anneau ; *b,* pédicelle ; *c,* cellules de la paroi du sporange. Gross. 100.

Quatre cloisons obliques déterminent dans celle-ci la différenciation d'une cellule centrale et de quatre cellules externes périphériques. Ces dernières formeront ensuite la paroi de l'organe.

La cellule centrale se cloisonne parallèlement à ses faces et double la cloison; puis elle se divise encore et fournit seize cellules mères de spores. Chacune de celles-ci se divise plus tard en quatre cellules filles et produit quatre cloisons qui s'épaississent ; puis, les lames communes à deux cloisons se gélifient, les cellules filles sont isolées dans un liquide granuleux au sein duquel elles grandissent, épaississent leur membrane et passent à l'état de spores mûres.

Les spores sont donc de simples cellules, ayant une membrane cutinisée divisée en deux couches ; l'externe, colorée diversement, est munie d'épaississements variés.

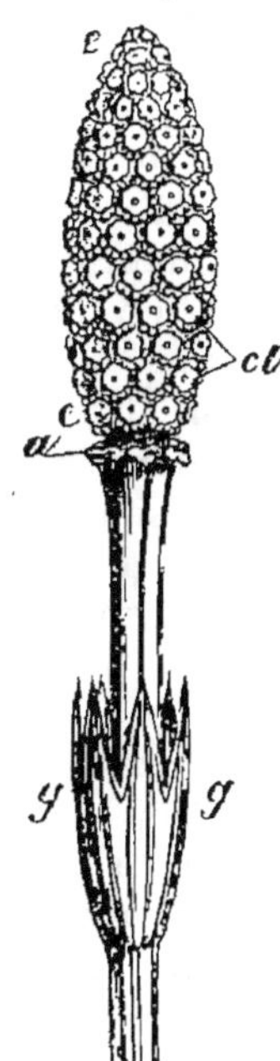

La paroi du sporange mûr présente une assise de cellules, qui sont grandes et font saillie vers l'extérieur ; leur membrane, sur la face interne, s'épaissit et se lignifie, tandis qu'elle reste mince sur la face extérieure. En se desséchant, les cellules se contractent sur leur face externe plus que sur l'autre et la paroi du sporange se trouve déchirée. Cette rangée de cellules à parois cutinisées est appelée l'*anneau*.

Chez les Prêles, les sporanges prennent naissance sur des feuilles différenciées disposées en verticilles nombreux et rappro-

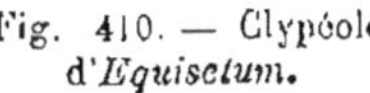

Fig. 409. — Sommet fertile de l'*Equisetum arvense*, Prêle (*).

Fig. 410. — Clypéole d'*Equisetum*.

Fig. 411. — Spore mûre de l'*Equisetum limosum*, Prêle (**).

chés au sommet des branches aériennes (fig. 409). Chaque feuille fertile comprend un pétiole étroit perpendiculaire au limbe, ce qui

(*) *ee*, épi. — *cl*, clypéoles portant les sporanges. — *a*, gaine foliaire avortée. — *g*, gaine foliaire normale.

(**) *sp*, la spore. — *cl*, les élatères.

donne à l'appareil nommé *clypéole* l'aspect d'un clou dont la tête serait dirigée vers le dehors (fig. 410).

La membrane externe des spores est ici divisée en deux lames, dont la plus extérieure n'est reliée à l'autre qu'en un point; elle s'épaissit en deux rubans contournés qui se séparent. Quand le milieu extérieur est sec, les rubans se déroulent et forment une croix de Saint-André; sous l'influence de l'humidité les rubans s'enroulent autour de la spore. On leur donne le nom d'*élatères*; le simple contact de l'haleine produit le phénomène d'enroulement et de déroulement (fig. 411).

Le sporange mûr des Prêles s'ouvre par une fente longitudinale; la déhiscence de la paroi est due à un mécanisme analogue à celui de la déhiscence de l'anthère des fleurs.

B. *Développement du prothalle.* — Après une période plus ou moins longue de repos, la spore qui est tombée sur le sol déchire sa paroi, et, si les conditions d'humidité sont favorables, pousse à travers la fente un tube court qui se cloisonne transversalement, s'élargit et échancre son extrémité en cœur. Les cellules de ce jeune appareil envoient dans le sol des poils rhizoïdes (fig. 412); au voisinage de l'échancrure, le prothalle est épais de plusieurs rangées de cellules, partout ailleurs il n'en a qu'une rangée.

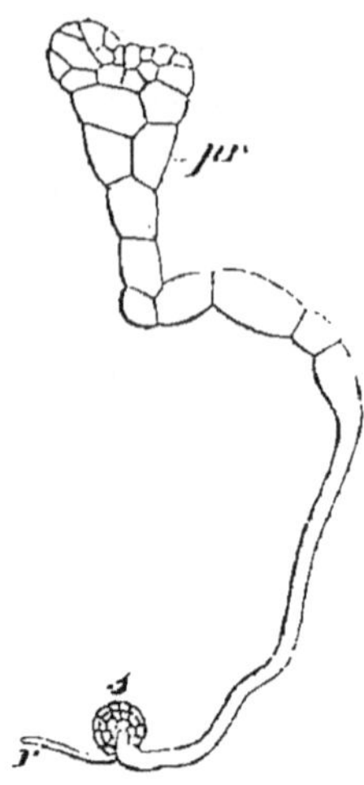

Fig. 412. — Germination de l'*Asplenium septentrionale*. Fougère. Gross. 100 (*).

C'est sur la face inférieure du prothalle que naissent les anthéridies et les archégones, aux dépens d'une simple proéminence cellulaire. Le mode de formation de l'anthéridie rappelle celui que nous avons observé chez les Mousses. La papille s'étant séparée par une cloison transversale s'arrondit, puis, par une cloison courbe, se sépare en deux. La cellule externe se partage ensuite en une cellule supérieure et une inférieure, qui toutes deux vont constituer la paroi de l'anthéridie. L'interne donnera des petites cellules à gros noyau, dont chacune produira un anthérozoïde. L'anthérozoïde a la forme d'un ruban spiralé. Son extrémité amincie porte de nombreux cils vibratiles, l'autre est épaissie (fig. 413). Lorsque l'anthéridie mûre absorbe l'humidité, elle se gonfle et s'ouvre, les anthérozoïdes sont alors mis en liberté et nagent dans le liquide ambiant.

L'archégone procède aussi d'une cellule de la face inférieure du

(*) *s*, spore. — *r*. poil rhizoïde. — *pr*, prothalle.

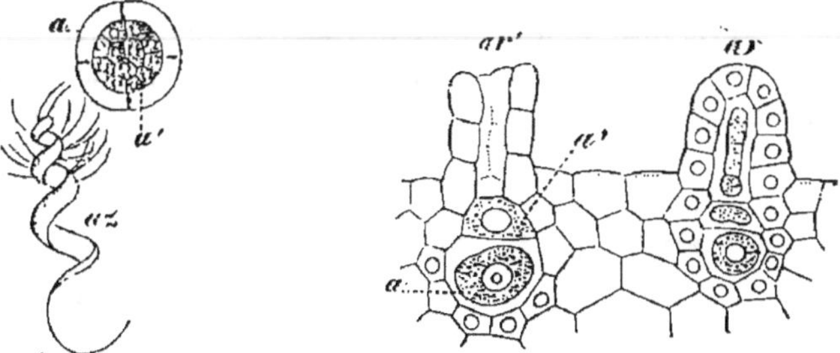

Fig. 413. — Anthéridie et anthérozoïde de *Pteris serrulata*.
Fougère (*).

Fig. 414. — Fragment de prothalle de *Pteris·
serrulata*. Fougère (**).

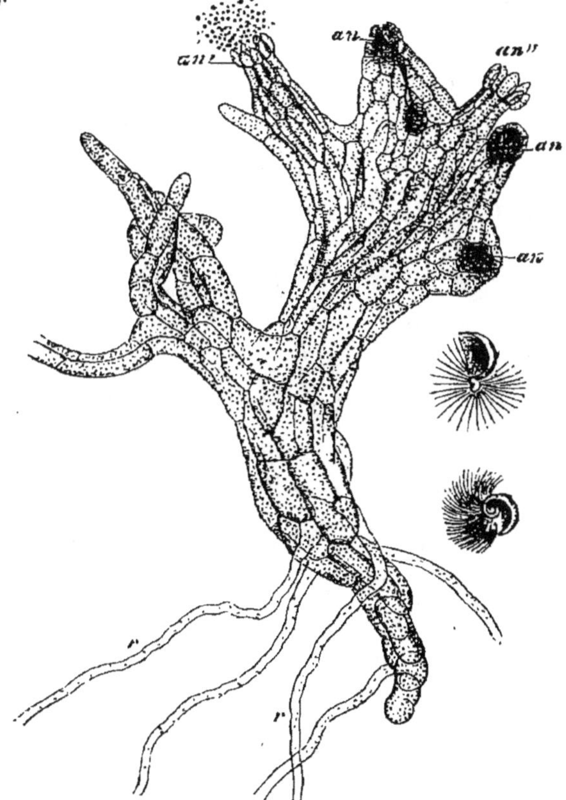

Fig. 415. — Prothalle mâle d'*Equisetum limosum*, Prêle (d'après Thuret) (***).

(*) *a*, paroi de l'anthéridie coupée transversalement. — *a'*, cellules mères. Gross. 200. —
az, anthérozoïde. Gross. 800.

(**) *ar*, archégone jeune. — *ar'*, archégone mûre. — *a*, oosphère. — *a'*, cellule qui sera
résorbée.

(***) *an*, anthéridies fermées. — *an'*, anthéridie ouverte. — *an"*, anthéridie vide. —
rr, poils rhizoïdes. — *q*, anthérozoïdes.

prothalle. Cette cellule se divise encore en trois. La division la plus inférieure demeure toujours stérile; la supérieure donne les quatre séries segmentaires qui forment les parois du col; la moyenne se

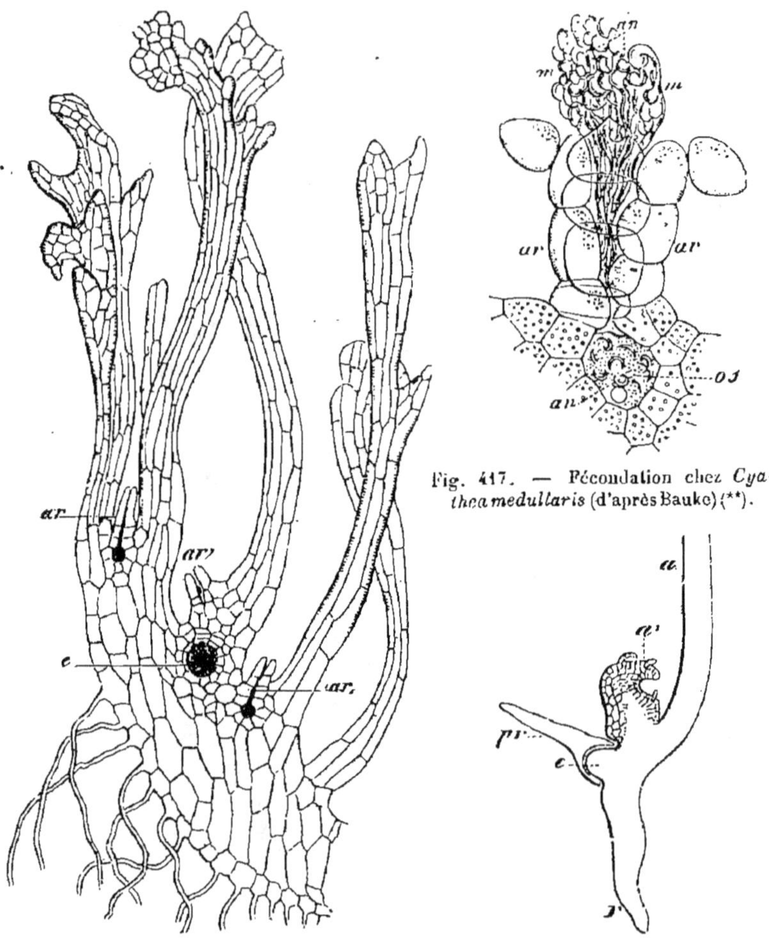

Fig. 417. — Fécondation chez *Cyathea medullaris* (d'après Bauke) (**).

Fig. 416. — Prothalle femelle d'*Equisetum arvense* (d'après Duval-Jouve) (*).

Fig. 418. — Jeune plant de *Pteris serrulata*. Gross. 50 (***).

divisant en deux cellules inégales constitue, avec la plus grande, l'*oosphère*, et avec la plus petite la *cellule du canal*. Cette der-

(*) *ar*, *ar'*, archégones. — *e*, oosphère en division après la fécondation.

(**) *mm'*, mucilage dans lequel pénètrent les anthérozoïdes *an*. — *ar*, col de l'archégone. — *os*, oosphère.

(***) *pr*, prothalle. — *a*, première feuille. — *e*, pied. — *r*, racine. — *a'*, seconde feuille.

nière, en gélifiant sa membrane, écarte les cellules du col (fig. 414) et remplit le puits de l'archégone d'un filet de matière gélatineuse qui fait saillie vers l'extérieur sous forme de gouttelettes.

Chez les Prêles, les prothalles sont le plus souvent dioïques. Les prothalles mâles ne dépassent guère quelques millimètres de longueur (fig. 415) : les prothalles femelles peuvent atteindre deux centimètres, ils sont tous deux ramifiés. Les anthéridies naissent au bord des lobes les plus grands du prothalle mâle: les archégones, contrairement à ceux des Fougères, dirigent leur col vers le haut (fig. 416).

C. *Formation et développement de l'œuf.* — L'œuf des Cryptogames vasculaires isosporées se féconde absolument (fig. 417) comme celui d'une Mousse ; après la fécondation, il s'entoure d'une membrane de cellulose et le col de l'archégone s'oblitère.

Chez les Fougères, comme chez les Prêles, l'œuf se segmente en quatre cellules. L'une qu'on appelle le *pied* s'enfonce dans le prothalle et sert de suçoir, l'autre produit la tige, tandis que la plus inférieure d'arrière produit la première racine et celle d'avant la première feuille (fig. 418).

A mesure que ces cellules s'accroissent, la plantule pousse sa radicule verticalement dans le sol, puis sa première feuille vers le haut; de nouvelles racines et de nouvelles feuilles se produisent, mais la tige demeure courte ; le prothalle et le pied se dessèchent rapidement.

82. Cryptogames vasculaires hétérosporées. — Parmi les Cryptogames vasculaires hétérosporées, les plus caractéristiques sont les Lycopodinées, et parmi celles-ci, les Isoètes et les Sélaginelles. Nous terminerons donc cette étude par l'examen du développement de ces deux groupes de plantes.

Les Isoètes sont des plantes de la région méditerranéenne. Chaque année, elles produisent un certain nombre de feuilles qui portent des *macrosporanges*, d'autres en plus grand nombre destinées à porter des *microsporanges*, et enfin des feuilles stériles (fig. 419).

Dans la gaine des feuilles fertiles, on trouve, sur la face supérieure, une petite cavité dans laquelle est logé le *sporange* que recouvre, plus ou moins, le bord membraneux de la cavité. Des lames transversales de tissu stérile divisent les sporanges en loges incomplètes qui ne s'ouvrent pas; les spores sont mises en liberté par simple désorganisation des tissus (fig. 420).

La *microspore* donne une petite cellule stérile et une *anthéridie.* Celle-ci est composée de quatre cellules qui servent de paroi et de deux cellules centrales qui renferment des *anthérozoïdes* spiralés.

Il se forme de même un *prothalle femelle inclus*, dont le cloisonnement rompt la membrane externe de la *macrospore*, en ce point l'*archégone* prend naissance par le processus décrit pour les Fougères. Le développement est identique à celui des Cryptogames isosporées.

Les Sélaginelles sont des plantes qui habitent les contrées tropicales humides. Leurs sporanges sont insérés à la base de feuilles

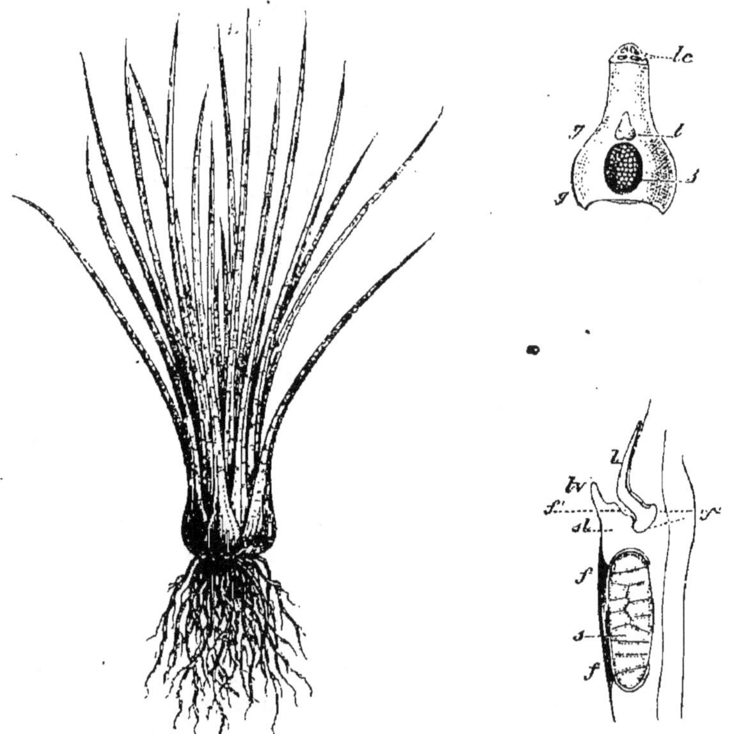

Fig. 419. — Un pied d'*Isoetes lacustris*.   Fig. 420. — Base d'une feuille d'Isoète (*).

plus petites que les feuilles végétatives, très serrées et formant au sommet des branches une sorte d'épi.

Les feuilles inférieures de l'épi portent les macrosporanges contenant *quatre macrospores* (fig. 421). Toutes les autres portent des microsporanges renfermant *un grand nombre de microspores*.

A la maturité il se fait une fente au sommet des sporanges, et les spores ou cellules de passage sont mises en liberté.

(*) *gg*, gaine de la feuille. — *l*, ligule insérée en *f f*. — *lc*, coupe du limbe. — *f*, fossette contenant le sporange. — *s*, sporange divisé par les trabécules. — *sl*, indusie avec sa lèvre *lv*.

La microspore, en germant, sépare d'abord une très petite cellule stérile ; l'autre cellule forme l'anthéridie. Les anthérozoïdes sont courts et portent deux longs cils.

La macrospore donne aussi deux cellules inégales.

Fig. 421. — Macrosporange de Sélaginelle.

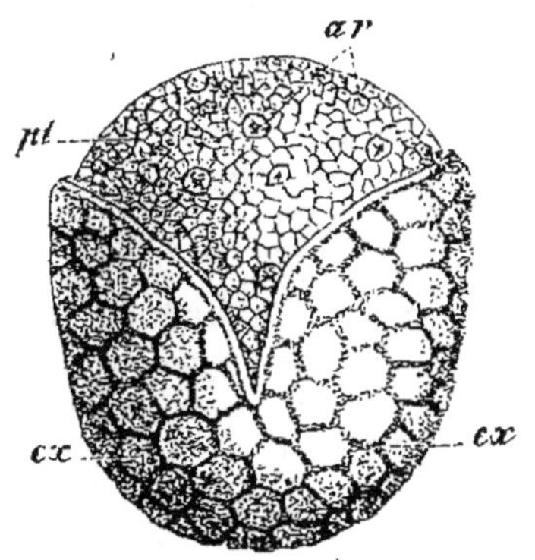

Fig. 422. — Germination d'une macrospore produisant la prothalle femelle chez *Selaginella Martensii* (*).

La petite engendre le prothalle femelle au centre duquel se déve-

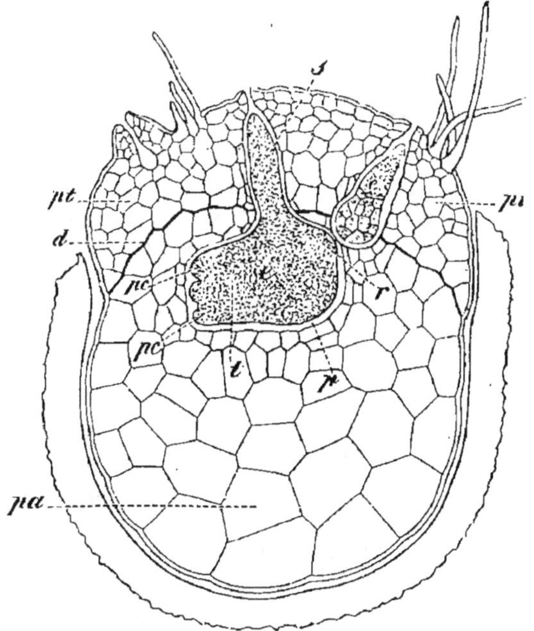

Fig. 423. — Macrospore de Sélaginelle dont les œufs germent (**).

loppent des archégones qu'une déchirure de la membrane rend accessibles aux anthérozoïdes : plus tard la grande cellule se divise et produit un tissu rempli de matières de réserve destinées à la nutrition de l'œuf (fig. 422).

L'œuf, fécondé comme celui des Fougères, se cloisonne d'abord transversalement : la cellule supérieure s'allonge beaucoup et se cloisonne, l'inférieure seule donne naissance à la plante nouvelle qui se trouve comme suspendue par le filament cloisonné issu de la cellule supérieure.

L'allongement du filament pousse la cellule dans le prothalle, puis dans le tissu nutritif aux dépens duquel elle se développe. Elle se divise alors par une cloison longitudinale ; les deux cellules résultantes, différencient les deux premières feuilles par des cloisonnements variés, puis un pied, qui s'enfoncera dans le prothalle, et enfin la tige. La première racine n'apparaît que plus tard (fig. 423).

La formation du *tissu nutritif* et d'un *filament suspenseur* rapproche beaucoup les Sélaginelles des plantes Phanérogames, dont nous allons maintenant suivre et étudier le développement.

CHAPITRE XIII

DÉVELOPPEMENT DES PHANÉROGAMES

Dans un des chapitres qui précèdent, pour exposer le phénomène de la fécondation, nous avons pris comme type une plante Phanérogame et indiqué comment se formait l'œuf; nous devons, à présent, compléter cette étude en en décrivant le développement.

A l'intérieur du sac embryonnaire, l'œuf se segmente et engendre toujours un corps cellulaire, *l'embryon*. Toutefois, en raison de la diversité de constitution du sac embryonnaire des Gymnospermes et des Angiospermes, nous devons diviser notre étude en deux parties.

83. Formation de l'embryon des Angiospermes. — Suspendu au sommet du sac embryonnaire, l'œuf reste parfois un long intervalle de temps sans changement, puis il s'allonge parallèlement à l'axe du sac, enfin se divise par une cloison perpendiculaire à cet axe. Les deux cellules ainsi formées subissent, dans la plupart des cas, des transformations très différentes (fig. 424 et 425).

La supérieure devient un cordon cellulaire plus ou moins épais en donnant naissance à des cloisons transversales et longitudinales. Ce cordon retient l'autre cellule qui se transforme en embryon suspendu à la voûte du sac, on nomme *suspenseur* ce petit appareil. Parfois les cellules du suspenseur se chargent de matières nutritives qui aident à la croissance de l'embryon. Celui-ci naît de la cellule inférieure qui, tout d'abord, s'arrondit en sphère, puis, suivant le plan de symétrie de l'ovule ou perpendiculairement à ce plan, se segmente en deux moitiés.

Chaque moitié se divise à son tour (fig. 425). Dans chacune

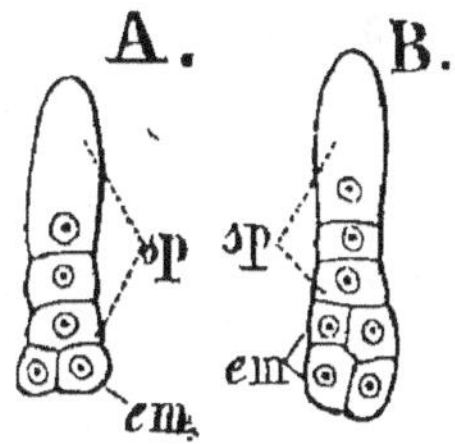

Fig. 424. — Premiers états de l'embryon de *Geranium pratense* (d'après Hegelmaier). Gross. 235 (*).

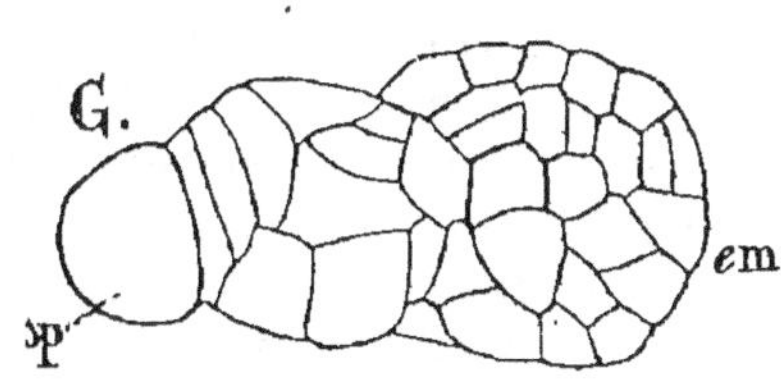

Fig. 425. — Jeune embryon d'*Helleborus fœtidus* (d'après Hegelmaier). Gross. 235 (**).

des quatre cellules ainsi formées une cloison tangentielle sépare l'épiderme. Puis, les cellules médianes, par des cloisonnements en tous sens et répétés, donnent naissance à l'écorce et au cylindre central. L'ensemble continue à s'allonger et devient la tige embryonnaire ou *tigelle*.

A l'extrémité de la tigelle, en des points voisins des cellules is-

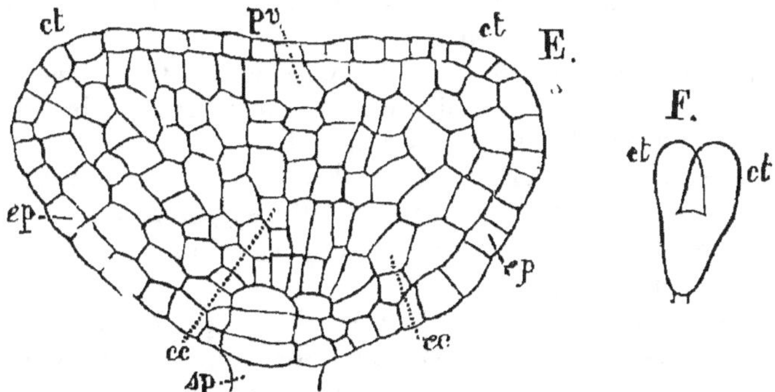

Fig. 426. — Jeune embryon d'*Œnothera nocturna*. Gross. 300 (***).

sues du premier cloisonnement, apparaissent deux mamelons couverts par l'épiderme ; ils grandissent, s'allongent vers le bas et donnent naissance aux deux premières feuilles ou *cotylédons*. Entre les cotylédons, se montre la pointe de la tigelle (fig. 425 et 426).

Contre le suspenseur, la tigelle se termine en pointe; à une certaine distance de celle-ci, l'épiderme se cloisonne vers le centre et tangentiellement. La partie située au-dessus de la première division constitue la racine embryonnaire ou *radicule*. Ce premier cloisonnement détermine la position du collet.

Chez les Monocotylédones, la cellule mère de l'embryon se cloisonne toujours perpendiculairement au plan de symétrie de l'ovule. Mais au sommet de la tigelle, une seule éminence se produit, ne donnant qu'un seul cotylédon.

La tigelle continue son développement et produit souvent sur ses flancs quelques feuilles, il y a alors une *gemmule*, ou bourgeon terminal : quelques racines latérales peuvent aussi prendre naissance. En même temps, on voit se différencier dans le cylindre central les faisceaux libéro-ligneux, le péricycle, les rayons médullaires et la moelle.

D'autres fois, au contraire, principalement chez les plantes parasites, l'embryon cesse de se développer de très bonne heure et n'offre aucune différenciation en tigelle, radicule et cotylédons.

La ligne de symétrie de la tige et de la radicule coïncide avec l'axe du sac embryonnaire, elle reste contenue dans le plan de symétrie de l'ovule, la gemmule étant tournée vers le limbe du carpelle et la pointe de la radicule en sens opposé.

Si l'on prend comme plan médian de l'embryon, le plan médian de sa première feuille, il est perpendiculaire au plan de symétrie de l'ovule ou confondu avec lui (1).

Chez quelques Monocotylédones de la famille des Orchidées, les deux cellules provenant du cloisonnement primordial de l'œuf concourent ensemble à la formation de l'embryon.

D'autres fois, les deux premières cellules de l'œuf constituent avant tout un corps pluricellulaire non différencié, qu'on appelle *proembryon*. Ce n'est que plus tard qu'un mamelon se développe et se différencie en embryon.

Dans le même ovule, on rencontre aussi quelquefois plusieurs embryons. Les cas de *polyembryonie* sont dus à ce que les synergides sont fécondées comme l'oosphère, il n'y a jamais qu'un seul des embryons qui se développe. Chez quelques végétaux, il se forme même des *embryons adventifs*, parce que certaines cellules de l'épiderme du nucelle se développent et produisent des embryons semblables à celui du sac. (Van Tieghem.)

Enfin, le *Celebogyne ilicifolia*, Euphorbiacée dioïque d'Australie, montre un exemple de développement d'*embryon sans fécondation* préalable. Les individus femelles, seuls introduits en Europe, donnent naissance aux dépens des cellules du nucelle à des *em-*

____

(1) Voyez Van Tieghem, *Éléments de botanique.* Paris, 1891.

bryons adventifs femelles qui reproduisent l'individu sur lequel ils se sont formés. L'oosphère normale du sac embryonnaire s'atrophie. (Van Tieghem.)

Pendant la division de l'œuf, c'est-à-dire pendant la première différenciation de l'embryon, le noyau secondaire du sac embryonnaire entre, lui aussi, en activité; il forme l'*albumen*, tissu spécial riche en matières nutritives.

Le noyau du sac embryonnaire résulte, comme nous l'avons déjà dit, de la fusion des noyaux polaires et de leurs sphères directrices. La surface de contact des masses nucléaires reste longtemps visible. La division commence, généralement, dès que la masse nucléaire mâle pénètre dans l'oosphère.

Il faut noter, à propos de la division des noyaux de l'albumen, un caractère important qui consiste dans la variation du nombre des segments chromatiques. Si l'on se rappelle que, dans la formation des noyaux du sac embryonnaire, le noyau polaire inférieur devient plus volumineux et plus chromatique que ceux des antipodes, et que la même inégalité, moins prononcée toutefois, se manifeste entre le noyau polaire supérieur et ceux de l'oosphère et des synergides, on verra qu'il est naturel que la masse qui forme le noyau secondaire du sac comprenne *plus de segments que le noyau de l'œuf;* et l'on pourra prévoir que ce nombre doit aussi varier dans les noyaux de l'albumen (1).

Les noyaux d'origine de l'albumen se répartissent bientôt régulièrement sur la paroi du sac embryonnaire ; ils s'y multiplient par division simultanée jusqu'à la formation des cloisons cellulaires. Ces cloisons se montrent sur le trajet des fils protoplasmiques qui relient les noyaux les uns aux autres. Il n'y a, semble-t-il, entre les sphères directrices et les filaments protoplasmiques aucune relation.

Après l'apparition des cloisons, chaque cellule ne renferme qu'un noyau dont la division est immédiatement suivie du cloisonnement de la cellule. On signale cependant des cas où la formation des cloisons est irrégulière, c'est-à-dire, où chacune d'elles entoure un certain nombre de noyaux qui se divisent simultanément, et un cloisonnement de la cellule primitive est consécutif de la bipartition (L. Guignard).

Dès l'époque où l'œuf subit ses premières segmentations, le sac embryonnaire est complètement rempli par les noyaux de l'albumen (sauf des cas exceptionnels comme celui du Cocotier). Dans le sac embryonnaire du Cocotier, l'albumen n'occupe qu'une petite couche sur la paroi, la cavité demeure remplie d'un liquide albumineux connu sous le nom de lait de coco.

----

(1) L. Guignard, *Nouvelles études sur la fécondation.* Paris, 1891.

Il peut aussi se présenter des cas où l'albumen ne se forme que tardivement ; d'autres, où il ne se produit pas du tout, le Haricot présente un exemple de cet avortement. Parfois, le noyau du sac disparait lui-même sans qu'il y ait trace de la formation d'un albumen.

Dès qu'il s'accroît un peu, l'embryon se trouve en contact direct avec l'albumen ; il le traverse peu à peu, en dissolvant les membranes et les contenus des cellules et en absorbant les produits solubles. L'embryon, comme les racines latérales, digère les formations qu'il trouve sur son passage (Van Tieghem).

Lorsque l'embryon est assez petit pour n'occuper qu'incomplètement le sac embryonnaire, il ne digère qu'une partie de l'albumen, celle à laquelle il s'est substitué. On retrouve dans la *graine* une portion plus ou moins grande de l'albumen à cellules fortement unies entre elles et chargées des matériaux de réserve.

Ces matériaux de réserve sont de diverses sortes. On peut trouver dans les masses albuminoïdes des cellules à l'état de vie ralentie, des *grains d'amidon* en grande quantité ; l'albumen est, en ce cas, amylacé ou farineux ; exemple, les Graminées, dont l'albumen amylacé fournit de la farine.

Les cellules, au lieu d'amidon, peuvent renfermer des *matières grasses*, et l'albumen est charnu ou oléagineux, c'est le cas des végétaux de la famille du Pavot, du Ricin, etc. Dans les albumens oléagineux, on trouve des *grains d'aleurone* en abondance.

Lorsque les membranes cellulosiques s'épaississent beaucoup, l'albumen devient dur et corné, ex. : le Café ; il peut, si les cloisons restent à l'état de cellulose pure, acquérir l'aspect et la consistance de l'ivoire, ex. : le Corozo. Il se présente des cas où les membranes se gélifient, se ramollissent dans l'eau et se gonflent.

Chez un grand nombre de Dicotylédones, l'embryon devient très volumineux ; il remplit alors toute la cavité du sac embryonnaire, aux dépens de l'albumen qui est digéré. L'accroissement porte spécialement sur les *cotylédons* qui accumulent pour leur compte et mettent en réserve les mêmes matériaux nutritifs que l'albumen : ceux-ci, d'extérieurs qu'ils étaient, deviennent donc intérieurs. On rencontre fréquemment dans une même famille des plantes à albumen constant et des plantes sans albumen.

84. Formation de l'embryon des Gymnospermes. — Le noyau de l'œuf des Gymnospermes descend, tout d'abord, et, par deux divisions transversales, forme immédiatement quatre noyaux qui se sectionnent longitudinalement.

Entre les deux étages, comprenant chacun quatre noyaux, naît une cloison cellulosique, suivie de trois cloisons longitudinales séparant les quatre paires de noyaux ainsi superposés. Les noyaux supérieurs sont placés dans des alvéoles et les inférieurs dans des cellules.

Ces derniers se divisent simultanément à deux reprises et donnent trois rangs de noyaux encore superposés que séparent des cloisons nouvelles (fig. 427). Les douze cellules résultant de cette segmentation donnent lieu à des développements ultérieurs. Quant aux noyaux des alvéoles et au reste de l'œuf ils se résorbent bientôt.

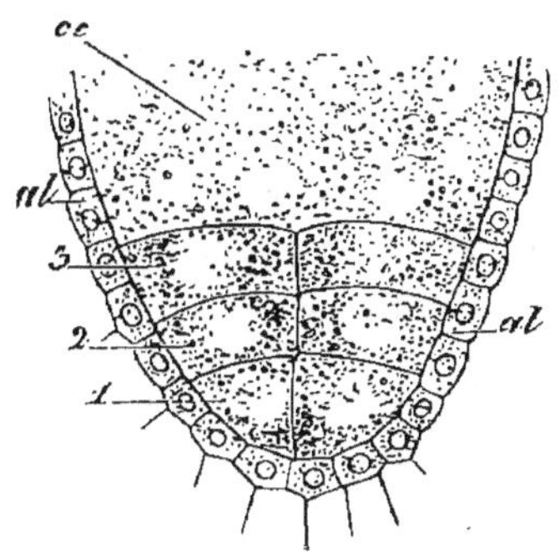

Fig. 427. — Portion inférieure du procmbryon de *Picea vulgaris* (d'après Strasburger). Gross. 100 (*).

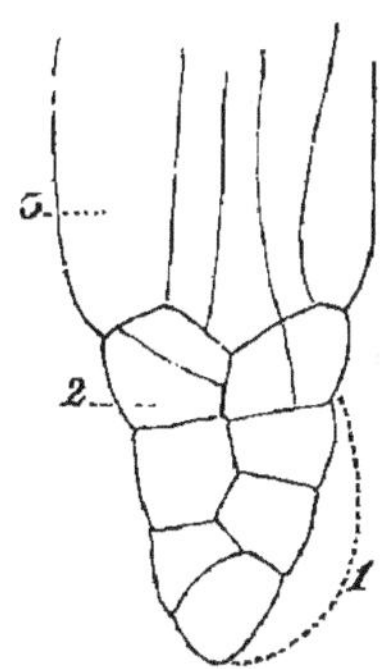

Fig. 428. — Procmbryon de *Thuia occidentalis* (d'après Strasburger). Gross. 240 (**).

Les étages actifs supérieur et moyen donnent le suspenseur (fig. 428) qui est très long, se tord en spirale, et enfonce dans l'endosperme les quatre cellules de l'étage inférieur, qui seules se développent en embryon.

Souvent, les quatre cellules dont nous venons de parler entrent ensemble dans la constitution de l'embryon, terminé en haut par une radicule et en bas par une tigelle munie de cotylédons. Mais quelquefois, les quatre cellules se séparent, isolent leurs suspenseurs, et chacune d'elles, se divisant par deux cloisons rectangulaires, donne un embryon.

La polyembryonie est donc particulièrement possible chez les Gymnospermes ; elle est due à la présence dans le même nucelle de plusieurs corpuscules fécondés, elle est due aussi à ce que chaque œuf peut donner naissance à plusieurs embryons. Cependant on ne trouve dans la graine mûre de ces végétaux qu'un seul embryon bien conformé, les autres avortent à diverses phases de leur développement. (Van Tieghem.)

Les embryons grandissent dans l'endosperme qu'ils absorbent, mais celui-ci s'accroît au fur et à mesure et n'est détruit qu'en

(*) *cc*, cellule centrale. — *al*, cellules appartenant à l'endosperme. — 1, 2, 3, rangées des cellules actives.

(**) 2 et 3 fournissent le suspenseur, 1 se différencie en embryon.

partie. On constate toujours l'existence d'une épaisse couche d'endosperme enveloppant l'embryon définitf, et constituant, comme l'albumen des Angiospermes, une réserve nutritive principalement formée de matières grasses, huileuses et albuminoïdes (Van Tieghem).

85. Comparaison entre les modes de développement des végétaux. — Les Thallophytes ne présentent pas l'unité de développement et de formation de l'œuf qu'on rencontre chez les autres végétaux ; nous avons vu aussi qu'ils ne présentent que des rapports assez lointains avec les trois autres groupes. Leur embranchement est très autonome.

Chez les Muscinées et les Cryptogames vasculaires, au contraire, l'œuf se forme par un processus identique.

Chez les premières, en effet, la cellule de passage nommée spore donne sans fécondation préalable le prothalle ou protonéma, et celui-ci, la plante feuillée portant les organes mâles et femelles. Sur la plante feuillée se produit l'œuf.

Chez les secondes, une cellule émigrante asexuée formée sans fécondation comme chez les Muscinées, donne un prothalle mâle ou un prothalle femelle, parfois aussi un prothalle portant simultanément des éléments mâles et femelles ; c'est sur le prothalle que l'œuf prend naissance et celui-ci se développe en plante feuillée.

La différence, encore assez grande entre ces deux groupes de végétaux, diminue d'importance lorsque l'on passe des Cryptogames vasculaires aux Phanérogames.

Les grains de pollen des Gymnospermes sont réellement des microspores ; ils naissent dans un sac pollinique d'origine foliaire, comme les microspores des Isoètes ou des Sélaginelles. Le grain de pollen découpe, comme la microspore, une petite cellule stérile et une grande qui est un prothalle mâle, à cette différence près qu'au lieu de produire des anthérozoïdes, elle s'allonge en un tube qui se met en relation avec l'oosphère. Le nucelle d'une Gymnosperme est une formation d'origine foliaire comme le macrosporange d'une Lycopodinée. Les cellules mères des sacs embryonnaires ont une origine analogue à celle des cellules mères des macrospores et le fait d'une seule cellule parvenant à développement complet se présente aussi chez les Isoètes et les Sélaginelles. Le sac embryonnaire se remplit de l'endosperme comme la macrospore d'un Isoète est comblée par le prothalle femelle. L'endosperme ou prothalle femelle produit, chez les Gymnospermes, des corpuscules, comparables à l'archégone : le col de celui-ci est représenté par la rosette de quatre cellules ; la petite cellule qui s'insinue entre ces quatre éléments est la cellule du canal.

La différence entre les Cryptogames vasculaires et les Gymnospermes consiste donc en un premier raccourcissement dans l'appareil mâle supprimant les anthérozoïdes, et en un second, dans l'organe femelle, supprimant la sortie du prothalle femelle.

Entre les Gymnospermes et les Angiospermes la différence est également ramenée à deux raccourcissements. Il ne se forme pas chez les secondes de petite cellule stérile, et les deux noyaux passent dans le tube pollinique, le noyau végétatif disparaissant bientôt. D'autre part, l'oosphère des Angiospermes dérive directement d'une cellule du nucelle, tandis que, chez les Gymnospermes, elle n'est qu'une cellule de troisième ordre par rapport à la cellule du nucelle d'où elle tire son origine.

Il y a donc une transition directe et ininterrompue entre les Cryptogames isosporées et les Cryptogames hétérosporées, se continuant entre celles-ci et les Gymnospermes ; conduisant finalement des Gymnospermes aux Angiospermes. Le tableau suivant montre clairement ces rapports :

Thallophytes..... { Gamètes identiques. — Œuf. — Thalle définitif. / Gamètes dissemblables. Œuf. — Thalle définitif.

Muscinées .... Spore asexuée. — Protonéma. — Plante. { Anthéridie. / Archégone. } Œuf.

Cryptogames isosporées........ Spore asexuée. Prothalle. { Anthéridie. / Archégone. } Œuf. — Plante.

Cryptogames hétérosporées .... { Microspore asexuée. — Prothalle mâle (à anthéridie)................... / Macrospore asexuée. — Prothalle femelle (à archégone)................... } Œuf. — Plante.

Gymnospermes... { Microspore (grain de pollen). — Tube pollinique (prothalle mâle)................... / Macrospore (sac embryonnaire). — Endosperme (prothalle femelle)................... } Œuf. — Plante.

Angiospermes.... { Microspore (grain de pollen). — Tube pollinique (prothalle mâle)................... / Macrospore (sac embryonnaire). — Oosphère (prothalle femelle)................... } Œuf. — Plante.

CHAPITRE XIV

FRUIT ET GRAINE

Après avoir étudié la transformation de l'œuf en embryon, il nous reste à voir ce que devient le pistil, pendant que s'accomplissent dans le nucelle les modifications précédemment décrites.

86. Transformation de l'ovule en graine. — Le nucelle disparaît souvent tout entier avant la fécondation parce qu'il est résorbé pendant l'accroissement du sac embryonnaire. Dans un certain nombre de cas, cependant, la résorption du nucelle n'est que partielle, et tout autour du sac subsiste une couche plus ou moins épaisse de parenchyme.

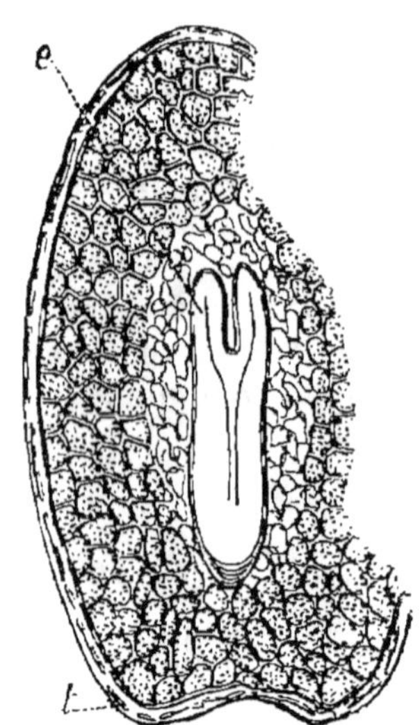

Fig. 429. — Coupe d'une graine de Campanule (*).

Ordinairement la croissance de l'embryon et la formation de l'albumen détruisent cette couche, et le sac embryonnaire vient encore s'appuyer directement sur le tégument (fig. 429); mais, exceptionnellement, le nucelle, loin de se résorber, muliplie ses cellules, s'accroît et produit un tissu, *périsperme*, rempli de matières nutritives.

Le sort ultérieur de ce périsperme est variable : tantôt la croissance finale du sac embryonnaire le détruit, tantôt il persiste entre le tégument et le sac embryonnaire; s'il y a un albumen, l'embryon possède deux réserves nutritives (*Nymphæa*, *Piper*, *Zingiber*); lorsqu'il n'y a pas d'albumen, le périsperme seul constitue la réserve (fig. 430).

Quand l'ovule possède deux téguments, l'interne est quelquefois résorbé; mais il subsiste le plus souvent, alors il double le tégument externe et s'accroît en même temps que le sac embryonnaire. Ses faisceaux vasculaires se multiplient, son parenchyme se différencie d'une manière qui peut être fort complexe, et les couches successives prennent des propriétés diffé-

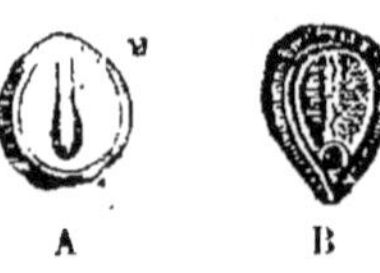

Fig. 430. — A, graine de Nénuphar. — B, graine de Canna.

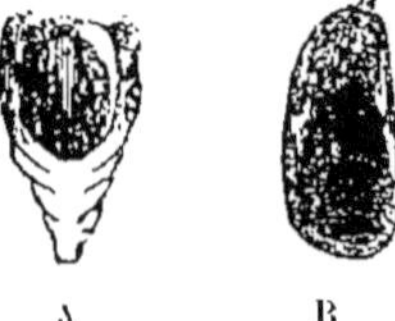

Fig. 431. — A, graine de l'If enveloppée dans son arille. — B, graine de Nénuphar dans son arille.

rentes. C'est l'appareil tégumentaire de la graine que nous décrirons plus loin.

Le funicule persiste toujours, en s'accroissant il devient le cordon d'attache de la graine; le hile de l'ovule devient aussi le hile de la

(*) *e*, embryon entouré par l'albumen. — *t*, tégument.

graine, et souvent, à son voisinage, se produit un développement

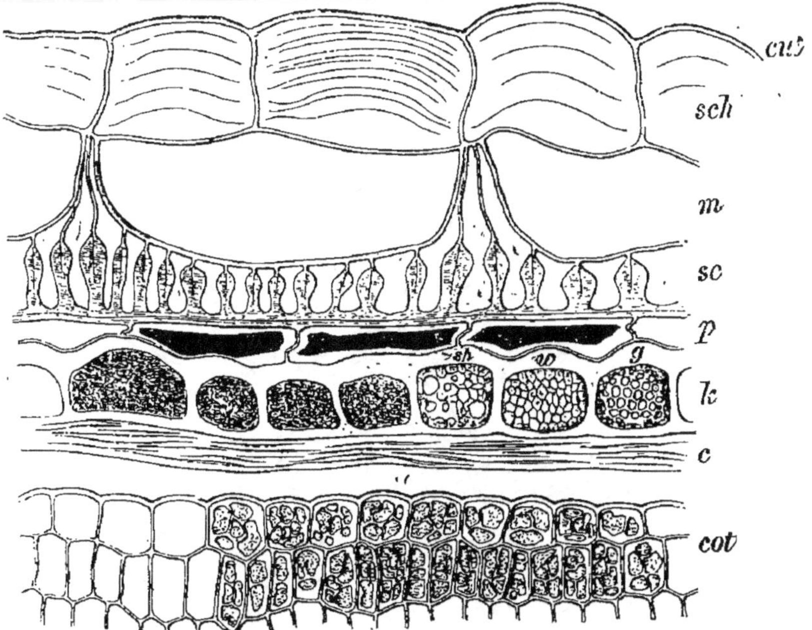

Fig. 432. — Partie périphérique de la graine de Moutarde (*Sinapis nigra*) (*).

du funicule qui forme une cupule appliquée sans adhérence sur le tégument. La croissance de cette cupule peut être assez considérable pour qu'elle enveloppe entièrement la graine, formant un tégument accessoire auquel on donne le nom d'*arille* (fig. 431).

Chez les Graminées, la graine est dénuée de tégument, ceux de l'ovule se résorbent avec le nucelle, et la membrane du sac embryonnaire s'accole contre la face interne de l'ovaire.

Chez les Gymnospermes, la croissance graduelle du sac pendant le développement des embryons finit par résorber entièrement le nucelle.

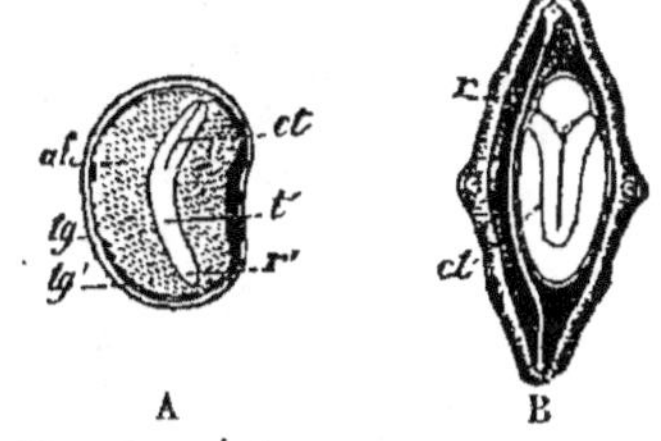

Fig. 433. — A, graine albuminée de *Galium*. — B, graine sans albumen de *Moricandia*, elle est contenue dans le fruit sec (**).

(*) *cut*, cuticule. — *sch*, assise mucilagineuse. — *m*, assise intermédiaire. — *sc*, assise scléreuse. — *p*, couche à pigment. — *k*, couche protéique. — *c*, tissu écrasé. — *cot*, tissu cotylédonaire rempli d'aleurone. — *sh*, *w*, *g*, stades successifs de destruction de l'aleurone dans l'eau (d'après Tschirch).

(**) A, *Galium* : *al*, albumen ; *tg tg'*, téguments ; *ct*, cotylédons ; *t'*, tigelle ; *r'*, radicule. — B. *Moricandia* : *ct*, cotylédons ; *r*, radicule.

L'ovule devenu graine, se détache à la maturité.

L'état de maturité est caractérisé par une diminution de poids et de volume, due à une perte d'eau. Cela amène un certain nombre de changements : la surface devient opaque et perd son éclat, le tégument prend sa teinte définitive, l'amidon et l'aleurone se con-

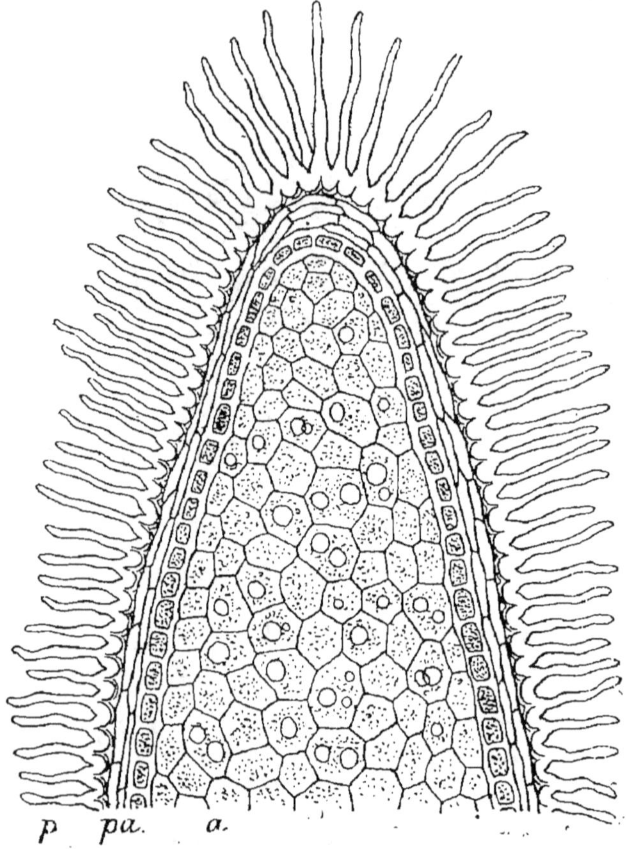

Fig. 434. — Coupe transversale de la graine de Tomate (*).

densent à l'état solide dans toutes les cellules (fig. 432). Puis a lieu la séparation de la graine et de l'ovaire : le funicule restant toujours attaché à l'ovaire devenu fruit.

On doit distinguer dans la graine deux parties essentielles, le *tégument* à l'extérieur, et un ensemble de pièces qui constituent

(*) *p*, poils épidermiques. — *pa*, parenchyme. — *a*, cellules de l'albumen.

l'*amande* (fig. 433). A son maximum de complication l'amande offre à étudier un embryon, un albumen et un périsperme.

Nous ne reviendrons pas sur l'albumen et le périsperme, il nous reste donc à examiner le tégument et l'embryon.

A. *Téguments*. — L'épiderme du tégument séminal est toujours bien différencié et, suivant la conformation de ses cellules, la surface tégumentaire est lisse ou plus ou moins profondément plissée.

Souvent les cellules de l'épiderme portent des prolongements pileux (fig. 434). Sur la graine du Cotonnier les cellules épidermiques tégumentaires sont uniformément prolongées en poils; ailleurs, les poils se localisent de manière à former une touffe ou une aigrette située près de la chalaze, on peut le vérifier dans le Saule et le Peuplier. Il arrive encore qu'une rangée de cellules se développe vers le dehors en formant une aile mince. Parfois enfin la surface externe de l'épiderme gélifie ses membranes, se gonfle au contact de l'eau et peut adhérer ainsi aux supports.

Le parenchyme tégumentaire montre une structure très variable en rapport étroit avec la structure du fruit. Les modes les plus simples sont tantôt une différenciation en deux couches distinctes, tantôt une homogénéité complète. On dit que le tégument est *charnu* lorsqu'il est épais et que ses cellules se remplissent de liquide; si, au contraire, il est mince et que ses cellules, en épaississant leurs membranes, se durcissent au point qu'il prend la consistance du papier, il est *papyracé* comme dans le Chêne; s'il prend la dureté du bois il est *ligneux* comme dans le Pin. Le tégument peut produire des expansions de diverses formes : bourrelet autour du mycropyle (*caroncule*), sac enveloppant la graine comme une arille (*arillode*) (fig. 435), crête aliforme, etc.

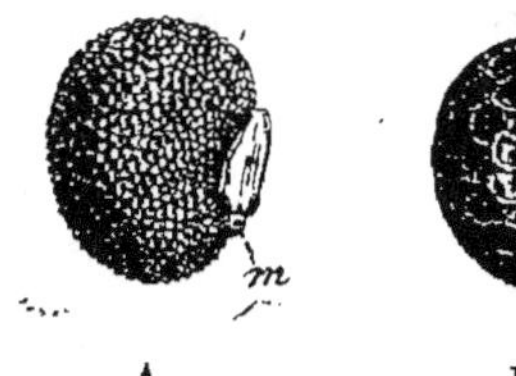

Fig. 435. — Noix Muscade et son arillode.

Fig. 436. — A, graine de Corydale. — B, graine de Coquelicot (*).

La surface du tégument porte toujours la cicatrice que laisse la rupture du funicule : c'est le hile, qui peut s'allonger en bande ou s'étendre en cercle. Quelquefois aussi on aperçoit le micropyle offrant, dans les ovules anatropes et campylotropes, l'aspect d'une petite verrue voisine du hile (fig. 436).

(*) *m*, micropyle. — *h*, hile.

Dans l'intérieur du tégument les faisceaux libéro-ligneux se ramifient de diverses manières, mais cette ramification s'opère toujours

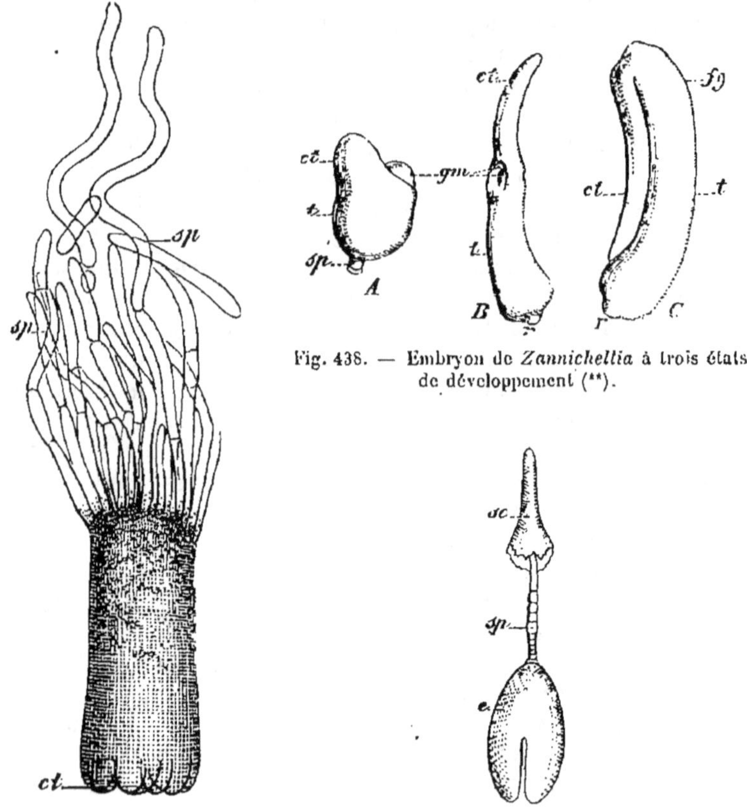

Fig. 438. — Embryon de *Zannichellia* à trois états
de développement (**).

Fig. 437. — Embryon très jeune de
Picea vulgaris (d'après Strasburger) (*).

Fig. 439. — Embryon d'*Iberis umbellata* (***).

régulièrement par rapport au plan de symétrie de la graine (1).
    B. *Embryon.* — On distingue toujours dans l'embryon une petite

(1) Voir Van Tieghem, *Éléments de Botanique.*

(*) *ct*, cotylédons nombreux. — *sp*, cellules désagrégées du suspenseur (gross. 27).
    (**) A, embryon très jeune, à cotylédon (*ct*) encore court, embrassant la gemmule (*gm*);
t, tigelle ou mieux collet ; *sp*, suspenseur de l'embryon. — B, embryon plus avancé ; la
radicule (*r*) s'est déjà montrée ; la tigelle (*t*) s'est allongée, ainsi que le cotylédon (*ct*),
andis que la base de celui-ci s'est creusée en une gaine, qui embrasse la gemmule (*gm*).
— C, embryon adulte, le cotylédon (*t*) s'est coudé au niveau de la gemmule, et s'est appliqué
sur le dos de la tigelle ; l'ouverture de sa gaine s'est changée en une fente (*fente gemmu-
laire*), *fg*, non visible ici, et située à la hauteur où le cotylédon s'est réfléchi.
    (***) *sc*, sac embryonnaire. — *sp*, suspenseur. — *e*, embryon. La partie voisine du suspen-
seur devient la radicule.

masse cylindrique très courte, la *tigelle*, que termine d'un côté le
cône radiculaire et de l'autre un corps ovoïde plus ou moins considérable nommé *corps cotylédonaire*. Le cône végétatif peut être
masqué par les cotylédons ou bien développé en *gemmule*.

Chez les Gymnospermes, le corps cotylédonaire se laisse séparer
en un nombre de cotylédons très variable même pour une seule

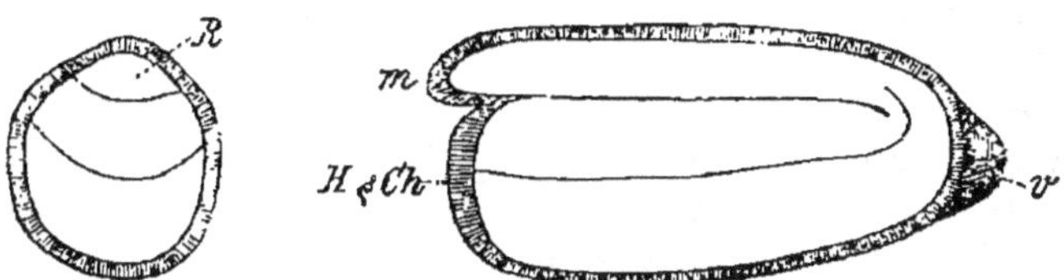

Fig. 440. — Cotylédons incombants d'*Hesperis matronalis* (d'après Lubbock).

plante, on en trouve jusqu'à quatorze chez certaines Conifères
(fig. 437).

Sur l'embryon des Monocotylédones la masse cotylédonaire est
représentée par une pièce unique, épaisse d'un côté, mince de
l'autre, et offrant une petite fente. Le cône végétatif de la tige est
logé du côté de la fente et à son niveau (fig. 438).

Chez les Dicotylédones, la masse cotylédonaire se divise facilement en deux parties, égales ou inégales, pouvant contracter une

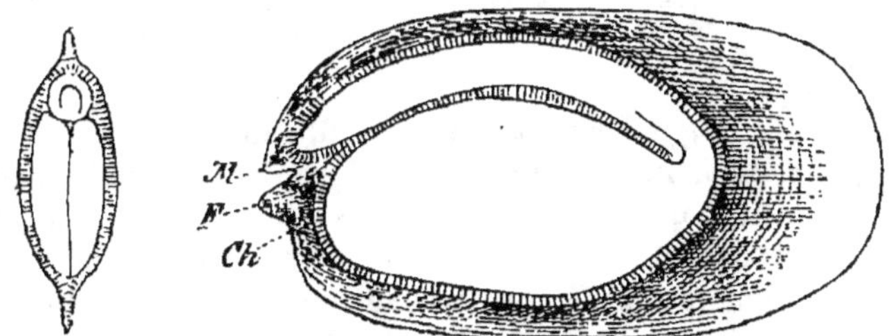

Fig. 441. — Cotylédons accombants de *Cheiranthus Cheiri* (d'après Lubbock).

soudure sur leur face de contact (fig. 439. Dans une graine dépourvue d'albumen, les cotylédons sont épais et renflés ; quand
elle est pourvue d'albumen, ils sont minces et ont l'aspect de feuilles.

L'embryon, le plus souvent droit, se courbe assez fréquemment
en arc, en cercle ou en spirale. Lorsqu'une brusque inflexion a lieu
au-dessous de l'insertion des cotylédons de façon que la radicule
et la tigelle s'appliquent le long de la face dorsale de l'un d'eux et
qu'en même temps le plan médian de l'embryon coïncide avec le
plan de symétrie de l'ovule, les cotylédons sont dits *incombants*
(fig. 440). Ils sont *accombants* (fig. 441) si, le plan médian étant

perpendiculaire au plan de symétrie, la tigelle et la radicule s'appliquent le long d'un de leurs bords.

87. Transformation du gynécée en fruit. — Pendant que s'accomplit le développement de l'ovule en graine, le gynécée s'accroît, se modifie et devient un *fruit*.

Le stigmate et le style se flétrissent et tombent après la fécondation ; c'est, dans la majorité des cas, l'ovaire qui forme le fruit. Les carpelles du pistil peuvent aussi avorter, et il n'y en a qu'un qui subit la transformation ; enfin les ovaires bi ou pluri-loculaires peuvent donner un fruit uniloculaire (fig. 442).

Dans les gynécées dialycarpelles le fruit comprend autant de pièces qu'il y avait de carpelles, exception faite pour les cas d'avor-

Fig. 442. — Fruit du Chêne devenu uniloculaire par le développement exagéré d'une seule loge.

Fig. 443. — Ovaire de *Nymphæa* montrant des fausses cloisons.

tement. Quand le gynécée est gamocarpelle, ou ne comprend qu'un seul carpelle, le fruit est au contraire formé d'une seule pièce. On peut cependant noter des circonstances où, avant la maturation, les fruits gamocarpelles et monocarpelles se séparent en plusieurs pièces. Des cloisons supplémentaires se forment exceptionnellement après la fécondation, et le nombre des loges ovariennes se trouve ainsi augmenté (fig. 443). Ailleurs, c'est le style qui persiste en houppe plumeuse.

La paroi ovarienne, devenue paroi du fruit, se nomme *péricarpe*. Son épiderme se recouvre d'un enduit cireux et reste lisse ou bien se hérisse de poils, d'émergences ou de prolongements aliformes. A l'intérieur, le péricarpe peut se garnir de poils dont le développement est très considérable. S'ils sont longs, secs et cotonneux, la graine est entourée d'une sorte de bourre ; s'ils sont épais, succulents, les graines sont plongées dans une pulpe charnue ; c'est cette pulpe qui, par exemple, fournit la partie comestible de l'Orange et du Citron.

Quant au parenchyme du péricarpe, souvent il demeure entière-

ment homogène, soit sec et résistant, soit mou et charnu. Parfois
il se différencie en deux couches dont l'externe garde ses membranes minces et renferme des faisceaux vasculaires, tandis que
l'interne se sclérifie. Dans le Pêcher, la distinction des deux couches est très hautement diffé-
renciée ; le péricarpe externe
est charnu, et, l'interne devenu ligneux entoure la graine
d'une coque dure (fig. 444). La
différenciation peut s'élever à
trois couches, en comptant
alors les deux couches d'épiderme interne et externe, le
péricarpe comprend cinq zones
différentes.

Quand la croissance est achevée, le péricarpe passe à l'é-
tat de maturité. S'il n'est pas

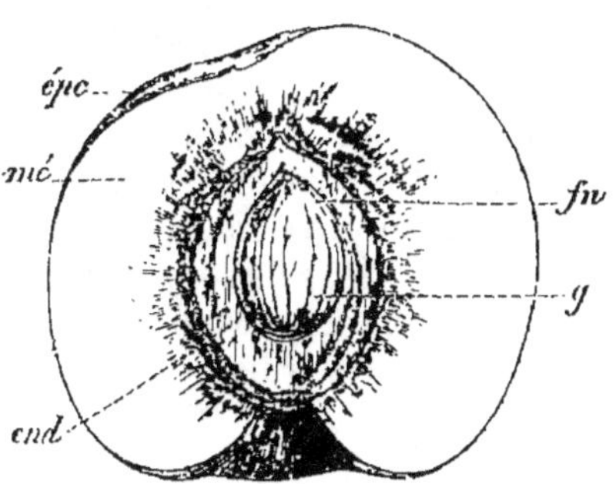

Fig. 444. — Fruit du Pêcher (*).

charnu, les cellules se dessèchent et se remplissent d'air ; s'il est
charnu, les composés chimiques que renferment ses cellules subissent des transformations variées ; le tannin et l'amidon ainsi que
les acides, disparaissent ; le sucre de Canne apparaît en proportions croissantes, et, sous l'action de l'invertine, se dédouble en
glucose et lévulose. Souvent le fruit mûr ne renferme que du sucre
interverti : d'autres fois le dédoublement n'est que partiel et l'on
trouve un mélange de sucre de Canne et de sucre interverti.

Le Raisin, la Cerise, la Groseille, la Figue ne contiennent que
du sucre interverti, tandis que l'Abricot, la Pêche, la Prune, la
Pomme, la Poire, l'Orange, le Citron, la Fraise, l'Ananas, renferment le mélange des deux. La Banane mûre contient aussi ce mélange, mais, avant la maturité, elle renferme une forte proportion
d'amidon et peut être utilisée dans l'alimentation comme la
Pomme de terre.

Après la maturité, le péricarpe charnu s'altère, il devient, comme
on dit, blet, puis se détruit entièrement, et la graine qu'il renferme
est mise en liberté.

Le péricarpe des Gymnospermes est toujours ouvert, mais
chez les Angiospermes, il est fermé et ne s'ouvre qu'à une certaine
époque pour faciliter la dissémination des graines.

La *déhiscence* des fruits secs chez les Angiospermes, a lieu par
dissociation de tissus localisés suivant des lignes longitudinales,
ou transversales ; ou bien en certains points qu'on nomme pores.

(*) Le péricarpe est divisé en épicarpe *épc*, mésocarpe *mé*, et endocarpe *end*. — *g*, la
graine. — *fu*, funicule.

De très bonne heure, les lignes de déhiscence sont indiquées par des bandes d'un tissu particulier dont la formation date de la différenciation du carpelle. La déhiscence du fruit est *septicide* lorsqu'elle s'opère suivant la ligne de soudure des bords carpellaires (fig. 445). Si les ovaires sont concrescents et ouverts, ils se séparent simplement; s'ils sont fermés, la cloison se dédouble en deux feuillets qui s'ouvrent en dedans; enfin, s'ils sont libres et clos, ils s'ouvrent aussi en dedans.

Quand la déhiscence s'opère suivant la ligne médiane du carpelle, les ovaires s'ouvrent en dehors s'ils sont libres et clos; ils se divisent en valves, s'ils sont concrescents et ouverts; s'ils sont fermés et concrescents, l'ovaire s'ouvre au dos de chaque loge; la déhiscence dans les trois cas est *loculicide* (fig. 446).

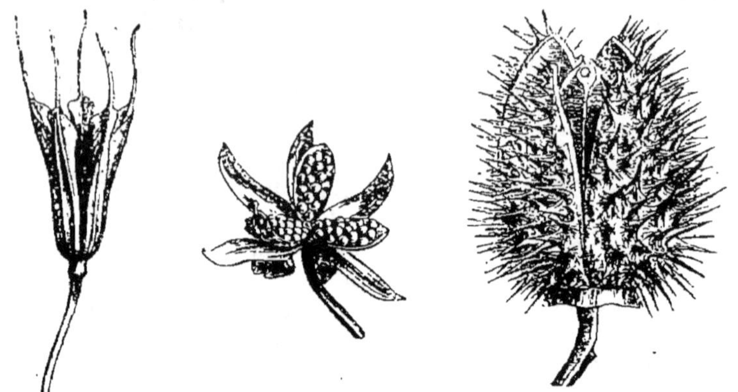

Fig. 445. — Déhiscence septicide du fruit de Nigelle.

Fig. 446. — Déhiscence loculicide du fruit de Pensée.

Fig. 447. — Déhiscence septifrage chez le Datura.

Les deux modes d'ouverture du fruit peuvent se trouver réunis; alors, dans le cas d'ovaires distincts et fermés, chacun se sépare en deux valves portant les graines sur un seul bord; les ovaires étant concrescents et ouverts, il y a deux fois autant de valves qu'il y a de carpelles; enfin, les ovaires étant concrescents et clos il y a d'abord dédoublement des cloisons, puis chaque ovaire s'ouvre isolément en deux valves.

Un dernier mode de déhiscence longitudinale se présente lorsque la ligne d'ouverture suit deux directions latérales voisines des bords séparant chaque carpelle en deux parties; une valve médiane et deux bords unis ou séparés portent les graines; elle est dite *septifrage* (fig 447 et 448). Alors, si les ovaires sont clos mais libres, les deux bords de chacun des carpelles portant des graines restent unis au centre; si les ovaires sont concrescents, les fentes s'ouvrent

à droite et à gauche des cloisons et les valves en se séparant laissent à nu les bords chargés de graines unis au centre, ainsi que
les cloisons ; si les ovaires sont concrescents et ouverts, les bords
séminifères des carpelles voisins demeurent unis entre eux (Van
Tieghem).

La déhiscence transversale a lieu, généralement, par une seule

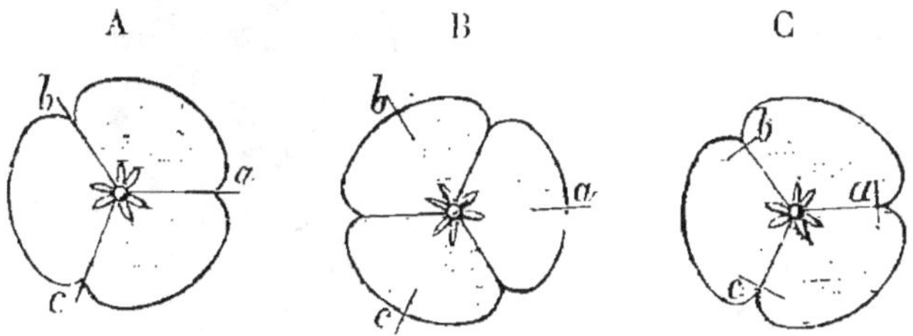

Fig. 448. — Schéma des déhiscences longitudinales (*).

fente circulaire comprenant la paroi externe de tous les carpelles
(fig. 449). La déhiscence *poricide* s'opère soit vers la base, soit
vers le sommet du fruit (fig. 450).

On constate quelquefois des phénomènes d'élasticité dans la
déhiscence longitudinale ; les graines sont alors projetées à une

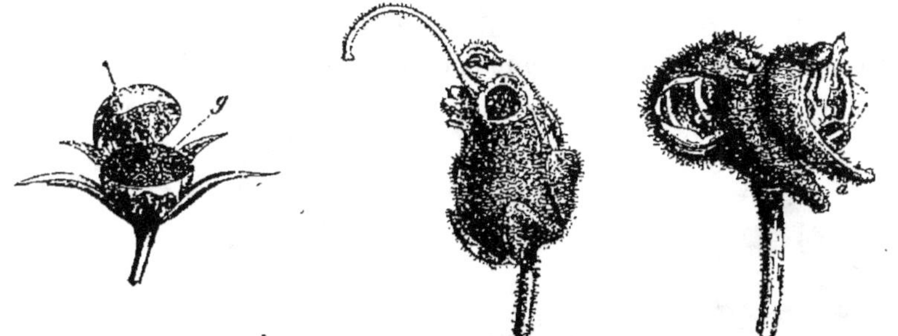

Fig. 449. — Déhiscence transversale du Mouron des
champs.

Fig. 450. — Déhiscence poricide du Muflier.

Fig. 451. — Fruit de Bal-
samine ayant projeté ses
graines.

certaine distance (fig. 451). La cause de cette projection est due
à la croissance, à la contraction ou à la dessiccation d'une des couches du péricarpe (1).

88. Classification des fruits. — On distingue trois catégories principales de fruits, suivant que le péricarpe est sec, charnu,
ou mi-sec et mi-charnu.

Un *akène* est un fruit sec et qui ne s'ouvre pas à la maturité

(1) Voir Leclerc du Sablon, *Recherches sur la déhiscence des fruits à péricarpe sec.*

(*) A, septicide. — B, loculicide. — C, septifrage.

(fig. 452) ; une *capsule* est un fruit sec qui s'ouvre (fig. 453) ; une *baie* est un fruit charnu indéhiscent (fig. 454) ; la baie déhiscente est une *capsule charnue*. Un fruit à noyau (mi-partie sec et charnu) est une *drupe* s'il ne s'ouvre pas (fig. 455), une *capsule drupacée*, s'il est déhiscent.

On peut citer un certain nombre de variantes : un *ca-*

Fig. 452. — Akène de Sarrasin.

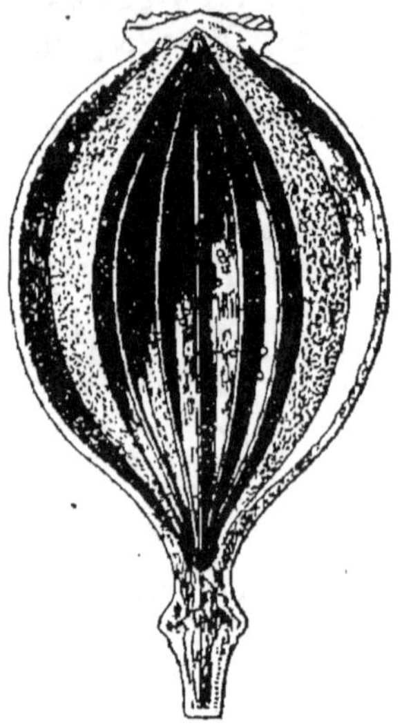

Fig. 453. — Capsule de Pavot.

ryopse, par exemple, est un akène qui soude son péricarpe à la graine dépourvue généralement de téguments (fig. 456) ; un akène

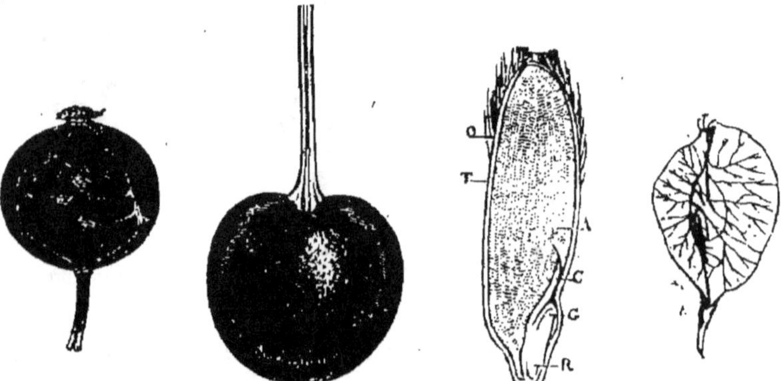

Fig. 454. — Baie du Groseiller.   Fig. 455. — Drupe du Cerisier.   Fig. 456. — Caryopse de l'Avoine (*).   Fig. 457. — Samare de l'Orme.

pourvu de saillies aliformes est une *samare* (fig. 457). L'akène ne porte jamais qu'une seule graine.

Un fruit indéhiscent et sec, qui renferme plusieurs graines, se

(*) O, péricarpe. — T, enveloppe de la graine. — A, périsperme. — C, cotylédon. — G, gemmule. — R, radicule.

sépare souvent en autant de compartiments clos qu'il a de graines. Chacun de ces compartiments est encore considéré individuellement comme un akène et, suivant leur nombre, on aura un diakène, un triakène ou un polyakène.

Une *follicule*, est une capsule qui s'ouvre par déhiscence longitudinale (fig. 458), elle est formée d'un carpelle unique qui reprend l'aspect foliaire en séparant ses bords soudés.

Si le carpelle s'ouvre en deux valves le long de la soudure et le long de la nervure dorsale, le fruit est une *gousse* (fig. 459).

Fig. 458. — Follicules de Cascarille.

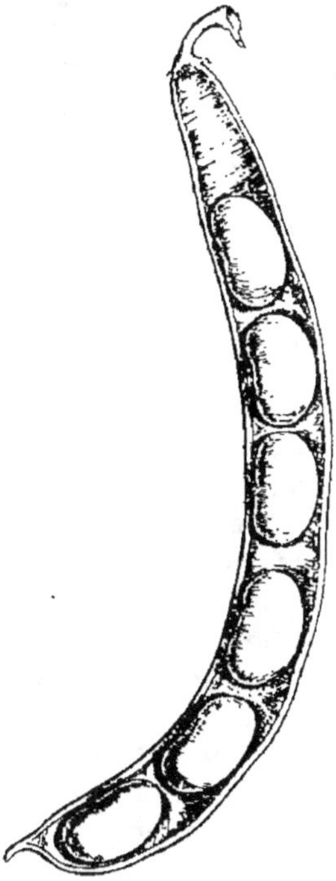

Fig. 459. — Gousse de Haricot.

Fig. 460. — Silique de *Moricandia*.

Une *silique* est une capsule comprenant deux carpelles ouverts, quatre fentes voisines des placentas découpent la silique en deux valves qui laissent en place un cadre porteur des graines (fig. 460).

On nomme *pyxide* une capsule s'ouvrant transversalement et *capsule poricide* une capsule qui s'ouvre par des pores.

Il y a toujours certaine relation entre la structure du péricarpe et celle du tégument de la graine.

A un péricarpe entièrement charnu, correspond généralement, comme dans la Vigne, un tégument de graine dur et ligneux; à un péricarpe ligneux en totalité ou en partie, correspond au contraire un tégument de graine mou ou mince. On voit donc que les deux enveloppes sont appelées à se suppléer l'une l'autre dans le rôle de protection qu'elles jouent vis-à-vis de l'amande.

Lorsque le tégument disparaît comme dans la graine des Graminées, le péricarpe s'applique et se soude exactement sur l'amande. Les akènes et les caryopses

Fig. 461. — Fruit du Mûrier noir.

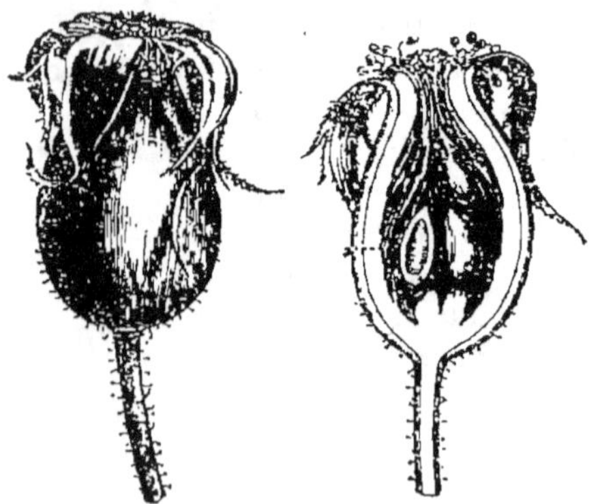

Fig. 462. — Fruit du Rosier ou Cynorhodon.

prennent extérieurement l'aspect de la graine, c'est pourquoi, dans le langage ordinaire, ces fruits sont simplement désignés sous le nom de graines (Van Tieghem).

Dans certaines plantes, le gynécée n'est pas la seule partie de la fleur qui se développe après la fécondation. Souvent le calice s'accroît aussi de façon à entourer le fruit d'un sac clos, ou bien il s'applique à sa surface, mais sans se souder au péricarpe. Dans le Mûrier, par exemple, le calice des fleurs femelles s'épaissit considérablement, devient pulpeux et comestible pour former une épaisse enveloppe au fruit (fig: 461).

Fig. 463. — Fraise portant les akènes.

D'autres exemples montrent le développement de toutes les parties concrescentes extérieures au gynécée. Dans le Rosier, la coupe ovoïde due à l'union du calice, de la corolle et de l'androcée, se développe autour du fruit qui devient charnu et comestible (fig. 462).

Dans le Poirier, il s'accomplit une transformation semblable, seulement, comme l'ovaire est infère, la substance charnue de la coupe résultant de la concrescence des verticilles floraux extérieurs au gynécée s'unit à la substance charnue du fruit. Le niveau de la séparation du calice est décelé dans tous les fruits provenant d'ovaires infères par la présence d'une couronne plus ou moins large.

Dans le Fraisier, c'est le réceptacle qui s'accroît le plus, il se renfle et porte les fruits à sa surface, ce sont de petits akènes très nombreux posés sur la Fraise (fig. 463). Dans le Figuier, le grand réceptacle couvert d'akènes devient aussi charnu, pulpeux et comestible.

Un fruit est *composé*, lorsqu'il provient de plusieurs fleurs qui se soudent pendant leur croissance comme cela peut se produire pour un épi ou un capitule. Dans la masse

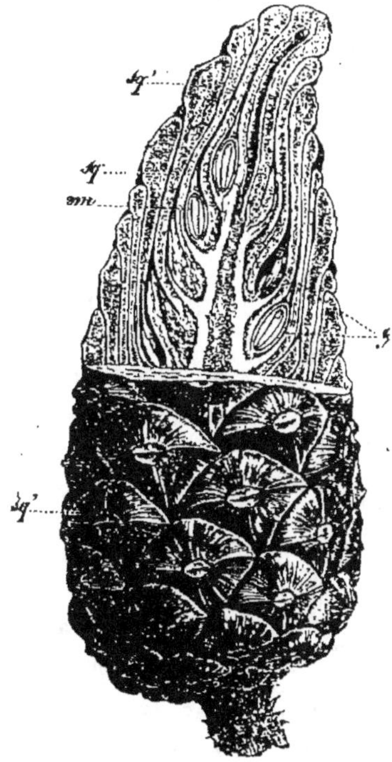

Fig. 464. — Cône de Pin (*).

Fig. 465. — Sommité fructifère de l'Ananas.

du fruit composé, entrent non seulement les fruits proprement dits, mais aussi les pédicelles floraux, le pédicelle commun, les bractées mères, etc. Comme exemple, nous pouvons citer les fruits ouverts issus de l'épi femelle des Conifères. Joints aux bractées et aux pédicelles communs ils contribuent à former l'ensemble désigné sous le nom de cône (fig. 464); l'Ananas se trouve présenter un exemple analogue, mais c'est un fruit composé charnu (fig. 465).

Nous croyons devoir donner ici un tableau permettant de reconnaître un certain nombre de fruits appartenant à des végétaux très répandus dans nos climats (1):

(1) Comme les tableaux donnés à la fin du chapitre de la Feuille, celui-ci est emprunté à l'ouvrage si connu de M. Gaston Bonnier, *Les Plantes des Champs et des Bois*. Paris, J.-B. Baillière, éditeur.

(*) *sq*, bractées ligneuses. — *g*, graines. — *em*, embryon.

Fruits à enveloppe sèche.

Fruits ne s'ouvrant pas pour laisser sortir les graines (*fruits indéhiscents*).

- A bandes amincies en ailes (*samares*).
  - Ne se séparant pas en deux. .... *F. de Frêne.*
  - Se divisant en deux .... *F. de l'Érable.*
- Involucre irrégulier, contourné .... *F. du Noisetier.*
- Involucre non contourné et renfermant.
  - 1 fruit............. *F. du Chêne.*
  - 2 fruits............ *F. du Hêtre.*
  - 3 fruits............ *F. du Châtaignier.*
- Par deux pouvant se séparer.......... *F. des Ombellifères.*
- Par quatre pouvant se séparer......... *F. des Labiées.*
- Nombreux et issus d'une seule fleur; se séparent.
  - Munis d'un long style............. *F. de Clématite.*
  - Munis d'un style court .... *F. de Renoncule.*
- Nombreux et contenus dans une sorte de bouteille charnue................. *F. de l'Églantier.*
- Ne laissant pas distinguer les graines à l'intérieur (*caryopses*) .... *F. des Graminées.*
- Par une fente portant les graines des deux côtés (*follicules*)................... *F. du Pied d'Alouette.*
- Par deux fentes et deux valves portant les graines d'un seul côté (*gousses*).......... *F. du Haricot.*
- Par deux fentes et deux valves qui laissent les graines sur un cadre (*siliques*)....... *F. des Crucifères.*

Fruits s'ouvrant pour laisser sortir les graines (*fruits déhiscents*).

- Par des trous (*capsules à pores*).
  - 1 trou au sommet .... *F. de Réséda.*
  - 2 trous au sommet........ *F. de Muflier.*
  - Plusieurs trous au sommet.................. *F. de Coquelicot.*
  - Plusieurs trous à la base... *F. de Campanule.*
- Par des valves portant les graines au milieu ou sur les côtés (*capsules à valves*).
  - Graines sur les côtés des valves................. *F. de Gentiane.*
  - Graines au milieu de
    - trois valves..... *F. de Pensée.*
    - quatre valves ... *F. de Stramoine.*
- Par des dents au sommet (*capsules à dents*). *F. de Lychnis.*
- Par un couvercle en travers (*capsules pyxides*).
  - Fruit non divisé....... *F. du Mouron.*
  - Fruit divisé en deux ... *F. de Jusquiame.*

Fruits à enveloppe charnue.

Enveloppe charnue externe, enveloppe ligneuse interne formant un noyau qui entoure la graine (*drupe*).

- Fruit rouge laissant voir au sommet la trace des dents du calice......... *F. d'Aubépine.*
- Fruit vert devenant noir............ *F. du Noyer.*
- Fruit bleuâtre.................. *F. de Prunellier.*

Enveloppe charnue renfermant les graines (*baie*).

- Apparence de réunion de fruits charnus.... *F. de Ronce.*
- Fruit non divisé.
  - Noir, violacé.
    - En grappe....... *F. de Troène.*
    - En corymbe..... *F. de Sureau.*
  - Rouge
    - Sur des pédoncules allongés.......... *F. de Bryone.*
    - Sur des pédoncules courts.
      - Sur une tige non enroulée....... *F. de Houx.*
      - Sur une tige enroulée .. *F. de Tamier.*

LIVRE II

PHYSIOLOGIE

CHAPITRE PREMIER

GERMINATION DE LA GRAINE

89. Vie active et vie ralentie. — Les relations entre un être vivant et le milieu qui l'environne permettent de distinguer deux formes de la vie :

La vie *ralentie* ou *latente* offerte par les êtres dont l'organisme est tombé dans une sorte d'*indifférence chimique* (C. Bernard), et la vie *active*, ou *manifestée*, caractérisée par des rapports d'échanges tels, que l'être emprunte et restitue à chaque moment des matériaux liquides ou gazeux au milieu ambiant.

Ce qui semble caractériser l'état d'indifférence chimique, c'est la suppression de ces échanges, en d'autres termes, la rupture des relations entre l'individu et le milieu.

Les graines arrivées à l'état de maturité présentent, pendant un temps plus ou moins long, les phénomènes de la vie latente. Si toutes ne se comportent pas d'une manière identique, on peut comprendre pourquoi et par quelles conditions la vie latente se soutient plus aisément

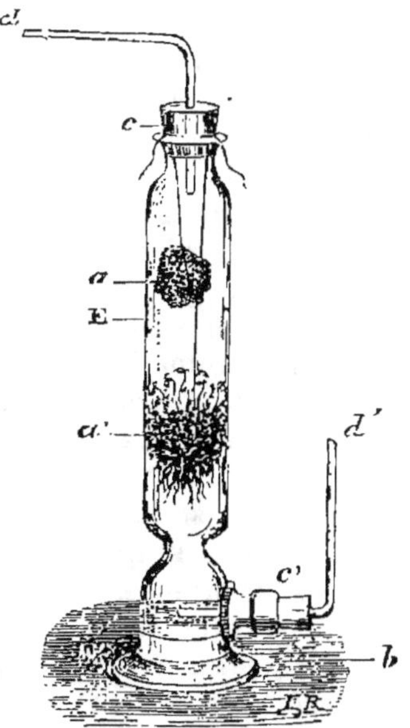

Fig. 466. — Expérience de Claude Bernard (*).

chez les unes que chez les autres. C'est toujours une conséquence de l'altérabilité plus ou moins grande de leurs maté-

(*) E, éprouvette. — *a*, *a'*, éponges humides. — *c*, *c'*, bouchons de caoutchouc. — *d*, *d"*, tubes de verre.

riaux constituants sous l'influence des agents atmosphériques (1).

La vie de la graine est prête à se manifester dès que les conditions extérieures deviendront favorables; la graine possède, en effet, dans son organisation intérieure, tout ce qu'il faut pour vivre, mais les conditions extérieures nécessaires faisant défaut, elle ne vit pas. Toutefois, l'existence n'est pas tellement atténuée chez elle que ses manifestations échappent à l'observation.

La vie active résulte toujours du concours de facteurs extrinsèques empruntés au monde extérieur, et intrinsèques, c'est-à-dire tirés de l'organisation. En l'absence d'un quelconque de ces facteurs, l'être ne peut développer aucune énergie.

90. Conditions de la germination. — Les circonstances extérieures qui peuvent déterminer la vie de la graine sont les suivantes : *oxygène* (air), *chaleur*, *humidité*. Si l'on place dans de la terre sèche des graines préalablement desséchées à une température suffisante et dans une atmosphère convenable, elles restent à l'état de vie ralentie, mais, dès qu'on leur fournit l'humidité, les manifestations vitales apparaissent.

L'expérience suivante montre d'une façon analogue l'action de oxygène sur les graines:

On ensemence une éponge humide, dans une éprouvette fermée pleine d'azote ou de gaz carbonique, avec des graines choisies, et l'on a soin de maintenir le tout à une température favorable; l'observation démontre que les phénomènes vitaux ne se manifestent pas. Si l'on chasse le gaz qui remplit l'éprouvette et qu'on le remplace par de l'oxygène, la végétation s'accomplit rapidement.

La présence d'une atmosphère oxygénée est donc nécessaire, comme l'humidité, au développement de la graine. Cependant il faut que la richesse de l'atmosphère en oxygène ne dépasse pas un certain degré, l'excès d'oxygène arrête la germination, l'insuffisance du gaz produit le même effet. On peut, en outre, constater que l'oxygène est absorbé, c'est-à-dire que la graine possède une respiration, semblable à celle des animaux.

Des expériences analogues faites en plaçant les éprouvettes contenant les graines dans des bains, à des températures différentes, feraient voir qu'il existe, pour chaque graine, une *température favorable*, une autre au-dessous de laquelle la germination est impossible, et une troisième enfin au-dessus de laquelle le développement est totalement arrêté.

Les conditions que nous venons d'énumérer (eau, air, chaleur), peuvent être dites *extrinsèques*. Nous avons eu soin d'indiquer qu'elles seules ne suffisaient pas, il existe un certain nombre de conditions

(1) Voy. Claude Bernard, *Leçons sur les phénomènes de la vie*. Paris, J.-B. Baillière et fils.

intrinsèques également nécessaires que nous allons maintenant étudier.

Il faut que la graine soit bien conformée dans toutes ses parties ; on rencontre en effet des graines dont le tégument régulièrement développé ne renferme qu'une amande à peine ébauchée et une lacune pleine d'air.

On reconnaît, pratiquement, qu'une graine est bonne par un essai à l'eau. Les graines bien conformées étant plus denses que l'eau, tomberont au fond, les mauvaises surnageront. Il arrive, cependant, que certaines graines riches en huiles, comme celle du Ricin, flottent sur l'eau ; d'autres, dont les cotylédons sont creusés de lacunes aérifères, se maintiennent aussi à la surface du liquide.

La graine étant saine et normale, il faut encore qu'elle soit *mûre*, c'est-à-dire que ses réserves soient aptes à être utilisées dès que les conditions ambiantes seront favorables. Cette maturité intérieure coïncide quelquefois avec la maturité du fruit ; mais dans certains cas, elle la précède, comme on peut l'observer pour les Légumineuses et les Graminées ; dans d'autres, elle la suit, c'est ainsi que des graines de Pêcher placées dans les conditions les plus favorables attendent deux années avant de germer.

La maturité interne étant acquise par la graine il faut qu'elle ne la perde pas, car la cause qui amène la graine à être mûre, continuant d'agir, lui fait perdre cette *faculté germinative*.

La durée de la faculté germinative varie beaucoup avec la nature des réserves enfermées dans la graine. Une simple dessiccation la fait perdre aux graines à albumen corné, qu'on doit maintenir dans un milieu humide, pour les conserver. Les graines qui renferment des huiles, soit dans leur albumen, soit dans leur embryon, restent plus longtemps mûres, cependant, à la longue les huiles s'oxydent, rancissent, et, après une exposition plus ou moins longue à l'air, deviennent inutilisables.

Les substances albuminoïdes, le sucre, l'amidon sont peu altérables à l'air, aussi les graines amylacées conservent-elles très longtemps leur pouvoir germinatif. On peut, dans la pratique agricole, prolonger la maturité des graines en s'opposant simplement aux oxydations ; pour cela on les soustrait à l'action de l'air.

Lorsqu'elles ont subi une dessiccation parfaite, les graines résistent à de très grands froids ; nous avons vu plus haut, que la chaleur les tue à un certain degré, ajoutons cependant que, dans l'air sec, la résistance de la graine est plus longue que dans l'eau ou dans l'air humide.

91. Développement de la plantule. — Si nous étudions les modifications subies par une graine placée dans de bonnes conditions pour germer, nous verrons d'abord une fente apparaitre au micropyle. L'amande, gonflée par l'eau, se distend et en même temps la radicule s'allonge, elle sort par la fente qui s'est produite au point de plus forte tension, se recourbe vers le bas et croît comme il a été dit précédemment, suivant la verticale. Lorsque la radicule, devenue racine terminale, a atteint une certaine longueur, la tigelle s'allonge vers le haut, par croissance intercalaire, et se place verticalement dans le prolongement de la racine. Elle continue de croître dans cette direction, soulevant la graine à son sommet, puis elle devient le premier entre-nœud de la tige.

Un peu plus tard, les cotylédons se développent et se séparent l'un de l'autre en élargissant la déchirure du tégument ; ils

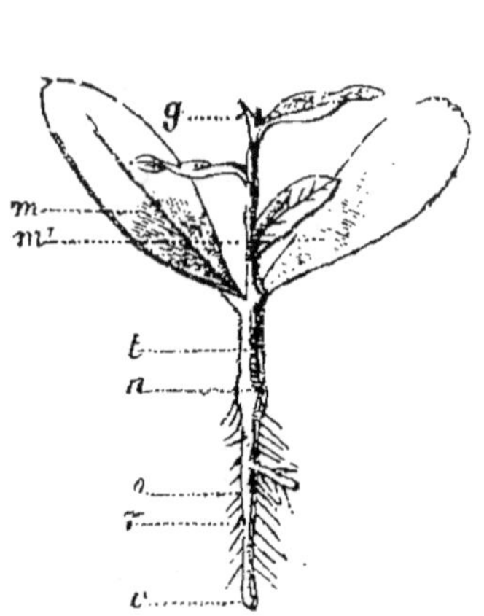

Fig. 467. — Jeune plante après la germination (*).

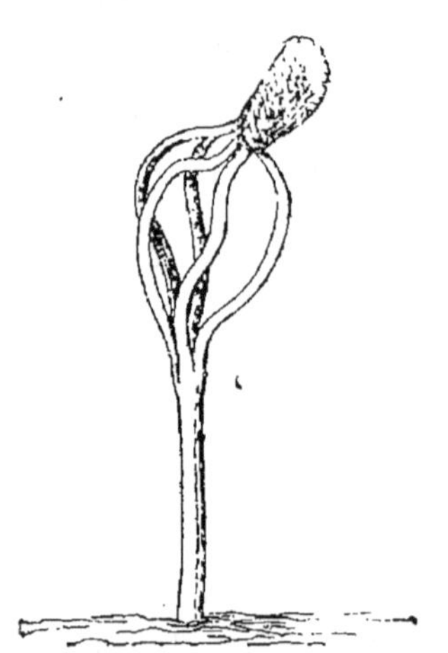

Fig. 468. — Plantule de *Pinus rigida* (d'après Lubbock).

s'épanouissent ensuite horizontalement au sommet de la tigelle qui porte souvent pour cela le nom d'axe *hypocotylé*.

Plus tard encore, le cône terminal de la tige s'allonge au-dessus des cotylédons, forme de nouvelles feuilles et constitue l'axe *épicotylé*. La jeune plante ou plantule, est alors complète (fig. 467). Le développement de la plante s'accomplit très généralement comme nous venons de le dire, mais on peut cependant citer quelques modifications au processus indiqué.

La tigelle, parfois, ne grandit pas, la gemmule seule s'allonge verticalement, mais, en ce cas, il arrive que les cotylédons se développent ou ne se développent pas. S'ils ne se développent pas,

(*) r, racine. — o, poils radicaux. — c, coiffe. — t, tige hypocotylée. — g, tige épicotylée. — m, m', cotylédons épanouis. — n, collet — g, gemmule.

ce qui est assez fréquent, ils restent enfermés dans le tégument et la gemmule se trouve poussée à travers l'orifice de sortie de la radicule, par un allongement considérable des pétioles cotylédonaires. La racine et l'axe épicotylé forment alors un cylindre tangent à la graine.

Les cotylédons sont dits *épigés* lorsqu'ils apparaissent au-dessus du sol, et *hypogés*, quand ils restent sous terre.

D'une manière générale, on peut dire que la germination est épigée chez les Conifères (fig. 468) et un grand nombre de Dicotylédones, elle est hypogée dans la plupart des Monocotylédones et une bonne partie des Dicotylédones ainsi que chez les Palmiers.

92. Phénomènes physiologiques de la germination. — Pendant toute la durée de la période germinative, la plantule dégage de l'anhydride carbonique et absorbe de l'oxygène, elle *respire ;* elle exhale en même temps de la vapeur d'eau, c'est-à-dire qu'elle *transpire*, et sa partie sèche diminue de poids.

Pour obtenir des résultats précis, au point de vue quantitatif, on fait l'analyse chimique élémentaire d'un poids de graines qui, desséchées à 110°, donnent certains poids d'azote, d'oxygène, de carbone et d'hydrogène, auxquels il faut ajouter un certain poids de substances minérales. Après avoir noté les résultats, on place dans l'obscurité le même poids de graines que l'on fait germer. Quand les plantules ont acquis tout leur développement, on les dessèche à 110° et on effectue une seconde analyse élémentaire.

On constate qu'il n'y a ni perte d'azote, ni perte de matières minérales. L'hydrogène et l'oxygène éliminés ont été perdus à l'état d'eau. La perte totale consiste en carbone et en eau. Le carbone est passé à l'état de gaz carbonique, et tout l'oxygène absorbé doit se retrouver dans l'anhydride carbonique exhalé. C'est-à-dire que le volume de ce dernier doit être égal à celui de l'oxygène absorbé.

L'analyse de l'atmosphère où ont germé les graines confirme ce résultat (Van Tieghem).

On peut, si l'on considère certaines phases chez des graines différentes, trouver des variations dans la marche générale du phénomène. Dans la germination des graines de Lin, ou de Ricin, on observe, par exemple, qu'après la sortie de la radicule, il y a plus d'oxygène emprunté que de gaz carbonique rendu ; il y a, en d'autres termes, fixation d'oxygène par les tissus.

En outre, on vérifiera toujours l'existence d'un dégagement de chaleur, on pourra le mesurer en plaçant le réservoir d'un thermomètre dans un amas de graines en germination, et en le comparant avec un thermomètre placé dans l'air.

Dans les tissus de la graine, d'autres phénomènes se produisent pendant les premiers temps de la germination ; les cellules de l'em-

bryon et de l'albumen s'imprègnent d'eau, chaque grain d'aleurone
se gonfle, et, s'il est homogène, dissout dans cette eau toute sa substance interne; la partie de cette substance qui enveloppe le cristal
et la sphérule, s'il a des enclaves. Il en résulte, au centre de chaque
grain, une vacuole tantôt vide, tantôt occupée par le cristal et la

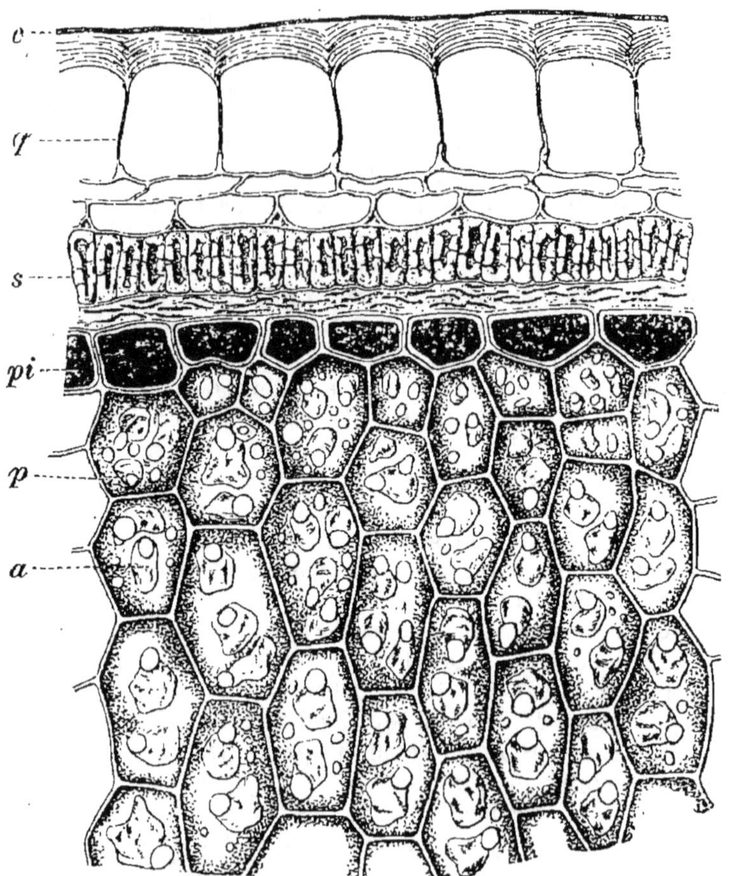

Fig. 409. — Coupe dans la partie périphérique d'une graine de Lin (*Linum usitatissimum*) (*).

sphérule. Chaque grain d'aleurone devient un *hydroleucite* (Van
Tieghem) et cette transformation, qui n'est d'ailleurs qu'un retour
à l'état primitif normal, est la première de celles qui s'opèrent dans
une graine en germination.

(*) q, assise gélifiable gonflée. — c, cuticule. — s, couche de cellules pierreuses. —
pi, cellules à pigment. — p, protoplasma et huile. — a, aleurone.

Avant la dessiccation, qui s'accomplit pendant que la graine mûrit, chaque cellule de l'albumen et de l'embryon renferme des hydroleucites tenant en dissolution dans le liquide de leurs vacuoles des matières albuminoïdes. En perdant leur eau, ces hydroleucites ont solidifié leurs matières albuminoïdes et sont devenus des grains d'aleurone (fig. 469). Ce sont eux qui, dès le début de la germination, redeviennent des hydroleucites par absorption d'eau.

Quant aux phénomènes chimiques que subissent les matériaux de réserve, « il semble certain que ce sont des dédoublements avec hydratations qui s'accomplissent sous l'influence de diastases appropriées, en un mot, des *digestions* ». (Van Tieghem.)

Quand la réserve nutritive est amylacée, le liquide cellulaire devient acide, et une partie des substances albuminoïdes passe à l'état d'amylase, celle-ci attaque les grains d'amidon, les dédouble en dextrine et maltose, qui, par une suite de réactions encore incomplètement connues, deviennent du glucose.

Lorsque la réserve est sucrée, la matière albuminoïde produit de l'inve.r tine qui transforme les saccharoses en glucose et lévulose.

Si les réserves sont des glucosides, comme par exemple l'amygdaline, il se fait de l'émulsine qui transforme l'amygdaline en essence d'amandes amères et acide prussique.

Lorsque les réserves sont composées de corps gras (fig. 470), ceux-ci sont dédoublés par

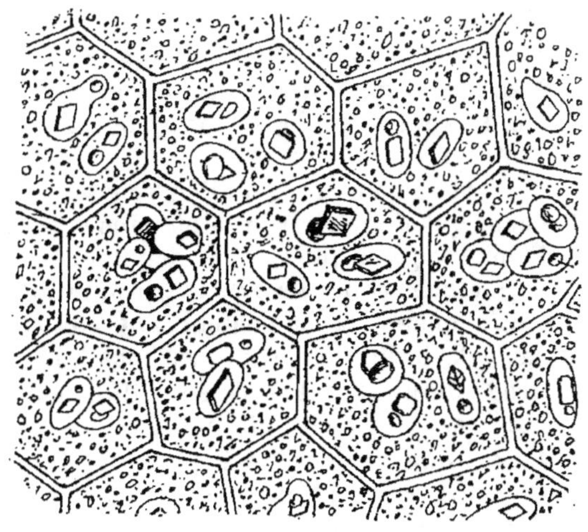

Fig. 470. — Coupe dans une graine de Ricin montrant les réserves d'huile et les grains d'aleurone.

la saponase en acide gras et glycérine, en d'autres termes une saponification du corps gras a lieu. La glycérine disparaît, les acides se convertissent, par oxydations, en hydrates de carbone dont une partie va constituer dans les cellules les grains d'amidon.

Des pepsines dédoublent en peptones les matières albuminoïdes mises en réserve à l'état amorphe ou à l'état cristallin, soit dans le potoplasma, soit dans les hydroleucites. Le dédoublement de ces peptones sous l'action des diastases, produit l'asparagine, la tyrosine, la leucine, etc., qui s'accumulent dans les tissus. Moins l'embryon renferme d'hydrates de carbone, plus il accumule d'asparagine, mais plus tard, lorsque par l'action de la chlorophylle les hydrates de carbone ont pris naissance, [l'asparagine s'y combine et disparaît.

Lorsque les réserves nutritives sont concentrées dans l'albumen et le périsperme, la transformation des matériaux s'opère comme il vient d'être dit par l'activité de cellules vivantes, l'albumen digère ses réserves et l'embryon absorbe ensuite les produits solubles formés. Cette opération se fait par la face des cotylédons appliquée contre l'albumen.

Dans le cas d'un albumen corné ou amylacé dont les cellules sont mortes, l'embryon doit lui-même attaquer ses réserves, il dissout et digère son albumen. En ce cas, les pepsines, les agents de dédoublement, amylase, saponase, invertine formés dans le cotylédon et épanchés sur la surface de son épiderme pénètrent l'albumen, et c'est la surface épidermique qui absorbe les substances dissoutes.

Tantôt l'action a lieu au contact immédiat de l'épiderme et le cotylédon s'accroît de manière à prendre la place du tissu détruit et à se maintenir appliqué contre les réserves qui subsistent encore, d'autres fois, l'action se continue à distance et le cotylédon ne s'accroît pas.

On se fait une idée de l'énergie de cette action digestive, en sachant qu'elle détruit les albumens cornés du Dattier, du Caféier et l'ivoire végétal que la dent des Rongeurs ne peut détruire.

Quelques conditions de la germination doivent être résumées ici :

Les effets de la chaleur ont été mentionnés précédemment ; ceux de la lumière sont attribués à la chaleur qui accompagne sa production. Quant à l'électricité, quelques expériences ont paru montrer que l'électricité positivemettait obstacle à la germination, tandis que l'électricité négative la favorisait (Davy et Becquerel). Cependant, la plupart des essais récents tentés pour montrer l'influence de cet agent sont si contradictoires qu'il est impossible de donner des résultats et inutile d'insister sur cette question.

L'influence des agents chimiques est bien autrement importante.

L'action de l'humidité a été relatée plus haut, ajoutons que l'excès d'humidité n'est nuisible que quand il est tel que l'oxygène ne peut pénétrer le sol (Dehérain). La germination se produit aisément dans l'eau, pourvu que l'oxygène ne fasse pas défaut. L'expérience est facile à réaliser, il suffit de faire passer un courant d'eau dans une série de tubes contenant des graines. Les graines du premier tube utilisent l'oxygène et évoluent rapidement, celles du suivant ayant moins d'oxygène à leur disposition évoluent lentement, et celles du dernier, complètement privées de gaz, ne germent pas, et pourrissent même si l'action de l'eau dure longtemps (Dehérain).

Les graines germent encore dans un courant d'eau tiède parcouru par un courant d'air.

L'eau salée altère rapidement les graines. On a pu constater qu'au bout de trois semaines d'immersion, six graines sur dix avaient perdu leur faculté germinative; au bout de trois mois, une seule avait résisté.

Les expériences citées précédemment, montrent bien l'action de l'oxygène; on démontre aussi facilement que dans des atmosphères non oxygénées les graines ne germent pas.

A une tension plus forte que celle qu'il présente dans l'air, l'oxygène n'agit pas favorablement. Quand on augmente la pression, les graines ne germent plus : à sept atmosphères les graines d'Orge et de Cresson cessent de germer, et aucun phénomène de germination ne se produit pour les graines de Ricin et de Melon, à dix atmosphères (P. Bert). L'excès d'oxygène n'a aucune influence accélératrice. L'azote et l'hydrogène n'ont pas d'influence nuisible; l'anhydride carbonique, au contraire, exerce une action défavorable constatée depuis longtemps (Th. de Saussure). Des expériences récentes ont montré que l'oxygène mêlé à une petite quantité d'anhydride carbonique amène un commencement de germination qui s'arrête bientôt.

Le chlore en dissolution favorise la germination; on sait, en effet, que ce gaz décompose aisément l'eau, et l'oxygène, mis en liberté dans cette action, provoque une germination qui ne se produirait pas sans lui (Dehérain). Dans les jardins botaniques, on rend quelquefois à de vieilles graines leur faculté germinative en les plongeant dans de l'eau additionnée de quelques gouttes d'une solution chlorée. Le brome et l'iode, à un degré plus faible, jouissent des mêmes propriétés.

L'eau contenant en dissolution du sulfate de sodium ou de la chaux est particulièrement favorable à la germination des Céréales; ces substances, en outre, détruisent les spores des Champignons parasites. Le sulfate de cuivre paraît sans action, et l'anhydride arsénieux attaque plus rapidement la graine que la spore (A. Chatin).

Enfin, certaines matières antiseptiques, acide borique, acide phénique et salicylique, « arrêtent toute évolution de la graine en tuant l'embryon, » (Dehérain).

CHAPITRE II

ALIMENTS DES VÉGÉTAUX

93. Assimilation. — Les végétaux possèdent la propriété d'élaborer les substances carbonées aux dépens des matières inorganiques. Les expériences qui démontrent ce fait sont faciles à réaliser (voir page 91).

On doit tout d'abord déterminer le poids en matières sèches des fruits ou des graines qui serviront à l'expérience. Pour cela, on réduit en poudre quelques graines, préalablement desséchées, on prend un certain poids de cette poudre, et on supprime l'humidité par le passage à l'étuve. Le nombre obtenu est le poids en substances organiques et en éléments minéraux des matières sèches.

Cette détermination étant faite, on effectue des cultures. Chaque graine soumise à l'expérience est pesée à part et, par comparaison avec le résultat de l'évaluation en matières sèches qui a été effectuée, on peut calculer son poids réel en matières sèches. On provoque ensuite la germination de la graine en la déposant dans un milieu humide. Lorsque la racine et la tige ont atteint une longueur convenable, on laisse la plantule se développer au moyen de la méthode de culture dans l'eau.

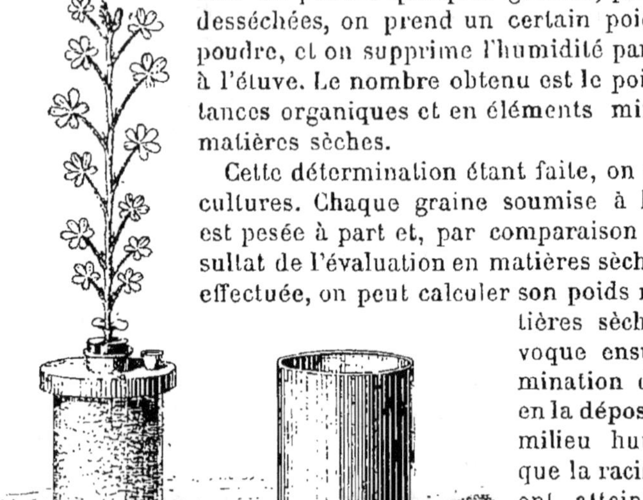

Fig. 471. — Méthode de Knop, culture en solution nutritive.

Cette méthode consiste à placer le végétal dans un vase d'une capacité variable, rempli d'une solution aqueuse contenant les éléments minéraux utiles à la plante. Une bonne liqueur est formée par la dissolution dans un litre d'eau de : 1 gr. de nitrate de calcium ; 25 centigrammes de chlorure de potassium ; même poids de sulfate de magnésium et de phosphate monopotassique ; on ajoute aussi quelques gouttes de solution étendue de chlorure de fer.

On peut employer d'autres solutions, mais nous ne pouvons entrer dans trop de détails, notre but étant de donner surtout un aperçu très exact des expériences et non de les discuter.

On assujettit la plante dans le bouchon qui ferme le vase, de manière que les racines plongent dans la solution, mais il faut avoir soin que les albumens ou cotylédons, dépôts de substances de réserve, ne soient point immergés ; il est aussi nécessaire de les préserver contre la dessiccation. On doit encore exposer le végétal à l'action de la lumière solaire et empêcher le développement d'Algues dans la solution ; pour cela, il suffit de coller sur la paroi du récipient, un papier noir brillant dont on tourne vers l'extérieur la face blanche, afin de s'opposer à un échauffement trop considérable du liquide. Il est, en outre, nécessaire d'aérer la liqueur en y insufflant de l'air tous les quatre ou cinq jours.

Lorsque la moitié, environ, de la solution nutritive a été absorbée, on ajoute de l'eau distillée et on ne renouvelle la solution entière qu'à des intervalles de temps assez éloignés. Pour activer le développement des racines, on retire les plantes de la solution nutritive pendant quelques jours et on leur fournit exclusivement de l'eau distillée (fig. 471).

Cette méthode de culture permet d'obtenir le développement normal d'une plante et on peut recueillir, quand la fécondation a eu lieu, des fruits et des graines susceptibles de mûrir et de germer.

D'ailleurs, pour la démonstration que nous nous proposons d'établir, il suffit que les végétaux en expérience aient produit une tige, une racine et quelques feuilles. A ce moment, on peut les retirer de la solution nutritive. Pour établir que des matières organiques se sont produites pendant le développement de la plante, on dessèche celle-ci en l'exposant à l'air, puis on la coupe en petits fragments pour déterminer le poids en matières sèches.

Ce poids est bien plus considérable que celui de la graine. Il résulte donc de cette expérience que des matières organiques ont été formées, et, comme on a pris soin de ne fournir aux plantes d'étude que de l'eau, quelques sels, en petite quantité, et les éléments de l'air, on peut légitimement admettre que les végétaux sont en état de produire des corps organiques aux dépens de matériaux inorganiques. Au point de vue de la pratique agricole on arrive à trouver par le procédé des cultures en solutions nutritives les éléments qui conviennent le mieux aux divers végétaux.

On peut s'assurer aussi que la production des substances organiques dans les cellules végétales est soumise à l'action de la lumière. On place quelques vases de culture dans l'obscurité, sous une boîte, tandis que d'autres, identiques, restent en pleine lumière.

On constate, au bout de quelques jours, que les feuilles des plantules maintenues à l'obscurité prennent une coloration jaune, les autres, au contraire, deviennent vertes.

Au bout de quelques semaines, on cherche à trouver, après dessèchement à l'air, le poids de chaque plante en matières sèches, on compare celui-ci avec le poids en matières sèches des graines employées. Or, dans ces conditions, on vérifie que le poids en matières sèches des plantules éclairées dépasse de beaucoup celui des graines, et que celui des plantules qui ont vécu à l'obscurité est devenu inférieur à celui des graines (1).

Nous sommes donc conduits à admettre qu'en l'absence de la lumière il ne peut se produire de substances organiques, et même qu'une partie des corps organiques existants subit un phénomène de décomposition.

Ce phénomène de décomposition est dû à la respiration, sur laquelle nous reviendrons plus loin; qu'il nous suffise pour l'instant de savoir qu'il se produit également sous l'action de la lumière, mais que la décomposition des matières organiques est alors compensée par la production active de ces mêmes matériaux.

94. Organes de l'assimilation. — Les organes de l'assimilation sont les feuilles; elles offrent une grande surface à l'air chargé de gaz carbonique; en outre un grand nombre de faits empruntés à l'anatomie comparée des végétaux tendent à prouver que, dans la feuille, le tissu en palissade peut être regardé comme spécialement destiné à l'assimilation.

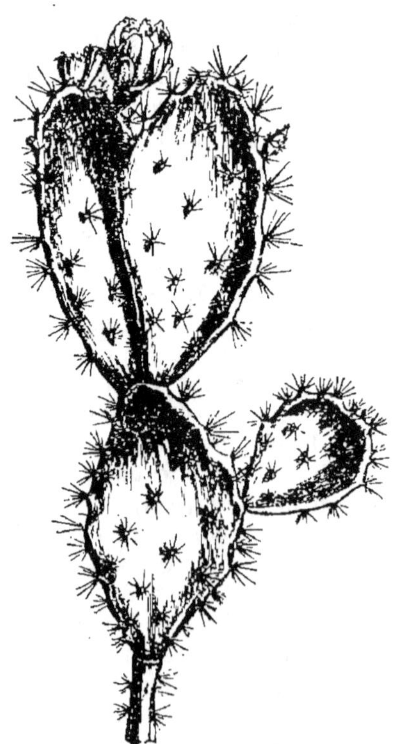

Fig. 472. — Tige charnue d'*Opuntia Dillenii*.

On observe, par exemple, un nombre assez grand de végétaux, comme le Genêt ordinaire, dans lesquels les feuilles trop petites, semblent impropres au travail de l'assimilation. La tige, en

<hr>

(1) V. Detmer, *Manuel de Physiologie végétale*, traduit par le Dr H. Micheels. Paris, 1890.

pareil cas, vient en aide aux feuilles, et, en l'examinant sur de minces sections transversales, on voit que les couches extérieures du tissu sont formées par des cellules en palissade rectangulaires et allongées radialement. Chez les plantes possédant peu de feuilles vertes, et chez les végétaux qui n'en portent pas, le tissu de l'axe doit se charger du travail de l'assimilation et il est alors constitué par du parenchyme en palissade (fig. 472). Nous devons ajouter que cette variété de parenchyme ne constitue pas un caractère essentiel des feuilles ; il serait aisé de citer un grand nombre de végétaux dont les feuilles en sont dépourvues.

Les pétioles ne sont, pas plus que la tige, des organes assimilateurs, on peut constater pour eux, de même que pour l'axe de la plante, que le tissu en palissade y est rare.

95. Pénétration de la lumière dans les tissus. — Nous venons d'établir l'importance de la lumière pour la production de matières organiques sur les parties vertes des plantes. Il nous faut dire un mot des phénomènes qui accompagnent la pénétration de la lumière dans les tissus et de l'action des radiations de diverses réfrangibilités, qui exercent sur la vie végétale des actions très différentes.

La profondeur à laquelle les radiations lumineuses pénètrent dans les tissus végétaux dépend de leur intensité et de leur réfrangibilité ; elle dépend aussi des propriétés chimiques des éléments constituants des cellules mêmes et de la constitution anatomique de ces tissus.

Lorsqu'il existe, par exemple, des méats intercellulaires nombreux, les radiations devront traverser des liquides, et des parois imbibées d'eau, ce qui devra diminuer le degré de transparence des organes.

L'expérience suivante montre l'importance des méats intercellulaires pour les phénomènes qui nous occupent :

On plonge un fragment de feuille dans l'eau d'un petit vase, on ferme celui-ci au moyen d'un bouchon de caoutchouc percé d'un trou dans lequel on introduit l'une des branches d'un tube courbé, l'autre branche est mise en communication avec une machine pneumatique. Quand on fait fonctionner celle-ci, l'air s'échappe, les méats s'emplissent d'eau, la feuille devient plus transparente. On fait encore l'expérience d'une manière simple en plongeant dans l'eau le sommet d'une feuille quelconque, et en aspirant par le bout inférieur du pétiole ; la feuille s'emplit d'eau et devient plus transparente.

Les tissus subéreux possèdent un faible degré de transparence ; mais les tissus verts riches en chlorophylle absorbent beaucoup de radiations lumineuses, et principalement les radiations chimiques.

La profondeur à laquelle peut pénétrer un rayon de lumière encore appréciable à l'œil, s'évalue à l'aide d'un appareil appelé *diaphanoscope* et dû à Sachs. Il consiste en un tube de carton épais, dont une extrémité est largement ouverte et dont l'autre fermée est percée d'un trou. On introduit ce cylindre dans un second semblable, mais plus court, de façon que les deux fonds soient appliqués l'un contre l'autre, on interpose alors les tissus à examiner entre les deux orifices, et on regarde par l'extrémité largement ouverte, en tournant vers la lumière l'axe de l'instrument.

Souvent on place cet appareil à la partie antérieure d'un spectroscope que l'on dirige vers la lumière naturelle et on observe quelles sont les radiations que laisse passer une feuille, et l'intensité de celles qui pénètrent jusqu'à l'œil.

Il résulte d'études faites en ce sens que les radiations peu réfrangibles pénètrent plus profondément dans les tissus végétaux que les rayons très réfrangibles.

96. Grains de chlorophylle. — Nous venons d'établir que le tissu en palissade semble localiser la fonction d'assimilation et nous avons eu, en étudiant l'anatomie végétale, l'occasion de signaler la richesse en grains de chlorophylle de ce tissu comparativement aux autres. Nous devons donc maintenant porter notre attention sur lui (voir page 51).

Excepté chez certaines Algues, les grains de chlorophylle présentent une forme arrondie ou polyédrique, on les rencontre dans tous les groupes du règne végétal : dans les Thallophytes, dans les prothalles de Fougères, chez les Mousses, et même dans les cotylédons des plantes en germination.

Parfois, la coloration verte qui caractérise leur présence est masquée par une autre matière jaune, rouge, brune ou violette. On les retrouve aussi dans certaines plantes qui semblent complètement décolorées, comme le *Neottia nidus-avis*, de la famille des Orchidées. Les grains de chlorophylle paraissant faire complètement défaut dans cette plante ; si cependant on traite par l'alcool ses tissus préalablement écrasés, on obtient un extrait vert qui offre les propriétés physiques que nous énumérerons un peu plus loin à propos de la chlorophylle. Les grains chlorophylliens sont, dans cette plante, comme dans un assez grand nombre d'autres, associés à une matière brune qui masque la couleur verte de la chlorophylle. Il en est de même pour les Algues brunes de divers genres, chez lesquelles on peut faire apparaître la coloration verte, après ébullition dans l'eau.

Les feuilles de Mousses, ou les prothalles de Fougères, traités par l'alcool, se décolorent et laissent apercevoir les grains de chlorophylle débarrassés de leur matière colorante, on peut les voir très distinctement en déposant sur les préparations une goutte de solution aqueuse étendue de violet de méthyle (1).

Sous l'influence de la lumière, les grains de chlorophylle prennent des positions diverses dans les cellules. Les mouvements des grains s'observent aisément chez les végétaux inférieurs, en particulier chez certaines Muscinées, par exemple les *Mniums* (Famitzin). Exposés à la lumière solaire, les grains de chlorophylle renfermés dans les cellules d'une *Lemna trisulca*, d'abord distribués irrégulièrement, viennent former un chapelet continu sur les parois, puis, si l'éclairage augmente, ils se réunissent sur leurs faces parallèles aux rayons incidents; enfin, si la lumière devient trop vive, ils s'amassent en globules dans les angles de la cellule (fig. 473).

L'expérience est encore fort instructive avec une Algue filamenteuse des eaux douces, le *Mesocarpus*. Chaque cellule de cette Algue contient un ruban de chlorophylle qui parcourt toute sa longueur. Sous l'action d'un éclairage modéré, les rubans chlorophylliens s'orientent perpendiculairement aux rayons lumineux, et l'observateur voit chacun d'eux tantôt à plat, tantôt par sa tranche. Mais, lorsqu'on soumet la plante aux rayons directs du soleil, les filaments de chlorophylle, pour se soustraire à une action trop énergique, se placent de manière à n'offrir que leur tranche aux radiations (Stahl). C'est encore aux déplacements des grains de chlorophylle qu'on doit attribuer la décoloration des feuilles exposées à une lumière directe. L'expérience, due à Sachs, se fait en exposant à la lumière solaire des feuilles sur lesquelles on a appliqué des écrans : la partie protégée se montre au bout de peu de temps plus foncée que tout le reste de la feuille.

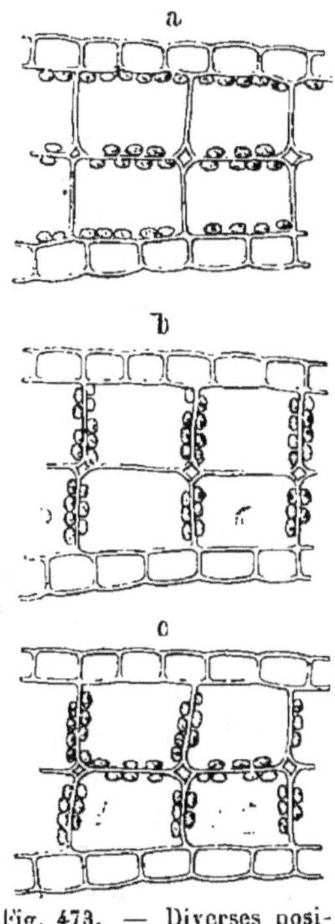

Fig. 473. — Diverses positions des grains de chlorophylle dans *Lemna trisulca*.

Les zoospores de certaines Algues riches en chlorophylle se déplacent de même, à l'action de la lumière. On peut le montrer en noircissant la paroi extérieure d'un tube de verre rempli avec de l'eau chargée de zoospores. Si l'on trace avec un stylet un dessin sur le noir de fumée et qu'on expose ensuite le tube à la lumière,

(1) V. Detmer, ouvrage cité.

toutes les zoospores viennent adhérer, à l'intérieur du tube, suivant les lignes par où la lumière a pu pénétrer, elles y forment une couche qui résiste aux lavages à l'eau (E. Bréal). Les zoospores se fixent toujours dans la partie qui reçoit la lumière blanche et n'adhèrent pas à celle qui reçoit une lumière rouge, verte ou jaune (E. Bréal).

Il existe un grand nombre de méthodes chimiques pour obtenir la chlorophylle à l'état de pureté, mais ces méthodes ne sauraient être exposées dans un traité de botanique aussi élémentaire que celui-ci.

On se procure un extrait chlorophyllien assez pur en découpant les parties aériennes de jeunes plantes qu'on fait bouillir dans de l'eau distillée.

On sépare le liquide produit par la cuisson, on lave les plantes à l'eau et on les porte dans un récipient à alcool concentré; si l'on chauffe légèrement, la chlorophylle se sépare, mais il faut opérer à l'obscurité, car elle se décompose à la lumière. La solution alcoolique obtenue possède une belle teinte verte.

Pour préparer une dissolution plus concentrée, on dispose des feuilles vertes sous une grande cloche, placée au-dessus d'un récipient à acide sulfurique. Les feuilles deviennent sèches au bout d'un jour, on les réduit en une poudre que l'on épuise par l'alcool bouillant. La solution dichroïque est rouge par réflexion, verte par transparence.

De la chlorophylle, on extrait une substance cristallisable, la *chlorophyllane :* pour cela on broie des feuilles d'Épinard, et on épuise la pulpe obtenue par de l'alcool faible, puis par de l'alcool plus concentré qui dissout la chlorophylle, on filtre sur du noir animal; l'alcool étendu sépare une matière rougeâtre (*érythrophylle*), le noir animal traité par l'éther laisse dissoudre la chlorophyllane qui cristallise par évaporation (A. Gautier).

Les analyses de chlorophyllane montrent que cette substance est azotée. La présence de l'azote était facile à prévoir, étant donnée l'intensité que prend la coloration verte des plantes, quand on met à leur disposition d'abondants engrais azotés (G. Ville). L'intensité de la coloration est due en même temps à la présence de l'érythrophylle qui donne au sulfure de carbone, dans lequel elle est très soluble, une coloration rouge permettant les dosages : il existe une relation étroite, entre la vigueur d'une plante, le poids de récolte qu'elle fournit et la quantité d'érythrophylle qu'elle contient (G. Ville).

Le mélange de la teinte verte de la chlorophylle et de la teinte rouge de l'érythrophylle produit une coloration noire qui explique pourquoi la teinte des feuilles est de plus en plus foncée à mesure que ces substances y sont plus abondantes. L'érythrophylle, qui ne forme pas plus de 1/1000 du poids des feuilles desséchées, possède au point de vue physiologique des propriétés actuellement inconnues.

Dans les cellules végétales, la chlorophylle qui se montre unie à une masse protoplasmique fondamentale n'est qu'un mélange de deux matières colorantes, la *cyanophylle* bleue et la *xantophylle* jaune. L'expérience suivante permet de vérifier le fait :

On ajoute de l'eau à une solution alcoolique de chlorophylle, puis on l'agite avec de la benzine ; si on laisse reposer le liquide, on voit un liquide jaune d'or à la partie inférieure du verre, c'est la solution de xantophylle dans l'alcool, elle est surmontée d'une couche bleue, solution de cyanophylle dans la benzine.

La solution alcoolique de chlorophylle présente des propriétés spectroscopiques remarquables. Un vase à parois planes, interposé entre la source lumineuse et le spectroscope, fait apparaître dans le rouge, entre les raies B et C de Frauenhofer, une bande d'un noir foncé très nettement limitée sur ses bords. Dans le bleu et le violet trois bandes plus larges et moins sombres se montrent aussi : elles sont bien distinctes quand la solution employée est faible. Avec une solution moyennement concentrée, ou une feuille vivante, elles se confondent en une seule large bande qui commence au delà de la raie F et occupe la portion la plus réfrangible du spectre lumineux. On peut aussi apercevoir trois autres bandes plus faibles, plus étroites, situées dans l'orangé, le jaune, et le vert, mais elles ont peu d'importance, comparativement aux autres. Les rayons rouges extrêmes, quelques rayons bleus et orangés, les jaunes et les verts non absorbés par la solution, forment par leur mélange la belle coloration verte des feuilles.

Nous avons dit que la chlorophylle normale présentait un mélange de deux matières colorantes. La xantophylle en solution étendue montre au spectroscope trois bandes d'absorption localisées dans le bleu et le violet (fig. 474) ; la solution de cyanophylle possède sept raies d'absorption, dans le rouge, dans l'orangé et dans le jaune, elle en montre une pour chaque couleur ; on en distingue encore une supplémentaire dans le vert et trois dans le bleu violet.

Vue par réflexion, la solution alcoolique concentrée de chlorophylle possède une couleur rouge intense, cette coloration s'accentue davantage lorsqu'à l'aide d'une lentille biconvexe on projette les rayons solaires sur la surface libre de la solution. Sous l'action de la lumière rouge, la chlorophylle devient fluorescente.

Placée à l'obscurité, une plante verte subit dans sa coloration des changements considérables. Les feuilles les plus âgées, au bout d'une semaine de privation de lumière deviennent jaunes ;

tandis que les plus jeunes sont encore complètement vertes. L'étude microscopique des feuilles jaunies montre toujours une diminution dans la dimension des grains et la substitution d'une matière colorante jaune à la matière verte. Les mêmes modifications s'observent si on maintient longtemps une Algue à l'obscurité.

La chlorophylle, traitée par les acides, subit des changements plus profonds encore. Un mélange de 1 d'acide chlorhydrique avec 4 d'eau, produit un changement de coloration des grains très manifeste, l'action de l'acide fait apparaître des masses brunâtres qui sont les produits de décomposition de la substance. L'addition d'un

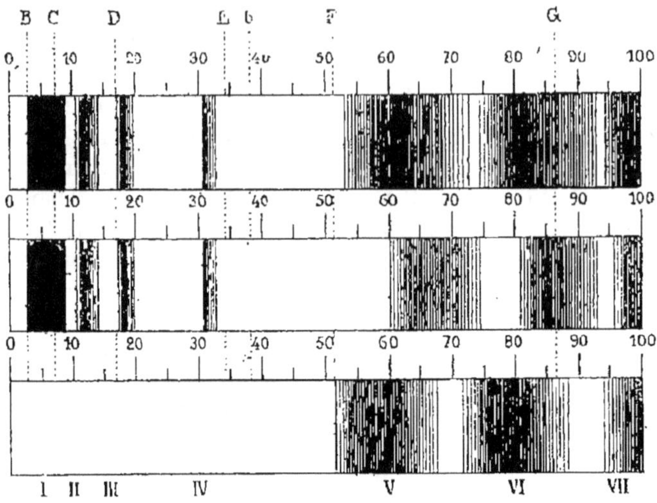

Fig. 474. — Spectre d'absorption de la chlorophylle (d'après Kraus) (*).

acide fait disparaître immédiatement la couleur verte d'une solution chlorophyllienne, qui devient brune.

Outre la coloration verte, la solution chlorophyllienne renferme toute une série de nuances ; elle peut néanmoins servir à faire voir l'action de la lumière sur la chlorophylle.

A l'obscurité, la solution chlorophyllienne ne change que graduellement de coloration. La lumière diffuse n'agit pas non plus très vivement sur elle, mais l'influence de la lumière solaire est presque immédiate. Il est nécessaire, ici, d'étudier l'action des radiations

(*) Le spectre d'en haut est obtenu avec l'extrait alcoolique des feuilles, celui du milieu, avec la *chlorophylle* dissoute dans la benzine, celui d'en bas, avec la *xanthophylle*. Les bandes d'absorption sont figurées, dans la partie la moins réfrangible B, E, telles que les donne une dissolution faible. Les lettres AG indiquent la position des principales raies ; les nombres I à VIII désignent les bandes d'absorption de la chlorophylle en marchant du rouge au violet, enfin les traits 0-100 divisent la longueur du spectre en 100 parties égales (Sachs).

de diverses réfrangibilités sur les solutions de chlorophylle. A cet effet, on emploie des procédés que nous indiquerons une fois pour toutes.

La solution concentrée de bichromate de potassium laisse passer les radiations jaunes, rouges, orangées, et une partie des radiations vertes ; elle absorbe donc la portion la plus réfrangible du spectre.

Une solution ammoniacale d'oxyde de cuivre, obtenue en dissolvant du sulfate de cuivre dans l'ammoniaque, arrête au contraire les radiations qui traversent le bichromate et laisse passer les autres, c'est-à-dire le bleu, le violet, l'indigo et une partie du vert.

On possède donc, avec ces seules dissolutions, un moyen de décomposer la lumière blanche en une portion très réfrangible et une autre qui l'est peu. On place en général les végétaux sous des cloches à double paroi, et, dans l'espace annulaire circonscrit, on verse les dissolutions colorées. La concentration des solutions doit être bien exactement vérifiée avant toute expérience.

Les parties peu réfrangibles du spectre amènent la décoloration de la chlorophylle beaucoup plus rapidement que les autres. Les radiations chimiques se partagent inégalement dans la décomposition de la chlorophylle, car le mélange des radiations les plus réfrangibles contient une portion chimique plus grande que le mélange des radiations les moins réfrangibles.

Beaucoup de feuilles, à l'automne, se colorent en rouge, il suffit comme exemple de citer la Vigne-vierge. L'étude microscopique de cette plante montre que les cellules du parenchyme en palissade renferment un pigment rouge en dissolution dans le suc cellulaire. Lors du jaunissement des feuilles, les grains de chlorophylle se désorganisent et deviennent jaunes. Les feuilles de certains arbres prennent une couleur brune que l'on peut attribuer à la coloration des membranes et des contenus cellulaires.

Chez les plantes qui résistent à l'hiver il se produit des colorations qui proviennent de modifications passagères de la chlorophylle ; un pigment brun, soluble dans le protoplasma, se forme dans quelques cas : mais, en portant la plante à une température plus élevée, on régénère la chlorophylle et les rameaux verdissent. Dans d'autres cas, il se produit un pigment rouge soluble dans le suc cellulaire, les grains de chlorophylle, n'éprouvent alors que peu de changements, et l'on peut encore observer facilement que ce pigment rouge se localise dans les éléments histologiques du tissu en palissade.

97. Formation des grains de chlorophylle. — Pour étudier la manière dont se forme la chlorophylle dans les plantes, il faut faire germer une graine dans des conditions d'obscurité complète. Lorsque le milieu extérieur sera tout à fait favorable au développement de la plante en expérience, les cotylédons et l'axe hypocotylé se montreront, mais, au lieu d'être verts comme ceux d'une plante croissant à la lumière, ils seront jaunes. Examinés au microscope, les tissus paraissent chargés de fins granules, dits *grains d'étioline*. Si l'on transporte ensuite la plantule à la lumière, on voit apparaître la teinte verte et l'examen microscopique permet de distinguer les grains de chlorophylle qui se différencient des grains d'étioline par leur coloration et leurs dimensions. Les plantules de Pois et de Haricots ainsi cultivées à l'obscurité donnent de petites feuilles jaunes. Les feuilles de Pois qui ont été longtemps maintenues à l'abri de la lumière ne reverdissent plus que partiellement, même dans des conditions lumineuses favorables ; les feuilles nouvelles produisent bien de la chlorophylle, mais les feuilles âgées demeurent indéfiniment jaunes (Detmer).

L'influence de la lumière sur la production de la chlorophylle est donc indéniable. Cependant, il faut ajouter que lorsqu'on fait germer des graines de Pin silvestre à l'abri de la lumière, les cotylédons se montrent toujours verts, même si l'on a eu soin de se placer dans des conditions où les autres plantules prennent comme nous l'avons dit la teinte jaune (Detmer).

La formation de la chlorophylle n'exige pas une lumière très intense ; à une distance de 15 centimètres d'une flamme de lampe à pétrole, des plantules de Blé placées dans un milieu humide deviennent vertes en quelques heures ; il reste à savoir quelles sont les radiations dont l'influence est prépondérante.

Pour cela, on expose avec un peu d'eau des plantules sous des cloches à double paroi, que l'on remplit, les unes de bichromate de potassium, les autres de solution ammoniacale d'oxyde de cuivre. La lumière jaune que donne la première solution est complètement dépourvue de radiations chimiques.

Les plantules verdissent complètement sous l'influence de la lumière diffuse qui a traversé le bichromate, elles ne verdissent, au contraire, que faiblement avec la solution cupro-ammoniacale. Si d'autre part on fait passer dans les solutions la *lumière directe du soleil*, au lieu de lumière diffuse, on observe que le verdissement est plus rapide dans le bleu que dans le jaune. Ce résultat s'explique, parce que sous la cloche contenant la solution ammoniacale d'oxyde de cuivre l'air s'échauffe davantage et que la solution absorbe plus de radiations calorifiques. On ne peut donc soumettre indifféremment les plantules à la lumière diffuse ou à la lumière solaire directe. Il faut faire deux expériences distinctes en plaçant quelques plantules à la lumière solaire et d'autres à la lumière diffuse; les premières produisent lentement la chlorophylle, les autres beaucoup plus rapidement. Nous savons que la solution de chlorophylle est vivement décolorée par la lumière solaire et très lentement par la lumière diffuse, c'est ce qui explique les phénomènes observés. Que la lumière solaire agisse en effet directement ou à travers une solution de bichromate, les plantules verdissent lentement parce que la chlorophylle est détruite, mais cette destruction n'a pas lieu dans la lumière diffuse ni dans celle qui a passé à travers la solution cupro-ammoniacale. La chlorophylle formée peut alors s'accumuler librement dans les tissus.

Une lumière diffuse faible détruit un péu plus rapidement la chlorophylle. Les rayons jaunes manifestent un pouvoir destructeur beaucoup plus faible que leur faculté de produire la chlorophylle, c'est pourquoi, en lumière diffuse, les plantules placées sous la cloche à bichromate verdissent plus rapidement que les plantules soumises à l'oxyde de cuivre ammoniacal (Detmer).

On peut encore observer que les radiations calorifiques obscures arrêtent complètement la production chlorophyllienne ; il suffit pour s'en convaincre de substituer au bichromate de potassium ou à l'oxyde de cuivre, une solution concentrée d'iode dans le sulfure de carbone, qui intercepte les radiations lumineuses et chimiques pour ne laisser passer que les radiations calorifiques.

Le phénomène du verdissement des plantules est aussi très nettement soumis à l'action de la température. En maintenant à des températures variables des plantules germées à l'obscurité, on constate en effet qu'il existe un maximum au delà duquel le phénomène du verdissement ne s'accomplit plus ; un minimum au-dessous duquel la plantule ne peut pas se colorer; et un optimum pour lequel la production de la chlorophylle s'effectue avec la plus grande intensité. Ces températures sont, du reste, variables avec l'espèce que l'on étudie.

Une dernière cause nécessaire à la production de la chlorophylle est la présence de l'oxygène. Pour le démontrer, on se sert de deux cloches courbes qu'on remplit préalablement d'eau bouillie, puis refroidie. On y introduit ensuite quelques plantules cultivées à l'obscurité et l'extrémité ouverte de chaque cloche est plongée dans la cuve à mercure. On remplace en même temps l'eau d'une des cloches par de l'hydrogène, par exemple, tandis que dans l'autre on fait arriver de l'oxygène ou de l'air atmosphérique. L'expérience étant ainsi préparée, on expose les plantules à la lumière. Celles qui sont dans l'hydrogène ne verdissent pas; les autres, au contraire, verdissent rapidement.

98. Production d'oxygène par la chlorophylle. — Les expériences précises montrent que, sous l'action de la lumière, les grains de chlorophylle décomposent l'anhydride carbonique et laissent dégager l'oxygène. On met ce fait en évidence de plusieurs manières :

Dans un vase rempli d'eau tenant en dissolution de l'anhydride carbonique, on place des fragments de tiges et des branches feuillées, on les recouvre ensuite d'un entonnoir, et, sur le tube de celui-ci on place une éprouvette. Le tout est exposé à la lumière solaire. On voit bientôt de nombreuses bulles de gaz s'accumuler dans l'éprouvette ; il est aisé de montrer que ce gaz est de l'oxygène, ou au moins un air très riche en oxygène.

On peut encore placer dans une cuvette deux bocaux renversés l'un rempli, ainsi que la cuvette, d'eau distillée dans laquelle nage un pied de Menthe aquatique, l'autre rempli d'anhydride carbonique. On verse sur l'eau de la cuvette une couche d'huile assez épaisse pour éviter le contact de l'air et on expose l'appareil au soleil. Chaque jour le gaz carbonique diminue dans le second bocal, tandis que l'oxygène se dégage dans le premier. Au bout de douze jours la plante est encore en bonne santé. Une plante semblable placée sous un bocal plein d'eau distillée, mais hors de l'influence de CO^2, se décomposerait rapidement (Girardin).

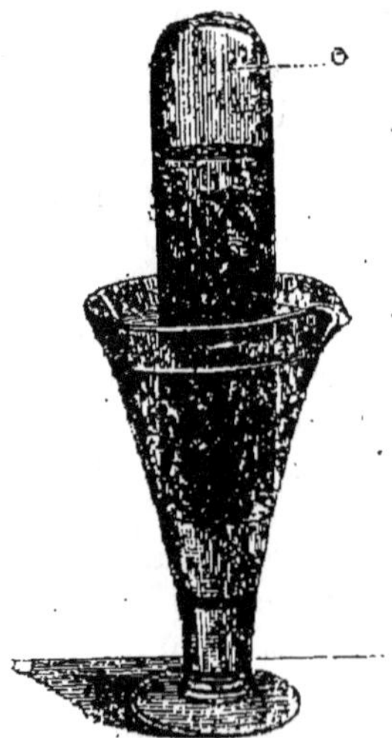

Fig. 475. — Dégagement des bulles de gaz oxygène par les plantes vertes exposées à la lumière (d'après G. Bonnier).

Les expériences peuvent être conduites de manière à montrer que le dégagement du gaz est plus grand à la lumière diffuse que dans l'obscurité, et même qu'il est nul dans l'obscurité absolue.

En recouvrant l'appareil décrit plus haut d'une cloche à double paroi contenant, soit du bichromate de potassium, soit de l'oxyde de cuivre en solution ammoniacale, on constate que sous l'action de radiations très réfrangibles, ayant traversé la solution ammoniacale, le dégagement d'oxygène a peu d'énergie. Cette énergie est au contraire aussi grande que dans la lumière blanche, lorsque les plantes sont soumises à l'influence des radiations très peu réfrangibles qui sont passées à travers la solution de bichromate de potassium.

La température joue le même rôle dans le dégagement d'oxygène que dans la production de chlorophylle. Il y a encore un optimum que l'on peut déterminer en mesurant le volume de gaz dégagé pendant un temps donné, les plantes étant soumises à des sources lumineuses d'égale intensité. Le dégagement du gaz est ralenti quand la température dépasse l'optimum ou quand elle ne l'atteint pas (fig. 475).

Lorsqu'à l'eau contenant en solution l'anhydride carbonique, on ajoute du chloroforme, le dégagement de gaz ne se produit pas, ou du moins s'arrête au bout d'un certain temps.

Enfin, si l'on remplace les tiges feuillées par des organes végétaux comme des racines, pauvres en tissus verts ou en étant complètement dépourvus, le dégagement d'oxygène devient très faible ou nul.

99. Rôle de l'anhydride carbonique dans l'assimilation. — Les expériences précédentes montrent que l'oxygène ne se dégage des feuilles qu'autant que celles-ci sont exposées à la lumière. Ce résultat, entrevu par Priestley en 1772, est dû surtout aux travaux d'Ingen Housz. Plus tard Sennebier, de Genève, montra que des plantes plongées dans l'eau ne dégagent d'oxygène qu'autant que le liquide lui-même renferme de l'anhydride carbonique dissous; ce gaz est donc décomposé par la lumière solaire, résultat confirmé en 1849 par les expériences de Cloëz et Gratiolet.

L'expérience suivante facile à réaliser démontre bien ce fait : après avoir engagé un rameau dans un ballon de verre (fig. 476), on en ferme exactement la tubulure de manière que l'air extérieur ne puisse apporter aucune trace d'anhydride carbonique, on introduit dans le

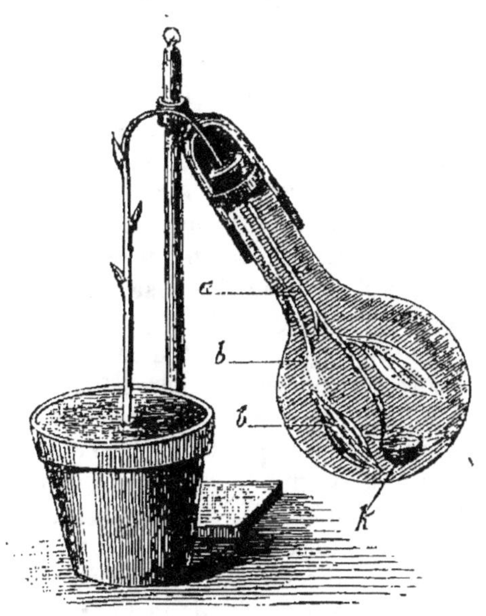

Fig. 476. — Rameau enfermé dans un ballon (*).

ballon de l'eau de chaux capable d'absorber le gaz carbonique dégagé par la respiration : les feuilles tombent, ce qui indique un état défavorable à la vie de la plante. Si le ballon ne contient pas d'eau de chaux le rameau vit et conserve son poids, car l'anhydride absorbé le jour est rejeté pendant la nuit (V. Respiration). Mais la totalité d'anhydride carbonique que contient l'air, ne forme que les 0,0003 de son volume; pour expliquer l'origine de la masse de carbone assimilé il faut donc admettre qu'une très grande

(*) *a*, ballon. — *b*, feuille tombée. — *k*, capsule contenant de l'eau de chaux.

facilité d'absorption compense la rareté du gaz. C'est ce que vérifie l'expérience suivante que nous allons décrire :

Dans un endroit bien éclairé, on dispose deux longs tubes de verre parallèles, l'un des tubes reste vide, l'autre est recouvert par des feuilles dans toute sa partie inférieure. Les tubes sont réunis à des flacons contenant de l'eau de chaux ou de baryte dans laquelle devra passer l'air qui les a traversés. Le passage de l'air dans les tubes est provoqué par des aspirateurs bien réglés. L'appareil étant mis en marche, l'eau de baryte se trouble rapidement dans le vase en rapport avec le tube vide, elle reste limpide dans l'autre. Tout l'anhydride carbonique a donc été absorbé au passage, et il faut accélérer considérablement le courant d'air pour voir se troubler l'eau de baryte du deuxième vase (Dehérain et Maquenne). Cette expérience ne donne aucun résultat quantitatif, on l'a perfectionnée de la manière suivante :

Des feuilles sont soumises à l'action d'une pompe à mercure qui en extrait tout le gaz, puis introduites dans un voluménomètre à mercure, renfermant une certaine quantité d'anhydride carbonique. L'ascension du mercure mesure l'absorption. Or cette ascension est instantanée, le mercure reste un moment stationnaire, puis descend un peu à cause d'un dégagement de gaz carbonique dû au phénomène de respiration (V. chap. III). L'expérience a montré que le coefficient d'absorption varie d'une feuille à l'autre ; et, pour une même feuille, avec la température. Il est lié, d'autre part, à la quantité d'eau contenue dans les feuilles. « En comparant les nombres observés pour l'absorption du gaz carbonique à ceux qu'on calcule d'après le coefficient de solubilité de ce gaz et la quantité d'eau des feuilles, on trouve des nombres très voisins ; l'absorption par les feuilles est un peu supérieure à celle de l'eau, comme si cette absorption était due non seulement à une dissolution du gaz dans l'eau des tissus, mais, en outre, à une combinaison, à la formation d'un acide carbonique hydraté » (Dehérain). C'est ainsi que grâce à sa solubilité dans l'eau qui gorge les feuilles, l'anhydride carbonique de l'air est saisi par elles, les pénètre et se décompose dans leur tissu.

Le gaz carbonique, décomposé par les parties vertes des végétaux sous l'action de la lumière, est, en somme, emprunté à l'atmosphère. La présence de ce gaz dans l'eau ou dans l'air est démontrée depuis longtemps ; ce qui importe à l'étude présente, c'est de faire voir que les cellules riches en chlorophylle ne dégagent de l'oxygène que lorsqu'elles sont en présence d'un milieu contenant de l'anhydride carbonique.

L'expérience suivante paraît décisive : on place dans un flacon un grand nombre de tiges feuillées ; on remplit à moitié ce flacon d'eau, puis on le ferme au moyen d'un bouchon de caoutchouc ; dans un trou que porte celui-ci, on introduit une branche d'un tube en U en rapport avec un appareil purifiant, composé de tubes renfermant de la potasse caustique.

Le tout étant exposé à une lumière convenable, de nombreuses bulles d'oxygène se dégagent ; puis, au bout d'un temps qui peut être très long, le dégagement s'arrête ; tout l'anhydride carbonique dissous a été utilisé. Comme l'air pour se renouveler dans le flacon, doit passer sur l'appareil purifiant, il arrive dépouillé de son gaz carbonique, et l'action ne reprend que si l'on dirige dans l'eau un courant d'anhydride (Detmer).

Le volume d'oxygène, qui se dégage pendant l'assimilation, est égal à celui de l'anhydride carbonique décomposé. On démontre ce fait par la méthode eudiométrique.

L'appareil dont on fait usage se compose d'un vase de verre cylindrique renflé à sa partie supérieure, qui se termine par un tube droit de petit diamètre pouvant être aisément fermé. Le vase est gradué dans sa portion cylindrique. On introduit dans la partie renflée une feuille préalablement débarrassée de son pétiole, puis on plonge la partie cylindrique du vase dans la cuve à mercure, et l'on ferme le robinet supérieur. Le volume total de l'appareil a été déterminé une fois pour toutes. On évalue alors le volume occupé par le gaz, en tenant compte de la pression et de la température ainsi que du volume de la feuille. Puis, à l'aide d'une pipette, on introduit de l'anhydride carbonique dans l'appareil, et on détermine une seconde fois le volume gazeux. En retranchant le premier volume calculé du second, on obtient le volume de l'anhydride employé.

Toutes ces mesures étant effectuées, on expose l'appareil à la lumière solaire, puis on enlève la feuille et on vérifie le volume ; on ajoute une solution de potasse destinée à absorber l'anhydride carbonique non utilisé, et on fait une dernière détermination du volume gazeux. La différence des nombres ainsi obtenus donne évidemment le volume de l'oxygène produit pendant l'assimilation. Le résultat de l'expérience est que, sous l'influence de la lumière blanche, des quantités très grandes d'anhydride carbonique sont décomposées, et que le volume gazeux que l'on retrouve dans l'instrument après l'exposition à la lumière est le même qu'au commencement de l'expérience.

100. Les produits de l'assimilation. — Le corps dont la présence peut être le plus facilement décelée parmi les produits de l'assimilation est certainement l'*amidon*.

Pour le montrer, on extrait toute la chlorophylle d'un organe vert par ébullition dans l'eau bouillante suivie d'un séjour dans l'alcool concentré porté à 60°. Les feuilles ainsi traitées deviennent rapidement incolores. Après ce traitement on transporte les organes en expérience dans une solution alcoolique d'iode ; on les y laisse séjourner jusqu'à ce qu'ils n'éprouvent plus aucun changement de coloration. Les feuilles saturées d'iode et contenant de l'amidon prennent une teinte bleue d'autant plus foncée que la quantité d'amidon est plus grande. En l'absence de ce produit elles conservent une couleur jaunâtre (Delmer).

La démonstration peut se faire encore de deux autres manières :

En premier lieu, on peut opérer l'extraction du pigment vert par l'immersion des feuilles dans l'alcool concentré et chaud ; on les plonge ensuite dans une solution chaude d'hydrate de potassium ; puis on les lave soigneusement et on les traite par l'acide acétique pour neutraliser complètement l'hydrate ; après un nouveau lavage, on fait intervenir la dissolution d'iode iodurée et la coloration bleue apparaît.

En second lieu, on montre l'existence de l'amidon dans les cellules végétales vertes, en traitant les corps en expérience par l'hydrate de chloral, soit après avoir procédé à l'extraction de la chlorophylle, soit sans se débarrasser de cette substance ; on ajoute ensuite quelques gouttes de la solution d'iode iodurée, et l'on examine au microscope ; la chlorophylle est dissoute et les grains d'amidon ont pris la teinte bleue caractéristique. Cette expérience a l'avantage de montrer en même temps que l'amidon ne se forme pas en n'importe quel point de la cellule, mais spécialement dans les corps chlorophylliens.

Un assez grand nombre de végétaux placés dans les meilleures conditions pour l'assimilation ne produisent pourtant que de très petites quantités d'amidon ou même n'en produisent pas du tout ; cette observation peut se faire aisément au moyen d'une quelconque des méthodes que nous venons de donner. En poussant les recherches plus loin, on a pu se convaincre que les feuilles qui ne renferment point d'amidon contiennent une grande quantité de *glucose;* nous pouvons encore considérer cette substance comme un produit de l'assimilation.

On met en évidence la présence de cet autre hydrate de carbone par l'expérience simple que voici : on comprime sur une toile grossière des feuilles dans lesquelles l'existence de l'amidon n'a pas été reconnue ; on obtient ainsi un liquide plus ou moins épais qu'on fait bouillir et que l'on soumet à l'action d'une certaine quantité de liqueur de Fehling ; le liquide cupro-potassique bleu est réduit et rougit si la masse fluide contient du glucose.

Nous pouvons donc considérer comme établi que les cellules qui ne contiennent pas d'amidon contiennent du glucose, et que ce glucose est produit aux dépens dès éléments de l'eau et de l'anhydride carbonique. Il est même permis d'admettre que les feuilles forment d'abord du glucose et que les grains de chlorophylle possèdent la propriété de convertir ensuite plus ou moins aisément le glucose en amidon. On vérifie expérimentalement que les feuilles sont capables de transformer en amidon des solutions de sucre de canne qui leur sont fournies extérieurement. Pour cela on démontre d'abord que les feuilles d'Iris ne renferment pas d'amidon. On les place ensuite, par l'une des méthodes déja exposées, dans une solution de sucre à la surface de laquelle elles flottent, au bout d'une semaine elles donnent avec l'iode les réactions caractéristiques de l'amidon.

La production de l'amidon dans les organes verts des végétaux est subordonnée à un certain nombre de causes extérieures dont la plus importante est la lumière. On constate facilement, en effet, que les végétaux normalement riches en amidon en sont complètement dépourvus si on les cultive à l'obscurité, et même, que des végétaux vivant dans des conditions favorables et produisant abondamment de l'amidon, transportés à l'obscurité, non seulement ne produisent plus d'amidon, mais perdent celui qu'ils avaient précédemment acquis. Inversement, des végétaux qui ont été cultivés dans l'obscurité, exposés à la lumière solaire directe, se chargent très rapidement d'amidon. L'action de la lumière diffuse est beaucoup plus lente.

La production de l'amidon sous l'influence de la lumière blanche peut encore se montrer de la manière suivante : On colle sur une feuille, avant de l'exposer à la lumière solaire, un écran en papier noirci dans lequel on découpe des caractères. On laisse agir les radiations quelques heures, puis on traite la feuille par la potasse, l'alcool et l'iode, les caractères apparaissent en bleu foncé, car l'amidon ne se produit qu'aux points exposés à la lumière (Dehérain). L'expérience est aisément réalisable avec des feuilles d'Aristoloche.

Les diverses expériences relatées précédemment nous dispensent d'insister sur les méthodes à employer; ajoutons seulement que si l'on étudie l'action des diverses parties du spectre sur la formation de l'amidon dans les végétaux verts, on est conduit à ce principe que l'influence des radiations de faible réfrangibilité est prépondérante.

La présence de l'anhydride carbonique dans l'atmosphère ambiante est aussi absolument nécessaire. Même en présence de la lumière, les plantes ne sont point en état de fabriquer de l'amidon en l'absence de gaz carbonique. Il suffit, pour s'en assurer, de placer une plante sous une cloche, avec une solution d'hydrate de potassium destinée à absorber l'anhydride carbonique de l'atmosphère, puis d'établir la communication entre l'extérieur et l'intérieur à l'aide d'un système de tubes en U contenant des fragments de potasse. L'appareil étant exposé à la lumière, les feuilles perdent leur amidon; mais dès qu'on laisse rentrer l'air ordinaire ou qu'on enlève la cloche, l'amidon reparaît dans le parenchyme.

Le rôle de la température n'est pas non plus négligeable; il est facile de s'assurer que, pour les diverses espèces, il existe une température optima, avec laquelle la quantité d'amidon formé dans un intervalle de temps donné est maxima.

La composition chimique de l'amidon permet de supposer que cet hydrate de carbone n'est pas le premier produit de l'assimilation chlorophyllienne; on sait aujourd'hui qu'il renferme plus d'atomes de carbone que les glucoses, saccharoses et dextrines. On admet qu'il est formé par la combinaison de plusieurs molécules de glucose et qu'il provient de la polymérisation de l'aldéhyde méthylique passant successivement par les formes glucose, saccharose et dextrine (Dehérain).

Beaucoup d'expériences viennent à l'appui de cette hypothèse, et l'on a reconnu qu'un grand nombre de matières sucrées font apparaître l'amidon dans les feuilles (Laurent, J. Bœhm, Meyer). On peut opérer de la manière suivante : On place des feuilles préalablement dépourvues d'amidon par un séjour à l'obscurité, sur des solutions sucrées, et l'on cherche si, même à l'abri de la lumière, elles renferment, quelque temps après, de l'amidon.

La dextrose, la lévulose et la galactose peuvent être changées en amidon par les cellules du parenchyme des feuilles; cependant, s'il existe des végétaux qui peuvent utiliser ces trois sucres, il en est d'autres qui ne possèdent pas cette faculté, un petit nombre peut utiliser la galactose, beaucoup forment de l'amidon avec la solution de lévulose.

Les Caryophyllées renferment beaucoup de galactose, elles utilisent directement ce sucre, tandis que les Composées renferment surtout de l'inuline que le ferment inversif doit transformer en lévulose qu'elles emploient. La saccharose et la mannite sont utilisables, l'inosite, composé aromatique, ne l'est pas.

Outre les sucres contenant 6 atomes de carbone, il faut citer d'autres corps déterminant les productions d'amidon. Parmi eux est la glycérine; « cette observation est intéressante, car il faut que la glycérine, $C^3H^8O^3$, s'oxyde pour fournir l'aldéhyde correspondante susceptible de polymérie, et forme un composé en C^6 qui donnera, par condensation et élimination d'eau, l'amidon observé » (Dehérain).

L'hypothèse de la formation analogue de l'amidon et des glucoses aux dépens d'une polymérisation de l'aldéhyde méthylique, est appuyée par ce fait que des feuilles mises à flotter sur une dissolution de méthylol, combinaison d'alcool et d'aldéhyde méthyliques, produisent de l'amidon (Bokorn). Certaines Spirogyrées développent encore de l'amidon quand on les cultive dans une combinaison de bisulfate de sodium et d'aldéhyde méthylique (oxyméthylsulfonate de sodium) qui, en s'hydratant, dégage l'aldéhyde méthylique qu'elle renferme.

La production de l'amidon par les glucoses, montre que si ce corps peut prendre naissance dans les cellules à chlorophylle où a lieu la formation de l'hydrate d'acide carbonique et où se font les synthèses de l'aldéhyde méthylique, il peut aussi provenir de la condensation de sucres absorbés qui se déposent dans la feuille à l'état de réserves transitoires (Dehérain).

101. Formation de matières azotées. — Les cellules végétales jouissent de la propriété de former des substances albuminoïdes aux dépens des composés organiques et des matières inorganiques azotées ; mais ce phénomène est indépendant de l'assimilation ; il peut s'accomplir dans des cellules dépourvues de chlorophylle et même en l'absence totale de lumière.

L'expérience que nous allons décrire montre cette indépendance : On choisit pour la réaliser un Champignon inférieur, la levure de bière (*Saccharomyces cerevisiæ*), par exemple. Au moyen de lavages à l'eau distillée, fréquemment répétés, on le rend aussi pur que possible, et on obtient un liquide d'aspect laiteux contenant une petite quantité de levure. Ensuite, dans trois ballons A, B, C, on verse des liquides différents. Dans A de l'eau distillée, dans B une solution nutritive dont la composition a été donnée par Pasteur ; elle doit contenir pour 1000 parties : 838 d'eau, 150 de sucre de raisin, 10 d'acétate d'ammonium, 0,2 de sulfate de magnésium, 0,2 de phosphate de calcium et 2 de phosphate acide de potassium. Dans C nous mettrons un liquide ayant la même composition que le liquide de Pasteur, mais ne contenant pas d'acétate d'ammonium.

On fait bouillir pour stériliser les liquides, et, avec un tampon d'ouate, on ferme le goulot des ballons. Dans chacun d'eux, après refroidissement, on ajoute la même quantité du liquide contenant la levure ; puis on abandonne le tout à la température de 26° centigrades, à l'obscurité, ou dans la lumière. Il se produit rapidement une légère augmentation dans la levure des ballons A et C, augmentation due surtout à la difficulté qu'on éprouve à dépouiller complètement la levure de ses impuretés. Mais cette augmentation est peu de chose comparée à celle que l'on constate dans le ballon B. Il est évident que les conditions de vie de la levure étaient de beaucoup plus favorables dans ce milieu que dans les autres. La reproduction cellulaire du Champignon a été accompagnée de la formation de substances organiques azotées, car les cellules nouvelles, qui n'ont eu à leur disposition que des composés inorganiques non azotés et de l'ammoniaque, possèdent actuellement un protoplasma riche en ma..ères albuminoïdes.

Nous aurons occasion de montrer que les plantes supérieures sont en état d'utiliser l'acide azotique pour la production de matières albuminoïdes, les cellules de la levure sont dans un cas analogue. Pour s'en convaincre il suffit de substituer dans la solution de Pasteur, de l'azotate de potassium à l'acétate d'ammonium, et le Champignon se comportera de la même manière. On peut aussi à l'acétate substituer des peptones, et l'on verra que c'est pour la levure une source d'azote plus abondante que l'ammoniaque.

L'expérience répétée avec d'autres organismes produit toujours le même résultat.

La formation de substances organiques azotées par les plantes conduit à rechercher si les végétaux sont capables d'utiliser l'azote libre de l'atmosphère. Cette question est évidemment d'un haut intérêt pour l'agriculteur. Les expériences que nous allons relater autorisent à répondre que les végétaux ne peuvent pas utiliser l'azote libre de l'air pour la formation de matières albuminoïdes.

On détermine le contenu en matières sèches et en azote d'un lot de graines mûres, puis on fait germer un poids déterminé de celles-ci, dont on connaît ainsi la teneur en azote. On donne aux radicules un milieu nutritif totalement dépourvu d'acide azotique et d'ammoniaque et on es recouvre d'une cloche de verre placée sur la cuve à mercure. Il faut avoir soin de garnir le mercure d'une couche d'eau, car les vapeurs du métal nuiraient au développement des plantules.

Le bouchon qui ferme la cloche est traversé par deux tubes, l'un en rapport avec un aspirateur, l'autre avec l'atmosphère par une série de tubes en U contenant des matières destinées à débarrasser l'air de ses composés azotés. Dès que la germination commence, on dirige à travers la cloche un courant d'air lent et continu; les plantules se développent aussi bien que possible dans ce milieu nutritif inorganique bien qu'il soit dépourvu de matériaux azotés. Le passage du courant d'air dure deux semaines environ; ensuite on évalue la teneur en azote des plantes. A cet effet, on les broie dans une capsule, on ajoute ce qui reste de la solution nutritive, et l'on dessèche le tout ensemble; on détermine ensuite le poids total de son contenu en matières sèches, et l'on fait par les méthodes de la chimie organique, le dosage de l'azote.

Si l'on examine comparativement le poids d'azote des graines et celui des plantules, les différences sont de l'ordre des erreurs que l'on peut commettre dans ce genre d'expériences.

Nous sommes donc en droit de conclure que, dans des conditions normales, le végétal ne fixe pas l'azote de l'air.

Ce résultat paraît au premier abord en contradiction avec certaines observations qui montrent l'intervention de l'azote atmosphérique dans la végétation. Nous nous contenterons d'exposer les faits suivants :

Quand on détermine la teneur en azote des engrais distribués à une terre et celle des récoltes qu'on en tire, on trouve toujours plus d'azote dans les récoltes qu'il n'en a été fourni par les fumures (Boussingault).

D'autre part, les forêts ne reçoivent aucun engrais; lorsqu'elles sont exploitées, elles perdent de notables quantités d'azote contenu dans le bois, et, bien qu'on ne restitue jamais l'azote exporté, le sol de la forêt conserve sa fertilité, ce qui ne peut avoir lieu que si une cause quelconque en répare les pertes (Dehérain).

On peut ajouter à la première observation que jamais la totalité de l'azote des fumures n'est utilisée, qu'une partie importante s'en échappe en dissolution dans les eaux souterraines sous forme de nitrates, ce qui renforce encore cette hypothèse que l'atmosphère doit fournir de l'azote aux végétaux.

Les plus anciennes expériences entreprises dans le but de déterminer le mécanisme de la fixation de l'azote atmosphérique sont dues à Boussingault, le principe est celui que nous avons rapporté plus haut, le résultat obtenu est le même ; l'azote gazeux n'intervient pas. Ce fait, mis en doute un moment par G. Ville, fut vérifié de nouveau par de nombreuses observations et expériences, il fallut donc chercher un intermédiaire entre l'azote libre et le végétal, on pensa à l'*ammoniaque*.

On sait que, sous l'influence de l'étincelle électrique, l'azote et l'oxygène atmosphériques se combinent, et que, par conséquent, dans les pays tropicaux, où les orages sont fréquents, l'océan reçoit de notables quantités d'acide azotique formé par combinaison directe des éléments de l'air. D'autre part, les nitrates engendrés dans le sol, entraînés par les eaux de drainage, sont charriés par les fleuves et aboutissent à la mer. On a pu calculer que le Rhin, par exemple, débite ainsi une masse annuelle de nitrates dont le poids dépasse cinquante millions de kilogrammes. L'azote combiné, ainsi reçu par l'océan, ne se maintient pas sous forme d'acide nitrique.

La présence de l'ammoniaque dans l'eau de la mer a été décelée depuis longtemps.

Il semble démontré que les Algues s'emparent plus rapidement de l'acide azotique que de l'ammoniaque, et que leurs tissus, décomposés après la mort, dégagent de l'azote sous forme d'ammoniaque (Bréal). Il est vraisemblable de supposer que ce phénomène s'accomplit au sein de la mer. Quoi qu'il en soit, on peut toujours admettre que l'océan est un réservoir immense où l'atmosphère répare les pertes qu'elle éprouve constamment (Boussingault). La question se trouve donc déplacée, et il y a lieu de rechercher si l'ammoniaque atmosphérique exerce une influence sensible sur la végétation. Il est certain que le gaz ammoniac est utilisé par les plantes qui se développent vigoureusement dans une atmosphère où l'on répand des vapeurs ammoniacales sous une forme quelconque (G. Ville, Sachs, Schlœsing); mais, dans l'atmosphère, les proportions d'ammoniaque sont excessivement faibles; cependant, étant donnée la quantité d'eau renfermée dans les feuilles, et la solubilité de l'ammoniaque dans l'eau, on peut croire à son absorption. Les expériences entreprises pour la démontrer ne donnent que des résultats négatifs. Des plantes protégées contre la pluie, exemptes d'aliments azotés, renferment exactement la même quantité d'azote que celle que contenait la semence (Mayer). L'ammoniaque de l'atmosphère n'est donc pas directement utilisée par les plantes, et le gain d'azote se fait par le sol. On a observé que les terres se chargent de notables quantités d'azote quand elles sont abandonnées à elles-mêmes, mais qu'elles cessent d'en fixer si on les porte à une température suffisante pour tuer les microorganismes. De là ce principe que des *terres peu riches en azote fixent, par l'intermédiaire de microorganismes, l'azote de l'atmosphère* (Berthelot). Cet azote, dans une terre arable, se retrouve à l'état de matière organique, d'ammoniaque ou d'acide azotique.

La formation de l'acide azotique et des azotates (*nitrification*) étant due à l'activité de deux ferments, nous renvoyons son étude au chapitre des Fermentations (page 430). Le plus souvent, les organismes inférieurs quels qu'ils soient amènent, par leur action, l'enrichissement de la terre végétale.

Dans des conditions spéciales, les Légumineuses possèdent exceptionnellement la faculté d'utiliser pour leur nutrition l'azote de l'air. Il arrive fréquemment, en effet, que des Lupins ou des Pois, semés dans un sol stérile additionné seulement de matières minérales, après avoir langui quelque temps, acquièrent des dimensions normales, fructifient, et montrent une teneur considérable en azote (G. Ville). Des observations nouvelles ont démontré ce fait que les Légumineuses, se développant dans un sol stérile à l'aide d'engrais seulement minéraux, fixent de notables quantités d'azote, quand elles portent sur leurs racines de petites nodosités qui, à l'examen microscopique, se montrent riches en Bactéries (Hellriegel). Les expériences de MM. Hellriegel et Wilfurth (1) furent répétées en

---

(1) Les mémoires de MM. Hellriegel et Wilfurth ont été publiés par les *Annales agronomiques*, t. XIII et XV.

France par M. E. Bréal. Ce sont celles-ci que nous relaterons : « Ayant extrait du sol un pied de Luzerne dont les racines étaient garnies de Bactéries (fig. 477), il trempa dans le liquide qui remplissait ces tubercules une fine aiguille, qu'il introduisit dans la radicelle d'un Lupin qu'il avait mis à germer sur un papier à filtre, laissant,

sans inoculation, un autre Lupin germé dans les mêmes conditions. Les deux graines furent semées à côté l'une de l'autre dans un pot à fleur contenant 1 kilogramme de gravier, et on arrosa avec une dissolution de chlorure de potassium et de phosphate de chaux » (Dehérain).

La première plante se développa très vigoureusement, l'autre resta chétive. A l'analyse on trouva que le Lupin inoculé avait fixé $0^{gr},021$ d'azote ; et l'autre $0^{gr},003$.

L'expérience peut se répéter de diverses manières, en ajoutant au gravier dans lequel on sème les graines, soit une infusion de terre à Luzerne, soit des bouillons de culture où les Bactéries des tubercules ont pullulé.

On peut donc considérer actuellement comme nettement prouvé, ce fait que des Bactéries du sol se fixent sur les racines des Légumineuses, y développent des nodosités et provoquent la fixation de l'azote atmosphérique.

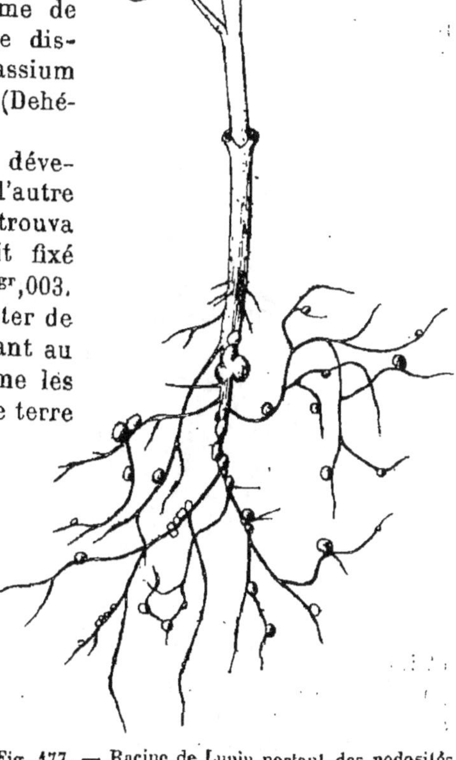

Fig. 477. — Racine de Lupin portant des nodosités à bactéroïdes.

On a pu démontrer l'origine de cet azote en constatant la diminution du volume gazeux d'une atmosphère limitée, dans laquelle se développaient des Pois. L'azote disparu se retrouve intégralement dans le gain d'azote observé sur les plantes développées (Schlœsing fils et Laurent).

Lorsqu'on ne fournit pas au sable stérilisé des germes provenant des nodosités bactérifères, les Pois n'accroissent en aucune façon leur teneur en azote.

L'humidité du sol favorise le développement des nodosités (E. Gain). Elles sont d'autant plus rares que le sol est plus riche en engrais azotés. Certaines matières salines ont une influence sur le développement des nodosités : l'absence d'acide phosphorique, de chaux et de magnésie, supprime l'aptitude des Légumineuses à les produire ; dans l'eau distillée, elles sont plus abondantes que lorsque les solutions ne contiennent ni acide phosphorique, ni chaux, ni magnésie. Sans potasse et sans fer, les plantes poussent bien, mais les racines sont pauvres en tubercules.

Le microorganisme des nodosités ne semble pas vivre dans la terre à l'état isolé ; l'oxygène de l'air lui est absolument nécessaire,

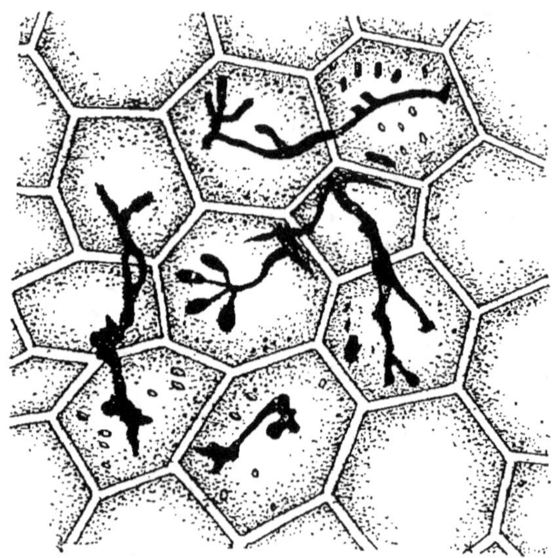

Fig. 478. — Cellules du tubercule du Pois (*).

et il est probable qu'il végète avec son hôte en état de symbiose, parasitisme à bénéfices réciproques. On ne range pas ce microorganisme parmi les Bactéries proprement dites, car sa division ne se fait pas transversalement. On trouve dans les nodosités, des filaments irréguliers, non cloisonnés, qui se renflent en masses ovoïdes ou sphériques (fig. 478). Ce sont ces masses qui, en bourgeonnant, reproduisent le microorganisme. Ce mode de reproduction le place entre les Bactéries et les Champignons, dans le groupe des *Pasteuriacées*, et on lui donne le nom de *Rhizobium leguminosarum*. On remarque, d'autre part, que le microorganisme des nodosités du Lupin s'inocule assez difficilement sur les racines du

(*) Les filaments du *Rhizobium* portent des bactéroïdes. La cellule centrale renferme quatre corps ovoïdes, en grappe et à surface lisse (Grossis. 700 diamètres).

Pois (1). La forme des nodosités de cette plante est d'ailleurs un peu différente (fig. 479 et fig. 480).

Il est probable que la faculté de fixer l'azote n'est pas exclusive à la famille des Légumineuses, et qu'entre elles et les Graminées, qui semblent vivre uniquement des matières azotées du sol, existent des transitions insensibles.

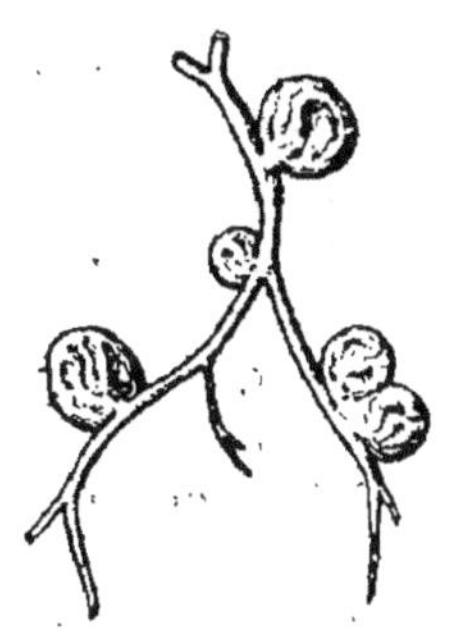

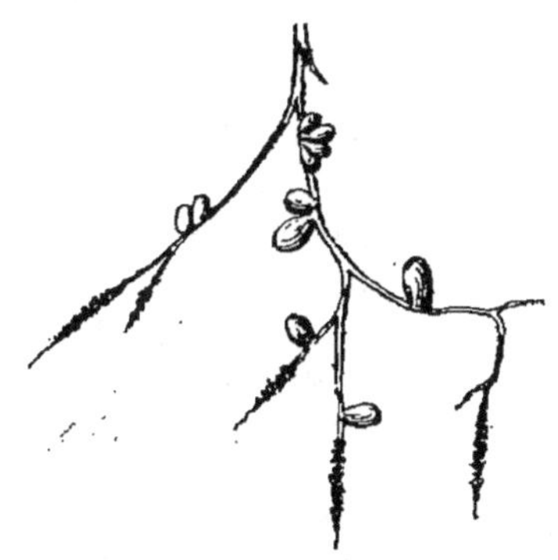

Fig. 479. — Nodosités des racines de Lupin.

Fig. 480. — Nodosités des racines du Pois.

La question de l'assimilation d'azote libre, se résume donc en deux principes : 1° l'azote libre est fixé par les terres arables sous une action microbienne ; 2° les plantes de la famille des Légumineuses fixent l'azote atmosphérique, avec le secours de Bactéries spéciales.

L'expérience montrera que les plantes en germination subissent une perte d'azote à l'obscurité.

Les végétaux tirent de l'eau et du sol les éléments minéraux qu'ils élaborent ensuite pour la production des matières albuminoïdes. L'eau souterraine contient des traces appréciables d'acide azotique et d'ammoniaque.

La présence de l'acide azotique dans une eau est décelée par la réaction de la solution de brucine. On essaye une petite quantité de l'eau à examiner avec quelques gouttes de solution de brucine dans une capsule de porcelaine, on additionne d'un peu d'acide sulfurique et une coloration rose se montre, trahissant la présence de l'acide azotique.

Le réactif de Nessler (2) met en évidence la présence de l'ammo-

---

(1) Ces détails sont empruntés au *Précis de Chimie agricole*, de M. E. Gain. Paris, 1895. J.-B. Baillière, éditeur.

(2) On prépare le réactif de Nessler en dissolvant 2 gr. d'iodure de potassium dans 5 c.c. d'eau, puis saturant à chaud le liquide par de l'iodure de mercure. On laisse refroidir et on étend la solution de 20 c.c. d'eau, on filtre et on ajoute à 20 c.c. du liquide filtré 30 c.c. de solution de 1 partie d'hydrate de potassium pour 2 d'eau.

niaque. L'eau mélangée au réactif se colore en rouge en présence de la soude caustique, si elle renferme de l'ammoniaque.

Dans l'eau et dans le sol, l'acide azotique existe à l'état d'azotate. Les cultures dans l'eau montrent aisément que les sels fournissent l'azote nécessaire à la production des albuminoïdes.

Des plantes cultivées dans une solution nutritive renfermant un nitrate prospèrent; mais si, au nitrate, on substitue un sulfate, elles dépérissent.

De même, les plantes à organisation élevée tirent des sels ammoniacaux puisés dans le sol ou dans l'eau par leurs racines, l'azote nécessaire à la production de l'albumine.

L'expérience peut se faire par simple culture dans l'eau. Dans un vase renfermant une solution nutritive avec phosphate d'ammonium, on fait plonger les racines d'une plantule qui prospérera, à condition, toutefois, que la réaction légèrement acide de la solution ne subisse au cours de l'expérience aucun changement appréciable.

102. Localisation de la production d'albumine. — Nous avons vu que l'assimilation produit dans les feuilles de grandes quantités d'hydrates de carbone. Un phénomène que nous étudierons plus loin, la *transpiration,* produit un courant continu à travers les tissus vasculaires et ce courant amène aux feuilles les azotates et les sels ammoniacaux. Il est donc rationnel de supposer que la formation des substances albuminoïdes s'effectue dans les feuilles.

Le tissu foliaire offre fréquemment des cellules contenant des cristaux d'oxalate de calcium. Or, l'acide oxalique est produit par les végétaux, et des expériences de chimie montrent que cet acide réagit sur les azotates de calcium et de potassium en solutions très étendues, de manière à mettre en liberté l'acide azotique. Il résulte de là que les cristaux d'oxalate de calcium que l'on rencontre dans les cellules végétales peuvent être regardés comme provenant de réactions analogues.

En outre, le sulfate de potassium subit une décomposition semblable; les acides azotique et sulfurique peuvent donc être utilisés immédiatement avec les matières organiques non azotées pour la formation des substances albuminoïdes.

103. Constitution des cendres végétales. — L'analyse de la cendre des végétaux se fait de la manière suivante: on dessèche d'abord les organes des végétaux à l'air libre puis on en effectue la combustion dans une capsule de porcelaine, en ayant soin qu'ils ne s'enflamment point. Les cendres ainsi obtenues sont dites *cendres brutes.*

Une partie des cendres brutes, un gramme par exemple, pourra servir au dosage de l'anhydride carbonique ; un autre gramme, traité par l'acide azotique étendu, donnera la quantité de chlore.

Une portion de cendre un peu plus considérable sera traitée par l'acide sulfurique, puis par l'acide chlorhydrique concentré, et portée ensuite à l'ébullition. On évaporera à siccité. Le résidu de cette évaporation, traité par l'acide chlorhydrique et repris par l'eau, sera filtré ; du liquide qui passera on fera deux parts. Dans l'une des parts de liquide on précipitera l'acide sulfurique au moyen du chlorure de baryum. Pour obtenir le chlorure alcalin formé, on séparera d'abord le précipité de sulfate de baryum et on traitera le liquide filtré par l'ammoniaque, le carbonate et l'oxalate d'ammonium. Il se formera un nouveau précipité qu'on séparera et on évaporera encore à siccité le liquide passant à travers le filtre. Après légère calcination, on chauffe ensuite le résidu sec avec de l'acide oxalique. Le nouveau résidu doit être repris par l'eau, et l'on ajoute de l'acide chlorhydrique à la solution, on évapore encore une fois, on calcine de nouveau le résidu et l'on pèse le chlorure alcalin obtenu. Au moyen du chlorure de platine on effectue la séparation du potassium et du sodium.

La deuxième partie du liquide sera saturée par de l'ammoniaque et traitée à douce température par l'acétate d'ammonium pour précipiter le phosphate ferrique ; on peut ainsi calculer la teneur en acide phosphorique et en oxyde de fer. Le liquide, filtré après la séparation du phosphate, sera additionné d'oxalate d'ammonium et chauffé ; le précipité d'oxalate de calcium obtenu sera séparé par le filtre. Le liquide qui passe est saturé d'ammoniaque, et il reste un précipité de phosphate ammoniaco-magnésien. On recueille celui-ci sur un filtre et, d'après son poids, on calcule la teneur en magnésium et en acide phosphorique. On peut traiter le liquide filtré par le phosphate de sodium pour précipiter le magnésium.

La substance restée sur le filtre après l'action de l'acide chlorhydrique contient de la silice, des sables et du charbon ; on la lave soigneusement à l'eau chaude, on la pèse et on la dessèche ; puis, après l'avoir additionnée d'une solution de soude, on la fait bouillir avec une solution concentrée de carbonate de sodium. Le liquide obtenu sera filtré, et l'on pourra déterminer après calcination le poids de sable et de charbon du résidu. La solution alcaline sert au dosage de l'anhydride silicique. On la saturera d'acide chlorhydrique, puis on évaporera à sec. Le résidu additionné d'eau acidulée et porté à l'ébullition permettra le dosage de l'anhydride cherché (Detmer).

La précipitation de l'acide phosphorique peut avoir lieu, à la condition d'introduire dans le liquide un acide organique, comme l'acide citrique, qui maintienne en dissolution l'oxyde de fer et la chaux. On prépare pour cela une liqueur citro-magnésienne (liqueur de Joulie), qui a la composition suivante : eau 500 grammes, acide citrique 400 grammes, carbonate de magnésium pur 40 grammes ; puis on additionne de 600 centimètres cubes d'ammoniaque et d'une quantité d'eau destinée à parfaire 1500 centimètres cubes. Au liquide contenant l'acide phosphorique, on ajoute une quantité de liqueur de Joulie variable suivant qu'on le suppose riche ou pauvre en acide, il se forme un précipité qui est calciné et pesé à l'état de pyrophosphate de magnésium (Dehérain).

On peut encore doser l'acide phosphorique par une liqueur titrée.

En effet, tout l'acide phosphorique d'une liqueur acide est précipité par le nitrate d'uranium et l'on apprécie le moment où ce sel cesse d'agir, à l'aide du ferrocyanure de potassium qui précipite en rouge les liqueurs d'urane très diluées et en brun foncé ces mêmes liqueurs concentrées.

D'après cela on opérera comme il suit : On dissout le phosphate ammoniaco-magnésien dans de l'acide nitrique faiblement chauffé, on sature ensuite par de l'ammoniaque. Quand la saturation est atteinte, on ajoute une très petite quantité d'acide azotique dilué pour rendre le liquide acide. Mais, l'acide phosphorique n'est pas précipité par le nitrate d'uranium en présence de l'acide nitrique. On neutralisera donc celui-ci par un mélange d'acétate de sodium, d'acide acétique et d'eau, la solution formant un litre.

L'acide nitrique déplace l'acide acétique et celui-ci dissout le phosphate ammoniaco-magnésien, mais non le phosphate d'uranium.

On prépare la liqueur d'urane avec 40 grammes de nitrate d'uranium pour 800 d'eau distillée. On la titre à l'aide du phosphate ammoniaco-magnésien pur. Dans ce but, on remplit de solution de nitrate d'uranium une burette graduée, et on emploie, pour l'essai, quelques gouttes de ferrocyanure de potassium au dixième. Cela fait, on laisse tomber goutte à goutte la solution d'urane dans la solution de phosphate ammoniaco-magnésien portée à l'ébullition dans une capsule ; on essaye chaque fois avec une baguette de verre l'action d'une trace du mélange sur une goutte de ferrocyanure ; quand la teinte rouge apparaît nettement au contact, le degré que l'on note sur la burette indique la quantité de liqueur d'urane nécessaire pour précipiter l'acide phosphorique du phosphate employé. A partir de ce moment, le liquide de la capsule doit rougir fortement le ferrocyanure.

On peut dire, d'une façon générale, qu'à l'exception du tellure, du sélénium, du bore et de l'arsenic, tous les métalloïdes ont été rencontrés dans les végétaux ; on les trouve à l'état d'acides combinés à des bases.

Les acides les plus communs sont : l'acide carbonique (carbonate de calcium ou de potassium); l'acide silicique surtout abondant dans les Graminées et les Équisétacées; l'acide phosphorique (phosphates), l'acide sulfurique (sulfates).

Parmi les bases, la potasse est très fréquente; la soude abonde chez les Chénopodées et surtout dans les plantes marines.

La magnésie existe en moins grande quantité que la potasse, mais elle est presque toujours présente; la lithine, l'oxyde de manganèse, l'oxyde de fer, l'oxyde de zinc, ont été signalés.

La chaux joue un rôle énigmatique, son abondance dans certains sols empêche le développement de quelques espèces dont les cendres en contiennent pourtant de grandes quantités.

La composition des cendres végétales varie nécessairement avec la nature du terrain dans lequel les plantes ont poussé.

Le chlore, le brome et l'iode, à l'état de chlorures, bromures et iodures, se trouvent surtout chez les plantes marines. Le chlore joue un rôle qui n'a sans doute pas une grande importance, car des plantes littorales, si on les cultive loin de la mer, modifient leur composition sans pour cela prospérer moins.

Parmi les métaux, on rencontre surtout potassium, sodium, lithium, rubidium, calcium, magnésium, baryum, strontium, manganèse (ce dernier, répandu dans les graines, les arbres et spécialement dans les plantes aquatiques). Le zinc se trouve en petites quantités dans la plupart des plantes. Le cuivre a été trouvé dans les cendres de certains arbres, dans le Blé, le Trèfle et dans les graines de Froment et de Seigle (Commaille). L'aluminium existerait dans les cendres des Lycopodinées (Rochleder). L'analyse spectrale a décelé la présence du lithium dans les cendres du Tabac et de la Vigne; du rubidium, dans celles du Café et de la Betterave.

Les *Fucus* contiennent, en proportions faibles, du nickel et du cobalt.

104. Aliments minéraux des plantes. — La nécessité des substances minérales pour la croissance des plantes supérieures est facilement démontrée par la culture comparative de deux pieds d'une même espèce, d'abord dans une solution nutritive comme celle dont nous avons donné la composition et ensuite dans l'eau distillée.

La végétation de la plante placée dans l'eau distillée s'arrête vite, l'autre plante au contraire se met à croître vigoureusement.

La solution nutritive ne contient ni silicium, ni sodium; on peut en conclure que ces deux substances ne sont pas des éléments indispensables aux plantes. Le silicium, par exemple, n'est pas superflu pour les Graminées, il leur est très certainement utile, étant donnée la quantité de silice qui incruste les membranes de ces plantes.

Pour certaines Algues inférieures, comme les Diatomées qui sont recouvertes d'une membrane siliceuse, le silicium peut devenir absolument indispensable.

Lorsque les solutions nutritives manquent de phosphore, de potassium ou de fer, les plantes soumises aux expériences cessent de croître dès que la provision de réserve que leur offrait la graine est épuisée. On en conclut que le phosphore et le potassium sont des éléments de première importance pour les plantes. L'expérience montre de plus, qu'en aucun cas le sodium ne peut remplacer le potassium.

Les plantes cultivées dans une liqueur nutritive dépourvue de fer produisent tout d'abord des feuilles vertes normales. Bientôt se montrent des symptômes de dépérissement; les feuilles qui se développent sont blanches et ne fabriquent plus de chlorophylle dans leur parenchyme. Si l'on ajoute à ce moment un peu de sel de fer en solution au liquide nutritif, les feuilles blanches redeviennent vertes en quelques jours et la croissance reprend son cours normal.

L'acide phosphorique, la potasse, la chaux et l'azote sont certainement les éléments principaux de la production organique. C'est la répartition de ces éléments qui règle les différentes synthèses effectuées par les végétaux.

L'expérience a même permis d'établir que l'un de ces quatre éléments peut, suivant l'espèce végétale, être plus particulièrement important que les autres. Pour une plante donnée cet élément indispensable a reçu le nom de *dominante*.

Les quatre termes restent nécessaires à toutes les plantes, mais la suppression de l'un d'eux possède le pouvoir de porter atteinte à l'action des trois autres (Dehérain, Grandeau, G. Ville, etc.).

Cette considération qu'il existe une sorte d'élection de l'individu végétal vis-à-vis d'un principe chimique déterminé, n'est démontrée que pour les plantes dont l'homme a étudié la culture : mais il est probable que pour les plantes spontanées, il existe aussi des dominantes qui sont très variables suivant l'espèce.

Ainsi s'expliqueraient les préférences des plantes calcicoles ou des plantes calcifuges, indépendamment de la lutte pour l'existence

1° *Dominante azote.* — Betterave, Prairies naturelles, Colza, Froment, Orge, Avoine, Seigle, Chanvre, etc.

2° *Dominante acide phosphorique.* — Maïs, Sarrasin, etc.

3° *Dominante potasse.* — Luzerne, Trèfles, Lin, Pommes de terre (fig. 481), etc. (1).

De même que les plantes supérieures, les plantes tout à fait in-

(1) E. Gain, *Chimie agricole*. J.-B. Baillière, éditeur.

férieures, les Champignons, par exemple, ont besoin pour leur développement d'aliments minéraux assimilables, et pour eux aussi la

Engrais complet.

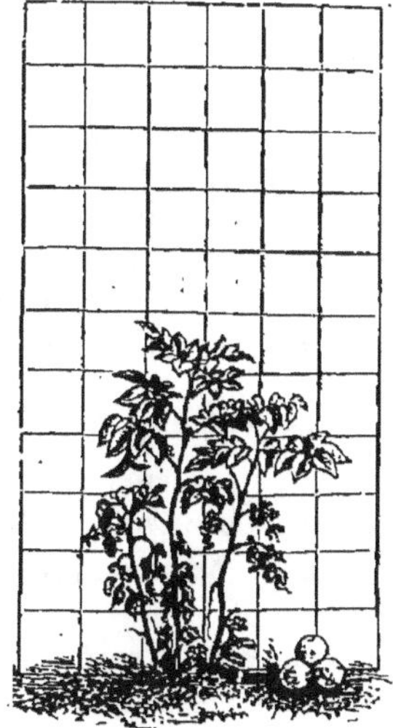

Engrais sans potasse.   Sans aucun engrais.

Fig. 481. — Culture de la Pomme de terre (d'après G. Ville).

présence du potassium est nécessaire et ne saurait être remplacée
par celle du sodium.

105. Aliments organiques des végétaux. — On désigne
en chimie sous le nom de *composés humiques* une série de combinaisons organiques qui se forment dans le sol par suite de la pu-
tréfaction et de la décomposition des plantes et des animaux.

Il ne semble pas impossible qu'un certain nombre de plantes
vertes ne puissent pourvoir à la production de leurs matières
organiques aux dépens des composés humiques. Ceux-ci existent
dans toutes les terres en quantités variables.

Le principal et surtout le mieux connu des composés humiques
est l'acide humique. On l'obtient en triturant de la tourbe dans
de l'eau renfermant une petite quantité de potasse ; il se fait un
liquide noir qui contient en dissolution de l'humiate de potassium,
ainsi que d'autres sels d'acides crénique et apocrénique. La solution d'humiate de potassium, mélangée à de l'acide chlorhydrique,
met en liberté l'acide humique qui, desséché, se présente comme
une masse noire soluble dans l'ammoniaque. Sa solution donne
avec le chlorure de calcium un humiate double d'ammonium et de
calcium qui se forme probablement aussi dans le sol (Detmer).

CHAPÍTRE III

PLANTES SAPROPHYTES. — PARASITISME ET SYMBIOSE

106. Végétaux saprophytes. — Lorsqu'on abandonne à la
température ordinaire une tranche de pain imbibée d'eau, la surface prend bientôt une coloration vert pâle due au développement
d'un Champignon du genre *Penicillium,* reconnaissable au microscope à cause de ses filaments sporifères ramifiés en pinceau
(fig. 482).

On peut citer d'autres exemples de végétaux vivant dans les
mêmes conditions que le Penicillium. La bouse de vache se recouvre
en peu de temps de Champignons du genre *Mucor ;* on en distingue
aisément les pédicelles surmontés d'un sporange sphérique (fig. 402,
p. 387).

D'autres organismes du même groupe peuvent être étudiés dans
des conditions semblables, on les voit se nourrissant de substances
animales ou végétales en décomposition.

Les cadavres putréfiés des mouches, jetés dans l'eau, se recouvrent de Champignons du genre *Saprolegnia* (fig. 397, p. 283).

Beaucoup de ces végétaux provoquent et accélèrent la désorganisation des corps qu'ils ont envahis ; le Champignon des caves

amène par exemple très rapidement la destruction des planches et des poutres dans les endroits humides.

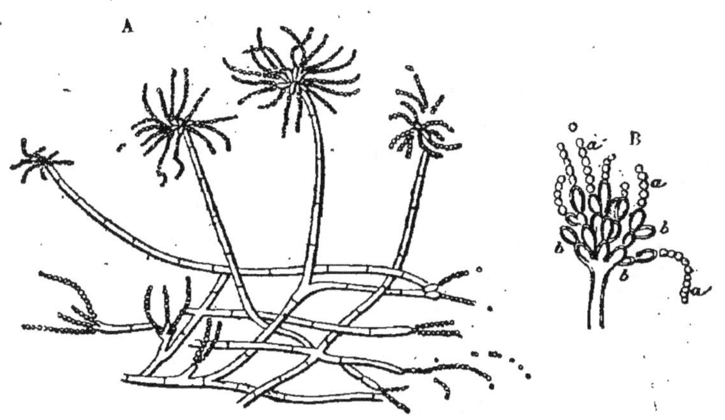

Fig. 482. — *Penicillium glaucum* (*).

On nomme végétaux *saprophytes* ceux qui se nourrissent ainsi de corps organiques en décomposition.

107. Végétaux parasites. — Les végétaux *parasites* sont ceux qui se développent sur des végétaux vivants ou sur des animaux auxquels ils communiquent des maladies spéciales déterminant souvent la mort.

Il faut distinguer parmi les parasites des végétaux ceux qui sont *entophytes*, c'est-à-dire se développent dans l'intérieur des tissus vivants, et ceux qui sont *épiphytes*, c'est-à-dire qui se développent sur la surface des organes.

Chaque parasite entophyte est particulier à une espèce de plante, il y pénètre à un moment donné et par un organe déterminé; certains d'entre eux s'introduisent par l'ostiole des stomates des feuilles, d'autres attaquent les plantes jeunes et se fixent au collet.

Quant aux parasites intérieurs, ils ne fructifient que dans un organe déterminé de la plante envahie.

Les Champignons de l'ordre des Urédinées, par exemple, vivent en parasites sur différentes plantes cultivées, plus spécialement sur les Céréales; on les désigne vulgairement sous le nom de *rouilles.*

Ces Champignons se reproduisent par spores et souvent par des spores de différentes sortes, qui, pour se développer, doivent émigrer sur divers hôtes.

Les phases que parcourent alors les spores sont très compliquées

(*) A, portion du Champignon. — B, un pinceau de spores plus grossi.

et varient suivant les espèces. Prenons comme exemple : *Puccinia graminis*, la rouille du Blé.

En été, le thalle de ce Champignon produit, sous l'épiderme des feuilles du Blé, des rameaux qui se renflent au sommet en une spore rouge, dont la membrane est percée de quatre pores germinatifs, c'est l'*urédospore* (fig. 483). L'épiderme de la feuille, gonflé dans les endroits où se trouvent ces productions, prend la coloration jaune rougeâtre, crève et laisse échapper les spores. Si ces spores tombent de nouveau sur les feuilles du Blé, elles germent en produisant un tube qui s'enfonce dans le tissu de la feuille par l'ostiole d'un stomate, s'y ramifie en un thalle et produit de nouvelles spores.

La *rouille orangée* se propage ainsi durant tout l'été ; mais, en automne, les rameaux du thalle commencent à produire d'autres spores, divisées en deux par une cloison transversale et ayant une membrane épaisse, brune, pourvue de deux pores germinatifs, ce sont les *téleutospores* (fig. 484), qui

Fig. 483. — Urédospore de *Puccinia graminis*.

Fig. 484. — Téleutospore de *Puccinia graminis*.

constituent la *rouille noire*. Les téleutospores passent l'hiver sur les feuilles du Blé et germent au printemps, donnant des sporidies qui sont dispersées par le vent.

Si ces sporidies tombent sur les feuilles de l'Épine-Vinette (*Berberis vulgaris*), elles y germent en poussant des tubes dans l'épaisseur des tissus, forment un thalle et produisent deux sortes de spores : 1º Les unes naissent dans des bouteilles appelées *écidioles*, situées sur la face supérieure des feuilles, elles sont très petites et germent, dans des conditions favorables, en donnant d'autres spores qui peuvent se développer à leur tour sur les feuilles de l'Épine-Vinette. 2º Les autres se développent dans des sortes de coupes appelées *écidies* à la face inférieure de la feuille (fig. 485), elles sont orangées, disposées en chapelets, s'échappent et ne peuvent germer que sur les feuilles de Blé en donnant un thalle qui produit une urédospore. Ainsi se trouve fermé le cycle du parasitisme de la rouille (Denicker).

Les parasites épiphytes étendent leur appareil végétatif sur l'épiderme, et, au moyen de suçoirs, prennent leurs matériaux nutritifs aux organes sous-jacents.

Parmi les parasites des animaux, il convient de citer les Champignons *entomophages*, qui attaquent les insectes ; tel est, par exemple, celui qui donne au Ver à soie la maladie de la *muscardine*. En général, ces Champignons poussent leurs filaments végétatifs dans les tissus de l'insecte et développent en dehors un appareil reproducteur (fig. 110, p. 63).

Les Phanérogames parasites sont assez rares : les unes sont pourvues de chlorophylle, elles effectuent avec l'atmosphère les échanges gazeux (assimilation, chlorovaporisation), que font les

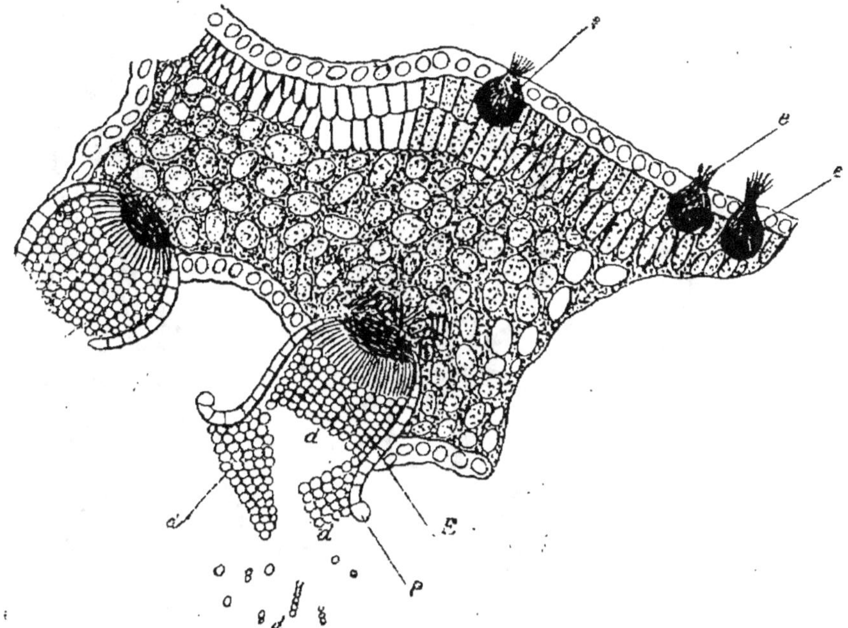

Fig. 485. — Coupe d'une feuille d'Épine-Vinette attaquée par la Puccinie (*).

plantes vertes sous l'influence des radiations solaires, et ne demandent par conséquent pas à leur hôte toutes les substances alimentaires dont elles ont besoin, exemple : le Gui ; les autres sont dépourvues de chloroleucites, leur parasitisme est donc plus complet et plus souvent mortel, exemple : la Cuscute, l'Orobanche, etc.

Dans tous les cas, les parasites n'absorbent pas indistinctement tous les produits contenus dans la sève de leur hôte ; ils ont d'autre part la propriété de fabriquer des substances spéciales en transformant les aliments qu'ils consomment (Ad. Chatin).

Parmi les parasites verts, nous devons citer au premier rang le

(*) *e*, écidioles à la face supérieure. — E, écidies à la face inférieure. — *p*, enveloppe de écidie. — *d*, les spores.

Gui ou Morvé (*Viscum album*), de la famille des Loranthacées, qui fleurit en mars-avril et forme ces boules bien connues sur les branches des Pommiers, des Poiriers, des Sorbiers, des Peupliers et plus rarement sur celles du Chêne (fig. 486). Sa présence n'est pas aussi nuisible qu'on pourrait le croire.

En été, pendant que l'arbre pourvu de nombreuses feuilles assimile abondamment, le Gui lui prend beaucoup de nourriture; mais en hiver, lorsque les feuilles de l'hôte sont tombées, le Gui conserve les siennes et assimile à la fois pour lui et pour l'arbre sur lequel il végète.

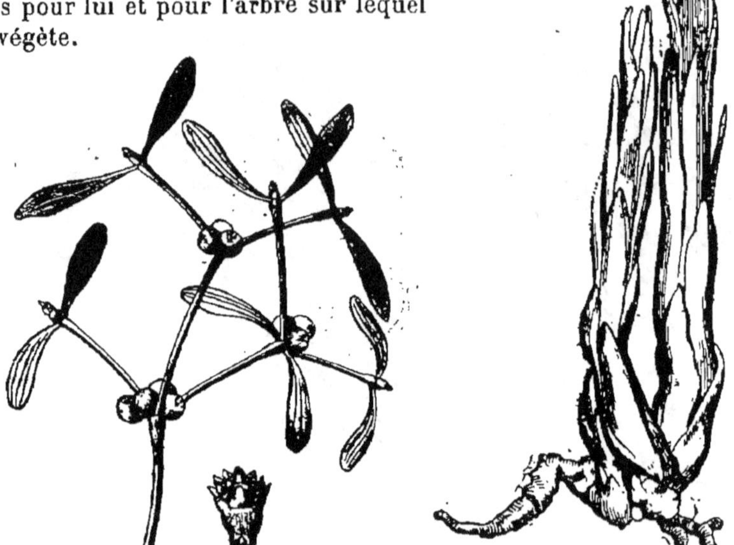

Fig. 486. — Rameau fructifère du Gui.   Fig. 487. — Orobanche améthyste sur les racines du Panicaut.

Le Loranthe d'Europe, voisin du Gui, se trouve indistinctement sur le Châtaignier, l'Oranger et quatre espèces de Chêne; un autre Loranthe vit sur le Strychnos (noix vomique), sans en absorber les alcaloïdes toxiques.

La famille des Scrofularinées renferme un groupe de parasites verts, qui vivent surtout aux dépens des Graminées et nuisent beaucoup aux cultures, ce sont : les Mélampyres, les Euphraises et les Pédiculaires.

Les Phanérogames parasites, dépourvues de chlorophylle, sont les Orobanches, qui vivent comme les Scrofularinées précédentes sur les racines et les tiges souterraines d'un grand nombre de plantes vertes.

La Phélipée rameuse est parasite du Chanvre, la Phélipée

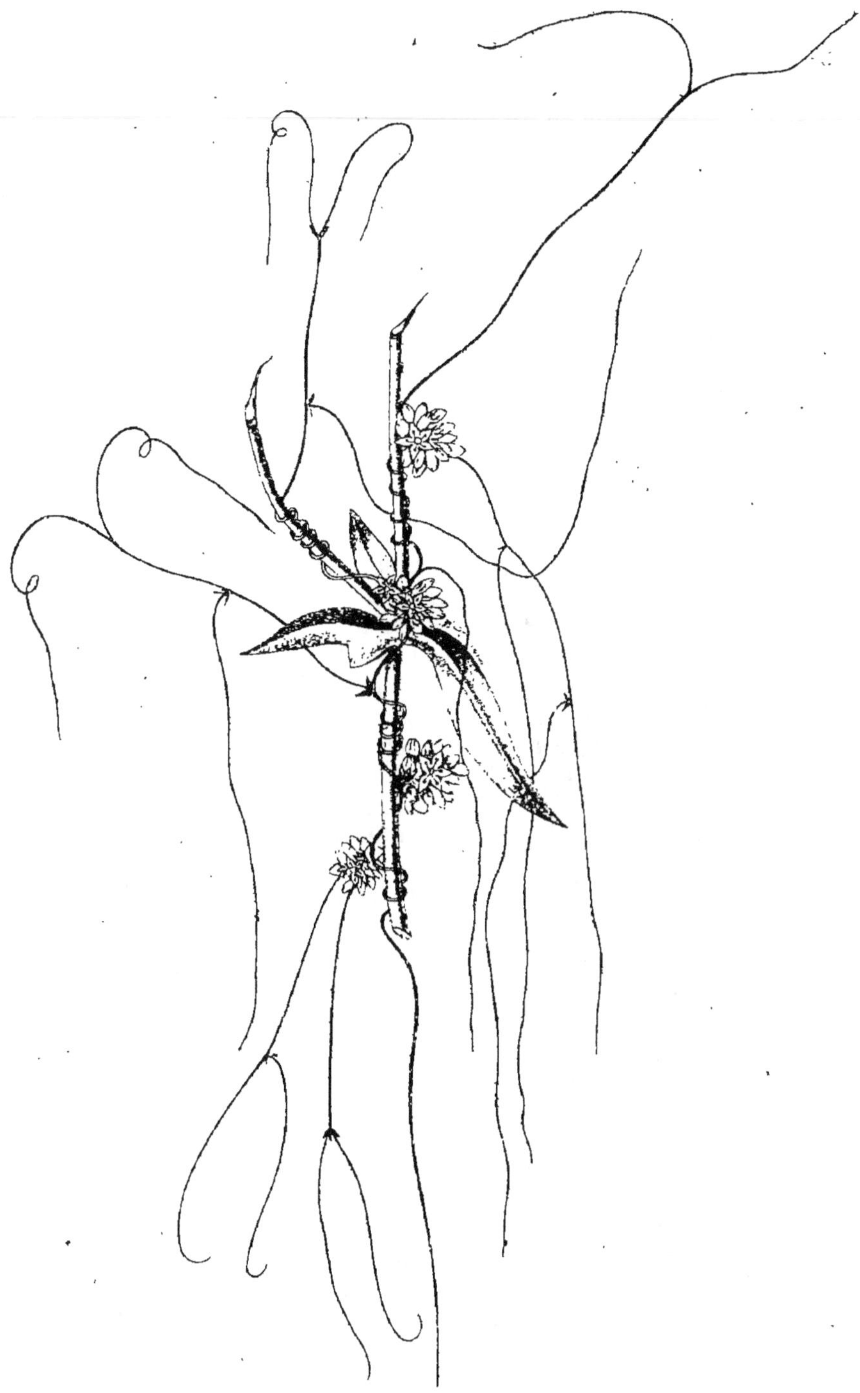

Fig. 488. — *Cuscuta major*, parasite sur le Houblon, le Chanvre et l'Ortie.

bleue vit sur l'Achillée millefeuille ; la Phélipée des sables, sur l'Armoise ; l'Orobanche du Lierre est très rare ; l'Orobanche rave est parasite sur le Genêt ; la Sanglante, sur le Sainfoin et quelques Papilionacées. D'autres Orobanches communes épuisent le Serpolet, les Gaillets, les Germandrées, la Pimprenelle, le Panicaut, etc. (fig. 487).

Les Balanophores vivent dans les pays chauds, l'un d'eux est parasite du Quinquina, mais il ne renferme aucun des alcaloïdes que son hôte peut lui fournir.

Cette remarque est fort intéressante, elle justifie, comme le cas du Loranthe des Strychnées, la loi de sélection alimentaire énoncée plus haut. (Ad. Chatin.)

Les Rafflésies se rencontrent comme les Balanophores dans les contrées tropicales.

Les Cuscutes, si répandues dans nos latitudes, sont très nuisibles aux cultures. La Cuscute odorante est parasite sur la Luzerne cultivée ; la Cuscute densiflore, sur le Lin ; la majeure, sur l'Ortie, le Chanvre et le Houblon, etc. (fig. 488).

M. le professeur Chatin nomme *polyphytes* les plantes parasites qui peuvent vivre sur plusieurs espèces même éloignées les unes des autres taxonomiquement (Cuscutes, Gui, Loranthes) ; elles sont généralement caulinaires, c'est-à-dire qu'elles se fixent sur la tige de leurs nourrices.

La plus polyphyte est certainement la Cuscute commune (*Cuscuta epithymum*), qui produit de si grands ravages dans les Luzernes et vit aussi sur le Serpolet et la Bruyère (fig. 489).

De Candolle rapporte à son propos le fait suivant : une charretée de Luzerne attaquée par la Cuscute avait versé à la porte d'un jardin ; peu de

Fig. 489. — Cuscute, grandeur naturelle.

temps après, les Cuscutes avaient envahi des plantes appartenant à plus de trente familles différentes.

Les parasites *monophytes* sont plus particulièrement fixées sur les racines d'une seule espèce ou d'un petit nombre d'espèces voisines, telles sont les Orobanches, les Lathrées et les Cytinés (1).

(1) L. Gérardin, *Botanique générale*. Alcan, édit.

108. Symbiose. — Il faut encore signaler ici des végétaux particuliers qui doivent leur existence à une vie en commun qu'on nomme *symbiose;* ces végétaux sont les Lichens formés par l'association de Champignons et d'Algues.

Dans cette symbiose, l'Algue, grâce à sa chlorophylle, élabore, aux dépens des matières inorganiques, les substances organiques qui sont nécessaires à sa vie et à celle du Champignon ; celui-ci, à l'aide de ses filaments, puise dans le sol, pour lui et pour l'Algue, les sels nécessaires à la synthèse des matières organiques azotées (voir p. 351). L'Algue trouve, en outre, un abri contre la sécheresse, le

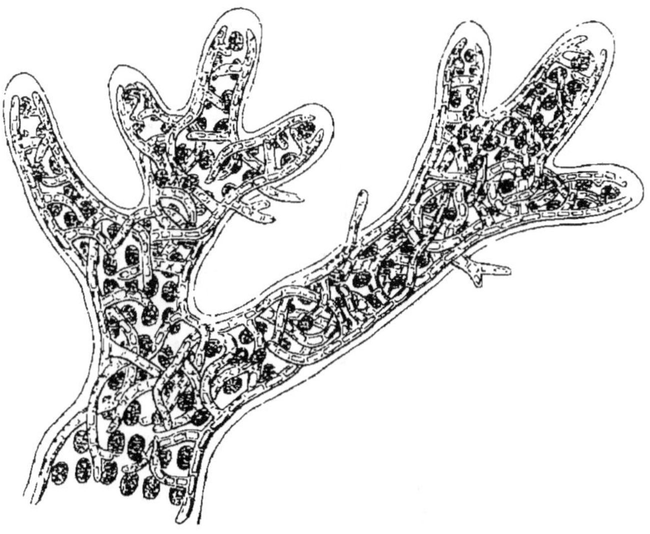

Fig. 490. — *Éphebe Kerneri,* coupe transversale (gross. 450).

vent et la pluie, qui lui permet de se maintenir sur les rochers, la terre, les écorces ; c'est en même temps pour elle un support, grâce auquel elle peut s'étaler en lame ou se dresser en buisson (fig. 490). On voit ainsi que la symbiose est une association dans laquelle les bénéfices sont réciproques. Ajoutons que les thalles des deux végétaux sont en contact direct et complet, ce qui permet aux échanges nutritifs de s'opérer intimement.

La symbiose s'opère aussi parfois entre une Algue et un animal, le plus souvent un Infusoire.

109. Plantes carnivores. — Certaines plantes, comme les Droséracées, portent des feuilles hérissées de lobes filiformes ou de poils sécrétant un suc riche en pepsine et capable de digérer la viande. Lorsque l'on porte un petit fragment de viande crue, de la grosseur d'une épingle, sur une feuille de *Drosera*, les poils s'infléchissent, entourent le morceau de viande. et celui-ci est rapidement détruit par le produit des glandes digestives. On observe, en général, que les substances organiques ou inorganiques

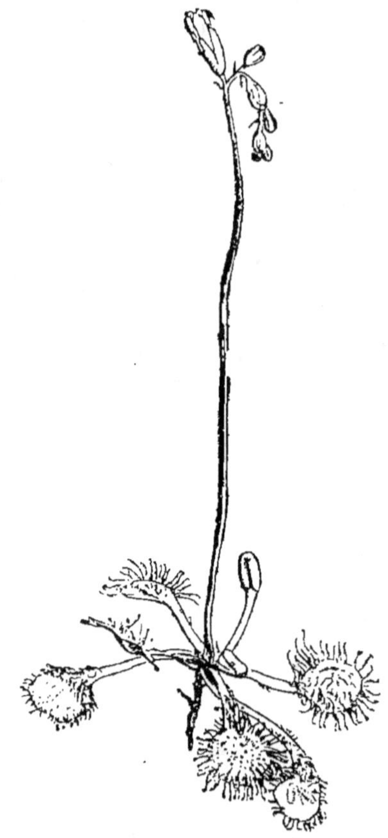

Fig. 491. — *Drosera rotundifolia*, plante dite carnivore.

non azotées produisent l'inflexion de ces sortes de tentacules, mais plus lentement que le morceau de viande (fig. 491).

Un autre genre de plante appartenant à la même famille, la *Dionæa*, présente un phénomène analogue. Le limbe de sa feuille se replie au contact d'un morceau de viande crue, et demeure fermé pendant un temps assez long. Lorsque la feuille se rouvre, on peut constater que la viande a été désorganisée et dissoute. Le suc produit par la face supérieure de la feuille a toujours une réaction

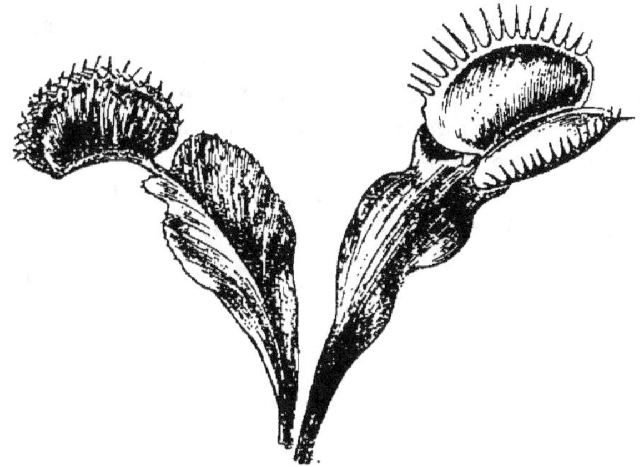

Fig. 492. — Dionée gobe-Mouches.

acide, et il faut observer que sa sécrétion n'est point provoquée par la présence des corps non azotés (fig. 492).

CHAPITRE IV

RESPIRATION DES VÉGÉTAUX

110. Preuves de l'existence de la respiration. — La respiration des plantes, comme celle des animaux, consiste en une absorption d'oxygène et une exhalation simultanée d'anhydride carbonique. L'oxygène absorbé est consommé par le protoplasma aux éléments duquel il se combine; l'anhydride est produit dans le protoplasma comme un terme du dédoublement des matières qui le composent.

La respiration est la plus générale des fonctions de la plante; c'est aussi celle qui lui est la plus nécessaire. Dès qu'une plante placée dans un espace clos, a absorbé la totalité de l'oxygène contenu dans l'atmosphère qui l'entoure, elle cesse de croître, dépérit et meurt asphyxiée. Cependant, la série de réactions chimiques qui s'accomplissent dans le protoplasma et dont l'anhydride carbonique est le produit final, se poursuit, et le gaz continue à se dégager; mais cette production d'anhydride carbonique ne doit pas être confondue avec celle qui a lieu pendant la respiration;

car certaines des réactions intermédiaires changent de nature dès que l'oxygène vient à manquer.

Toutes les fois que le suc cellulaire renferme du glucose, ce qui est très commun, l'alcool, qui ne paraît jamais dans les circonstances ordinaires, se produit ; on est donc conduit à admettre que l'anhydride carbonique n'a pas, en ce cas, la même origine que dans la respiration normale ; il faut ajouter qu'il ne semble pas se former dans les mêmes proportions.

Pour mettre en évidence le dégagement d'anhydride carbonique dans le phénomène de respiration, on emploie l'appareil suivant :

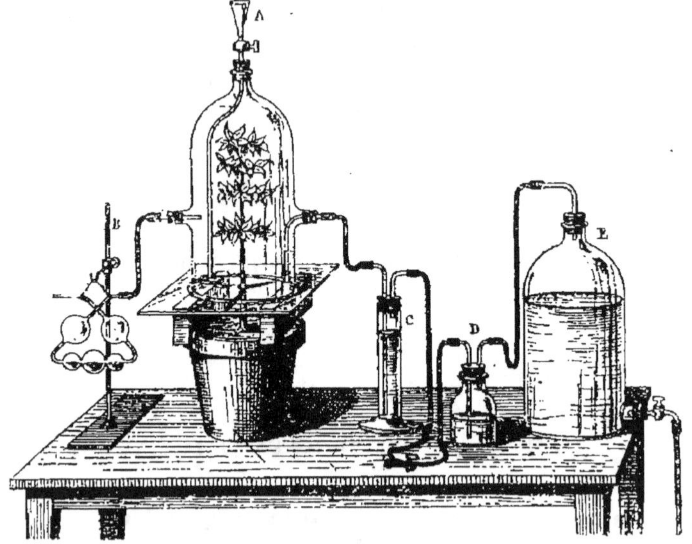

Fig. 493. — Appareil pour l'étude de la respiration.

Sous une cloche de verre surmontée d'un entonnoir A destiné à introduire une petite quantité d'eau devant maintenir l'air humide, on place une jeune plante, puis on ferme le robinet de manière à interdire toute communication avec l'atmosphère. L'écoulement de l'eau contenue dans un grand flacon E détermine un appel d'air, qui se dépouille de son gaz carbonique dans un tube de Liebig B renfermant de l'eau de baryte ; cet air passe ensuite dans la cloche, puis dans les flacons C et D, où l'eau de baryte employée une seconde fois retient le gaz carbonique produit par la plante (fig. 493).

Pour effectuer des expériences précises et observer les diverses formes de la respiration, on peut avantageusement utiliser l'appareil eudiométrique, dont nous avons déjà parlé pour la mesure des rapports de volume entre l'oxygène émis et le gaz carbonique absorbé par l'assimilation. Dans la partie supérieure évasée de l'appareil, on fait passer un poids connu de graines en germination, puis on plonge la partie cylindrique dans le mercure, en recouvrant d'un peu d'eau la surface de celui-ci. Si la température est maintenue constante, et si les variations de pression sont faibles, le niveau du mercure dans le tube n'éprouvera pas de variations considérables. Les graines germeront et on pourra, comme il va être dit, montrer que ce phénomène est lié à la respiration.

Après que les plantules auront séjourné deux jours environ dans l'appareil, on fera monter au-dessus du mercure, un petit fragment de potasse qui se dissoudra dans l'eau; presque immédiatement, on constatera une ascension du mercure. Il est clair que la potasse fixe du gaz carbonique produit, et que l'ascension du mercure provient en définitive de l'absorption de l'oxygène de l'air qui entourait les plantules. Telle est la respiration normale : *les plantes ont absorbé de l'oxygène et dégagé de l'anhydride carbonique.*

Une deuxième expérience montre qu'il n'en est pas toujours ainsi. On fait germer dans deux appareils eudiométriques des grains de Blé, par exemple, et des graines de Chanvre, puis on abandonne ces appareils pendant un jour à la même température. Au bout de ce temps, le niveau du mercure, dans l'appareil à Blé, n'aura éprouvé aucune variation sensible; mais dans l'appareil à Chanvre, il se sera élevé d'une manière considérable. Dans ce dernier, la plantule a produit de l'anhydride carbonique, un certain volume d'oxygène n'est pas employé à produire ce corps, mais à transformer en hydrate de carbone des corps pauvres en oxygène. Les germinations du Chanvre dont les plantules ont surtout des graisses comme matériaux de réserves, n'offrent donc pas une respiration normale, elles sont le siège d'une absorption d'oxygène, sans exhalation proportionnelle d'anhydride carbonique (Detmer).

L'eudiomètre dans lequel on a introduit les grains de Blé peut encore servir à d'autres observations. Si l'on abandonne l'appareil à lui-même, pendant quelques jours, on voit le liquide descendre de plus en plus dans le tube et des bulles de gaz se dégager. Ce phénomène s'explique comme il suit : Les plantules continuent à respirer, après avoir complètement utilisé l'oxygène de l'air dans lequel elles se trouvent; elles produisent encore de l'anhydride carbonique, comme le montre l'augmentation de volume, et la matière organique des cellules végétales ne provient pas seulement du carbone, mais de l'oxygène de cet anhydride. Il y a donc encore ici une nouvelle forme de la respiration qui se produit quand les végétaux se trouvent dans un espace privé d'oxygène.

Pour montrer expérimentalement et d'une manière simple que la respiration des plantes est liée à une exhalation de gaz carbonique, on introduit dans un ballon une grande quantité de plantes, le ballon est ensuite fermé par un bouchon de caoutchouc percé de deux ouvertures. Une des ouvertures laisse passer un tube amenant de l'air, l'autre un second tube en relation avec un aspirateur qui donne lieu à l'écoulement de l'air.

Avant d'arriver au ballon, le gaz puisé dans l'atmosphère traverse une série de tubes en U contenant de la ponce imbibée de potasse et un récipient à eau de baryte, ces appareils ont pour but de dépouiller d'anhydride carbonique le gaz qui va pénétrer dans le ballon. De même, à sa sortie, l'air devra traverser un récipient à eau de baryte, qui se troublera bientôt par suite de la formation d'un précipité de carbonate de baryum qui montre bien qu'il y a eu formation d'anhydride carbonique pendant le passage de l'air dans le ballon (Detmer).

111. Détermination de la quantité de gaz carbonique exhalé. — Il est nécessaire, pour bien étudier le phénomène de la respiration, d'effectuer des mesures précises dans des conditions se rapprochant le plus possible de celles de la vie normale (1).

La meilleure méthode semble être celle qui consiste à diriger sur les plantes en expérience un courant continu d'air débarrassé de son gaz carbonique, puis de déterminer le poids d'anhydride carbonique contenu dans l'air qui s'est trouvé en contact avec les végétaux.

On débarrasse l'air de son anhydride carbonique en le faisant passer dans des tubes de verre remplis de fragments de potasse ou de fragments de pierre ponce imbibés de solution de potasse; puis, pour qu'il soit humide, on le fait passer à travers un flacon rempli de fragments de pierre ponce imbibés d'eau. Enfin, pour s'assurer qu'il est entièrement dépouillé de gaz carbonique, on le fait barboter dans un tube de Liebig contenant de l'eau de baryte qui doit rester limpide pendant toute la durée de l'expérience. Il faut, en outre, obtenir, pour le vase qui contient les graines ou végétaux en expérience, une fermeture empêchant d'une manière absolue l'accès de l'air, et avoir soin d'enduire de cire tous les bouchons. On donne au récipient la forme que l'on veut.

Pour des expériences devant durer quelques heures, on peut employer un ballon de capacité moyenne, que l'on enferme dans un vase rempli d'eau, destiné à maintenir la température constante. Dans le ballon et dans l'eau du récipient, doivent plonger des thermomètres.

(1) Consulter à ce sujet Bonnier et Mangin, *Recherches sur la respiration des végétaux*. Paris, 1884. Trois mémoires.

On dose l'anhydride carbonique avec l'eau de baryte. La disposition des récipients à eau de baryte importe assez peu ; on se sert, en général, de tubes de Pettenkofer légèrement courbés à une extrémité, relevés et terminés par une ampoule à l'autre. Le tube adducteur sortant du ballon plonge dans la solution. Pour éviter toute perte de gaz, on place à la suite l'un de l'autre deux de ces tubes. Le premier sera enlevé et remplacé toutes les douze heures, par exemple, par un nouveau tube fraîchement rempli ; le second ne sera enlevé que lorsqu'il contiendra une forte proportion de carbonate de baryum.

L'eau de baryte provenant de l'expérience sera versée dans des vases strictement clos, et laissée en repos jusqu'à ce que tout le carbonate soit déposé, et le liquide tout à fait limpide. Au moyen d'une pipette, on prendra 20 ou 30 c. c. du liquide clair, qui serviront au titrage, et l'on répétera l'opération avec 20 ou 30 c. c. de l'eau de baryte primitive. Puis, dans un litre d'eau, on dissoudra 2,8636 grammes d'acide oxalique pur ; et, avec une burette, on laissera tomber une quantité suffisante de cette solution dans l'eau de baryte. Comme 1000 c. c. de la solution oxalique correspondent à 1 gr. d'anhydride carbonique, 1 c. c. correspondra à 0,001 gramme d'anhydride et 0,1 c. c. de solution à 0,1 milligramme d'anhydride.

Le courant d'air est dirigé dans l'appareil à l'aide d'un aspirateur. Les conditions d'éclairage exercent une influence considérable sur l'énergie respiratoire des plantes.

Pour étudier l'action de la lumière, on place dans le ballon un rameau feuillé en voie de croissance et on dirige sur lui un courant d'air, en soustrayant l'appareil à l'action de la lumière. A des intervalles de temps égaux, on remplacera les tubes à baryte, et on déterminera la quantité d'anhyride produite. Dans ces conditions, on verra diminuer l'activité de la respiration dans les organes verts des plantes. Quand l'énergie respiratoire sera diminuée notablement, on exposera pendant une demi-journée l'appareil à l'action du soleil. Pour que le rameau puisse assimiler en même temps, on fera passer à travers le ballon une quantité faible de gaz carbonique, puis on étudiera de nouveau la respiration. D'abord on fera passer un long et continu courant d'air dépouillé d'anhydride carbonique, sans placer d'appareil à baryte et en ayant soin que les conditions de température soient les mêmes que celles qui existaient avant l'exposition au soleil.

On observe ainsi que l'énergie respiratoire de la pousse feuillée augmente sous l'action de la lumière solaire ; les feuilles ont assimilé sous son action, et les matières nouvellement produites sont utilisées pour la respiration.

Le même appareil peut aussi servir à des expériences sur l'action de la température, et encore à établir l'énergie de la respiration des différents organes. Pour cette dernière partie, on doit opérer avec des poids égaux d'organes divers, à la même température et dans le même temps.

On reconnaît ainsi que la racine et la tige absorbent de l'oxygène d'une manière continue sur toute leur surface, et dégagent en même temps de l'anhydride carbonique. Les rhizomes et les racines respirent dans le sol, les tiges submergées et les racines aquatiques respirent à l'aide des gaz dissous dans l'eau.

Les feuilles sont douées d'une respiration dont l'énergie est en rapport avec leur surface plus grande que celle de la tige et de la racine, elles consomment de l'oxygène et exhalent de l'anhydride carbonique.

Pour une plante donnée, au même âge, l'intensité de la respiration augmente de plus en plus avec la température ; la courbe des intensités est une parabole.

La respiration varie aussi beaucoup avec la nature de la feuille. Les feuilles caduques se montrent plus actives que les feuilles persistantes. Enfin, l'intensité respiratoire varie, pour une même plante, à la même température, avec l'âge de la feuille ; c'est pendant la période de jeunesse et quand la croissance est très active qu'elle atteint sa plus grande énergie ; elle décroît ensuite à mesure que la croissance se ralentit.

112. Détermination de la quantité d'oxygène absorbé. — On détermine la quantité d'oxygène absorbé par une plante au moyen d'un appareil qui consiste en un récipient de verre dont le volume est déterminé une fois pour toutes, jusqu'à un trait de repère ; le ballon est fermé par un bouchon de caoutchouc percé de deux trous ; l'un d'eux donne passage à une tige à laquelle est suspendue une petite éprouvette contenant une solution de potasse, l'autre reçoit un tube de verre calibré, deux fois recourbé et dont la grande branche, plongeant dans une cuve à mercure, est pourvue d'une échelle graduée en millimètres.

Le volume de l'air renfermé dans un tel appareil est évidemment celui du ballon, augmenté de celui du tube jusqu'au niveau du mercure et diminué de tous les objets contenus. A mesure que les plantes respirent et usent l'oxygène, le mercure monte dans la grande branche, la dissolution de potasse placée dans l'éprouvette absorbe l'anhydride carbonique qui se dégage. On déterminera la quantité de ce gaz qui a été produite en la précipitant à l'état de carbonate de baryum à l'aide du chlorure de ce métal. Le précipité est ensuite lavé, puis desséché avec soin. On détermine, par le poids de carbonate de baryum formé, la quantité d'anhydride produit.

Lorsque l'expérience porte sur un long intervalle de temps, il faut enlever périodiquement la solution de potasse et la remplacer de manière que le gaz carbonique soit constamment absorbé.

Les résultats de telles expériences montrent que, pour des graines en germination, le rapport entre le volume d'anhydride carbonique exhalé et celui de l'oxygène absorbé est égal à l'unité, surtout quand les graines employées sont riches en amidon.

Pour les graines oléagineuses, comme le sont celles du Chanvre, le rapport est inférieur à l'unité ; il y a plus d'oxygène absorbé que d'anhydride carbonique émis. Dans la germination de ces graines, en effet, il se produit des hydrates de carbone, c'est-à-dire des combinaisons oxygénées formées aux dépens des huiles, et celles-ci étant peu oxygénées, la consommation d'oxygène est plus grande.

Pour une même feuille, au même âge, le rapport est indépendant de la pression et de la température. Il varie avec les plantes : tantôt il est égal à l'unité, tantôt plus petit. Dans le premier cas, l'anhydride émis, renfermant autant d'oxygène qu'il en a été absorbé, il n'y a pas fixation de ce corps par la feuille. Dans l'autre, au contraire, une certaine quantité est assimilée par la feuille. Le rapport de l'oxygène absorbé à l'anhydride carbonique émis est sous la dépendance de l'âge de la feuille ; il est plus grand dans la feuille adulte que dans la feuille jeune.

Ce rapport est constant pour une même tige au même âge, et indépendant de la pression et de la température ; il en est de même pour la racine (1).

L'étude expérimentale du phénomène respiratoire a donné les importants résultats suivants :

1º L'intensité de la respiration augmente de plus en plus rapidement, avec la température, et d'une manière continue, jusqu'à la mort de la plante. Cette intensité augmente avec l'état hygrométrique et diminue avec l'éclairement.

2º La lumière diffuse retarde l'intensité du phénomène. L'action des radiations les plus réfrangibles est plus favorable que l'action des autres radiations, elle augmente l'intensité de la respiration.

3º Le rapport $\dfrac{CO^2}{O}$ de l'anhydride émis à l'oxygène absorbé est, en général, plus petit que l'unité et variable avec l'espèce. Il ne change pas avec la pression ; il est aussi indépendant de la température et de l'éclairement, mais essentiellement variable avec le développement de la plante.

113. Respiration intra-moléculaire. — La respiration *intra-moléculaire* est le phénomène qui se manifeste quand on soustrait

____

(1) Consulter à ce sujet Bonnier et Mangin, *Recherches sur la respiration des végétaux ;* auxquels ces détails sont empruntés.

les plantes à l'action de l'oxygène dans un gaz inerte ou dans le vide.

Pasteur et Müntz ont démontré que des organes végétaux qu'on prive d'oxygène peuvent continuer quelque temps à émettre CO_2, ils prennent en eux-mêmes le carbone et l'oxygène.

Cette respiration intra-moléculaire est analogue à celle de la levure de bière.

Pour étudier le phénomène, on se sert d'une sorte de baromètre avec toutes les précautions indiquées en physique pour la construction de cet instrument. La chambre barométrique de l'appareil est assez vaste pour pouvoir contenir des plantules. On maintient celles-ci humides au moyen d'une petite boule de papier imbibée d'eau bouillie. On note, au commencement d'une expérience, la température, la pression, la hauteur de la colonne mercurielle et l'heure. On connaîtra ainsi le volume d'anhydride carbonique dégagé pendant un temps donné. Si l'on compare la respiration intra-moléculaire à la respiration normale, on trouvera qu'une quantité donnée de plantules produit de moins en moins d'anhydride dans l'unité de temps, les conditions extérieures ne changeant pas. Les végétaux tombent assez rapidement dans un état pathologique particulier. Les recherches prouvent que les quantités d'anhydride carbonique exhalées sont plus grandes à la lumière qu'à l'obscurité, et que peu de plantes produisent autant d'anhydride carbonique par respiration intra-moléculaire que par respiration normale.

Si, au lieu d'opérer dans le vide, on opère dans une atmosphère d'hydrogène, on voit encore s'exhaler de l'anhydride carbonique provenant de certains éléments constituants des cellules.

Les gaz contenus dans l'intérieur des tissus végétaux subissent indéfiniment des changements de composition et de pression.

Un grand nombre de causes influent sur l'*atmosphère interne* et la différencient de plus en plus de l'air ambiant; ce sont : les variations de température, les phénomènes d'osmose et de diffusion, l'absorption d'oxygène par les matières organisées, etc.

C'est ainsi que l'on est amené à déterminer les variations de l'atmosphère interne aux différentes heures de la journée, à cause des échanges effectués par les parties vertes soumises à l'action des rayons solaires, la température et l'agitation de l'air intervenant comme facteurs importants. Les premières observations ont porté sur l'atmosphère interne des gousses plus riches en CO_2 que l'air atmosphérique, puis sur l'air intérieur des tiges qui renferment d'autant plus de CO_2 que la végétation augmente.

On a constaté tout d'abord que, dans les tiges herbacées et dans les feuilles, la respiration subit les mêmes influences. Les variations diurnes se résument de la façon suivante : 1° la proportion d'oxygène de l'atmosphère interne est faible au commencement de la journée, elle croît jusqu'à midi, puis redescend jusqu'à la chute du jour pour croître de nouveau jusque vers minuit, elle atteint son maximum entre minuit et deux heures du matin ; 2° la lumière joue un grand rôle dans ces variations ; 3° toute diminution dans le pouvoir absorbant doit se traduire par une augmentation d'oxygène ; 4° en général CO_2 est d'autant plus considérable que l'oxygène est plus faible, mais il n'y a pas de rapport simple entre les volumes de ces gaz à un moment donné ; 5° CO_2 s'accumule dans les tissus pendant l'obscurité et se dégage surtout le matin, lorsque la lumière agit même diffusée ; 6° les plantes dont l'atmosphère interne est riche en oxygène, contiennent peu d'acide carbonique, ce sont celles qui portent des feuilles persistantes ; au contraire, les plantes à feuilles caduques renferment peu d'oxygène et sont riches en CO_2 ; 7° il y a une relation intime entre l'énergie de la végétation et la proportion de CO_2. Une plante souffrante ou étiolée contient plus d'oxygène que d'acide carbonique. Inversement, une plante en pleine végétation est le siège d'oxydations énergiques et le rapport $\dfrac{CO_2}{O}$ est inférieur à l'unité.

114. Dégagement de chaleur. — Au phénomène de respiration est lié un phénomène calorifique, un dégagement de chaleur. Dans certaines circonstances, la chaleur émise par les végétaux peut être très considérable. On a prouvé que les tissus doués d'une respiration très active, possèdent une température de plusieurs degrés supérieure à celle du milieu environnant.

Il est aisé de montrer, par exemple, que des graines en germination dégagent de la chaleur.

Sous une cloche en verre, on place un flacon renfermant une solution de potasse ; dans le goulot, on introduit le tube d'un entonnoir, puis on ferme la cloche, et, dans son bouchon, on fait passer un thermomètre, de telle manière que le réservoir à mercure soit entouré par les graines en germination. On ne remplit pas entièrement les entonnoirs de graines, mais on achève de les remplir avec des corps inertes comme des boulettes de papier, et dans celles-ci plongera un second thermomètre. On s'assure préalablement que les indications de ce dernier concordent avec celles de l'autre, puis on constate une différence de température en faveur du thermomètre plongeant dans les graines. Il est bien clair que si l'on ne bouche pas hermétiquement la cloche, les graines ou autres végétaux ne manqueront pas d'oxygène, et comme, d'autre part, on a eu soin de placer un récipient à solution de potasse, l'anhydride carbonique est absorbé au fur et à mesure qu'il se produit.

CHAPITRE V

CIRCULATION CHEZ LES VÉGÉTAUX

115. Absorption d'eau par les plantes. — Pour bien comprendre les phénomènes qui accompagnent l'absorption de l'eau par les végétaux, il faut connaître quelques résultats d'expériences faites sur les relations qui existent entre l'eau et le sol.

Si l'on expose à l'action de l'humidité atmosphérique des récipients de verre contenant des terres sèches provenant de sols sablonneux et argileux, on constatera qu'au bout d'un certain temps la terre employée a augmenté de poids par suite de la condensation de vapeur d'eau ; on constatera aussi que la terre d'un sol argileux condense plus d'eau que celle d'un sol sablonneux.

En outre, le sol possède la propriété d'aspirer l'eau par capillarité. Pour étudier cette action, on remplit de terre fine des tubes de petit diamètre, on plonge sous l'eau leur partie inférieure, on détermine ensuite la hauteur à laquelle cette eau s'élève. Il est aisé de constater ainsi que l'eau monte moins vite dans une terre argileuse que dans une terre sablonneuse ; mais si on ne se contente pas d'examiner la vitesse d'ascension, on constate que l'humidité s'élève à une plus grande hauteur dans le tube rempli de terre argileuse que dans l'autre. Pour déterminer la vitesse avec laquelle l'eau pénètre dans une terre sèche et la profondeur à laquelle elle parvient, on verse dans chaque tube une couche d'eau, et on constate les mêmes phénomènes que pour l'ascension.

Les parcelles d'un sol plus ou moins humide sont enveloppées par une couche aqueuse. Il est clair que les molécules d'eau voisines des particules du sol, seront plus énergiquement retenues que les autres. Si l'on cultive, en effet, une plante jusqu'à ce qu'elle ait développé un certain nombre de feuilles, et si l'on cesse de lui fournir de l'eau, on la verra se flétrir peu à peu. Quand la plante sera naturellement desséchée, si l'on détermine expérimentalement par une dessiccation à 100° la quantité d'eau que contient la terre, on trouve qu'après le flétrissement, elle en contient encore 15 p. 100 environ. Le flétrissement résulte, semble-t-il, de ce que les plantes ne peuvent absorber assez vite et en quantité suffisante l'eau retenue dans le sol.

On peut compléter l'expérience de la manière suivante : Lorsque la plante est entièrement flétrie, on prend quelques grammes de terre qu'on place dans une enceinte dont l'air contient beaucoup de vapeur d'eau, sans toutefois qu'il y ait un dépôt de rosée. Pour entretenir l'humidité de l'enceinte on place, à côté de la terre, un bocal plein d'eau. Malgré cela, non seulement les échantillons de terre ne s'imbibent pas davantage, mais encore ils perdent de l'eau par évaporation. Les plantes peuvent donc se flétrir dans un sol qui renferme assez d'eau pour empêcher la condensation de la vapeur.

C'est un fait d'expérience journalière qu'une plante fanée reprend son aspect normal lorsqu'elle est arrosée; on en conclut avec certitude que la racine absorbe l'eau du sol. On se rend compte du siège exact de l'absorption par la racine au moyen de l'expérience suivante :

On fait tout d'abord choix de plantes à racines déjà longues et l'on dispose celles-ci dans des bocaux de verre. On verse ensuite de l'eau dans ces récipients, de manière que dans le premier la pointe de la racine soit seule immergée; dans le second, l'eau arrive jusqu'à dépasser les premiers poils radicaux; dans le troisième, toute la zone pilifère est submergée; dans un quatrième enfin, la racine entière plonge dans le liquide. On empêche les portions émergées de la racine d'être en contact avec la vapeur que l'eau pourrait émettre en recouvrant celle-ci d'une couche d'huile.

Dans ces conditions, les plantes des deux premiers vases se flétrissent; celles des troisième et quatrième poussent également bien.

On complète l'expérience comme il suit : On recourbe une racine de manière que sa pointe et la région supérieure aux poils plongent dans l'eau, et, dans cet état, la plante se flétrit; on la courbe en sens inverse, c'est-à-dire de façon que la pointe et la région supérieure aux poils soient émergées, la zone pilifère seule plongeant dans l'eau, et la plante prospère. On a ainsi la preuve que l'absorption est tout entière localisée dans la région pilifère.

L'eau du sol et les substances tenues en dissolution pénètrent à travers la membrane des poils, suivant les lois physiques de l'osmose et de la diffusion, jusqu'à ce qu'un équilibre s'établisse entre le milieu extérieur et le contenu des poils. Puis, si l'eau absorbée n'est pas consommée, aucune autre absorption ne se produit; mais si le végétal consomme ou l'eau ou les matières dissoutes, les phénomènes d'osmose et de diffusion se continuent. *C'est donc la consommation de l'eau et des matières dissoutes qui règle l'absorption.*

Les diverses matières dissoutes sont, d'ailleurs, très inégalement absorbées. Chacune d'elles, en effet, pénètre dans la racine en proportion égale à celle qui est consommée au même instant dans les tissus végétaux; par conséquent, son absorption varie dans un même végétal suivant son âge, et, à égalité d'âge, suivant l'espèce.

Il résulte de cela qu'une substance qui se trouve n'exister dans la terre qu'en proportions infinitésimales, peut s'accumuler dans le corps de la plante en grande quantité, si elle est à tout instant combinée et fixée. De même, une matière qui est très abondante dans les liquides du sol peut ne se retrouver dans le végétal qu'en proportions assez minimes pour échapper à l'analyse.

Toutes les substances dissoutes ne sont pas également absorbables, et un certain nombre ne le sont en aucune façon. Les matières albuminoïdes, par exemple, sont incapables de traverser la membrane des poils et de pénétrer dans la racine.

Le protoplasma et les hydroleucites que contient chaque poil sont doués d'un pouvoir osmotique considérable ; le liquide du sol y pénètre jusqu'à ce qu'il ait atteint à l'intérieur une pression suffisamment forte. Cette pression est à chaque instant diminuée sur la face interne d'une cellule de la surface par le passage dans les couches profondes du liquide absorbé, alors une nouvelle quantité d'eau est aspirée du sol dans le poil, et ainsi de suite.

Cependant, peu à peu, sous l'action sans cesse renouvelée de l'eau, les leucites et le protoplasma se dissolvent et s'usent ; le pouvoir osmotique du contenu cellulaire va s'épuisant, il finit par s'annuler, et toute absorption devient impossible, puisque les conditions de l'osmose disparaissent. Alors le poil, perdant la faculté de jouer un rôle, se flétrit, puis tombe.

Chez un grand nombre de feuilles, le limbe plongé dans l'eau se montre comme enveloppé d'une couche argentée, interrompue seulement sur le trajet des grosses nervures. Si on retire ces feuilles de l'eau, on s'aperçoit que la cuticule n'est mouillée que sur les nervures et sur les poils. La couche argentée est produite par la présence d'air entre l'eau et les tissus foliaires, ce qui détermine un phénomène de réflexion totale.

Pour examiner si, pendant le séjour dans l'eau, le liquide a pu pénétrer, on mouille des feuilles préalablement pesées, en ayant soin de ne pas humecter la surface de section du pétiole ; on les retire ensuite de l'eau, on les essuie soigneusement, et on constate que leur poids a sensiblement augmenté, résultat qui semble dû à une absorption d'eau.

L'absorption de l'eau par les fruits et les graines n'a pas, au point de vue physiologique, une importance bien considérable. Après avoir pesé des fruits, si on les laisse séjourner dans l'eau, on constatera une augmentation de poids.

L'immersion de grains de Blé dans l'eau amène rapidement leur gonflement et leur ramollissement. Le tégument mince qui les recouvre laisse facilement pénétrer l'eau à l'intérieur des grains.

Certaines graines, comme celles du Lupin, sont presque imperméables; d'autres au contraire se gonflent très facilement, comme celles du Pois. Il y en a qui, au contact de l'humidité, laissent échapper une substance gélatineuse capable d'attirer énergiquement l'eau et de la retenir.

Pour être complètement gonflées, des graines différentes absorbent des quantités d'eau qui varient beaucoup. La capacité de gonflement des graines est aussi très variable; les graines du Pois absorbent environ 100 p. 100 de leur poids d'eau, celles du Blé n'absorbent que 40 à 60 p. 100.

Lorsqu'on étudie le gonflement des graines, on constate rapidement que le volume des matériaux gonflés l'emporte beaucoup sur celui qu'ils possèdent à l'état de siccité : il peut être utile de rechercher si la somme des volumes d'une quantité donnée de graines et de la quantité d'eau nécessaire à son gonflement, subit des changements par suite de celui-ci.

Les expériences montrent que, lorsque des graines viennent en contact avec de l'eau, il se produit d'abord une grande augmentation du volume total de l'eau et des graines. La cause de cette augmentation de volume, qui peut paraître insolite puisqu'il devrait se produire des phénomènes d'imbibition et surtout de condensation, doit être recherchée dans le déplissement du tégument au début du gonflement.

Dans les graines de Pois, par exemple, le tégument se détache des cotylédons et forme ainsi des cavités pleines d'air, situées entre les cotylédons et les enveloppes. Cela augmente évidemment le volume total. Plus tard, il se produit, dans ce volume, une diminution déterminée par l'absorption de l'eau que la graine même fixe pour végéter.

116. Circulation de l'eau dans les plantes. — Les phénomènes d'osmose et de gonflement des cellules pendant l'absorption sont capables de fournir des pressions pouvant pousser les liquides à travers les membranes cellulaires, de manière à les faire parvenir jusqu'aux faisceaux ligneux. Quelques expériences simples mettent ce fait en évidence.

On coupe transversalement, à quelques centimètres au-dessus du sol, la tige d'une plante cultivée en pleine terre ou en pot. Sur le tronçon de tige on adapte un court tuyau de caoutchouc, qui a pour rôle d'unir la tige tranchée avec un tube de verre. On a soin de lier fortement le tuyau de caoutchouc, de manière à interdire tout accès d'air. Sur le verre, au-dessus de l'insertion du tube de caoutchouc, on marque un trait de repère et l'on remplit le tube d'eau jusqu'à ce trait. Le niveau du liquide monte immédia-

ment dans le tube, à condition toutefois que la terre dans laquelle
est plantée la tige contienne une grande quantité d'eau.

On peut faire usage d'un autre dispositif :

Sur le tronçon de la tige sans feuilles on adapte un tube en forme
de T. La branche verticale de ce tube est fermée à son extrémité
supérieure par un bouchon de liège, la partie horizontale est mise
en communication avec un manomètre à mercure. Au bout de quelques minutes, la sève brute, à mesure qu'elle sort de la section,
remplit le tube et pousse le mercure qui monte dans la branche
ouverte du manomètre (fig. 494). Une section de 5 cent. carrés
chasse ainsi la sève avec une force capable de soulever 5 kilogrammes (expérience de Hales).

L'écoulement de la sève se manifeste encore de la manière
suivante : On pratique au printemps, dans le tronc d'un arbre,
un orifice qui atteint à peu près son milieu. On fixe, dans cet orifice, un tube de verre courbé à angle droit, et dont l'une des
branches est introduite dans un flacon de verre placé sur le sol.
Une quantité considérable de liquide s'échappe alors de l'arbre

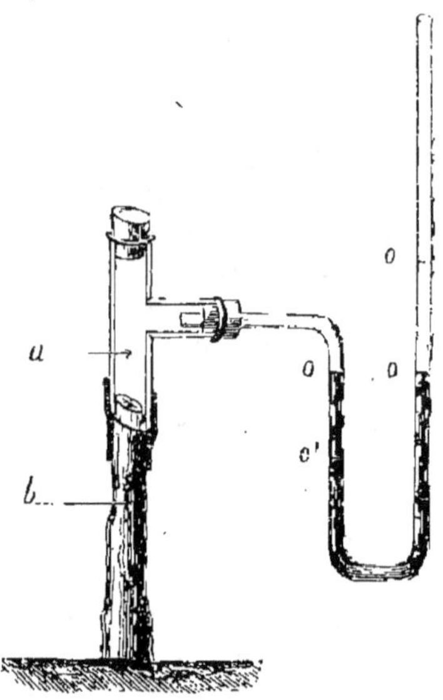

Fig. 494. — Poussée des racines (*).

et il arrive fréquemment que l'écoulement soit moindre pendant
le jour que pendant la nuit, et souvent même qu'il ne se produise
pas dans le jour.

Ce fait s'explique aisément : la sève, que la racine absorbe dans
le sol, est conduite dans la tige ; elle sert, pendant le jour, à répa-
rer les pertes produites par l'évaporation de l'eau et par un phénomène dont il sera question plus loin, la *transpiration*. Comme ces
deux causes de perte de vapeur d'eau sont très diminuées pendant
la nuit, la sève s'échappe en plus grande quantité.

A mesure que la saison avance, l'arbre se recouvre de feuilles,
la transpiration va en augmentant, et l'écoulement est complètement arrêté.

La sève ainsi recueillie par un des procédés que nous venons
d'indiquer, contient une très grande quantité d'eau ; si on l'évapore,

on obtient un résidu composé de substances minérales et organiques. Le résidu de l'évaporation d'une sève étant calciné dans une capsule de platine, on en détruit toute la matière organique. On peut alors y chercher les substances minérales.

117. Influence des conditions extérieures sur l'écoulement de la sève. — Des tiges tranchées comme il a été expliqué précédemment sont transportées dans une enceinte dont la température est constante. On notera d'abord la quantité de sève écoulée pendant une heure, puis cette même quantité après avoir fortement arrosé la terre. On verra que l'écoulement est beaucoup augmenté.

La température exerce une influence considérable sur l'écoulement de la sève. Il existe en général, pour chaque plante, une température optima au delà de laquelle diminue la quantité de liquide écoulé; cette quantité devient ensuite nulle à une température déterminée.

Lorsqu'on recherche la quantité de sève qu'une tige laisse écouler pendant l'unité de temps à divers moments de la journée, on trouve que les quantités varient, même lorsque les conditions extérieures ne changent pas.

Pour des plantes différentes il y a une grande diversité dans les maximums d'intensité des écoulements séveux. Chez les unes, le maximum a lieu vers le milieu du jour; chez d'autres, il se produit dans la soirée.

Les causes qui déterminent dans les végétaux le transport du liquide absorbé par les racines sont des plus complexes; il se produit cependant des phénomènes d'osmose dont nous allons, par une expérience fort simple, donner une idée :

On prépare un tube de verre que l'on ferme à sa partie inférieure par une membrane animale ; on l'emplit complètement d'une solution sucrée. On l'introduit dans un verre, de façon que

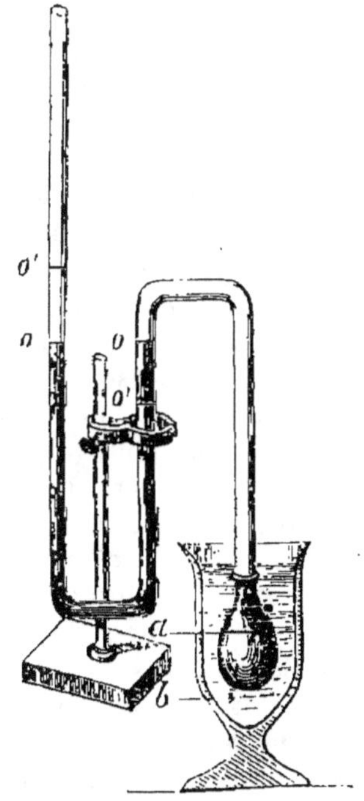

Fig. 405. — Endosmomètre (*).

son extrémité inférieure plonge dans l'eau distillée qui remplit ce dernier. Aussitôt que l'appareil est monté, on voit l'eau distillée pénétrer à travers la membrane animale dans le tube, pen-

(*) *a*, eau sucrée contenue dans une membrane animale. — *b*, verre renfermant de l'eau distillée. — *o, o*, niveau primitif. — *o', o'*, niveau après l'osmose.

dant que la dissolution sucrée en sort, mais en beaucoup moins grande quantité. Il résulte de là qu'il se produira dans le tube des pressions qui pourront être mesurées au manomètre (fig. 495).

Il est bien évident que les causes qui déterminent le mouvement de la sève dans une tige sont moins simples que ceux-ci; cependant, lorsque la production des pressions dans les plantes est due à un phénomène osmotique, la couche membraneuse du protoplasma joue dans la cellule végétale un rôle important. Cette expérience, au point de vue de la physiologie végétale, offre donc un intérêt considérable. Dans les cellules des tissus radicaux les propriétés du contenu cellulaire déterminent la production de pression, les éléments histologiques deviennent *turgescents*, et laissent échapper une portion de leur contenu qui pénètre les vaisseaux, et de là se trouve poussé vers le haut de la tige.

Il est une autre série de phénomènes qui sont aussi causes de l'ascension de la sève, ce sont la *transpiration* et la *chlorovaporisation*.

118. Transpiration. — Une feuille émet incessamment de la vapeur d'eau dans le milieu extérieur. Pour montrer l'existence de cette fonction, il faut opérer sur des feuilles privées de chloro-phylle, ou sur des feuilles vertes placées soit à l'obscurité, soit à une lumière très faible. L'intensité de la transpiration peut être mesurée par les méthodes qui suivent :

1º Une plante feuillée, enracinée dans la terre humide d'un pot, est recouverte d'une cloche de verre. On a soin de vernisser le pot et de recouvrir la terre d'un disque de plomb troué en son milieu pour laisser passer la tige. La vapeur d'eau émise par la feuille vient, alors, se condenser sur les parois de la cloche ; le liquide qui ruisselle, peut, si l'on place préalablement le pot sur une assiette, être recueilli et ensuite pesé.

2º On peut encore laisser la plante exposée à l'air libre, la vapeur qu'elle exhale se répand dans l'atmosphère, mais en la pesant avec son pot à des intervalles de temps réguliers, la perte de poids éprouvée mesure à peu près la quantité d'eau transpirée.

3º Souvent aussi, on coupe une feuille à sa base et on introduit son pétiole dans un bouchon de caoutchouc qui ferme hermétiquement un tube rempli d'eau. On marque un trait de repère à l'endroit où le liquide s'élève dans le tube et on abandonne la feuille à elle-même. L'eau transpirée par sa surface sera remplacée par une quantité égale d'eau puisée dans le tube et le niveau du liquide se déplacera. Si l'on a marqué sur le tube un second trait de repère et si l'on a jaugé l'espace compris entre celui-ci et le premier, on pourra prolonger l'expérience jusqu'à ce que le niveau du liquide dans le tube atteigne le second trait; en évaluant le temps, on détermi-nera le volume de l'eau transpirée pendant une heure ou deux.

4° On observe une feuille sans la séparer de sa tige avec le dispositif que montre la figure 496. L'appareil est un simple tube fermé par un bouchon fendu, et renfermant des substances hygrométriques préalablement pesées.

L'intensité de la transpiration d'une feuille varie avec les conditions extérieures.

Les plantes transpirent beaucoup plus dans l'air sec que dans l'air humide. Pour le démontrer, on place l'un quelconque des appareils décrits plus haut sous une cloche dont la paroi a été arrosée d'eau, en ayant soin de maintenir égaux l'éclairage et la température, on voit que la transpiration diminue.

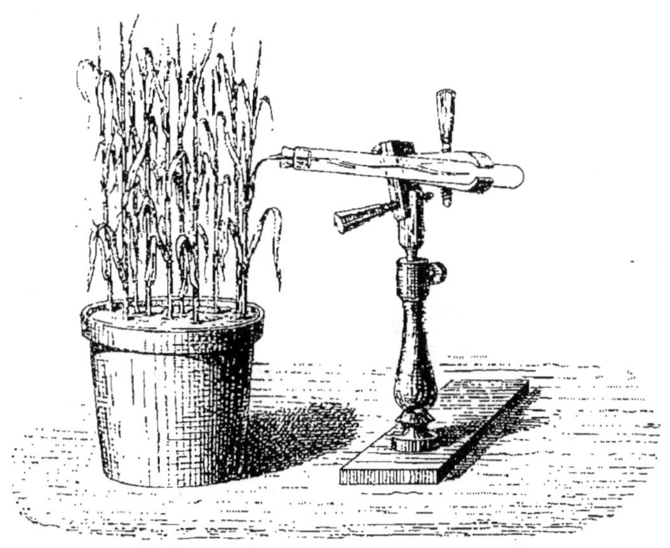

Fig. 496. — Mesure de la transpiration d'une plante.

De même, on prouve facilement qu'une plante donnée perd beaucoup plus de vapeur d'eau sous une haute température que sous une basse. Ces deux conditions agissent de concert.

La transpiration peut s'exagérer considérablement. Il semble qu'elle soit limitée surtout par l'arrivée parcimonieuse de l'eau. Les racines, en effet, n'ont qu'une certaine surface d'absorption réglant forcément la quantité d'eau qui doit entrer dans une plante pendant un temps donné.

Au lieu de sectionner la plante auprès du sol, comme dans une précédente expérience (fig. 494), on coupe la tige à une hauteur de 30 centimètres au-dessus de A (fig. 497), de manière à laisser quelques branches feuillées sous la section.

On ajuste un tube qu'on remplit d'eau jusqu'en *m*; au bout de quelques minutes, le niveau baisse avec une vitesse qu'on mesure par une lecture sur une échelle graduée.

Une plante, qui a poussé sur un sol très desséché, absorbe ainsi une certaine quantité d'eau qui sert, d'une part, à augmenter la turgescence des tissus, et qui, d'autre part, sert à exagérer la transpiration. Si on opère sur une plante poussant dans un sol très humide, le niveau baisse moins rapidement dans le tube. On doit admettre, en ce cas, que les racines introduisent le maximum d'eau qu'elles peuvent absorber par leur surface en contact avec un sol saturé. D'un autre côté, la turgescence de la plante est aussi satisfaite. L'eau absorbée à la surface de section est donc un complément qui exagère la transpiration. Ce rôle d'attraction de l'eau, par les feuilles, est sensiblement proportionnel à leur surface. En effet, si l'on supprime les feuilles une à une, on voit diminuer la vitesse de descente de l'eau dans le tube. Quand toutes les feuilles ont

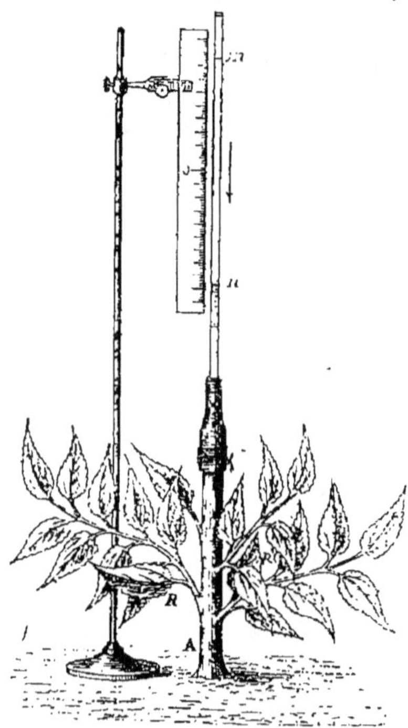

Fig. 497. — Aspiration de l'eau par les feuilles (E. Gain).

été enlevées, la colonne d'eau remonte de *n* en *m*, on se retrouve dans le cas offert par la figure 494.

La transpiration est donc une force d'attraction considérable qui attire l'eau dans la plante et n'est pas équilibrée même dans le cas d'un sol saturé d'humidité. (E. Gain.)

La lumière augmente l'énergie de la transpiration. Pour le faire voir, on effectue les observations dans une enceinte qui ne reçoit que de la lumière diffuse et peut être rendue obscure à volonté. On place sur une balance un pot de terre vernissée ou un vase de verre dans lequel est planté le végétal en expérience, la terre dans laquelle il est cultivé devant être recouverte d'un disque de plomb ou de verre. On éclaire ensuite la plante pendant une demi-heure, puis on la plonge durant le même temps dans l'obscurité, on l'éclaire de nouveau et ainsi de suite. Pendant chaque période de l'expérience, la température de la terre et celle de l'air ne doivent pas changer, l'état hygrométrique doit aussi rester constant. La cause de l'augmentation de transpiration àla lumière, doit être attribuée à l'action calorifique des radiations qui pénètrent dans la plante; l'élargissement des fentes stomatiques sous l'action de la lumière entre aussi en ligne de compte.

Un autre fait remarquable, qu'on peut observer quand on étudie la transpiration, c'est que la quantité de vapeur d'eau émise pendant l'unité de temps par une surface donnée est moins grande que celle qui s'échappe d'une couche d'eau libre de même étendue.

Pour le démontrer on peut effectuer l'expérience suivante due à Detmer (1) :

Dans un vase de verre rempli de terre, on fait germer une graine de Haricot. Lorsque la plantule a étalé ses cotylédons, on place une lame de verre sur le bord du vase. Cette lame de verre doit être percée de trois ouvertures, celle du centre sert à laisser passer la tige, l'autre un thermomètre, la troisième est fermée par un bouchon de liège. On détermine le poids de tout l'appareil ainsi que celui d'un cristallisoir plein d'eau.

Au bout de 24 heures, on pèse de nouveau. On évalue la surface de la couche d'eau. Pour obtenir celle de la surface foliaire on trempe un papier très homogène dans une solution de bichromate de potassium, puis on le laisse sécher, et on en pèse un morceau d'une surface donnée ; on coupe alors les deux cotylédons et on les place sur un morceau du papier ainsi préparé, pour exposer le tout à la lumière solaire. La partie non couverte par les feuilles deviendra rapidement plus brune. On découpera soigneusement les empreintes des feuilles et on déterminera le poids du papier employé. Comme on connaît le poids du papier pour une surface donnée on déduira de là, par un calcul aisé, la surface des feuilles. L'expérience conduite ainsi, montre que, pour le Haricot, une surface de 100 centimètres carrés perd 1,99 gr. d'eau, tandis qu'une surface d'eau libre de 100 centimètres carrés perd 11,3 gr., en vingt-quatre heures.

Toutes les forces que nous venons d'étudier agissent simultanément, leur résultante détermine un vide relatif dans la plante. On peut s'en assurer en coupant une jeune tige sous le mercure, celui-ci injecte le bois jusqu'à une certaine hauteur.

Lorsqu'on coupe une branche très longue, les feuilles et fleurs s'en fanent rapidement au soleil, même quand on la plonge dans l'eau ; l'air intérieur s'est mis en équilibre de pression avec celui de l'atmosphère, et l'eau, n'étant plus aspirée, ne peut remplacer celle

____

(1) Voy. Detmer, *Manuel technique de Physiologie végétale*, Paris, 1890.

qui est enlevée. En fixant (fig. 498) l'extrémité de la branche *a* dans un tube en U renfermant de l'eau comprimée par une colonne de mercure *oo'*, de l'air est expulsé et un vide relatif s'établit : l'eau peut alors circuler dans la branche comme dans un végétal entier. Si, au lieu d'une branche de grande longueur, on avait pris un rameau court, la capillarité aurait fait monter le liquide jusqu'aux feuilles et dissimulé l'influence de la pression (Schribaux et Nanot).

Les conditions extérieures restant les mêmes, l'énergie de la transpiration varie avec l'âge de la feuille. Elle est plus forte quand la feuille vient d'achever sa croissance. A égalité d'âge, l'activité de la transpiration varie avec la nature du végétal. Les régions cuticularisées des épidermes foliaires ont une certaine importance dans le phénomène, parce qu'elles ne sont pas absolument imperméables à la vapeur d'eau.

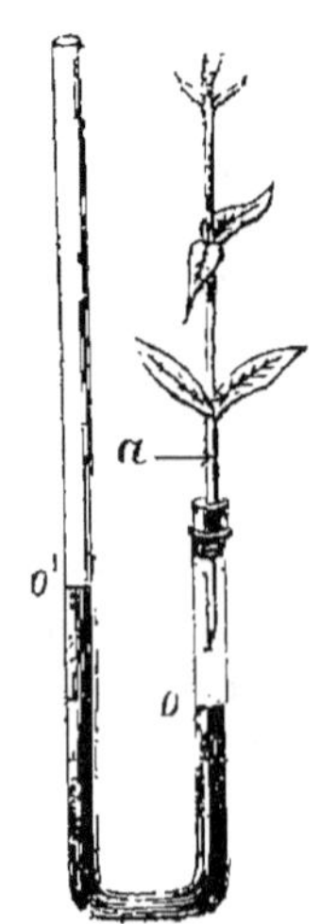

Fig. 498. — Injection d'eau dans un rameau (*).

119. Chlorovaporisation. — En même temps que la plante utilise une partie des radiations absorbées par la chlorophylle pour décomposer l'anhydride carbonique de l'air et assimiler le carbone, elle utilise l'autre partie des radiations absorbées pour exhaler une certaine quantité de vapeur d'eau. C'est ce phénomène que l'on désigne aujourd'hui sous le nom de chlorovaporisation et qui est distinct de la transpiration (Van Tieghem).

La chlorovaporisation a son siège dans les chloroleucites, elle est dépendante de la lumière et de la chlorophylle ; elle ne s'opère que dans les plantes vertes, jamais on ne la constate dans les plantes dépourvues de pigment chlorophyllien.

La chlorovaporisation est beaucoup plus active que la transpiration, à laquelle elle ajoute son effet, mais cette dernière est localisée dans le protoplasma.

Pour mesurer l'intensité du phénomène, on applique l'une des méthodes indiquées précédemment pour la transpiration, avec cette différence qu'on doit opérer en pleine lumière et sur une plante verte. La quantité d'eau que l'on recueille en plaçant le végétal sous la cloche, la perte de poids subie par la plante que l'on pèse dans l'air libre, et la quantité d'eau absorbée par une feuille adaptée à l'extrémité d'un tube, mesurent la somme de la transpiration et de la chlorovaporisation.

(*) *a*, rameau à injecter. — *o, o'*, tube contenant l'eau et le mercure.

Pour séparer ces deux fonctions, il convient de mesurer l'intensité de la transpiration de la feuille considérée en pleine lumière. Cette détermination pourra se faire avec une feuille décolorée identique en nature et en surface à celle qui est l'objet de l'expérience. De cette façon on constate que, bien que favorisée par l'action de la lumière directe, la transpiration ne prend qu'une part très faible au phénomène total. La plus grande quantité de l'eau perdue à la lumière par une plante verte est due à la chlorovaporisation (1).

La surface considérable des feuilles, surface qui est parfois beaucoup accrue encore par des productions pilifères, explique l'intensité du phénomène. Il faut, de plus, observer que l'intérieur du tissu foliaire est rempli de méats aérifères en rapport les uns avec les autres ; ces méats forment dans la feuille une atmosphère interne que les stomates toujours béants à la lumière mettent en relation directe avec l'extérieur. La chlorovaporisation s'accomplit le long de ces surfaces intérieures : la tension de la vapeur y devient de plus en plus forte, mais l'équilibre s'établit par sa sortie à travers les stomates.

Il y a donc là une nouvelle distinction entre la transpiration et la chlorovaporisation. L'accomplissement de la transpiration a lieu suivant les surfaces externes ; tandis que l'eau chlorovaporisée s'exhale suivant la surface interne et sort par les stomates.

Ceux-ci jouent un rôle prépondérant dans le phénomène. Il existe une certaine relation entre l'activité chlorovaporisatrice d'un organe et le nombre de ses stomates, mais il n'y a pas proportionnalité directe, car la vapeur qui s'échappe prend naissance dans des espaces intercellulaires. On ne doit pas prendre seulement en considération le nombre des stomates, mais aussi la forme, le nombre et surtout le volume des cavités intercellulaires. Sur la surface inférieure d'une feuille qui est bien plus riche en stomates que la supérieure, l'énergie de la chlorovaporisation est plus considérable.

L'intensité de la chlorovaporisation dépend de la réfrangibilité et de l'intensité de la lumière incidente, en même temps que de la température, de l'âge et de la nature de la plante.

En plaçant des feuilles en activité dans diverses régions du spectre, on voit que les radiations les plus actives sont d'abord celles comprises entre les raies B et C, rayons rouges, et ensuite celles qui forment la partie la plus réfrangible du spectre, rayons bleus et violets. Les rayons verts et les rayons jaunes n'ont aucune action.

Par conséquent les radiations que la chlorophylle absorbe dans

(1) Voir à ce sujet les nombres donnés pour la perte d'eau en poids par diverses plantes, dans les *Éléments de Botanique* de Van Tieghem, Paris, 1891.

la lumière provoquent la chlorovaporisation à l'intérieur de la feuille, ce sont elles qui produisent en même temps l'assimilation.

Sous une faible intensité lumineuse, la chlorovaporisation commence. Le phénomène croît en activité, avec la lumière et aussi avec la température. L'assimilation et la chlorovaporisation se partagent en quelque sorte les radiations absorbées par les chloroleucites. On peut donc, avec quelque raison, penser que si l'on arrête l'une des deux fonctions, l'autre se trouvera en mesure d'utiliser toutes les radiations absorbées et s'accomplira avec une énergie plus grande. Or, si l'on met une feuille en voie de chlorovaporisation dans une atmosphère très humide, le phénomène se ralentit, il cesse quand la feuille est plongée dans l'eau. Dans ces conditions, au contraire, si l'on reprend les expériences que nous avons faites antérieurement sur l'assimilation, on voit l'énergie de cette fonction s'accroître.

Nous avons vu aussi que dans une atmosphère dépouillée d'anhydride carbonique l'assimilation est interrompue. L'expérience montre que l'intensité de la chlorovaporisation en ce cas est très notablement augmentée.

Le phénomène varie pourtant avec l'espèce. On peut dire, d'une manière générale, que les plantes herbacées, comme les Graminées, possèdent au plus haut point la fonction de chlorovaporisation. Les feuilles caduques des arbustes et des arbres la possèdent à un degré plus faible, le minimum est donné par les plantes à feuilles persistantes et charnues.

Les conditions extérieures restant invariables pour une même plante, la chlorovaporisation dépend de l'âge de l'organe.

Le phénomène étant surtout actif dans les feuilles, on constate que la chlorovaporisation atteint son maximum quand la feuille termine sa croissance.

« Cette fonction de la feuille est un des phénomènes les plus importants de la vie de la plante » (Van Tieghem). Si l'on compare, en effet, les petites quantités d'eau consommées par la croissance et émises par transpiration, à la production considérable due à l'énergie de la chlorovaporisation, on doit dire que celle-ci est le régulateur de l'absorption des liquides dans le sol. C'est elle qui active le courant d'eau constant tenant en dissolution les aliments solubles indispensables à la plante, courant qui s'élève constamment de la racine aux feuilles les plus lointaines. Le liquide, en s'évaporant, laisse au végétal les substances qu'il tenait en dissolution et sans lesquelles il ne peut se développer.

Au coucher du soleil, la chlorovaporisation se trouve arrêtée, mais, comme les feuilles reçoivent du liquide des racines, une forte pression s'établit en elles et l'eau perle à leur surface en gouttelettes limpides. Le phénomène d'émission d'eau ne cesse qu'au retour de la lumière.

Le liquide est ainsi émis des feuilles par les stomates aquifères toujours placés au-dessus des terminaisons extrêmes des nervures, ordinairement au bord du limbe ou sur sa face supérieure.

Ce liquide est une dissolution très faible de carbonate de calcium. Quelquefois, lorsque la région foliaire qu'il a traversée est riche en glucose, saccharose, etc., il est sucré.

Telles sont les causes de l'ascension à travers la tige des liquides nutritifs absorbés dans le sol. Il nous faut maintenant revenir à l'objet principal de ce chapitre, et rechercher la voie suivie par ces liquides pour parvenir aux stomates aquifères des feuilles.

120. Appareil circulatoire des plantes. — Si l'on vient à pratiquer à la base d'une branche d'arbre ou d'arbuste une découpure en forme d'anneau atteignant le bois, on verra, à condition de ne pas détacher le rameau de la plante mère, la branche rester fraîche pendant un temps assez considérable; la transpiration et la chlorovaporisation continuent avec la même intensité, et le transport de l'eau n'est pas interrompu par l'enlèvement de l'anneau. L'écorce ne possède donc aucun tissu apte à transporter le liquide de la base au sommet de la plante. On sait aussi que, dans les végétaux adultes, la moelle est desséchée ou détruite, ce qui n'empêche nullement ces fonctions de s'accomplir. La moelle ne joue donc aucun rôle dans le transport du liquide. On est alors conduit à supposer que ce rôle est dévolu aux faisceaux libéro-ligneux. L'expérience justifie pleinement cette hypothèse.

Pour le démontrer, on coupe un rameau d'une plante feuillée en bon état, on l'introduit par sa surface de section dans une éprouvette contenant un liquide coloré, fuchsine, ou vert de méthyle, si l'on a eu soin de prendre une tige transparente comme celle de la Balsamine on pourra aisément suivre le phénomène. Au bout d'un temps assez court, le liquide coloré s'élève rapidement dans la tige si la transpiration est active.

Des sections transversales faites à ce moment à travers le rameau montreront que la seule partie des faisceaux libéro-ligneux qui soit colorée est celle qui est tournée vers le centre, c'est-à-dire la partie ligneuse.

A la vérité, l'expérience faite ainsi n'est pas concluante, car nous avons vu, en anatomie, que les membranes des faisceaux ligneux jouissent de la propriété d'attirer fortement les matières colorantes et l'on serait en droit de supposer que ces membranes ont enlevé la matière colorante aux autres tissus. Cependant, l'expérience effectuée sur la plante vivante qui nous a montré le rôle négatif joué par l'écorce dans la circulation de l'eau, enlève de sa valeur à l'objection. On doit néanmoins chercher à donner aux expériences une forme plus précise.

On coupe deux pousses de Balsamine aussi semblables que possible, on les plonge dans l'eau par leur base de section et on les abandonne pendant plusieurs heures à elles-mêmes sous une cloche de verre dont la paroi aura été arrosée d'eau. Ensuite on les introduit dans une solution de vert de méthyle, dans des conditions telles que l'une des pousses chlorovaporise et transpire activement, l'autre étant préservée autant que possible de toute émission d'eau. La matière colorante dans celle-ci s'élèvera faiblement, tandis qu'elle montera à une hauteur très notable dans les faisceaux libéro-ligneux de la pousse qui émet de la vapeur d'eau.

Après avoir étudié la transpiration et la chlorovaporisation, ainsi que l'absorption par les poils radicaux, il est aisé de se rendre compte du phénomène de circulation.

Avant l'apparition des feuilles la chlorovaporisation est nulle, la pression osmotique des poils radicaux pousse le liquide de bas en haut : c'est cette force qui, au printemps, fait écouler du liquide par les orifices naturels de la tige.

Lorsque la chlorovaporisation atteint son maximum d'intensité, à mesure que les vaisseaux se vident par le haut dans les feuilles, ils se remplissent par le bas; l'aspiration arrive de proche en proche à l'extrémité inférieure de la tige, puis, pénètre dans la racine jusque dans la région pilifère. L'absorption étant plus lente que la chlorovaporisation, il s'établit un vide et l'air s'introduit dans les vaisseaux.

Ces deux modes de circulation du liquide dans les vaisseaux du bois ne sont pas les seuls; il existe une quantité d'intermédiaires et, dans l'espace d'une journée, une même plante peut passer par tous les états, depuis celui où la pression des racines existe seule, jusqu'à celui où la chlorovaporisation est assez active pour annuler la pression des racines. Dans le cas le plus ordinaire, les deux forces agissent concurremment et il est difficile de dire laquelle des deux est prépondérante. La pression osmotique pousse le liquide jusqu'à une certaine hauteur dans la tige, la chlorovaporisation l'aspire à partir de cette hauteur.

Dans les feuilles, le liquide qui n'est pas transpiré ou chlorovaporisé s'enrichit des produits de l'assimilation; il est ramené dans la tige par les tubes criblés du liber qui composent les faisceaux. Ceux-ci se montrent, en effet, remplis de substances albuminoïdes épaisses et granuleuses, parmi lesquelles, souvent, on trouve des grains d'amidon.

Ce courant descendant passe de la tige dans la racine en suivant les faisceaux libériens, et s'achemine vers la pointe de celle-ci, il arrive jusqu'aux cellules mères du méristème que les substances qu'il transporte nourrissent. Le déplacement de la masse nutritive dans les tubes criblés est uniquement déterminé par la consommation en chaque point, celle-ci est lente. Il n'y a aucune poussée comparable à celle qui cause l'ascension du liquide clair dans les faisceaux ligneux.

121. Vitesse de circulation de l'eau. — On a souvent essayé de se rendre compte de la vitesse avec laquelle l'eau se déplace dans les plantes. Pour s'en rendre compte, on plonge la base de rameaux sectionnés, dans des solutions de substances colorantes et on détermine la hauteur à laquelle celles-ci parviennent dans un temps déterminé.

Cette méthode ne peut donner de bons résultats, parce qu'il se produit souvent dans la plante une décomposition de la solution colorante; certains éléments histologiques, les cellules lignifiées, surtout, retiennent la substance colorante, tandis que le liquide incolore continue son ascension.

Il existe une substance, l'azotate de lithium, qui s'élève jusqu'à la même hauteur que l'eau dans laquelle il est dissous, et que Sachs a utilisé pour les déterminations de vitesse du mouvement de l'eau.

Il est facile de comprendre qu'il faut, dans les recherches, employer plutôt des plantes entières que des organes sectionnés.

On peut prendre, par exemple, des végétaux qui se sont développés par la culture dans l'eau. On les expose préalablement pendant quelques jours à la lumière du soleil et à une haute température. On retire ensuite les plantes de leur solution nutritive, et on les place dans une solution assez faible d'azotate de lithium en ayant soin que les conditions extérieures soient aussi favorables que possible à la transpiration et à la chlorovaporisation. Au bout d'un certain temps, on coupera les tiges et, de haut en bas, on les réduira en petits fragments. On présentera ensuite à la flamme d'un bec Bunsen les morceaux de tige et des fragments de feuilles. Les quantités de lithium s'aperçoivent facilement lorsqu'elles sont considérables, et seulement quand la cendre est incandescente, lorsqu'elles sont faibles. On dirige un spectroscope vers la flamme, et, la présence d'une raie rouge brillante dans le spectre obscur du bec, décèle l'existence de l'azotate de lithium dans l'organe considéré.

Plus simplement, au bout d'un certain nombre d'heures d'expérimentation, on enlèvera à la plante un fragment de feuille. Il arrive assez fréquemment qu'on rencontre dans les feuilles de grandes quantités de lithium alors que celles qu'on recueille dans la tige, même au-dessous, sont beaucoup moindres.

122. Lois de la taille des arbres. — Connaissant les lois de la circulation de la sève, l'homme peut augmenter dans des proportions énormes la production naturelle d'un arbre fruitier; mais les arbres qui donnent beaucoup de fruits s'épuisent vite, il faut supprimer l'excès de végétation : on conçoit dès lors facilement quelle est l'importance de la *taille*.

Chaque arbre fruitier se taille d'une façon différente : pourtant jamais l'arboriculteur ne perd de vue les aphorismes suivants :

1° *Tout ce qui constitue l'arbre sort de l'œil.* — L'œil est un point écailleux placé à l'aisselle de la feuille, c'est-à-dire à sa base, entre elle et le rameau.

2° *Si l'œil reçoit beaucoup de sève, il donne une branche et pousse à bois.*

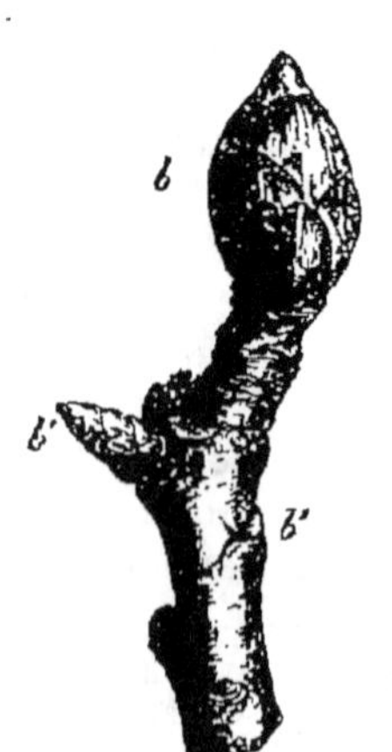

Fig. 499. — Branche de Poirier portant un bourgeon à fleur *b*, et des bourgeons à bois *b'*.

Fig. 500. — Branche de Pommier avec un bourgeon à fleur *b*, et des bourgeons à bois latéraux *b' b'*.

Fig. 501. — Rameau de Cerisier portant des bourgeons entremêlés, les uns à bois *b' b' b'*, les autres à fleur *b b b*.

En règle générale, plus la sève est favorisée dans sa circulation, plus la végétation est forte et active, plus l'arbre est disposé à *pousser à bois.*

3° *Si l'œil reçoit une quantité modérée de sève, il se change en bouton à fleur ou en productions devant porter bientôt des fleurs et des fruits* (fig. 499 à 501) ; brindille, dard, lambourde des jardiniers.

4° *Lorsqu'on ralentit ou qu'on arrête la circulation de la sève, on produit la maturité du bois ou du fruit.*

Ceci bien compris, il reste à savoir comment on peut influencer la circulation de la sève, c'est-à-dire l'*accélérer*, la *ralentir* ou l'*arrêter :*

1° Pour accélérer la circulation de la sève, il faut exposer le rameau à la lumière, c'est-à-dire tailler toutes les parties de l'arbre qui lui donnent de l'ombre, parce que la *sève se porte de préférence vers les parties éclairées.*

La taille a pour résultat de donner de l'air et de la lumière à chaque partie de l'arbre. Les arbres abrités végètent mal, les arbres trop touffus ne végètent pas aussi bien que ceux dont on a taillé les branches.

Pour accélérer la circulation de la sève, il faut aussi *relever le rameau,* parce que la *sève tend à s'élever,* elle se porte de préférence vers l'extrémité des branches.

Ainsi, en éclairant et en relevant le rameau, on obtient une plus grande circulation de la sève, on favorise la production du bois.

2° Pour ralentir la circulation de la sève, on penche les rameaux, parce que la *sève se porte et circule moins dans les branches horizontales ou inclinées* que dans les branches droites.

On peut donc faire mûrir le bois et le fruit en *inclinant les branches;* du reste, à mesure que les fruits grossissent, ils font eux-mêmes pencher la branche qui les porte et se mettent ainsi naturellement dans les meilleures conditions pour mûrir.

3° Pour arrêter la circulation de la sève, on pince ou on casse avec l'ongle l'extrémité du rameau : la *sève s'arrête au-dessous* du point pincé. Lorsqu'une branche d'arbre fruitier est très chargée de fleurs, il est souvent bon d'en pincer l'extrémité, elle ne s'allonge plus et les fruits en profitent, c'est ce que font tous les jardiniers.

4° *La beauté de la forme doit être sacrifiée à l'utilité.* — La meilleure forme à conserver, c'est la forme naturelle, c'est-à-dire le cône ou la *tête arrondie* (Forney).

CHAPITRE VI

LES MATIÈRES DE RÉSERVE

123. Accumulation des réserves. — La tige et la racine d'une plante accumulent des matériaux nutritifs qui sont mis en réserve et utilisés pour des développements ultérieurs (tréphôme de réserve).

Pour la tige, ces réserves s'emmagasinent dans les parenchymes à parois minces, dans l'écorce, le péricycle, la moelle, les rayons médullaires, les parenchymes primaires libériens et ligneux : plus tard, dans le phelloderme, les parenchymes secondaires libériens et ligneux, les rayons secondaires. La production de ces parenchymes de réserve s'exagère parfois en certains points, et une région particulière de la tige se trouve bientôt former un réservoir nutritif renflé qu'on nomme *tubercule*.

Le renflement peut occuper une zone plus ou moins considérable de la tige, il est susceptible de se détacher d'elle, de former des racines adventives, et de régénérer l'individu (fig. 502).

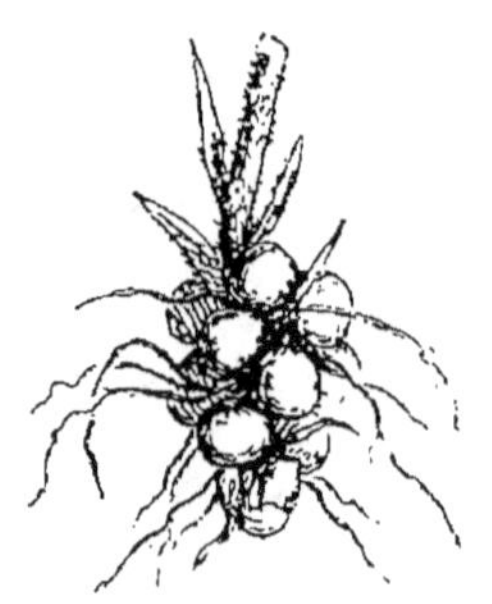

Fig. 502. — Saxifrage granulé, bulbilles situés à la base de la tige.

Pour la racine, la mise en réserve a lieu dans les diverses parties du parenchyme cortical, ou dans le conjonctif; quand l'organe peut s'épaissir par la formation de tissus secondaires et quand ceux-ci peuvent provoquer la tuberculisation, le parenchyme secondaire se charge des substances de réserve.

Les principales substances de réserve que nous allons maintenant passer en revue sont : l'amidon, les glucoses, l'inuline, les matières grasses et, accessoirement, des acides organiques, des gommes, des tannins, des huiles essentielles, des résines, des matières colorantes et des alcaloïdes. (Voir pages 18 et suivantes.)

AMIDON. — Dans un très grand nombre de tissus riches en matières de réserve les substances non azotées s'accumulent sous forme d'amidon: Il suffit, pour se rendre compte de ce fait, d'examiner au microscope des coupes minces faites dans des cotylédons de plantules, dans l'albumen d'un grain de Blé, dans un tubercule de Pomme de terre, ou dans un rhizome quelconque. On reconnaît l'amidon à la coloration bleu intense qu'il prend au contact de l'iode.

Pour doser l'amidon, on le transforme en glucose par un acide, l'acide chlorhydrique par exemple, et on en évalue la quantité au moyen de la liqueur de Fehling. La réaction de ce liquide cupro-potassique, qui s'effectue rapidement sous l'action de la chaleur, s'accomplit aussi à froid. L'oxyde cuivreux formé doit être recueilli sur un filtre, lavé à l'eau chaude et desséché. On l'additionne ensuite d'acide azotique et on le chauffe dans une capsule de platine ; il se produit de l'oxyde cuivrique que l'on pèse, On sait que 220,5 parties de celui-ci correspondent à 100 de glucose ou 90 d'amidon (1).

(1) La liqueur de Fehling se prépare comme il suit : dans 200 c.c. d'eau on dissout 34,85 gr. de sulfate cuivrique pur, on ajoute une solution de 173 gr. d'acétate sodo-po tas-

Il faut ajouter, que l'amidon contient de très petites quantités de substances minérales. On en cherchera le poids pour le déduire du poids obtenu.

Les diastases et leur action. — Les diastases sont très répandues dans les végétaux, mais en quantité différente (voir page 24 et suivantes).

L'orge germé est principalement riche en ferments solubles.

Pour préparer une solution de diastase, on broie du malt provenant d'une brasserie, et l'on obtient une poudre amorphe, sur laquelle on verse de l'eau; on laisse cette eau en contact avec la poudre, et on filtre.

En mélangeant le liquide filtré avec de l'empois d'amidon (1) il se produit peu à peu une transformation de celui-ci.

Pendant quelque temps le liquide pris dans le mélange se colore en bleu par l'addition de solution alcoolique d'iode; puis la liqueur teintée de nouveau est violette, plus tard l'expérience donne une couleur brune; finalement l'iode perd son pouvoir colorant. L'amidon s'est dédoublé sous l'action du ferment soluble en sucre et dextrine.

Mais la dextrine est elle-même un mélange de plusieurs substances qui se colorent diversement par l'iode.

L'expérience montre encore que les diastases se rencontrent dans d'autres germinations que celle de l'Orge; on en trouve aussi très facilement dans les feuilles et les tiges de plantes diverses.

L'amylase n'agit pas seulement sur l'empois d'amidon, elle agit sur les grains eux-mêmes. Les acides et les alcalis annulent son action, l'alcool et le chloroforme ne la paralysent pas.

La transformation de l'amidon sous l'influence d'une diastase s'effectue plus rapidement à haute qu'à basse température; cependant, si l'on porte le liquide provenant de l'infusion du malt à l'ébullition, il perd sa propriété.

L'expérience montre encore que la formation des diastases chez les plantes supérieures ne peut avoir lieu qu'en présence de l'oxygène de l'air.

Pour le prouver, on place dans deux cloches courbes des grains de Blé desséchés à l'air, on remplit ces cloches d'eau froide préalablement bouillie et on les renverse sur une cuve à mercure. Au bout d'un jour, on remplace l'eau de l'une des cloches par de l'air atmosphérique et celle de l'autre par de l'hydrogène rigoureusement pur; on laisse un peu d'eau pour empêcher la production

sique dans 480 c.c. d'une solution de soude caustique ayant un poids spécifique de 1,14, ou dilue le liquide à 15° jusqu'à former 1000 c.c.

(1) On prépare de l'empois d'amidon, en mélangeant 100 c.c. d'eau distillée avec 1 gr. d'amidon de Pomme de terre et portant le liquide à l'ébullition.

des vapeurs mercurielles. Dans l'air, des grains de Blé germent; dans l'hydrogène, au contraire, la germination ne s'effectue pas.

Pour analyser les grains de Blé des deux cloches, on les broie d'abord, puis, après les avoir additionnés d'eau, on filtre la liqueur.

Le liquide filtré est ensuite traité par l'empois d'amidon; l'iode montre que la macération provenant des grains exposés à l'air transforme énergiquement l'amidon, tandis que celle qui provient des grains exposés à l'hydrogène n'a qu'une capacité très médiocre de transformer l'amidon en glucose. L'action nuisible de l'hydrogène est cependant assez lente et pour obtenir des résultats exacts, il faut que les grains aient séjourné dans ce gaz deux ou trois jours au moins (Detmer).

La formation des matières ternaires s'explique par l'union, dans la cellule à chlorophylle, d'oxyde de carbone et d'hydrogène. On admet que cette cellule ne réduit pas l'anhydride carbonique en ses éléments, mais le décompose en oxygène et oxyde de carbone; il n'apparaît, alors, pour un volume d'anhydride carbonique disparu, qu'un demi-volume d'oxygène. Comme on n'a jamais obtenu d'oxygène en exposant à la lumière solaire des feuilles maintenues dans un flacon rempli d'oxyde de carbone, l'hypothèse est parfaitement admissible. On suppose aussi qu'il se produit une décomposition de l'eau en ses éléments, pour expliquer l'absence d'un autre demi-volume d'oxygène; et, comme jamais l'hydrogène ne se montre produit par des feuilles décomposant l'acide carbonique, on pense que les résidus d'oxyde de carbone et d'hydrogène se combinent. Cela conduit à admettre que cette combinaison produit un hydrate d'acide carbonique, car l'union d'hydrogène et d'anhydride carbonique maintenus au contact de feuilles ne se fait pas. L'hydrate d'acide carbonique CH^2O^3 n'a pas été isolé, mais son existence peut être considérée comme véritable, si l'on se souvient que les feuilles absorbent toujours un peu plus de gaz carbonique que n'en doit dissoudre l'eau contenue dans leurs cellules (Maquenne et Dehérain). Dès lors, on conçoit la possibilité de la formation d'aldéhyde méthylique CH^2O et d'oxygène, aux dépens de l'acide carbonique hydraté et selon la formule $CH^2O^3 = CH^2O + 2O$. Le premier produit de l'activité chimique de la cellule à chlorophylle serait donc l'aldéhyde méthylique (Baeyer).

A la vérité, on n'a pas encore trouvé d'aldéhyde méthylique libre dans les plantes; mais on sait avec quelle facilité se polymérisent les aldéhydes en général, et l'on a rencontré dans les végétaux des sucres identiques à ceux qu'on obtient en polymérisant l'aldéhyde méthylique. De plus, les feuilles de Pin et de Sapin, le suc de la Joubarbe, etc., renferment de l'acide formique CH^2O^2, dérivé très voisin de l'aldéhyde méthylique, que l'on peut supposer issu de l'oxydation directe de ce corps. L'alcool méthylique ou esprit de bois a été découvert dans le produit de distillation des feuilles de Lierre, de Maïs, d'Ortie, etc. (Maquenne). Or, la transformation d'aldéhyde méthylique en alcool est facile à réaliser dans les laboratoires, il est rationnel de penser qu'elle peut s'effectuer dans les plantes, suivant la formule : $CH^2O + H^2 = CH^4O$.

D'autres produits provenant de la condensation de l'aldéhyde méthylique se rencontrent dans les végétaux, ce sont les glucoses $C^6H^{12}O^6$, les saccharoses $C^{12}H^{22}O^{11}$, les matières amylacées et cellulosiques $C^6H^{10}O^5$, l'arabinose, la xylose, produits à cinq atomes de carbone, la perséite, renfermant sept atomes de carbone (Maquenne). D'autre part, la transformation directe de l'aldéhyde méthylique en matière sucrée isomère des glucoses a été récemment obtenue (Lœw). Tous ces faits appuient donc fortement l'hypothèse de Baeyer.

GLUCOSES. — On désigne sous le nom de *glucoses* les matières sucrées qui possèdent la propriété de réduire la liqueur de Fehling.

Pour déterminer la richesse en glucoses de graines et de germinations, on les réduit en une poudre sèche qu'on traite ensuite par l'eau froide, puis on filtre, on dilue, et, dans le liquide qui passe, on dose le sucre par la liqueur de Fehling.

On peut encore opérer par méthode microchimique. Dans des fruits, par exemple, on pratique des coupes que l'on dépose ensuite dans des solutions de sulfate de cuivre; on les y laisse séjourner peu de temps, puis on les lave à l'eau distillée. Portées alors dans une solution d'un mélange de potasse et d'acétate sodopotassique, elles donneront un précipité rouge d'oxyde cuivreux si elles contiennent du glucose (Detmer).

Les principaux glucoses sont: la dextrose, la lévulose et la galactose. Les deux premiers existent communément dans beaucoup de fruits.

Les raisins mûrs, par exemple, renferment ces deux glucoses en proportions égales comme on l'observe dans le produit appelé sucre interverti, obtenu en traitant le sucre de canne par un acide.

Les gommes et mucilages, traités par l'acide sulfurique, donnent de la galactose.

Les glucoses, premiers produits stables de la polymérisation de l'aldéhyde méthylique, ne semblent être dans les végétaux que des matériaux de transition, ils ne s'accumulent réellement que dans les fruits. Les réserves de la plante sont, ou bien la saccharose, ou bien l'amidon.

Les hydrates de carbone ne se trouvent qu'en petites quantités dans les feuilles qui accumulent l'amidon (Topinambour, Tabac, Saponaire), tandis qu'ils se montrent en quantités notables dans les feuilles qui ne contiennent que peu d'amidon (Gentiane, Iris, Oignon). Nous avons parlé, d'autre part, de la transformation des glucoses en amidon.

A côté des glucoses, il convient de placer les *inosites*, présentant la même formule, mais ne réduisant pas la liqueur cupro-potassique. On connaît quatre variétés d'inosites : l'une inactive par constitution est extraite des feuilles de Noyer; une inosite dextrogyre s'extrait de la pinite (Maquenne); on a isolé dernièrement une inosite lévogyre (Tanret) et le mélange de ces deux corps donne une inosite inactive, par compensation.

A la suite des inosites, viennent les *mannites*, alcools hexatomiques cristallisant facilement et ne réduisant pas la liqueur de Fehling. Ce sont des produits d'hydrogénation des glucoses.

Au glucose $C^6H^{12}O^6$ correspond la mannite $C^6H^{14}O^6$. On connaît trois mannites isomères : la première ou mannite ordinaire, se rencontre dans beaucoup de plantes et de fruits, les Champignons en renferment très fréquemment; la seconde ou dulcite se rencontre avec la première, elle peut s'extraire du Fusain; la troisième ou sorbite existe dans le fruit de la plupart des Rosacées. Les noyaux du fruit de *Laurus persica* renferment de la perséite, homologue supérieur de la mannite, et par conséquent alcool heptatomique (Maquenne).

Dextrines. — Nous avons vu précédemment que, sous l'influence des acides, l'amidon produit diverses espèces de *dextrines* qui se colorent différemment par l'iode. On peut démontrer qu'il se produit des dextrines dans les cellules végétales. Pour cela on pulvérise un organe ou une graine, qu'on met macérer dans de l'eau et on filtre. Le liquide filtré, mis en contact avec un fragment d'iode solide, se colore en brun, comme la solution aqueuse de la dextrine du commerce. L'action de la liqueur de Fehling est nulle, mais si l'on fait bouillir l'eau de macération après l'avoir additionnée de quelques gouttes d'acide sulfurique, le liquide réduit la liqueur cupro-potassique ; parce que, sous l'influence de l'acide, la dextrine s'est transformée en sucre.

C'est encore au groupe des dextrines qu'il faut rapporter la synanthrose trouvée dans le Seigle mûr (Müntz), elle se distingue des autres dextrines en ce qu'elle donne de la lévulose.

Toutes les dextrines semblent intermédiaires entre l'amidon et les glucoses, elles se rencontrent surtout dans les céréales et dans les produits de décomposition de l'amidon, décomposition obtenue soit par les diastases, soit par les acides.

Saccharose. — Un grand nombre de sucs végétaux renferment de la *saccharose*. Pour doser la saccharose des racines, par exemple, on les coupe en rondelles, on les sèche et on les réduit en une poudre grossière. Après une pesée ordinaire, on établit le poids en matières sèches d'une petite quantité de cette poudre, puis on la fait bouillir avec de l'alcool; on filtre et on lave le résidu sur filtre à l'alcool chaud. Mélangée avec une grande quantité d'eau, la solution est ensuite chauffée au bain-marie, jusqu'à évaporation complète de l'alcool. On recherche, dans ce liquide, avec la liqueur de Fehling, la quantité de glucose donnée par 100 cc. Des valeurs trouvées pour le glucose, on déduit la quantité de saccharose contenue dans les racines fraiches ou sèches.

La présence de la saccharose dans une tige ou une racine peut encore se déceler en faisant des coupes assez épaisses que l'on plonge dans une solution froide de sulfate de cuivre et d'acétate potassosodique. On plonge ensuite la coupe dans une solution chaude de potasse. Au microscope, la coloration bleue des cellules révèle la présence de saccharose.

La lumière intervient efficacement pour la formation de saccharose dans les feuilles de Betterave (A. Girard). Dans la Canne à sucre, la quantité de saccharose atteint son maximum lorsque la végétation cesse; tant que celle-ci est active, les sucres réducteurs sont les plus abondants.

Il semble que la cellule à chlorophylle fournisse d'abord l'aldéhyde méthylique, puis les glucoses, et que ces derniers s'unissent pour former la saccharose. Cette combinaison est favorisée par la lumière solaire, car on observe que dans la Canne la partie exposée à la lumière est la plus riche, et dans la Betterave, les feuilles, après une journée ensoleillée, en renferment une forte proportion.

La saccharose est le type d'une série de composés formés par l'union des glucoses, et que l'on nomme pour cela les *polyglucoses*. Il faut y ranger la maltose et la lactose, cette dernière donnant, par ébullition avec l'acide sulfurique, la dextrose et la galactose. La mélitose qui existe dans les graines de Coton et dans la Betterave se transforme sous l'action des acides en glucose, lévulose et galactose. La galactose hydrogénée par l'amalgame de sodium donne la dulcite; et le glucose, la mannite.

Cellulose. — La *cellulose*, substance complexe, peut jouer dans quelques graines, le rôle de matière de réserve non azotée. Une coupe de l'albumen du Dattier par exemple, imbibée d'une solution iodurée d'iode, puis traitée par l'acide sulfurique étendu, montre que ses membranes cellulaires se colorent en bleu. Les couches d'épaississement ne se sont pas lignifiées, elles sont restées cellulosiques, et la réserve de cellulose sera utilisée pendant la germination de la graine.

On doit remarquer ici que la cellulose de réserve diffère des autres celluloses énumérées précédemment (voy. p. 27), en ce que, traitée par les acides, elle donne, non pas de la dextrine, mais un isomère de la dextrine, la mannase ou séminose.

INULINE. — L'*inuline* est particulièrement répandue dans les rhizomes et les racines d'un grand nombre de Composées. Elle existe dissoute dans le suc cellulaire et remplit le rôle de matière de réserve non azotée. L'inuline se dissout dans l'eau chaude et ne réduit pas la liqueur de Fehling; mais, à haute température, l'eau peut en transformer de petites quantités en glucose. Si l'on fait bouillir une solution d'inuline augmentée de quelques gouttes

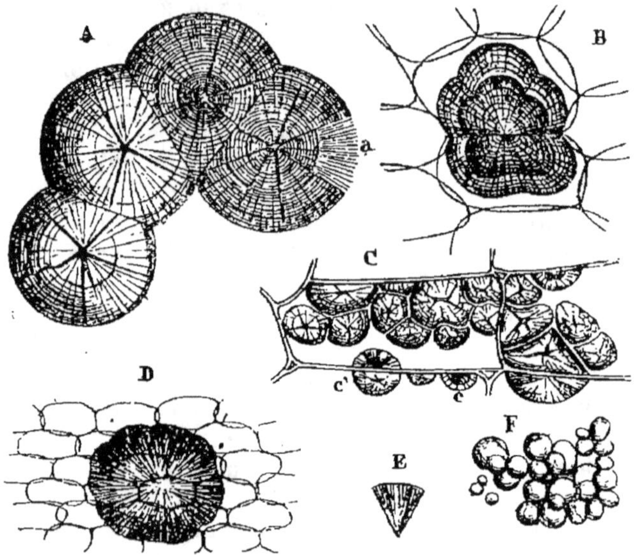

Fig. 503. — Sphéro-cristaux d'inuline (d'après Sachs) (*).

d'acide sulfurique, le liquide exerce une action réductrice sur la liqueur cupro-potassique.

La solution d'inuline ne précipite que lentement par refroidissement; le précipité se fait immédiatement, si on ajoute de l'alcool à la solution refroidie. C'est cette insolubilité dans l'alcool qui sert en microchimie pour reconnaître la présence de l'inuline. L'examen microscopique de coupes de racines ou de tubercules (ceux du Dalhia sont très riches en inuline) recouvertes d'abord

(*) A, séparés d'une solution aqueuse après deux mois et demi : en *a*, commencement d'action de l'acide nitrique ; B, cellules d'un tubercule de Dahlia ayant séjourné vingt-quatre heures dans l'alcool à 90° ; C, deux cellules d'une tige de Topinambour avec deux moitiés de sphéro-cristaux, ayant leur centre commun sur la membrane mitoyenne ; E, un grand sphéro-cristal envahissant plusieurs cellules ; F, inuline précipitée par évaporation de la solution aqueuse.

d'alcool, puis plongées dans l'eau, montre l'inuline déposée en masses sphéro-cristallines. On obtiendra ces masses bien développées en laissant macérer dans l'alcool pendant deux semaines des tubercules, puis en examinant sous l'eau les sphéro-cristaux. Ce sont des productions globuleuses qui s'accolent à la membrane cellulaire (fig. 503).

Matières grasses. — Quand on épuise des matières végétales desséchées, par de l'éther, la solution évaporée laisse un résidu de *matières grasses*. Ces matières sont formées par des mélanges d'acides gras et de glycérine ou de corps analogues. La présence de la glycérine s'établit de la manière suivante :

La matière grasse, extraite par l'éther, est mise à digérer avec une solution de potasse; on chauffe au bain-marie. On ajoute ensuite du sulfate de sodium ; il se forme un savon que l'on sépare par filtration ; le liquide filtré est traité par l'acide sulfurique jusqu'à réaction neutre, puis on évapore ; on traite le résidu de cette opération par l'alcool. La solution obtenue, filtrée pour supprimer les sulfates, est évaporée. On traite encore par l'alcool, on filtre et on évapore : le liquide qui reste est sirupeux et présente les réactions de la glycérine. Ainsi, par exemple, si on dissout le résidu dans l'eau et qu'on mélange le liquide avec une solution de sulfate cuivrique dans laquelle, par addition de lessive de potasse, on a précipité l'hydrate de cuivre, celui-ci se dissout.

On reconnaît la présence des huiles grasses aux réactions suivantes. On les traite par l'alcool et l'éther, qui dissolvent les graisses, et les huiles apparaissent en gouttes plus ou moins grosses ; on les distingue, au microscope, des bulles d'air en ce que leur bord sombre au lieu d'augmenter de largeur lorsqu'on abaisse le tube, s'éclaircit.

La solution aqueuse d'acide osmique est aussi un réactif des huiles grasses; des coupes d'un albumen oléagineux, placées dans cette solution, prennent une teinte noire, due à l'action de l'acide sur les graisses.

La teinture d'orcanette (1) est le meilleur réactif pour déceler la présence des corps gras dans les tissus (Guignard). La matière grasse, sous l'action de cette teinture, prend une belle coloration rouge.

Acides organiques. — Les *acides organiques* que l'on rencontre dans les plantes, rentrent dans les matériaux de réserve accessoires. On ne doit pas les considérer comme des produits d'as-

(1) L'orcanette (*Alkarana tinctoria*) est une plante vivace de la région méditerranéenne dont la racine possède une écorce rouge. Pour en préparer la teinture, on laisse en contact 10 gr. avec 30 c.c. d'alcool absolu, on évapore ensuite l'alcool, on dissout le résidu dans 5 c.c. d'acide acétique, on ajoute 50 c.c. d'alcool à 50° et on filtre après vingt-quatre heures

similation, mais comme résultant de l'oxydation des hydrates de carbone. Ils entrent dans les plantes à l'état libre, dans le suc cellulaire, ou en combinaison avec des bases sous forme de sels neutres ou d'acides solubles. Les sucs du parenchyme contiennent des quantités plus ou moins grandes d'acides organiques libres.

Le plus répandu de ces acides est l'acide oxalique, soit à l'état libre, soit à l'état de combinaison. Les cristaux d'oxalate de calcium, se déposent dans des cellules spéciales. Il cristallise de deux manières. Si la cellule qui le contient renferme un suc mucilagineux épaissi, l'oxalate forme de longues aiguilles solitaires ou groupées, les *raphides;* si le suc des cellules n'est pas épaissi l'oxalate forme des octaèdres ou des masses sphéro-cristallines, que l'on peut rencontrer jusque dans l'épaisseur de la membrane (voir page 24).

Souvent ces cristaux ne se redissolvent pas dans le végétal, ils constituent des agents de défense contre les animaux inférieurs comme les Mollusques.

Quelques plantes contiennent dans leur sève une grande quantité d'acide malique, ou de malate de calcium.

L'acide citrique, les acides tartrique, fumarique, acétique, benzoïque, et formique sont ceux que l'on rencontre ensuite le plus abondamment.

GOMMES ET MUCILAGES. — Les *gommes* et les *mucilages* apparaissent fréquemment dans diverses parties de la plante, ce sont tantôt des produits normaux, tantôt des produits morbides. On les distingue en ce que les gommes se dissolvent dans l'eau, tandis que les mucilages ne font que s'y gonfler. Les principales gommes sont : la gomme arabique, qui, chimiquement, a la composition de l'inuline et de la dextrine, elle s'extrait surtout de l'Acacia; la gomme adragante, qui ne se dissout que partiellement dans l'eau et forme aussi un mucilage visqueux; la gomme des Rosacées est un mucilage en grande partie insoluble.

Le tégument des grâines de Lin, de Moutarde, de Plantain, les racines de Guimauve, d'Orchis, de Consoude, donnent d'abondants mucilages. Le fruit du Gui, l'écorce du Houx donnent aussi des matières visqueuses. Beaucoup de fruits contiennent de la pectine, matière gommeuse qui se transforme en acide pectique sous l'influence d'un ferment. L'acide pectique gélatineux est cause de la prise en gelée des sucs de certains fruits (voir page 24).

Les gommes traitées par une solution iodurée d'iode dans laquelle on ajoute de l'acide sulfurique, donnent une coloration brune ; tandis que les mucilages, dans les mêmes conditions, se colorent en bleu ou en violet.

TANNINS. — Les *tannins* sont des acides faibles, que l'on rencontre principalement dans les tissus périphériques des plantes, ce qui fait qu'on leur attribue une fonction de défense contre les attaques des animaux et un rôle antiseptique.

La présence du tannin dans l'écorce, le parenchyme libérien, les rayons médullaires peut être révélée par le bichromate de potassium, qui colore en rouge brun le contenu des cellules tannifères. Le chlorure et le sulfate ferrique colorent en bleu foncé les tannins. C'est de cette façon qu'on peut montrer dans les cours, la présence de grandes quantités de tannin dans les feuilles du Rosier. En comprimant une feuille et en recueillant le liquide sur du papier à filtre, une goutte de chlorure ferrique décèlera immédiatement la réaction du tannin (voir p. 23).

ALCALOÏDES. — Il se forme dans les tissus des plantes, des *alcaloïdes* dont la signification au point de vue physiologique est encore peu connue. Il semble certain cependant, que ces corps ou tout au moins quelques-uns d'entre eux, jouent un rôle protecteur vis-à-vis des animaux nuisibles. Les principaux alcaloïdes sont : l'atropine, la nicotine, qu'on trouve dans les végétaux de la famille des Solanées; la morphine, la codéine, etc., s'extraient des plantes de la famille des Papavéracées; la quinine, la cinchonine, s'extraient des Quinquinas, etc., d'autres comme la strychnine, la conine, la caféine, la théobromine, s'extraient de plantes de diverses familles.

RÉSERVES AZOTÉES. — Les matériaux de réserve azotés sont les différentes variétés d'*albumine* : bien que les alcaloïdes soient pour la plupart des composés organiques azotés, leur rôle parmi les substances de réserve n'est pas assez net pour que nous les ayons rangés parmi celles-ci, ils doivent être regardés comme des produits accessoires.

Nous nous proposons, tout d'abord, de montrer qu'on peut extraire des matières albuminoïdes des organismes végétaux. On obtient un précipité d'albumine coagulée, lorsqu'on chauffe le liquide filtré, qui s'exprime des fruits. Lorsqu'on broie des grains de Blé ou d'Orge, et qu'on abandonne à l'eau les poudres obtenues, pendant un temps plus ou moins long, on pourra, après filtration, trouver de l'albumine dans le liquide clair qui aura passé : il suffira de chauffer légèrement pour voir se coaguler un abondant précipité blanc.

La même opération, faite avec des graines de Lupin, par exemple, donnera une variété d'albumine qui se dissout dans l'eau additionnée d'acide acétique, citrique ou phosphorique.

Lorsqu'on délaie une certaine quantité de farine de Blé et que l'on triture la pâte obtenue sous un filet d'eau continu, on obtient une masse élastique et visqueuse; c'est le *gluten*, qui se dissout dans l'eau contenant de la potasse et qui est, somme toute, constitué par une série de matières albuminoïdes.

Les principales réactions qui permettent de trouver l'albumine dans les plantes sont les suivantes : Un peu de potasse ajoutée à une solution d'albumine, ou à de l'eau tenant en suspension le produit de la trituration des graines de Lupin, fait apparaître après ébullition du liquide et addition de liqueur de Fehling, une coloration violette caractéristique des matières albuminoïdes (Detmer).

Pour étudier au microscope les cellules renfermant de l'albumine, on peut faire tremper les coupes dans une solution de sulfate ou d'acétate cuivrique, elles sont ensuite lavées à l'eau distillée, puis plongées dans une solution bouillante d'hydrate de potassium, le contenu cellulaire albuminoïde se colore en violet.

Les cotylédons de certaines plantes, comme le Pois, sont très riches en grains d'aleurone et en amidon, on décèle la présence de l'albumine dans les grains d'aleurone, au moyen de l'iode, qui colore l'amidon en bleu et l'albumine en jaune.

Le réactif de Millon, nitrate de mercure étendu d'eau, colore aussi en rouge les matières albuminoïdes.

A l'état où elles existent dans les cellules, les matières albuminoïdes ne peuvent traverser les membranes par osmose, il existe dans les plantes des ferments (*pepsines*) capables de transformer l'albumine en substance douée d'un pouvoir diffusif (*peptones*).

Les albuminoïdes en dissolution dans le suc cellulaire se déposent souvent, dans le protoplasma, sous forme de cristalloïdes. Dans les graines, les granulations de matières albuminoïdes se dessèchent au moment de la maturation, et la matière albuminoïde se prend en un grain, connu sous le nom de grain d'aleurone, réserve nutritive pour l'embryon. Les grains d'aleurone renferment souvent du glycérophosphate de calcium et de magnésium qui constitue une réserve de phosphore (voir p. 15).

AMIDES. — Le suc cellulaire contient aussi en dissolution des substances azotées de la classe des *amides*, et dont la plus répandue est l'asparagine qui se rencontre chez toutes les plantes et dans tous les organes. Elle provient de la décomposition des matières albuminoïdes du protoplasma pendant la vie cellulaire.

Pour mettre en lumière la présence de l'asparagine dans les cellules, on utilise l'insolubilité de ce corps dans l'alcool. Les cristaux qui se produisent ont une grandeur considérable et une forme caractéristique, ils appartiennent au système rhomboïdal, et leur présence suffira pour constater microchimiquement la présence de l'asparagine.

Parmi les produits de la décomposition azotée du protoplasma on reconnaît encore l'allantoïne, la leucine (fig. 504), la glutamine

Fig. 504. — Cristaux de leucine.   Fig. 505. — Cristaux de tyrosine.

et la tyrosine (fig. 505), qui semblent jouer un rôle dans le transport des aliments à l'intérieur de l'organisme végétal.

124. Emploi des réserves. — Toutes les matières que nous venons de passer en revue peuvent être regardées comme des produits de l'assimilation. Elles sont toutes utilisées pendant la croissance de la plante.

Entre l'assimilation qui les a fabriquées et la croissance qui les consomme, un temps plus ou moins long peut s'écouler ; c'est ce qui arrive pour les graines chez lesquelles les réserves ont une importance si considérable, et aussi pour les tubercules. Dans certains cas, le temps est très court et une réserve se trouve consommée au moment même où elle a été produite ; alors il peut se faire que les heures de production et les heures de consommation alternent très régulièrement. Certaines Algues assimilent et accumulent leurs réserves pendant le jour, mais ne s'accroissent ni ne se cloisonnent ; la nuit, tout à l'inverse, elles se cloisonnent et s'accroissent, mais n'assimilent rien.

La croissance d'une plante a toujours lieu aux dépens de matériaux résultant de l'assimilation antérieure ; elle est, comme on l'a dit, toujours précédée d'une mise en réserve de matières nutritives pour un temps variable. En d'autres termes, chez les plantes, la croissance est directe.

Les matériaux incorporés par l'assimilation au protoplasma des cellules, subissent, à un moment donné, des décompositions chimiques qui les simplifient de plus en plus. Ce travail chimique, que l'on doit distinguer de l'assimilation, travail de synthèse, est la *désassimilation*.

Certains produits de la désassimilation peuvent être repris sur place par le travail de l'assimilation et réassimilés. De tels produits sont dits transitoires. Les matières minérales, que la cellule prend au milieu extérieur et qui forment les premiers éléments de l'assimilation, sont pour la plupart très oxygénées. Les produits de l'assimilation, au contraire, sont pauvres en oxygène ; quelques-uns en sont dépourvus. L'assimilation est donc comme un phénomène de désoxydation, tandis que la désassimilation, qui donne des composés fortement oxygénés, est un phénomène d'oxydation.

Le travail assimilateur accumule, dans le protoplasma ou les leucites, les matières de réserve, à un état tel qu'elles ne peuvent être employées, sans subir de transformations. Quand ces matières, comme l'amidon, les corps gras, l'inuline, la saccharose, les glucoses, sont insolubles, leur transformation s'effectue par fixation d'eau et dédoublement, au moyen des diastases, dont nous avons montré l'existence précédemment.

Les diastases rendent solubles les substances qui ne le sont pas ; le phénomène peut être considéré comme une digestion, si l'on définit la digestion une transformation de matière insoluble en matière soluble à l'aide d'un liquide actif produit par la plante elle-même, et suivie de l'absorption de la substance ainsi transformée (Van Tieghem). L'action de la saponase sur les corps gras, de l'amylase sur l'amidon, de la pepsine sur les matières albuminoïdes, sont des digestions.

Lorsque les matières sont dissoutes dans le suc cellulaire, les diastases les hydratent et les dédoublent encore, le phénomène est le même, au changement d'état physique près, et ce changement d'état est d'importance secondaire. On peut donc dire que le sucre est digéré par l'invertine ; l'amygdaline par l'émulsine, etc. (voir page 25).

En somme, la croissance de la plante, c'est-à-dire l'utilisation des substances de réserve, est précédée d'une digestion ; cette fonction est donc sans cesse un jeu dans la plante.

Il est nécessaire maintenant de voir comment s'effectuent les principales transformations pendant la croissance de la plante. Comme les graines contiennent toujours d'importantes matières de réserve, nous étudierons ces transformations pendant le développement de l'embryon, nous compléterons par ce moyen notre étude sur la germination.

Considérons, par exemple, une graine de Haricot : son tégument est composé de quatre couches. La plus interne comprend des cellules comprimées ; elle est suivie d'une autre dont les éléments renferment une matière colorante rouge ; la suivante est formée de cellules arrondies ; puis vient une couche à éléments allongés perpendiculairement à l'axe de la graine et à parois fortement épaissies. L'embryon présente deux grands cotylédons constitués par un épiderme, un parenchyme et des faisceaux libéro-ligneux. Les cellules parenchymateuses sont très riches en grains d'amidon, l'épiderme n'en renferme pas ; le parenchyme contient aussi des matières albuminoïdes, que les cellules périphériques et les faisceaux accumulent à l'exclusion de l'amidon. Quant aux feuilles, leur limbe est dépourvu d'amidon et renferme des matières albuminoïdes.

Si on examine d'abord la racine, on constatera que lorsqu'elle a atteint une longueur de 2 à 3 centimètres, la moelle et l'écorce du sommet renferment en grand nombre de petits grains d'amidon ; cependant, avant la germination, les cellules de l'axe embryonnaire n'en contenaient que fort peu. A mesure que les cellules de l'écorce et de la moelle se développent l'amidon disparaît.

On observe la même succession dans l'axe hypocotylé et dans les feuilles. Les cellules d'abord très riches en grains d'amidon s'enrichissent ensuite en glucose, qui disparaît aussi lorsque la germination touche à sa fin. Quant aux matières albuminoïdes, elles se montrent particulièrement abondantes dans la portion libérienne des faisceaux. On peut, en même temps, constater la dissolution des grains d'amidon dans les cotylédons, dissolution qui a lieu de l'extérieur vers l'intérieur du grain.

La transformation de l'amidon en sucre s'observe très aisément dans la germination des tubercules de Pommes de terre, dont le tissu est constitué presque exclusivement par un parenchyme amylifère à membranes minces. On constate, dans les pousses très jeunes, la présence d'un parenchyme très amylifère ; à mesure que ce parenchyme avance en âge, ses éléments deviennent riches en glucose, et les matières albuminoïdes sont transportées dans la région libérienne des faisceaux. Dans les méristèmes aux sommets végétatifs, on trouve exclusivement des substances albuminoïdes. Un fait digne de remarque est l'action de la température sur la production du sucre dans les Pommes de terre. Plus la température est élevée, sans dépasser toutefois 20°, plus la respiration est active, et moins on trouve de sucre. Aux températures basses, de 0° à 4°, il s'en dépose de grandes quantités que ne peut utiliser la respiration plus faible du tubercule. Le gel des tubercules est sans influence sur leur richesse en sucre (Detmer).

Nous avons vu que dans nombre de graines les matières grasses sont des substances de réserve non azotées ; elles jouent le même rôle que l'amidon dans les graines très amylifères. Mais, pour être employées dans les cellules de l'embryon en voie de developpement, elles doivent être transformées en amidon ou en sucre.

La germination de la graine du Ricin, à une température d'environ 20°, montre que les cotylédons absorbent les matières grasses et albuminoïdes de l'albumen qui seront utilisées par la plantule. Dans toutes les régions où la croissance est active, le parenchyme contient beaucoup de sucre, dans les parties complètement développées, le parenchyme ne renferme, au contraire, ni sucre ni graisses. Dans les tissus parenchymateux de la partie supérieure de l'axe hypocotylé, tant que les cotylédons sont cachés dans l'albumen, on rencontre de grandes quantités d'amidon; mais, à mesure que cet axe se développe, l'amidon disparaît des cellules et l'on ne peut bientôt plus trouver trace de cette substance que dans une région formant une gaine complète qui entoure le cercle des faisceaux libéro-ligneux.

Nous avons eu l'occasion de dire que l'asparagine se formait constamment dans le Lupin et de parler de son rôle. Les graines de Lupin ne renferment pas cet amide, mais, pendant la germination, quand la racine mesure 1 centimètre et l'axe hypocotylé 2 ou 3 millimètres, l'asparagine apparaît dans ces organes et dans les pétioles des cotylédons. Un Lupin dont la racine a 3 ou 4 centimètres et dont les cotylédons ne sont pas encore dressés, contient, dans sa racine, une notable quantité d'asparagine, sauf à son sommet. Lorsque les cotylédons sont étalés, on rencontre de l'asparagine dans ces organes, principalement dans le pétiole, l'axe hypocotylé en renferme aussi beaucoup; mais, toujours, ce produit manque dans les cellules des faisceaux vasculaires. Lorsque la plante continue à croître dans des conditions normales de végétation, l'asparagine disparaît. Cela se comprend aisément, si l'on se souvient que par suite d'une énergique assimilation il se produit, en quantités considérables, des corps organiques non azotés et les produits de décomposition, riches en azote, formés par la dissociation des éléments physiologiques pourront être employés à régénérer des albuminoïdes (Detmer).

On prouve ce dernier fait de la manière suivante : On sème des graines de Lupin dans deux pots; quand les plantes commencent à lever, on place l'un des pots dans des conditions normales de lumière et de température. L'autre est transporté dans un appareil tel, qu'il lui faut se développer au milieu d'une atmosphère dépourvue d'anhydride carbonique; sa croissance cesse très rapidement et l'on constate dans les tissus des organes et de l'axe hypocotylé la présence de grandes quantités d'asparagine; la plante n'assimilant pas, il ne se forme pas d'hydrates de carbone permettant de régénérer des albuminoïdes. Le végétal placé dans les conditions normales poursuit vigoureusement son développement et ne contient que peu d'asparagine. On constate encore une grande quantité d'asparagine dans des Lupins cultivés à l'obscurité, parce qu'ils manquent de matières non azotées pour la régénération des albuminoïdes (Detmer).

Dans le chapitre de la germination de la graine, nous avons vu quel était l'emploi des matières albuminoïdes de réserve décrites sous le nom de grains d'aleurone. Ce sont de petites masses de matière albuminoïde desséchées qui, lorsque l'albumen s'imprègne d'eau, absorbent cette eau, se gonflent, dissolvent toute leur substance interne et deviennent la réserve albuminoïde de l'embryon.

125. Sécrétion. — Les composés qui prennent naissance pendant les phénomènes d'assimilation ne sont pas tous consacrés à la croissance de la plante, ceux à qui est dévolu ce rôle sont les *substances plastiques*. Les autres sont les *produits éliminés* et leur formation constitue une fonction spéciale de la plante localisée souvent dans un tissu spécialisé pour la sécrétion. Il faut faire observer que la même substance chimique peut être, suivant le lieu où elle se produit et suivant les plantes, une substance plastique ou un produit éliminé. Les matières grasses de la graine du Ricin sont considérées comme des substances de réserve, produits plastiques, par conséquent, tandis que l'huile du fruit d'un Olivier est physiologiquement un produit éliminé.

Les principales substances sécrétées sont les *huiles essentielles,* corps non groupés par leurs propriétés chimiques, mais par quelques propriétés physiques. Ce sont des liquides odorants, huileux, volatils, peu solubles dans l'eau, solubles dans l'alcool et l'éther, pouvant brûler à l'air et se changeant souvent en *résines.*

La composition des résines est très complexe; ces substances dérivent des huiles essentielles par oxydation, elles sont solides, colorées, insolubles dans l'eau et solubles dans l'alcool. Il existe nombre de végétaux qui laissent exsuder des résines, ou bien des mélanges d'huiles essentielles et de résine qu'on nomme oléorésines parmi lesquelles on peut citer les térébenthines des Conifères; d'autres exsudent des mélanges d'acides organiques et d'oléorésines, qu'on nomme des baumes; d'autres enfin, des mélanges de gommes et de résines.

Le *latex* est un produit de sécrétion dont le sens physiologique n'est pas encore bien connu, c'est probablement un liquide de défense. Les latex sont des émulsions dont la composition est très variable, ils tiennent en suspension des petits corps solides qui les rendent opaques et leur donnent un aspect laiteux. Ces corps solides sont des résines, des caoutchoucs, de l'amidon, des matières grasses. On trouve aussi, en dissolution dans les latex, des substances albuminoïdes, des ferments, des alcaloïdes. On peut citer comme latex : l'opium qui s'échappe des capsules de Pavots (fig. 506), le caoutchouc, la gutta-percha, etc.

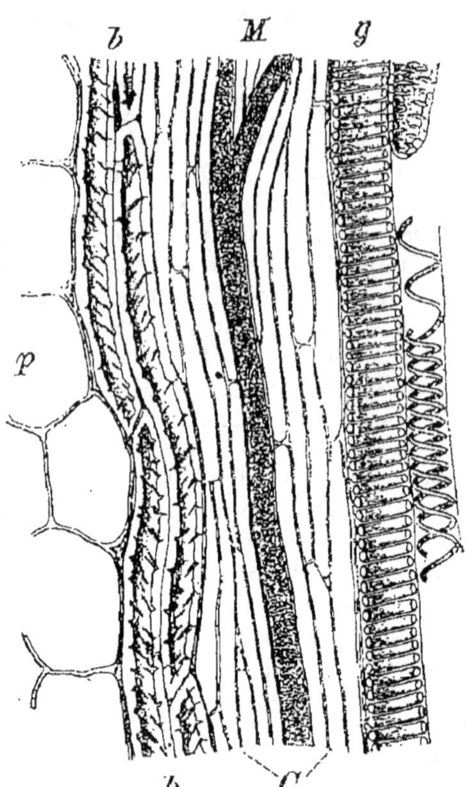

Fig. 506. — Fruit du Pavot (*Papaver somniferum*) (*).

Les parfums de certaines fleurs représentent aussi des produits de sécrétion qui ne doivent pas être confondus avec les précédents. Ce sont, pour la plupart, des principes fixes qu'on extrait par des dissolvants et non par distillation ; beaucoup d'entre eux ont l'aspect de cires.

126. Excrétion. — La fonction d'excrétion n'offre pas chez les végétaux la même complication que chez les animaux ; l'organisme se déplaçant peu, encombre, sans inconvénient, ses tissus de substances accessoires produites par la désassimilation. Les végétaux, cependant, séparent de leur organisme les substances qui en font partie, mais capables à la longue de lui nuire. Ainsi, des feuilles desséchées partiellement, se débarrassent de leurs portions inutiles ; d'autres, attaquées par des Champignons parasites, isolent graduellement les parties saines des régions altérées qu'elles éliminent avec le parasite (Leclerc du Sablon).

Il y a excrétion continue de gaz chez toutes les plantes, et surtout d'anhydride carbonique, exhalé par la respiration ; il faut tenir compte de l'oxygène résultant de l'assimilation chlorophyllienne et aussi de la vapeur d'eau continuellement excrétée ; nous avons parlé de ces diverses fonctions dans les chapitres précédents.

(*) Coupe longitudinale d'un faisceau ; *g*, vaisseau spiralé ; M, laticifère ; *b*, fibres libériennes rayées ; *p*, parenchyme ; C, parenchyme libérien (Vogl).

L'élimination des liquides, particulièrement de l'eau, devient un phénomène analogue à celui qu'étudient les zoologistes.

On observe chez quelques familles végétales des glandes complexes qui ont, morphologiquement, la valeur d'un poil et qui, au lieu de faire saillie, plongent dans les tissus. Ces organes possèdent un orifice extérieur par lequel s'écoulent les substances dont les tissus doivent être débarrassés ; elles jouent généralement un rôle protecteur. La plante peut se débarrasser de certains produits et en utiliser d'autres extérieurement.

CHAPITRE VII

LES FERMENTATIONS

127. Définition (1). — Pendant longtemps on a désigné sous le nom de *fermentation* tout phénomène dans lequel une masse liquide ou pâteuse se soulevait en dégageant des gaz, sans cause apparente.

L'ébullition que semble subir le moût de raisin dans la cuve, le soulèvement de la pâte du pain sous l'action de la levure, sont les phénomènes les plus connus de ce genre.

On donnait aussi le nom de *fermentation* à des phénomènes ne présentant pas du tout ces apparences, mais dans lesquels les corps se modifiaient, en quelque sorte, spontanément. Tel était le changement du vin en vinaigre ; et le mot fermentation s'appliqua aux phénomènes qu'on croyait caractérisés par la spontanéité.

Ce fut, en France, Cagniard-Latour qui émit le premier l'opinion, aujourd'hui établie nettement par les travaux de Pasteur, que la transformation des liquides sucrés en alcool et anhydride carbonique était « un effet de la végétation » de la levure de bière. L'intervention de l'organisme vivant dans le phénomène a été démontrée, comme nous venons de le dire, par Pasteur qui a donné une méthode pour cultiver les organismes vivants qui peuvent le déterminer. Nous devons ajouter que : à côté des fermentations produites par des êtres organisés, il en est d'autres que provoquent des corps solubles non organisés.

Lorsqu'on place de la levure de bière dans un liquide sucré, le sucre disparaît, il se forme de l'alcool et de l'anhydride carbonique. Cette réaction caractéristique de la fermentation alcoolique,

---

(1) Ce chapitre des *Fermentations* est le résumé de l'important travail de M. Ém. Bourquelot sur le même sujet.

n'est pas particulière à la levure. On démontre, en effet, que toute cellule végétale peut manifester des phénomènes de fermentation lorsqu'on la fait vivre dans une atmosphère privée d'oxygène. Il suffit pour cela de mettre des végétaux dans des conditions identiques à celles de la levure en activité, c'est-à-dire, de les maintenir dans une atmosphère d'anhydride carbonique.

De même qu'une plante peut, dans des conditions favorables, se comporter comme la levure de bière, de même la levure dans certaines conditions se comportera comme une plante. Il suffit pour le démontrer d'ensemencer de la levure dans un liquide non sucré et de lui fournir beaucoup d'air.

La levure se comporte vis-à-vis des substances sucrées comme un tissu animal. On sait en effet que les tissus animaux consomment plus rapidement certains sucres que d'autres. Lorsque la levure est dans un milieu renfermant divers sucres, elle les détruit avec une vitesse différente.

La fermentation alcoolique, qui était donnée comme le type des fermentations effectuées par des êtres microscopiques, rentre donc dans les phénomènes biologiques communs à tous les êtres vivants. Ce qui la caractérise, ce sont simplement les conditions extérieures dans lesquelles la levure est placée.

Les fermentations par ferments organisés sont des actes de nutrition, et les composés qui fermentent sont des aliments. Ce qui permet de réunir les fermentations en un groupe à part dans les phénomènes biologiques, c'est, d'une part, la rapidité avec laquelle le ferment agit et, de l'autre, la différence de poids considérable qui existe entre l'organisme actif et celui de la substance sur laquelle il exerce son action.

Le groupe des fermentations ainsi défini comprend deux genres de phénomènes. D'abord les fermentations produites par les ferments solubles, nous les examinerons très rapidement. Ensuite celles qui sont déterminées par les ferments organisés, sur lesquelles il convient plutôt de s'arrêter dans un ouvrage de Botanique.

128. Ferments solubles. — On donne actuellement aux *ferments solubles* le nom de diastases. On les regarde comme des matières albuminoïdes. Mais la manière dont ils se comportent vis-à-vis des réactifs ne justifie pas cette manière de voir. Leur composition chimique, d'ailleurs, est actuellement inconnue.

Ils jouissent de la propriété, dans certaines conditions, de dédoubler, dissoudre ou transformer plusieurs corps organiques. On base leur classification d'après la nature des corps sur lesquels ils agissent. (Voir p. 25.)

Les principaux ferments solubles sont, comme nous l'avons vu :

L'*amylase* ou diastase proprement dite, qui détermine la saccharification de l'amidon. On l'obtient en précipitant par l'alcool une macération froide d'Orge germé. Sa présence est très générale chez les végétaux de tous les embranchements.

L'*invertine* transforme le sucre de canne en sucre interverti.

L'*émulsine* décompose les glucosides : salicine, amygdaline... etc

La *pepsine* transforme les matières albuminoïdes en peptones.

La *présure* détermine la coagulation de la caséine du lait, mais elle semble assez rare dans l'organisme végétal.

129. Ferments organisés. — Trois groupes de végétaux peuvent déterminer des fermentations : les *Moisissures*, les *Levures* et les *Bactéries*.

A. *Moisissures*. — On nomme moisissures des Champignons communs de petite taille qui appartiennent aux familles des Ascomycètes et des Oomycètes.

Ce ne sont pas des ferments à proprement parler, mais ils offrent à un haut degré le caractère des ferments lorsqu'on les fait vivre à l'abri de l'air. Ils constituent une sorte de transition entre les végétaux ordinaires et les ferments proprement dits. (E. Bourquelot.)

Quelques-uns de ces Champignons consomment les matériaux nutritifs des liquides sucrés sur lesquels ils se développent. Ils se comportent comme les Champignons d'organisation plus élevée, mais se rapprochent des ferments par leur énergie (fig. 507 à 509).

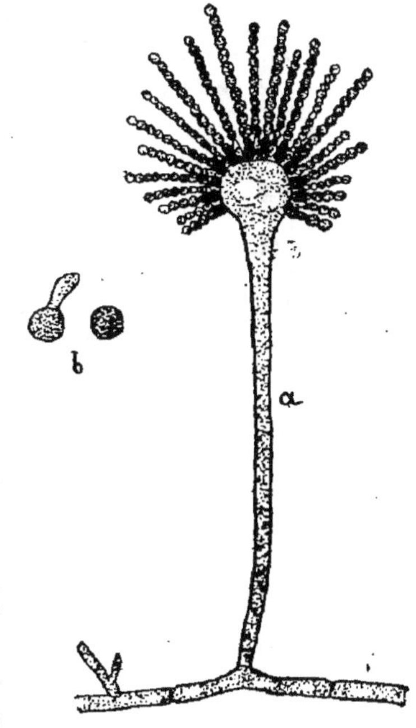

Fig. 507. — *Aspergillus* (*).

Avec certains d'entre eux, les *Mucor* par exemple, la proportion d'alcool produite par un liquide sucré est toujours considérable, elle est aussi accompagnée d'un changement complet dans le mode de végétation du Champignon. La fermentation alcoolique déterminée par les moisissures, ne semble pas susceptible d'applications.

B. *Levures*. — Le type des levures est la levure de bière composée de cellules rondes ou ovales dont le plus grand diamètre ne

(*) *a*, filament sporifère ; *b*, spores dont une est en germination.

dépasse pas 8 à 9 millièmes de millimètre. Ces cellules renferment

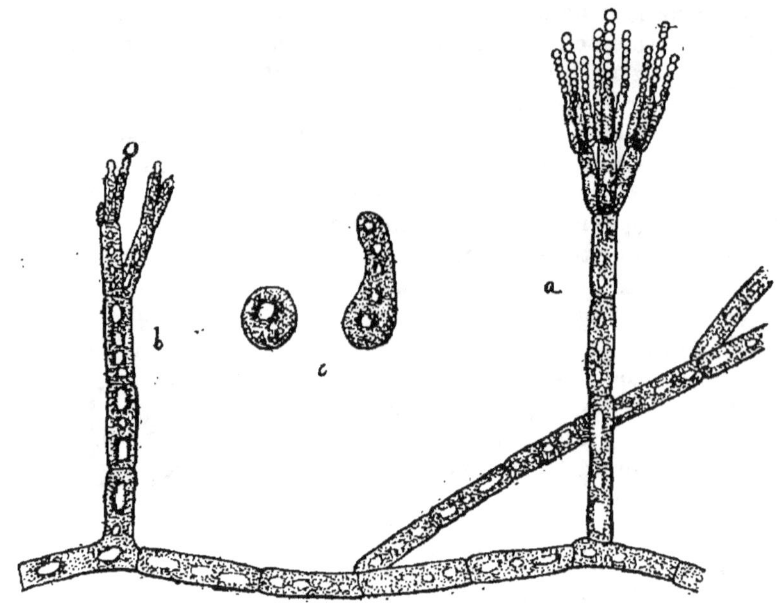

Fig. 508. — *Penicillium glaucum* (*).

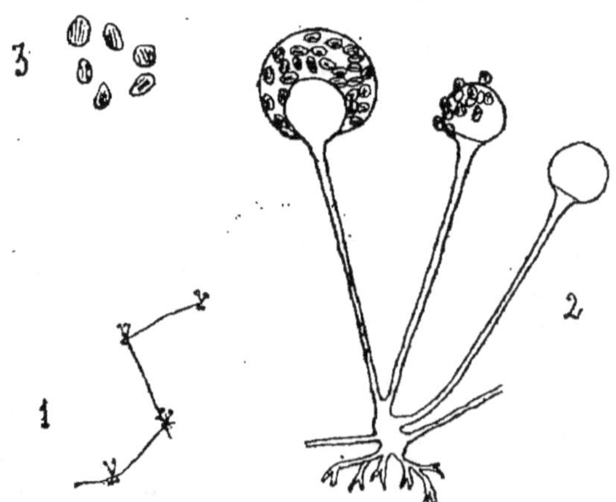

Fig. 509. — *Rhizopus nigricans* (**).

un protoplasma incolore contenant parfois des granulations, et

(*) *a*, filament sporifère avec ses spores; *b*, filament dépourvu de ses spores; *c*, spores dont une grande.

(**) 1, aspect du thalle (gr. nat.), — 2, bouquet de sporanges dont un seul est complet; — 3, spores isolées.

entouré d'une membrane mince incolore. Les cellules de la levure de bière se multiplient par bourgeonnement. On voit naître en un ou plusieurs points de leur surface des renflements qui se remplissent aux dépens du protoplasma de la cellule mère, ces renflements grandissent, atteignent les dimensions de leur génératrice et constituent des cellules nouvelles qui bourgeonnent à leur tour. Mais il existe pour les levures un autre mode de reproduction. Certaines cellules peuvent en effet produire des spores qui présentent une certaine conformité avec celles des Ascomycètes.

Pour obtenir des levures d'une seule espèce, on prend comme point de départ une cellule unique. A cet effet, on emploie le procéd de Hansen. On introduit dans un ballon Pasteur renfermant de l'eau stérilisée (voy. chap. VIII) une petite quantité de levure. A l'aide d'un compte-globules, on compte le nombre de cellules contenues dans 1 centimètre cube. On peut alors étendre une portion du liquide de manière que 1 centimètre cube du mélange contienne 0,5 de cellule. Par conséquent, si, prenant une série de ballons renfermant un liquide nourricier stérilisé, on ajoute dans chacun d'eux 1 centimètre cube du mélange, il n'y en aura que la moitié qui recevront une cellule. Il arrivera, bien certainement, que plusieurs ballons recevront plusieurs cellules ; car la répartition égale des cellules est difficile à obtenir. Mais on pourra les distinguer, car un ballon qui a reçu plusieurs cellules montre dans le liquide nourricier plusieurs taches de levure correspondant au développement de l'une des cellules qui est un centre de végétation. Un ballon qui n'a reçu qu'une cellule ne montrera qu'une tache.

On a donc pu isoler par ce procédé, des espèces de levure, mais, pour obtenir les caractères distinctifs, il faut étudier la formation des spores (fig. 510).

Fig. 510. — Levure de bière (*Saccharomyces cerevisiæ*).

Cette étude se fait aisément en s'appuyant sur ce fait que les spores des levures se développent de préférence en l'absence de tout aliment. Aussi place-t-on, pour l'étude, les semences de levure sur un bloc de plâtre stérilisé dont on maintient la surface humide et on le porte à une température assez douce et constante. Dans ces conditions, on observe que le mode de fructification est à peu près le même d'une espèce à une autre, mais elle a lieu dans des limites de température qui différent suivant les espèces.

Une propriété des levures, découverte par Pasteur et qu'il faut encore signaler, est la formation du *voile*. Lorsqu'on abandonne à lui-même un ballon renfermant un jus sucré dont la fermentation est terminée, les cellules de la levure, au lieu de rester mortes au fond, bourgeonnent et viennent former à l'air libre de petites taches qui s'étendent peu à peu et se confondent en produisant sur la surface une nappe mince grisâtre, le voile. Si l'on sème une trace de cette nouvelle production dans un liquide sucré, elle en provoque la fermentation après avoir bourgeonné comme la levure ordinaire. Le voile est donc identique à la levure, seulement c'est de la levure qui végète autrement que celle qui lui a donné naissance, puisqu'elle absorbe l'oxygène de l'air et dégage de l'anhydride carbonique dont elle tire les éléments des matières hydrocarbonées renfermées dans la liqueur, tandis que l'autre transformait le sucre en alcool et en anhydride carbonique. En raison de ces faits, Pasteur admet deux états pour une levure. Dans l'un, elle vit submergée sans air, c'est le moment de la fermentation, la levure est *anaérobie;* après la fermentation, elle monte à la surface, et, au contact de l'air, vit à la manière des moisissures, elle est devenue *aérobie.*

Toute levure peut vivre sous ces deux états. D'ailleurs, la propriété de former des voiles ne leur est pas particulière ; on la rencontre aussi chez des Bactéries. La formation du voile, d'après Hansen, a lieu entre des limites de températures différentes, suivant les espèces. Le fait peut donc encore être pris comme caractère de détermination.

Avant de quitter ce sujet, il faut encore définir ce qu'on entend par levure *basse* et levure *haute.* Dans la fabrication industrielle de la bière on emploie deux sortes de levures : l'une fonctionne de 16° à 20°, l'autre agit entre 6° et 8°. La fermentation, dans le premier cas, est rapide ; elle est lente dans le second. La première, ensemencée dans un liquide sucré, est soulevée par le gaz carbonique dès qu'il se dégage et monte à la surface pendant la fermentation. La levure sort alors du tonneau par la bonde et se déverse au dehors. L'autre reste au fond du liquide pendant la fermentation. La première a été appelée levure haute, et la fermentation est dite *par le haut,* la seconde est la levure basse, et la fermentation est dite *par le bas.* Ces désignations ont été appliquées aux autres levures, suivant l'apparence de la fermentation (1).

C. *Bactéries.* — On range sous le nom de Bactéries des organismes très inférieurs, dont les uns se rapprochent des Algues en ce qu'ils renferment de la chlorophylle, et les autres des Champignons, parce qu'ils n'en renferment pas. Les uns et les autres ont des caractères communs qui permettent de les rassembler dans un même groupe.

(1) Voir Émile Bourquelot, *Les Fermentations.* Paris, 1893.

Les Bactéries se présentent sous la forme de cellules en bâtonnet, rondes ou cylindriques, extrêmement petites ; leur diamètre atteint à peine un millième de millimètre, leur longueur quatre millièmes. Elles se multiplient par bipartitions successives et les nouvelles cellules restent souvent réunies. Il en résulte des filaments dont la configuration varie beaucoup.

Les Bactéries se reproduisent aussi par spores. Il apparaît, dans l'intérieur de la cellule, un petit corps rond ou ovale très réfringent qui se sépare plus ou moins rapidement de la cellule qui lui a donné naissance. Ces spores résistent mieux aux influences extérieures que les cellules végétatives, et, placées dans un milieu convenable, elles germent en donnant une Bactérie semblable à celle dont elles sont issues.

La plus importante des fermentations étant la fermentation alcoolique, nous en dirons quelques mots ; pour les autres, nous nous bornerons à les mentionner, renvoyant le lecteur aux traités spéciaux.

130. Fermentation alcoolique. — Toute cellule qui vit à l'abri de l'air est capable de transformer le sucre en alcool et acide carbonique. De tous les végétaux, les levures sont ceux dont l'action est la plus intense, et on donne le nom de fermentation alcoolique au dédoublement du sucre produit par une levure.

Pour observer la fermentation alcoolique dans de bonnes conditions, il importe de fournir à la levure tous les aliments qui lui sont nécessaires. C'est Pasteur qui a étudié la nature des milieux dans lesquels la levure se développait le plus aisément.

D'abord, il a démontré qu'elle ne pouvait se passer d'aliments minéraux, et déterminé la composition de ceux-ci : phosphates de potassium, magnésium, calcium, sodium, sulfates et acide silicique. La levure ne se développe pas en l'absence de ces éléments et se développe mal si on supprime l'un d'entre eux. Le phosphate de potassium est, de tous les éléments de nutrition minérale, celui dont l'importance est la plus grande : il constitue à lui seul la moitié des cendres de levure.

Pour former les matières azotées qu'elles renferment, les levures emploient les sels ammoniacaux, les azotates ou les matières albuminoïdes ; c'est encore à Pasteur qu'on doit d'avoir démontré que l'ammonium contenu dans les liquides sucrés disparaissait pendant la fermentation, sans qu'il y eût dégagement d'azote. Il avait composé un milieu artificiel d'eau, de sucre, de cendres de levure et de tartrate d'ammonium ; il vit s'accroître la quantité de levure, et en conclut que l'azote disparu avait servi à former les matières albuminoïdes du ferment. L'expérience a été reprise et la démonstration faite rigoureusement par Duclaux, qui a effectué la fermentation de 40 grammes de sucre en présence de 1 gramme de tartrate d'ammonium par 15 grammes de levure ; les quantités d'azote, après et avant la fermentation, étant restées sensiblement les mêmes, il faut bien admettre que l'azote du sel a été employé à la formation de matières albuminoïdes (Ém. Bourquelot).

Les faits que nous venons de rapporter établissent une grande analogie entre les levures et les végétaux supérieurs ; il ne se présente de différence que dans l'assimilation du carbone. Nous avons vu que les cellules des feuilles, par exemple, jouissent de la propriété de former à la lumière des hydrates de carbone qui entrent en circulation et sont portés aux cellules dépourvues de chlorophylle, pour y être assimilés. Les levures ne fabriquent pas elles-mêmes les hydrates de carbone, elles ont besoin de les rencontrer tout préparés, mais elles s'assimilent leur carbone. Les aliments hydrocarbonés des levures sont les sucres dont la décomposition par la levure constitue tout le phénomène de la fermentation. Le sucre est donc la *substance fermentescible*.

Les sucres fermentescibles en présence de la levûre de bière sont : le glucose proprement dit ou dextrose, la lévulose, la galactose ou sucre de lait, la saccharose ou sucre de canne, et la maltose. Les glucoses éprouvent directement la fermentation alcoolique, mais le sucre de canne ne fermente en présence des levures que si celles-ci produisent un ferment supplémentaire soluble, l'invertine, qui transforme le sucre de canne en sucre interverti (mélange de glucose et de lévulose). La maltose fermente sans qu'il se produise un dédoublement analogue.

Les produits les plus importants de la fermentation alcoolique sont l'alcool et l'anhydride carbonique. On y a découvert successivement les produits accessoires suivants : acide succinique (Schmidt, de Dorpat, 1847); glycérine (Pasteur, 1860); acide acétique (Béchamp, 1863, et Duclaux, 1865). Les proportions de ces différents corps varient avec les conditions de la fermentation, avec l'espèce et même la variété de levure employée et avec les sucres qui fermentent.

La levure peut supporter des froids très considérables, voisins de 100°, sans perdre ses propriétés, lorsqu'elle a été préalablement desséchée avec soin; lorsqu'elle est humide ou maintenue en suspension dans l'eau, elle périt vers + 70° dans un liquide neutre et vers + 55° dans un liquide acide.

L'action d'une levure est à peu près nulle au voisinage de 0°, et cesse plusieurs degrés au-dessous de la température à laquelle elle meurt. D'après Bourquelot, la fermentation alcoolique de la maltose s'arrête entre 40° et 41°, mais celle de la lévulose et celle du glucose se font encore activement; de 25 à 30°, la température paraît la plus favorable.

La fermentation alcoolique est plus active à la lumière qu'à l'obscurité.

Les étincelles électriques ou un courant de 10 éléments Bunsen, tuent la levure humide ; les étincelles d'induction n'ont pas d'action sensible.

Parmi les agents chimiques, les uns sont sans action, comme l'oxygène, l'hydrogène, l'azote, l'oxyde de carbone, le protoxyde d'azote et le méthane. D'autres ont un effet nuisible ; l'acide cyanhydrique arrête l'action de la levure, ainsi que l'oxyde de mercure, le sublimé et le chloroforme ; la quinine et la strychnine ralentissent son action après l'avoir d'abord accélérée. L'action de l'acide salicylique varie avec la proportion de levure.

Une très petite quantité d'un acide semble en général favoriser l'action de la levure, une grande quantité l'empêche de commencer. De petites quantités de base n'ont pas d'influence sur le phénomène, mais de grandes quantités retardent la fermentation.

D'après tout ce que nous venons de voir, la fermentation alcoolique est le résultat du travail physiologique des organismes qui la produisent. Quelle est la nature de ce travail ?

Les nombreuses expériences de Pasteur l'ont conduit à cette conclusion que l'activité de fermentation d'une levure varie considérablement entre deux limites fixées par la participation maxima ou minima de l'oxygène aux actes de nutrition du végétal. Si l'on fait vivre celui-ci à la manière de toutes les moisissures, il cesse d'être ferment ; si on lui supprime toute influence de l'air, la levure se multiplie comme si l'air était présent et son caractère de ferment s'exagère. On peut, et les expériences ont été réalisées par Pasteur, faire passer l'activité de la levure par tous les degrés entre ces deux limites (Ém. Bourquelot).

Nous avons déjà eu l'occasion d'énoncer des faits qui corroborent cette manière de voir ; à savoir que des moisissures prennent le caractère de ferment quand on les fait vivre sans air, et que les tissus végétaux, maintenus dans une atmosphère privée d'oxygène, fournissent de l'alcool et de l'anhydride carbonique. Les levures n'ont, on peut le dire, qu'à un degré plus élevé le caractère propre à toutes les cellules vivantes d'être aérobies ou anaérobies suivant les conditions où on les place.

Les levures et les ferments organisés s'accommodent mieux que les autres plantes de la vie sans air, mais il n'en faut pas conclure que l'oxygène soit inutile à leur développement.

La levure respire comme tous les végétaux, elle absorbe de l'oxygène et rejette de l'anhydride carbonique ; elle prolifère beaucoup plus rapidement dans un milieu aéré que dans un milieu non aéré. On le montre aisément en plaçant dans un flacon un liquide sucré et de la levure. Au début, il y aura une prolifération active aux dépens de l'oxygène de l'air, prolifération qui se ralentira peu à peu, et à mesure que ce ralentissement s'accentuera, la véritable fermentation se manifestera.

Ainsi, une levure plongée dans un liquide non aéré, ne vivra que si elle a eu contact avec un milieu aéré ; pour le démontrer on ensemence d'une levure déjà ancienne un liquide désaéré, la fermentation s'arrête, mais elle recommence si l'on fait arriver par un moyen quelconque une bulle d'air au sein du liquide ; elle cesse ensuite, au gré de l'opérateur. La levure a donc besoin d'oxygène pour vivre. Mais faut-il admettre qu'elle n'en a plus besoin quand on l'en prive, pourvu que dans le liquide qu'on lui fournit il y ait du sucre? A cette question, nous répondrons avec Pasteur que la levure n'est un agent de décomposition du sucre qu'à cause de son avidité pour l'oxygène et qu'elle lui prend l'oxygène dont il est si riche, lorsqu'on le lui refuse à l'état de liberté. Quant à la chaleur nécessaire pour exercer autour d'elle le travail qui est sa vie, elle la trouve dans le dédoublement exothermique du sucre en alcool et gaz carbonique. On sait, par la pratique journalière, que les liquides en fermentation produisent toujours une élévation de température. Mais il faut remarquer que la chaleur dégagée dans la réaction chimique, n'est que la dixième partie de celle que fournirait la combustion complète du sucre. Il en résulte que la levure pour produire le même effet est obligé de détruire dix fois plus de sucre. C'est là la source de ce qu'on a appelé le caractère ferment, la disproportion entre le poids de matière transformée et le poids de matière vivante entrée en action (Ém. Bourquelot).

Cette théorie de la fermentation, due à Pasteur, s'applique à tous les ferments anaérobies, les autres (fermentations par oxydation, par exemple) ne peuvent être expliquées de la même façon. Les organismes qui les produisent sont aérobies, ce ne sont pas des ferments dans le sens que nous avons défini, mais, à cause des ressemblances qu'ils montrent avec ces derniers, on leur a conservé ce nom.

131. Fermentation lactique. — La fermentation lactique est la transformation d'un certain nombre de sucres : galactose, glucose, maltose, saccharose, en un acide liquide et soluble dans l'eau, l'acide lactique.

Elle est déterminée par un organisme, le *ferment lactique*, qui, par l'effet de sa nutrition et de son développement, transforme le sucre en acide lactique.

Tous les sucres capables de subir la fermentation alcoolique, peuvent aussi être transformés par la Bactérie lactique, et la transformation s'effectue sans qu'il y ait interversion préalable du sucre par le ferment (Ém. Bourquelot).

L'activité du ferment croît avec la température jusqu'à 35° environ, elle décroît à partir de cette température jusque vers 46° où elle s'arrête. La Bactérie n'est cependant pas tuée, car, pour stériliser le lait, il faut le maintenir au moins une demi-heure à 110°.

Le ferment lactique est aérobie, il consomme l'oxygène des liquides dans lesquels il vit et n'agit plus si on cesse de lui en fournir : la Bactérie lactique ne vit pas dans le gaz carbonique (Duclaux).

Pour elle, les milieux les plus favorables sont les milieux neutres.

132. Fermentation ammoniacale. — L'urine de l'homme et des herbivores, abandonnée à elle-même, perd sa réaction acide, elle devient alcaline et ammoniacale. L'urée fixe les éléments de l'eau et se change en carbonate d'ammonium; il se forme en même temps un trouble dans l'urine, des phosphates et des matières organiques se déposent.

En 1862, Pasteur découvrit le ferment organisé qui produit la fermentation ammoniacale et Van Tieghem en fit l'étude complète au point de vue physiologique et morphologique.

Une des propriétés les plus caractéristiques du ferment est de vivre dans des liqueurs qu'il a rendues très alcalines, c'est ainsi que la fermentation se poursuit dans des liquides renfermant 12 p. 100 de carbonate d'ammonium. A 13 p. 100 la liqueur tue toutes les cellules végétales avec lesquelles elle est mise en contact (Van Tieghem).

Outre l'urée, le ferment dédouble encore l'acide hippurique en acide benzoïque et glycolamine (Van Tieghem).

133. Fermentation butyrique. — Il y a fermentation butyrique, chaque fois que l'un des principaux produits d'une fermentation est l'acide butyrique, quel que soit l'organisme qui la produise ou même quelles que soient les substances décomposées.

La fermentation la mieux connue est celle du lactate de calcium. Ce sel se produit dans une fermentation lactique ordinaire, quand les liquides sont insuffisamment aérés, car les germes du ferment lactique et du ferment butyrique se rencontrent toujours dans les mêmes milieux.

Le ferment butyrique est le type des ferments anaérobies, il ne peut pas se développer tant que le liquide qui le renferme contient de l'oxygène; dans la fermentation lactique, lorsque tout l'oxygène est consommé, si l'on ne renouvelle pas l'air, le ferment butyrique se développe dans d'excellentes conditions (fig. 511).

Cette remarque est en contradiction avec la théorie que nous avons résumée plus haut. Mais il ne faut pas oublier que les besoins d'oxygène d'un ferment sont faibles comme quantité, et, qu'en réalité, l'oxygène libre en excès tue tous les microorganismes (P. Bert). On doit donc admettre que pour le ferment butyrique, l'excès d'oxygène est représenté par la proportion de ce gaz dans l'air.

Outre le lactate de calcium, le ferment butyrique fait fermenter les matières sucrées, la dextrine, l'inuline et la cellulose.

La fermentation de la cellulose est importante au point de vue de la physiologie végétale, car le ferment n'attaque pas toutes les celluloses ; les membranes cellulaires ne sont toutes également dissoutes par le ferment que dans la phase embryonnaire (Van Tieghem). Plus tard, les tissus se différencient et les uns sont

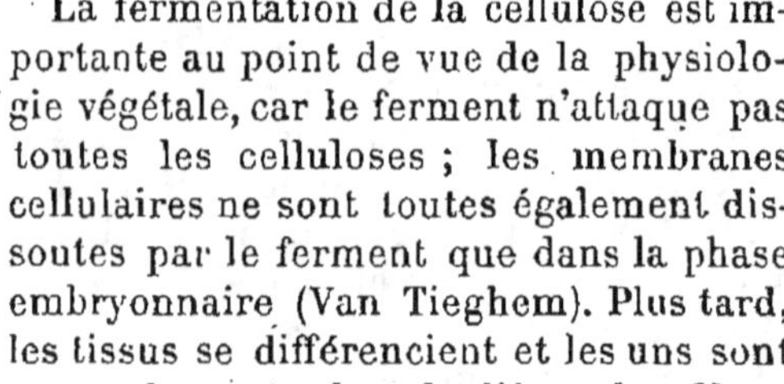

Fig. 511. — *Bacillus butyricus* (gross. 1200).

attaqués quand les autres ne le sont plus ; le liège, les fibres ligneuses, ou libériennes, le tissu médullaire âgé, sont les parties les plus résistantes. Les grains d'amidon ne sont pas attaqués, tandis que la membrane des cellules qui les renferment est dissoute. Il y a là un moyen facile d'extraire l'amidon des Pommes de terre, par exemple.

134. Fermentation sulfhydrique. — On a remarqué depuis longtemps déjà que les eaux sulfureuses sont peuplées de végétaux filamenteux qui s'y développent en abondance et qu'on a nommés Sulfo-Bactéries. Leur abondance fait supposer qu'il doit y avoir une relation entre leur présence et la production de sulfure d'hydrogène, mais la question n'est pas encore nettement tranchée de savoir si les Sulfo-Bactéries sont la cause de la production de l'hydrogène sulfuré provenant de destruction de sulfates, ou si elles sont la conséquence de la présence de ce gaz qui, par oxydation, fournirait le soufre nécessaire à leur existence. C'est pourquoi nous n'insisterons pas sur cette espèce de fermentation (1).

135. Fermentation acétique. — C'est un fait bien connu, que les boissons alcooliques exposées à l'air se transforment en vinaigre par production d'acide acétique sous l'action d'un ferment.

Il existe plusieurs espèces de Bactéries qui peuvent donner de l'acide acétique pendant leur développement ; le ferment le plus commun et le plus actif, découvert par Pasteur, est aujourd'hui décrit sous le nom de *Bacterium aceti*.

On se le procure aisément en abandonnant au contact de l'air un

____

(1) A ce sujet consulter Émile Bourquelot, ouvrage cité.

liquide à la fois alcoolique et acide, par exemple un mélange de vin et d'eau avec du vinaigre, il faut qu'il contienne au moins 1 et 1/2 p. 100 de vinaigre.

L'aliment hydrocarboné par excellence du ferment acétique, c'est-à-dire la substance fermentescible, est l'alcool et le produit principal l'acide acétique.

On reconnaît encore dans la fermentation acétique la présence de l'aldéhyde, celle de l'anhydride carbonique, de l'eau, et de l'éther acétique.

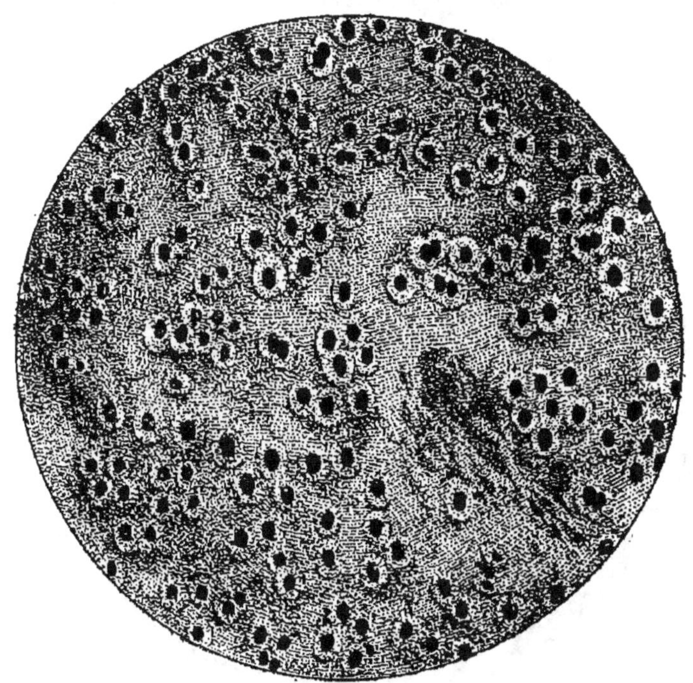

Fig. 512. — Ferment ni reux ou nitromonade.

Le ferment acétique ne se développe pas à une température inférieure à 10°; son énergie augmente jusqu'à 30°, s'affaiblit ensuite et cesse vers 35°; la Bactérie est tuée à 50°. Ce ferment est essentiellement aérobie, il a besoin de grandes proportions d'oxygène pour vivre et se développer.

Fréquemment, la fermentation de *Bacterium aceti* est arrêtée par la production de ferments étrangers, comme *Mycoderma vini*, dont le voile refoule celui du premier et finit par le couler au fond du liquide qu'il n'acétifie plus. *Mycoderma vini* ne se développe jamais sur un liquide alcoolisé contenant 2 p. 100 de vinaigre.

On doit ajouter qu'il faut que l'alcool soit en proportion faible ; avec de l'alcool concentré, l'oxydation est incomplète, il en est de même si l'on ajoute au liquide des alcools étrangers comme l'alcool méthylique ou l'alcool amylique. Le ferment acétique est tué par l'anhydride sulfureux.

136. Fermentation nitrique. — Comme la formation de l'acide acétique, la formation des azotates se fait sous l'influence d'une fermentation. Seulement, tandis qu'un microorganisme unique suffit à transformer l'alcool en vinaigre, il faut ici deux

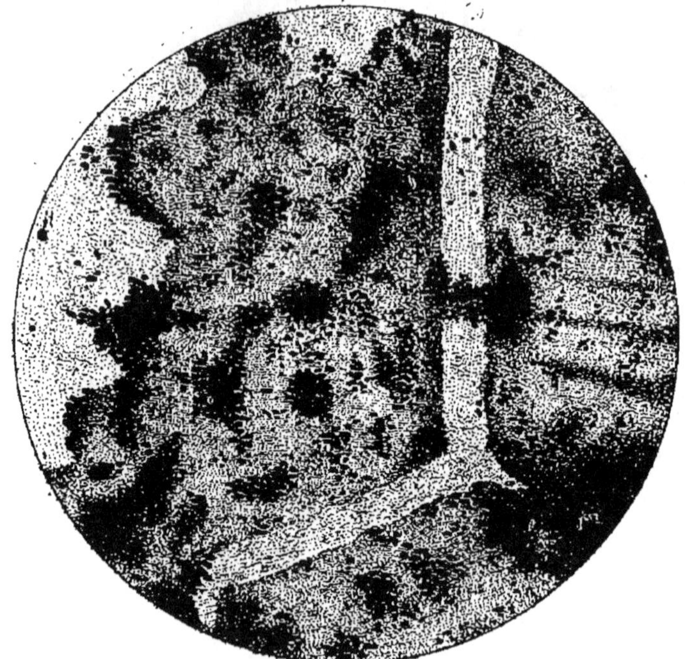

Fig. 513. — Ferment nitrique.

organismes différents ; l'un qui transforme l'ammoniaque en azotites, est le *ferment nitreux*, l'autre qui oxyde ces azotites et les transforme en azotates, est le *ferment nitrique*. Ce dernier est entièrement dépourvu d'action sur l'ammoniaque (fig. 512 et 513).

La lumière semble nuire à la nitrification, sans toutefois la détruire. Le phénomène n'est guère appréciable que vers 12° de chaleur, il atteint son maximum vers 37°, il cesse à 50°, et le ferment est tué à 100°. Le chloroforme et le sulfure de carbone arrêtent l'action des deux ferments.

Les substances fermentescibles sont les sels ammoniacaux qui sont transformés en produits azotés oxygénés. L'ammoniaque, d'ailleurs, n'est pas le seul corps que les ferments oxydent. On a constaté que l'iodure ou le bromure de potassium introduits dans un liquide en fermentation nitrique se transforment en iodate et en bromate.

CHAPITRE VIII

CULTURE DES MICROORGANISMES

137. Milieux de culture. — On donne le nom de milieux de culture, à des matières préparées artificiellement, dans lesquelles les microorganismes peuvent vivre et se multiplier. Il est facile, dans ces conditions, d'étudier une espèce microorganique, et d'examiner l'action des différents agents, parce qu'elle n'est plus troublée par des interventions étrangères. La méthode d'étude ainsi comprise a été imaginée et employée par Pasteur (1857-1861).

Un milieu de culture doit contenir les principes nécessaires à la nutrition des organismes, et être, avant l'ensemencement, débarrassé de tout germe étranger, *stérilisé*, suivant l'expression adoptée. La réaction chimique d'un milieu de culture doit être neutre ou légèrement alcaline.

On divise les milieux de culture en deux catégories : les solides et les liquides.

Les premiers sont : la gélatine, la gélose, le sérum solidifié, les Pommes de terre cuites, les matières amylacées cuites, le blanc d'œuf cuit et la bouillie de viande.

Les milieux liquides sont : les liquides minéraux, les infusions végétales, les bouillons et les liquides de l'organisme tels que sérum, urine et lait.

Les milieux solides permettent aux colonies microorganiques de se délimiter nettement en s'opposant à leur éparpillement ; l'aspect de ces colonies est caractéristique. Lorsqu'il existe des espèces différentes dans le même milieu solide elles s'étalent en formant des amas distincts dits *zooglées*.

Certains microorganismes se développent beaucoup mieux dans les milieux liquides ; ils s'y multiplient même rapidement, mais il ne se forme pas souvent de zooglées d'aspect caractéristique, et les espèces se mêlent très intimement les unes aux autres.

Milieux de culture a la gélatine.—La gélatine employée pour la confection des gelées nutritives doit être choisie parmi les meilleures des fabriques françaises. La quantité de gélatine qui doit solidifier un poids donné d'eau est variable avec les circonstances ; elle est de 6 grammes pour 100 grammes d'eau, pendant la saison froide, et peut s'élever à 15 grammes pendant les chaleurs.

Pour préparer la gelée on fait fondre des plaquettes de gélatine dans de l'eau chauffée au bain-marie, l'emploi du feu nu est à éviter. Pour augmenter la qualité nutritive du milieu, on y ajoute 1 p. 100 de glucose pur et de 1 à 2 p. 100 de peptones sèches. On ajoutera, en plus, du bicarbonate de sodium, jusqu'à neutralisation complète de la liqueur. On maintient le bain-marie à l'ébullition pour coaguler les matières albuminoïdes.

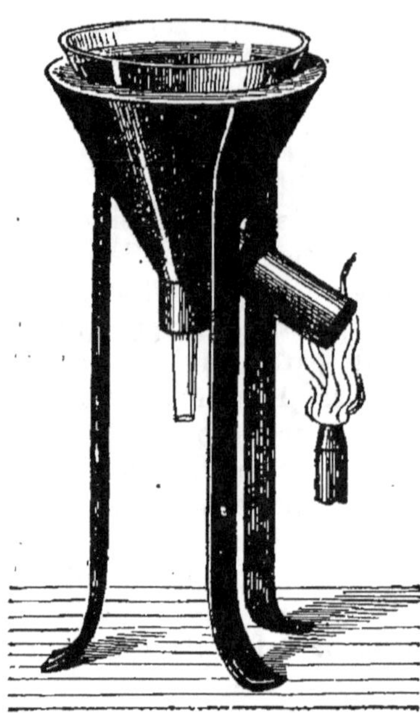

Fig. 514. — Entonnoir bain-marie.

On peut filtrer sur un entonnoir ordinaire, ou à l'aide d'un entonnoir bain-marie (fig. 514) qui maintient le produit liquide et accélère l'opération.

Cet entonnoir est en cuivre, on place dedans un second entonnoir en verre, et l'espace qui les sépare est rempli d'eau ; l'entonnoir de cuivre porte, inférieurement, un tube métallique qu'on chauffe ; par ce moyen l'eau qui entoure l'entonnoir de verre prend rapidement une température élevée, sans aller, toutefois, à l'ébullition.

L'appareil peut se modifier ainsi : le gaz destiné à chauffer arrive par le tube h, il chauffe l'espace compris entre les entonnoirs de cuivre a, et de verre c (fig. 515). Ou bien par le tube b on verse de l'eau chaude qui s'échappe par le robinet r, la gélatine claire coule en d et, par la pince à pression f, passe dans les récipients tels que g ; un tube latéral e est fermé avec du coton pour arrêter les germes étrangers.

Les gelées bien préparées fondent à des températures variant avec la quantité d'eau qu'elles renferment. On peut prendre 23° comme terme moyen.

Lorsque, après des filtrations nombreuses, les milieux de gélatine conservent une apparence opaque, on les clarifie au blanc d'œuf ; c'est-à-dire qu'on fond la masse et qu'on y ajoute un peu de blanc d'œuf battu ; on agite le mélange et on chauffe jusqu'à ébullition du bain-marie.

On peut préparer encore des gelées au jus de viande ; la colle de poisson ne donne que de mauvais produits.

Milieux de culture a la gélose. — La température relativement basse à laquelle fond une gelée à la gélatine, rend impossibles le développement de certaines espèces et la multiplication de beaucoup de microorganismes pathogènes.

On s'est servi pour remplacer la gélatine, de mucilages végétaux (Miquel). Une Floridée de la mer des Indes, *Gelidium spiriforme*, donne une matière mucilagineuse, la *gélose* (Payen), capable de

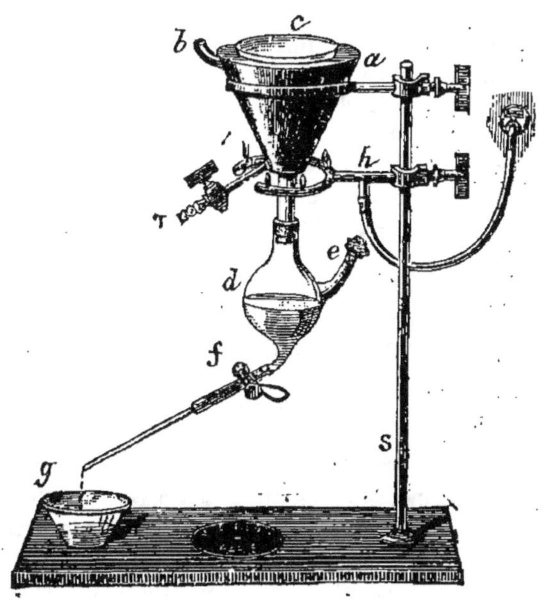

Fig. 515. — Appareil de filtration à chaud.

solidifier cinq cents fois son poids d'eau. Cette Algue existe dans le commerce sous le nom de Varech corné. Pour préparer le milieu nutritif, on coupe en morceaux 10 grammes de ce produit, qu'on fait macérer dans l'eau acidulée. On lave ensuite à grande eau, et on plonge l'Algue dans 4 ou 500 grammes d'eau additionnée d'ammoniaque, puis au bout d'un jour, on l'en retire et on la lave. On la jette alors dans 450 grammes d'eau distillée, en ébullition, l'Algue se dissout immédiatement ; le liquide, neutralisé, puis filtré, donne, par refroidissement, une gelée opalescente en masse et transparente en plaques.

On ajoute d'ordinaire à cette gelée, avant la filtration, 1 à 2 grammes de peptones sèches pour 100 de gelée ; le mélange s'effectue parfaitement : et c'est lui qu'on désigne sous le nom de gélose.

L'addition de glycérine donne à la gélose des propriétés nutritives plus énergiques (Nocard et Roux).

Cette gélose ne fond que vers 70°, elle devient d'abord visqueuse et n'est complètement liquide qu'entre 85° et 90° ; elle se solidifie, par refroidissement, à 40°.

Milieu de culture au sérum solidifié. — Entre 65° et 68°, le sérum du sang se solidifie en une masse ayant la consistance du blanc d'œuf cuit, de coloration ambrée et toujours opalescente. Le sérum additionné de glycérine donne de meilleurs résultats que le sérum ordinaire.

Milieux de culture aux Pommes de terre cuites. — Les tubercules de Pommes de terre donnent de très bons milieux de culture. On les place d'abord dans une solution stérilisante de sublimé à 1 p. 100, puis on les lave soigneusement et on les met à cuire.

Milieux de culture aux matières amylacées. — Toutes les matières amylacées peuvent servir : empois d'amidon, Riz, pain, etc., elles sont employées surtout pour la culture des microorganismes chromogènes.

Milieux de culture au blanc d'œuf. — On utilise aussi ces milieux pour la culture de microorganismes chromogènes. Avant la coagulation de l'albumine, on ajoute un quart de son volume d'eau contenant du sucre ou de la glycérine.

Milieux de culture a la bouillie de viande. — La viande est d'abord finement hachée, puis cuite à 120° ; on obtient ainsi un milieu utilisable dans des cas spéciaux.

Milieux de culture aux liquides minéraux. — Ces milieux sont surtout favorables au développement des Champignons, Levures et Moisissures. La culture en liquides minéraux a été imaginée par Pasteur. On emploie le liquide dit *solution Pasteur*, dont voici la composition : 100 grammes d'eau distillée ; 10 grammes de sucre candi ; $0^{gr},075$ de cendre de levure de bière. On utilise aussi la liqueur de Cohn qui a la composition suivante : 200 grammes d'eau distillée ; 2 grammes de tartrate d'ammonium ; 2 grammes de phosphate de potassium ; 1 gramme de sulfate de magnésium ; $0^{gr},1$ de phosphate tricalcique.

Milieux de culture aux infusions végétales. — Les qualités nutritives de ces milieux sont faibles ; de même que celles des jus ou sucs végétaux.

Le touraillon, résidu sec du malt qui a servi aux brasseurs, donne pour certains microorganismes pathogènes un très bon milieu de culture (Roux).

Milieux de culture au bouillon Liebig. — L'extrait de viande Liebig dissous dans l'eau bouillante en proportion de 5 grammes d'extrait pour 100 d'eau, forme un excellent milieu de culture. On neutralise la solution, qu'on rend plus nutritive, après filtration, par une petite quantité de glucose.

Milieux de culture au bouillon de viande. — Les bouillons de viande forment les milieux nutritifs les plus employés. On choisit, d'ordinaire, des viandes de bœuf, de veau ou de volaille qu'on fait cuire dans une quantité d'eau qui est, le plus souvent, de un litre par 500 grammes de viande ; on maintient l'ébullition pendant plusieurs heures ; on dégraisse le liquide, puis on le neutralise et, après une dernière ébullition, on filtre. Il est bon d'ajouter 6 à 8 grammes de sel par litre de bouillon neutralisé et filtré (Miquel, Benoist). Une petite quantité de glucose et de glycérine rendra le bouillon plus nutritif. Les liqueurs mal dégraissées qui n'ont pas subi une ébullition après neutralisation, restent opalescentes et précipitent du phosphate de calcium, longtemps après leur fabrication.

Les poudres de viande du commerce ne donnent pas souvent de bons résultats.

Les peptones de bonne qualité donnent, au contraire, des bouillons d'excellent usage et faciles à préparer : 1 à 2 grammes de peptones sèches, 1 gramme de glucose pure et 1 gramme de glycérine, dans 100 grammes d'eau à l'ébullition, fournissent un milieu nutritif très favorable aux microorganismes. Comme les peptones ont une réaction acide, il faut ajouter du bicarbonate de sodium jusqu'à réaction légèrement alcaline. La seule condition importante est la bonne qualité des peptones employées, la valeur nutritive des divers produits étant excessivement variable.

Milieux de culture aux liquides organiques. — Le sérum du sang est, pour certains microorganismes pathogènes, le seul milieu nutritif connu. On prépare le milieu de la manière suivante : On recueille le sang dans un vase et on le laisse se coaguler, puis on sépare le caillot du sérum. Celui-ci doit être, ensuite, stérilisé. Il est préférable, toutefois, de recueillir, avec les précautions nécessaires pour n'introduire aucun germe, le sang d'un animal sain. On choisit, d'ordinaire, la veine jugulaire, dans laquelle on insinue un trocart stérilisé, on le fait communiquer avec un tube de verre stérilisé aussi, et on reçoit le sang dans des ballons rigoureusement purgés de tout germe. Ces diverses stérilisations s'effectuent par l'un des procédés qui seront exposés plus loin. Le sang ainsi recueilli n'est aucunement contaminé, on porte les ballons fermés dans un endroit frais, puis on aspire le sérum avec des pipettes stérilisées.

On emploie encore le lait stérilisé et l'urine ; cette dernière dans des cas spéciaux. Souvent on lui préfère le bouillon de peptone additionné d'urée.

138. Stérilisation.— Les impuretés d'une culture proviennent du milieu où se développent les microorganismes, de l'air qui peut contaminer la culture par son contact, ou de la matière qui a servi à l'ensemencement. Avec les liquides purs de tout germe, il suffit d'observer les précautions nécessaires pour n'en introduire aucun, on peut alors les employer tels quels. Mais, en général, le vase qui renferme le milieu de culture garde des impuretés sur ses parois, germes déposés par l'eau de lavage ou apportés par l'air. Il faut se débarrasser des cellules ou spores étrangères si l'on veut n'obtenir que la multiplication d'une seule espèce.

L'importance extrême de la stérilisation a été signalée pour la première fois par Pasteur (1862), et c'est à lui qu'on doit les principales méthodes employées aujourd'hui.

STÉRILISATION PAR LES AGENTS CHIMIQUES. — On ne se sert que rarement d'agents chimiques, parce qu'en général ces agents altèrent les milieux soumis à leur action ; mais, en principe, tout réactif qui tue les microorganismes est un stérilisateur. Les liquides employés pour désinfecter les vases et instruments, sont : le sublimé en solution à 1 p. 100 ; l'alcool à 95° ou l'acide sulfurique.

Leur emploi, comme nous venons de le dire, est assez restreint, et on leur substitue un agent physique, simple et facile à manier, la chaleur.

STÉRILISATION PAR ÉBULLITION. — L'ébullition simple suffit quelquefois, mais on n'en doit faire usage que pour les milieux de petit volume, qu'on promène dans la flamme de manière à les soumettre complètement à la température de 100°. C'est un procédé qu'on ne doit employer qu'à défaut d'autres, car beaucoup de spores de microorganismes supportent des températures supérieures à 100° sans perdre leur faculté germinative.

STÉRILISATION PAR CHAUFFAGE AU BAIN-MARIE — Ce procédé, quoique ne donnant pas une température supérieure à 100°, est préférable au précédent, parce qu'on peut faire durer l'action de la chaleur pendant tout le temps nécessaire à la destruction des germes.

On doit maintenir dans l'eau bouillante les tubes et ballons de manière que leur plus grande partie plonge dans le liquide, et de façon aussi que les bouchons ou tampons d'ouate qui les ferment soient préservés des projections du liquide bouillant.

La facilité avec laquelle un milieu de culture est stérilisé, est en raison inverse de sa puissance nutritive.

Dans un grand nombre de cas, la température de 100° est nuisible : le sucre et les composés ammoniacaux se décomposent, les albuminoïdes se coagulent, la gélatine perd la propriété de former des gelées, l'urée s'hydrate, etc. On voit que ce seront surtout les liquides de l'organisme qui s'altéreront. Aussi lorsqu'on les emploie, use-t-on de la méthode des chauffages répétés.

STÉRILISATION PAR CHAUFFAGES RÉPÉTÉS. — Cette méthode, due à Tyndall, a été perfectionnée par Koch, qui l'a appliquée surtout à la préparation des milieux nutritifs au sérum sanguin. Le sérum peut, en effet, supporter pendant longtemps, sans s'altérer, une température de 60°; elle suffit à détruire les microorganismes qui ont pu contaminer le liquide pendant les manipulations. En chauffant de 58° à 60°, de quatre à six fois avec un intervalle d'un ou deux jours entre chàque opération, on obtient un milieu qui se maintient intact. Dans les cultures, on emploie surtout, nous l'avons vu, le sérum solidifié. On se sert pour le durcir d'un appareil spécial, dit *coagulateur de sérum*. C'est une étuve disposée de façon à maintenir inclinés les tubes contenant le liquide. Les pieds de l'appareil sont de hauteur variable, mais dans tous les cas l'inclinaison des tubes doit être telle que l'eau du bain ne touche pas les tampons d'ouate ; on règle le feu de manière à amener la température à 65° ; souvent, il faut chauffer plus fort, et la coagulation ne se produit qu'à 68°. Avec du sérum additionné de 6 p. 100 de glycérine, la coagulation ne se fait qu'à 75°. On a intérêt, pour la transparence du milieu, à ce que le liquide se solidifie à la plus basse température possible. L'addition de peptones fonce la couleur.

STÉRILISATION A LA VAPEUR D'EAU. — On utilise couramment, dans les laboratoires, la haute température de la vapeur d'eau, soit à la pression normale, soit à pression élevée. On sait qu'à la pression normale la température de la vapeur d'eau est 100° et qu'elle augmente avec la pression. Le stérilisateur à vapeur de Koch est un cylindre en fer-blanc couvert de feutre. Sa partie antérieure est fermée par un grillage et soudée à une chaudière en cuivre munie d'un tube à niveau, donnant la hauteur de l'eau à son intérieur. Un couvercle muni d'une tubulure pour laisser passer le thermomètre et de crans pour empêcher la fermeture hermétique, surmonte l'appareil. On dispose les vases à culture dans un panier en treillis. L'enveloppe de feutre empêche le refroidissement et la fermeture non hermétique maintient la pression normale à l'intérieur.

L'*autoclave* de Chamberland permet la stérilisation à vapeur sous pression. C'est une marmite de Papin perfectionnée. L'appareil comprend une chaudière en cuivre rouge sur laquelle on fixe, avec de fortes vis de pression, un couvercle percé de trois trous : l'un porte une soupape de sûreté, l'autre un robinet, le troisième laisse passer le tube d'un manomètre gradué de 0 à 2 atmosphères. Les objets à chauffer sont placés dans un panier de toile métallique, on verse de l'eau dans la chaudière jusqu'au niveau du fond du panier. On chauffe au gaz, en ayant soin d'ouvrir le robinet supé-

Fig. 516. — Autoclave de Chamberland.

rieur qui laisse échapper l'air chaud ; l'espace libre entre la chaudière et le couvercle est rempli par un boudin de plomb, on serre fortement les vis de fermeture et on lit sur le manomètre la pression obtenue (fig. 516). Les températures auxquelles on arrive atteignent 120°, elles suffisent pour détruire les spores les plus résistantes. Les bouillons les supportent sans s'altérer. Les gélatines de bonne qualité peuvent, sans perdre de leurs propriétés, supporter une température de 120°.

STÉRILISATION A AIR SEC. — On stérilise aussi facilement avec de l'air sec et chaud. Les appareils que l'on emploie sont des étuves; il en existe plusieurs modèles.

L'un des plus commodes est une petite étuve carrée dont l'un des côtés est mobile comme une porte, elle peut avoir une double paroi, ce qui rend plus uniforme la répartition de la chaleur. Avec une pareille étuve, on porte très facilement à 150° ou 200° des ballons, scalpels, pinces, etc. (fig. 517).

Le même résultat s'obtient aussi avec le four à flamber de Pas-

Fig. 517. — Étuve de stérilisation à air sec.

teur. C'est un fourneau en tôle dans lequel on suspend une corbeille métallique contenant les objets à soumettre à une haute température. Il est chauffé inférieurement par un fort bec de gaz.

Pour obtenir des températures d'une constance absolue, ce qui est fréquemment nécessaire, on emploie l'étuve de Pasteur. C'est une grande armoire en bois, à double paroi et à double porte vitrée. La paroi interne est formée d'une série de tubes de cuivre (perfectionnement de Roux), disposés verticalement et dans lesquels passent les produits de la combustion dégagés par les brûleurs à gaz qui sont placés sous l'appareil. Au bout de cette batterie de tubes s'ouvre une cheminée communiquant avec l'extérieur, elle élimine les gaz qui ont circulé.

Un régulateur de chaleur est adapté à cette étuve, il se compose d'une lame de zinc et d'une lame d'acier soudées et courbées en U, la branche gauche est fixe, la droite se meut suivant les variations de la température ; au moyen d'une tige rigide, elle transmet ses mouvements à un piston d'admission du gaz à brûler. Une vis rivée à l'extrémité de la tige, permet de faire varier la longueur de celle-ci et par suite le réglage.

Lorsque la température de l'étuve s'élève, la branche mobile de l'U se rapproche de la branche fixe; dans ce mouvement, elle entraîne la tige du siphon, et celui-ci, sollicité par un ressort à boudin placé dans son intérieur, réduit l'accès du gaz au brûleur et la température s'abaisse; au bout de quelques oscillations, l'étuve est réglée (E. Macé, *Bactériologie*).

STÉRILISATION PAR FILTRATION A FROID. — La chaleur modifie un certain nombre de liquides nutritifs; pour les obtenir purs et dépouillés de tout germe, Pasteur a imaginé de les filtrer à travers des corps poreux à orifices extrêmement fins. Les papiers à filtre les meilleurs laissant passer les microorganismes et surtout leurs spores, il se servait de tampons de plâtre, et hâtait la filtration en faisant le vide dans le récipient inférieur. Mais les liquides filtrés ainsi contiennent du sulfate de calcium; aussi préfère-t-on, aujourd'hui, employer de l'argile cuite, de la porcelaine dégourdie, etc.

Le filtre Chamberland (fig. 518) consiste en une bougie de porcelaine A dégourdie à 1200°. Elle est fermée à un bout, ouverte à l'autre, et fortement maintenue, dans une enveloppe cylindrique D, par une armature vissée, de sorte que son extrémité B dépasse seule. Lorsque le filtre a fonctionné quelque temps, il faut le brosser fortement, le laver à grande eau et faire bouillir la bougie dans de l'eau acidulée avec de l'acide chlorhydrique.

L'enveloppe D circonscrit une cavité dans laquelle est placée la bougie, un anneau de caoutchouc fortement comprimé par une pièce spéciale empêche toute communication de cette cavité avec l'extérieur.

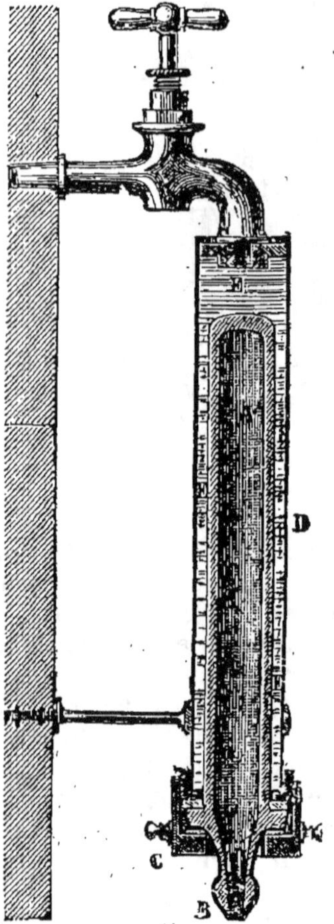

Fig. 518. — Filtre Chamberland.

On modifie souvent le filtre Chamberland en lui ajoutant un appareil à pression graduée qui augmente la vitesse d'écoulement du liquide.

Pour le lait, Duclaux emploie un ballon A (fig. 519), au col étiré en *a*, et auquel sont soudées deux tubulures *c* et *b*, la première étirée en pointe, la seconde fermée par un tampon de coton ; en *a*, on ajoute un tube en terre poreuse, plongeant dans le liquide. L'appareil stérilisé à l'air sec est réuni à une trompe par *b*, et par *d*

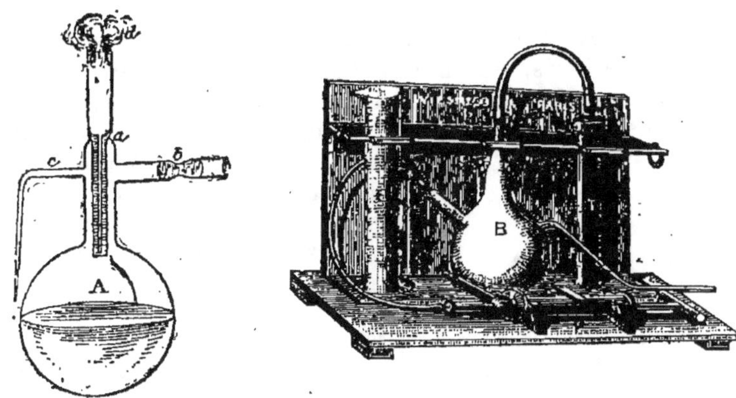

Fig. 519. — Appareil de Duclaux pour stériliser le lait.

Fig. 520. — Appareil Chamberland pour stérilisation par filtration.

à un réservoir contenant le liquide à stériliser ; le vide se fait dans le ballon et le liquide filtre à travers le tube de terre poreuse.

Cet appareil, très utile, a été modifié par Chamberland de la manière suivante :

Une bougie T (fig. 520) peut entrer dans une éprouvette E con-

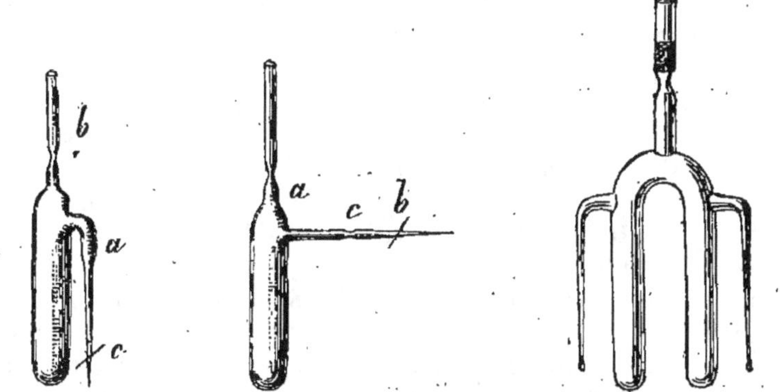

Fig. 521. — Tubes pour les cultures dans les bouillons.

Fig. 522. — Tube Pasteur pour cultures dans les bouillons.

Fig. 523. — Tube Pasteur deux réservoirs.

tenant le liquide à filtrer, elle est en relation avec un ballon B, qu'une troisième tubulure assurée par de la ouate met en rapport avec l'extérieur. L'ensemble est stérilisé à l'autoclave, puis on place la bougie dans l'éprouvette, on ferme la troisième tubulure et on fait le vide dans le ballon au moyen de la pompe P. Le liquide filtré par la bougie passe dans le ballon et peut être employé immédiatement.

139. Procédés de culture. — Les milieux de culture fabriqués et stérilisés, doivent être disposés de la manière la plus favorable pour le développement et l'observation de l'espèce étudiée. La forme et la capacité des vases importent peu, il faut seulement qu'ils soient construits de manière à empêcher l'accès des germes étrangers, et qu'ils s'opposent à une rapide évaporation.

CULTURE DES AÉROBIES. — Les vases de

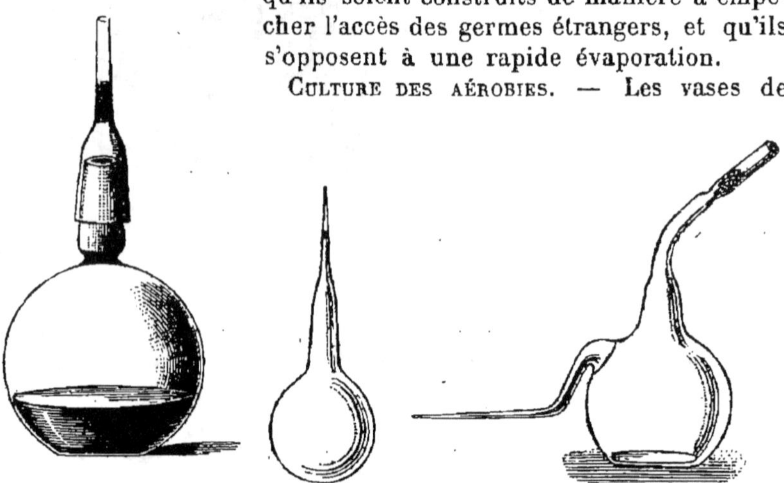

Fig. 524. — Matras de Pasteur.   Fig. 525. — Ballon à col étiré.   Fig. 526. — Ballon de Chamberland.

culture pour les microorganismes aérobies doivent offrir de l'espace et de l'air en suffisance. Ces cultures peuvent être faites en *tubes à essai.* On stérilise préalablement les tubes munis de leur bouchon d'ouate à une température de 150° au moins ; on les garnit d'une quantité de matière nutritive variable.

Pour les cultures *dans les bouillons*, Pasteur recommande l'emploi de tubes assez épais, au col étiré porteur d'un étranglement *b*, *a ;* ils sont en outre munis d'une branche latérale effilée, horizontale ou courbée verticalement vers le bas ; on pousse le bouchon d'ouate jusqu'à l'étranglement ; on les stérilise dans l'étuve sèche à 150° ou 200°. On sépare, après refroidissement, la pointe effilée et on aspire le liquide stérilisé, puis on referme à la lampe la pointe de la branche effilée (fig. 521 et 522).

On emploie encore un tube à double réservoir comme le montre la figure 523, on peut ensemencer chacune des branches avec une espèce différente ; ce qui permet les comparaisons, ou bien mettre une même espèce dans des milieux nutritifs différents.

En général, pour les cultures en milieux liquides, on emploie des ballons dont on bouche le col avec un tampon d'ouate. La forme préconisée par Pasteur (matras de Pasteur) porte un couvercle de verre rodé à l'émeri qui se place sur le col, le couvercle est muni d'un tube effilé bouché par un tampon d'ouate (fig. 524). On utilise aussi des ballons dont le col a été étiré au chalumeau, on remplit en cassant cette pointe sous le liquide, celui-ci monte par suite de la diminution de volume provenant du refroidissement qui a succédé au chauffage de stérilisation (fig. 525). Un appareil plus commode a été imaginé par Chamberland, le col du ballon est courbé et bouché comme précédemment, un prolongement latéral effilé sert à remplir par aspiration, comme dans les cas déjà examinés (fig. 526).

Il est nécessaire, quelquefois, d'étudier l'effet de l'absence d'air ou d'un gaz autre que l'air sur le développement d'un microorganisme ; on se sert pour cela d'un tube de petit diamètre sur lequel on soude une sorte de lentille plate, une très petite quantité de liquide vient se réunir en gouttelette dans cette partie très rétrécie et l'on peut porter l'appareil sur le porte-objet du microscope (Pasteur), il faut seulement que les deux parois de la lentille soient très voisines et très minces.

La culture peut aussi se faire sur le porte-objet du microscope, ou sur des plaques (Koch). Cette dernière méthode, dont voici le principe, est une des plus fructueuses : On dissémine, dans de la gélatine liquéfiée à basse température, des microorganismes contenus dans une parcelle de la substance à examiner, de manière à leur laisser un développement isolé ; lorsque la gélatine se solidifie elle les maintient éloignés les uns des autres. L'isolement des colonies se montre, en ce cas, plus ou moins prononcé suivant le degré de dilution et la quantité de microorganismes. La forme de ces colonies est souvent d'un aspect typique ; de là d'importants caractères applicables à la vérification des cultures et à la détermination des espèces.

Les cultures sur plaque se font à la température ordinaire, ou dans l'étuve réglée à 18° ou 19° ; il faut, au préalable, stériliser tous les instruments qui doivent supporter ou contenir les cultures. Les objets en verre sont soumis à l'action de la chaleur ou de la solution de sublimé ; les instruments de métal sont flambés.

CULTURE DES ANAÉROBIES. — Les microorganismes anaérobies ne pouvant se développer en présence de l'oxygène, il faut modifier les procédés ordinaires pour les étudier.

On peut ensemencer les espèces dans des liquides qu'on prive d'air en y faisant barboter un courant d'hydrogène ou de gaz carbonique (Pasteur). Le gaz inerte enlève peu à peu au liquide l'oxygène qu'il contient et s'y substitue. On peut aussi faire le vide avec une trompe à mercure, ou tout autre appareil de physique construit dans ce but. Le meilleur gaz inerte à employer est l'hydrogène ; et l'azote est préférable à l'anhydride carbonique,

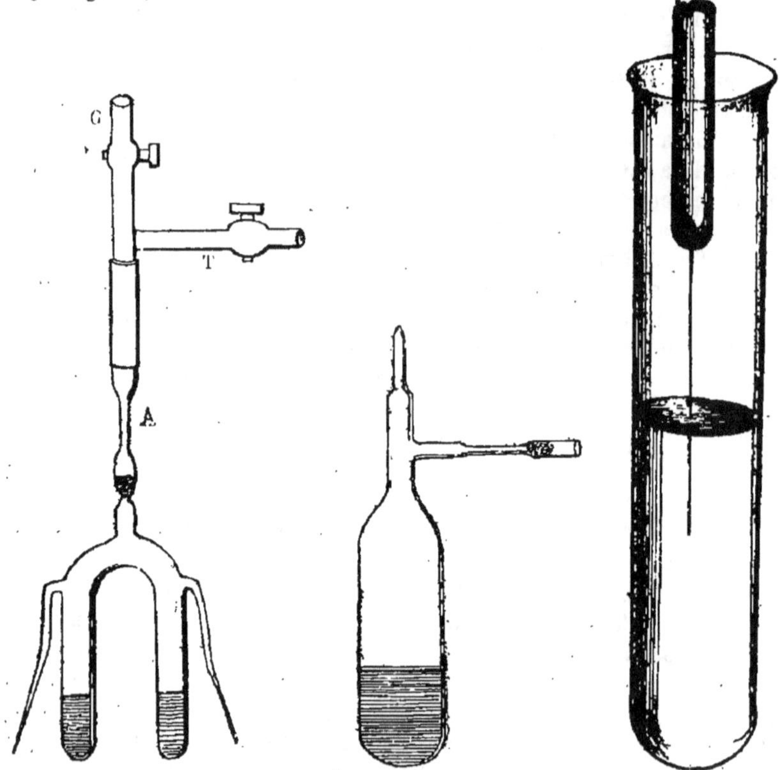

<table>
<tr><td>Fig. 527. — Appareil de Roux pour la culture en liquide des Anaérobies.</td><td>Fig. 528. — Tube de Roux pour la culture en milieu solide des Anaérobies.</td><td>Fig. 529. — Inoculation en piqûre.</td></tr>
</table>

lequel exerce souvent sur les microorganismes une action toxique.

Il suffit, dans certains cas, de recouvrir le milieu de culture d'une lamelle de verre mince et assez large sous laquelle on étudiera le développement (Cornil et Babès).

La présence d'oxygène, en ce cas, n'est pas complètement supprimée, mais beaucoup d'anaérobies supportent sans inconvénient de petites quantités d'oxygène.

Une simple couche d'huile versée à la surface du milieu de culture, préserve assez souvent de l'accès de l'air.

Pour les cultures dans les liquides, le meilleur appareil à employer est celui de Roux (fig. 527). C'est un tube de Pasteur à deux branches tel que le montre la figure 523, il est étranglé en A, au-dessus du tampon d'ouate; on le stérilise au four à flamber; les petites branches latérales effilées, sont fermées. Pour l'emplir, on y adapte une trompe T, à l'aide de laquelle on aspire l'air ; par le second robinet G on introduit un gaz inerte; si l'on ne maintient pas le vide ; on fond ensuite le tube en A et on le met à l'étuve. Lorsqu'il faut examiner le liquide, on relie l'extrémité A à un gazomètre G, et on casse la pointe; en brisant ensuite l'extrémité d'une branche latérale on fait écouler la quantité de liquide que l'on veut.

Pour les milieux solides, Roux emploie un flacon d'une autre forme (fig. 528) et à deux tubulures, l'une permet l'ensemencement de la gélatine, elle peut être fondue et fermée aussitôt, la seconde sert à introduire un gaz inerte ou à faire le vide.

Pour ensemencer une culture, on se sert d'une aiguille à inoculer. C'est une aiguille en fil de platine, fixée dans un manche en bois. Il faut avant d'inoculer, s'assurer de la pureté du milieu de culture, de sa stérilité, et de l'impossibilité de l'introduction de germes étrangers pendant la manipulation. Nous connaissons les méthodes principales de fabrication de milieux et de stérilisation, pour que l'aiguille n'entraine aucune impureté, il faut aussi la stériliser en la faisant rougir dans la flamme, avant et après l'opération. On la laisse refroidir et on introduit dans la masse, la pointe de l'aiguille chargée de la substance à ensemencer (fig. 529).

CHAPITRE IX

LA SENSIBILITÉ DES PLANTES

La sensibilité des plantes se traduit par des mouvements; mais il faut distinguer ceux qui sont dus à l'action des agents extérieurs et ceux qui sont dus à la croissance du végétal : quant aux mouvements du protoplasma, ils ont été décrits antérieurement (voy. livre I, chap. i). Nous examinerons successivement l'action des différents agents extérieurs qui peuvent avoir une influence sur la plante.

140. Action de la pesanteur. — La pesanteur agit d'ordinaire sur une plante, en plaçant son axe suivant la verticale du lieu. Cette action a été nommée *géotropisme*. Dans le cas où la région du végétal suit la direction de la pesanteur, le géotropisme est *positif;* il est *négatif* quand la région suit une direction opposée à la force.

La racine principale d'une plante possède un géotropisme positif. Cette propriété peut se vérifier par un grand nombre d'expériences :

On peut placer une racine primaire horizontalement, sur une terre meuble; elle se courbe bientôt de manière que la pointe s'enfonce verticalement, une fois cette direction prise, elle la conserve indéfiniment. La courbure due à la pesanteur atteint son maximum dans la région où la croissance est la plus active.

On montre que cette flexion est bien due à la pesanteur, en fixant la racine sur la circonférence d'une roue qui tourne dans un plan vertical ; la pesanteur peut exercer ainsi son action successivement et également sur tous les points de la surface de la racine; en réalité, celle-ci se trouve soustraite à l'influence directrice de la pesanteur; il faut donner à la roue une vitesse assez faible pour que la force centrifuge soit négligeable. On voit alors la racine croître indéfiniment dans la position quelconque où on l'a fixée.

La courbure que prend une racine placée horizontalement provient de ce que, sous l'influence de la pesanteur, la surface supérieure s'allonge plus que la face inférieure pendant un temps et en un point donnés. Des mesures directes effectuées en traçant sur la racine des divisions équidistantes montrent qu'il en est toujours ainsi.

On peut aussi se rendre compte de l'intensité du géotropisme positif d'une racine. On placera une racine sur un bain de mercure et l'on verra que la pointe s'enfonce dans le liquide de plusieurs centimètres malgré la résistance que celui-ci lui oppose en vertu de sa grande densité.

On pourrait encore poser la racine horizontalement sur une lame de verre, en la fixant par sa base, elle soulève alors toute sa partie ancienne et place sa pointe verticalement; il faut poser sur elle un poids assez lourd pour empêcher le soulèvement de se produire.

Ces propriétés sont celles des racines primaires, nous voyons que l'égalité de croissance et la direction rectiligne ne s'obtiennent que suivant la verticale, leur géotropisme est *absolu*.

Dans les racines secondaires, il n'en est pas de même; nous avons vu, en effet, qu'elles s'allongent dans le sol en suivant une direction légèrement inclinée vers le bas. Mais leur géotropisme existe, car il suffit de placer une plante à l'envers, pour voir ses racines secondaires se courber aussi vers le bas en faisant avec la tige un certain angle; un second renversement produirait une nouvelle inclinaison vers le bas, sous le même angle.

Le géotropisme des racines secondaires ne dépasse pas une certaine limite. On peut donc dire que ces racines possèdent un géotropisme *limité*. Ce géotropisme limité se transforme en géotropisme absolu quand on coupe l'extrémité de la racine primaire : dans ce cas, la racine secondaire la plus proche prend le rôle de la racine primaire qu'elle remplace et dans la direction de laquelle elle vient se placer verticalement.

A partir des ramifications du troisième ordre, les racines prennent toutes une direction quelconque sans jamais se courber sous l'action de la pesanteur, quelque position qu'on donne au vase de culture.

Beaucoup de tiges possèdent un géotropisme négatif très accusé ; placées horizontalement, elles s'incurvent vers le haut. Il est facile de constater ce phénomène par diverses expériences.

Une tige ou un fragment de tige, primaire ou adventive, couché horizontalement de manière à pouvoir poursuivre sa croissance, s'incurve fortement vers le haut en quelques heures. Le mouvement géotropique cesse dès que la partie supérieure du fragment de tige fait un angle droit avec sa partie inférieure.

On provoque facilement des courbures géotropiques sur des fragments épicotylés coupés à des germinations de Haricots. Il faut seulement, dans ces expériences, avoir soin de soustraire le végétal à l'action de la lumière.

On recouvre de sable humide le fond d'une caisse en zinc, puis on entasse du sable le long des parois, et, dans les talus ainsi formés, on enfonce horizontalement l'extrémité inférieure du fragment de tige qu'on veut étudier en ayant soin qu'il soit horizontal et qu'une partie fasse saillie au dehors du sable. On referme ensuite la caisse au moyen d'un couvercle. Dans ces conditions, si la température est convenablement élevée, de 20° à 25°, par exemple, on peut avec certaines plantes constater au bout d'une heure et demie une incurvation géotropique négative, nettement accusée.

Dans la plupart des plantes, la faculté de se courber sous l'action de la pesanteur est limitée aux entre-nœuds du sommet. Les régions caulinaires situées vers le bas sont insensibles à l'action de la pesanteur.

Sous ce rapport les Graminées sont très intéressantes. Chez ces plantes, entre les diverses portions de la tige se trouvent des sortes d'articulations aisément reconnaissables à leur forme renflée, ce sont les parties basilaires des gaines foliaires. Ces articulations en forme de nœud conservent longtemps la faculté de s'allonger et sont très aptes à subir des incurvations géotropiques, alors que les parties de la tige qu'elles limitent sont dures et raides. Lorsqu'on coupe des chaumes d'Orge ou de Seigle possédant un renflement nodal en leur milieu et qu'on les place horizontalement dans le sable humide de la caisse en zinc dont il a été parlé, on remarque au bout de vingt-quatre heures une forte courbure dans les fragments jeunes ; des fragments âgés ne subissent aucune courbure.

Si on redresse une tige quelconque au moment où elle commence à s'incurver, on voit la courbure se continuer ou se prononcer dans le sens primitif.

L'action de la pesanteur sur la croissance de la tige est lente et progressive et elle se manifeste aussi bien si la cause a cessé d'agir à l'instant considéré que si elle continue son action. Nous n'avons pas eu à signaler ce phénomène pour la racine.

Les tiges secondaires, insérées sur les flancs d'une tige primaire, possèdent un géotropisme négatif limité. Elles se redressent jusqu'à faire avec l'axe principal un certain angle, puis l'action de la pesanteur cesse de se faire sentir. Cet angle est essentiellement variable avec les plantes.

Les branches de second et de troisième ordre semblent dépourvues du géotropisme négatif.

Quand la tige primaire se continue indéfiniment en sympode, la tige secondaire prend un géotropisme négatif absolu, les rameaux de troisième et quatrième ordre prennent un géotropisme limité, puis absolu.

Une branche d'ordre quelconque, séparée de la tige, et nourrie directement, comme dans le cas des boutures, offre un géotropisme absolu semblable à celui d'une tige primaire.

De même aussi, dans un système ramifié, certaines branches peuvent se montrer pourvues d'un géotropisme négatif alors que les rameaux qui les portent en sont dépourvus, ce cas se présente par exemple dans les rhizomes et tiges rampantes dont certains rameaux se dressent verticalement dans l'air. Dans d'autres, il se manifeste à une certaine phase de l'allongement comme cela se voit dans les rhizomes sympodiques dont la partie terminale, tout à coup, se relève verticalement.

Les feuilles, pétiolées ou sessiles, sont aussi soumises à l'action de la pesanteur. Mais l'influence de cette force ne se fait sentir qu'après l'épanouissement et cesse quand la croissance intercalaire se termine.

La feuille, en se développant, dresse son pétiole et dispose son limbe de manière que la face ventrale soit tournée vers le haut et sa face dorsale vers le bas. Si l'on essaie d'intervertir cette position, le pétiole se recourbe pour se redresser, et se tord, en même temps, d'un certain angle, pour ramener le limbe dans sa position première. Le phénomène se produit à l'obscurité comme à la lumière directe ou à la lumière diffuse ; il ne se manifeste pas dans un appareil à rotation lente comme celui dont nous avons déjà parlé, et qui a pour but de soustraire un organe à l'action de la pesanteur.

Souvent, le pétiole devient vertical par suite d'une augmentation de croissance sur sa face dorsale; il est, comme la tige, négativement géotropique. Les mêmes phénomènes peuvent être observés dans la fleur.

141. Action de la lumière. — Le *phototropisme*, ou action de la lumière, est plus général que le géotropisme, et plus constant, car l'action est la même sur toutes les parties d'un végétal. Au-dessous d'une certaine intensité lumineuse, le phototropisme est nul, puis il croît pour atteindre une valeur maxima correspondant à une intensité moyenne, ensuite il décroît avec l'accroissement d'intensité et redevient nul pour une intensité forte. Les deux valeurs inférieure et supérieure, sont, suivant les plantes, notablement différentes, de même pour l'intensité optima, à laquelle il faut toujours exposer la plante pour étudier le phototropisme dans les meilleures conditions.

D'une façon générale, on peut dire que la lumière retarde la croissance des organes.

Quand on mesure la longueur dont s'augmentent dans le même temps deux racines de même espèce, on voit que si l'accroissement est grand à la lumière, il est plus grand encore à l'obscurité.

Pour les tiges, une flamme de gaz placée à une petite distance réduit très sensiblement l'accroissement.

Toutes les radiations, même ultra-violettes et infra-rouges, retardent la croissance. Les rayons jaunes agissent peu; le rouge et l'infra-rouge sont plus énergiques, mais, dans ce sens, l'action retardatrice est assez médiocre; vers le bleu, au contraire, elle augmente très rapidement et atteint dans l'ultra-violet un maximum très élevé. La lumière qui passe à travers un liquide cupro-ammoniacal comme celui dont nous nous sommes servis dans de précédentes expériences agit autant que la radiation totale.

Lorsqu'une tige, au lieu d'être éclairée également de tous les côtés, ne reçoit que suivant une seule direction une lumière ayant l'intensité inférieure ou égale à l'optimum, le côté qui recevra les radiations s'allongera moins que l'autre et la plante s'infléchira vers la source. L'incurvation se localise dans la région de croissance, en deçà et au delà elle est diminuée de plus en plus à mesure qu'on s'éloigne de la zone de croissance maxima. Lorsque l'intensité de l'éclairage est supérieure à l'optimum, si la face opposée à la source lumineuse reçoit une intensité plus voisine de l'optimum, elle s'allongera moins et la tige se courbera en sens inverse de la source.

Les racines de certaines Crucifères s'incurvent, sous un éclairage unilatéral, du côté opposé à la lumière. Pour le montrer, il faut faire germer à l'obscurité des graines de Moutarde, par exemple. Les racines s'enfoncent verticalement dans l'eau pendant que l'axe hypocotylé s'accroît vers le haut, suivant la verticale. On recouvre le bocal qui contient la plante d'un papier noir mat dans lequel on a ménagé une fente. Au bout d'un petit nombre d'heures, l'axe hypocotylé est infléchi vers les radiations, tandis que les racines prennent une direction opposée.

Ce cas est rare parmi les végétaux, l'inverse se produit plus généralement, et la sensibilité phototropique est loin d'être la même pour tous les organes d'un végétal. Les Champignons inférieurs comme les *Mucor*, dont nous avons eu occasion de parler au commencement du chapitre précédent, se courbent aussi vers la lumière, et leurs pédicelles fructifères unicellulés sont doués de phototropisme.

Sur la feuille, la lumière agit comme sur la tige. Un éclairage également réparti, ralentit la croissance d'une feuille. L'éclairage unilatéral d'une intensité ne dépassant pas l'optimum, a pour effet d'infléchir une feuille vers la source lumineuse ; lorsque l'organe est pétiolé, le limbe tend à se disposer perpendiculairement, tandis que le pétiole se dispose parallèlement aux radiations incidentes.

L'intensité du phototropisme d'une feuille varie avec les plantes et n'a aucun rapport avec le géotropisme.

La lumière agit aussi sur les fleurs ; si l'éclairage est unilatéral, son intensité ne surpassant pas l'optimum, il y a incurvation de la fleur vers la source. Le pédicelle prend tantôt une position invariable, tantôt se déplace avec le soleil. Certaines fleurs restent verticales en pleine lumière, comme celles du Grand Soleil, pris pourtant fréquemment comme type des fleurs héliotropes ; d'autres s'inclinant vers la lumière, suivent plus ou moins la marche du soleil ; dressées à l'obscurité, elles se penchent le matin vers l'Est, à midi vers le Sud, et vers l'Ouest le soir.

Certaines spores d'Algues, vertes sur toute leur étendue sauf au niveau du rostre qui est incolore, placées dans l'eau et exposées à la lumière, s'amassent dans la partie du vase la plus exposée aux rayons lumineux. On a remarqué tout d'abord, que les spores placées à la lumière, se meuvent en ligne droite en dirigeant vers la lumière leur partie hyaline, tandis que la partie colorée par la chlorophylle est tournée vers le point opposé. Dans l'obscurité, les mêmes spores tournent indifféremment de gauche à droite ou de droite à gauche ; sous l'influence de la lumière, au contraire, le sens de la rotation reste le même (Cohn). Pour étudier approximativement les causes qui déterminent ces mouvements, on se sert de petites spores artificielles en carbonate de calcium vernissées sur leur surface, sauf au niveau du rostre : dans un liquide acide, ces petits appareils se meuvent en tenant leur grosse extrémité en avant, parce que l'anhydride carbonique se dégage du rostre. Cette expérience permet d'émettre l'hypothèse que l'oxygène mis en liberté par la chlorophylle sous l'influence de la lumière et particulièrement de rayons chimiques, se dégage par l'extrémité postérieure des spores qui seule contient la chlorophylle, et pousse la petite masse en avant. Le fait connu que les rayons chimiques et particulièrement le bleu attirent fortement les êtres microscopiques appuie davantage la théorie (Cohn).

142. Action de la chaleur. — Le *thermotropisme* est l'action de la chaleur sur les végétaux. Celle-ci agit surtout sur la croissance laquelle va en augmentant à mesure que la température s'élève, atteint un maximum, et se ralentit jusqu'à une certaine limite où elle s'arrête. Le végétal, sous un échauffement unilatéral devient convexe du côté où la température est la plus voisine de l'optimum, et concave de l'autre. Il est facile, en prenant comme abscisses les températures et comme ordonnées les accroissements, de construire des courbes de croissance pour une racine ou pour une tige.

Les variations de température produisent sur les fleurs de quelques plantes des mouvements très visibles. Certains *Crocus* ferment leurs fleurs lorsqu'on les porte d'une enceinte à la température de 20° dans une autre où la température n'est plus que de 5°, et inversement ouvrent leurs fleurs quand on les transporte de la deuxième enceinte dans la première. Ces mouvements se produisent aussi bien à la lumière qu'à l'obscurité, ce qui met en évidence l'action de la température indépendamment de celle de la lumière.

143. Action de l'humidité. — Lorsque des racines se développent dans un milieu où l'humidité ne règne pas uniformément, on les voit subir des mouvements de flexion dus à une propriété dite *hydrotropisme*. Pour faire voir cet hydrotropisme des racines, on répète l'expérience suivante dont le principe est dû à Sachs :

Sur un cylindre de talc, on étend du tulle ou une toile à larges mailles de manière à obtenir une espèce de tamis, on le remplit de sciure de bois humide et on y plante des graines. On suspend ensuite l'appareil de façon que le fond du tamis fasse avec l'horizon un angle de 45° environ. Les racines des germinations s'échappent bientôt par les mailles du tulle, mais au lieu de croître verticalement vers le bas, elles glissent obliquement sur la surface du tulle et continuent leur croissance en y restant exactement appliquées. A leur sortie du tamis ces racines se dirigent vers le côté où la couche de sciure fait le plus petit angle avec la verticale. La flexion qui se produit, vient d'une répartition inégale d'humidité sur la face des racines tournée vers la sciure et sur la face opposée. Il faut toutefois observer que le côté qui devient convexe et dont la croissance est la plus active, est celui qui est opposé au fond humide du tamis.

De pareilles incurvations ne s'observent pas si l'on suspend l'appareil horizontalement ou même obliquement dans une atmosphère saturée de vapeur d'eau. Dans ce cas, les racines primaires se dirigent verticalement vers le bas, sans subir de flexion. En l'absence de lumière, les racines qui se développent dans un milieu saturé de vapeur d'eau obéissent à la seule action de la pesanteur.

Le *Mucor*, dont nous avons déjà signalé le phototropisme, possède aussi un hydrotropisme dont nous devons dire un mot. Pour montrer expérimentalement l'action de l'humidité sur ce Champignon, on porte quelques sporanges de *Mucor* sur une petite tranche de pain humectée placée dans un vase plat bien exactement fermé par une lame de verre percée en son milieu d'un petit trou.

Les spores germent au bout de peu de temps, puis on voit s'échapper par l'orifice de la lame quelques filaments fructifères; c'est sur ceux-ci que portent les expériences ; on place au voisinage des filaments un carton imbibé d'eau, et on soustrait le tout à l'action de la lumière. Au bout d'un jour, la longueur des appareils fructifères aura beaucoup augmenté, mais non verticalement. Ils présenteront une courbure dont la convexité est tournée vers la bande de carton humide (Detmer).

Les pédicelles sporangifères du *Mucor* se détournent donc des corps humides au voisinage desquels ils se trouvent placés.

144. Flexion darwinienne. — Supposons que l'on vienne à toucher avec un crayon de nitrate d'argent, sur une de ses faces latérales et sur une petite longueur, la pointe d'une racine, puis qu'on l'abandonne à l'obscurité, au bout de 24 heures, le côté de la racine touché par le nitrate sera devenu convexe : l'allongement de la face excitée est beaucoup plus actif que celui de la face opposée et la lésion unilatérale a provoqué un mouvement de flexion. C'est à une pareille flexion qu'on donne le nom de *flexion darwinienne*. Si la pointe de la racine a été touchée d'une autre manière, il se produira encore des mouvements, mais en tous cas, il est important de constater que les racines s'éloignent des corps agissant et déterminant une blessure (Darwin).

Le contraire arrive quand l'excitation a porté sur la région de croissance active et non sur le sommet. Les racines se comportent alors comme des vrilles et s'infléchissent vers les corps agissant comme causes excitatrices.

La piqûre des insectes provoque sur les organes des plantes certains phénomènes : les galles que l'on rencontre sur un grand nombre de feuilles sont produites de cette façon. L'excitation causée par la piqûre provoque une hypertrophie du tissu de la feuille. En examinant des galles au point de vue histologique, on voit qu'elles se composent de petites cellules à peu près de même diamètre, on y rencontre cependant çà et là des cellules allongées radialement. Les éléments de la périphérie sont plus grands que les éléments du centre.

145. Action des contacts. — Nous avons défini les tiges volubiles et la circumnutation (livre I, chap. v), il nous faut étudier maintenant le mécanisme de l'enroulement.

Le sommet d'une tige volubile, décrivant un cercle, peut être amené à rencontrer un support convenable, la nutation continue alors à se manifester, mais, pour le développement et la forme des torsions qui se produisent, il faut tenir compte du géotropisme négatif de la tige tordue, lequel agit verticalement. Les tiges de Houblon et de Haricot, par exemple, possèdent un fort géotropisme négatif.

La circumnutation et le géotropisme négatif ont pour effet d'enrouler la tige volubile en hélice autour de son support. La forme des tours supérieurs, larges et lâches, est déterminée principalement par la nutation; sur les tours inférieurs serrés, le géotropisme a une action prépondérante. Il faut aussi tenir compte d'un fait, c'est que les plantes volubiles s'accroîtront longtemps encore après que les torsions se seront produites, l'action de la pesanteur les redressera géotropiquement. Lorsqu'elles s'enroulent autour d'un support, la croissance en ligne droite des parties âgées est empêchée par celui-ci. Les tiges tordues serrent étroitement l'appareil qui les soutient et l'angle d'inclinaison de l'axe est d'autant plus petit que le support est plus mince. Autour d'un gros support, les portions âgées des tiges s'appliquent les premières et le redressement géotropique des entre-nœuds se trouvant entravé, les tours formés deviennent lâches.

L'explication de ces faits s'applique encore au phénomène suivant : Les portions libres des sommets de tiges volubiles se montrent rarement sous leur forme typique, alors que celle-ci est facilement réalisée dans les tiges coupées. En effet, dans ces dernières, la croissance est affaiblie et des torsions s'opèrent sous l'action de la croissance et de la circumnutation. Mais le redressement sous l'influence du géotropisme négatif ne peut avoir lieu qu'incomplètement. Dans des conditions naturelles, les sommets des tiges volubiles doués d'active croissance et débordant leur support obéissent si bien à la pesanteur que l'on voit les entre-nœuds s'allonger rectilignement sous forme de torsions libres.

Si l'on remplace un gros support par un support mince, les torsions ne s'appliquent plus sur celui-ci, et la portion supérieure de la tige s.enroule seule et forme de nouveaux tours. On observe que les tours les plus récents formés autour d'un gros support, sont devenus plus élancés au bout d'un jour ou deux, et embrassent fortement un support mince. Ce phénomène est explicable par la persistance de la croissance dans l'organe considéré et la sensibilité géotropique qui en résulte. Les tours de spire les plus anciens formés autour du gros support demeurent lâches parce que leur croissance étant terminée ils ne subissent plus aucune modification.

L'action des contacts est encore très nettement visible dans les vrilles (Voir livre I, chap. v) que forment certains végétaux et qui, fixant la plante à des supports, l'empêchent de s'affaisser, et lui donnent la faculté de grimper.

Les vrilles de Cucurbitacées sont de très bons matériaux d'étude pour se rendre compte de cette sensibilité.

Au début, celles-ci s'étendent en ligne droite et décrivent un cercle dans l'espace ; c'est à ce moment qu'elles montrent, à un haut degré, leur propriété. La sensibilité est toujours plus grande à température élevée qu'à une température basse. Il suffit, par une chaude journée, de prendre entre les doigts une branche rectiligne de vrille pour qu'elle s'incurve considérablement, et on peut suivre le mouvement directement. Si, en lui faisant toucher un corps solide, on a forcé une vrille de Cucurbitacée à s'incurver et qu'on l'abandonne à elle-même elle s'étend en droite ligne et de nouveau devient sensible au contact.

Nous avons eu occasion de parler (1) de la localisation de la sensibilité sur une face latérale et dans le premier tiers à partir du sommet de la vrille. Ajoutons qu'on peut rencontrer des vrilles sensibles sur toutes leurs faces.

Les vrilles ne sont pas sensibles seulement à la pression, au choc ou au contact, elles sont sensibles à une forme déterminée de contact. Par exemple, elles sont insensibles aux secousses d'ébranlement, un filet d'eau dirigé sur la partie sensible d'une vrille de Cucurbitacée ne l'excite pas, tandis que des feuilles de Sensitive, par exemple, sont sensibles à n'importe quelle action mécanique.

Lorsqu'on place un support mince quelconque dans le voisinage d'une vrille de Courge, grâce à la circumnutation, le support est bien vite touché, ce contact détermine une excitation de la sensibilité et les vrilles s'incurvent. A la suite de la flexion, d'autres points de la vrille viennent toucher le support, de nouvelles excitations se produisent, et l'enroulement s'effectue plus ou moins vite. La portion de vrille située entre la plante et le support peut

(1) Voyez le chapitre déjà cité et le mémoire de M. Leclerc du Sablon sur l'enroulement des vrilles.

subir des modifications remarquables ; pour des raisons purement mécaniques, elle peut, parfois, s'enrouler en tire-bouchon ; il apparaît aussi, par la même cause, des points de rebroussement entre spires de sens contraire. Ce que nous avons dit précédemment des vrilles de Vigne-vierge et de la structure anatomique de ces rameaux, nous dispense d'insister davantage.

146. Mouvements provoqués. — Les mouvements des plantes, indépendants de la croissance, ont pour origine des causes en partie internes, en partie extérieures. Mais, quelles que soient ces causes, elles n'ont pour effet que de produire des variations dans l'état de turgescence des cellules de certains points.

Les folioles d'*Acacia*, sous l'influence de la lumière diffuse du jour, s'étalent horizontalement. Le soir, elles se dressent ensemble vers le haut, puis s'étalent de nouveau pendant la journée suivante. Si, pendant le jour, on transporte la plante à l'obscurité complète ou à la lumière directe du soleil, le phénomène se produit de nouveau.

Les mêmes changements périodiques peuvent s'observer sur les feuilles du Haricot, et, dans l'un et l'autre cas, les mouvements sont déterminés par des variations de turgescence. Ces changements ne se produisent qu'au renflement basilaire des feuilles. En ces points, sous l'épiderme garni de poils, se trouve un parenchyme dont les cellules offrent la même forme sur les côtés inférieur et supérieur du renflement. Au milieu de la section, on remarque des faisceaux vasculaires entourant la moelle. Partout ailleurs dans le pétiole, le parenchyme cortical, si développé au renflement, n'est plus que médiocrement important, et les faisceaux vasculaires se trouvent plutôt sur la périphérie.

Dans le Haricot, comme dans l'Acacia, la Sensitive, etc., ce sont les cellules du parenchyme cortical des renflements qui produisent les mouvements des feuilles.

Les mouvements causés par l'alternance de l'éclairage proviennent de ce que le parenchyme des renflements s'allonge différemment sur deux faces opposées, grâce aux variations de turgescence. Il en résulte une courbure du côté turgescent qui amène un abaissement des feuilles.

Dans la Sensitive (*Mimosa pudica*), les mouvements sont produits par des renflements des pétioles primaires et secondaires des feuilles et des folioles (fig. 530, B). Nous n'insisterons pas sur les mouvements provoqués par les alternances d'éclairage, qui sont identiques à ceux de l'Acacia et du Haricot. Mais si à une température assez élevée et dans des conditions d'humidité suffisantes, on touche le côté inférieur du renflement basilaire du pétiole primaire, il se produit un reploiement des folioles : il ne s'en produit aucun si l'on touche la partie supérieure du renflement (fig. 530, A). La partie inférieure seule du renflement est donc sensible. On suppose que, par suite de l'excitation, le protoplasma des cellules devient perméable à l'eau et que ces cellules perdent de ce liquide. L'eau est chassée dans le pétiole et dans la tige, car si on sépare le pétiole du renflement et qu'on excite de nouveau celui-ci, on voit sortir de l'eau par la surface de section.

La sensibilité du *Mimosa pudica* est très grande comme le montre l'expérience suivante : On coupe avec précaution une foliole à l'extrémité d'un pétiole secondaire sans secouer la plante ; ou mieux

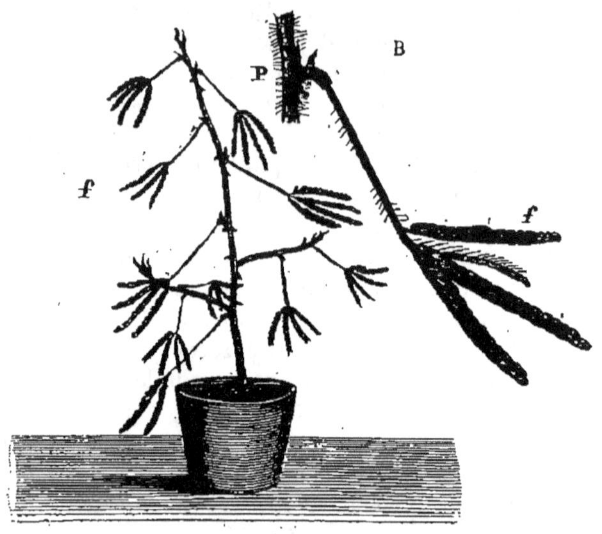

Fig. 530. — Sensitive à l'état de contraction (d'après Cl. Bernard) (*).

on laisse tomber sur une foliole des rayons solaires concentrés par une lentille. L'excitation se propage dans la plante. Du sommet à la base du pétiole secondaire la propagation de l'excitation provoque un rassemblement des paires de folioles de plus en plus éloignées. Les folioles voisines du pétiole secondaire se replient, le pétiole primaire lui-même peut s'infléchir vers le bas et dans ce cas l'excitation gagne les autres feuilles. Lorsque l'on supprime le rayon solaire, les folioles reprennent leur position première (fig. 530).

(*) A, les feuilles *f* se sont rétractées et abaissées sous l'influence d'une excitation mécanique portée sur la plante. — B, feuille de Sensitive isolée, pour montrer le renflement qui est à la base du pétiole et dans lequel siège le tissu excitable.

On peut encore citer comme plantes présentant des mouvements de cette sorte, le Trèfle des prés et l'Oxalis, petite herbe à fleurs jaunes qui abonde dans les parties humides des bois. Toutes deux offrent des mouvements spontanés énergiques sous l'influence de la lumière et replient leurs folioles contre le pétiole pendant la nuit.

Immergées dans des vapeurs d'éther ou de chloroforme, les folioles de Sensitive perdent leur sensibilité, pour la reprendre plus

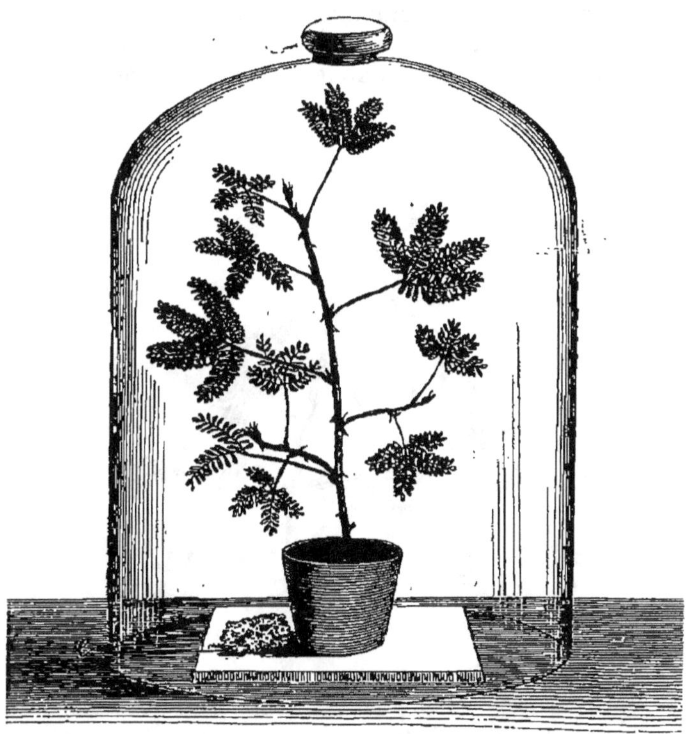

Fig. 531. — Sensitive placée dans une atmosphère éthérée (d'après Cl. Bernard) (*).

tard (fig. 531). On peut le démontrer soit en exposant un pied de Mimosa aux vapeurs d'éther sous une cloche, soit en réalisant l'expérience suivante qui est fort simple :

Par une faible excitation, on force les folioles d'une feuille à se rassembler, puis on coupe la feuille et on la place dans un verre d'eau placé lui-même sur une assiette dans laquelle on a versé de l'éther ou du chloroforme. L'assiette étant recouverte d'une cloche

(*) e, éponge imbibée d'éther. — Les feuilles de la plante actuellement étalées, sont devenues insensibles, et ne se ferment plus quand on vient à les toucher.

de verre la plante est soumise à l'action de la lumière solaire ; les
folioles s'ouvrent largement, mais sont insensibles au choc ou à
l'attouchement. Ramenées dans une atmosphère exempte de vapeur d'éther ou de vapeur de chloroforme et contenant beaucoup
d'eau les folioles recouvrent leur sensibilité (Detmer).

Le pétiole primaire redressé sous l'action de nombreux chocs
successifs perd aussi, momentanément, sa sensibilité. Une Sensitive que l'on prive d'eau pendant un temps suffisamment long
perd peu à peu sa sensibilité ; celle-ci ne réapparaît que lorsque la
plante est de nouveau abondamment arrosée. Une température

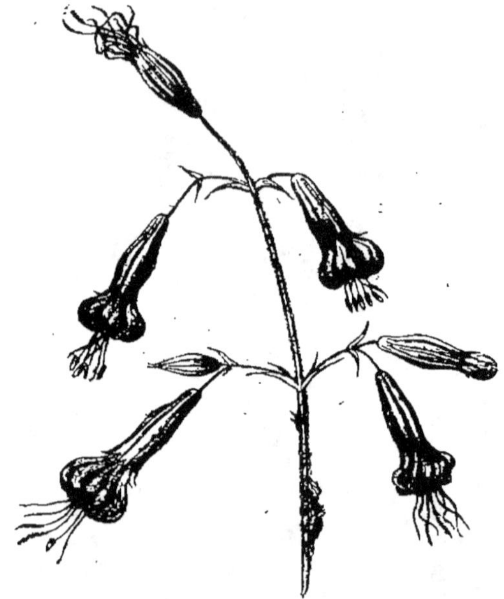

Fig. 532. — *Silene nutans*, pendant le jour.

inférieure à 15° ou supérieure à 40° produit les mêmes effets
sur la Sensitive, sa sensibilité soit à l'attouchement, soit à l'alternance
de lumière et d'obscurité disparaît. On dit, en ce cas, que la plante
est en état de *rigidité*.

Parmi les plantes qui présentent des mouvements spontanés
pendant la nuit on peut citer *Silene nutans* étudié par Kerner. Le
matin, la fleur semble fanée, les pétales s'enroulent sur eux-mêmes,
ne laissant apercevoir que leur face inférieure colorée en vert
sombre (fig. 532). Le soir, au contraire, les pétales se déroulent,
les étamines se développent, la fleur s'épanouit (fig. 533).

L'inverse se produit plus généralement, car la plupart des fleurs

isolées ou des inflorescences semblent fanées et se courbent vers
la terre pendant la nuit. L'arrêt de nutrition joue le plus grand
rôle dans ces phénomènes de *flaccidité* nocturne (fig. 534 et 535).

147. Dégagement de forces vives par les végétaux. —
Les fleurs se distinguent surtout, au point de vue physiologique,
par une exhalation de gaz carbonique et une absorption d'oxygène.
La *chaleur* produite par cette combustion lente, élève souvent de plu-

Fig. 533. — *Silene nutans*, pendant la nuit.

sieurs degrés la température des tissus. On évalue la quantité de
chaleur émise, par le thermomètre et le calorimètre.

L'échauffement est facile à observer, surtout dans le spadice des
Aroïdées (Lamarck). Il commence au moment où s'épanouit la spathe
et se prolonge pendant la fécondation. On remarque que la température s'élève, puis s'abaisse pour remonter plus tard. Le moment
du maximum varie d'une espèce à l'autre et parfois suivant les
circonstances extérieures. Dans l'*Arum maculatum* il se produit
vers 7 heures du soir (Sennebier) ; certains *Arum* exotiques ont
fourni des observations analogues (Hubert, Göppert). D'autres

espèces, les Cycadées, par exemple, produisent, dans leurs inflorescences mâles, un grand dégagement de chaleur; les fleurs du Nénuphar et de la Courge, au moment de leur épanouissement, accusent de même une production de chaleur considérable.

Les Végétaux peuvent, aussi, produire des *radiations lumineuses*. Linné avait constaté que les fleurs de la Capucine, du Grand Soleil, etc., produisent des lueurs phosphorescentes au moment de la floraison. Mais le phénomène est surtout fréquent chez les Champignons. Beaucoup d'Agarics de nos climats sont phospho-

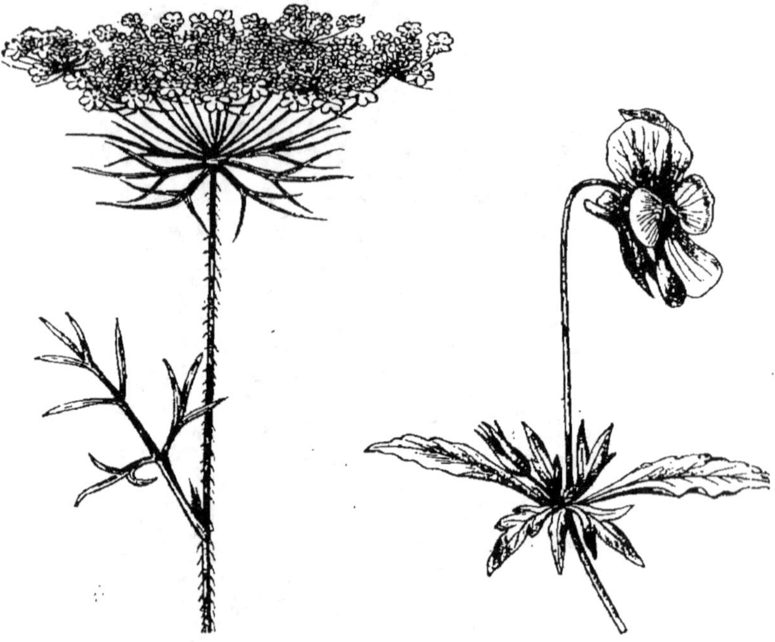

Fig. 534. — La Carotte et la Violette, pendant le jour.

rescents. L'Agaric de l'Olivier, qui croît à l'automne au pied de cet arbre, est entièrement lumineux, mais perd la propriété d'émettre des radiations lorsqu'il meurt; il brille le jour et la nuit, et s'éteint dans les gaz inertes. On a constaté qu'il produit toujours beaucoup plus d'anhydride carbonique lorsqu'il est phosphorescent que lorsqu'il ne l'est pas. Certains mycéliums sont lumineux. Dans les mines on rencontre fréquemment les cordons lumineux du *Rizomorpha subterranea*. On peut dire que la phosphorescence, chez les plantes, est un phénomène analogue à celui que présente le phosphore en s'oxydant (Crié). La lumière produite contient des

radiations appartenant à diverses régions du spectre. Le phénomène ne se constate que lorsqu'il y a une vive absorption d'oxygène,
c'est un effet de la respiration, comparable à la production de
chaleur.

Certaines substances végétales, comme l'esculine (qui s'extrait
du Marronnier d'Inde), possèdent une phosphorescence après avoir
été exposées à la lumière solaire. Cette phosphorescence, qui s'é-

Fig. 535. — La Carotte et la Violette, pendant la nuit.

puise vite, rentre dans la catégorie des phénomènes lumineux
appelés en physique fluorescence.

CHAPITRE X

LA CROISSANCE DES PLANTES

148. Accroissement des divers organes de la plante.
— Pour mesurer l'accroissement des plantes, on se sert d'un appa-

reil imaginé par Sachs, perfectionné depuis par divers physiologistes, et qu'on nomme l'*auxanomètre*.

C'est un appareil enregistreur qui se compose essentiellement de deux poulies à gorge, une petite et une grande, concentriques et fixées sur un même axe horizontal. Le fil qui passe sur la petite poulie est attaché à la partie supérieure de l'entre-nœud de la plante dont on étudie la croissance, l'autre extrémité de ce fil porte un poids tenseur. Le fil qui passe dans la gorge de la grande poulie porte deux poids égaux, l'un d'eux est maintenu dans une glissière formée de deux tiges verticales, il est muni d'un stylet qui trace sur un cylindre à surface noircie la courbe très amplifiée de la croissance de la plante.

Un mouvement d'horlogerie fait tourner le cylindre sur lui-même en même temps qu'il glisse sur son axe.

A l'aide de cet appareil on peut étudier les accroissements périodiques ou continus des divers organes.

Les organes végétaux n'éprouvent pas pendant des temps égaux des accroissements égaux, même lorsque les conditions extérieures de milieu restent constantes. Tout organe, au début de son développement, grandit lentement; sa vitesse de croissance augmente peu à peu, passe par un maximum, puis décroît jusqu'à devenir nulle (Voir livre I, chap. IV).

Pour la tige, par exemple, de simples mesures effectuées de jour en jour permettent de constater que la croissance des entrenœuds débute lentement, qu'elle augmente de rapidité, passe par un maximum de vitesse et redevient nulle.

En mesurant la longueur des entre-nœuds formés, on voit que les plus âgés sont assez courts, que les suivants sont plus longs, et que les jeunes sont courts aussi. Enfin les entre-nœuds successifs n'ont pas non plus la même longueur, ce qui montre que l'activité de croissance d'une tige dépend de causes internes.

Pour constater sur les feuilles l'existence d'une période de grande croissance, on doit les soustraire à l'action de la lumière, puis on trace des points de repère près de la base du limbe de quelques jeunes feuilles, et, chaque jour, on mesure l'écart entre le trait de la base et le sommet de la feuille, en ayant soin de noter la température. On verra ainsi que de grandes variations peuvent se présenter dans la croissance des feuilles.

La vitesse de croissance des plantes est en général très variable, et même, les individus d'une espèce donnée offrent des vitesses de croissance qui changent avec les conditions de milieu.

Il est facile de constater que la vitesse de croissance d'organes pris sur différents pieds de Haricots, par exemple, placés dans des conditions extérieures identiques, n'a pas été la même pour chacun;

La tige et les feuilles de certains végétaux croissent rapidement tandis que la racine grandit lentement. Au contraire, chez d'autres, c'est la racine qui s'accroît rapidement tandis que la tige et les feuilles croissent lentement. De même, l'activité de la croissance dépend de la vitesse et du temps ; l'accroissement n'est pas uniforme dans les divers entre-nœuds d'une même tige. Nous avons déjà fait observer que les divers entre-nœuds d'une tige n'ont pas tous, une fois la croissance terminée, la même longueur ; les plus anciens et les plus jeunes se trouvent être les plus courts.

149. Influence des actions extérieures sur l'accroissement. — Pour effectuer normalement sa croissance, un végétal doit avoir à sa disposition les aliments que ses cellules exigent. Quand des germinations sont placées à une obscurité complète, la croissance s'arrête aussitôt que la réserve nutritive des graines est consommée.

On peut étudier, pour se faire une idée de la nécessité des aliments, les relations qui existent entre l'énergie de la croissance et la provision des matières de réserve. Des graines étant mises à germer dans l'obscurité, on verra que les plantules provenant de graines bien conformées se développent vigoureusement. Si, avant de semer une graine, on lui enlève un cotylédon, la plantule reste chétive. La plupart du temps, si on effectue les recherches sur des plantes placées à la lumière, on ne constate de différence que lorsque la première feuille normale s'est dépliée. Les plantules issues de grandes graines, possèdent des feuilles plus grandes et des entre-nœuds plus longs que celles qui sont issues de petites graines ou de graines dont on avait enlevé un cotylédon (Detmer).

Les cellules ne peuvent grandir d'une façon normale que si elles possèdent de l'eau en grande quantité. On remarque que l'énergie de la croissance diminue quand les cellules perdent de l'eau. Si l'on prend des graines ayant germé et qu'on porte les germinations dans une série de vases contenant l'un de l'eau et les autres des solutions diversement concentrées d'un même sel, il sera facile de constater que c'est dans l'eau que la croissance est la plus active et que plus la solution saline est concentrée moins l'accroissement de la plantule est rapide.

Certaines plantes possèdent la propriété de s'accroître en l'absence d'oxygène, c'est là une exception, car la plupart des plantes ne grandissent que lorsqu'on leur fournit de l'oxygène. Pour le prouver il suffit de placer des graines en germination sous une cloche contenant de l'air et d'autres sous une cloche semblable contenant un gaz inerte, de l'hydrogène par exemple, toutes choses égales d'ailleurs les germinations s'accroîtront dans l'air, mais nullement dans l'hydrogène.

On peut aussi montrer par cette méthode que les germinations se développent mieux dans un milieu gazeux où l'oxygène est dilué que dans ce gaz pur.

Pour se rendre compte de la manière dont une augmentation ou une diminution de pression agit sur un organe végétal, on se sert de rameaux âgés de deux ou trois ans. On obtient une augmentation de pression en roulant en spirale autour de la branche, sur une longueur de quelques centimètres, une corde fortement tendue, dont les divers tours de spire seront aussi rapprochés que possible. Pour déterminer une diminution de pression, on effectue des incisions radiales équidistantes dans le tissu de l'écorce et le tissu libérien.

On verra au bout d'un certain temps que l'augmentation de pression causée par la ligature a diminué le diamètre des branches, tandis que la diminution de pression amenée par les incisions a provoqué une augmentation sensible de la croissance en épaisseur. Nous avons déjà parlé (livre I, chap. v) de la relation qui existe entre les différences de structure du bois de printemps et du bois d'automne et des variations d'intensité de la tension transversale : pendant une période de croissance la pression supportée par le bois est plus faible au printemps que lorsque l'année est plus avancée, et c'est à cette circonstance qu'il faut attribuer avant tout la cause de l'agrandissement des cavités des éléments ligneux au début de la croissance.

La vitesse de la croissance dans tous les organes végétaux augmente avec la température ; quand celle-ci est suffisamment basse ou suffisamment élevée, la plante cesse de grandir.

Pour le Pois, par exemple, la racine s'accroît sensiblement en quelques heures à une température de 20°, et ne subit aucun allongement dans un temps deux fois plus long, à la température de 2°.

Les recherches sur l'influence de la température présentent du reste de nombreuses difficultés.

Les conclusions auxquelles elles mènent sont les suivantes : La croissance des cellules débute à une température basse qui est minima, elle augmente de rapidité jusqu'à une température optima, puis elle diminue de nouveau. La limite au delà de laquelle la croissance ne se produit plus est la température maxima. On comprend que ces trois températures ne sont pas les mêmes dans la croissance d'organes végétaux différents. Il n'est pas difficile, par exemple, de prouver que certaines graines ne germent pas à des températures qui permettent aux premières phases de la germination de s'accomplir chez d'autres graines.

La lumière exerce, nous l'avons vu, une action retardatrice sur la croissance des végétaux. Des plantes placées dans des conditions

de température et d'humidité constantes, montrent dans leur croissance, une augmentation du soir au matin, c'est-à-dire la nuit,
et une diminution du matin au soir, c'est-à-dire le jour.

Cette périodicité quotidienne est due aux changements d'éclairage qui se produisent en vingt-quatre heures. Pendant la journée,
la lumière exerce sur la croissance son action retardatrice et pendant la nuit la plante grandit.

On peut établir ce fait très facilement au moyen de l'auxanomètre. On montre en même temps qu'il existe dans la croissance des entre-nœuds d'une plante, une périodicité diurne, que
l'on peut aussi constater pour les feuilles.

Ajoutons cependant que, lorsque l'obscurité se produit, la croissance ne s'accélère pas immédiatement : elle augmente graduellement et le maximum de l'accroissement a lieu aux premières
heures du jour suivant. L'arrivée de la lumière ne fait pas non plus
tomber au minimum la vitesse de la croissance : ce minimum ne
s'observe que pendant les heures de l'après-midi.

150. Périodicité de la croissance. — Le cours général du
développement d'un grand nombre de végétaux est interrompu,
à certaines époques, par le repos des organes.

La plupart des plantes herbacées et ligneuses indigènes perdent
leurs feuilles en automne; les bourgeons traversent l'hiver à l'état
de repos et s'épanouissent au printemps. Ce phénomène, à l'origine, a été, cela n'est pas douteux, occasionné par les changements
de saison; mais tel qu'on peut l'observer aujourd'hui, il n'est plus
sous la dépendance directe des agents extérieurs. « Lorsque ceux-ci
agissent d'une façon constante et suivant une alternance déterminée sur un individu végétal ou sur des générations d'individus,
les plantes, par la suite, acquièrent des propriétés spécifiques
qui peuvent même devenir héréditaires, et ces propriétés se montrent parfois si bien fixées, qu'elles occupent la première place dans
l'économie générale des plantes » (Detmer).

Un fait qu'il faut noter et qu'on observe facilement, c'est que
les bourgeons d'hiver ne s'épanouissent pas pendant cette saison,
même quand ils sont placés dans des conditions artificielles favorables.

Si l'on plonge dans l'eau des branches coupées au milieu de
l'hiver et qu'on les expose dans une serre où la température est de
20°, les bourgeons ne s'épanouissent complètement qu'en mars.

Les bourgeons d'hiver subissent donc seulement pendant leur
période de repos les modifications qui leur permettent de s'épa-
nouir à un certain moment. C'est à la lenteur de ces modifications
qu'on doit attribuer la cause du développement tardif des rameaux
placés trop tôt en serre.

Ces modifications vont en progressant graduellement jusqu'à ce qu'une température supérieure provoque l'éclosion.

De même que les bourgeons, les tubercules ont une période de repos. Lorsqu'on abandonne à elles-mêmes des Pommes de terre dans une chambre chauffée, la croissance ne commence que vers le mois de janvier. Or, on peut constater que la teneur en sucre de ces Pommes de terre va en augmentant jusqu'au moment où la croissance commence. Cela explique comment les Pommes de terre ne germent pas immédiatement en automne : elles ne sont pas encore en état de fournir la diastase qui doit changer en sucre leur amidon. La quantité de sucre produite suffit à la respiration, mais n'est pas assez forte pour provoquer la croissance des tissus.

Les résultats auxquels a conduit l'étude de la période de repos des Pommes de terre ont leur importance pour expliquer la période de repos des bourgeons. C'est l'observation qui a démontré que les tubercules accumulent des sucres à basse température. Si au mois d'août, on déterre des Pommes de terre et qu'on les porte dans une enceinte à 0°, au bout de quatre semaines, elles seront aptes à germer dans des conditions favorables, tandis que des tubercules déterrés en même temps, mais non soumis au froid, ne germent que beaucoup plus tard. Après le refroidissement, qui a écourté la période de repos, les bourgeons ont une quantité suffisante de sucre pour se développer rapidement.

Il est possible que les rameaux placés en terre au mois de janvier et qui s'épanouissent plus tôt que des branches placées en terre au mois d'octobre aient eu le temps d'accumuler des sucres pendant leur séjour aux basses températures du dehors ; et que les sucres accumulés par ceux du mois d'octobre aient été seulement consommés par la respiration (1).

151. Maturation des plantes vivaces. — Les réserves qui servent à nourrir les fruits et les graines sont emmagasinées et utilisées l'année suivante, c'est pourquoi la floraison précède souvent l'apparition des feuilles. Le transport de la sève commence dès le retour de la belle saison, et on remarque à cette époque la résorption de l'amidon de réserve dans des rameaux fleuris (A. Gris). Ainsi, « un Érable ayant donné le 30 mars de magnifiques bourgeons florifères, on reconnut que les tissus des branches renfermaient encore de fortes réserves d'amidon, tandis que le 11 avril, époque où la floraison se terminait, l'amidon avait disparu » (Dehérain).

Les études n'ont pas encore été faites sur les matières azotées, mais on pense, en général, qu'on constaterait leur disparition après la floraison.

_____

(1) Sur ce sujet, voyez Detmer, ouvrage cité.

Le poids des fruits d'un arbre est trop faible pour que leur maturation entraîne un affaiblissement de la plante. Il arrive cependant, quand le nombre des fruits est considérable par rapport à celui des feuilles, ce qui se produit quelquefois pour la Vigne, qu'un affaiblissement dû à la maturation soit très sensible. On voit la végétation s'arrêter, et l'analyse montre que les rameaux et les feuilles ont perdu de la potasse. Nous constaterons que ce fait, exceptionnel pour les plantes vivaces, est général pour les végétaux herbacés.

152. Croissance à l'obscurité. — Dans une obscurité complète et persistante, les organes végétaux ayant des quantités suffisantes de matières plastiques à consommer peuvent seuls acquérir une forte croissance.

La comparaison entre végétaux de même espèce, cultivés à l'obscurité et à un éclairage normal, montre que les cotylédons des plantes plongées dans l'obscurité sont moins larges et moins longs que ceux de la plante exposée à la lumière; en même temps, l'axe hypocotylé atteint chez les plantes mises à l'obscurité une longueur beaucoup plus grande. Les pétioles des premières feuilles sont plus longs dans l'obscurité, mais les limbes n'atteignent leur forme et leur dimension normale qu'à la lumière. L'axe épicotylé grandit plus à l'obscurité (Detmer).

Des différences du même genre s'observent nettement lorsqu'on cultive des plantes dans une lumière plus ou moins intense.

Ajoutons encore qu'il existe des plantes, comme la Jacinthe, capables de produire des fleurs même à l'obscurité : en ce qui concerne la forme et la couleur, celles-ci se développent d'une façon normale.

153. Croissance des plantes annuelles. — De la germination à la maturation une plante annuelle traverse trois périodes ou trois âges (Dehérain) :

Le premier organe qui apparaît, quand une plante entre en germination, est la racine; son poids est considérable par rapport à celui de la tige (Bréal et Dehérain). La plante jeune est alors très riche en matières azotées et en matières minérales, surtout en nitrates, origine des matières azotées; les hydrates de carbone sont en très faible proportion. Cet âge est celui de la *prédominance de la racine* (Dehérain).

Pendant cette première période de la vie, la plante commence à développer des organes aériens. Bientôt, la fonction chlorophyllienne entre en activité, une grande quantité d'hydrates de carbone est produite, leur élaboration est plus rapide que l'assimilation des nitrates et la proportion d'azote diminue, bien que le poids de la plante augmente sans cesse. C'est l'âge de la *prédominance de la feuille* (Dehérain).

La plante grandit, s'accroît, la floraison arrive suivie de la maturation. Le premier acte de la maturation est la fécondation : quand celle-ci est accomplie, les principes élaborés sont accumulés dans les ovules et ce transport est le dernier acte de la vie de la plante annuelle.

La formation de la graine exige donc l'arrivée des matériaux qui ont été élaborés par les feuilles. Les principes élaborés sont de deux sortes : hydrates de carbone et matières albuminoïdes entraînant certaines substances minérales telles que les phosphates. Nous avons vu précédemment, que certaines espèces renferment d'importantes réserves d'amidon ; cet amidon peut quitter les cellules sans leur causer aucun dommage ; mais il n'en est pas de même des matières azotées. La seule matière azotée que renferment les cellules, sauf quelques nitrates, est le protoplasma, partie vivante de la plante ; si le protoplasma disparaît, sa disparition amenant la mort de la cellule, celle-ci cesse de fonctionner. Cette migration de la matière azotée provoque donc un affaiblissement de la plante entière qui se traduit par une diminution de son poids.

L'affaiblissement est variable d'une plante à l'autre, suivant l'abondance de la floraison ; suivant aussi que les fleurs apparaissent simultanément ou successivement.

L'affaiblissement de la plante tout entière a été mis hors de doute par les expériences de Bréal et Dehérain, qui ont conduit à des résultats décisifs. Selon la manière dont se produit cet affaiblissement, on divise les végétaux annuels comme il suit :

1° Diminution de poids après floraison, dépérissement graduel et mort.

2° Diminution de la matière sèche, mais conservation pendant la maturation d'assez de vigueur pour qu'une recrudescence de végétation se produise.

3° Augmentation continue de poids à mesure que la maturation augmente.

Le transport des principes immédiats comprend deux séries successives de phénomènes :

1° Dissolution et passage des principes de l'état colloïdal à l'état dialysable.

2° Transport des matériaux jusqu'aux organes où ils doivent séjourner (graines, rameaux ou tubercules, tiges de deuxième année).

Les principes prennent naissance dans les feuilles et s'y amassent. Le phénomène d'accumulation n'est que transitoire, il est suivi de dissolution et de départ. Les feuilles transforment, à l'aide de l'amylase, tout leur amidon en glucose soluble qui est transporté d'un point de la plante dans un autre, il se solidifie de nouveau par places. La transformation est limitée et déterminée par les proportions dans lesquelles se trouvent les matières en présence. Le départ du glucose provoque une dissolution de l'amidon, et la précipitation d'amidon est déterminée par l'abondance du glucose.

Les matières azotées cheminent de la même manière sous forme d'amides telles que l'asparagine. Elles sont reconstituées en leur point d'arrivée, à leur état primitif. Elles y trouvent les hydrates de carbone nécessaires à la transformation.

Le transport des matières minérales a été peu étudié dans son ensemble, les travaux d'Isidore Pierre sur l'acide phosphorique montrent que ce corps se transporte d'un organe vieux à un organe jeune; il disparaît en un point pour réapparaître en un autre, ce résultat prouve l'évidence de la migration; les mêmes faits ont été vérifiés pour la potasse, il est donc légitime d'admettre qu'ils se produisent pour toutes les autres matières minérales.

Les dissolvants qui servent de véhicules aux principes chimiques circulant dans la plante sont : le suc cellulaire, la sève et les latex (voy. chap. IV).

La graine se remplit donc des matériaux élaborés dans les feuilles, la migration s'établit, pour ainsi dire, par étages. On voit dans le Blé, les principes passer des premières feuilles à celles qui sont nées plus tard, puis émigrer de celles-là dans les feuilles supérieures et arriver dans la graine. L'origine de ces mouvements est la dessiccation des feuilles inférieures. Lorsque la dessiccation n'a pas lieu, les cellules des feuilles formées les premières fonctionnent longtemps, les plantes grandissent : au contraire, si le manque d'eau se fait sentir, les feuilles cessent leur fonction de bonne heure sans avoir pu élaborer une quantité suffisante de matière végétale.

La précipitation, dans les ovules, du glucose à l'état d'amidon et des albuminoïdes sous forme de gluten produit constamment un appel de ces substances pour rétablir l'équilibre de concentration (Gain). Lorsqu'on supprime les ovules, la migration s'arrête, les substances élaborées s'accumulent vers le collet et de nouveaux rameaux se produisent. L'accumulation des albuminoïdes est indépendante de celle de l'amidon.

Certains fruits accumulent de grandes quantités de matières de réserve solubles, et les considérations précédentes ne permettent pas d'expliquer ce phénomène. On a démontré que la combinaison d'un cristalloïde et d'un colloïde équivaut pour déterminer les mouvements de diffusion à l'insolubilité (L. Brasse). Or les fruits dont il vient d'être parlé renferment des composés colloïdaux (corps pectiques) dont la présence explique les accumulations de glucose.

L'intervention des phénomènes de diffusion dans la maturation est générale, on est donc amené à admettre que ces phénomènes déterminent l'accumulation dans les graines, tubercules ou racines des principes élaborés par les feuilles (L. Brasse).

La migration des principes chimiques dans les diverses parties de la plante s'effectue, en résumé, de la manière suivante :

1° Simple transport des matières, depuis les cotylédons jusqu'aux parties hypocotylées, indiqué par le schéma suivant (H. Jumelle) :

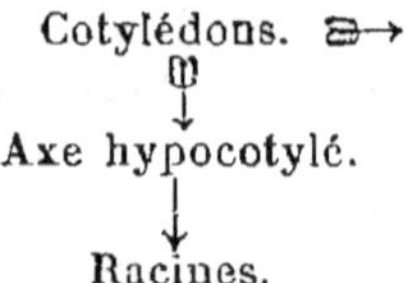

2° Commencement de l'assimilation, les cotylédons envoient vers l'axe hypocotylé une partie seulement de leurs matériaux, et le reste aux régions épicotylées. Du carbone s'introduit dans la plante par suite de l'activité chlorophyllienne (H. Jumelle). Le schéma que voici indique le mouvement dans cette période :

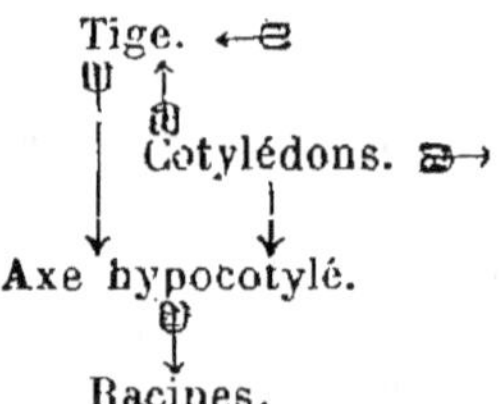

3° La chute des cotylédons a lieu, le premier transport est ainsi annulé, il y a alors transport rapide de matériaux de l'axe hypocotylé vers l'axe épicotylé (H. Jumelle) :

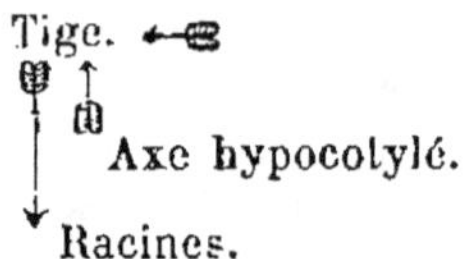

4° Ce mode de transport est transitoire, il s'établit, jusqu'à floraison, un courant allant de l'axe épicotylé vers les parties inférieures (H. Jumelle) :

5° Les feuilles empruntent plus de carbone qu'elles n'en utilisent. La floraison a lieu, l'anhydride carbonique est rejeté en grandes proportions, il y a transport de substances des régions inférieures vers les régions supérieures du végétal, le sens de la migration est renversé (H. Jumelle) :

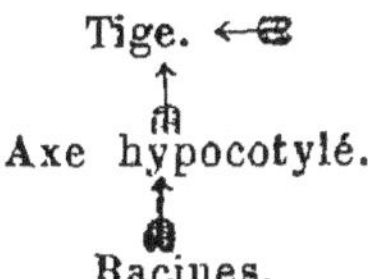

6° Les fleurs sont bien développées et quand la maturation commence les principes élaborés marchent, de nouveau, de l'axe supérieur vers l'axe inférieur (Jumelle), on est ramené au quatrième schéma.

154. Étiolement. — Un grand nombre d'espèces végétales forment des tiges allongées et des feuilles petites, lorsque le développement s'effectue dans l'obscurité. On peut rechercher si ce n'est pas à un arrêt dans l'assimilation qu'est due cette forme particulière des feuilles. Il n'en est rien, les expériences précises montrent que la cause est ailleurs.

Dans les axes hypocotylés de plantes développées à la lumière, le poids sec absolu est en effet plus petit que pour des plantes qui ont accompli leur croissance à l'obscurité, les premières contiennent moins d'eau que les secondes. Mais, d'autre part, les cotylédons développés à la lumière sont plus riches en eau et en matières sèches que ceux qui se sont accrus à l'obscurité.

Quant à la croissance active des organes caulinaires étiolés, elle provient d'une dilatation considérable des cellules, due à la turgescence du contenu et à une résistance moindre des membranes. Les cellules des tiges étiolées ont toujours une longueur plus grande que celles des tiges normales.

La petitesse des feuilles résulte de ce que, dans l'obscurité, les cellules ne présentent pas les phénomènes qui permettent une forte croissance des membranes cellulaires. Ces phénomènes, bien qu'inconnus exactement, ne peuvent se produire qu'à la lumière.

La démonstration se fait facilement avec deux plantes cultivées à l'abri de toute lumière. Lorsqu'elles ont acquis même longueur ou à peu près, on expose l'une pendant quelques heures chaque jour, à une faible lumière diffuse ; les feuilles de celle-ci deviennent très grandes, tandis que celles de l'autre demeurent petites.

FIN.

TABLE DES MATIÈRES

LIVRE I

MORPHOLOGIE

CHAPITRE PREMIER

STRUCTURE DE LA PLANTE. — LA CELLULE.

CHAPITRE II

LES TISSUS ET LES APPAREILS.

CHAPITRE III

DISTINCTION DES GRANDS GROUPES DU RÈGNE VÉGÉTAL.

CHAPITRE IV

LA RACINE.

CHAPITRE V

LA TIGE.

CHAPITRE VI

MODIFICATIONS ANATOMIQUES DE L'AXE.

CHAPITRE VII
LA FEUILLE.

CHAPITRE VIII
LA FLEUR.

CHAPITRE IX
REPRODUCTION.

CHAPITRE X
DÉVELOPPEMENT DES THALLOPHYTES.

CHAPITRE XI
DÉVELOPPEMENT DES MUSCINÉES.

CHAPITRE XII

DÉVELOPPEMENT DES CRYPTOGAMES VASCULAIRES.

CHAPITRE XIII

DÉVELOPPEMENT DES PHANÉROGAMES.

CHAPITRE XIV

FRUIT ET GRAINE.

LIVRE II

PHYSIOLOGIE

CHAPITRE PREMIER

GERMINATION DE LA GRAINE.

CHAPITRE II

ALIMENTS DES VÉGÉTAUX.

CHAPITRE VIII

CULTURE DES MICROORGANISMES.

CHAPITRE IX

LA SENSIBILITÉ DES PLANTES.

CHAPITRE X

LA CROISSANCE DES PLANTES.

FIN DE LA TABLE DES MATIÈRES.

HISTOIRE NATURELLE

Zoologie, Botanique, Géologie
ANATOMIE, MICROGRAPHIE

Maison Émile DEYROLLE

Les Fils d'Émile DEYROLLE, naturalistes

SUCCESSEURS

Bureaux et Magasins : 46, rue du Bac, 46

— PARIS —

(Usine à vapeur : 9, rue Chanez, Paris-Auteuil)

CATALOGUES EN DISTRIBUTION

LES CATALOGUES SUIVANTS SERONT ADRESSÉS « GRATIS ET FRANCO » SUR DEMANDE

Instruments pour l'étude des sciences naturelles, la recherche des objets d'histoire naturelle et pour les collections.

Mammifères, prix à la pièce.

Oiseaux, prix à la pièce.

Reptiles et poissons, prix à la pièce.

Coléoptères d'Europe, prix à la pièce.

Coléoptères exotiques, prix à la pièce.

Papillons d'Europe, prix à la pièce.

Papillons exotiques, prix à la pièce.

Coquilles, prix à la pièce.

Fossiles, prix à la pièce.

Minéraux, prix à la pièce.

Collections d'histoire naturelle pour l'enseignement primaire.

Collections d'histoire naturelle pour l'enseignement secondaire.

Matériel d'application et de démonstration pour les leçons de choses dans les écoles maternelles et les classes enfantines.

Tableaux d'histoire naturelle pour l'enseignement secondaire.

Livres d'histoire naturelle.

Microscopes, Microtomes.

Préparations microscopiques, instruments pour la micrographie.

Pièces d'anatomie humaine et comparée, d'Anatomie botanique.

Musée scolaire pour leçons de choses comprenant 700 échantillons en nature, 3.000 dessins coloriés.

Meubles pour le rangement des collections d'histoire naturelle. Installations complètes de musées et cabinets d'histoire naturelle.

Mobilier et matériel d'enseignement

MAISON ÉMILE DEYROLLE

Les Fils d'Émile DEYROLLE, naturalistes

46, rue du Bac, PARIS (Téléphone).